北京理工大学“双一流”建设精品出版工程

机械设计（第3版）

Machine Design（3rd Edition）

孔凌嘉　王晓力　王文中 ◎ 主编
毛谦德 ◎ 主审

北京理工大学出版社
BEIJING INSTITUTE OF TECHNOLOGY PRESS

内容提要

本教材是在总结近几年教学改革经验的基础上，并参照教育部机械基础课程教学指导分委员会2004年制定的《机械设计课程的教学基本要求》组织编写的。

全书共分六篇：第一篇为机械设计总论，共2章，包括机械设计概述，摩擦、磨损及润滑基础知识；第二篇为连接设计，共3章，包括螺纹连接，轴毂连接，焊接、铆接和粘接；第三篇为机械传动设计，共7章，包括带传动、链传动、摩擦轮传动、圆柱齿轮传动、锥齿轮传动、蜗杆传动、螺旋传动；第四篇为轴系设计，共4章，包括轴，滚动轴承，滑动轴承，联轴器、离合器与制动器；第五篇为其他常用零部件设计，共5章，包括弹簧、直线导轨、机架、润滑装置、密封装置；第六篇为机械系统与现代机械设计综述，共2章，包括机械系统设计、现代机械设计综述。

本书可作为高等学校机械类专业机械设计课程的教材，也可供其他相关专业的师生和工程技术人员参考。

图书在版编目（CIP）数据

机械设计／孔凌嘉，王晓力，王文中主编．—3版．—北京：北京理工大学出版社，2018.1（2021.7重印）

ISBN 978－7－5682－5184－6

Ⅰ.①机…　Ⅱ.①孔…②王…③王…　Ⅲ.①机械设计－高等学校－教材　Ⅳ.①TH122

中国版本图书馆CIP数据核字（2018）第004594号

出版发行／北京理工大学出版社有限责任公司
社　　址／北京市海淀区中关村南大街5号
邮　　编／100081
电　　话／（010）68914775（总编室）
（010）82562903（教材售后服务热线）
（010）68948351（其他图书服务热线）
网　　址／http：//www.bitpress.com.cn
经　　销／全国各地新华书店
印　　刷／三河市华骏印务包装有限公司
开　　本／787毫米×1092毫米　1/16
印　　张／29.5
字　　数／687千字
版　　次／2018年1月第3版　2021年7月第4次印刷
定　　价／59.00元

责任编辑／王玲玲
文案编辑／王玲玲
责任校对／周瑞红
责任印制／王美丽

第3版前言

PREFACE (3RD EDITION)

本版是在前两版的基础上结合教材的使用情况修订而成的。

此次修订仍然保持了教材的原有体系，采用了最新的国家标准，更正了原书文字、插图及计算中的疏漏。对教材配套使用的 CAI 教学课件也进行了相应的改版。

参加本次修订的人员有孔凌嘉（绪论、第一章、第十四章、第十八章），殷耀华（第二章、第八章、第二十章、第二十一章），荣辉（第三章、第十二章），赵自强（第四章、第五章），周勇（第六章、第七章），王文中（第九章、第十章），李铁（第十一章），付铁（第十三章），王晓力（第十五章、第十九章、第二十二章），苏伟（第十六章、第二十三章）、王艳辉（第十七章）。全书由孔凌嘉负责统稿，由孔凌嘉、王晓力、王文中担任主编。由于编者水平有限，书中疏漏之处在所难免，敬请读者批评指正。

编　者

2017 年 12 月

第2版前言

PREFACE (2ND EDITION)

本书第1版为“普通高等教育‘十一五’国家级规划教材”。本版是在第1版的基础上结合教材的使用情况修订而成的。

此次修订仍然保持了教材的原有体系，采用了最新的国家标准，更正了原书文字、插图及计算中的疏漏。对教材配套使用的CAI教学课件，也进行了相应的改版。

参加本次修订的人员有孔凌嘉（绪论、第一章、第十四章、第十八章），殷耀华（第二章、第八章、第二十章、第二十一章），荣辉（第三章、第十二章），赵自强（第四章、第五章），周勇（第六章、第七章），王文中（第九章、第十章），李轶（第十一章），付铁（第十三章），王晓力（第十五章、第十九章、第二十二章），苏伟（第十六章、第二十三章），王艳辉（第十七章）。全书由孔凌嘉负责统稿，由孔凌嘉、王晓力、王文中担任主编。

由于编者水平有限，书中疏漏之处在所难免，敬请读者批评指正。

编　者

2013年6月

PREFACE (1ST EDITION)

第1版前言

随着科学技术的飞速发展和高等教育改革的不断深入，加强基础，拓宽专业，培养适合21世纪科学技术发展的高级工程技术人才，是高等工科学校建设的重要任务。具有基础课性质，又具有工程技术性质的机械设计教材的建设在机械工程专业中就显得非常重要。

目前，很多学校都根据教学改革和机械基础系列课的建设需要，组织编写并出版了机械设计教材，并在机械类专业的人才培养过程中发挥了重要作用。随着教学内容与教学方法的不断改革、多媒体教学手段的采用、教学计划的调整，以及与国外同类课程教学计划的比较，机械设计课程的教学时数不断减少。学时减少了，在保留传统经典的机械设计课程内容前提下，还要增加反映现代设计方法和创新能力培养的内容，这就必然涉及机械设计课程内容与教学方法的进一步变革。本教材就是在总结近几年教学改革经验的基础上，根据学时减少、内容增加和教学手段与教学方法改革的要求组织编写的。同时，参照了教育部机械基础课程教学指导分委员会2004年制定的机械设计课程的教学基本要求，重新编排本教材的内容。本教材既可供研究型大学使用，又可供普通大学使用。

本教材的指导思想是在加强基本理论、基本方法和基本技能培养的基础上，以设计为主线，注重设计能力，特别是创新设计能力的培养。在体系安排和内容选择上更加突出机械设计的综合性和整体性，反映机械设计发展方向，使之能在高素质设计人才的培养中发挥应有的作用。

为配合教学工作，本书还配备了课堂教学使用的CAI教学课件，供教师上课参考，也可供学生复习之用。

参加本教材编写的人员有孔凌嘉（绪论、第一章、第十四章、第十八章），殷耀华（第二章、第八章、第二十章、第二十一章），荣辉（第三章、第十二章），杨梦辰（第四章、第五章），周勇（第六章、第七章），万小利（第九章、第十章），李轶（第十一章），付铁（第十三章），王晓力（第十五章、第十九章、第二十二章），苏伟（第十六章、第二十三章），王艳辉（第十七章）。全书由孔凌嘉负责统稿，由孔凌嘉、王晓力担任主编。

本教材由北京理工大学毛谦德教授担任主审，毛谦德教授对全书进行了非常仔细的审阅，并提出了许多宝贵的修改意见，在此表示衷心的感谢。

北京理工大学机械设计教研室的全体教师为本书的编写付出了极大的努力，在此一并表示感谢。

由于编者水平有限，书中缺点和错误在所难免，敬请读者批评指正。

编　者

2005年12月

目　录
CONTENTS

第四篇　轴系设计

第五篇　其他常用零部件设计

第六篇　机械系统与现代机械设计综述

绪　论

一、机械设计在经济建设和科技发展中的作用

科学技术发展的进程表明，机械工业是科学技术物化为生产力的重要载体。在一次又一次工业革命过程中，机械与冶金、化工、电力、电子及信息产业等诸多领域科技成果的有机结合，为工业、农业、交通运输、国防建设和人们日常生活等方面不断地提供了先进的设备和器械。生产过程机械化与自动化的实现，极大地推动了技术创新与社会进步，充分体现了机械工业在国民经济中所起到的至关重要的作用。

机械设计是机械工业的基础技术，是生产机械所必须进行的技术决策活动。在制造业中，设计是制造的第一步。科技成果要转变为有竞争力的新产品，设计起着关键性的作用。机械产品的性能和技术水平主要是由设计水平保证的，产品成本的70% ~80%是在设计阶段决定的，约有50%的产品质量事故是由于设计不当引起的，因此，设计工作的质量和水平，直接关系到产品质量、性能和技术经济效益。

机械使用的广泛程度是衡量一个国家技术水平和现代化程度的重要标志之一。工业发达国家都极为重视机械设计工作，不断地研制出适应市场需要的机电产品，有力地促进了全球经济的蓬勃发展。当前，国内外机械产品市场竞争十分激烈，社会对现代化机械要求日益苛刻。为了促进我国机械工业的进一步发展，更好地满足国民经济各部门对先进技术装备的需求，我国机械设计人员肩负着不断创新、不断开发出有竞争力的新产品这一十分艰巨和伟大的任务。

二、本课程的研究对象

机械是机器与机构的总称。机械设计包括机器设计和机构设计两大部分内容。本课程的研究对象是机器及组成机器的机械零部件。在本课程中，机械设计与机器设计同义。

机器是人类进行生产以减轻体力劳动和提高劳动生产率的主要劳动工具。机器由于其构造、性能及用途的不同而种类繁多。但就其功能组成而言，机器是由原动机部分、传动部分和执行部分组成的机械系统。现代机器一般还有控制部分和辅助部分（如润滑、显示、照明等），但机器的主体是机械系统。

从制造和装配的角度来看，任何机器又都是由许多基本单元组成的。这些基本单元就是机械零件，简称零件，它们是机器中最小的独立制造单元。由一组协同工作的零件所组成的独立制造或独立装配的组合体，称为部件。零件与部件统称为零部件（有些场合，零件即指零部件）。

机械零部件可分为通用零部件和专用零部件两大类：在各种机器中都能用到的零部件称为通用零部件，如螺钉、齿轮、轴、滚动轴承、联轴器、减速器等；在某种特定类型的机器中才能用到的零部件称为专用零部件，如涡轮机的叶片、内燃机的活塞、纺织机的织梭等。本课程研究对象中的机械零部件，是指普通条件下工作的一般尺寸与参数的通用零部件。

机械设计是指设计开发新的机器设备或改进现有的机器设备。机械设计是一项极富创造性的工作。

三、本课程的性质、内容和任务

"机械设计"课程是一门培养学生具有机械设计能力的主干技术基础课程。

本课程的内容是对机械设计基础知识、基本理论、程序和设计步骤与过程的论述。从工作情况分析、主要失效形式、设计计算准则、主要参数计算与校核方法、典型结构设计等方面学习四大类（连接、机械传动、轴系、其他）典型机械零部件的设计方法，并从整体的角度初步学习机械系统设计的基本知识。

本课程的主要任务是培养学生：

（1）掌握通用机械零件的设计原理、方法和机械设计的一般规律，具有设计一般机械的能力。

（2）初步具有一定机械系统方案优化及决策的能力与素质。

（3）树立创新意识和正确的设计思想。

（4）具有运用标准、规范、手册、图册等技术资料及 CAD 软件的能力。

（5）掌握典型机械零件的实验方法，获得实验技能的基本训练。

（6）了解国家当前的有关技术经济政策及机械设计的新发展动向。

本课程的内容、性质和任务与过去所学的理论课程不同，它集理论性、实践性、应用性、综合性于一体。因此，在本课程的学习过程中，要综合运用先修课程中所学的有关知识与技能、结合各个教学实践环节进行机械工程技术人员的基本训练，逐步提高自己分析问题与解决问题的能力，为顺利过渡到专业课程的学习及进行专业产品和设备的设计打下宽广而坚实的基础。

四、本课程的特点和学习方法

本课程具有与各门先修课程的关系多、与生产实际的联系多、设计计算时需考虑的问题多等特点，因此，与先修课程相比，在学习的思维和方法上有较大的差别。了解和掌握本课程的特点，在学习中不断探求与之相适应的学习方法，并随时注意总结提高，是学习好本课程的重要条件。现结合本课程的特点，将学习中应注意的问题概述如下，供学习者参考。

1. 系统地掌握课程内容

本课程基本上以每一种零部件作为一个单元来讨论。学习每一种零部件的设计时，都应了解它的类型、结构特点、优缺点和应用范围；掌握对其工作情况的分析和可能的失效形式，以及保证该零部件工作能力的计算准则、计算方法和公式；掌握公式中各系数的物理概念、各参数的选择原则及对设计结果的影响；掌握零部件的设计步骤和进行结构设计的原理和方法；了解公式的推导思路，对复杂的公式不要求死记硬背。

由于机械设计是多学科的综合应用，所以与学习理论性的基础课程有明显的不同。学生在初学本课程时，会有一个逐渐适应的过程。建议学完一章之后，自己做一个小结，以便逐步掌握各种零部件的分析方法和设计规律。

本书每一章后的习题中有一些思考题，它将帮助学生学习教材内容，检查掌握教材内容的情况。

2. 把主要注意力放在提高分析问题和解决问题的能力上

机械设计要解决的都是实际问题，因此，在掌握课程内容的基础上，要去分析实际问题和解决实际问题，特别是要逐步熟悉工程中分析问题和解决问题的方法和步骤。为此，必须注意以下两点。

（1）由于生产实际中的问题比较复杂，影响设计的因素很多，零件设计往往不能单纯由理论计算去解决。有些系数和数据是根据一定条件下的实验得来的，有时还要用到经验或半经验公式。因此，要注意系数、数据和公式的应用范围和使用条件，在确定零部件形状和尺寸时要考虑各零部件之间的相互联系和协调，并重视结构设计的作用。

（2）大部分零部件的设计问题往往有多个解法，即可能有多种方案来完成同一功能。因此，要逐步学会从各种可能的解答中通过评价找出最佳解法。

3. 重视实践，多作练习

本课程是实践性很强的课程，绝不可认为字面上懂了就掌握了。要独立去完成练习题和设计作业；要高度重视本课程的课程设计；要多练习徒手画结构图或轴测图以表达自己的设计构思；要到现场去观察和分析实际机器及零件的形式、结构、特点和应用情况，了解其出现过的问题，以逐步积累实际知识和建立实际概念。

4. 注意自学能力的提高

科技发展很快，新结构、新材料、新方法（工艺方法和设计方法）的不断涌现，以及计算机的应用，正在日新月异地改变着设计的面貌。因此，建议学生不仅在学习教材时要培养自学能力，而且提倡在老师指导下，多看参考文献，以掌握新的信息。

5. 注意培养自己创造性设计的能力

本课程所阐述的内容、方法和结构在目前是具有典型性的，也是应该掌握的。但是，要求学生有不以现有的结构和方法为满足的愿望，鼓励大胆地提出新的设想，并且要有把创新构思的想象变为图纸和实物的能力。

在我国大力推进科教兴国和科技创新机制的重要历史时期，我们一定要学好机械设计的基本理论、基本知识和基本技能，努力成为现代社会需要的高素质机械设计人才，用先进的设计方法不断创新开发出现代化的机器，为促进我国机械工业的发展和社会主义现代化建设做出应有的贡献。

第一篇　机械设计总论

本篇概括地论述与本课程普遍有关的内容。

第一章
机械设计概述

第一节　机械设计的基本要求和一般程序

为了掌握机械设计的基本理论与方法，有必要首先了解设计机器应满足的基本要求和一般程序。

一、设计机器应满足的基本要求

设计机器的任务是根据市场需求提出的。需求的多样化导致机器的种类繁多，但无论机器的类型如何，一般都会对机器提出以下基本要求：

（1）功能要求。能实现机器的预定功能，并在预定环境条件和工作期限内可靠地工作。

（2）经济性要求。要求设计、制造和使用机器的费用少，并且效率高。

（3）操作方便、运行安全。要求设计的机器操作简便、省力；必要时可安装安全防护和保险装置；尽可能降低机器的噪声；美化机器的外观造型等，并应妥善处理人和机器间的各个联系环节。

（4）其他特殊要求。如巨型机器要便于安装、拆卸和运输；食品、纺织、造纸机器不得污染产品等。

二、机械设计的一般程序

设计机器并没有一个固定不变的程序，须视具体情况而定，在此仅介绍较为典型的一般设计程序。

1. 确定设计任务

首先根据社会、市场和用户的需要，确定机器的功能和经济技术指标，进而研究实现的可能性，然后确定设计需要解决的问题和项目，并编制设计任务书。应在调查分析的基础上，组织人员拟订可行的工作计划。

2. 拟订总体方案

根据设计任务规定的机器功能，拟定机器的总体布置及传动方案，分析机构的运动规律和受力情况。这一阶段中往往需要拟订多种方案，并对经济技术指标及方案的可行性进行比较，从中选用最佳方案。

3. 总体结构设计

依据总体方案，通过运动学和动力学计算，以及关键零部件工作能力和寿命的计算，有时还需借助试验测得必要的数据，确定结构中零部件的形状和尺寸，及其相互间的位置关系，绘出总体结构草图。

4. 零部件设计

根据总体结构要求，考虑零部件的工艺性和工作能力，绘制零部件工作图，并编写出相应的技术文件和说明书。

5. 鉴定和评价

设计的图纸能否实现预定的功能和满足提出的各项要求，可靠性和经济性又如何，都需经过试制样机、试车，以做出科学鉴定和评价。然后进行修改，再试制、试车，直至达到产品定型设计的要求。

从以上设计程序可见，各个阶段的设计相互联系，若某阶段中发现问题，则有关阶段必须要修改设计。因此，整个设计过程是一个不断修改和完善的过程。只有当设计人员树立了正确的设计思想，掌握了先进的科学技术知识和辨证的思维方法，在实践中不断积累设计经验，并有所发展和创新，才能出色地完成设计任务。

第二节　载荷与应力分析

一、载荷分析

1. 载荷形式

机械零件工作时承受的载荷通常有以下几种形式：

集中力 F（N）、转矩 T（N·m）、弯矩 M（N·m）或功率 P（W）。

2. 载荷分类

按载荷与时间的关系，作用在机械零件上的载荷可分为静载荷和变载荷。不随时间变化或变化缓慢的载荷称为静载荷，随时间变化的载荷称为变载荷。

在设计计算中，还常把载荷分为名义载荷与计算载荷。根据额定功率用力学公式计算出作用在零件上的载荷称为名义载荷，它没有反映载荷随时间作用的不均匀性、载荷在零件上分布的不均匀性及影响零件受载的其他因素。因此，常用载荷系数 K（$K = K_1K_2\cdots$）来考虑这些因素的综合影响。载荷系数 K 与名义载荷的乘积即称为计算载荷。

二、应力分析

1. 应力分类

按应力随时间的关系，应力可分为静应力和变应力。不随时间变化或变化缓慢的应力称为静应力，如图1－1（a）所示。随时间变化的应力称为变应力。工程中常见的为按一定规律变化的循环变应力，图1－1（b）所示为非对称循环变应力，图1－1（c）所示为脉动循环变应力，图1－1（d）所示为对称循环变应力。对于那些变化无规律的随机变应力，这里从略。

2. 变应力主要参数

为了表示循环变应力的状况，引入下列参数：

σ_{max}—最大应力；σ_{min}—最小应力；σ_m—平均应力；σ_a—应力幅；r—循环特性系数。

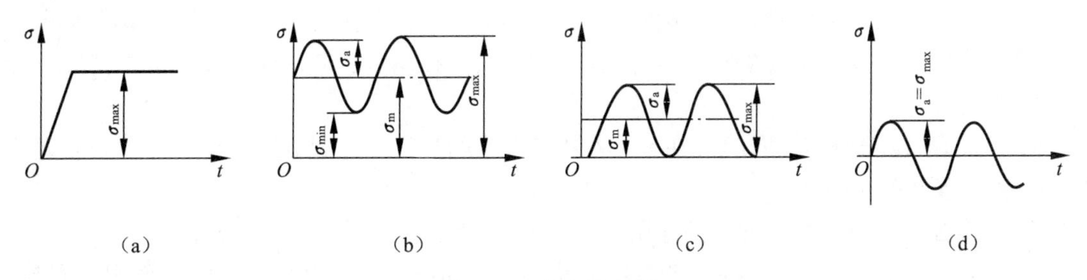

图 1-1　应力的类型

(a) 静应力；(b) 非对称循环变应力；(c) 脉动循环变应力；(d) 对称循环变应力

由图 1-1 可知，$\sigma_m=(\sigma_{max}+\sigma_{min})/2$；$\sigma_a=(\sigma_{max}-\sigma_{min})/2$。

循环特性系数 r 的定义为 $r=\sigma_{min}/\sigma_{max}$，$-1\leqslant r\leqslant +1$。当 $r=+1$ 时，表明 $\sigma_{max}=\sigma_{min}$，为静应力；当 $r=-1$ 时，表明 σ_{max} 与 σ_{min} 的数值相等但符号（即方向）相反，为对称循环变应力；当 $r=0$ 时，表明 $\sigma_{min}=0$，为脉动循环变应力；当 r 为其他任意值时，均为非对称循环变应力。

通常在设计时，对于应力变化次数较少（例如在整个使用寿命期间应力变化次数小于 10^3 的通用零件）的变应力，可以近似地按静应力处理。

变应力可能由变载荷产生，也可能由静载荷产生。如在静载荷作用下受到弯曲的转轴，其横截面上除中心外任意一点的弯曲应力均为对称循环变应力。

零件的失效形式与材料的极限应力及零件工作时的应力类型有关。在进行强度计算时，首先要弄清楚零件所受应力的类型。

第三节　机械零件的失效形式

机械零件由于某些原因不能正常工作，称为失效。常见的失效形式有：

一、断裂

零件在外载荷作用下，由于某一危险截面上的应力超过零件的强度极限所发生的断裂，或当零件在循环变应力的作用下危险截面所发生的疲劳断裂，如螺栓的断裂、齿轮轮齿根部的断裂。断裂是一种严重的失效形式，它不但使零件失效，有时还会造成严重的人身及设备事故。

二、过大的变形

机械零件在载荷作用下工作时，可能发生过大的弹性变形或由于零件上的应力超过材料的屈服极限产生残余塑性变形。过大的变形造成零件的尺寸和形状改变，破坏了零件之间的正确的相互位置和配合关系，有时还会产生较大振动，导致零件不能正常工作。如机床主轴的过大变形导致被加工零件的精度下降。

三、表面损伤

主要有如下形式：

（1）表面疲劳（亦称点蚀）。零件表面在接触变应力长期作用下产生微粒剥落的现象。

（2）磨损（主要指磨粒磨损）。两个接触零件表面在相对运动过程中表面物质丧失或转移的现象。

（3）胶合（亦称粘着磨损）。在重载作用和较高的温度下，润滑失效导致金属表面直接接触发生粘着并撕裂的现象。

（4）腐蚀。金属表面与周围的介质发生的电化学或化学侵蚀现象。

表面损伤发生后，通常都会改变零件形状和尺寸，降低表面精度，增大表面间的间隙，破坏正常配合关系，增大摩擦和能量消耗，引起振动和噪声，最终造成零件报废。80%以上的零件失效是由表面损伤引起的，而零件的使用寿命在很大程度上受到零件表面损伤的限制。

四、破坏正常工作条件引起的失效

有些零件只有在一定的工作条件下才能正常工作，若破坏了这些必备条件，则将发生不同类型的失效。例如：对于V带传动，当传递的有效拉力大于摩擦力的极限值时，将发生打滑失效；对于高速转动的零件，当其转速与系统的固有频率相一致时，会发生共振，以致引起断裂失效；对于液体润滑的滑动轴承，当润滑油膜被破坏时，将发生胶合失效等。

第四节　机械零件的计算准则

机械零件不发生失效时的安全工作限度称为零件的工作能力。对载荷而言，零件的工作能力也可称为零件的承载能力。同一种零件可能会发生不同的失效形式，对于不同的失效形式，就有不同的工作能力。例如，轴的失效可能由于疲劳断裂，也可能由于过大的弹性变形。前者取决于轴的疲劳强度，后者则取决于轴的刚度。显然，起决定作用的是工作能力的较小者。

用计算的方法来保证零件有足够的工作能力，从而避免失效，是常用的机械设计方法。计算依据的条件称为计算准则。常用的机械零件计算准则有：

一、强度准则

强度是指零件在载荷作用下抵抗断裂、塑性变形及某些表面损伤的能力。为了保证零件具有足够的强度，计算时应使其在载荷作用下零件危险截面或工作表面的工作应力 σ 不超过零件的许用应力 $[\sigma]$，其表达式为

$$\sigma \leqslant [\sigma] = \frac{\sigma_{\lim}}{[S]} \tag{1-1}$$

式中，$\sigma_{\lim}$ 为极限应力，按零件的工作条件和材料的性质取值，对受静应力的脆性材料，如铸铁受拉伸，取抗拉强度；对受静应力的塑性材料取屈服强度；对受变应力的零件取疲劳强度。$[S]$ 为许用安全系数，考虑各种偶然或难以精确分析的因素的影响。

满足强度要求的另一种表达方式是使零件工作时的实际安全系数 S 不小于零件的许用安全系数 $[S]$，即

$$S \geqslant [S] \tag{1-2}$$

一般来讲，各种零件都应满足一定的强度要求，因而强度准则是零件设计最基本的准则。

二、刚度准则

刚度是指零件在载荷作用下抵抗弹性变形的能力。为了保证零件具有足够的刚度，设计时应使零件在载荷作用下产生的弹性变形量 y（广义地代表任何形式的弹性变形量）小于或等于许用变形量 $[y]$，其表达式为

$$y \leqslant [y] \tag{1-3}$$

弹性变形量可用各种求变形量的理论或实验方法确定，而许用变形量则应随不同的使用场合，按理论或经验来确定其合理的数值。

三、寿命准则

影响零件寿命的主要失效形式是磨损、疲劳和腐蚀，它们的产生机理、发展规律及对零件寿命的影响是完全不同的，应分别加以考虑。

耐磨性是指零件在载荷作用下抵抗磨损的能力。由于磨损类型众多，产生的机理还未完全搞清，影响的因素也很复杂，所以目前尚无公认的能够进行定量计算的方法。通常为了保证零件具有良好的耐磨性，应运用摩擦学原理设计零件的结构，选定摩擦副的材料和热处理方法、表面状态、油品等。同时，给予合理而充分的润滑，以延长零件的使用寿命。

关于疲劳，通常是求出零件在预定使用寿命时的疲劳极限作为计算的依据。疲劳寿命的计算准则常采用式（1－2）的形式。

迄今为止，还未能提出实用有效的腐蚀寿命计算方法，因而也无法列出腐蚀的计算准则。

四、振动稳定性准则

振动稳定性是指高速机器抵抗失稳的能力。高速机器容易产生振动，振动会使零件承受额外的交变应力，使零件过早地产生疲劳断裂，同时产生较大的噪声。当周期性载荷的作用频率 f_p 等于或接近于机械系统的固有频率 f 时，就会发生共振。这时，零件的振幅将急剧增大，这种现象称为失去振动稳定性。共振将导致零件甚至整个系统在短期内破坏，这种情况必须避免。因此，对于高速机器应进行振动分析和计算，以确保机器的振动稳定性。相应的计算准则为

$$f_p < 0.85f \text{ 或 } f_p > 1.15f \tag{1-4}$$

五、散热性准则

当两个零件表面之间发生相对运动时，会由于摩擦产生热量。如果生热过多或散热不良，就可能使零件温度过度升高，破坏正常的润滑条件，甚至导致两个金属表面粘着发生胶合。要满足散热性准则，应对发热较大的零件（如蜗杆传动、滑动轴承等）进行热平衡计算。

六、可靠性准则

机械零件的失效具有随机性，故重要的零件在规定的工作期限内要满足规定的可靠度。

可靠度是可靠性的性能指标。

零件的可靠度是指一批完全相同的零件（如有 N_0 个），在一定的工作条件下进行实验，如在经过时间 t 后，还有 N_s 个正常工作，有 N_f 个损坏了，则这批零件在该工作条件下能正常工作达到时间的可靠度 R 为

$$R = \frac{N_s}{N_0} = \frac{N_0 - N_f}{N} = 1 - \frac{N_f}{N_0} \tag{1-5}$$

通常称 $F = N_f/N_0$ 为零件的失效概率（即不可靠度），它与可靠度的和为1。

按可靠性理论，机械是零件的串联、并联或混联系统。系统的可靠度取决于零件的可靠度。若各个零件是统计独立的，串联系统的可靠度为各个零件可靠度的乘积，即

$$R_S = \prod_{i=1}^{n} R_i \quad (i = 1,2,\cdots,n) \tag{1-6}$$

式中，R_S 是系统的可靠度；R_i 是各个零件的可靠度。可靠度是小于1的数，故串联系统的可靠度小于任一零件的可靠度，且零件越多，可靠度越低。

并联系统的失效概率为各个零件失效概率的乘积，可靠度为

$$R_S = 1 - \prod_{i=1}^{n} F_i \quad (i = 1,2,\cdots,n) \tag{1-7}$$

式中，F_i 为各个零件的失效概率。可见，并联系统失效概率低于任一零件的失效概率，因此，其可靠度高于任一零件的可靠度。

为了提高系统可靠度，在设计时可采取下列措施：①在满足机器性能要求的前提下，力求结构简单，零件数目少；②尽可能采用有可靠度保证的标准件；③安全系数要留有余地；④增加重要环节的备用系统；⑤合理规定维修期等。

第五节　机械零件的材料选择

材料选择是机械设计中的重要环节。机械零件的材料对其性能、加工方法、经济性等都有很大的影响。随着工程实际对现代机器和零件要求的不断提高，以及各种新材料的不断出现，合理选择零件材料已成为提高零件质量、降低成本的重要手段。后文各章将推荐各种零件的具体使用材料，以下仅提出一些材料选择的一般原则。

一、机械零件的常用材料

目前制造机械零件的主要材料仍是钢和铸铁。此外，还使用有色金属、塑料，甚至木材、水泥等。

（1）铸铁。灰铸铁的铸造性能好，价格低，有较好的抗压强度、耐磨性和减振性，广泛用于制造机床导轨、床身、机座、箱体等大型零件。但它的抗拉强度低、弹性模量低、性脆，不适用于受冲击、变应力的零件。球墨铸铁的抗冲击性能、强度、刚度等优于灰铸铁，但铸造性不如灰铸铁，价格较贵。

（2）钢。一般指轧制的结构钢钢材（有冷轧和热轧钢材）或锻件，按机械零件的形状选择。按钢的成分分为碳钢和合金钢两大类。当要求提高零件的强度、耐磨性、耐热性、抗腐蚀性时可采用合金钢，并进行必要的热处理，以充分发挥合金钢的性能。

（3）铸钢。其力学性能高于铸铁接近结构钢，用于承受重载荷的大型、形状复杂的零件。

（4）有色金属。在机械制造中常用的有铜合金、铝合金、轴承合金等。有色金属价格较贵，除必要时一般不用。

铜合金常用于要求耐磨减摩的场合，如滑动轴承、螺母、蜗轮等，以青铜最适宜。而光学仪器中用的多为黄铜。铝合金用于要求质量小而有一定强度的场合。轴承合金用于滑动轴承工作表面。

（5）非金属材料。机械零件常用的非金属材料有工程塑料和橡胶。

工程塑料的种类很多，其中大多数具有密度小，良好的耐磨性、减摩性、绝缘性和减振性等优点。但是不少工程塑料强度差、硬度低、不耐高温、尺寸稳定性和形状稳定性差、容易老化等。近年来发展了许多新产品，性能有很大改进，由于塑料的弹性模量小，能设计出许多简单的塑料零件新结构。

橡胶主要用于制造传动带、弹簧、联轴器的弹性元件等。

二、选择材料的原则

1. 满足机械零件的使用要求

机械零件的使用要求一般包括以下几个方面：

（1）承受工作载荷的能力。有足够的强度、刚度。

（2）保持使用性能的能力。在工作环境下长期工作，能保持原来的形状、尺寸、精度，耐腐蚀、高温、潮湿等。

（3）其他要求。如质量小、美观等。

2. 满足工艺性要求

在满足使用要求的前提下，要考虑机械零件的毛坯制造（铸造、锻压、焊接、冷冲压等）、热处理、机械加工和修理方便，以及便于回收利用等，来选择零件的材料。还应注意到，不同的复杂程度、尺寸、加工批量，对加工方法和材料的选择有很大的影响。还要考虑本单位具有的加工条件和外单位协作的可能性。

3. 满足经济性要求

在选择材料时，不仅要考虑材料的价格，而且要考虑其加工成本、废品率等。还要考虑供应问题，如所需材料的规格、尺寸是否能够及时得到。

要全面满足以上各种要求是不容易的，有时甚至是不可能的，必须全面地综合考虑解决。

第六节　机械结构设计的基本要求

结构设计是机械设计的基本内容之一，也是设计过程中涉及问题最多、工作量最大的环节。它在产品的形成过程中起着十分重要的作用。

结构设计不但要使零部件的形状和尺寸满足原理设计方案的要求，它还必须解决与零部件结构有关的力学、工艺、材料、装配、使用、美观、成本、安全和环保等一系列问题。只有深入了解以上问题对零部件结构的影响和限制，才能设计出合理的结构形式。

在机械结构设计过程中，要充分考虑以下各方面的基本要求。

1. 功能要求

机械零件结构设计就是将原理设计方案具体化，即构造一个能够满足功能要求的三维实体零部件。概括地讲，各种零件的结构功能主要有承受载荷、传递运动和动力以及保证或保持有关零部件之间的相对位置或运动轨迹关系等。功能要求是结构设计的主要依据和必须满足的要求。当具有两种以上功能要求时，应分清主次，在优先满足主要功能的前提下，尽量满足其他功能要求。

2. 使用要求

对于承受载荷的零件，为保证零件在规定的使用期限内正常地实现其功能，在结构设计中应使零部件的结构受力合理，降低应力，减少变形，以利于提高零件的强度、刚度和延长使用寿命。

3. 结构工艺性要求

机器及其组成零件要能最经济地制造和装配，应具有良好的结构工艺性。机器的成本主要取决于制造费用，因此工艺性与经济性是密切相关的。通常应从以下几个方面考虑结构工艺性。

（1）应使零件形状简单合理。

（2）适应生产条件和规模。

（3）合理选用毛坯类型。

（4）便于切削加工。

（5）便于装配和拆卸。

（6）易于维护和修理。

4. 人机学要求

在结构设计中必须考虑安全问题，应优先采用具有直接（本身）安全作用的结构方案。此外，应使结构造型美观，操作舒适，有利于环境保护。

结构设计是机械设计中的活跃因素，涉及多方面的知识。初学设计时，要努力熟悉材料、工艺等方面的知识，细心观察和分析所接触到的各种零件的结构设计情况，通过在工程实践中不断学习、探索和积累经验，逐步提高结构设计水平。

第七节　机械零件的标准化

机械零件的标准化，就是对零件的尺寸、结构要素、材料性能、检验方法、设计方法、制图要求等，制定出各种大家共同遵守的标准。贯彻标准化是一项重要的技术经济政策和法规，同时也是进行现代化生产的重要手段。目前，标准化程度的高低已成为评定设计水平即产品质量的重要指标之一。

标准化工作实际上包括3方面内容，即标准化、系列化和通用化。系列化是指在同一基本结构下，规定若干个规格尺寸不同的产品，形成产品系列，以满足不同的使用条件。通用化是指在同类型机械系列产品内部或在跨系列的产品之间，采用同一结构和尺寸的零部件，使有关的零部件特别是易损件，最大限度地实现互通互换。

国家标准法规定我国实行的标准分为国家标准（GB）、行业标准、地方标准、企业标准。国际标准化组织还制定了国际标准（ISO）。标准按使用的强制性可分为必须执行的（有关度、量、衡及涉及人身安全等标准）和推荐使用的（如标准直径等）。

标准化带来的优越性表现为：

（1）能减轻设计工作量，缩短设计周期，有利于设计人员将主要精力用于关键零部件的设计上。

（2）便于建立专门工厂采用最先进的技术大规模地生产标准零部件，有利于合理使用原材料、节约能源、降低成本、提高质量和可靠性、提高劳动生产率。

（3）增大互换性，便于维修。

（4）便于产品改进，增加产品品种。

（5）采用与国际标准一致的国家标准，有利于产品走向国际市场。

因此，在机械设计中，设计人员必须了解和掌握有关的各项标准并认真贯彻执行，不断地提高设计产品的标准化程度。

习　题

1－1　设计机器应满足的基本要求有哪些？

1－2　绘图说明对称循环应力、脉动循环应力和一般循环应力的 σ_{max}、σ_{min}、σ_{m}、σ_{a} 和 r 值的意义。

1－3　失效的定义是什么？它与破坏的含义相同吗？

1－4　机械零件的计算准则与失效形式有什么关系？常用的计算准则有哪些？它们各针对什么失效形式？

1－5　什么是机械零件的可靠度？可靠度与失效概率有何关系？

1－6　合理选择零件材料的原则是什么？

1－7　结构设计有哪些基本要求？

1－8　什么是标准化、系列化和通用化？标准化的重要意义是什么？

第二章
摩擦、磨损及润滑基础知识

第一节 概 述

所有机械的运转都是依赖其零部件的相对运动来实现。有相对运动就必然产生摩擦和磨损，其结果是造成机器的能耗增大、效率降低、配合间隙增大、运动精度降低、零件的寿命缩短。适当的润滑是改善表面摩擦状态、减缓磨损最有效的方法。摩擦学（Tribology）是有关摩擦、磨损和润滑科学的总称。

摩擦是造成能量损失的主要原因，据估计，目前全世界上的能源大约有1/3～1/2是消耗在各种形式的摩擦过程中。磨损是摩擦的必然结果，在失效的机械零件中，大约有80%是由于各种形式的磨损造成的。据美国1977年的估计，磨损造成的损失相当于国民经济总产值的12%，大约为2 000亿美元。在机械设计中，正确解决摩擦、磨损和润滑问题非常重要。

摩擦学是以力学、流变学、表面物理和表面化学等学科为主要理论基础，综合材料科学、工程热物理等学科，以数值计算和表面技术为手段的边缘学科，这一学科已为各国普遍接受，为机械设计引入了新的概念和新的方法。随着机械向着高速、重载、大功率、真空、辐射、自动化的方向发展，工作条件更加苛刻，对精度、寿命、节能、环保和可靠性的要求越来越高，因此，减小摩擦和磨损，加强润滑的问题就越加重要。

第二节 表面性质及表面接触

摩擦、磨损和润滑等摩擦学现象都是在两物体接触的表面间发生的，因此，有必要对物体表面性质有一个初步的了解。本节主要对机器中最典型的金属表面的性质及接触情况做一个简单的介绍。

一、表面性质

金属表面性质主要包括两方面的内容：表面形貌和表面组成。

1. 表面形貌

在工程中使用的金属表面，都不是理想的光滑表面，尽管宏观上看上去大都很光滑，但从微观上看，实际表面为三维的空间曲面，如图2－1所示，表面形貌就是金属表面几何特征的详细图形。

表面形貌中的3个主要参量（图2－2）：

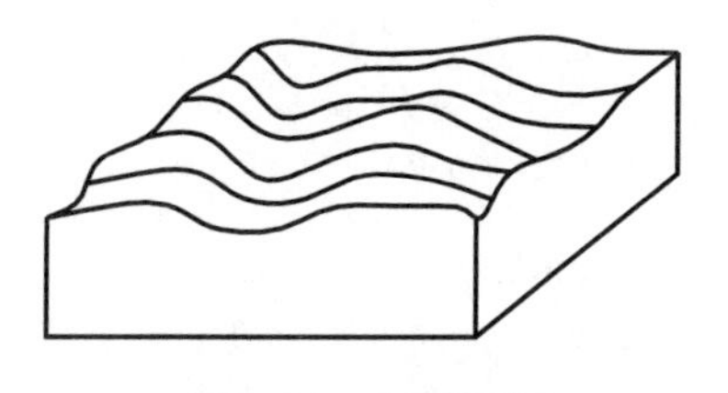

图2－1　表面形貌

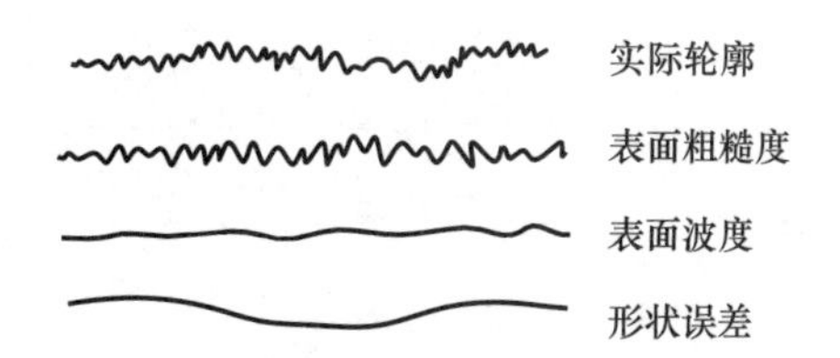

图2－2　表面形貌的实际轮廓及3个主要参量

（1）表面粗糙度。指细密空间的不规则性跳动，反映的是金属表面微观几何形状误差。它体现了表面加工方法的固有特性。

（2）表面波度。指较大空间内周期性出现的不规则性波动。往往是由机床刀具或工件振动造成的。

（3）形状误差。指实际表面形状偏离名义表面形状的偏差。在表面形貌分析中，通常不考虑。

从摩擦学观点讲，表面粗糙度对材料表面性质影响最大，通常用轮廓算术平均偏差 Ra 值的大小来度量金属表面的粗糙程度。

在取样的长度 l 内，被测表面实际轮廓上各点至轮廓中线距离绝对值的平均值即为轮廓算术平均偏差 Ra（图2－3）。

$$Ra = \frac{1}{l}\int_0^l |y(x)|\mathrm{d}x \approx \frac{1}{n}\sum_{i=1}^{n}|y_i| \quad (\mu\mathrm{m}) \tag{2-1}$$

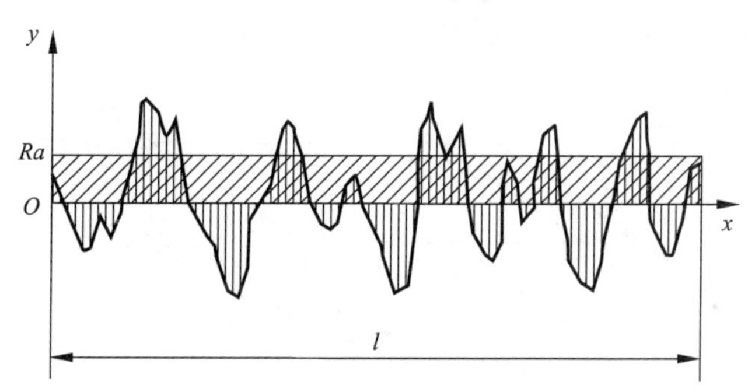

图2－3　表面粗糙度的评定参数

2. 表面组成

除了表面形貌影响金属表面接触时的摩擦学性质外，表面组成也是一个很重要的影响因素。金属表面的组成指表层结构和其物理化学机械性质。

金属表面在切削加工过程中，表层组织结构将发生变化，使表面由若干层次构成，典型的金属表面结构如图2－4所示。

金属基体之上是变形层，它是材料的加工强化层，总厚度为数十微米，由轻变形层逐渐向外过渡到重变形层。重变形层之上是贝氏层，它是由于切削加工中表层熔化、流动，随后骤冷而形成的非晶或微晶质层，再往外是氧化层，它是由于表面与大气接触经化学作用而形成的，它的组织结构与氧化的程度有关。最外层是环境中气体或液体极性分子与表面形成的吸附膜或污染膜。

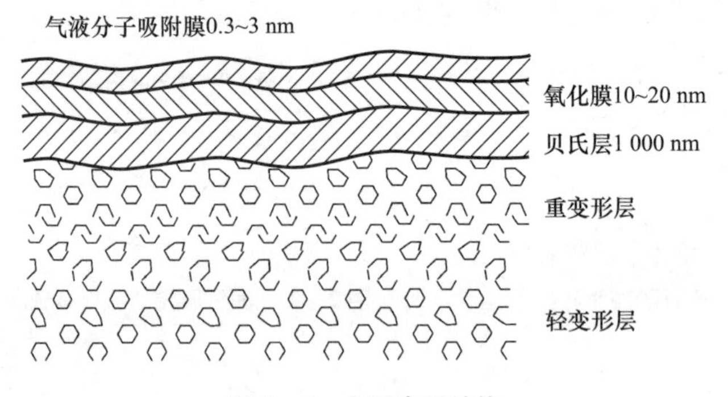

图 2 – 4　金属表面结构

由此可知：金属表层的组织结构随着材料及加工工艺条件而变化，表层的物理化学机械性质不同于基体性质。研究这种性质，对研究金属表面接触时的摩擦学很重要。表面性质也能影响润滑的性能，吸附效应对于边界润滑和干摩擦状态都十分重要。表面氧化膜对摩擦磨损的影响与氧化膜的强度有关，通常薄的氧化膜强度高，可以防止黏着的发生。

在摩擦过程中，由于力和温度的影响，摩擦表面将发生一系列变化，这些变化对摩擦学性质有着很大的影响。

二、表面接触

当研究两金属表面的摩擦磨损过程时，首先遇到的问题是它们之间的接触状况。如上所述，一般经过机械加工的金属表面，不可能绝对光滑，都有一定的粗糙度和波度。因此，两摩擦表面在相互接触时，实际只是个别的微凸体之间在接触，如图 2 – 5 所示。

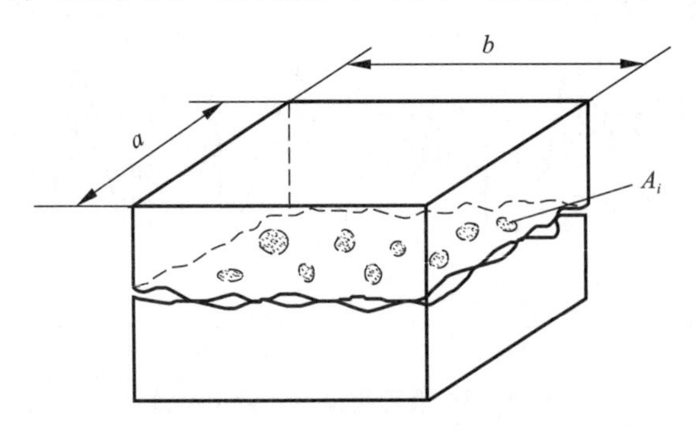

图 2 – 5　金属表面的接触

金属表面的微凸体形状、大小和分布极不规律，使得表面接触现象十分复杂。因此，对于金属表面的摩擦磨损问题，至今也没有一个理想可靠的计算方法。现有的计算方法多是以一些条件性的假设为前提推导出来的，近似程度也不是很理想。

尽管如此，下面一些结论还是肯定的：

（1）金属表面的实际接触面积非常小，通常只是名义面积（图 2 – 5 中 $a \times b$）的 1% ~ 0.01%，视载荷的大小和表面的粗糙程度而定。

（2）表面微凸体大小、高度不等，接触时一部分处于弹性变形状态，一部分处于塑性变形状态，这两部分的比例与载荷的大小和表面特性有关。由于实际接触面积非常小，所以接触面积上的应力非常大，因此，大多数接触表面都存在着大量的塑性变形微凸体。

（3）实际接触面积随着法向载荷的增大而增大。它的增大主要体现在接触点的数量增加，而各接触点因弹性和塑性变形而使接触面积的增加则是次要的。

第三节　摩　擦

在外力作用下，相互接触的两个物体做相对运动或有相对运动的趋势时，其接触表面上就会产生抵抗滑动的阻力，这一现象叫作摩擦，这时所产生的阻力叫作摩擦力。摩擦具有双重性。虽然摩擦消耗能量，产生磨损，但也可以利用摩擦来做有益的工作，如带传动、摩擦轮传动和摩擦制动器等。摩擦可分为两大类：一类是发生在物质内部，阻碍分子间相对运动的内摩擦；另一类是在物体接触表面上产生的阻碍其相对运动的外摩擦。对于外摩擦，根据摩擦副的运动状态，可将其分为静摩擦和动摩擦；根据摩擦副的运动形式，可将其分为滑动摩擦和滚动摩擦；根据摩擦副的表面摩擦状态（或称润滑状态），又可将其分为干摩擦、边界摩擦（边界润滑）、液体摩擦（液体润滑）和混合摩擦（混合润滑）。

一、干摩擦

干摩擦是指表面间无任何润滑剂或保护膜的纯金属接触时的摩擦。在工程实际中，真正的干摩擦是不存在的，因为任何零件的表面不仅会因为氧化而形成氧化膜，而且多少也会被含有润滑剂分子的气体所湿润或受到“油污”。在机械设计中，通常将两接触表面没有人为引入润滑剂的摩擦当作干摩擦。干摩擦时，摩擦阻力最大，金属间的摩擦系数 f 约为 0.15～1.5。

干摩擦常用库仑定律（也叫古典摩擦理论）来表达摩擦力 F、法向力 F_N 和摩擦系数 f 之间的关系。该定律认为：摩擦力的大小与法向力成正比，而与接触面积无关；摩擦力的方向总是与接触表面相对运动速度的方向相反；摩擦力的大小与接触面间的相对滑动速度无关；静摩擦力大于动摩擦力。用公式表达为

$$F = fF_N \tag{2-2}$$

近年来的研究表明，古典摩擦理论有一定的局限性。例如，法向力很大的时候，实际接触面积接近名义接触面积，摩擦力和法向力就不再呈线性关系。另外，在引用摩擦系数的时候，要注意所给定的条件，条件改变，摩擦系数的变化是很大的。例如，纯净表面的钢对钢，摩擦系数 f 约为 0.7～0.8，而在大气中摆放一段时间后，由于氧化膜的存在，钢对钢的摩擦系数 f 约为 0.15；又如镍与铜在大气中的摩擦系数 f 约为 0.5，而在氦气中的摩擦系数 f 竟高达 5.25。

鉴于古典摩擦理论的局限性，人们进一步研究有关摩擦的机理，并先后形成了以下几种干摩擦理论：

1. 机械啮合理论

机械啮合理论认为摩擦起源于表面粗糙度，摩擦力是表面微凸体机械啮合力的总和。滑动摩擦中能量损耗于微凸体的相互啮合、碰撞以及弹性变形。它能够解释在一般条件下，随着表面粗糙度的增大，摩擦系数也增大的原因，但它不能解释超精加工表面的摩擦系数反而剧增的现象。因此，机械啮合作用并非产生摩擦力的唯一因素。

2. 分子作用理论

分子作用理论认为分子间电荷力所产生的能量损耗是摩擦的起因，摩擦力是由摩擦表面

分子间的相互吸引力组成的。根据分子作用理论可以解释为什么当接触表面光滑时，摩擦力反而会很大。显然这一结论不能解释除重载荷之外的工作条件下的摩擦现象。

3. 黏着摩擦理论

黏着摩擦理论是以黏着理论为中心的摩擦理论。最初的简单黏着理论认为：①摩擦表面处于塑性接触的状态；②滑动摩擦是黏着与滑动交替发生的跃动过程；③摩擦力是黏着效应和犁沟效应产生阻力的总和。

如前所述，两个金属表面在法向载荷 F_N 作用下的实际接触面积 A_r 很小，这样轮廓微凸体接触区所受的压力很高，使材料发生塑性变形，表面边界膜遭到破坏，从而使基体金属发生黏着现象，形成冷焊结点。当接触面相对滑动时，必然先将这些结点剪断，同时较硬金属材料的表面微凸体在较软金属材料表面上犁出“犁沟”，相对滑动时的摩擦力即为上述两种因素所形成的阻力之和。由于后者相对来说很小，可以忽略不计，设结点的剪切强度为 τ_B，则摩擦力为 $F=A_r\tau_B$。对于理想的弹塑性材料，当法向载荷 F_N 增大时，实际接触面积 A_r 也随之增大，但应力并不升高，仍停留在较软材料的压缩屈服强度 σ_{sc}，所以 $F_N=A_r\sigma_{sc}$。

在简单黏着理论中，摩擦系数 f 的表达式则为

$$f=\frac{F}{F_N}=\frac{A_r\tau_B}{A_r\sigma_{sc}}=\frac{\tau_B}{\sigma_{sc}}=\frac{\text{较软材料剪切强度}}{\text{较软材料压缩屈服强度}} \tag{2-3}$$

简单黏着理论由于在分析实际接触面积时只考虑压缩屈服强度，而在计算摩擦力时又只考虑剪切强度，因此得出的滑动摩擦系数与实测结果有很大的出入，如处在高真空中的洁净金属发生摩擦时，其摩擦系数要比常规环境里的摩擦系数大得多。这一事实说明实际接触面积一定比简单黏着理论所指出的大得多。为此，此后又提出了更切合实际的修正黏着理论，详情可参考有关资料。

4. 分子－机械理论（摩擦二项式定律）

分子－机械理论（摩擦二项式定律）认为滑动摩擦是克服表面微凸体的机械啮合和分子吸引力的过程，因而摩擦力就是接触面积上的分子和机械作用所产生的阻力总和。其摩擦系数的表达式为

$$f=\frac{\alpha A_r}{F_N}+\beta \tag{2-4}$$

式中，α 为与表面分子特性有关的参数；β 为与表面机械特性有关的参数；A_r 为实际接触面积；F_N 为法向载荷。

由摩擦系数的表达式可以看出，当摩擦副表面处于塑性接触状态（此时接触面积 A_r 与法向载荷 F_N 呈线性关系）时，摩擦系数与载荷大小无关；但当表面处于弹性接触状态（此时接触面积与法向载荷的 $\frac{2}{3}$ 次方成正比）时，摩擦系数随载荷的增加而减小。

分子－机械理论（摩擦二项式定律）考虑的因素较多，比较符合实验的结果，能非常好地适用于边界润滑及某些干摩擦状态。

二、边界摩擦（边界润滑）

边界摩擦是指两摩擦表面被吸附在表面的边界膜隔开，其摩擦性质与液体的黏度无关，只与边界膜和表面的吸附性质有关。

润滑油中的脂肪酸是一种极性化合物，它的极性分子能牢固地吸附在金属表面上。单分子边界膜吸附在金属表面上的模型见图 2-6（a），图中，“◦”为极性原子团。这些单分子膜整齐地排列，很像一把刷子，边界摩擦类似两把刷子间的摩擦，其模型见图 2-6（b）。多层分子边界膜吸附在金属表面上的模型如图 2-7 所示。分子层离金属表面越远，吸附能力就越弱，剪切强度也就越低。远到若干层以后，就不再受约束。因此，摩擦系数将随着层数的增加而下降。边界膜极薄，润滑油中的一个分子长度平均约为 0.002 μm，即使有 10 层，其厚度也仅为 0.02 μm。金属表面粗糙度的微凸体一般都超过边界膜的厚度，所以，边界润滑不能避免金属间的直接接触，这时仍有较小的摩擦力产生，其摩擦系数 f 约为 0.1。

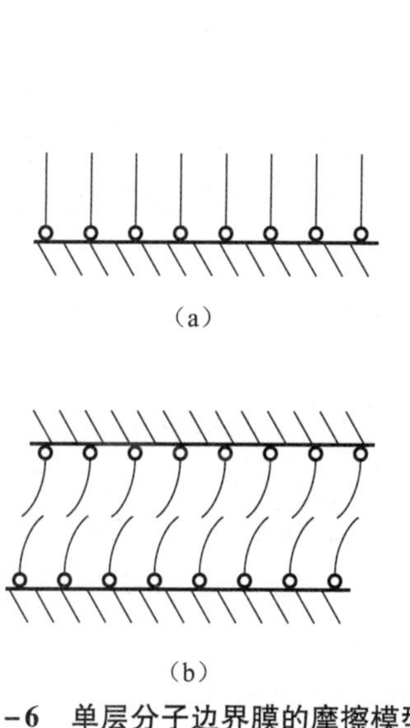

图 2-6　单层分子边界膜的摩擦模型

（a）单层分子边界膜模型；

（b）单层分子边界膜摩擦

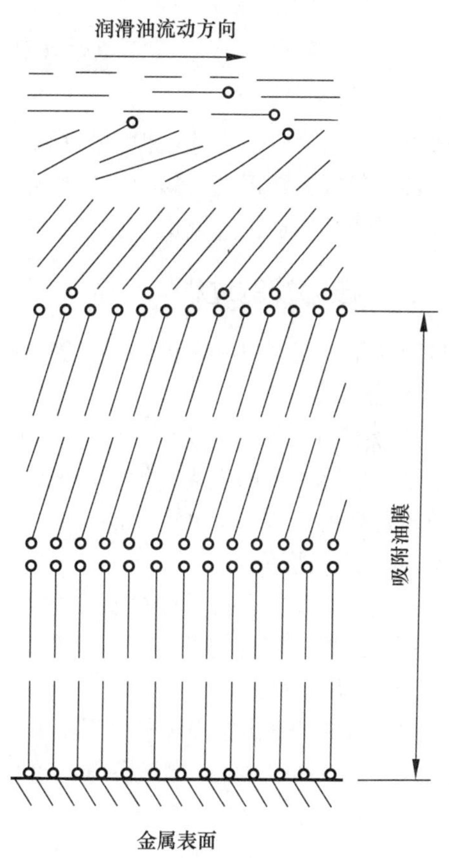

图 2-7　多层分子边界膜的摩擦模型

边界膜按形成的机理，分为吸附膜（物理吸附膜和化学吸附膜）和反应膜。润滑剂中脂肪酸的极性分子牢固地吸附在金属表面上，就形成物理吸附膜。润滑剂中分子受化学键的力作用而吸附在金属表面上，就形成化学吸附膜。反应膜是当润滑剂中含有以原子形式存在的硫、氯、磷时，它们与金属表面进行化学反应而生成的薄膜。这种反应膜与金属表面接合牢固、强度高、熔点高，比前两种膜都更稳定，可在十分苛刻的条件下保护金属表面不发生黏着。

三、液体摩擦（液体润滑）

当摩擦表面间的润滑膜厚度大到足以将两个表面完全隔开，即形成了完全的液体摩擦。

这时，润滑剂中的分子已大都不受金属表面吸附作用的支配而自由移动，摩擦只发生在液体内部的分子之间，所以摩擦系数极小，f约为0.001～0.008，而且不会产生黏着磨损，是理想的摩擦状态。

四、混合摩擦（混合润滑）

当摩擦表面间处于边界摩擦和液体摩擦的混合状态时，称为混合摩擦。在一定条件下，混合摩擦能有效地降低摩擦阻力，其摩擦系数要比边界摩擦时小得多，f约为0.01～0.08，但因仍有金属的直接接触，所以不可避免地仍有磨损存在。

第四节　磨　　损

磨损是表面物质在摩擦过程中不断损失的现象，是伴随摩擦而产生的必然结果。磨损会消耗材料，降低运转精度，影响寿命和可靠性。但磨损并非都是有害的，如机械的跑合、利用磨损原理进行的加工（研磨、抛光）等。

一、一般磨损的过程

试验结果表明，机械零件的一般磨损过程大致分为3个阶段（图2－8）。

1. 跑合阶段

新的摩擦副表面较粗糙，在10%～50%的额定载荷下进行试运转，使摩擦表面的微凸体被磨平，实际接触面积逐步增大，压强减小，磨损速度在跑合开始阶段很快，然后减慢。跑合阶段对新的机械是十分必要的。

2. 稳定磨损阶段

经过跑合，摩擦表面逐步被磨平，微观几何形状发生改变，建立了弹性接触的条件，进入稳定磨损阶段，零件的磨损速度减慢，它表征零件正常工作寿命的长短。

3. 急剧磨损阶段

经过长时间的稳定磨损阶段，积累了较大的磨损量，零件开始失去原来的运动轨迹，磨损速度急剧增加，间隙加大，精度降低，效率减小，出现异常的噪声和振动，最后导致零件失效。

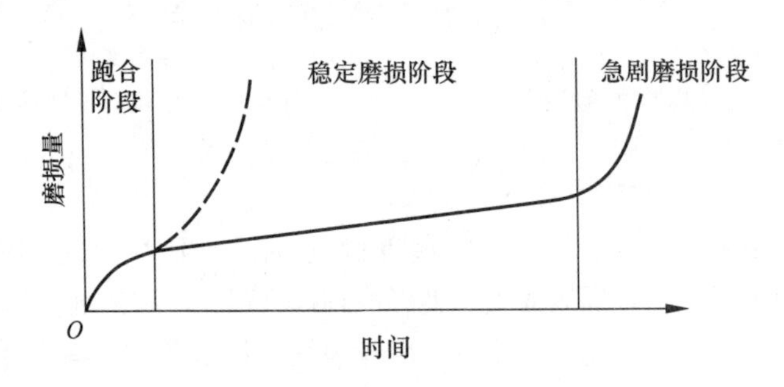

图2－8　机械零件的一般磨损过程

从磨损过程的变化来看，为了提高零件的使用寿命，在设计或使用机械时，应力求缩短跑合期，延长稳定磨损期，推迟急剧磨损期的到来。若设计不当或工作条件恶化，则不能建立稳定磨损阶段，在短暂的跑合后，就立即进入急剧磨损阶段，使零件很快损坏，如图2－8中的虚线所示，要力求避免。

二、磨损的分类

机械零件的磨损，按磨损机理主要分为以下 4 种。

1. 黏着磨损

由于两摩擦表面间产生黏着现象而使材料由一个表面转移到另一个表面而造成的磨损称为黏着磨损。这种被迁移的材料，由于相互摩擦，有时也会又附到原先的表面上，出现逆迁移，或者脱离所黏附的表面而成为游离颗粒。由于摩擦表面的不平，实际是微凸体之间的接触，在一定载荷和相对滑动的作用下，接触点发生塑性变形和剪切，摩擦表面温度升高，使其表面膜破裂，严重时表层金属局部会熔化而发生黏着或胶合。

根据黏着程度的不同，黏着磨损可分为轻微磨损、涂抹、擦伤、胶合和咬死。

（1）轻微磨损。结点抗剪切强度很低，在材料的表层界面上发生剪切破坏，材料的转移极为轻微。

（2）涂抹。剪切发生在软金属表层，被剪切的软金属表层以涂抹的方式转移到较硬的金属表面上。

（3）擦伤。剪切发生在软金属表层以下较浅的部分，破坏方式为沿滑动方向产生细小的划痕，有时硬金属表面也有可能擦伤。

（4）胶合。剪切发生在摩擦表面的双方或一方基体较深处。这是由于表面局部温度较高，压力很大，油膜破裂，从而使金属发生熔焊，而结点的抗剪切强度比基体的高，相对滑动时，表面就“撕裂”和“脱落”并迅速转移。这是一种危害很大的磨损。在高速、重载的机器中，由于摩擦表面发热量大，温度升高，润滑油的黏度降低，破坏了正常的润滑而发生的胶合称为热胶合。在低速、重载的情况下，由于摩擦表面不易形成润滑油膜而发生的胶合称为冷胶合。胶合是重载摩擦副中常见的失效形式。

（5）咬死。由于摩擦副表面瞬时温度很高，黏着区域较大，黏结点的抗剪切强度也比较高，黏结点不能从基体上剪切掉，以致造成相对运动中止的现象，称为咬死。咬死是胶合磨损最严重的表现形式。

2. 磨粒磨损

两接触表面受外界硬质颗粒的作用或粗糙硬表面把软表面擦伤而引起的表面材料脱落的现象称为磨粒磨损。

磨粒磨损属于磨粒的机械作用，这种机械作用在很大程度上与磨粒的硬度、大小和形状以及载荷的作用下磨粒与被磨损面的机械性能有关。实验表明，当金属表面的硬度比磨粒的硬度大 30% 以上时，磨粒磨损量就非常小。

农业机械、矿山机械和工程机械中的许多零件与泥沙矿石等直接接触，磨粒磨损就是其典型的磨损形式。一般的摩擦副中，或由于硬表面的粗糙度大，或由于硬颗粒进入摩擦表面（密封不严、润滑油过滤不严、装配前清洗不净等），都能产生磨粒磨损。

3. 表面疲劳磨损

两摩擦表面受交变接触应力的作用而形成疲劳裂纹或剥落出微片和颗粒而逐步破坏的磨损称为表面疲劳磨损。其特征是在开始破坏阶段表面上出现一个个小小的麻坑，故又称这种磨损为点蚀。齿轮和滚动轴承的主要磨损形式就是表面疲劳磨损。

接触应力及其循环作用是造成表面疲劳磨损的外部条件，接触表面间润滑油的挤压加速了裂纹的扩大，其内因是金属表面上或浅层里由于机械加工留下的划伤之类的刀痕，或者冶炼过程中造成的气孔、夹砂之类的缺陷，或者是金属晶体缺陷而导致的微小裂纹。

4. 腐蚀磨损

摩擦表面在磨损过程中物体表面和周围介质发生化学和电化学作用，造成表面材料的损失称为腐蚀磨损。腐蚀磨损是一种机械化学磨损，单纯的腐蚀不属于磨损范畴，只有当腐蚀和摩擦过程相结合时，才能形成腐蚀磨损。

常见的腐蚀磨损有两类：一类是氧化磨损，另一类是腐蚀介质磨损。

氧化磨损是最常见的一种腐蚀磨损。除了金、铂等少数金属外，绝大多数金属均能与大气中的氧很快形成一层氧化膜，这层氧化膜一旦被磨去，露出的金属表面又会很快生成新的氧化膜。脆性氧化膜易磨损，如氧化铁膜，磨损很快；韧性氧化膜不易磨损，如氧化铝膜。

如果磨损的速度小于氧化的速度，则氧化膜可以起到保护摩擦表面的作用，防止金属表面的微凸体发生黏着，如果磨损的速度大于氧化的速度，则极易造成磨损失效。氧化磨损在一般情况下比较缓慢，但是在高温、潮湿等环境下氧化很快。

摩擦副在酸、碱、盐等特殊介质中的磨损机理与氧化磨损机理相同，但磨损率较高。

应当指出，在机械的实际工作中，相互接触并且相互运动的两工作表面，经常是几种磨损类型同时存在或交替发生，如微动磨损就是一种典型的复合磨损。在微动磨损过程中，可能出现黏着磨损、氧化磨损、磨粒磨损和疲劳磨损等多种磨损类型。在几种磨损中，某种磨损类型会占主导地位，或者会因为工作条件的变化，而引起磨损类型的变化。

三、减少磨损的措施

减少磨损可通过采取以下措施来实现：

1. 根据摩擦副磨损的类型，正确选用摩擦副的材料

在以黏着磨损为主的情况下，摩擦副的选材要考虑以下几点：

（1）塑性材料比脆性材料更易产生黏着磨损。

（2）互溶性大的材料所组成的摩擦副（即相同金属或晶格类型、晶格间距、电子密度、电子化学性能相近的金属）黏着倾向大，互溶性小的材料所组成的摩擦副黏着倾向小。

（3）金属与非金属所组成的摩擦副比同时用金属所组成的摩擦副黏着倾向小。

在以磨粒磨损为主的情况下，一般是提高材料的硬度来提高它的耐磨性。若在重载的情况下，首先是注意材料的韧性，再考虑材料的硬度，以防止折断。此外还要考虑工作环境、磨粒种类和数量、运动速度和状态等因素合理选择材料。

对于在以疲劳磨损为主的情况下，则要求钢材的质量要好，控制钢中有害的非金属杂质。

2. 选用合适的润滑剂和润滑方法

减少摩擦磨损最有效的办法就是在摩擦副区采用液体润滑。一般来说，润滑状态对磨损有很大的影响，边界润滑的磨损值大于液体动压润滑，而液体动压润滑的磨损值又大于液体静压润滑。在润滑油和润滑脂中有针对性地加入某些添加剂，可成倍地提高抗磨损的能力。

3. 表面处理

采用表面耐磨处理，提高机械零件的加工精度和表面质量，可以改善零件表面的耐磨性。如表面热处理、表面化学处理、表面电镀、表面喷涂、气相沉积和离子注入等。

4. 在结构设计中考虑耐磨问题

在结构设计时，应考虑有利于在摩擦表面上形成和保持润滑油膜或保护膜、零件受力的合理分布、摩擦热的散逸、磨损物的排出和防止外界磨粒的侵入等问题。在零件的使用过程中还可以采用转移法，让磨损主要发生在摩擦副中价格低廉并易于更换的零件上，以保护与之配对的重要零件。如支承内燃机曲轴的轴承，采用软金属为衬面的轴瓦，以其本身易于磨损来保护较昂贵的曲轴。

5. 正确的使用和保养

改善机械的工作条件，正确地使用和维护机械。机械的使用寿命与正确的使用和精心的维护关系极大。同样的设备，使用维护的不同，其大修时间或者其寿命可以相差几倍或十几倍。

第五节　润　滑　剂

向承载的两摩擦表面间引入润滑剂，形成润滑膜，这种方法称为润滑。润滑的主要作用是减小摩擦和磨损。此外还有防锈、减振、密封、冷却、清除污染和传递动力等作用。

一、润滑剂的分类

润滑剂可分为固体（石墨、二硫化钼、尼龙等）、半固体（各种润滑脂）、液体（各种润滑油、水、液态金属等）和气体（空气、氦气、氮气等）等四类。

二、润滑剂的主要质量指标

在机械设计中，最常用的润滑剂是润滑油和润滑脂。

1. 润滑油的主要质量指标

（1）黏度。黏度是指润滑油抵抗剪切变形的能力，它标志着油液内部产生相对运动时内摩擦阻力的大小。黏度越大，内摩擦阻力也越大，流动性也就越差。黏度是润滑油最重要的指标，也是选择润滑油的主要依据。

在图2－9中，流体将两平行板隔开，设上平板以速度 U 向右移动，下平板固定不动。黏附于上平板的流体运动速度与上平板相同，黏附于下平板的流体速度为0，中间流体做层流运动并按线性分布。由于黏性，相邻两流层间产生的内摩擦力为 $F_{内}$。根据牛顿黏性流体内摩擦定律，内摩擦力 $F_{内}$ 与两流层间的接触面积 S 及相对速度 $\mathrm{d}u$ 成正比，而与两流层间的距离 $\mathrm{d}z$ 成反比，即

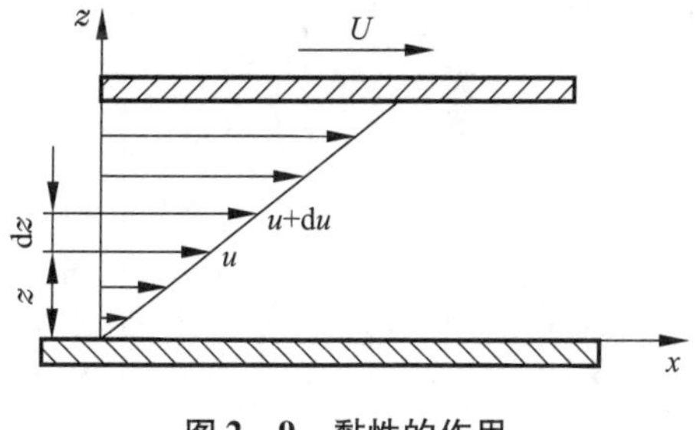

图2－9　黏性的作用

$$F_{内} = \eta S \frac{\mathrm{d}u}{\mathrm{d}z} \tag{2-5}$$

内摩擦力 $F_{内}$ 除以接触面积 S，即得流层间的切应力 τ

$$\tau = \frac{F_{内}}{S} = \eta \frac{\mathrm{d}u}{\mathrm{d}z} \tag{2-6}$$

式中，$\frac{du}{dz}$为流速梯度；η 为比例常数，它表征流体黏性的大小，称为黏度。

黏度不同，流体流动时的内摩擦阻力也不同。而符合上述线性分布的流体，黏度 $\eta \neq 0$，称为牛顿流体。

黏度的度量有多种指标，如动力黏度 η、运动黏度 ν、恩氏黏度 $°E_t$ 等。

在国际单位制中，动力黏度的单位是 $N \cdot s/m^2$（即 Pa · s，单位名称为帕秒）；在厘米克秒制中，动力黏度的单位是 $dyn \cdot s/cm^2$（即 P，单位名称为泊）。动力黏度的物理意义是：流体中相距 1 cm、面积各为 1 cm^2 的两流层，彼此以 1 cm/s 的速度相对运动时，其阻力为1 dyn。泊的百分之一为厘泊（cP）。

在国际单位制中，运动黏度的单位是 m^2/s；在厘米克秒制中，运动黏度的单位是 cm^2/s（即 St，单位名称为斯）或 cSt（厘斯），$1\ St = 1\ cm^2/s = 100\ cSt = 10^{-4} m^2/s$。

润滑油的动力黏度 η 与运动黏度 ν 之间的关系为

$$\eta = \rho\nu \tag{2-7}$$

式中，ρ 为液体密度。

运动黏度没有明确的物理意义，但在理论分析和计算中常碰到动力黏度 η 与密度 ρ 的比值，此时用运动黏度 ν 来代替 η/ρ 比较方便。

恩氏黏度 $°E_t$ 也叫相对黏度，即 200 cm^3 的试验油在规定的温度下（一般为 20 ℃、50 ℃、100 ℃）流过恩氏黏度计的小孔所需要的时间（s）与同体积的蒸馏水在 20 ℃时流过同一小孔所需的时间（s）的比值。以符号 $°E_t$ 表示。

常用润滑油的牌号、运动黏度、闪点和主要用途见表 2-1。

表 2-1　常用润滑油的牌号、运动黏度、闪点和主要用途

名称	牌号	运动黏度/（$mm^2 \cdot s^{-1}$）	闪点（开口）/℃	主要用途
		40 ℃	不低于	
全损耗系统用油（GB 443—1989）	L—AN5	4.14～5.16	80	用于各种高速轻载机械（如精密机械、纺织机械和机床）轴承的润滑和冷却（循环式或油箱式）
	L—AN7	6.12～7.48	110	
	L—AN10	9.00～11.00	130	
	L—AN15	13.5～16.5	150	用于小型机床齿轮箱、传动装置轴承，中小型电机，风动工具等
	L—AN22	19.8～24.2		
	L—AN32	28.8～35.2	150	主要用在一般机床齿轮箱、中小型机床导轨及 100 kW 以上电机轴承等
	L—AN46	41.4～50.6	160	主要用在大型机床、大型刨床
	L—AN68	61.2～74.8	160	
	L—AN100	90.0～110	180	主要用在低速重载的纺织机械及重型机床，锻压、铸工设备
	L—AN150	135～165		

续表

名称	牌号	运动黏度/($mm^2 \cdot s^{-1}$)	闪点（开口）/℃	主要用途
		40 ℃	不低于	
工业闭式齿轮油（GB 5903—2011）	L—CKB 100	90.0～110	180	抗氧防锈工业齿轮油，适用于煤炭、水泥、冶金等工业部门大型封闭式、轻载荷下工作的齿轮传动装置的润滑
	L—CKB 150	135～165	200	
	L—CKB 220	198～242		
	L—CKB 320	288～352		
	L—CKC 32	28.8～35.2	180	中载荷工业齿轮油，适用于煤炭、水泥、冶金等工业部门大型封闭式、保持在正常或中等恒定油温和中等载荷下工作的齿轮传动装置的润滑
	L—CKC 46	41.4～50.6		
	L—CKC 68	61.2～74.8		
	L—CKC 100	90.0～110	200	
	L—CKC 150	135～165		
	L—CKC 220	198～242		
	L—CKC 320	288～352		
	L—CKC 460	414～506		
	L—CKC 680	612～748		
	L—CKC 1000	900～1 100		
	L—CKC 1500	1 350～1 650		
	L—CKD 68	61.2～74.8	180	重载荷工业齿轮油，适用于煤炭、水泥、冶金等工业部门大型封闭式、较高的恒定油温和重载荷下工作的齿轮传动装置的润滑
	L—CKD 100	90.0～110	200	
	L—CKD 150	135～165		
	L—CKD 220	198～242		
	L—CKD 320	288～352		
	L—CKD 460	414～506		
	L—CKD 680	612～748		
	L—CKD 1000	900～1 100		

影响润滑油黏度的因素有压力和温度，黏度随着温度的升高而降低，随着压力的升高而增大。但压力不是非常高时（如小于 20 MPa），变化极微小，可略而不计。温度对黏度的影响很大，在表明润滑油的黏度时，一定要注明温度，否则没有意义。

图 2－10 给出了全损耗系统用油几种常用的牌号在不同温度下的黏度－温度曲线。

（2）油性。油性是指润滑油中极性分子湿润或吸附于摩擦表面形成边界油膜，以减小摩擦和磨损的性能。它是影响边界润滑性能好坏的重要指标，吸附能力越强，油性越好。

（3）闪点和燃点。润滑油蒸气在遇到火焰时能发出闪光（闪烁）时的最低温度称为闪点。闪烁持续 5 s 以上的最低温度称为燃点。它是衡量润滑油易燃性的一个重要指标，对于

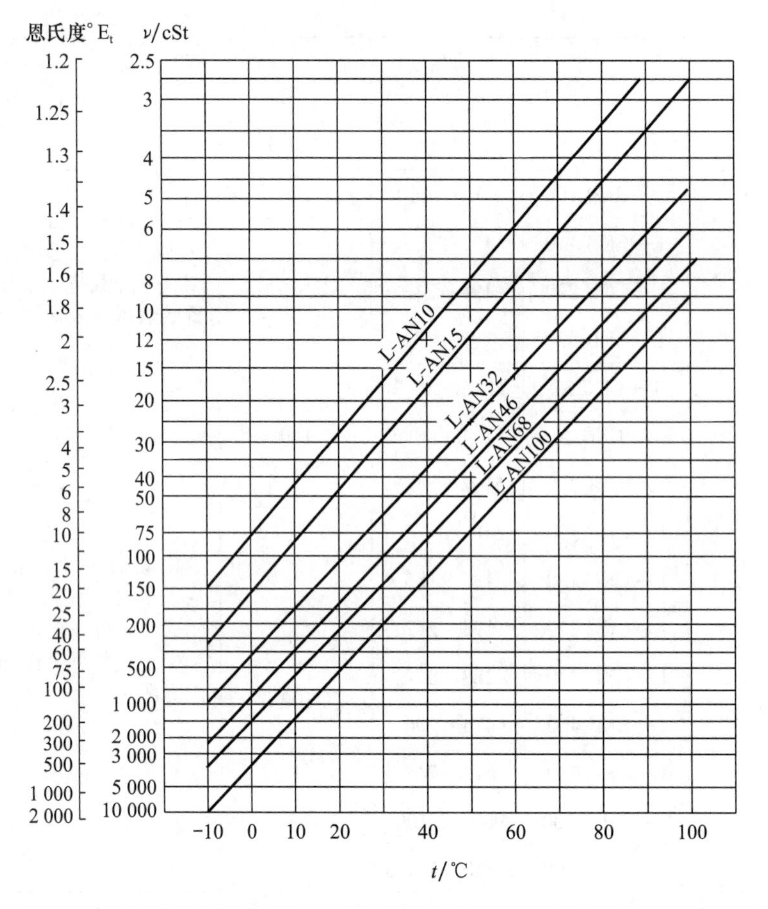

图 2-10　全损耗系统用油几种常用的牌号在不同温度下的黏度-温度曲线

高温下工作的机械，应选择闪点比工作温度高 30 ℃ ~40 ℃的润滑油。

（4）凝点。润滑油冷却到完全失去流动性时的温度称为凝点。它是润滑油低温工作特性的一个重要指标，低温工作时应选择凝点低的润滑油。

2. 润滑脂的主要质量指标

润滑脂是润滑油与稠化剂的混合物，常用的稠化剂是金属皂，如钙基皂、钠基皂和锂基皂。润滑脂的主要质量指标有：

（1）锥入度。一个标准锥体，在 25 ℃恒温下，从润滑脂表面自由下沉，经过 5 s 后所到达的深度即为锥入度（以 0.1 mm 计）。它是表征润滑脂稀稠程度的指标，锥入度越大，润滑脂就越稀。

（2）滴点。在规定的加热条件下，润滑脂从标准量杯的孔口滴下第 1 滴时的温度。它是表征润滑脂耐高温的能力。润滑脂的工作温度至少应低于滴点 20 ℃。

润滑脂对载荷和速度的变化有较大的适应范围，受温度的影响不大，但摩擦损耗较大，机械效率较低，故不宜用于高速。

常用润滑脂的牌号、性能指标和主要用途见表 2-2。

三、润滑剂的选用

润滑剂的种类牌号繁多，使用时应根据机械的工作条件、工作温度、周围环境以及润滑部位和方式等因素来合理选择。

表 2－2　常用润滑脂的牌号、性能指标和主要用途

名称	牌号	锥入度/（0.1 mm）	滴点（≥）/℃	使用温度/℃	主要用途
钙基润滑脂（GB/T 491—2008）	1 号	310～340	80	－10～60	用于轻载和有自动给脂系统的轴承及小型机械
	2 号	265～295	85		用于轻载、中小型滚动轴承和轻载、高速机械的摩擦面润滑
	3 号	220～250	90		用于中型电机的滚动轴承、发电机及其他中载、中速摩擦面润滑
	4 号	175～205	95		用于重载、低速的机械与轴承
钠基润滑脂（GB/T 492—1989）	2 号 3 号	265～295 220～250	160 160	－10～110	耐高温但不抗水，适用于各种类型的电动机、发电机、汽车、拖拉机和其他机械设备的高温轴承
通用锂基润滑脂（GB/T 7324—2010）	1 号 2 号 3 号	310～340 265～295 220～250	170 175 180	－20～120	是一种多用途的润滑脂，适用于－20 ℃～140 ℃范围内的各种机械设备的滚动和滑动轴承

1. 润滑剂种类的选择

（1）润滑油。润滑及散热效果好，大多数情况下使用油润滑。

（2）润滑脂。易保持在润滑部位，润滑系统简单，密封性能好，适用于不易加油或低速重载的场合。

（3）气体。黏度极低，摩擦系数小，适用于高速轻载的场合，如磨床高速磨头。

（4）水。常用于橡胶、塑料等零件中，本身就有自润滑功能。

（5）固体。摩擦系数高，散热性差，适用于特殊的场合，如高温、高压、极低温、真空、强辐射、不容易给油或不允许有污染的场合，如直接与食品接触的零件的润滑。

2. 润滑剂牌号的选择

润滑剂的种类确定好以后，牌号的选用可以从以下几个方面考虑：

（1）工作载荷。润滑油的黏度越大，油膜承载能力就越高。故载荷大，应选用黏度大、油性好的润滑油。受冲击振动或往复运动的零件，因不易形成液体油膜，要选择黏度大的润滑油，或锥入度小的润滑脂，或用固体润滑剂。

（2）工作速度。低速不易形成动压油膜，宜选用黏度大的润滑油，或锥入度小的润滑脂。高速时，为了减少功率损失，宜选用黏度小的润滑油，或锥入度大的润滑脂。

（3）工作温度。低温时，应选用黏度小凝点低的润滑油或锥入度大的润滑脂。高温时，宜选用黏度大、闪点高、抗氧化性好的润滑油或锥入度小的润滑脂。工作温度变化大的场合，应选用黏温特性好的润滑油。在极低温下工作，当采用抗凝剂也不能满足要求时，应选用固体润滑剂。

（4）表面粗糙度和间隙。表面粗糙度大和间隙大，要求用黏度大的润滑油或锥入度小的润滑脂。表面粗糙度小和间隙小，要选用黏度小的润滑油或锥入度大的润滑脂。

（5）结构特点及环境条件。当被润滑零件为垂直润滑面的开式齿轮、链条等时，应采用高黏度的润滑油或锥入度小的润滑脂，以保持较好的附着性。在多尘、潮湿环境下，宜采用抗水性好的钙基、锂基润滑脂。在强酸碱化学介质环境或真空、辐射等特殊条件下，常用固体润滑剂。

四、润滑油和润滑脂中的添加剂

普通润滑油和润滑脂在一些十分恶劣的工作条件下（如高温、低温、重载、真空等）会很快劣化变质，失去工作能力。为了提高它们的品质和使用性能，常加入某些分量很小（从百分之几到百万分之几）但对其使用性能的改善起巨大作用的物质，这些物质称为添加剂。

添加剂的种类很多，起到的作用也各不相同：①加入抗氧化添加剂（如二烷基代磷酸盐等）可抑制润滑油氧化变质；②加入降凝添加剂（如烷基萘等）可降低油的凝点；③加入油性添加剂（如硬脂酸铝、磷酸三乙酯等）可提高油性；④加入极压添加剂（又称EP添加剂，如二苯化二硫、二锌二硫化磷酸锌等）可以在金属表面形成一层保护膜，以减轻磨损；⑤加入清净分散添加剂（如烷基酚盐、丁二酰亚胺等）可使油中的胶状物分散和悬浮，以防止堵塞油路和减少因沉积而造成的剧烈磨损。

第六节　润滑状态

本节主要讨论工程中最常见的在摩擦面加入润滑油后形成的润滑系统。根据润滑油在表面间的不同状态，可将润滑分为液体润滑、边界润滑和混合润滑等三种状态，如图2－11所示。

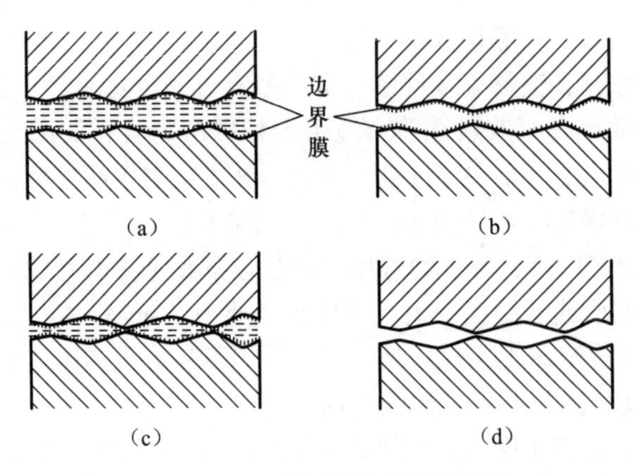

图2－11　三种润滑状态及干摩擦

（a）液体润滑；（b）边界润滑；（c）混合润滑；（d）干摩擦

一、液体润滑

按照油膜形成的方法可将液体润滑分为液体静压润滑和液体动压润滑两种。

1. 液体静压润滑

液体静压润滑是指利用外部装置将具有一定压力的液体送入摩擦表面之间，以建立压力油膜，即借助液体静压力平衡外载荷的润滑，见图 2－12。

2. 液体动压润滑

液体动压润滑是指依靠摩擦表面间形成收敛油楔和相对运动，并借助于黏性液体动力学作用产生油膜压力，以平衡外载荷的润滑，见图 2－13。形成液体动压润滑的条件见滑动轴承一章。

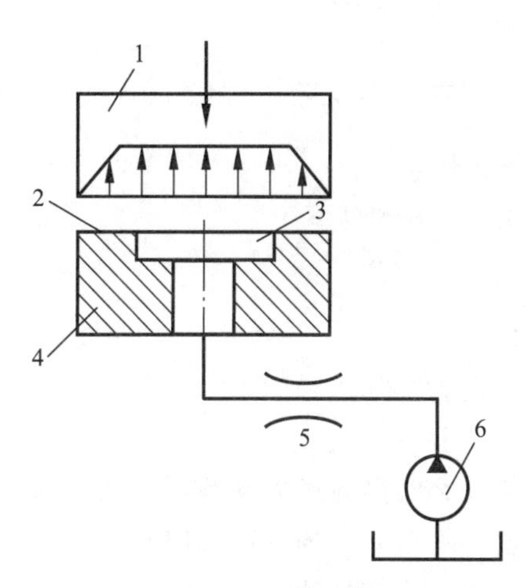

图 2－12　液体静压润滑

1—运动件；2—封油面；3—油腔；
4—承导件；5—补偿元件；6—液压泵

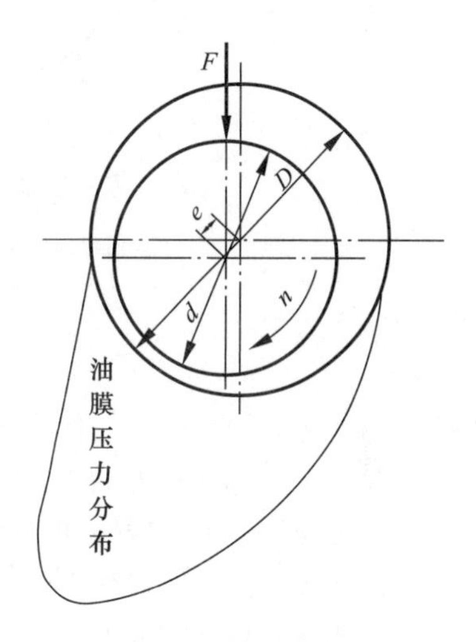

图 2－13　液体动压润滑

二、边界润滑

特点见前述“边界摩擦”。

三、混合润滑

特点见前述“混合摩擦”。

四、润滑状态的转化

在有润滑的状态下，摩擦表面究竟处于何种润滑状态，取决于两摩擦表面的粗糙度和润滑膜的厚度。对于具有一定粗糙度的特定摩擦表面，改变某些影响润滑膜厚度的参数（如载荷、相对滑动速度和润滑剂的黏度等），将出现不同的摩擦状态，即发生边界润滑、混合润滑和液体润滑之间的转化。

图 2－14 是根据滑动轴承实验结果得到的润滑状态转化曲线，或称为摩擦特性曲线。摩擦系数 f 随着 $\eta v/p$ 而变化。其中 η 为润滑油的黏度，v 为相对滑动速度，p 为润滑油膜压力。

由图可见，摩擦系数f的大小可反映出该轴承所处的润滑状态。如果该轴承处于液体润滑状态（Ⅲ区），那么改变工作条件，如加大载荷或者减小滑动速度，都会使润滑状态从液体润滑（Ⅲ区）向混合润滑（Ⅱ区）转化，继续加大载荷或者减小滑动速度，将向边界润滑（Ⅰ区）转化，摩擦系数急剧增大，如果再进一步加大载荷或者减小滑动速度，将会使边界膜破裂，出现明显的黏着现象，磨损率增大，表面温度升高，最后可能出现胶合或“咬死”。

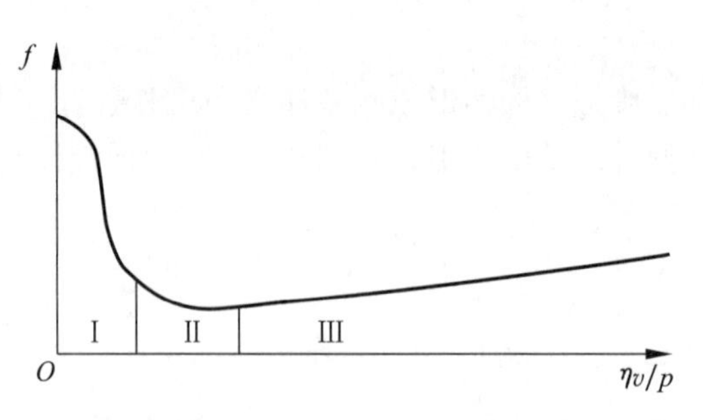

图2-14　润滑状态转化曲线

Ⅰ—边界润滑区；Ⅱ—混合润滑区；Ⅲ—液体润滑区

习　题

2-1　两摩擦表面接触时，何为名义接触面积？何为实际接触面积？

2-2　摩擦磨损都是有害的吗？为什么？

2-3　边界摩擦、混合摩擦和液体摩擦的特性是什么？简述边界摩擦形成的机理。

2-4　机械零件的磨损过程大致可分为几个阶段？每个阶段的特征如何？

2-5　为防止黏着磨损的发生，在摩擦副材料选择上应如何考虑？

2-6　润滑的主要作用是什么？常用的润滑剂有哪些？

2-7　润滑油的主要性能指标有哪些？润滑脂的主要性能指标有哪些？

2-8　润滑油中为什么要加入添加剂？极压添加剂的主要作用是什么？

2-9　实现液体润滑的方法有哪两种？它们的工作原理有什么不同？

2-10　摩擦表面所处的润滑状态主要取决于什么因素？简述润滑状态的转化。

第二篇　连接设计

在机器中，由于制造、装配、维修及运输的需要，常常把结构复杂、尺寸庞大或容易损坏的构件设计、加工成若干简单的机械零件，然后把它们连接起来。机器中的连接有两大类：机器工作时，被连接的零（部）件间可以有相对运动的连接，称为机械动连接，如机械原理中所讨论的各种运动副；机器工作时被连接的零（部）件间不允许产生相对运动的连接，称为机械静连接。机械制造中所说的连接主要指静连接。除了指明为动连接外，本书中的连接专指机械静连接。

机械静连接又可分为可拆连接和不可拆连接。可拆连接指拆开连接时，不破坏连接中的零件，重新安装，即可继续使用的连接，如螺纹连接、键连接和销连接；不可拆连接指拆开连接时，要破坏连接中的零件，因而不能继续使用的连接，如焊接、粘接和铆接。另外，还有介于两者之间的过盈连接。

本篇内容主要介绍机器中常用的连接方法、特点、适用场合以及相应的设计方法。

第三章
螺 纹 连 接

第一节 概　　述

利用带有螺纹的零件构成的可拆连接，称为螺纹连接。因其结构简单、装拆方便、形式多样、连接可靠、互换性好等优点，在机械及各种工程结构中应用十分广泛。各种螺纹及其连接件大多数均已形成系列并制定了国家标准，而且由专门的标准件厂商生产制造，供用户选用。

一、螺纹的基本参数

圆柱螺纹的主要参数（图3－1）如下。

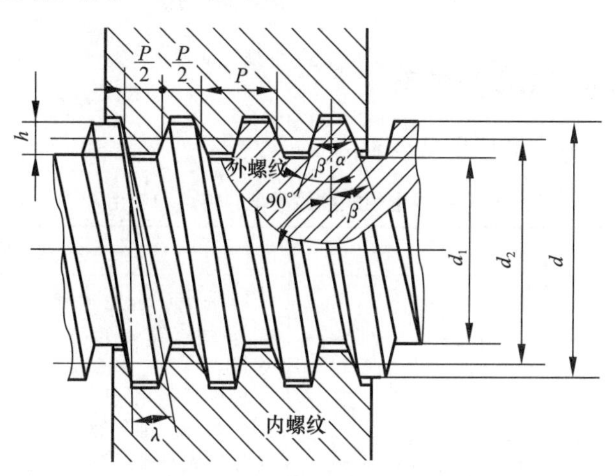

图3－1　圆柱螺纹的主要参数

（1）大径 $d(D)$。与外螺纹牙顶或内螺纹牙底相重合的假想圆柱面直径，在标准中定为公称直径。

（2）小径 $d_1(D_1)$。与外螺纹牙底或内螺纹牙顶相重合的假想圆柱面直径。

（3）中径 $d_2(D_2)$。假想圆柱的直径，该圆柱母线上牙型的沟槽和凸起宽度相等。

（4）螺距 P。螺纹相邻两牙在中径上对应两点间的轴向距离。

（5）线数 n。螺纹的螺旋线数目。连接用螺纹要求有自锁性，故多用单线螺纹。

（6）导程 S。螺纹上任一点沿同一条螺旋线转一周所移动的轴向距离，$S=nP$。

（7）旋向。螺纹有右旋和左旋之分。顺时针旋转时旋入的螺纹，称右旋螺纹；逆时针旋转时旋入的螺纹，称左旋螺纹。工程上常用右旋螺纹。

（8）牙型角 α。螺纹轴向剖面内，螺纹牙型两侧边的夹角。

（9）牙型斜角 β。轴向剖面内，螺纹牙型的侧边与螺纹轴线的垂线间的夹角。对三角形、梯形等对称牙型，$\beta=\alpha/2$。

（10）工作高度 h。内、外螺纹的径向接触高度。

（11）螺纹升角 λ。在中径圆柱面上，螺旋线的切线与垂直于螺纹轴线的平面间的夹角，由图3－2可知

$$\tan\lambda = \frac{S}{\pi d_2} = \frac{nP}{\pi d_2} \qquad (3-1)$$

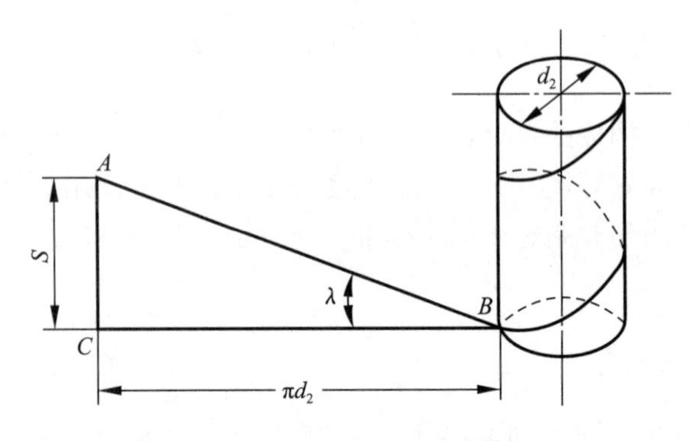

图3－2　螺纹升角 λ 的计算图

二、螺纹的种类、特点及应用

常用螺纹的类型、特点和应用见表3－1。

表3－1　常用螺纹的类型、特点和应用

螺纹类型	牙型图	特点和应用
普通螺纹	60°	应用最广，是米制三角形螺纹，牙型角 $\alpha=60°$，当量摩擦角大，自锁性能好，主要用于连接。 公称直径相同时，按螺距 P 的大小分为粗牙和细牙两种。细牙螺纹的螺距较小、牙细、小径及中径较大、螺纹升角较小，因而自锁性能好，对螺纹零件的强度削弱小，但磨损后易滑丝。细牙螺纹常用于细小零件和薄壁管件或受冲击、振动和变载荷的连接中，也可作为微调机构的调整螺纹使用
圆柱管螺纹	55°	英制细牙三角形螺纹，牙型角 $\alpha=55°$，牙顶有较大圆角，内外螺纹旋合后无径向间隙。公称直径近似为管子内径，紧密性好。多用于压力为1.568 MPa以下的水、煤气管道，润滑和电线管路系统

续表

螺纹类型	牙型图	特点和应用
矩形螺纹		牙型多为正方形，牙型角为0°，所以当量摩擦角小，效率高。但牙根强度差，磨损后无法补偿间隙，定心性能差。矩形螺纹尚未标准化，很少采用，目前已逐渐被梯形螺纹所代替
梯形螺纹	30°	牙型为等腰梯形，牙型角 $\alpha=30°$，与矩形螺纹相比，传动效率略低，但工艺性好、牙根强度高、对中性好，是应用较广的传动螺纹
锯齿形螺纹	30° 3°	牙型为不等腰梯形，工作面的牙型斜角为3°，非工作面的牙型斜角为30°，它综合了矩形螺纹效率高和梯形螺纹牙根强度高的特点。外螺纹牙根有较大圆角，以减小应力集中。螺纹副的大径处无间隙，便于对中。用于单向受力的传力螺旋中，如螺旋压力机

三、螺纹副的受力分析、自锁和效率

1. 螺纹副中轴向力与圆周力的关系

图3－3为矩形螺纹副的受力关系，F 为螺纹副的轴向载荷，假定载荷 F 集中作用在螺纹中径 d_2 的圆周上的一点。当螺母在转矩 T 作用下等速旋转并沿载荷 F 相反方向移动（此时相当于拧紧螺母）时，螺母相当于滑块在水平力 F_t 推动下沿斜面等速上升，如图3－4（a）所示。图中 λ 为螺纹升角，f 为摩擦系数，$\rho=\arctan f$ 为摩擦角，N 为摩擦副间的法向反力，R 为摩擦力 Nf 与法向反作用力 N 的合力。由于螺母做等速运动，所以作用在螺母上的三个力 F、F_t、R 构成一平衡力系。由力的封闭三角形图3－4（b）可得此三个力的关系为

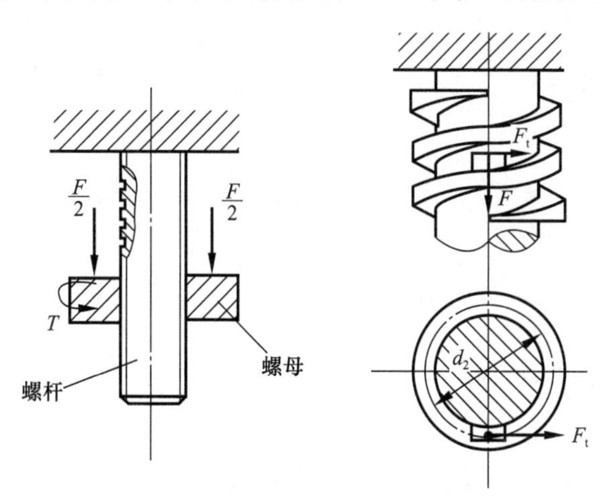

图3－3　矩形螺纹副的受力关系

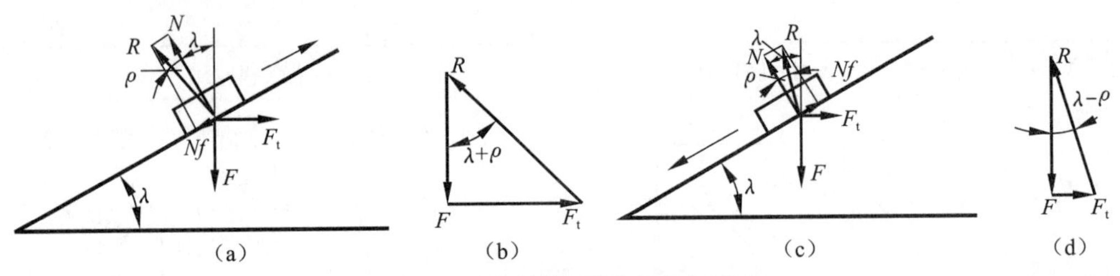

图3-4　矩形螺纹副的受力分析图

(a) 拧紧螺母受力图；(b) 拧紧螺母力的封闭三角形；(c) 松退螺母受力图；(d) 松退螺母力的封闭三角形

$$F_t = F\tan(\lambda + \rho) \tag{3-2}$$

拧紧螺母克服螺纹副中阻力所需拧紧力矩 T 为

$$T = \frac{1}{2}F\tan(\lambda + \rho)d_2 \tag{3-3}$$

当螺母等速旋转并沿载荷 F 的方向移动（相当于松退螺母）时，相当于滑块沿斜面等速下滑，如图3-4（c）所示，由力的封闭三角形（图3-4（d））得

$$F_t = F\tan(\lambda - \rho) \tag{3-4}$$

对于牙型角 α 不等于0的三角形螺纹和梯形螺纹等，在轴向载荷作用下，螺母在转矩 T 作用下等速旋转并沿载荷 F 的反向或同向移动时，相当于一楔形重物沿槽形斜面上升或下降（图3-5）。这时，将上述摩擦系数 f 改为当量摩擦系数 $f_v\left(f_v = \dfrac{f}{\cos\beta}\right)$，将摩擦角 ρ 改为当量摩擦角 $\rho_v(\rho_v = \arctan f_v)$，就可得到牙型角不等于0的各种螺纹的力和力矩的计算公式。

拧紧螺母时，

$$F_t = F\tan(\lambda + \rho_v) \tag{3-5}$$

$$T = \frac{1}{2}F\tan(\lambda + \rho_v)d_2 \tag{3-6}$$

松退螺母时，

$$F_t = F\tan(\lambda - \rho_v) \tag{3-7}$$

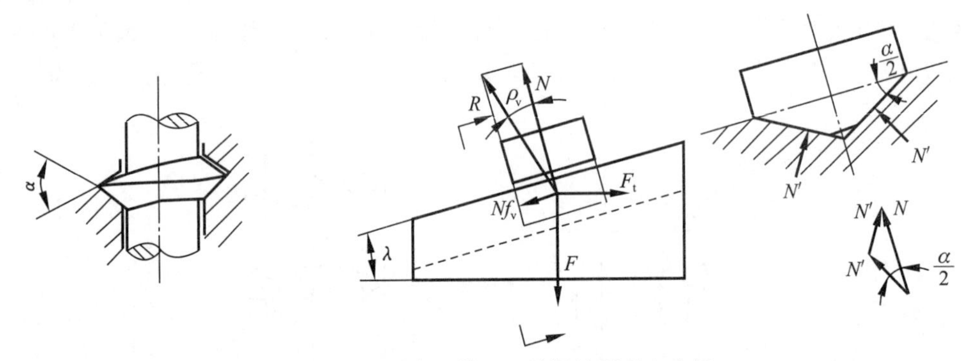

图3-5　牙型角不等于0的螺纹副受力分析

2. 螺纹传动的效率

旋转螺母一周所做的功为 $W_1 = 2\pi T$，其中有效功 $W_2 = FS$，S 为螺纹导程。因此螺纹传动的效率为

$$\eta = \frac{W_2}{W_1} = \frac{FS}{2\pi T} = \frac{F\pi d_2\tan\lambda}{F\pi d_2\tan(\lambda + \rho_v)} = \frac{\tan\lambda}{\tan(\lambda + \rho_v)} \tag{3-8}$$

由式（3-8）可知，螺纹的效率 η 与螺纹升角 λ 和当量摩擦角 ρ_v 有关。一般情况下，螺纹

线数越多，升角越大，效率越高；相反，升角越小，效率越低。三角形螺纹的当量摩擦角 ρ_v 大于矩形螺纹的当量摩擦角，因此效率低于矩形螺纹的效率。由于传动螺纹要求效率高、省力，所以多采用矩形、梯形或锯齿形螺纹；而连接螺纹要求连接紧固、自锁性好，所以多采用三角形螺纹。

3. 螺纹的自锁

图 3－3 所示的螺纹副，当受力螺母（相当于滑块）升高到一定高度时，如将力 F_t 去掉，螺母不会在轴向载荷的作用下自动旋转下降，这种现象称为螺纹自锁。

现从图 3－6 所示螺纹的受力关系分析螺纹的自锁条件。

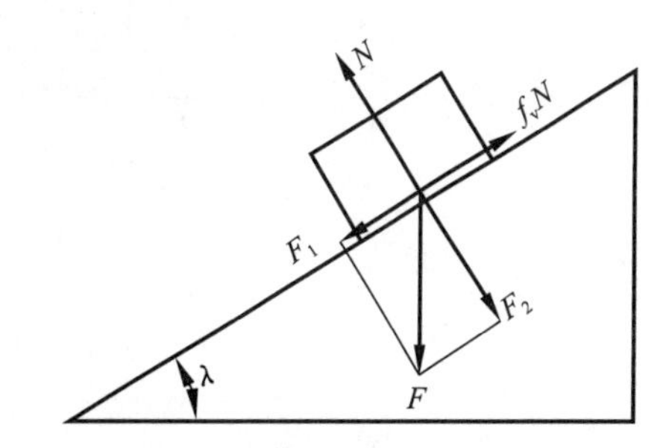

图 3－6　螺纹自锁的受力分析

当去掉 F_t 后，滑块在载荷 F 作用下，有向下滑动趋势，这相当于轴向载荷 F 使螺母反转下降。使滑块（相当螺母）下滑的分力 F_1 为

$$F_1 = F\sin\lambda$$

阻碍滑块（螺母）下滑的摩擦力为

$$f_vN = f_vF\cos\lambda$$

要使螺纹自锁，F_1 应小于等于摩擦力 f_vN，即

$$F\sin\lambda \leqslant f_vN = f_vF\cos\lambda = F\cos\lambda\tan\rho_v$$

所以螺纹的自锁条件为

$$\lambda \leqslant \rho_v \tag{3-9}$$

为了保证连接螺纹具有自锁性，标准中对连接螺纹基本参数和尺寸关系作了合理匹配。例如常用普通粗牙螺纹的螺纹升角 $\lambda = 1°42' \sim 3°2'$，小于当量摩擦角，因而都是自锁的。至于普通细牙螺纹，因螺距小，螺纹升角也小，所以自锁性更好。

第二节　螺纹连接的类型与结构

一、螺纹连接的基本类型

螺纹连接的主要类型有螺栓连接、双头螺柱连接、螺钉连接和紧定螺钉连接等。

1. 螺栓连接

螺栓连接使用螺栓和螺母将被连接件连接起来，通常用于被连接件不太厚和两边有足够的装配空间的场合。

常见的普通螺栓连接如图 3－7（a）所示。在被连接件上开有通孔，插入螺栓后在螺栓的另一端拧上螺母。这种连接的结构特点是被连接件上的通孔和螺栓杆间留有间隙，通孔的加工精度要求低，结构简单，装拆方便，使用时不受被连接件材料的限制，因此应用极广。

图 3－7（b）是铰制孔用螺栓连接。孔和螺栓杆间采用基孔制过渡配合（H7/m6、H7/n6）。这种连接通常用于利用螺栓杆承受横向载荷或精确固定被连接件相对位置的场合，但孔的加工精度要求较高。

2. 双头螺柱连接

双头螺柱的两端均有螺纹，其一端旋入被连接零件的螺纹孔内，另一端与螺母旋合而将两被连接件连接，如图 3－8（a）所示。这种连接适用于结构上不能采用螺栓连接，例如被

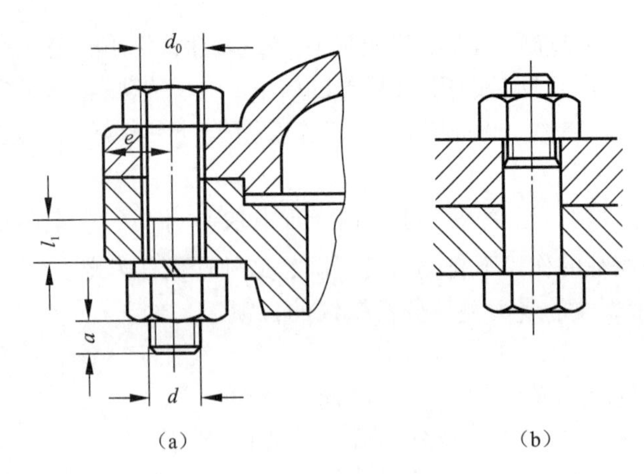

图3-7　螺栓连接

（a）普通螺栓连接；（b）铰制孔用螺栓连接

螺纹余留长度 l_1：

静载荷 $l_1 \geqslant (0.3 \sim 0.5)d$；

变载荷 $l_1 \geqslant 0.75d$；

冲击载荷或弯曲载荷 $l_1 \geqslant d$；

铰制孔用螺栓连接 $l_1 \approx d$；

螺纹伸出长度 $a = (0.2 \sim 0.3)d$；

螺栓轴线到被连接件边缘的距离 $e = d + (3 \sim 6)$ mm；

通孔直径 $d_0 = 1.1d$

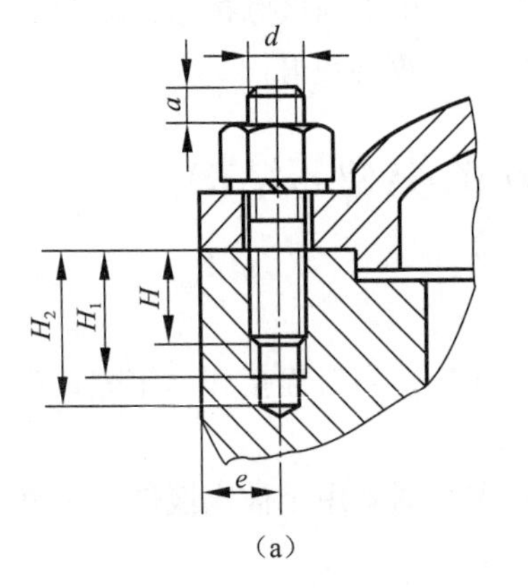

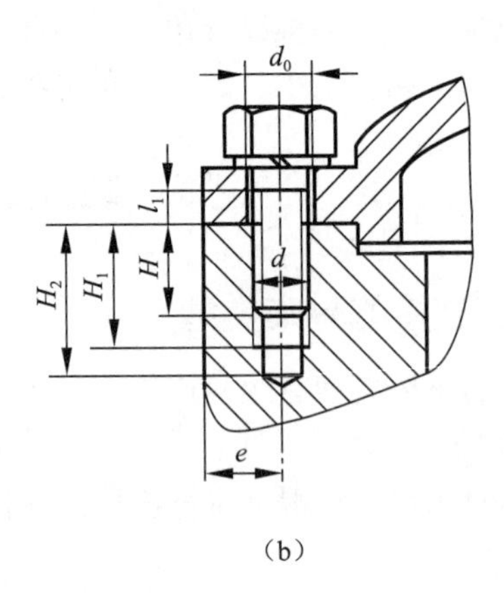

图3-8　双头螺柱、螺钉连接

（a）双头螺柱连接；（b）螺钉连接

拧入深度 H，当带螺纹孔件材料为

钢或青铜 $H \approx d$；

铸铁 $H = (1.25 \sim 1.5)d$；

铝合金 $H = (1.5 \sim 2.5)d$

螺纹孔深度

$H_1 = H + (2 \sim 2.5)P$　（式中 P 为螺距）

钻孔深度

$H_2 = H_1 + (0.5 \sim 1)d$

d_0、l_1、a、e 同螺栓连接

连接件之一太厚或不宜制成通孔、材料又比较软（例如用铝镁合金制造的壳体），且需要经常装拆时的场合。

3. 螺钉连接

如图 3－8（b）所示，螺钉连接是用螺栓（或螺钉）直接拧入被连接件之一的螺纹孔内实现的连接，不用螺母。在结构上比双头螺柱连接简单、紧凑。其用途和双头螺柱连接相似，但经常装拆时，易使螺纹孔磨损，可能导致被连接件报废，故多用于受力不大，不需要经常装拆的场合。

4. 紧定螺钉连接

如图 3－9 所示，紧定螺钉连接是利用拧入零件螺纹孔中的螺钉末端顶住另一零件的表面或顶入相应的凹坑中，以固定两个零件的相对位置，并可传递不大的力或转矩。

螺钉除作为连接和紧定用外，还可用于调整零件位置，如作为机器、仪器的调节螺钉等。

除上述四种基本螺纹连接形式外，还有一些特殊结构的连接。例如专门用于将机座或机架固定在地基上的地脚螺栓连接（图 3－10），装在机器或大型零部件的顶盖或外壳上便于起吊用的吊环螺钉连接（图 3－11），用于工装设备中的 T 形槽螺栓连接（图 3－12）等。

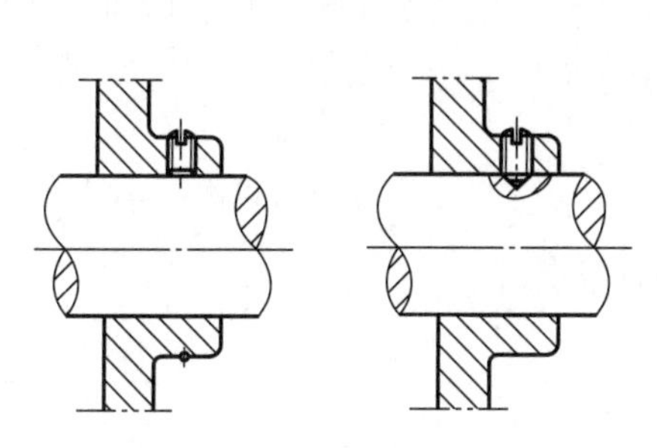

图 3－9　紧定螺钉连接

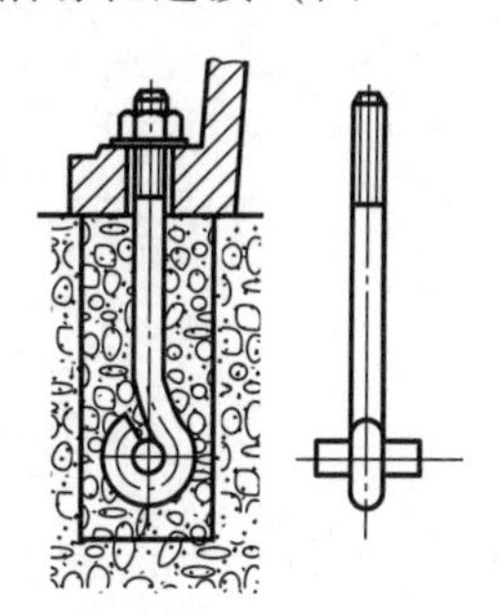

图 3－10　地脚螺栓连接

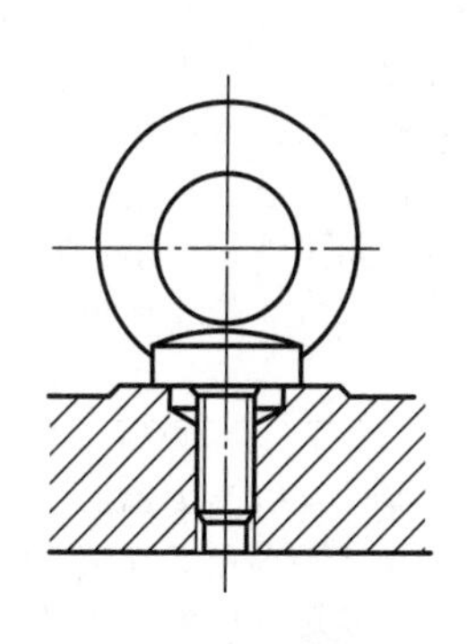

图 3－11　吊环螺钉连接

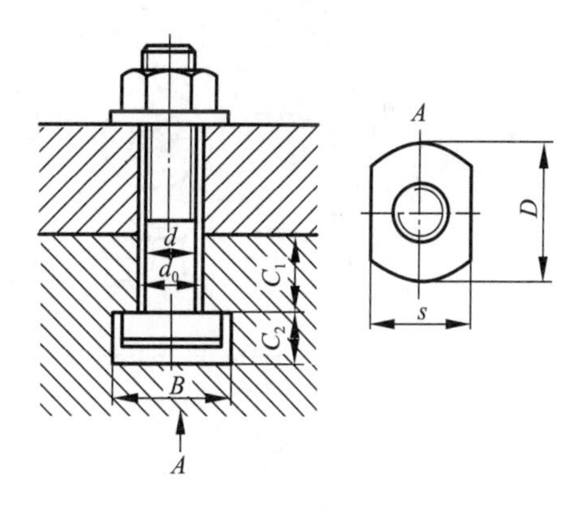

图 3－12　T 形槽螺栓连接

$d_0=1.1d$；$C_1=(1\sim1.5)d$；

$C_2=(0.7\sim0.9)d$；$B=(1.75\sim2.0)d$

二、标准螺纹连接件

螺纹连接件的类型很多，机械制造中常用的螺纹连接件有螺栓、双头螺柱、螺钉、螺母和垫片等，这些零件的结构形式和尺寸都已经标准化，设计时可根据有关标准选用。它们的结构特点及应用见表3－2。

表3－2 常用标准螺纹连接件

类型	图例	结构特点和应用
六角头螺栓	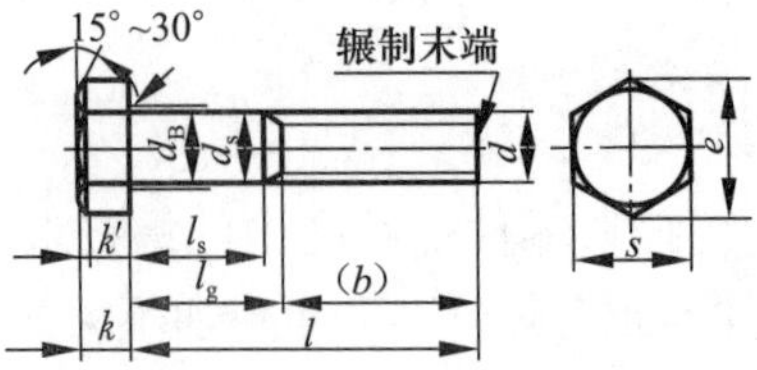	种类很多，应用最广，精度分为A、B、C三级，通用机械制造中多用C级。螺栓杆部可制出一段螺纹或全螺纹，螺纹可用粗牙或细牙（A、B级）
双头螺柱	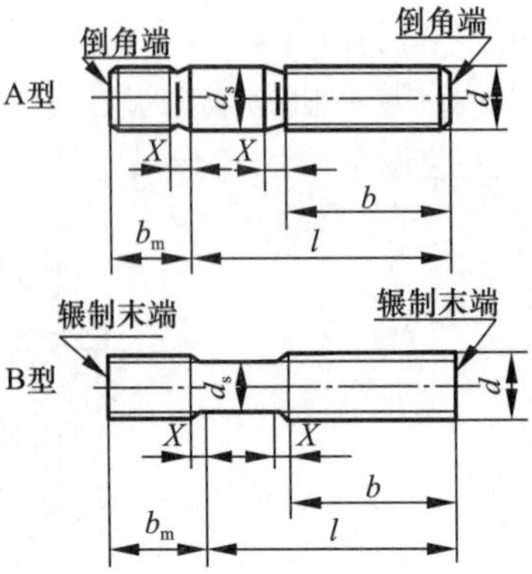	螺柱两端都制有螺纹，两端螺纹可相同或不同，螺柱可带退刀槽或制成腰杆，也可制成全螺纹的螺柱。螺柱的一端常用于旋入铸铁或有色金属的螺纹孔中，旋入后即不拆卸，另一端则用于安装螺母以固定其他零件
螺钉	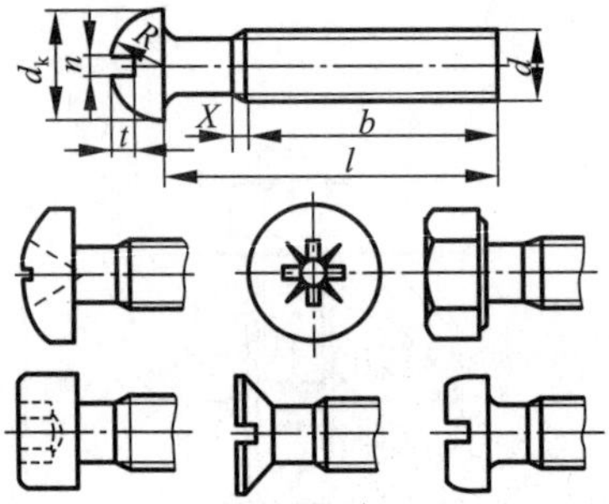	螺钉头部形状有圆头、扁圆头、六角头、圆柱头和沉头等。头部起子槽有一字槽、十字槽和内六角孔等形式。十字槽螺钉头部强度高、对中性好，便于自动装配。内六角孔螺钉能承受较大的扳手力矩，连接强度高，可代替六角头螺栓，用于要求结构紧凑的场合
紧定螺钉	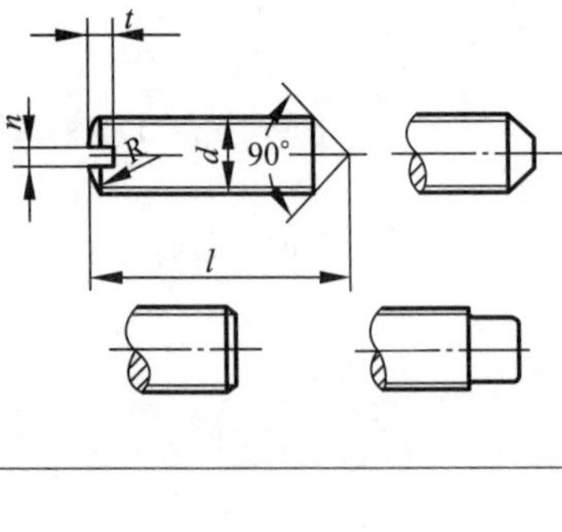	紧定螺钉的末端形状常用的有锥端、平端和圆柱端。锥端适用于被紧定零件的表面硬度较低或不经常拆卸的场合；平端接触面积大，不伤零件表面，常用于顶紧硬度较大的平面或经常拆卸的场合；圆柱端压入轴上的凹坑中，适用于紧定空心轴上的零件位置

续表

类型	图例	结构特点和应用
自攻螺钉	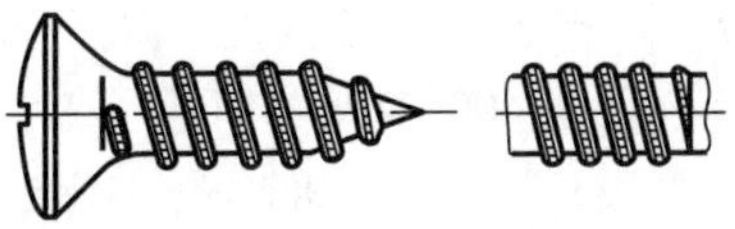	螺钉头部形状有圆头、平头、半沉头及沉头等。头部起子槽有一字槽、十字槽等形式。末端形状有锥端和平端两种，多用于连接金属薄板、轻合金或塑料零件。在被连接件上可不预先制出螺纹，在连接时利用螺钉直接攻出螺纹。螺钉材料一般用渗碳钢，热处理后表面硬度不低于45 HRC。自攻螺钉的螺纹与普通螺纹相比，在相同的大径时，自攻螺纹的螺距大而小径则稍小，已标准化
六角螺母	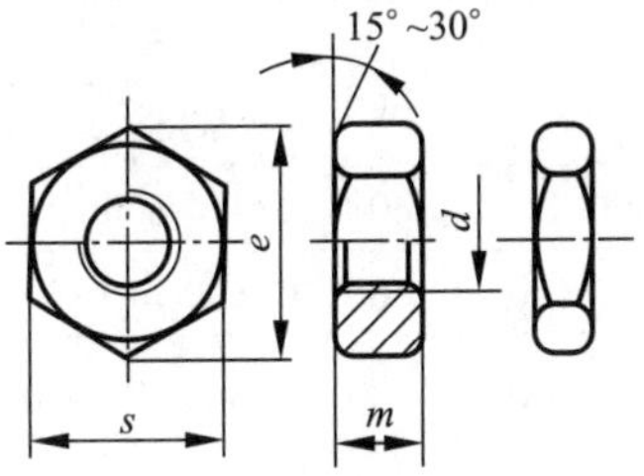 15°~30° e d s m	根据螺母厚度不同，分为标准的和薄的两种。薄螺母常用于受剪力的螺栓上或空间尺寸受限制的场合。螺母的制造精度和螺栓的相同，分为A、B、C三级，分别与相同级别的螺栓配用
圆螺母	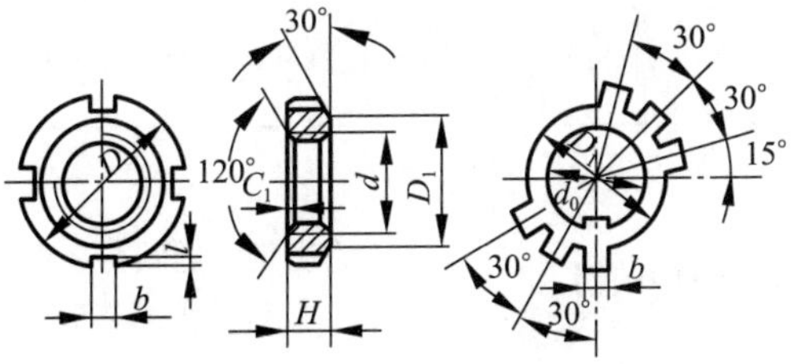 30° 120° C_1 d D_1 b H 30° 30° 15° 30° b 30°	圆螺母常与止动垫圈配用，装配时将垫圈内舌插入轴上的槽内，而将垫圈的外舌嵌入圆螺母的槽内，螺母即被锁紧。常作为滚动轴承的轴向固定用
垫圈	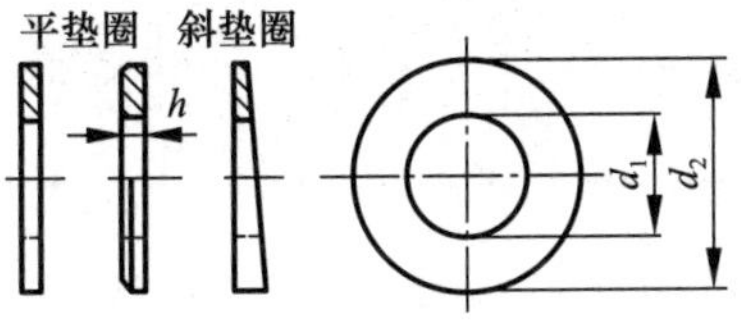 平垫圈　斜垫圈 h d_1 d_2	垫圈是螺纹连接中不可缺少的附件，常放置在螺母和被连接件之间，起保护支承表面等作用。平垫圈按加工精度不同，分为A级和C级两种。用于同一螺纹直径的垫圈又分为特大、大、普通和小的四种规格，特大垫圈主要在铁木结构上使用。斜垫圈只用于倾斜的支承面上

根据GB/T 3103.1—2002的规定，螺纹连接件分为三个精度等级，其代号为A、B、C级。A级精度的公差小，精度最高，用于要求配合精确、防止振动等重要零件的连接；B级精度多用于承受较大载荷且经常拆卸、调整或承受变载荷的连接；C级精度多用于精度一般的螺纹连接。常用的标准螺纹连接件（螺栓、螺钉），通常选用C级精度。

三、螺纹连接零件常用材料和机械性能等级

国家标准规定螺纹连接件按材料的机械性能分级。螺栓、螺钉、双头螺柱及螺母机械性能等级见表3－3。螺栓、螺柱、螺钉的机械性能等级分为9级，自4.6至12.9，性能等级的标记代号含义为点左边的一位或两位数字表示公称抗拉强度 R_m 的1/100，点右边的数字表示公称屈服强度（下屈服强度）（R_{eL}）或规定非比例延伸0.2%的公称应力（$R_{P0.2}$）或规定非比例延伸0.004 8d 的公称应力（R_{Pf}）与公称抗拉强度（R_m）的比值的10倍。例如性能等级为4.6的螺栓，其抗拉强度为 R_m = 400 MPa，屈服强度为 R_{eL} = 0.6 × 400 = 240（MPa）。螺母的性能等级用螺栓性能等级标记的第一部分数字标记，该螺栓应为可与该螺母相配螺栓中性能等级最高的，螺母的性能等级分为7级，从4到12。一般来说性能等级较高的螺母可以替换性能等级较低的螺母。

表3－3　螺栓、螺钉、双头螺柱及螺母的机械性能等级及材料

（根据 GB/T 3098.1—2010 和 GB/T 3098.2—2000）

	性能等级		4.6	4.8	5.6	5.8	6.8	8.8		9.8	10.9（≤M16）	12.9
								≤M16	>M16			
螺栓、螺钉、双头螺柱	抗拉强度 R_m /MPa	公称	400		500		600	800		900	1 000	1 200
		min	400	420	500	520	600	800	830	900	1 040	1 220
	屈服强度 R_{eL}（$R_{P0.2}$或R_{Pf}）/MPa	公称	240	320	300	400	480	640	640	720	900	1 080
		min	240	340	300	420	480	640	660	720	940	1 100
	布氏硬度 HBW（min）		114	124	147	152	181	245	250	286	316	380
	推荐材料		低碳钢或中碳钢					中碳钢、低碳合金钢，淬火并回火			中碳钢，低、中碳合金钢，淬火并回火	合金钢，淬火并回火
相配合螺母	性能等级		4或5		5		6	8或9		9	10	12
	推荐材料		易切削钢、低碳钢				中、低碳钢	中碳钢			中碳钢，低、中碳合金钢，淬火并回火	

适合制造螺纹连接件的材料很多，常用材料一般为低碳钢（Q215、10、15）和中碳钢（Q235、35和45）。在承受变载荷或有冲击、振动的重要连接中，可用合金钢，如40Cr、15MnVB和30CrMnSi等。螺母材料一般比配合螺栓的硬度低20～40 HBW，以减轻螺栓磨损。随着生产技术的不断发展，高强度螺栓的应用日益增多。当有防腐蚀或导电要求时，螺纹紧固件可用铜及其合金或其他有色金属。近年来还发展了塑料螺栓、螺母。螺纹连接件常用材料的疲劳性能见表3－4。

表 3-4　螺纹连接件常用材料的疲劳性能　　　MPa

钢号	10	Q235	35	45	40Cr
弯曲疲劳极限 σ_{-1}	160 ~ 220	170 ~ 220	220 ~ 300	250 ~ 340	320 ~ 440
拉压疲劳极限 σ_{-1p}	120 ~ 150	120 ~ 160	170 ~ 220	190 ~ 250	240 ~ 340

第三节　螺纹连接的预紧和防松

一、螺纹连接的预紧

在实用中，绝大多数螺纹连接在装配时都必须拧紧，因此，连接在承受工作载荷之前，预先受到力的作用，这个预加作用力 F'称为预紧力。这种有预紧力的螺纹连接称为紧连接。预紧的目的在于增强连接的可靠性和紧密性，以防止受载后被连接件间出现缝隙或发生相对滑移。经验证明：适当选用较大的预紧力对螺纹连接的可靠性以及连接件的疲劳强度都是有利的，特别是对于像汽缸盖、管路凸缘、齿轮箱、轴承盖等紧密性要求较高的螺纹连接，预紧更为重要。但过大的预紧力也会导致整个连接的结构尺寸增大，螺栓被拉断。因此，绝大多数重要的紧连接，在装配时要严格控制预紧力的大小。

通常通过控制拧紧力矩等方法来控制预紧力的大小。图 3-13、图 3-14 分别是控制拧紧力矩的测力矩扳手和定力矩扳手。测力矩扳手的工作原理是根据扳手上的弹性元件 1，在拧紧力的作用下所产生的弹性变形来指示拧紧力矩的大小。为方便计量，可将指示刻度盘 2 直接以力矩值标出。定力矩扳手的工作原理是当拧紧力矩超过规定值时，弹簧 3 被压缩，扳手卡盘 1 与圆柱销 2 之间打滑，如果继续转动手柄，卡盘将不再转动。

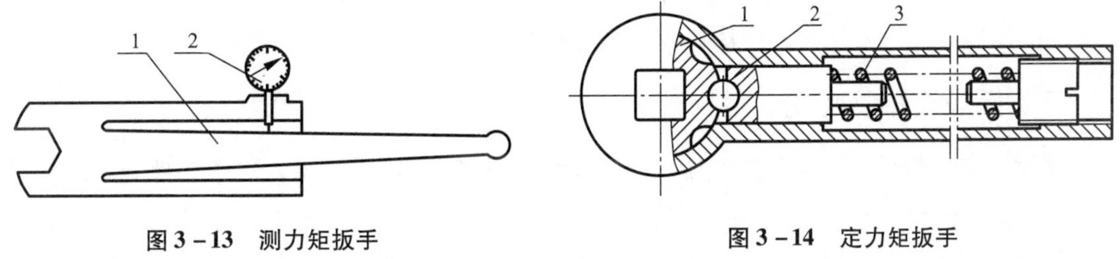

图 3-13　测力矩扳手

1—弹性元件；2—指示刻度盘

图 3-14　定力矩扳手

1—扳手卡盘；2—圆柱销；3—弹簧

既然装配时预紧力的大小是通过拧紧力矩来控制的，因此应从理论上找出预紧力和拧紧力矩之间的关系。如图 3-15 所示，拧紧螺母时，拧紧力矩 $T(T=FL)$ 用来克服螺纹副间的阻力矩 T_1 和螺母环形端面与被连接件（或垫圈）支承面间的摩擦阻力矩 T_2，即

$$T = T_1 + T_2 \tag{3-10}$$

螺纹副间的阻力矩为

$$T_1 = F'\frac{d_2}{2}\tan(\lambda + \rho_v) \tag{3-11}$$

螺母与支承面间的压强为

$$p = \frac{4F'}{\pi(D_0^2 - d_0^2)}$$

螺母与支承面间的摩擦力矩为

$$T_2 = \int_{\frac{d_0}{2}}^{\frac{D_0}{2}} 2\pi r \cdot p \cdot f_c \cdot r \cdot \mathrm{d}r = \frac{F'f_c}{3}\left(\frac{D_0^3 - d_0^3}{D_0^2 - d_0^2}\right) \tag{3-12}$$

式中，r 为螺母与支承面间的接触环半径变量。

所以

$$T = \frac{1}{2}F'\left[d_2\tan(\lambda + \rho_v) + \frac{2}{3}f_c\frac{D_0^3 - d_0^3}{D_0^2 - d_0^2}\right] \tag{3-13}$$

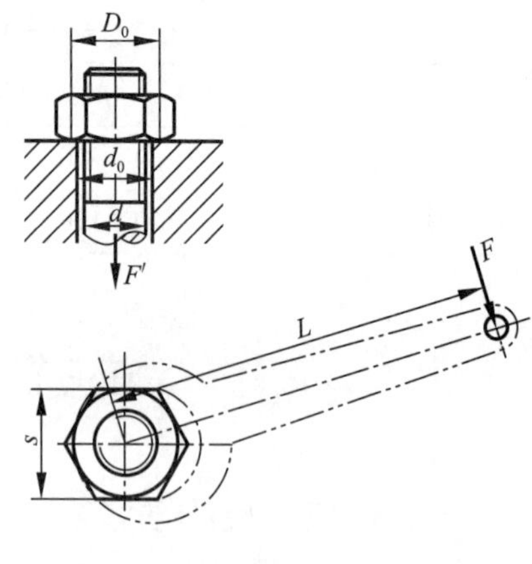

图 3－15　螺旋副的拧紧力矩

常用 M10～M68 粗牙普通钢制螺纹，螺纹升角 $\lambda = 1°42' \sim 3°2'$；无润滑时，螺母与支撑面的摩擦系数 $f_c \approx 0.1 \sim 0.2$；钢对钢的螺纹副表面的摩擦系数 $f \approx 0.10 \sim 0.15$，螺纹副的当量摩擦角 $\rho_v = \arctan f_v = \arctan\dfrac{f}{\cos\beta} \approx \arctan 1.155f$；取螺纹升角 $\lambda \approx 2°30'$，螺纹中径 $d_2 \approx 0.9d$，螺栓孔直径 $d_0 \approx 1.1d$，螺母环形支承面的外径 $D_0 \approx 1.5d$，螺母与支承面间的摩擦系数 $f_c \approx 0.15$。将上述各参数代入式（3－13），整理后可得

$$T \approx 0.2F'd \tag{3-14}$$

对于一定公称直径 d 的螺栓，当所要求的预紧力 F' 已知时，即可按式（3－14）确定扳手的拧紧力矩 T。一般标准扳手的长度 $L \approx 15d$，若拧紧力为 F，则 $T = FL$，由式（3－14）可得：$F' \approx 75F$。假定 $F = 200$ N，则 $F' = 15\,000$ N。如果用这个预紧力拧紧 M12 以下的钢制螺栓，就很可能过载拧断。因此，对于重要的连接，应尽可能不采用直径过小（例如小于 M12）的螺栓。必须使用时，应严格控制其拧紧力矩。

二、螺纹连接的防松

螺纹连接一般采用单线普通螺纹。由于螺纹升角（$\lambda = 1°42' \sim 3°2'$）小于螺旋副的当量摩擦角（$\rho_v = 6.5° \sim 9.8°$），因此，在静载荷和温度变化不大的情况下，螺纹连接都能满足自锁条件。此外，拧紧以后螺母和螺栓头部等支承面上的摩擦力也有防松作用，所以连接不会自动松脱。但在冲击、振动或变载荷的作用下，螺纹副间的摩擦力可能减小或瞬时消失。这种现象多次重复后，就会使连接松脱。在高温或温度变化较大的情况下，由于螺纹连接件和被连接件的材料发生蠕变和应力松弛，也会使连接中的预紧力和摩擦力逐渐减小，最终导致连接松脱。

螺纹连接一旦出现松脱，轻者会影响机器的正常运转，重者会造成严重事故。因此，为了防止连接松脱，保证连接安全可靠，设计时必须采取有效的防松措施。

防松的根本问题在于防止螺纹副的相对转动。防松的装置和方法很多，按其工作原理可分为摩擦防松、机械防松以及破坏螺纹副的关系等。一般来说，摩擦防松简单、方便，但没有机械防松可靠，二者可联合使用。破坏螺纹副关系的防松方法，一般用于很少拆或不拆的连接。常用的防松方法见表 3－5。

表 3－5　螺纹连接常用防松方法

防松方法		结构形式	特点和应用
摩擦防松	对顶螺母	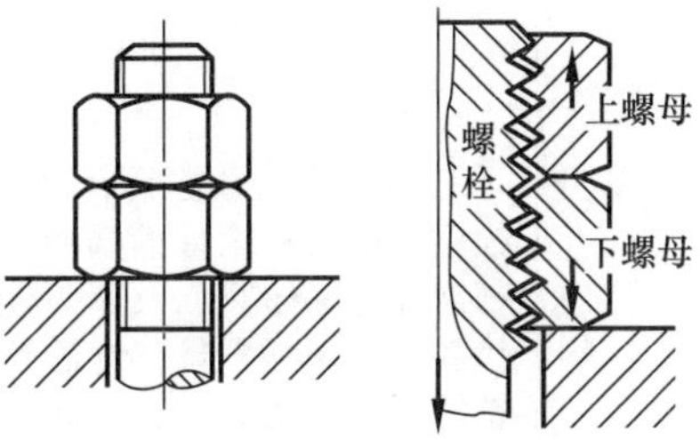	两螺母对顶拧紧后，使旋合螺纹间始终受到附加的压力和摩擦力的作用。旋合螺纹间的接触情况如图所示，受工作载荷时，下螺母螺纹牙受力较小，其高度可小些，但为了防止装错，两螺母的高度取成相等为宜。结构简单，适用于平稳、低速和重载的固定装置上的连接
	弹簧垫圈	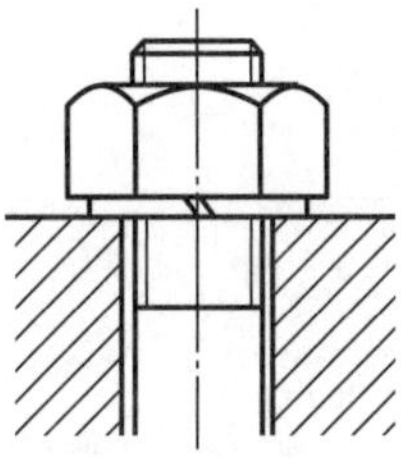	螺母拧紧后，靠垫圈压平而产生的弹性反力使旋合螺纹间压紧。同时，垫圈斜口的尖端抵住螺母与被连接件的支承面也有防松作用。结构简单、使用方便。在冲击、振动的工作条件下，其防松效果较差，一般用于不很重要的连接
	自锁螺母	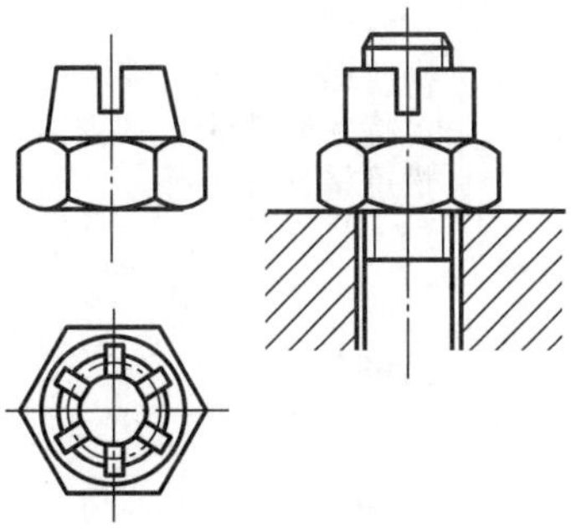	螺母一端制成非圆形收口或开缝后径向收口。当螺母拧紧后，收口胀开，利用收口的弹力使螺纹副横向压紧。结构简单，防松可靠，可多次装拆而不降低防松性能，用于较重要的连接
	尼龙圈锁紧螺母	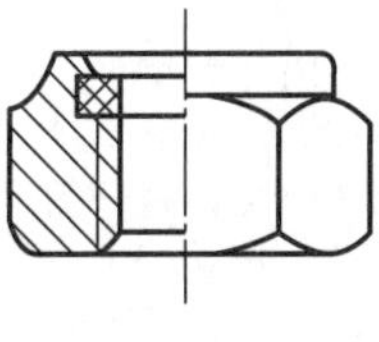	利用螺母末端嵌有的尼龙圈箍紧螺栓，横向压紧螺纹

续表

防松方法		结构形式	特点和应用
机械防松	开口销与槽形螺母	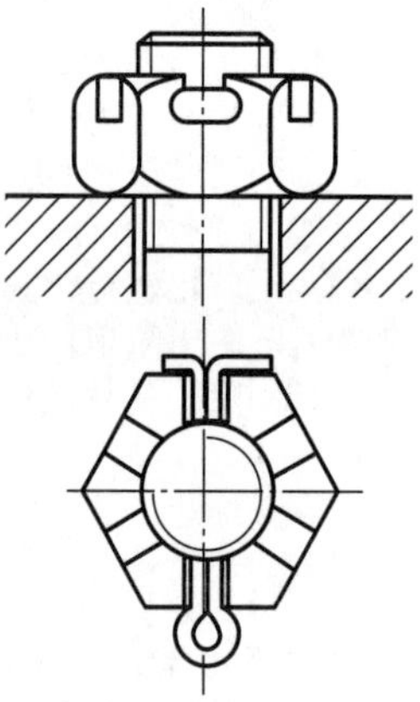	六角开槽螺母拧紧后，将开口销穿入螺栓尾部小孔和螺母的槽内，并将开口销尾部掰开与螺母侧面贴紧。也可用普通螺母代替六角开槽螺母，但需拧紧螺母后再配钻销孔。适用于较大冲击、振动的高速机械中运动部件的连接
	止动垫圈	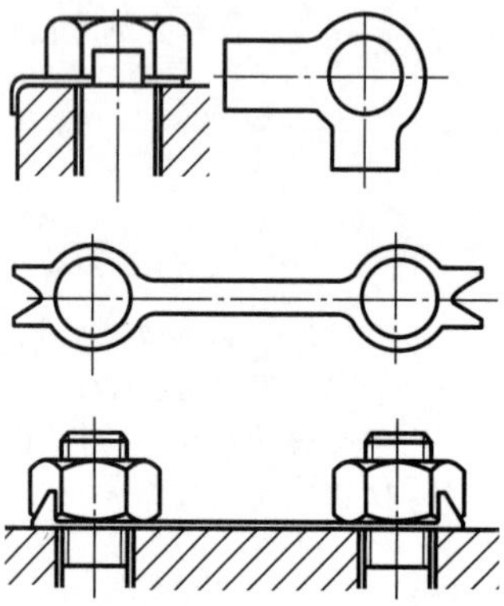	螺母拧紧后，将单耳或双耳止动垫圈分别向螺母和被连接件的侧面折弯贴紧，即可将螺母锁住。结构简单，使用方便，防松可靠
	串联钢丝	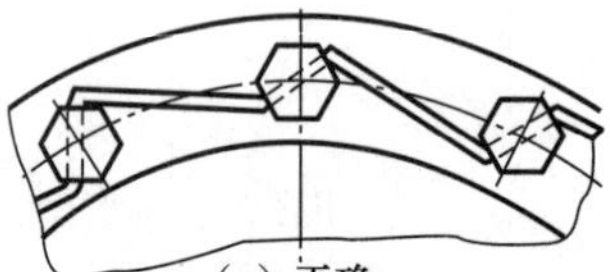 (a) 正确 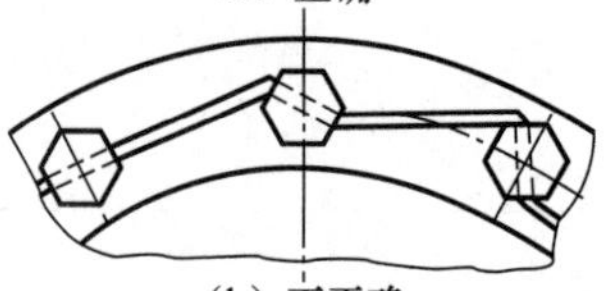 (b) 不正确	用低碳钢丝穿入各螺钉头部的孔内，将各螺钉串联起来，使其相互制动。使用时必须注意钢丝的穿入方向（(a)图正确，(b)图错误）。适用于螺栓组连接，防松可靠，但装拆不便

续表

防松方法		结构形式	特点和应用
破坏螺纹副关系	焊接、冲点	焊接　冲点	将螺纹连接拧紧后，用焊接、冲点的方法使连接变成不可拆连接。这种方法简单、可靠，但仅适用于装配后不再拆卸的连接中
	黏合	涂黏合剂	在螺纹旋合表面涂以液体密封胶（如厌氧性黏合剂），拧紧螺母且待黏合剂硬化后，螺纹副将紧密黏合，防松效果良好

第四节　单个螺栓的强度计算

对单个螺栓而言，螺栓受载形式不外乎轴向受拉和横向受剪两类，受力的性质分静载荷和变载荷两种。受拉螺栓的失效形式主要是螺栓杆部的损坏：在轴向静载荷的作用下，螺栓的失效多为螺纹部分的塑性变形和断裂；在轴向变载荷的作用下，螺栓的失效多为螺栓的疲劳断裂，毁坏的地方都是截面有剧烈变化因而有应力集中之处。根据统计分析，在静载荷下螺栓连接是很少发生破坏的，只有在严重过载的情况下才会发生。就破坏性质而言，约有90%的螺栓属于疲劳破坏。统计资料表明，变载荷受拉螺栓（图3－16）在从螺母支承面算起第1圈或第2圈螺纹处毁坏的约占65%，在光杆与螺纹部分交界处毁坏的约占20%，在螺栓头与杆交界处毁坏的约占15%。如果螺纹精度较低或经常装拆，还可能经常发生滑扣失效。

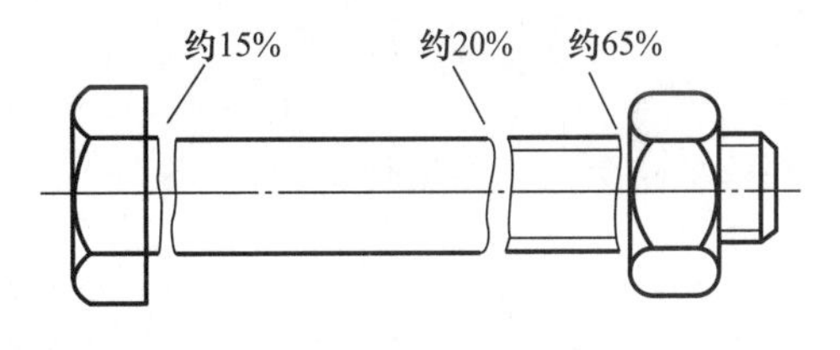

图3－16　变载荷受拉螺栓损坏统计

受剪螺栓连接（如受横向载荷的铰制孔用螺栓连接）的主要失效形式为：螺栓杆和孔壁相接触的表面被压溃或螺栓杆被剪断。

综上所述，对于受拉螺栓，其计算准则是保证螺栓的静力或疲劳拉伸强度；对于受剪螺栓，其计算准则是保证连接的挤压强度和螺栓的剪切强度，其中连接的挤压强度对连接的可靠性起决定性作用。

螺栓连接的强度计算，首先应根据连接的类型、连接的装配情况（预紧或不预紧）、载荷状态等条件，确定螺栓的受力；然后按相应的强度条件计算螺栓危险截面的直径（螺纹小径）或校核其强度。螺栓的其他部分（螺纹牙、螺栓头、光杆）和螺母、垫圈的结构尺寸，是根据等强度条件及使用经验规定的，通常都不需要进行强度计算，可按螺栓螺纹的公称直径在标准中选定。

螺栓连接的强度计算方法同样也适用双头螺柱连接和螺钉连接。

一、受拉螺栓连接的强度计算

1. 松螺栓连接的强度计算

松螺栓连接装配时，螺母不需要拧紧。在承受工作载荷之前，螺栓不受力。这种连接应用范围有限，图3－17所示为起重吊钩的螺栓连接。

一般机械用的松螺栓连接，其螺纹部分的强度条件为

$$\sigma = \frac{F}{\frac{\pi}{4}d_1^2} \leqslant [\sigma] \tag{3-15}$$

式中，F 为螺栓承受的工作拉力（N）；d_1 为螺纹小径（mm）；$[\sigma]$ 为松螺栓连接的许用拉应力（MPa），一般取 $[\sigma]=\frac{R_{eL}}{[S]}$，安全系数 $[S]=1.2\sim1.7$。

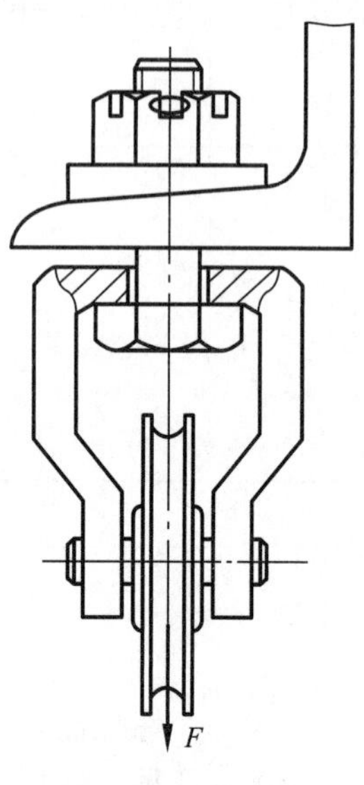

图3－17 起重吊钩的松螺栓连接

松螺栓连接小径 d_1 的设计公式为

$$d_1 \geqslant \sqrt{\frac{4F}{\pi[\sigma]}} \tag{3-16}$$

由 d_1 查手册确定螺纹公称直径 d。

2. 仅受预紧力的紧螺栓连接的强度计算

紧螺栓连接在安装时必须将螺母拧紧，所以螺纹部分不仅受预紧力 F' 所产生的拉伸应力的作用，还受螺纹副间阻力矩 T_1 产生的扭转切应力作用。

螺栓危险截面的拉伸应力

$$\sigma = \frac{F'}{\frac{\pi}{4}d_1^2}$$

螺栓危险截面的扭转切应力为

$$\tau = \frac{T_1}{W} = \frac{F'\tan(\lambda+\rho_v)\frac{d_2}{2}}{\frac{\pi}{16}d_1^3} = \tan(\lambda+\rho_v)\cdot\frac{2d_2}{d_1}\cdot\frac{F'}{\frac{\pi}{4}d_1^2}$$

对于常用的 M10 ~ M64 钢制普通螺纹，将 $\tan\rho_v\approx0.17$，$\frac{d_2}{d_1}\approx1.04\sim1.08$，$\tan\lambda\approx0.05$ 代入得

$$\tau\approx0.5\sigma$$

由于螺栓材料是塑性的，故可根据第四强度理论来确定螺纹部分的计算应力

$$\sigma_{ca}=\sqrt{\sigma^2+3\tau^2}=\sqrt{\sigma^2+3(0.5\sigma)^2}=1.3\sigma \tag{3-17}$$

由此可见，对于M10～M64普通螺纹的钢制紧螺栓连接，在拧紧时虽然受拉伸和扭转的

联合作用，但计算时仍可按纯拉伸计算紧螺栓的强度，仅将所受的拉力（预紧力）增大30%，以考虑扭转的影响。

图3-18所示的普通螺栓连接承受横向工作载荷时，由于预紧力的作用，将在接合面间产生摩擦力来抵抗工作载荷，这时，螺栓仅承受预紧力的作用，且预紧力不受工作载荷的影响。预紧力F'的大小，根据接合面不产生滑移的条件确定。螺栓危险截面的强度条件为

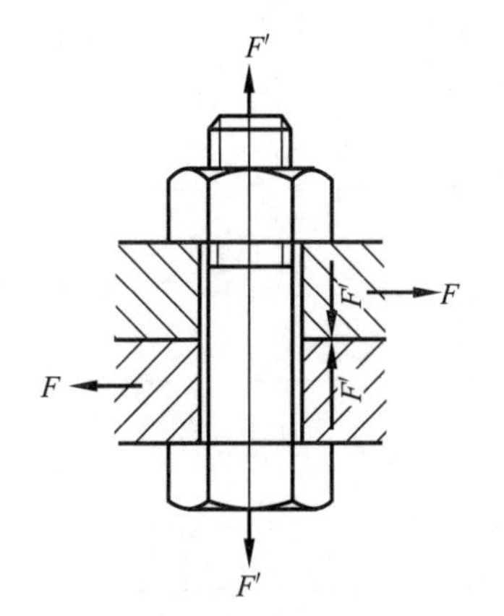

图3-18　承受横向载荷的普通螺栓连接

$$\sigma_{ca} = 1.3\sigma = \frac{1.3F'}{\frac{\pi}{4}d_1^2} \leqslant [\sigma] \tag{3-18}$$

式中，F'为预紧力（N）；d_1为螺纹小径（mm）；$[\sigma]$为螺栓材料的许用应力（MPa），见表3-6。

设计公式为

$$d_1 \geqslant \sqrt{\frac{5.2F'}{\pi[\sigma]}} \tag{3-19}$$

这种靠摩擦力承受横向工作载荷的紧螺栓连接，具有结构简单和装配方便等优点。但一般来讲，螺栓与连接的尺寸较大，且可靠性较差。为避免上述缺点，必要时可采用如图3-19所示的各种减载装置。此外，还可采用铰制孔用螺栓连接来承受横向载荷，以减少螺栓连接的预紧力及其结构尺寸。

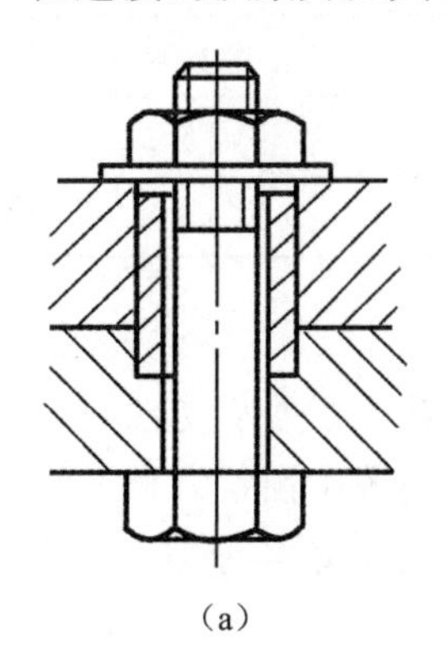
(a)

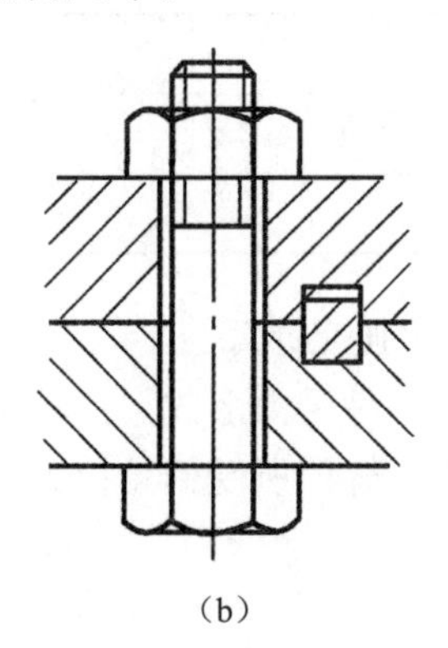
(b)

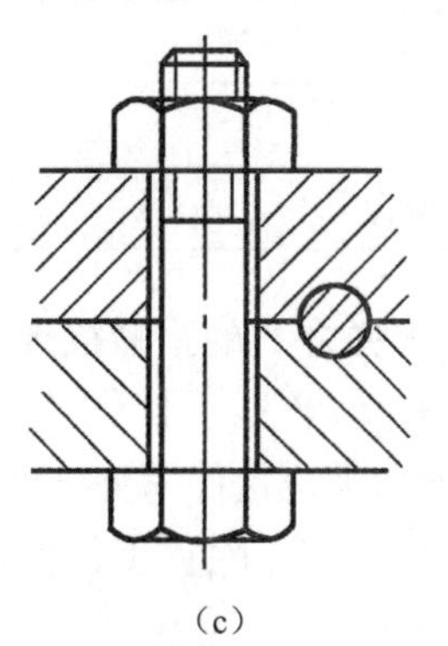
(c)

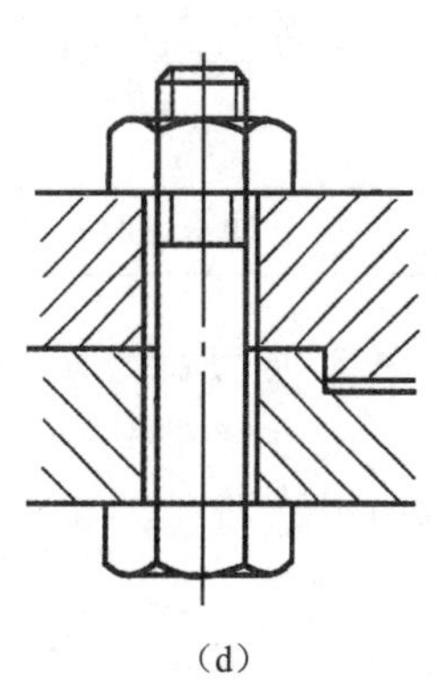
(d)

图3-19　承受横向载荷的减载零件

(a) 套筒减载；(b) 键减载；(c) 销钉减载；(d) 止口减载

表3-6　受轴向载荷的紧螺栓连接的许用应力

载荷性质	许用应力	不控制预紧力时的安全系数 $[S]$				控制预紧力时的安全系数 $[S]$
静载	$[\sigma]=\frac{R_{eL}}{[S]}$	材料	直径			不分直径
			M6 ~ M16	M16 ~ M30	M30 ~ M60	
		碳钢	4 ~ 3	3 ~ 2	2 ~ 1.3	1.2 ~ 1.5
		合金钢	5 ~ 4	4 ~ 2.5	2.5	

续表

<table>
<tr><th>载荷性质</th><th>许用应力</th><th colspan="4">不控制预紧力时的安全系数 [S]</th><th>控制预紧力时的安全系数 [S]</th></tr>
<tr><td rowspan="3">变载</td><td rowspan="2">按最大应力
$[\sigma_t]=\frac{R_{eL}}{[S]}$</td><td>碳钢</td><td>10 ~ 6.5</td><td>6.5</td><td>6.5 ~ 10</td><td rowspan="2">1.2 ~ 1.5</td></tr>
<tr><td>合金钢</td><td>7.5 ~ 5</td><td>5</td><td>5 ~ 7.5</td></tr>
<tr><td>按循环应力幅
$[\sigma_a]=\frac{\varepsilon\sigma_{-1p}}{[S_a]\cdot K_\sigma}$</td><td colspan="4">$[S_a]=2.5\sim5$</td><td>$[S_a]=1.5\sim2.5$</td></tr>
<tr><td colspan="7">注：（1）σ_{-1p}为材料拉压疲劳极限（见表3－4）。
（2）ε 为尺寸系数（见表3－7）。
（3）K_σ 为有效应力集中系数（见表3－8）。</td></tr>
</table>

表3－7　尺寸系数

d/mm	≤12	16	20	24	32	40	48	56	64	72	80
ε	1	0.88	0.81	0.75	0.67	0.65	0.59	0.56	0.53	0.51	0.49

表3－8　螺纹的有效应力集中系数

抗拉强度 R_m/MPa	400	600	800	1 000
K_σ	3	3.9	4.8	5.2
注：碾压螺纹的 K_σ 应降低20% ~30%。				

3. 受预紧力 F'和工作拉力 F 的紧螺栓连接的强度计算

这在紧螺栓连接中是比较常见且非常重要的一种受力形式。这种紧螺栓连接承受轴向拉伸工作载荷后，由于螺栓和被连接件的弹性变形，螺栓所受的总拉力并不等于预紧力和工作拉力之和。这时螺栓的总拉力 F_0 除和预紧力 F'、工作拉力 F 有关外，还与螺栓刚度 C_L 及被连接件刚度 C_F 等因素有关。

图3－20给出了单个螺栓连接在承受轴向拉伸载荷前后的受力及变形情况。

图3－20（a）是螺母刚好拧到和被连接件相接触，但尚未拧紧的情况。此时，螺栓和被连接件都不受力，因而也不产生变形。

图3－20（b）为螺母已拧紧，但尚未承受工作载荷。此时，螺栓受预紧力 F'，产生的拉伸变形为 δ_L；被连接件接触面间压力为 F'，被连接件产生的压缩变形为 δ_F。

图3－20（c）为拧紧后的螺栓又承受轴向工作载荷 F 时的情况。若螺栓和被连接件的材料在弹性变形范围内，则两者的受力与变形的关系符合虎克定律，当螺栓承受工作载荷 F 后，因所受的拉力由 F'增至 F_0 而继续伸长，其变形量增加 $\Delta\delta_L$，总伸长量为（$\delta_L+\Delta\delta_L$），相应的拉力就是螺栓的总拉力 F_0。与此同时，原来被压缩的被连接件，因螺栓伸长而被放松，其压缩量减小了 $\Delta\delta_F$。根据连接的变形协调条件，被连接件压缩变形的减小量 $\Delta\delta_F$ 应等于螺栓拉伸变形的增加量 $\Delta\delta_L$，即 $\Delta\delta_F=\Delta\delta_L$，因而，被连接件总压缩量为（$\delta_F-\Delta\delta_L$），此

时被连接件接触面间的压力由 F'减至 F''，F''称为剩余预紧力。

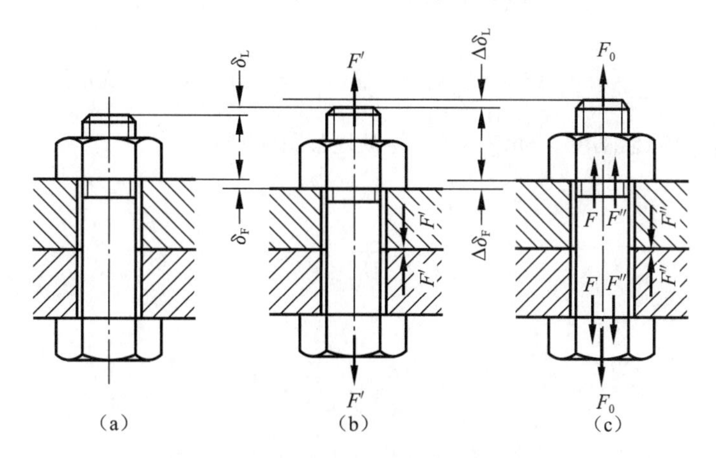

图 3－20　单个紧螺栓连接受力变形图

（a）螺母未拧紧；（b）螺母已拧紧；（c）已承受工作载荷

上述的螺栓和被连接件的受力与变形关系，可用图 3－21 所示的线图表示。图中纵坐标代表力，横坐标代表变形。图 3－21（a）、（b）均表示螺栓和被连接件只在预紧力作用下的受力与变形的关系，图 3－21（c）表示螺栓和被连接件在预紧力和轴向工作载荷同时作用下的受力与变形的关系。

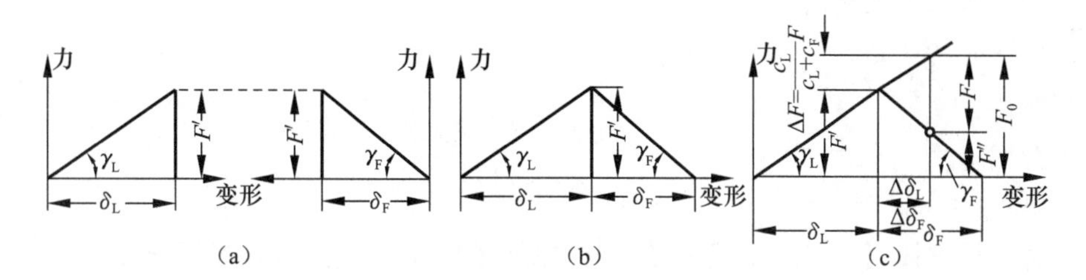

图 3－21　单个紧螺栓连接受力变形线图

（a），（b）受工作载荷前螺栓和被连接件受力与变形图；（c）受轴向工作载荷后螺栓和被连接件受力与变形图

由上述分析知，受工作载荷 F 后，螺栓所受总拉力 F_0 等于工作拉力 F 和剩余预紧力 F'' 之和，即

$$F_0 = F + F'' \tag{3-20}$$

为了保证连接的紧密性，以防止连接受载后接合面间产生缝隙，应使剩余预紧力 $F'' > 0$。剩余预紧力推荐值为

对于有密封性要求的连接：$F'' = (1.5 \sim 1.8)F$

对于一般连接，工作载荷稳定时：$F'' = (0.2 \sim 0.6)F$

工作载荷不稳定时：$F'' = (0.6 \sim 1.0)F$

对于地脚螺栓连接：$F'' = F$

另外，根据图 3－21 的几何关系，可知

$$F_0 = \Delta F + F' = F + F'' \tag{3-21}$$

而

$$\Delta F = \Delta\delta_L \cdot \tan\gamma_L = \Delta\delta_L \frac{F'}{\delta_L} = \Delta\delta_L \cdot C_L$$

$$F - \Delta F = \Delta\delta_F \cdot \tan\gamma_F = \Delta\delta_F \frac{F'}{\delta_F} = \Delta\delta_F \cdot C_F = \Delta\delta_L C_F$$

式中，$\tan\gamma_L = C_L$ 为螺栓刚度；$\tan\gamma_F = C_F$ 为被连接件的刚度。

所以

$$\Delta F = \frac{C_L}{C_L + C_F} F$$

将上式代入式（3－21）可得

$$F' = F'' + \frac{C_F}{C_L + C_F} F \tag{3-22}$$

$$F'' = F' - \frac{C_F}{C_L + C_F} F \tag{3-23}$$

$$F_0 = F' + \Delta F = F' + \frac{C_L}{C_L + C_F} F = F' + K_C F \tag{3-24}$$

令 $K_C = \frac{C_L}{C_L + C_F}$为螺栓的相对刚度，其大小与螺栓和被连接件的结构尺寸、材料以及垫片、工作载荷的作用位置等因素有关，其值可通过实验获得。一般在设计时，可根据不同的垫片材料使用下列推荐数据：

金属垫片（或无垫片）：0.2～0.3

皮革垫片：0.7

铜皮石棉垫片：0.8

橡胶垫片：0.9

设计时，可先根据连接的受载情况，求出螺栓的工作拉力 F，再根据连接的工作要求选取剩余预紧力 F''的值，然后按式（3－20）计算螺栓的总拉力 F_0，求得 F_0 值后即可进行螺栓强度计算。考虑到螺栓在 F_0 作用下还可能补充拧紧的危险情况，将总拉力增加30%以考虑扭转的影响，于是螺栓危险截面的拉伸强度条件为

$$\sigma_{ca} = \frac{1.3F_0}{\frac{\pi}{4}d_1^2} \leqslant [\sigma] \tag{3-25}$$

设计公式为

$$d_1 \geqslant \sqrt{\frac{5.2F_0}{\pi[\sigma]}} \tag{3-26}$$

式中，$[\sigma]$ 为紧螺栓连接的许用应力，见表3－6。

若轴向工作载荷为变载荷，在0～F 之间变化，则螺栓的总拉力将在 F'～F_0 之间变化，如图3－22所示。设计时，一般可先按静载荷强度计算公式（3－26）初定螺栓直径，然后再校核疲劳强度，不过许用应力 $[\sigma]$ 应按表3－6中变载荷一栏选取。

由于影响变载荷零件疲劳强度的主要因素是应力幅，故应计算应力幅。螺栓拉力变化幅度为

$$\frac{F_0 - F'}{2} = \frac{F' + K_C F - F'}{2} = \frac{K_C}{2}F$$

故相应的循环应力幅为

$$\sigma_a = \frac{\sigma_{max} - \sigma_{min}}{2} = \frac{K_C F/2}{\frac{\pi}{4}d_1^2}$$

疲劳强度的校核公式为

$$\sigma_a = \frac{2K_C F}{\pi d_1^2} \leqslant [\sigma_a] \tag{3-27}$$

式中，$[\sigma_a]$ 为螺栓的许用应力幅（MPa），按表 3-6 所给公式计算。

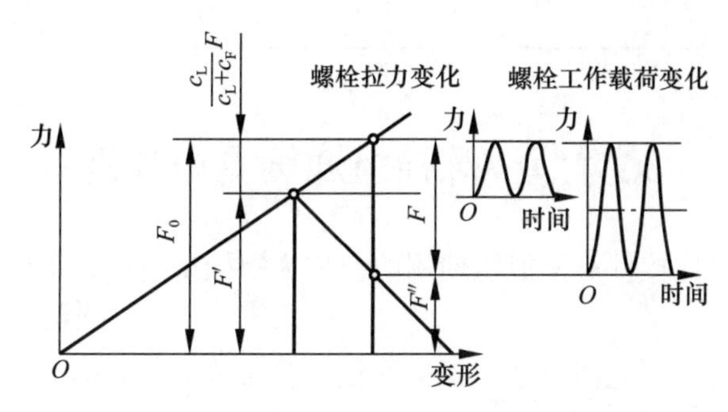

图 3-22　工作载荷变化时螺栓总拉力的变化

二、受剪螺栓连接（受横向载荷的铰制孔用螺栓连接）的强度计算

如图 3-23 所示的铰制孔用螺栓连接，螺栓杆与孔壁之间无间隙。在横向载荷 F 作用下连接失效的主要形式为螺栓杆被剪断、螺栓杆或孔壁被压溃。因此，应分别按挤压及剪切强度条件计算。计算时，假设螺栓杆与孔壁表面上的压力分布是均匀的，又因这种连接所受的预紧力很小，所以不考虑预紧力和螺纹力矩的影响。

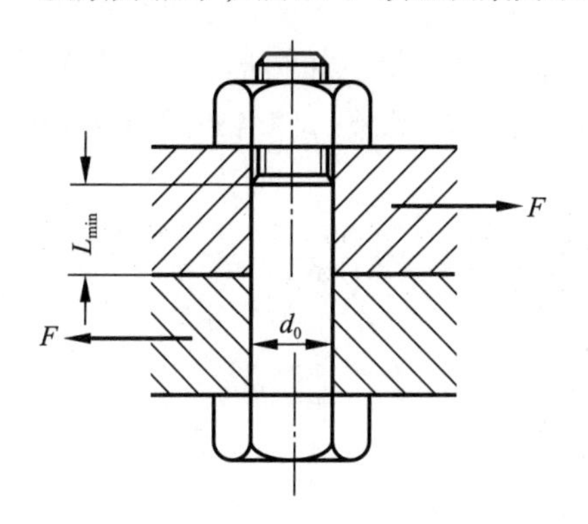

图 3-23　承受横向载荷的铰制孔用螺栓连接

螺栓杆与孔壁的挤压强度条件为

$$\sigma_p = \frac{F}{d_0 L_{min}} \leqslant [\sigma_p] \tag{3-28}$$

螺栓杆的剪切强度条件为

$$\tau = \frac{F}{\frac{\pi}{4}d_0^2 m} \leqslant [\tau] \tag{3-29}$$

式中，F 为螺栓所受的工作剪力（N）；d_0 为螺栓剪切面的直径（可取螺栓孔的直径）（mm）；L_{min} 为螺栓杆与孔壁挤压面的最小高度（mm），设计时应使 $L_{min} \geqslant 1.25d_0$；$[\sigma_p]$ 为螺栓或孔壁材料的许用挤压应力（MPa），取其中较小者，见表 3-9；m 为螺栓受剪工作面数目；$[\tau]$ 为螺栓材料许用切应力（MPa），见表 3-9。

表3-9　受剪螺栓连接许用应力及安全系数

载荷性质	材料	剪切		挤压	
		许用应力	$[S_\tau]$	许用应力	$[S_p]$
静载	钢	$[\tau]=\frac{R_{eL}}{[S_\tau]}$	2.5	$[\sigma_p]=\frac{R_{eL}}{[S_p]}$	1.25
	铸铁	—	—	$[\sigma_p]=\frac{R_m}{[S_p]}$	2.0~2.5
变载	钢	$[\tau]=\frac{R_{eL}}{[S_\tau]}$	3.5~5	按静载降低20%~30%	
	铸铁	—	—		

第五节　螺栓组连接受力分析

大多数机器的螺纹连接件都是成组使用的，称为螺栓组连接，下面讨论它的设计和计算问题。

设计螺栓组连接时，首先需要选定螺栓的数目及布置形式，然后确定螺栓连接的结构尺寸。在确定螺栓尺寸时，对于不重要的螺栓连接，可以参考现有的机械设备，用类比法确定，不再进行强度计算。但对于重要的连接，应根据连接的工作载荷，分析各螺栓的受力状况，找出受力最大的螺栓进行强度计算。

一、螺栓组连接的结构设计

螺栓组连接结构设计的主要目的是合理地确定连接接合面的几何形状和螺栓的布置形式，力求各螺栓和连接接合面间受力均匀，便于加工和装配。为此，设计时应综合考虑以下几方面的问题。

（1）连接接合面的几何形状通常都设计成轴对称的简单几何形状，如圆形、环形、矩形、三角形等。这样不但便于加工制造，而且便于对称合理地布置螺栓，使各螺栓受力合理，连接接合面受力也比较均匀，如图3-24所示。

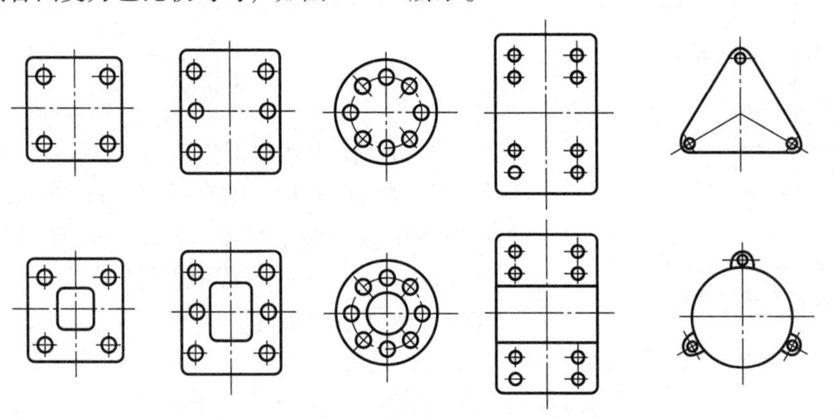

图3-24　螺栓组的连接接合面的形状设计

（2）螺栓的布置应使各螺栓的受力合理。对于铰制孔用螺栓连接，不要在平行于工作载荷的方向上成排地布置 8 个以上的螺栓，以免载荷分布过于不均。当螺栓连接承受弯矩或转矩时，应使螺栓的位置适当靠近连接接合面的边缘，以减小螺栓的受力（图 3－25）。如果同时承受轴向载荷和较大的横向载荷，应采用销、套筒、键等抗剪零件来承受横向载荷，以减小螺栓的预紧力及其结构尺寸。

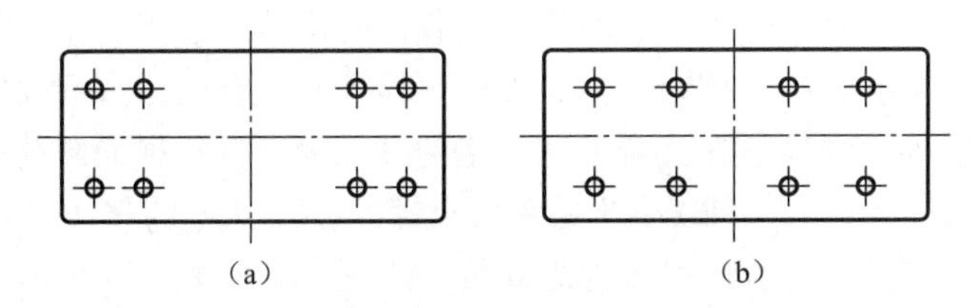

图 3－25　接合面受弯矩或转矩时螺栓的布置

（a）合理；（b）不合理

（3）螺栓的排列应有合理的间距、边距。布置螺栓时，各螺栓轴线间以及螺栓轴线和机体壁间的最小距离，应根据扳手所需活动空间的大小来决定。扳手空间的尺寸可查阅有关标准。对于压力容器等紧密性要求较高的重要连接，螺栓的间距 t_0 一般不得大于表 3－10 所推荐的数值。

表 3－10　螺栓间距 t_0

	工作压力/MPa					
	≤1.6	>1.6～4	>4～10	>10～16	>16～20	>20～30
	t_0					
	$7d$	$5.5d$	$4.5d$	$4d$	$3.5d$	$3d$
注：d 为螺纹公称直径。						

（4）同一螺栓组中，螺栓的材料、直径和长度均应相同，以简化结构和便于加工装配。

（5）分布在同一圆周上的螺栓数目，应取成 4、6、8 等偶数，以便在圆周上钻孔时的分度和画线。

（6）工艺上保证被连接件、螺母和螺栓头部的支承面平整，并与螺栓轴线相垂直。在铸、锻件等粗糙表面上安装螺栓时，应制成凸台或沉头座（图 3－26）等。

螺栓组的结构设计，除综合考虑以上各点外，还要根据连接的工作条件合理地选择螺栓组的防松措施。

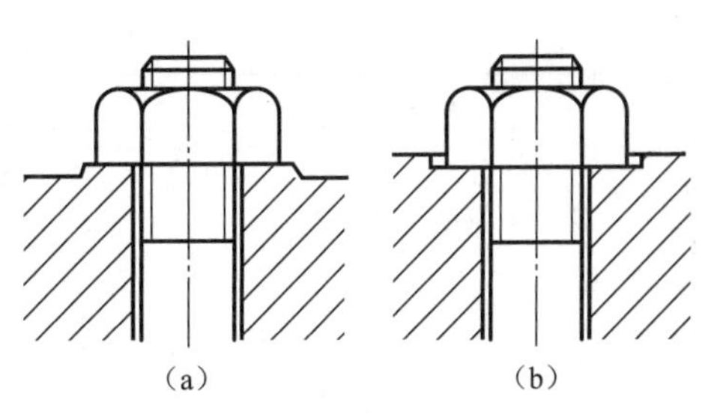

图 3－26　凸台与沉头座

（a）凸台；（b）沉头座

二、螺栓组连接的受力分析

进行螺栓组连接受力分析的目的是根据连接的结构和受载情况，求出受力最大的螺栓及其所受的力，以便进行螺栓连接的强度计算。下面对四种典型的受载情况分别进行讨论。

1. 受横向载荷的螺栓组连接

图3－27所示为一由四个螺栓组成的受横向载荷的螺栓组连接。横向载荷的作用线与螺栓轴线垂直，并通过螺栓组的对称中心。当采用螺栓杆与孔壁间留有间隙的普通螺栓连接时（图3－27（a）），靠连接预紧后在接合面间产生的摩擦力来抵抗横向载荷；当采用铰制孔用螺栓连接时（图3－27（b）），靠螺栓杆受剪切及螺栓杆与孔壁的挤压来抵抗横向载荷。虽然两者的传力方式不同，但计算时可近似地认为，在横向总载荷 F_{Σ} 的作用下，各螺栓所承担的工作载荷是均等的。

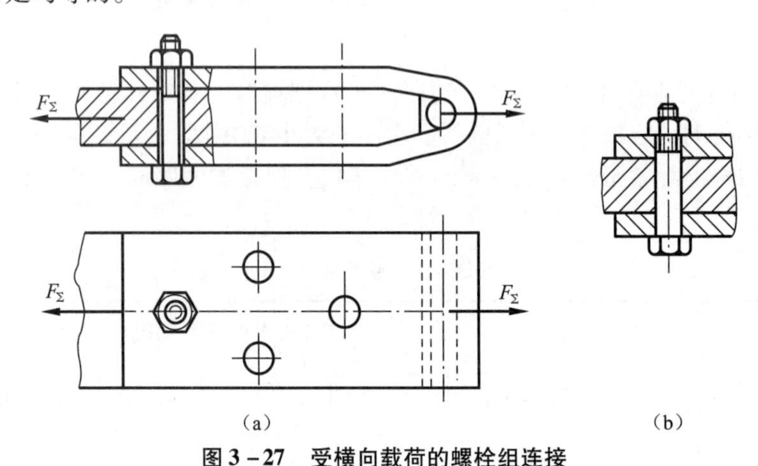

图3－27　受横向载荷的螺栓组连接

（a）普通螺栓连接；（b）铰制孔用螺栓连接

因此，对于普通螺栓连接，应保证连接预紧后，接合面间所产生的最大摩擦力大于或等于横向载荷。假设各螺栓所需要的预紧力均为 F'，螺栓数目为 z，则其平衡条件为

$$fF'zm \geqslant K_{n}F_{\Sigma} \quad 或 \quad F' \geqslant \frac{K_{n}F_{\Sigma}}{fzm} \tag{3-30}$$

式中，f 为接合面间的摩擦系数，见表3－11；m 为摩擦工作面数（图3－27中，$m=2$）；K_{n} 为可靠性系数，一般取 $K_{n}=1.1\sim1.3$。

表3－11　连接接合面的摩擦系数

被连接件	接合面的表面状态	摩擦系数 f
钢或铸铁零件	干燥的加工表面	0.10～0.16
	有油的加工表面	0.06～0.10
钢结构构件	轧制表面、经钢丝刷清理浮锈	0.30～0.35
	涂富锌漆	0.35～0.40
	喷砂处理	0.45～0.55
铸铁对砖料、混凝土或木材	干燥表面	0.40～0.45

求得 F'后，按式（3－18）计算强度。

对于铰制孔用螺栓连接，每个螺栓所受的横向工作剪力为

$$F=\frac{F_{\Sigma}}{z} \tag{3-31}$$

式中，z 为螺栓数目。

求得 F 后，分别按式（3－28）、式（3－29）校核螺栓连接的挤压强度与剪切强度。

2. 受转矩的螺栓组连接

如图3－28 所示，转矩 T 作用在连接接合面内，在转矩 T 的作用下，底板有绕通过螺栓组中心 O 并与接合面相垂直的轴线转动的趋势。为了防止底板转动，可以采用普通螺栓连接，也可采用铰制孔用螺栓连接。其传力方式和受横向载荷的螺栓组连接相同。

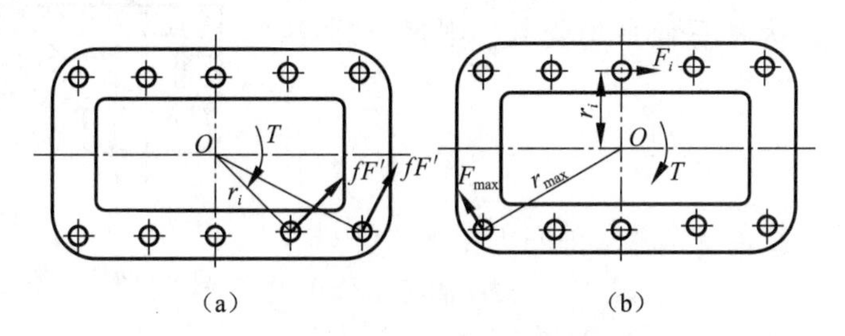

图3－28　受转矩的螺栓组连接

（a）普通螺栓连接；（b）铰制孔用螺栓连接

采用普通螺栓时，靠连接预紧后在接合面间产生的摩擦力矩来抵抗转矩 T（图3－28（a））。假设各螺栓的预紧程度相同，即各螺栓的预紧力均为 F'，则各螺栓连接处产生的摩擦力均相等，并假设此摩擦力集中作用在螺栓中心处，并且各摩擦力应与各螺栓的轴线到螺栓组中心的连线相垂直。根据作用在底板上的力矩平衡条件，应有

$$fF'r_1+fF'r_2+\cdots+fF'r_z\geqslant K_nT$$

由上式可得各螺栓所需的预紧力为

$$F'\geqslant\frac{K_nT}{f(r_1+r_2+\cdots+r_z)}=\frac{K_nT}{f\sum_{i=1}^{z}r_i} \tag{3-32}$$

式中，f 为接合面的摩擦系数，见表3－11；r_i 为第 i 个螺栓的轴线到螺栓组旋转中心 O 的距离；z 为螺栓数目；K_n 为可靠性系数，一般取 $K_n=1.1\sim1.3$。

求得 F'后，按式（3－18）计算强度。

采用铰制孔用螺栓时，在转矩 T 的作用下，各螺栓受到剪切和挤压作用，假定底板为刚体，受载后接合面仍保持为平面。忽略连接中的预紧力和摩擦力，则各螺栓的剪切变形量与其轴线到螺栓组中心 O 的距离成正比，即距螺栓组中心 O 越远，螺栓的剪切变形量越大，其所受的工作剪力也越大。

如图3－28（b）所示，用 r_i、r_{max}分别表示第 i 个螺栓和受力最大螺栓的轴线到螺栓组中心 O 的距离，F_i、F_{max}分别表示第 i 个螺栓和受力最大螺栓的工作剪力，则得

$$\frac{F_{max}}{r_{max}}=\frac{F_i}{r_i}\quad 或\quad F_i=F_{max}\frac{r_i}{r_{max}}\quad(i=1,2,\cdots,z)$$

根据作用在底板上的力矩平衡的条件得

$$\sum_{i=1}^{z} F_i r_i = T$$

因此受力最大的螺栓的工作剪力为

$$F_{\max} = \frac{T r_{\max}}{\sum_{i=1}^{z} r_i^2} \tag{3-33}$$

求得 $F_{\max}$后，分别按式（3－28）、式（3－29）校核螺栓连接的挤压强度与剪切强度。

3. 受轴向载荷的螺栓组连接

图3－29为一受轴向总载荷 F_Σ 的汽缸盖螺栓组连接。F_Σ 的作用线与螺栓轴线平行，并通过螺栓组的对称中心。计算时，认为各螺栓平均受载，则每个螺栓所受的轴向工作载荷为

$$F = \frac{F_\Sigma}{z} \tag{3-34}$$

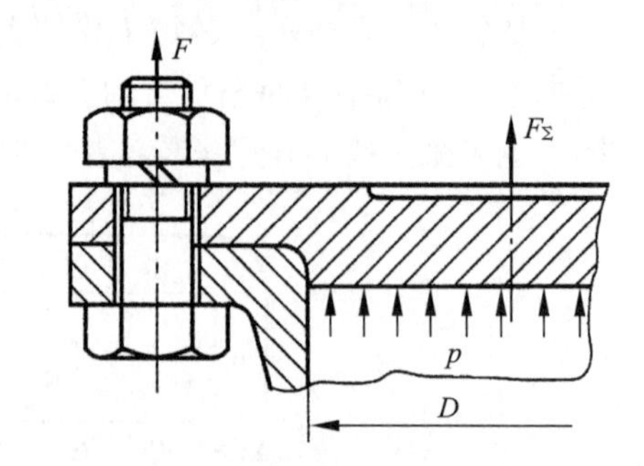

图3－29 受轴向载荷的螺栓组连接

应当指出的是，各螺栓除承受轴向工作载荷 F 外，还受有预紧力 F' 的作用。前已说明，各螺栓在工作时所受的总拉力，并不等于 F 与 F' 之和，故由上式求得 F 后，应按式（3－20）算出螺栓的总拉力 F_0，并按 F_0 计算螺栓的强度。

4. 受翻转力矩的螺栓组连接

图3－30为一受翻转力矩的底板螺栓组连接。翻转力矩 M 作用在通过 $x—x$ 轴并垂直于连接接合面的对称平面内。刚性底板受到翻转力矩后有绕轴线 $O—O$ 翻转趋势。此时，在轴线 $O—O$ 左侧，接合面被放松，螺栓被进一步拉伸；右侧螺栓被放松使其预紧力减少，接合面被进一步压缩。则左侧各螺栓及右侧支承面对底板绕 $O—O$ 的反力矩与载荷力矩平衡，即有

$$M = F_1 l_1 + F_2 l_2 + \cdots + F_z l_z = \sum_{i=1}^{z} F_i l_i$$

与承受转矩类似，由于各个螺栓刚度相同，根据螺栓变形协调条件得

$$\frac{F_1}{l_1} = \frac{F_2}{l_2} = \cdots = \frac{F_z}{l_z} = \frac{F_{\max}}{l_{\max}}$$

由上两式可得螺栓的最大工作拉力为

$$F_{\max} = \frac{M l_{\max}}{l_1^2 + l_2^2 + \cdots + l_z^2} = \frac{M l_{\max}}{\sum_{i=1}^{z} l_i^2} \tag{3-35}$$

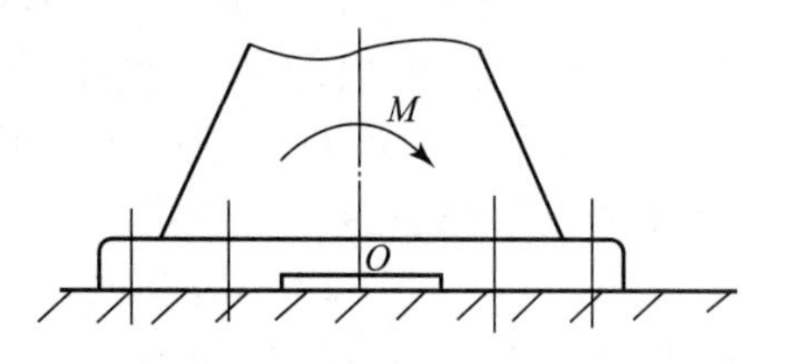

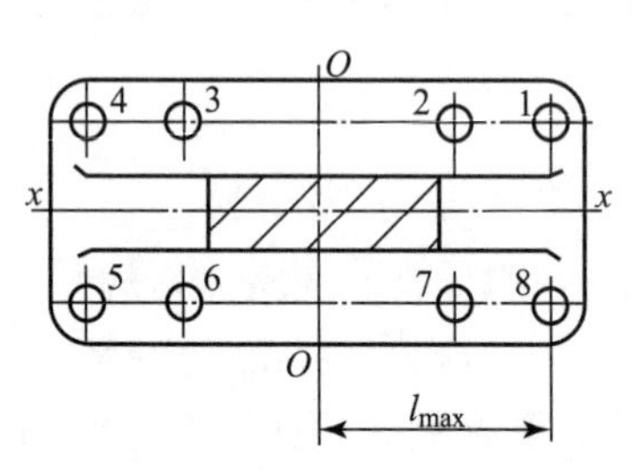

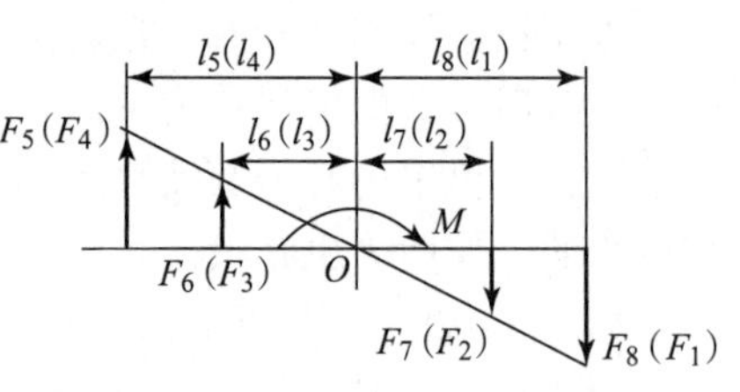

图3－30 受翻转力矩的螺栓组连接

式中，$F_{\max}$ 为最大的工作载荷（N）；M 为翻转力矩（N·mm）；z 为螺栓的总个数；l_i 为各螺栓轴线到底板轴线 $O—O$ 的距离（mm）；$l_{\max}$为 l_i 中最大值，即距轴线 $O—O$ 最远螺栓的距离。

为了防止接合面受压最大处被压溃或受压最小处出现间隙，应该保证受载后接合面压应力的最大值不超过允许值，最小值不小于零。分析如下：

（1）在预紧力 F' 作用下，接合面间挤压应力为

$$\sigma_p = \frac{zF'}{A}$$

（2）翻转力矩 M 作用下而产生附加挤压应力的最大值可近似为

$$\Delta\sigma_{pmax} \approx \frac{M}{W}$$

最大受压处不被压溃的条件为

$$\sigma_{pmax} \approx \frac{zF'}{A} + \frac{M}{W} \leqslant [\sigma_p] \quad (3-36)$$

最小受压处不出现间隙的条件为

$$\sigma_{pmin} \approx \frac{zF'}{A} - \frac{M}{W} > 0 \quad (3-37)$$

式中，F' 为螺栓的预紧力（N）；A 为接合面的有效面积（mm^2）；σ_{pmax}、σ_{pmin} 分别为最大挤压应力和最小挤压应力（MPa）；W 为接合面的有效抗弯截面系数（mm^3）；$[\sigma_p]$ 为接合面材料的许用挤压应力（MPa），具体数值见表 3－12。

表 3－12　连接接合面材料的许用挤压应力 $[\sigma_p]$　　MPa

材料	钢	铸铁	混凝土	砖（水泥浆缝）	木材
$[\sigma_p]$	$0.8R_{eL}$	$(0.4\sim0.5)R_m$	2.0～3.0	1.5～2.0	2.0～4.0

注：（1）R_{eL} 为材料的屈服强度（MPa）；R_m 为材料的抗拉强度（MPa）。
（2）当连接的接合面的材料不同时，应按强度较弱者选取。
（3）连接承受静载荷时，$[\sigma_p]$ 应取表中较大值；承受变载荷时，则应取较小值。

计算受翻转力矩螺栓组的强度时，首先由预紧力 F'、最大工作载荷 F_{max} 确定受力最大的螺栓的总拉力 F_0，然后进行强度计算。

在实际使用中，螺栓组连接所受的工作载荷常常是以上四种简单受力状态的不同组合。但不论受力状态如何复杂，都可利用静力分析方法将复杂的受力状态简化成上述四种简单受力状态。因此，只要分别计算出螺栓组在这些简单受力状态下每个螺栓的工作载荷，然后将它们向量叠加，便得到每个螺栓的总工作载荷。一般来说，对普通螺栓，可按轴向载荷或（和）翻转力矩确定螺栓的工作拉力；按横向载荷或（和）转矩确定连接所需要的预紧力，然后求出螺栓的总拉力。对铰制孔用螺栓，则按横向载荷或（和）转矩确定螺栓的工作剪力，求得受力最大的螺栓及其所受的剪力后，再进行单个螺栓连接的强度计算。

第六节　提高螺栓强度的措施

螺栓连接的强度主要取决于螺栓的强度，因此，研究影响螺栓强度的因素和提高螺栓强度的措施，对提高连接的可靠性有着重要的意义。影响螺栓强度的因素很多，主要涉及螺纹牙的载荷分配、应力变化幅度、应力集中、附加应力、材料的机械性能和制造工艺等几个方

面。下面分析各种因素对螺栓强度的影响以及提高强度的相应措施。

一、降低影响螺栓疲劳强度的应力幅

根据理论与实践可知，受轴向变载荷的紧螺栓连接，在最小应力不变的条件下，应力幅越小，则螺栓越不容易发生疲劳破坏，连接的可靠性越高。在保持预紧力不变的条件下，若减小螺栓刚度或增大被连接件刚度，都可以达到减小应力幅的目的，但在此给定的条件下，减小螺栓刚度或增大被连接件的刚度都将引起剩余预紧力的减小，从而降低了连接的紧密性。因此，若在减小螺栓刚度或增大被连接件刚度的同时，适当增加预紧力，就可以使剩余预紧力不致减小太多或保持不变，这对改善连接的可靠性和紧密性是有利的。但预紧力不宜增加过大，必须控制在所规定的范围内，以免过分削弱螺栓的静强度。

为了减小螺栓的刚度，可适当增加螺栓的长度，在实际设计中可采用图3－31所示的腰状杆螺栓和空心螺栓。或在螺母下面安装上弹性元件（图3－32），其效果和采用腰状杆螺栓或空心螺栓时相似。

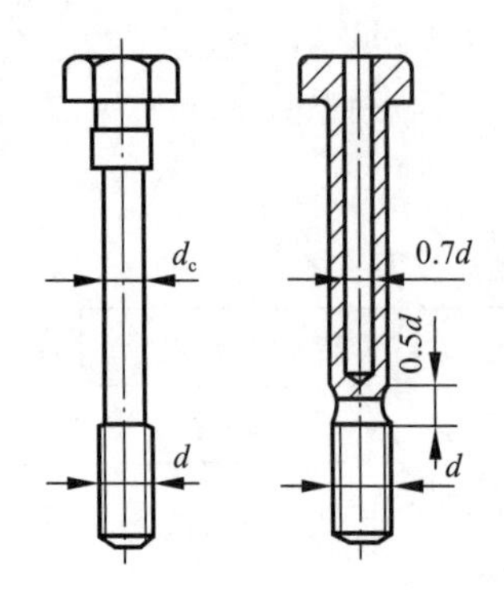

图3－31　腰状杆螺栓与空心螺栓

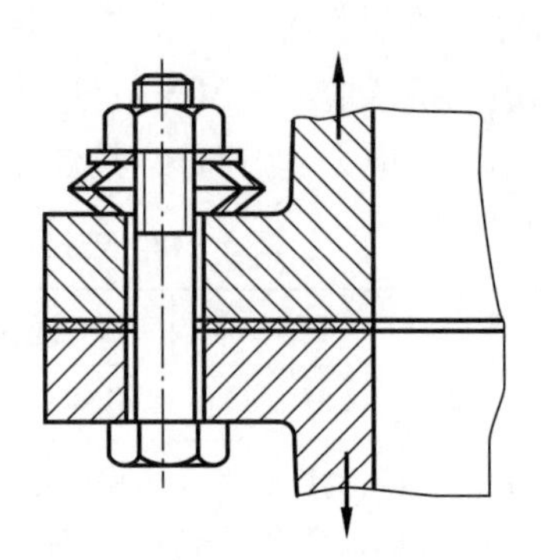

图3－32　弹性元件

为了增大被连接件的刚度，可以不用垫片或采用刚度较大的垫片。对于需要保持紧密性的连接，从增大被连接件的刚度的角度来看，图3－33（a）采用较软的汽缸垫片并不合适。此时以采用刚度较大的金属垫片或密封环（图3－33（b））较好。

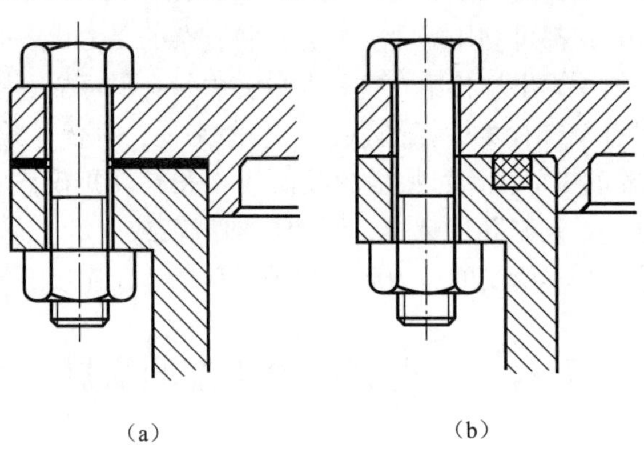

图3－33　汽缸密封元件

（a）软垫片密封；（b）密封环密封

二、改善螺纹牙间载荷分配不均的现象

不论螺栓连接的具体结构如何，螺栓所受的总拉力 F_0 都是通过螺栓和螺母的螺纹牙面相接触来传递的。由于螺栓和螺母的刚度及变形性质不同，即使制造和装配都很精确，各圈螺纹牙上的受力也是不同的。如图 3－34 所示，当连接受载时，螺栓受拉伸，外螺纹的螺距增大；而螺母受压缩，内螺纹的螺距减小。由图可知，螺纹螺距的变化差以旋合的第 1 圈处为最大，以后各圈递减。旋合螺纹间的载荷分布如图 3－35 所示。实验证明，约有 1/3 的载荷集中在第 1 圈上，第 8 圈以后的螺纹牙几乎不承受载荷。因此，采用螺纹牙圈数过多的加厚螺母，并不能提高连接的强度。

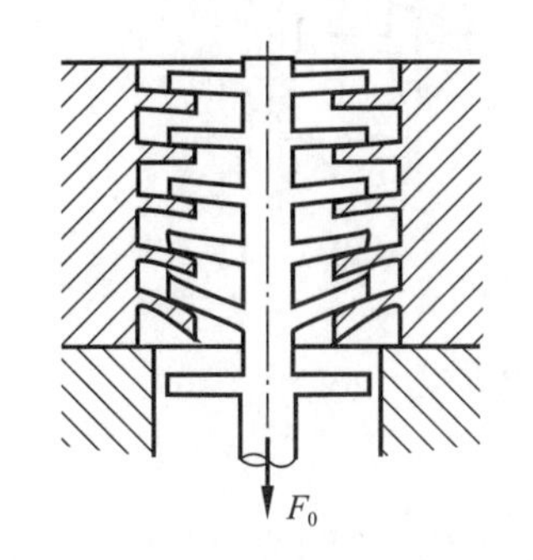

图 3－34　旋紧螺纹的变形示意图

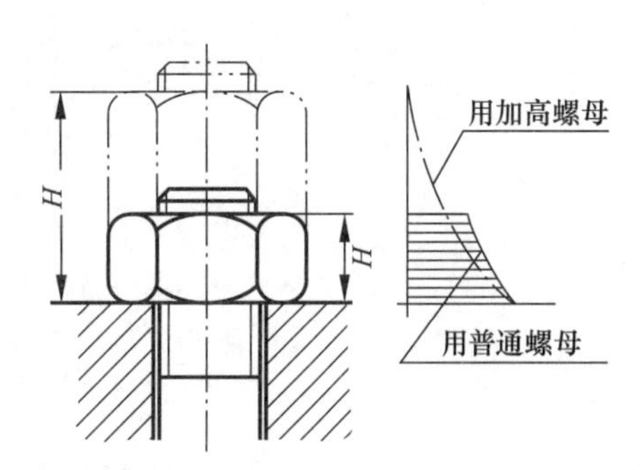

图 3－35　旋紧螺纹间的载荷分布

为了改善螺纹牙上的载荷分配不均程度，可采用悬置螺母、环槽螺母及内斜螺母等，现分述如下。

图 3－36（a）为悬置螺母，螺母的旋合部分全部受拉，其变形性质与螺栓的相同，从而可以减小两者的螺距变化差，使螺纹牙上的载荷分布趋于均匀。

图 3－36（b）为环槽螺母，这种结构可以使螺母内缘下端（螺栓旋入端）局部受拉，其作用和悬置螺母的相似，但其载荷均布的效果不及悬置螺母。

图 3－36（c）为内斜螺母，螺母下端（螺栓旋入端）受力大的几圈螺纹处制成 10°～15°的斜角，使螺栓螺纹牙的受力面由上而下逐渐外移。这样，螺栓旋合段下部的螺纹牙在载荷作用下，容易变形，而载荷将向上转移使载荷分布趋于均匀。

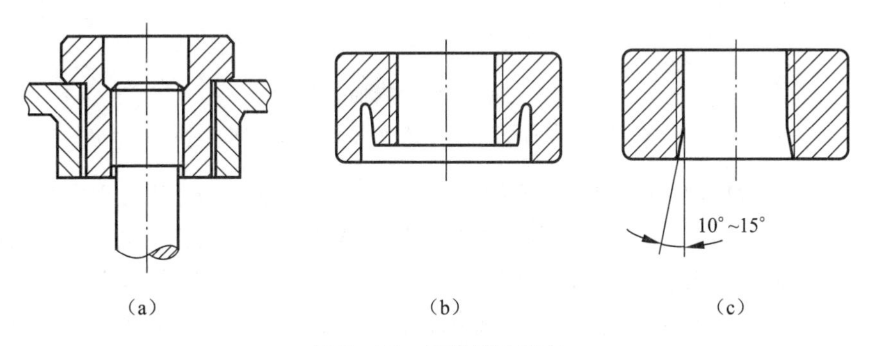

图 3－36　均载螺母结构

（a）悬置螺母；（b）环槽螺母；（c）内斜螺母

三、减小应力集中和避免附加弯曲应力

螺栓上的螺纹（特别是螺纹的收尾）、螺栓头和螺栓杆的过渡处以及螺栓横截面面积发生变化的部位等，都会产生应力集中。为了减小应力集中的程度，可以采用较大的圆角和卸载结构（图3－37），或将螺纹收尾改为退刀槽等。但应注意，采用一些特殊结构会使制造成本增高。

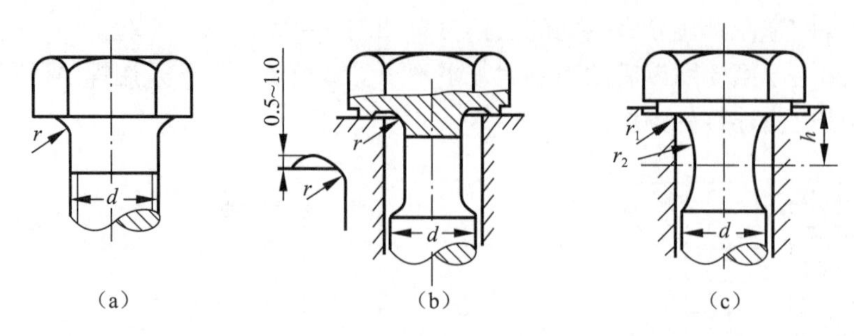

图3－37　圆角和卸载结构

（a）加大圆角；（b）卸载槽；（c）卸载过渡结构

$r=0.2d$；$r_1=0.15d$；$r_2=1.0d$；$h=0.5d$

图3－38给出了由于各种原因造成螺母与支承面接触点偏离螺栓轴线的几种情况，偏距e可使螺栓产生附加弯曲应力，严重影响螺栓的强度。

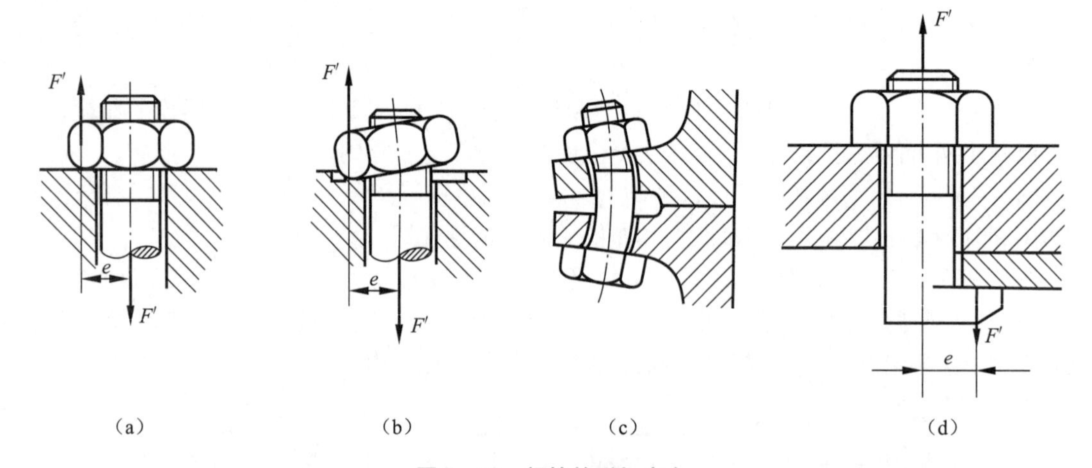

图3－38　螺栓的附加应力

（a）支承面不平；（b）螺母孔不正；（c）被连接件刚度小；（d）钩头螺栓连接

在设计、制造和装配上应力求避免螺纹连接产生附加弯曲应力，以免严重降低螺栓的强度。为了减小附加弯曲应力，要从结构、制造和装配等方面采取措施。例如，结构设计时应尽量避免斜支承面，否则应采取加斜垫圈、球面垫圈等措施，如图3－39所示。或者在螺母、螺钉头与支承面接触处进行机加工，如沉头孔、凸台等，达到使其平整的目的。

四、采用合理的制造工艺方法

采用冷镦螺栓头部和滚压螺纹的工艺方法，可以显著提高螺栓的疲劳强度。这是因为除

可降低应力集中外，冷镦和滚压工艺不切断材料纤维，金属流线的走向合理，如图 3－40 所示，而且有冷作硬化的效果，并使表层留有残余应力，因而滚压螺纹的疲劳强度可较切削螺纹的疲劳强度提高 30% ～40%。如果热处理后再滚压螺纹，其疲劳强度可提高 70% ～100%。这种冷镦和滚压工艺还具有材料利用率高、生产效率高和制造成本低等优点。此外，在工艺上采用氮化、氰化、喷丸等处理，都是提高螺纹连接件疲劳强度的有效方法。

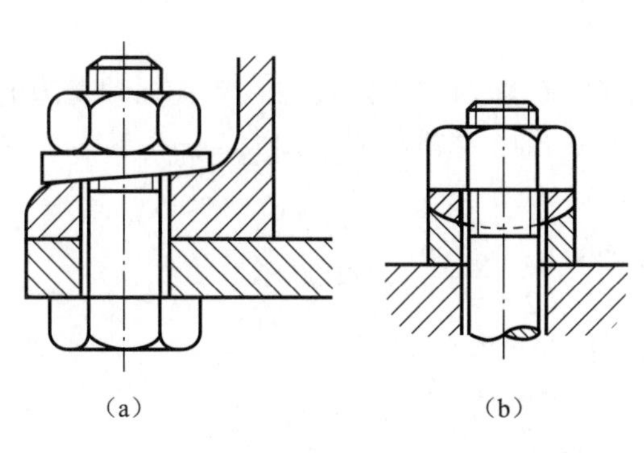

图 3－39　加斜垫圈和球面垫圈的螺栓连接

（a）斜垫圈；（b）球面垫圈

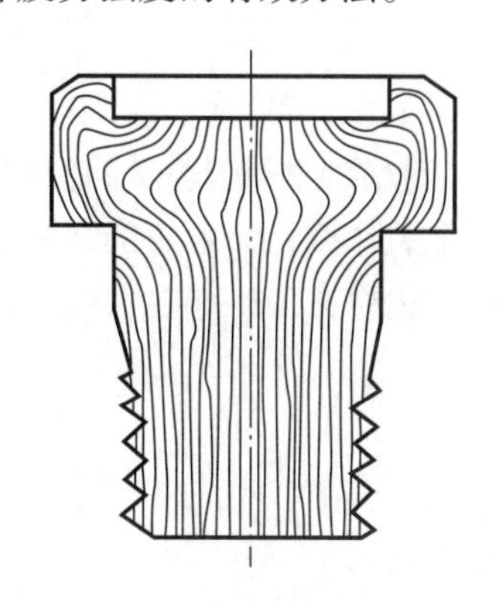

图 3－40　冷镦与滚压加工螺栓中的金属流线

例 3－1　图 3－41 所示为一固定在钢制立柱上的铸铁托架，托架材料为灰铸铁 HT200（$R_m = 200$ MPa）。已知载荷 $q = 10$ kN，尺寸如图，$z = 6$，选用材料为 Q235 的普通螺栓连接，性能等级为 4.6 级，接合面摩擦系数 $f = 0.3$，可靠性系数 $K_n = 1.1$，试计算螺栓直径。

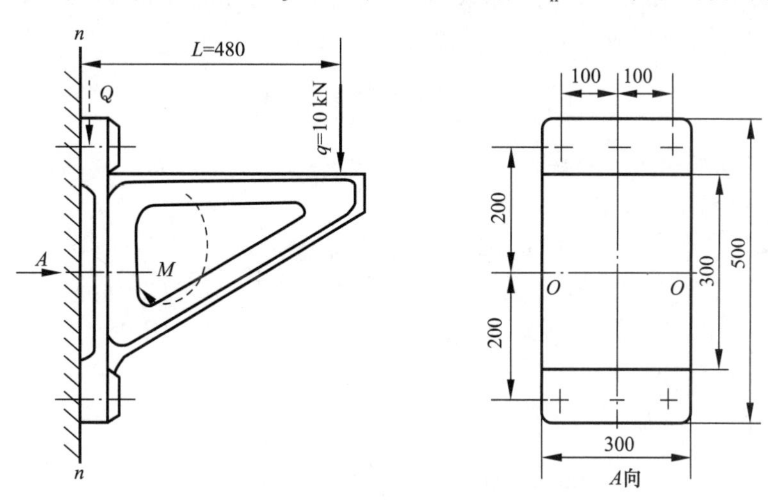

图 3－41　固定在钢制立柱上的铸铁托架

解：

1. 螺栓组受力分析

在工作载荷 q 作用下，螺栓组受到翻转力矩 M 和横向载荷 Q 的共同作用。

$$M = qL = 10\,000 \times 480 = 4.8 \times 10^6 (\mathrm{N \cdot mm})$$

$$Q = 10\,000 \text{ N}$$

2. 螺栓组设计计算

（1）每个螺栓所需预紧力的计算。

已知接合面摩擦系数$f=0.3$，可靠性系数$K_n=1.1$，螺栓数目$z=6$，接合面数$m=1$，由式（3-30）可得预紧力为

$$F' \geqslant \frac{K_n Q}{fzm} = \frac{1.1 \times 10\,000}{0.3 \times 6 \times 1} = 6\,111(\text{N})$$

取$F'=6\,500$ N。

（2）在翻转力矩M的作用下，使底板有绕O—O轴顺时针翻转的趋势，则轴上边的螺栓受加载作用，而下边的螺栓受减载作用，故O—O轴上边螺栓受力加大，由翻转力矩M引起的上边螺栓的工作拉力由式（3-35）计算为

$$F_{\max} = \frac{Ml_{\max}}{l_1^2 + l_2^2 + \cdots + l_z^2} = \frac{4.8 \times 10^6 \times 200}{6 \times 200^2} = 4\,000(\text{N})$$

（3）螺栓所受总拉力。

由式（3-24）得

$$F_0 = K_C F_{\max} + F'$$

取螺栓的相对刚度$K_C=0.3$，因此

$$F_0 = 0.3 \times 4\,000 + 6\,500 = 7\,700(\text{N})$$

（4）计算［σ］。

选择螺栓材料Q235，性能等级4.6，由表3-3查得$R_{eL}=240$ MPa。

初步选取$d=16\sim30$ mm之间。由表3-6确定安全系数［S］$=3\sim2$，取［S］$=3$，由表3-6中的公式计算许用应力为

$$[\sigma] = \frac{R_{eL}}{[S]} = \frac{240}{3} = 80(\text{MPa})$$

（5）计算螺栓直径。

由式（3-26）可计算得到d_1为

$$d_1 \geqslant \sqrt{\frac{5.2F_0}{\pi[\sigma]}} = \sqrt{\frac{5.2 \times 7\,700}{\pi \times 80}} = 12.625(\text{mm})$$

选M16，$d_1=13.835$ mm，在初估直径范围内。

3. 接合面校核计算

接合面的有效面积为

$$A = 300 \times 500 \times \left(1 - \frac{300}{500}\right) = 6 \times 10^4(\text{mm}^2)$$

接合面的有效抗弯截面系数为

$$W = \frac{300 \times 500^2}{6} \times (1 - 0.6^3) = 9.8 \times 10^6(\text{mm}^3)$$

（1）保证接合面最大受压处不压溃。

接合面支架铸铁材料较弱，由表3-12中的公式计算许用应力为

$$[\sigma_p] = 0.5R_m = 0.5 \times 200 = 100(\text{MPa})$$

由式（3-36）得

$$\sigma_{pmax}=\frac{zF'}{A}+\frac{M}{W}=\frac{6\times 6\,500}{6\times 10^4}+\frac{4.8\times 10^6}{9.8\times 10^6}=1.14(\text{MPa})\leqslant[\sigma_p] \qquad \text{合格}$$

（2）保证接合面最小受压处不出现间隙。

由式（3-37）得

$$\sigma_{pmin}=\frac{zF'}{A}-\frac{M}{W}=\frac{6\times 6\,500}{6\times 10^4}-\frac{4.8\times 10^6}{9.8\times 10^6}=0.16(\text{MPa})>0 \qquad \text{合格}$$

例 3-2　图 3-42 所示为一固定在钢制立柱上的轴承托架，已知载荷 $Q=5\,500$ N，其作用线与垂直线的夹角 $\alpha=50°$；托架材料为灰铸铁 HT200（$R_m=200$ MPa），底板宽 $b=150$ mm，长 $h=340$ mm。试设计此螺栓组连接。

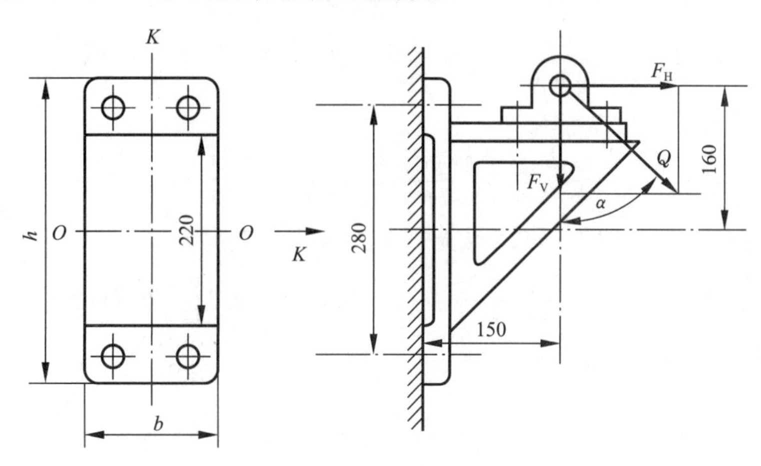

图 3-42　托架底板螺栓组连接

解：

本例题的螺栓组连接受轴向载荷、横向载荷和翻转力矩的联合作用，这样的连接一般采用普通螺栓连接。计算方法通常有两种：一种是先由不滑移条件求出预紧力 F'，从而求出 F''和 F_0，确定螺栓直径，最后验算不压溃、不出现缝隙等条件；另一种是先预选 F''，然后求出 F'和 F_0，确定螺栓直径，再验算不压溃、不出现缝隙等条件。本例题用第一种方法。

1. 螺栓组受力分析

（1）计算螺栓组所受工作载荷。

在工作载荷 Q 作用下，螺栓组受轴向载荷、横向载荷和翻转力矩作用，各载荷计算如下：

轴向载荷：　$F_H=Q\sin\alpha=5\,500\times\sin 50°=4\,213(\text{N})$

横向载荷：　$F_V=Q\cos\alpha=5\,500\times\cos 50°=3\,535(\text{N})$

翻转力矩：　$M=F_H\times 160+F_V\times 150=1\,204\,330(\text{N}\cdot\text{mm})$

（2）计算单个螺栓所受最大工作拉力 F。

在轴向力 F_H 的作用下，各螺栓所受的工作拉力为

$$F_1=F_H/z=4\,213/4=1\,053(\text{N})$$

在翻转力矩 M 的作用下，使底板有绕 O—O 轴顺时针翻转的趋势，则轴上边的螺栓受加载作用，而下边的螺栓受减载作用，故 O—O 轴上边螺栓受力加大，由翻转力矩 M 引起的上边螺栓的工作拉力为

$$F_2 = \frac{Ml_{max}}{l_1^2 + l_2^2 + \cdots + l_z^2} = \frac{1\,204\,330 \times 140}{4 \times 140^2} = 2\,151(\mathrm{N})$$

因此，螺栓所受的总的最大工作拉力为

$$F = F_1 + F_2 = 1\,053 + 2\,151 = 3\,204(\mathrm{N})$$

（3）计算螺栓的预紧力 F'。

在横向力 F_V 的作用下，底板连接接合面可能产生滑移。按底板接合面不滑移的条件，并考虑轴向力 F_H 对预紧力的影响（翻转力矩 M 的影响不考虑，因为在 M 作用下，底板一边的压力增大，但另一边的压力却以同一程度减小，总压力不变）。参照式（3－30）和式（3－23），则底板不滑移的条件为

$$zf\left(F' - \frac{C_F}{C_L + C_F}F_1\right) = f[zF' - (1 - K_C)F_H] \geqslant K_n F_V$$

则

$$F' \geqslant \frac{1}{z}\left[\frac{K_n F_V}{f} + (1 - K_C)F_H\right]$$

由表3－11查得$f=0.16$；取$K_C=0.2$（无垫片），$K_n=1.2$，则

$$F' \geqslant \frac{1}{4} \times \left[\frac{1.2 \times 3\,535}{0.16} + (1 - 0.2) \times 4\,213\right] = 7\,471(\mathrm{N})$$

（4）计算螺栓所受的总拉力 F_0。

由式（3－24）得

$$F_0 = F' + K_C F = 7\,471 + 0.2 \times 3\,204 = 8\,112(\mathrm{N})$$

2. 确定螺栓直径

选择螺栓材料为Q235，性能等级为4.6，由表3－3查得$R_{eL}=240$ MPa。设螺栓所需的公称直径 d 在16～30 mm之间，由表3－6选取安全系数［S］＝3～2，取［S］＝3，由表3－6中的公式计算许用应力为 $[\sigma] = \frac{R_{eL}}{[S]} = \frac{240}{3} = 80$（MPa）。由式（3－26）得螺栓危险截面直径为

$$d_1 \geqslant \sqrt{\frac{4 \times 1.3F_0}{\pi[\sigma]}} = \sqrt{\frac{5.2 \times 8\,112}{\pi \times 80}} = 12.96(\mathrm{mm})$$

查手册，选用M16粗牙普通螺纹，$d_1=13.835$ mm，计算结果符合要求，故确定选用M16螺栓。

3. 校核螺栓组连接的工作能力

（1）保证接合面最大受压处不压溃。

接合面支架铸铁材料较弱，由表3－12中的公式计算许用应力为

$$[\sigma_p] = 0.5R_m = 0.5 \times 200 = 100(\mathrm{MPa})$$

考虑螺栓预紧力 F'的变化，参考式（3－36）得

$$\sigma_{pmax} = \frac{1}{A}[zF' - (1 - K_C)F_H] + \frac{M}{W}$$

$$= \frac{4 \times 7\,471 - 0.8 \times 4\,213}{(340 - 220) \times 150} + \frac{1\,204\,330}{\frac{150}{6 \times 340} \times (340^3 - 220^3)}$$

$$= 2.04(\text{MPa}) \leqslant [\sigma_p] \qquad \text{合格}$$

（2）保证接合面最小受压处不出现间隙。

参考式（3-37）得

$$\sigma_{\text{pmin}} = \frac{1}{A}[zF' - (1 - K_C)F_H] - \frac{M}{W}$$

$$= \frac{4 \times 7\,471 - 0.8 \times 4\,213}{(340 - 220) \times 150} - \frac{1\,204\,330}{\frac{150}{6 \times 340} \times (340^3 - 220^3)}$$

$$= 0.90(\text{MPa}) > 0 \qquad \text{合格}$$

故此设计合格。

例 3-3　图 3-43（a）、（b）所示为托架用 4 个铰制孔用螺栓与立柱连接的布置形式，问应选哪种布置形式？为什么？

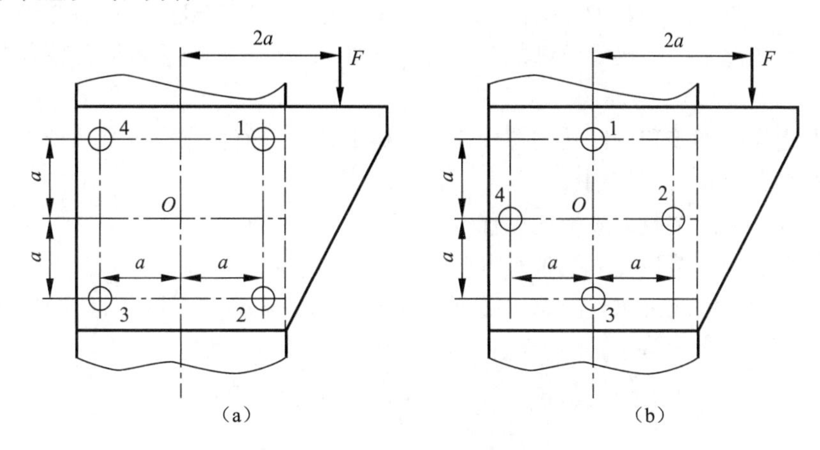

图 3-43　托架立柱螺栓组连接

（a）布置方案Ⅰ；（b）布置方案Ⅱ

解：

将力 F 向螺栓组中心 O 简化后，螺栓组受到一个向下的横向载荷 F 和一个绕旋转中心 O 的转矩 $T = 2aF$ 的共同作用。

横向载荷 F 使每个螺栓受到相同的向下剪力 F_S（图 3-44）。

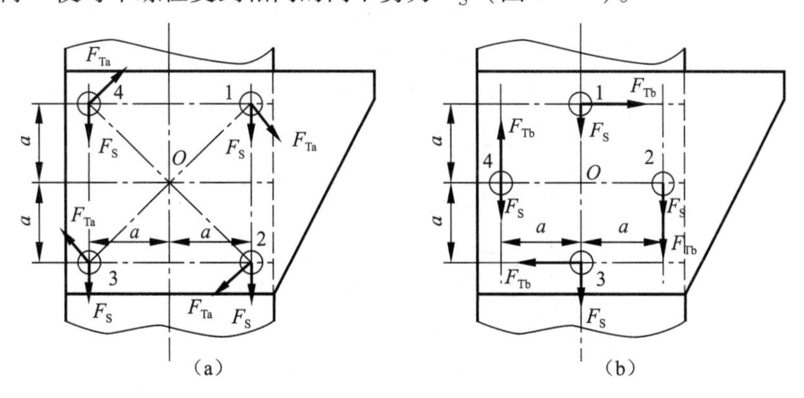

图 3-44　受力分析

（a）布置方案Ⅰ受力图；（b）布置方案Ⅱ受力图

方案Ⅰ中各螺栓至旋转中心的距离大于方案Ⅱ中各螺栓至旋转中心的距离，因此，转矩 T 在方案Ⅰ中的螺栓中产生的剪力 F_{Ta} 小于方案Ⅱ中的剪力 F_{Tb}，各剪力方向垂直于螺栓中心与旋转中心连线且对旋转中心的转矩为顺时针方向，见图3－44。

力 F_S 与 F_T 矢量合成即为螺栓中所受到的剪力。由图3－44不难分析出：方案Ⅰ中受力最大的螺栓（螺栓1、2）所受的剪力比方案Ⅱ中受力最大的螺栓（螺栓2）所受的剪力小。因此，选方案Ⅰ。

习　　题

3－1　常用螺纹按牙型分为几种？各有什么特点？连接、传动、密封应各选用何种牙型的螺纹？原因是什么？

3－2　螺纹连接有哪些基本类型？各有什么特点？各自适用于什么场合？

3－3　拧紧螺母时，拧紧力矩需要克服哪些阻力矩？螺栓和被连接件各受到什么力？

3－4　一般情况下，连接螺纹都能满足自锁条件，为什么还要采取防松措施？常用的防松措施有哪些？

3－5　普通螺栓连接和铰制孔用螺栓连接结构上各自有何特点？当这两种连接在承受横向载荷时，螺栓各受什么力作用？

3－6　螺栓连接的主要失效形式是什么？

3－7　提高螺栓连接强度的措施有哪些？

3－8　设有性能等级为4.6的M12螺栓，用拧紧力 $F=200$ N拧紧（一般标准扳手的长度 $L\approx15d$），问预紧力 F' 等于多少？螺栓是否会因过载而被拧断？

3－9　如图3－17所示的松连接，作用在螺栓上的工作载荷 $F=50$ kN，试确定螺栓的直径。

3－10　一机器底座用10个螺栓与地基相连接，如题3－10图所示，已知螺栓之间的相对距离为100 mm，所受的翻转力矩为 $M=5\,000$ N·m，试确定此螺栓组连接的螺栓直径。

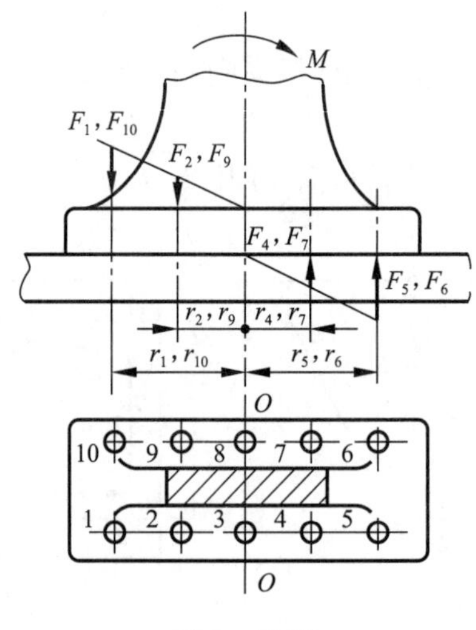

题3－10图

3－11　设计汽缸盖螺栓连接，已知汽缸内气体工作压力为 p 在0～1.5 MPa的范围内变化，汽缸内径 $D=250$ mm，螺栓分布圆直径 $D_0=346$ mm，采用铜皮石棉垫片，要求剩余预紧力是螺栓工作载荷的1.8倍，即剩余预紧力 $F''=1.8F$，且螺栓间距 $t\leqslant 120$ mm，拟选用性能等级为4.6的螺栓，试确定所需螺栓数和所选螺栓的公称直径。

3-12 如题3-12图所示，底板螺栓组连接受外力 F_Σ 的作用，外力 F_Σ 作用在包含 x 轴并垂直于底板接合面的平面内。试分析底板螺栓组的受力情况，并判断哪个螺栓受力最大。保证连接安全工作的必要条件有哪些?

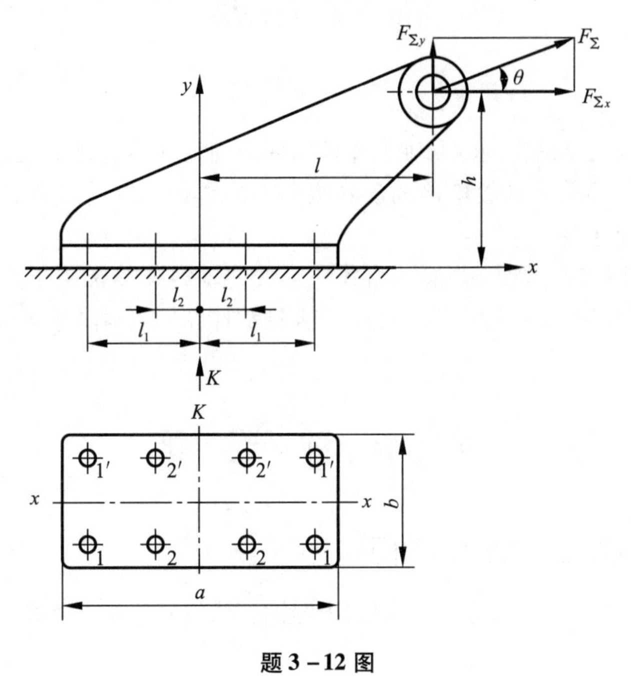

题3-12图

第四章
轴毂连接

轴毂连接的功能主要是实现轴与轴上零件的周向固定并传递转矩，有些还能实现轴上零件的轴向固定或轴向移动。轴毂连接的形式很多，如键连接、花键连接、销连接、过盈连接、型面连接和胀套连接等。

键连接和花键连接应用比较普遍，而其他形式的轴毂连接常用于特殊场合的连接。因此，本章主要讨论键连接和花键连接的类型、选择和计算，而对其他形式的轴毂连接只作简单介绍。

第一节 键 连 接

一、键连接的类型、特点和应用

键是标准零件，分为两大类：①平键和半圆键，构成松连接；②楔键和切向键，构成紧连接。

1. 平键连接

平键的横截面是矩形或正方形，键的两个侧面是工作面，键的顶面与轮毂上键槽的底面则留有间隙，工作时靠键与键槽侧面的相互挤压传递转矩（图 4 -1（a））。平键连接具有结构简单、装拆方便、轴与轴上零件对中较好等优点，应用十分广泛，但不能承受轴向力。平键连接按用途分为普通平键、薄型平键、导向平键和滑键。

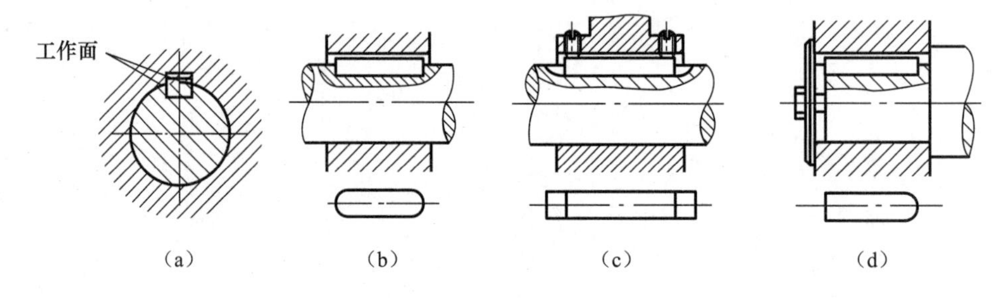

图 4 -1　普通平键连接

(a) 平键工作面；(b) A 型；(c) B 型；(d) C 型

(1) 普通平键。普通平键用于轴毂间无轴向相对滑动的静连接。按其端部形状分为圆头（A 型）、平头（B 型）和单圆头（C 型）三种（图 4 -1（b）、（c）、（d））。采用圆头或单圆头平键时，轴上的键槽用端铣刀铣出（图 4 -2（a）），轴上键槽端部的应力集中较大，但键的安装比较牢固。采用平头平键时，轴上的键槽用盘铣刀铣出（图 4 – 2（b）），轴的应力集中较小，但键的安装不牢固，需用螺钉紧固。单圆头平键用于轴伸处，应用较少。轮毂上的键槽一般用插刀或拉刀加工而成。

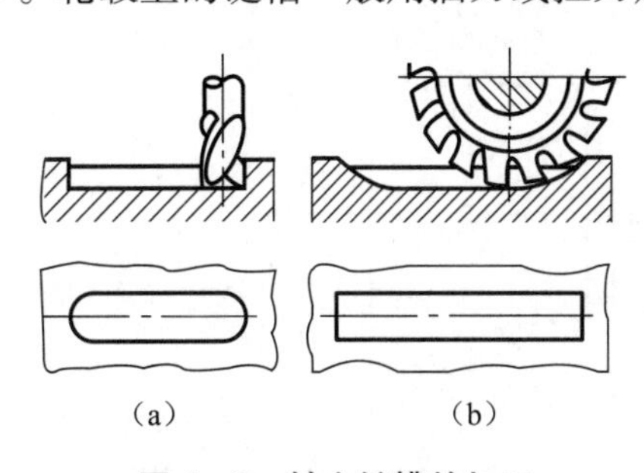

图 4 – 2　轴上键槽的加工

（a）用端铣刀；（b）用盘铣刀

（2）薄型平键。薄型平键也有圆头、平头和单圆头三种。标准薄型平键的高度约为普通平键的 60% ～70%，因而传递转矩的能力较小，适用于空心轴、薄壁轮毂或只传递运动的轴毂连接。

（3）导向平键和滑键。导向平键和滑键都用于轮毂需做轴向移动的动连接。按端部形状，导向平键分为圆头（A 型）和平头（B 型）两种。导向平键一般用螺钉固定在轴槽中，与轮毂的键槽采用间隙配合，轮毂可沿导向平键做轴向移动。导向平键适用于轮毂移动距离不大的场合（图 4 – 3）。当轮毂轴向移动距离较大时，宜采用滑键，因为如用导向平键，键将很长，增加制造的困难。而滑键固定在轮毂上，随轮毂一起沿轴上的键槽移动，故只需在轴上铣出较长的键槽即可（图 4 – 4）。滑键在轮毂上固定可采用不同的方式，图 4 – 4 所示是两种典型的结构。

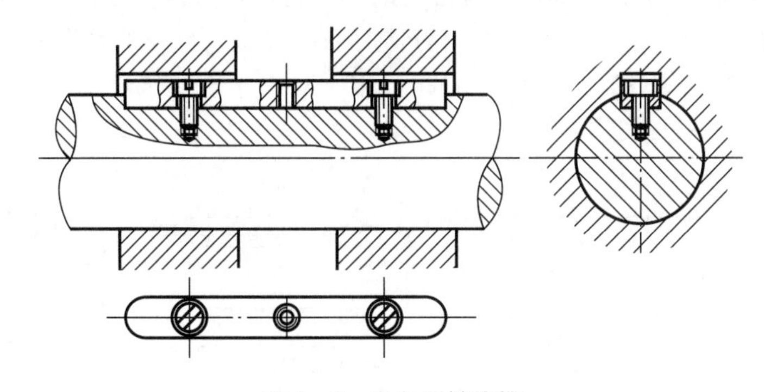

图 4 – 3　导向平键连接

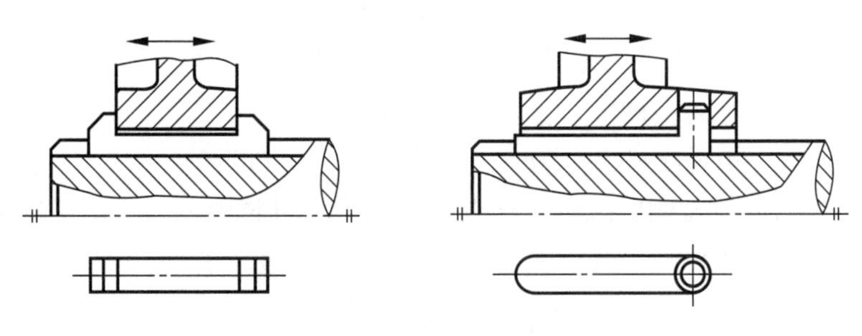

图 4 – 4　滑键连接

2. 半圆键连接

半圆键连接的工作原理与平键的相同，也是以两个侧面为工作面，即工作时靠键与键槽侧面的挤压传递转矩。轴上键槽用半径与键相同的盘状铣刀铣出，因而键在槽中能绕其几何中心摆动，可以自动适应轮毂上键槽的斜度。半圆键连接也有制造简单、装拆方便的优点，缺点是轴上键槽较深，对轴削弱较大。适用于载荷较小的连接或锥形轴端与轮毂的连接（图4－5）。

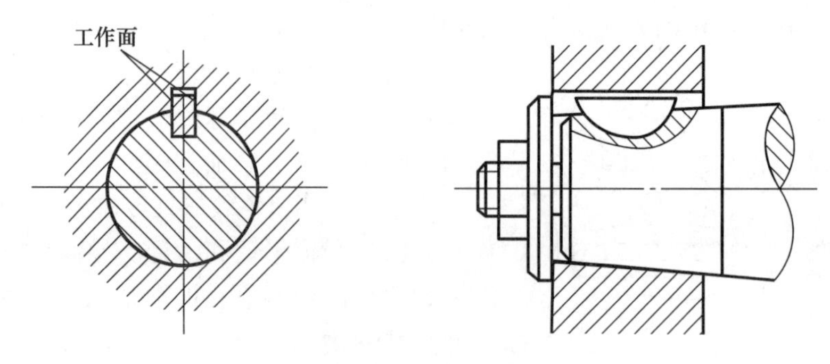

图4－5　半圆键连接

3. 楔键连接

楔键连接用于静连接。楔键的上表面与轮毂键槽的底面各有1∶100的斜度，装配时将键打入槽中，键楔紧在轴与轮毂之间，因此键的上下两面是工作面并受挤压，工作时主要靠键和键槽之间及轴与轮毂之间的摩擦力来传递转矩。而键与键槽两侧面并不接触，如图4－6所示。楔键还能轴向固定零件和承受单方向的轴向力。当键需从毂的一端打入时，轴上键槽要长一些，如图4－6（c）所示。由于楔键连接在装配后会使轴上零件对轴偏心（图4－7），在冲击振动或变载荷下容易松动，因此仅用于对中精度要求不高、不受冲击振动或变载荷的较低速度场合的轴毂连接中。

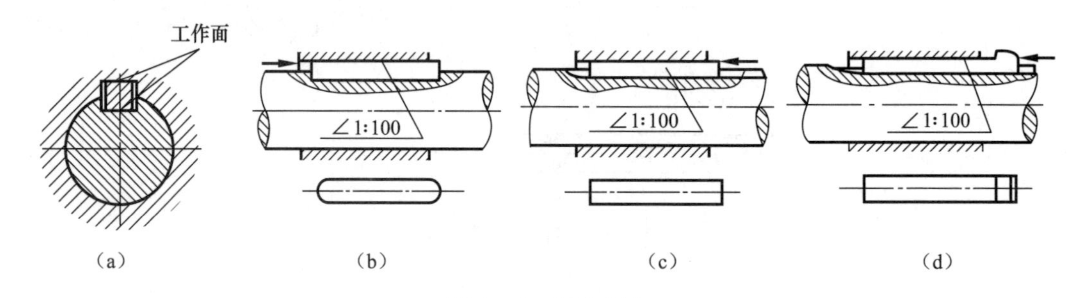

图4－6　楔键连接

（a）楔键工作面；（b）圆头；（c）平头；（d）钩头

楔键分为普通楔键和钩头楔键。普通楔键有圆头（A型）、平头（B型）和单圆头（C型）三种。钩头楔键如图4－6（d）所示，用于不能从轮毂的另一端将键打出的场合，拆卸时可将楔形工具送入钩头与轮毂之间的空隙处，将键挤出。

4. 切向键连接

切向键连接用于静连接。切向键连接是由两个具有单面1∶100斜度的楔键组成（图4－8）。装配后，两楔键以其斜面相互贴合，共同楔紧在轴毂之间。切向键的上下两面是工作面，其中一个面在通过轴心线的平面内。工作面上的压力沿轴的切向方向作用，能传递很大的转矩。采用一组切向键只能传递单方向的转矩，传递双方向转矩时，

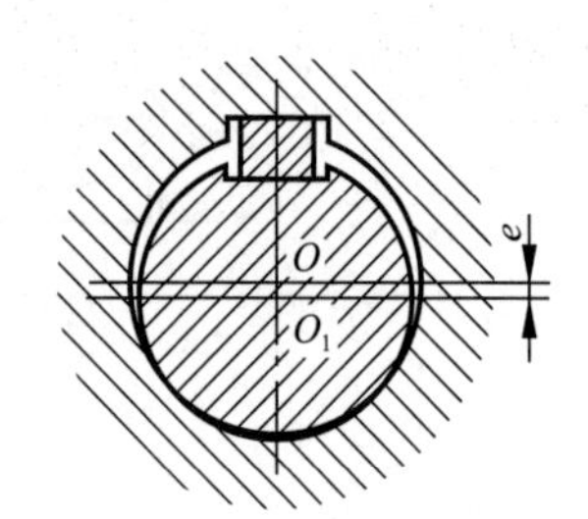

图4－7　楔键连接引起轴上零件对轴偏心

须用两组切向键，为了不至于严重地削弱轴与轮毂的强度，两键应相隔 120°～135°。切向键也能承受单向的轴向力。切向键连接适用于载荷很大，对中性要求不严的场合。

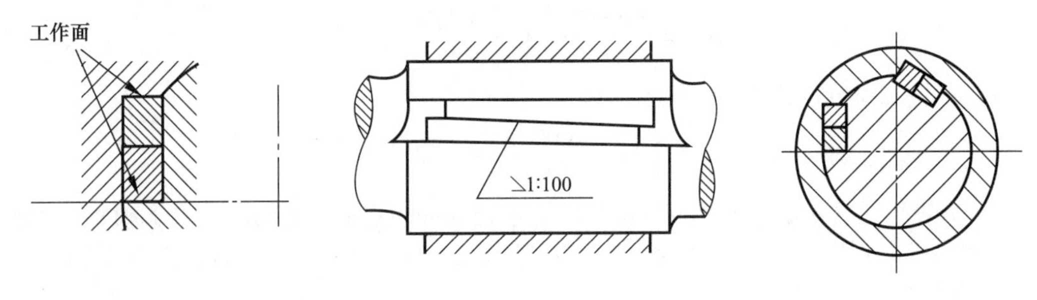

图 4－8　切向键连接

二、键的选择和键连接的强度计算

1. 键的选择

（1）类型选择。设计键连接时，通常被连接件的材料、构造和尺寸已初步确定，所传递的转矩也已求得。因此，可根据连接的结构特点、使用要求和工作条件来选择键的类型。例如，键连接的对中性要求；键是否需要具有轴向固定的作用；键在轴上的位置（在轴的中部还是端部）；连接于轴上的零件是否需要沿轴滑动与滑动距离的长短等。

（2）尺寸选择。键是标准件。键的剖面尺寸 $b \times h$ 按轴的直径 d 由标准选定（b 为键宽，h 为键高）。键的长度 L 值一般可按轮毂的长度而定，普通平键和薄型平键的长度一般略短于轮毂的长度，而导向平键则按其滑动距离而定。所选长度 L 应符合键的标准长度系列值。

2. 平键连接的强度计算

键的类型和尺寸选定以后，还要根据键连接的失效形式用适当的校核计算公式进行强度验算。对于普通平键和薄型平键连接（静连接），键与键槽的两个侧面受挤压应力，同时键也受切应力（图 4－9）。但主要失效形式是较弱零件的工作面被压溃，键被剪断的情况很少见。因此，通常只按工作面上的挤压应力进行强度校核计算（注意，键、轴、轮毂三者的材料往往不同，强度计算时要按三者中最弱材料的强度进行校核）。对于导向平键和滑键连接（动连接），主要失效形式是工作面的过度磨损，因此通常只作耐磨性的条件性计算。

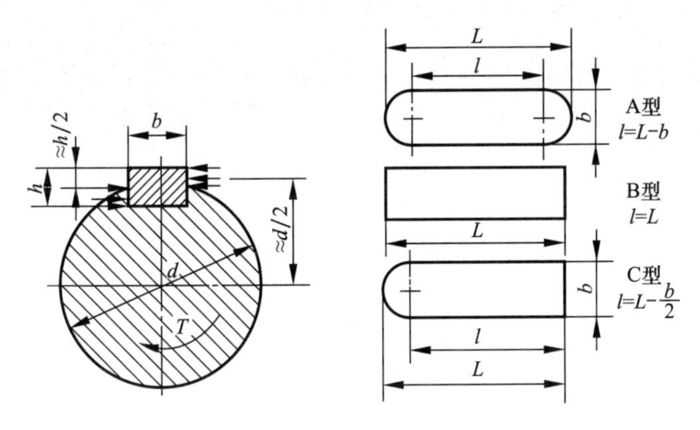

图 4－9　平键连接的受力分析

假定载荷在键的工作面上均匀分布，则根据挤压强度计算，普通平键连接的挤压强度条件为

$$\sigma_p=\frac{2\,000T/d}{hl/2}=\frac{4\,000T}{dhl}\leqslant[\sigma_p] \tag{4-1}$$

导向平键和滑键连接的耐磨性条件为

$$p=\frac{4\,000T}{dhl}\leqslant[p] \tag{4-2}$$

式中，T 为键传递的转矩（N·m）；d 为轴的直径（mm）；h 为键的高度（mm）；l 为键的工作长度（mm），l 值的计算见图 4－9；$[\sigma_p]$ 为许用挤压应力（MPa），查表 4－1；$[p]$ 为许用压强（MPa），查表 4－1。

表 4－1　键连接的许用挤压应力 $[\sigma_p]$、许用压强 $[p]$　　MPa

许用挤压应力、许用压强	连接工作方式	连接中较弱零件的材料	载荷性质		
			静载荷	轻微冲击	冲击
$[\sigma_p]$	静连接	钢	120～150	100～120	60～90
		铸铁	70～80	50～60	30～45
$[p]$	动连接	钢	50	40	30
注：如与键有相对滑动的被连接件表面经过淬火，则动连接的 $[p]$ 值可提高 2～3 倍。					

当强度不够时，在条件允许的情况下可适当增加键的长度或改用平头键。也可以采用双键，两键最好沿周向相隔 180°布置，考虑载荷在两键上分配不均，因此在强度校核时，只按 1.5 个键计算。

因为压溃和磨损是键连接的主要失效形式，所以键的材料要有足够的硬度。根据标准规定，键用抗拉强度不低于 600 MPa 的钢材制造，常用 45 钢。

3. 半圆键连接的强度计算

半圆键连接的受力状况和失效形式与普通平键连接相似（图 4－10）。

挤压强度条件为

$$\sigma_p=\frac{2\,000T}{dkl}\leqslant[\sigma_p] \tag{4-3}$$

式中，k 为键与轮毂的接触高度（mm），其值从标准中查取；l 为键的工作长度（mm），计算时可取 $l\approx L$（L 为键的公称长度，如图 4－10 所示）；其他参数同前述。

如果强度不够，可采用双键。两个半圆键沿轴向布置在一条直线上。

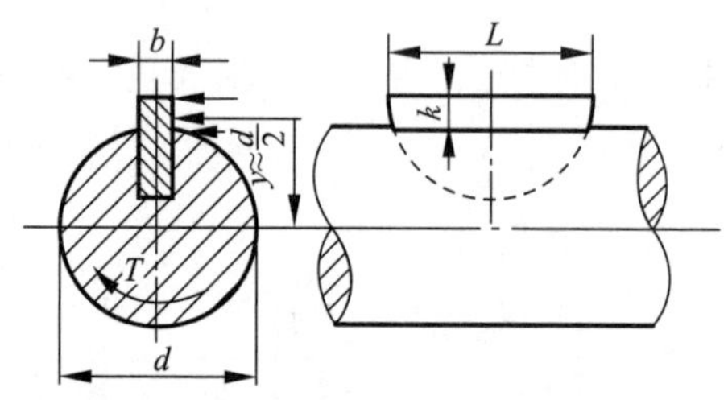

图 4－10　半圆键连接的受力分析

第二节　花键连接

一、花键连接的类型、特点和应用

花键连接是由外花键（图 4－11（a））和内花键（图 4－11（b））构成。齿的侧面是工作面。可用于静连接或动连接。与平键连接比较，花键连接的优点是：键齿数较多且受载均匀，故可承受很大的载荷；因键槽较浅，对轴、毂的强度削弱较轻；轴上零件与轴的对中性好、导向性好。缺点是：需用专门的设备加工，成本较高。花键连接常用于汽车、拖拉机和机床中需换挡的轴毂连接。

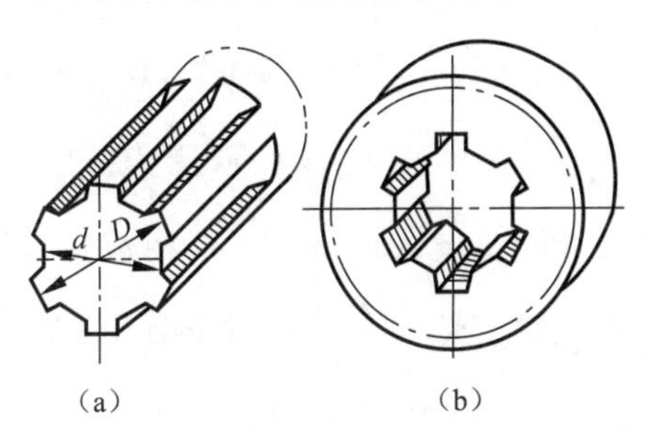

图 4－11　花键连接

（a）外花键；（b）内花键

花键连接按齿形不同，分为矩形花键和渐开线花键两种，均已标准化。

1. 矩形花键

在矩形花键连接中，按齿数和齿高的不同，标准中规定了两个系列：轻系列和中系列。轻系列承载能力较小，多用于静连接和轻载连接。中系列用于中等载荷的连接。

矩形花键连接的定心方式有三种，即大径定心、小径定心和齿宽定心。小径定心（图 4－12），即外花键和内花键的小径是配合面，内、外花键经热处理后，均可用磨削方法提高定心面的精度，故定心精度高、定心稳定性好、承载能力较大，是目前国际、国内标准中采用的定心方式。矩形花键连接应用广泛。

2. 渐开线花键

渐开线花键的齿廓为渐开线，渐开线的制造工艺与齿轮制造相同，但压力角有 30°和 45°两种。与矩形花键相比，齿根较厚，应力集中较小，连接强度较高，寿命长。

渐开线花键连接的定心方式为渐开线齿形定心（图 4－13）。齿形定心具有自动定心的特点，受载时因齿上有径向分力使其自动定心，能获得多数齿同时接触，有利于各齿均匀承载。常用于载荷较大、定心精度要求较高及尺寸较大的连接。

花键连接的制造要用专门的设备和工具，制造成本较高，这就使花键连接的应用受到一定的限制。

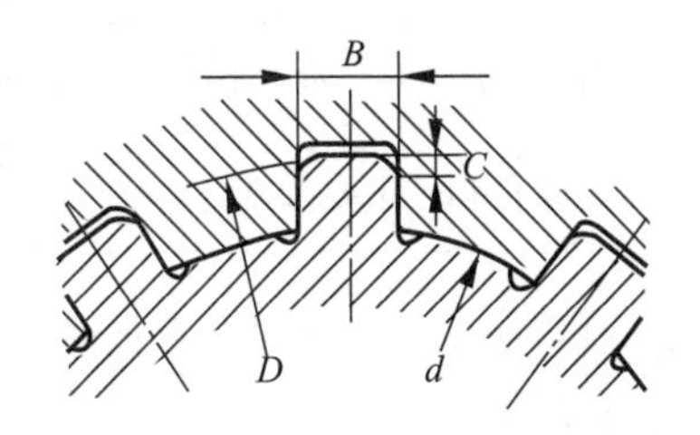

图 4－12　矩形花键连接

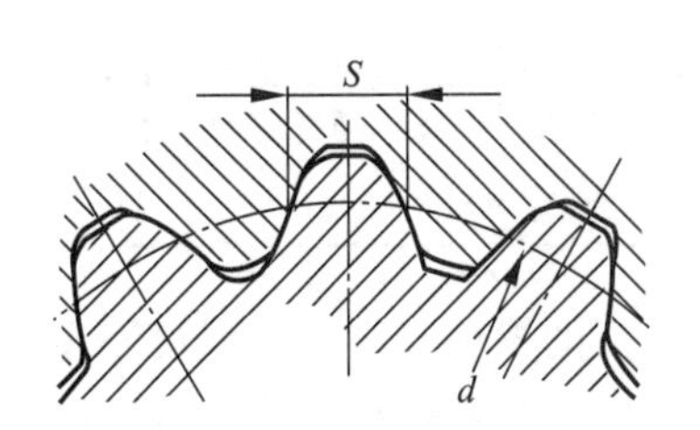

图 4－13　渐开线花键连接

二、花键连接的强度计算

花键连接的设计与键连接相似，首先根据使用条件、工作要求等选定花键的类型，查出标准尺寸，然后进行必要的强度验算。花键的侧面是工作面，主要失效形式是齿面的压溃（静连接）或磨损（动连接），故通常进行挤压强度或耐磨性计算。计算时，假设载荷沿齿侧接触面上均匀分布，各齿所受压力的合力作用在平均直径 d_m 处，并引入各齿间载荷分布不均匀系数 ψ 来估计实际压力分布不均匀对计算值的影响，因此，连接的强度条件为

静连接：
$$\sigma_p = \frac{2\,000T}{\psi Zhld_m} \leqslant [\sigma_p] \tag{4-4}$$

动连接：
$$p = \frac{2\,000T}{\psi Zhld_m} \leqslant [p] \tag{4-5}$$

式中，T 为传递的转矩（N·m）；ψ 为各齿间载荷分布不均匀系数，一般 $\psi=0.7\sim0.8$；Z 为花键的齿数；h 为齿的工作高度（对于矩形花键，$h=\frac{D-d}{2}-2C$，D 为矩形花键轴的大径，d 为矩形花键孔的小径，C 为齿顶的倒角尺寸；对于渐开线花键，$h=m$，m 为模数）；l 为齿的工作长度（mm）；d_m 为平均直径（mm）（对于矩形花键，$d_m=\frac{D+d}{2}$；对于渐开线花键，$d_m=d$，d 为分度圆直径）；$[\sigma_p]$ 为花键连接的许用挤压应力（MPa），查表4-2；$[p]$ 为花键连接的许用压强（MPa），查表4-2。

表4-2　花键连接的许用挤压应力 $[\sigma_p]$、许用压强 $[p]$　MPa

许用挤压应力、许用压强	连接工作方式	使用和制造情况	齿面未经热处理	齿面经热处理
$[\sigma_p]$	静连接	不良	35~50	40~70
		中等	60~100	100~140
		良好	80~120	120~200
$[p]$	空载下移动的动连接	不良	15~20	20~35
		中等	20~30	30~60
		良好	25~40	40~70
$[p]$	在载荷作用下的动连接	不良	—	3~10
		中等	—	5~15
		良好	—	10~20

注：（1）使用和制造情况不良，是指承受变载荷、有双向冲击、振动频率高和振幅大、润滑不良（对动连接）、材料硬度不高和精度较低等。
（2）在同一情况下，$[\sigma_p]$ 或 $[p]$ 的较小值用于工作时间长和较重要的场合。

花键连接的零件多用抗拉强度不低于600 MPa的钢材制造，多数要经过热处理（特别是在载荷作用下频繁移动的花键齿）以便获得足够的表面硬度。

第三节　销　连　接

销主要用来固定零件之间的相对位置，称为定位销（图 4－14），它是组合加工和装配时的重要辅助零件。销也可用于连接，称为连接销（图 4－15），但只可传递不大的载荷。销还可作为安全装置中的过载剪断元件，称为安全销（图 4－16）。

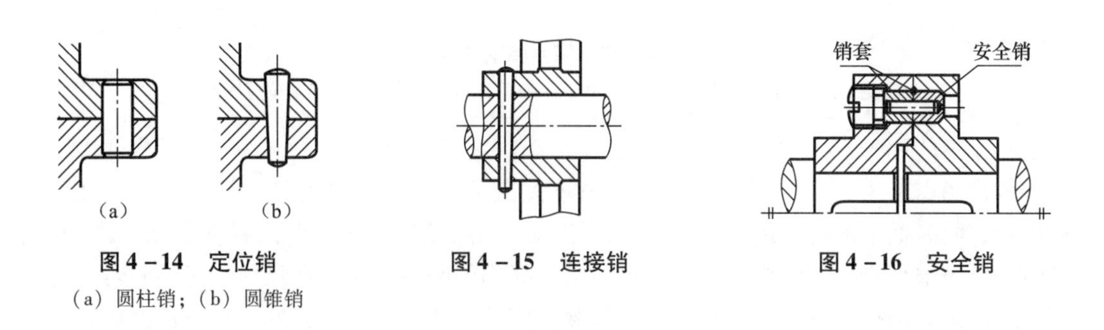

图 4－14　定位销

（a）圆柱销；（b）圆锥销

图 4－15　连接销

图 4－16　安全销

销有多种类型，如圆柱销、圆锥销、槽销等（图 4－17），这些销均已标准化。

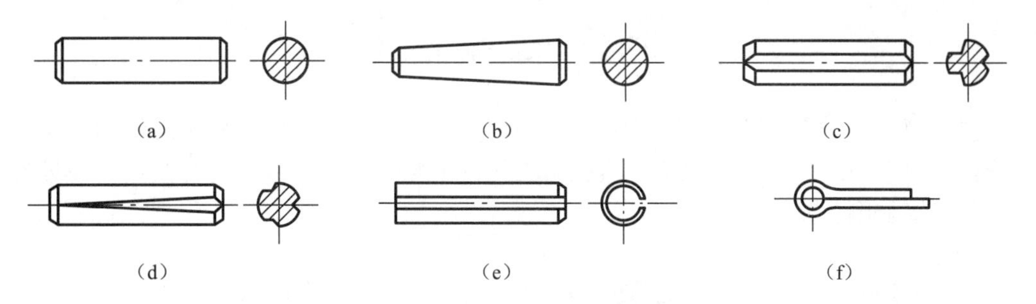

图 4－17　销的主要类型

（a）圆柱销；（b）圆锥销；（c）、（d）槽销；（e）弹性圆柱销；（f）开口销

圆柱销（图 4－17（a））利用微量过盈配合固定在铰制孔中，多次装拆将会降低连接的牢固性和定位的精确性。圆锥销具有 1∶50 的锥度，在受横向力时可以自锁。销孔需铰制，安装比圆柱销方便，多次装拆对定位精度的影响也较小，所以应用比较广泛。普通圆锥销用于通孔定位时（图 4－14（b）），拆卸时可打击小头。对于销孔不能开通（盲孔）或装拆困难的场合，可采用螺尾圆锥销（图 4－18（a））或内螺纹圆锥销（图 4－18（b））。开尾圆锥销装配后可将尾口分开（图 4－18（c）），可保证在冲击、振动或变载下不致松脱。小端螺尾销装配后拧紧螺母（图 4－18（d）），可防止销松脱。

槽销（图 4－17（c）、（d））用弹簧钢滚压或模锻而成，有纵向凹槽。由于材料的弹性，销挤紧在销孔中，销孔无须铰光。槽销制造比较简单，可多次装拆，多用于传递载荷。

弹性圆柱销（图 4－17（e））用弹簧钢带卷制而成，具有很好的弹性，可以均匀地挤紧在孔中，即使在有冲击和振动的条件下，也能保持连接的紧固可靠。销孔无须铰光，可多次装拆。但其刚性较差，不适用于高精度定位。

开口销（图 4－17（f））具有结构简单、工作可靠、装拆方便的特点，主要用于螺纹连

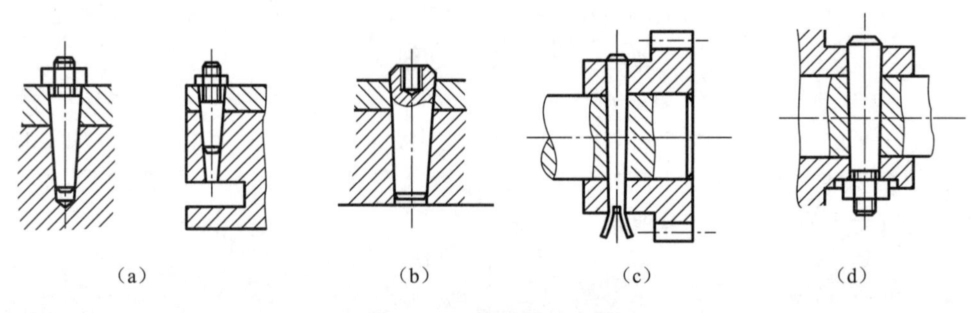

图4－18　圆锥销的应用

（a）大端螺尾圆锥销；（b）内螺纹圆锥销；（c）开尾圆锥销；（d）小端螺尾圆锥销

接的防松，不能用于定位。

销的常用材料为35、45钢。定位销通常不受载荷，故不作强度校核计算，其直径可按结构确定，同一面上的定位销数目一般不少于两个。连接销在工作时通常受到挤压和剪切，设计时，可先根据连接的结构特点和工作要求选择销的类型、材料和尺寸，必要时再按剪切和挤压强度条件进行验算。安全销在机器过载时应被剪断，因此，销的直径应按过载时被剪断的条件确定。

第四节　过盈连接

过盈连接是利用零件间的过盈配合形成的连接。图4－19（a）是蜗轮的轮芯与齿圈的过盈连接，图4－19（b）是滚动轴承内孔与轴的过盈连接，图4－19（c）是圆锥面过盈连接，这种连接多用于轴端连接。

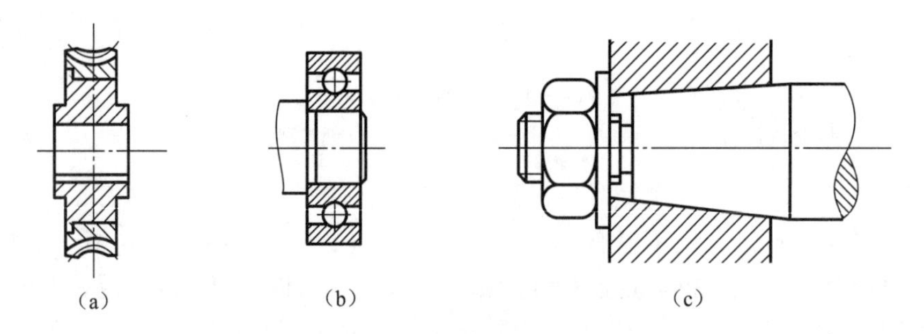

图4－19　过盈连接

（a）蜗轮的轮芯与齿圈的过盈连接；（b）滚动轴承内孔与轴的过盈连接；（c）圆锥面过盈连接

过盈连接使配合面产生一定的压力，工作时靠此压力产生的摩擦力传递转矩或轴向力。

过盈连接的特点是结构简单，定心性好，轴上不开槽，对轴削弱小，承载能力高，承受变载荷的性能好。但这种连接对配合表面加工精度要求较高，装配不便。

过盈连接装配时可采用压入法或温差法。压入法是将轴强行压入毂孔中，这难免要损伤配合表面，降低连接的紧固性。因此，压入法通常应用在轴径尺寸不是很大和过盈量较小的连接中。温差法是将毂孔加热使其胀大，或将轴低温冷缩，以实现顺利装配且不损伤配合表面，装配后的紧固性比压入法的好，所以承载能力高。通常轴径尺寸较大和过盈量较大的过盈连接采用温差法装配。

在进行过盈连接的设计时，有些只需按推荐的配合选定配合，在传力大时，必须经过计算确定过盈量、压入力和加热温度。计算方法可参见有关机械设计手册。

第五节　型面连接

型面连接是利用非圆截面的轴与相应轮廓的毂孔相配合而构成的连接（图 4－20）。因这种连接不用键或花键，故又称为无键连接。

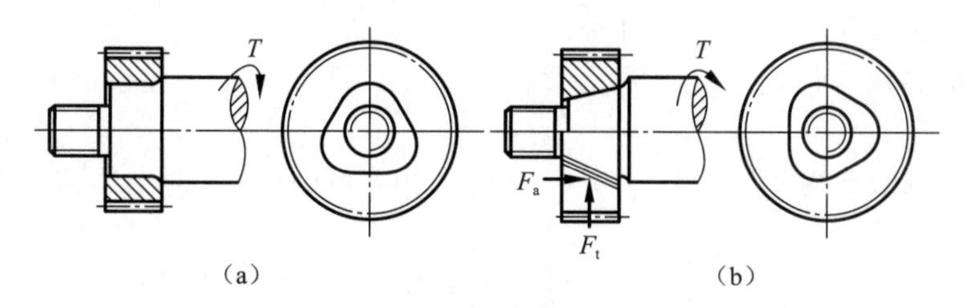

图 4－20　型面连接

（a）柱形的轴和毂孔；（b）锥形的轴和毂孔

型面连接的横截面轮廓有：用圆弧过渡的三角形、方形、六边形以及两面铣平的圆柱形等。轴的毂孔可以是柱形的（图 4－20（a）），也可以是锥形的（图 4－20（b））。前者只能传递转矩，后者除可传递转矩外，还能传递轴向力，但制造较为复杂。

型面连接对中性好，又没有键槽及尖角引起的应力集中，故可传递较大的转矩，装拆也方便，但加工比较复杂，应用不普遍。

第六节　胀套连接

胀套连接的结构如图 4－21 所示。胀套连接是在毂孔与轴之间装入胀紧连接套（简称胀套）的连接方法，可装一个或多个。当拧紧螺母（或螺钉）时，在轴向力的作用下，内、外环相互压紧，受内、外环的锥面作用，内环缩小而箍紧轴，外环胀大而撑紧毂，使接触面间产生压紧力。工作时，利用此压紧力产生的摩擦力来传递转矩和（或）轴向力。

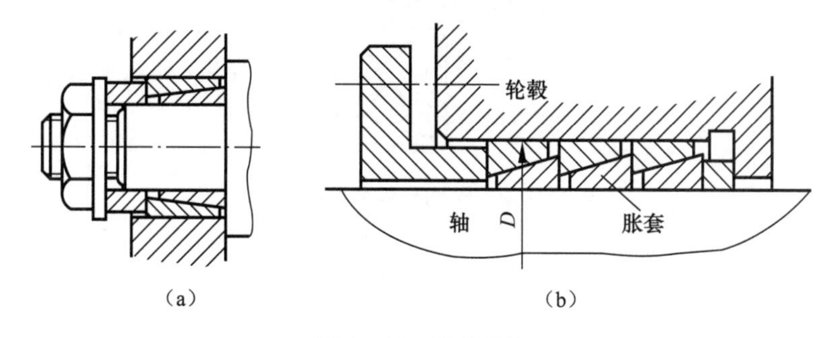

图 4－21　胀套连接

（a）一个胀套；（b）多个胀套

胀套连接的定心性好，装拆方便，没有键槽引起的应力集中源，承载能力较强，且有密封作用，过载时不会引起恶性损伤。但由于要在轴与毂之间安装胀套，其应用有时受到结构上的限制。

由于压紧时各对环所受压紧力依次递减，所以胀套的个数不能过多，一般不超过3～4个。胀套内、外环的锥角一般为12°～17°。胀套的制作材料多用65、70、65Mn钢，并经热处理。

习　题

4-1　轴毂连接的主要功能是什么？有哪几种连接方式？

4-2　平键连接有哪几种？各有何特点？

4-3　花键连接有何优点？说明矩形花键连接和渐开线花键连接的定心方式和应用场合。

4-4　如何选取普通平键的尺寸 $b \times h \times L$？它的公称长度 L 与工作长度 l 之间有什么关系？

4-5　圆头、平头和单圆头普通平键各有何优缺点？分别用在什么场合？

4-6　普通平键连接有哪些失效形式？主要失效形式是什么？怎样进行强度计算？当判断强度不足时，可采取哪些措施？

4-7　圆头、单圆头普通平键的轴上键槽是如何加工的？平头的是如何加工的？

4-8　一个278的铸铁直齿圆柱齿轮与一个钢制轴用键构成静连接。齿轮装在轴的中间部位。装齿轮处的轴径为60 mm，齿轮轮毂长95 mm。连接传递的转矩为840 N·m，载荷平稳。试设计此键连接。

4-9　试验算题4-9图所示变速器中滑移齿轮的花键连接的强度。已知传递的转矩 $T=100$ N·m，矩形花键尺寸 6×23×26×6（即 $Z=6$、$d=23$ mm、$D=26$ mm、$b=6$ mm），轮毂宽度 $l=40$ mm，轴的材料为45钢，齿轮材料为40Cr钢，齿面经过热处理，换挡时齿轮不受载荷。

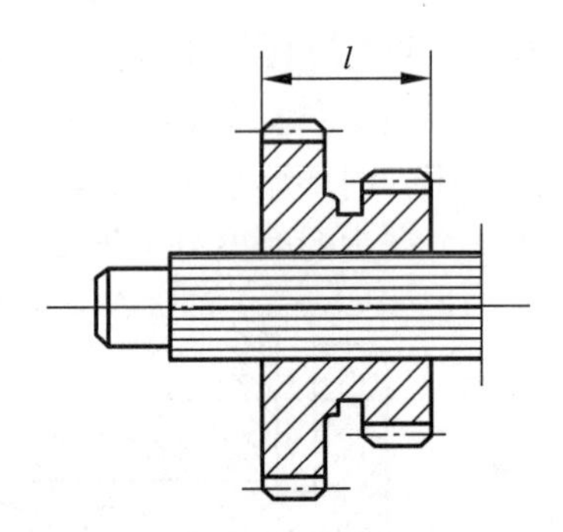

题4-9图　滑移齿轮的花键连接

第五章
焊接、铆接和粘接

第一节 焊　　接

焊接是通过加热或加压，或两者并用，并且用或不用填充材料，使两个分离的金属物体（同种金属或异种金属）产生原子（分子）间结合而连成一体的连接方法。

根据实现金属原子或分子间结合的方式不同，焊接可分为熔焊、压焊和钎焊三大类，具体分类如图 5－1 所示。

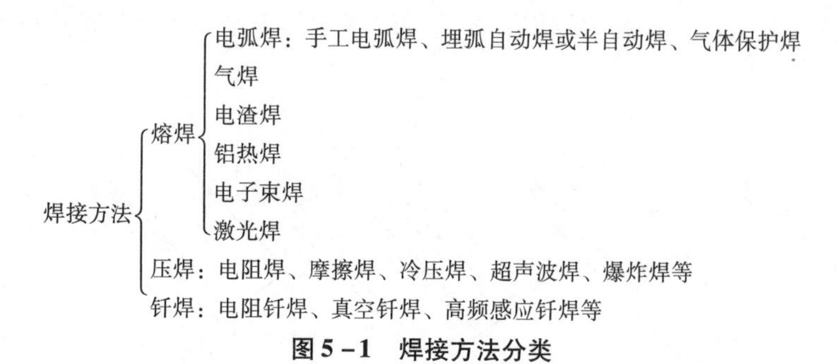

图 5－1　焊接方法分类

熔焊是将被焊接的结合部位加热达熔化状态（通常加入充填金属，如焊条或焊丝等），不加压力而互相熔合，冷却凝固后形成牢固的接头。压焊是对两被焊件施加压力（或同时加热），使两结合部位紧密接触产生结合作用，形成分子或原子间的结合而连成一体。钎焊与熔焊相似，却有着本质的区别，它是采用比被焊件熔点低的金属材料作钎料，将焊件和钎料加热到高于钎料熔点却低于被焊件熔点的温度，利用液态钎料润湿被焊件，填充接头间隙，与被焊件相互扩散，冷凝后连成一体实现连接焊件的方法。

其中应用最多的是熔焊，熔焊中又以电弧焊应用最广。本节只概略介绍有关电弧焊的基本知识及焊缝强度的计算。

焊接具有强度高、容易保证紧密性、工艺简单、操作简便、质量小等优点。焊接还可以采用型材、铸件、锻件拼焊成形状复杂的零件，可以节省金属，简化制造工艺，降低成本，尤其适合单件或小批量生产的机械零件制造，从而得到广泛应用。其应用实例见图 5－2。

焊接的缺点是：焊接后被焊件上通常会产生残余焊接应力和残余焊接变形，所以不宜承受严重的冲击和振动载荷；连接质量也不易从外部检查。

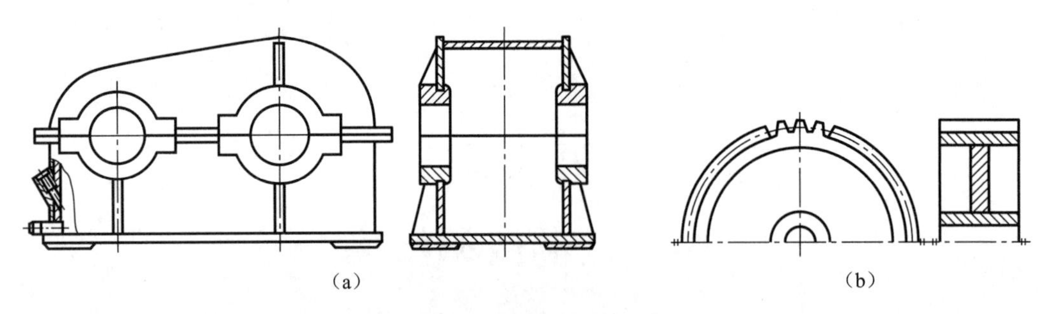

图5－2　焊接的应用实例

（a）焊接减速器箱体；（b）焊接齿轮

一、焊接接头和焊缝的基本形式

被焊件的结合部位称为接头，按被焊件的相互位置，常见的接头有四种形式：对接接头、搭接接头、角接接头和T形接头，如图5－3所示。焊接时形成的接缝称为焊缝。焊缝有三种：对接焊缝、角焊缝和塞焊缝。对接焊缝常用于对接接头，连接同一平面内的被焊件，焊缝传力较均匀；角焊缝常用于搭接接头、角接接头和T形接头，连接不同平面内的被焊件；而塞焊缝一般只用作辅助焊缝以弥补主焊缝强度的不足或用来使被焊件互相贴紧，如图5－3所示。

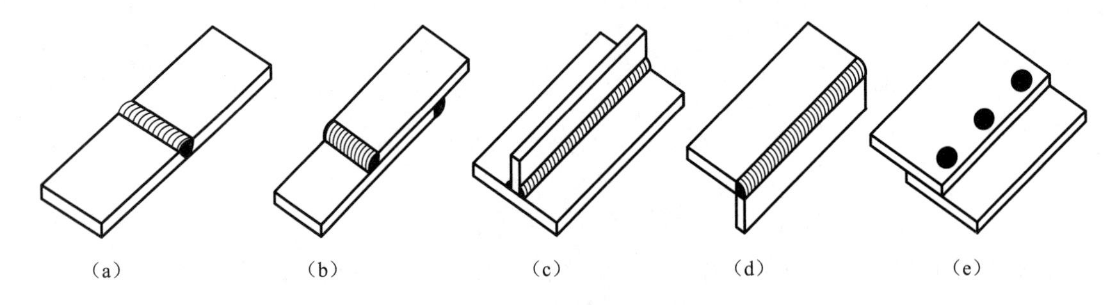

图5－3　常见接头和焊缝形式

（a）对接接头（对接焊缝）；（b）搭接接头（角焊缝）；（c）T形接头（角焊缝）；
（d）角接接头（角焊缝）；（e）塞焊缝

当被焊件较厚时，为了保证焊透，在焊接处应预制出坡口（图5－4）。一般情况下，被焊件越厚，坡口开度越大。

1. 对接焊缝

由于能构成被焊件的平缓结合，对接焊缝是最合理和最主要的焊缝。对接接头处的坡口形状可参见图5－4。如果焊接处较薄而不便预制坡口时，要从正反两面进行焊接（双面焊或补焊）。埋弧自动焊接有较大的熔深，因此比手工焊接所开坡口要小。焊缝的形成主要靠母体金属的熔化，焊丝只占熔积金属的40%左右。如果只从一面焊接而不补焊，则为了防止熔化金属流失而造成缺焊，在反面要加金属或非金属材料的垫板。手工焊缝的形成主要依靠焊条的熔化。

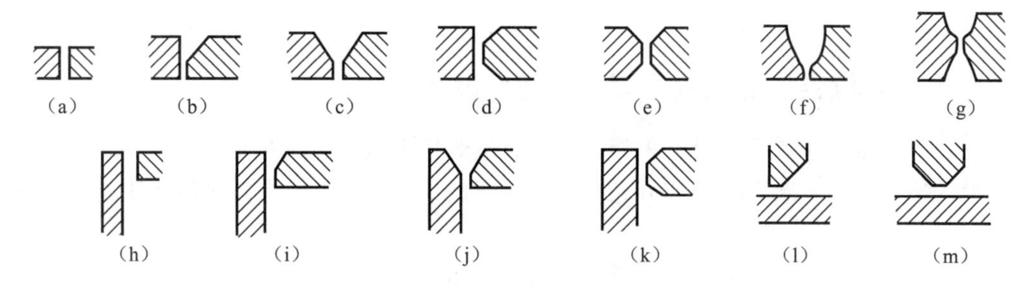

图 5-4　预制坡口的形状

(a)、(h) I 形坡口；(b)、(i)、(l) 带钝边单边 V 形坡口；(c)、(j) Y 形坡口；(d)、(k)、(m) 带钝边双单边 V 形坡口；(e) 双 Y 形坡口；(f) 带钝边 U 形坡口；(g) 带钝边双 U 形坡口

2. 角焊缝

角焊缝如图 5-5 所示。垂直于载荷方向的称为端焊缝；平行于载荷方向的称为侧焊缝；既不平行又不垂直的称为斜焊缝；同一接头不止一种焊缝时，称为组合焊缝。

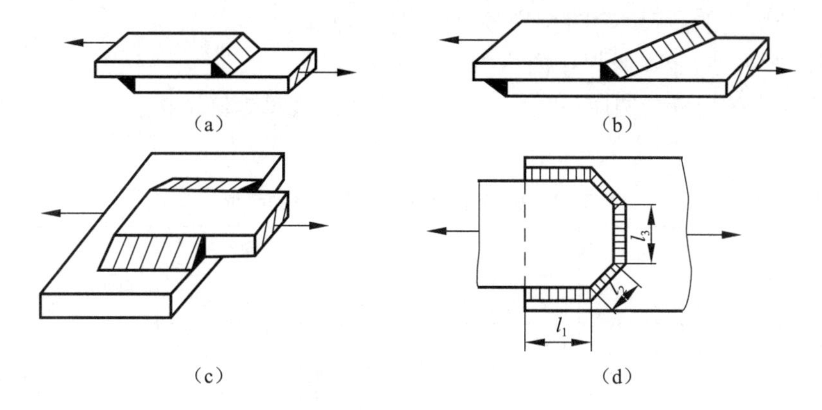

图 5-5　搭接接头角焊缝的形式

(a) 端焊缝；(b) 斜焊缝；(c) 侧焊缝；(d) 组合焊缝

角焊缝的截面形状通常是等腰三角形（图 5-6 (a)），其腰长 K 称为焊脚或焊缝厚度。在大多数情况下，K 等于被焊件厚度 δ，但也可略小于 δ。对于传力的焊缝，K 的最小值是 3 mm。

为形成较平缓的结合以减小应力集中，在变应力下工作的端焊缝，其截面可以做成凹面三角形或沿载荷方向一边较长的非等腰三角形。凹面三角形需经机械加工，故应用不如非等腰三角形的广泛（图 5-6 (b)、(c)）。

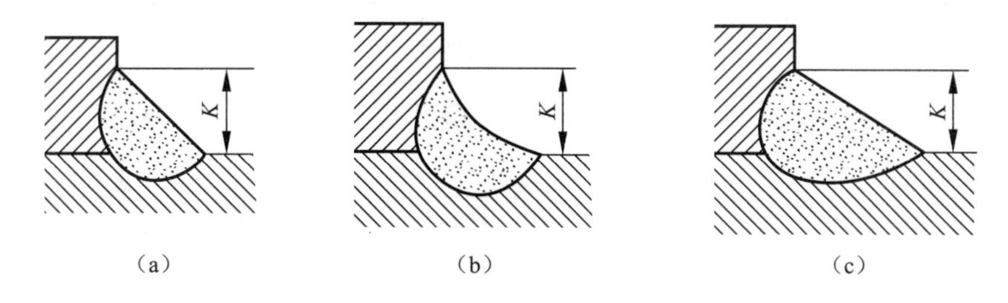

图 5-6　角焊缝的剖面形状

(a) 等腰三角形；(b) 凹面三角形；(c) 非等腰三角形

在重要的场合，为了保证焊透，正交接头的角焊缝应预制出单面或双面坡口（图5-4）。

二、影响焊缝强度的因素和焊缝的结构设计

影响焊缝强度的主要因素是：①焊接材料；②焊接工艺；③焊缝结构。

焊缝的熔积金属中既有焊条成分又有母体金属的成分，因此焊缝强度取决于这二者材料的强度。

焊接工艺对焊缝强度有着重大的影响。不适当的焊接顺序将会在焊缝中引起极大的内应力，收缩时造成焊件过大的残余变形，甚至在未受载荷时就使焊缝破裂。不正确的焊接工艺还会造成未焊透、夹渣及咬边等焊缝缺陷（图5-7），这些缺陷将使焊缝强度降低，在交变应力下尤为突出。

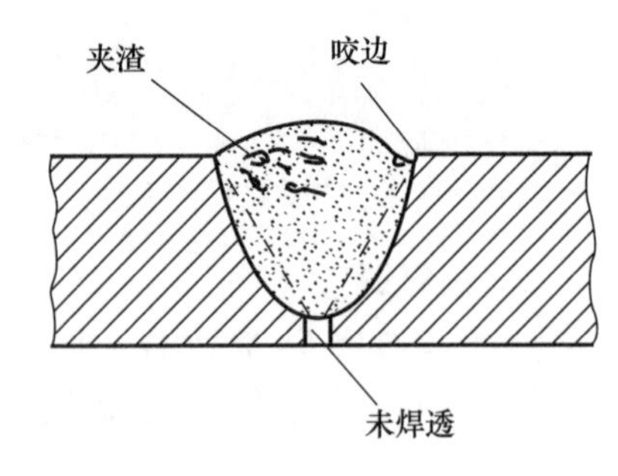

图5-7　焊缝的缺陷

焊缝的结构影响焊缝中载荷和应力的分布。合理的结构应使焊缝处所受的载荷尽可能小，并使载荷在焊缝处的分布比较均匀，应能降低焊接内应力，使工艺及操作简单。受变应力的焊缝结构应注意减少应力集中源。现将焊缝结构设计时应注意的一些事项列于表5-1。

表5-1　焊缝结构设计中应注意的事项

序号	注意事项	设计	
		差	良
1	改善焊缝处受载情况以增加焊缝强度		

续表

<table>
<tr><th rowspan="2">序号</th><th rowspan="2" colspan="2">注意事项</th><th colspan="2">设计</th></tr>
<tr><th>差</th><th>良</th></tr>
<tr><td rowspan="3">2</td><td rowspan="3" colspan="2">减小焊接内应力</td><td>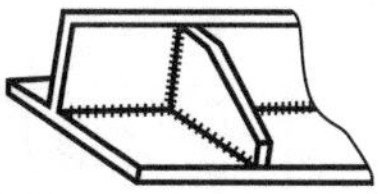</td><td>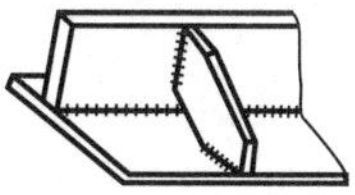</td></tr>
<tr><td></td><td>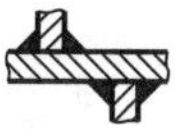</td></tr>
<tr><td></td><td>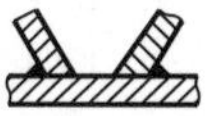</td></tr>
<tr><td rowspan="10">3</td><td rowspan="10">便于焊接操作或便于坡口的制备</td><td rowspan="2">（1）留有足够的焊接空间</td><td>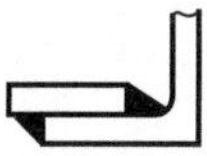</td><td></td></tr>
<tr><td></td><td>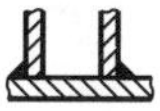</td></tr>
<tr><td rowspan="2">（2）给被焊件以简单的定位</td><td></td><td></td></tr>
<tr><td></td><td></td></tr>
<tr><td rowspan="3">（3）借移动零件以形成焊池，省去坡口的制备</td><td></td><td></td></tr>
<tr><td></td><td></td></tr>
<tr><td>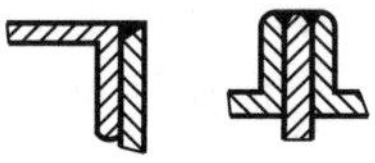</td><td></td></tr>
<tr><td>（4）便于坡口制备</td><td>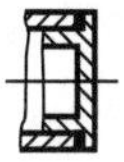</td><td>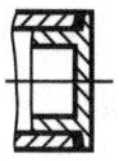</td></tr>
</table>

续表

序号	注意事项		设计	
			差	良
4	避免焊区对零件的影响	（1）使焊区远离零件的加工表面	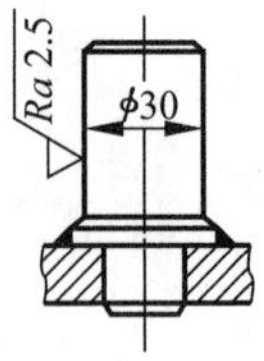	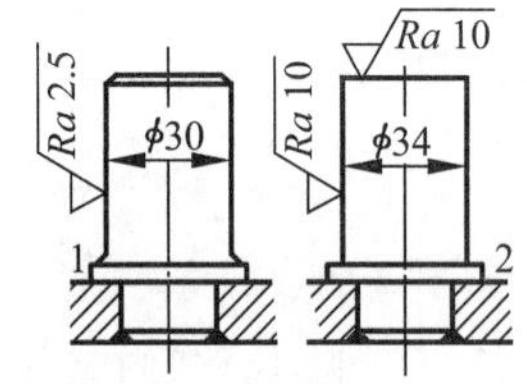 （1）使焊区远离精加工表面。 （2）焊后进行精加工
		（2）防止焊区边缘烧蚀和熔化	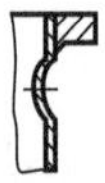	
		（3）注意焊区对硬化或化学热处理零件的影响	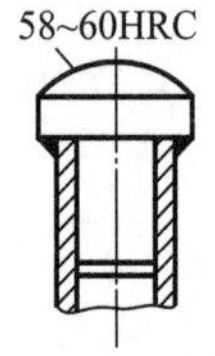 58~60HRC	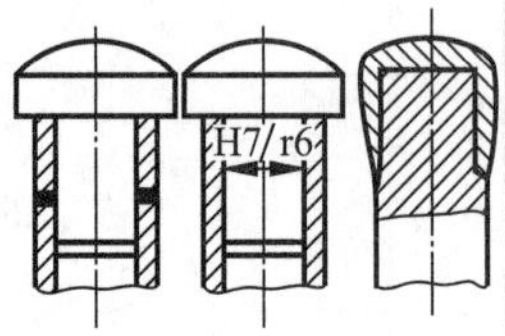 （1）改用塞焊。 （2）改用压配合。 （3）头部堆焊硬质合金
5	受变应力的焊缝应尽量减少应力集中源	（1）将焊缝凸起处加工平		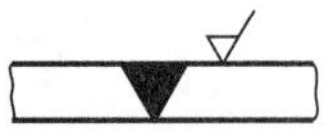
		（2）避免厚度相差较大的两零件焊接在一起	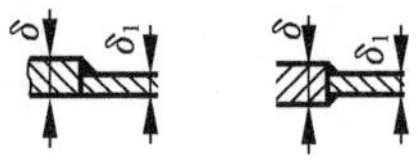 根据 δ_1 有一个 $(\delta-\delta_1)$ 的主许用值（查标准）	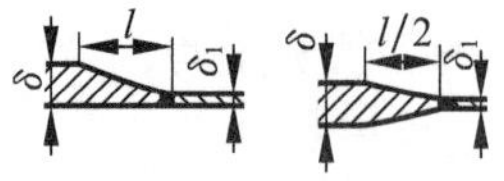 超过 $(\delta-\delta_1)$ 的许用值后，应使 $l \geqslant 3(\delta-\delta_1)$

采用焊接结构时要注意：

（1）材料的可焊性。一般含碳量低于 0.25% 的碳钢，含碳量低于 0.20% 的低碳合金钢，可焊性良好。高碳钢或类似的合金钢可焊性差，铸铁的可焊性更差，需要特殊的焊条和焊接方法。

（2）焊接中产生的焊接应力常常导致产生裂纹和变形，对结构的强度和配合形状带来不利影响。所以对重要的焊接结构，尤其是对可焊性差，塑性韧性也较差的钢材进行焊接后，应进行热处理（如回火），以消除残余应力。

（3）设计重要的焊接接头时，还应考虑焊后便于探伤。例如化工设备中的高压容器往往需要 100% 的探伤，以确保设备及人身的安全。

三、焊缝强度的计算

焊缝附近的应力很复杂，应力集中和内应力很难准确确定，因此焊缝强度的计算通常是在假设应力为均匀分布且不计残余内应力的条件下进行的简化计算。其许用应力值则根据实验确定。现将常用焊缝强度的计算公式列于表 5－2 中，焊缝静强度的许用应力值列于表 5－3 中，以供参考。

表 5－2 常用焊缝强度的计算公式

接头类型		承载简图	计算公式	注
对接			$\sigma=\dfrac{F}{\delta l}\leqslant[\sigma']$	$[\sigma']$ 为焊缝的许用拉应力
			$\sigma=\dfrac{F\sin^2\alpha}{\delta l}\leqslant[\sigma']$ $\tau=\dfrac{F\sin\alpha\cos\alpha}{\delta l}\leqslant[\tau']$	$[\tau']$ 为焊缝的许用切应力 在 $\alpha=45°$、母体金属为低碳钢时，可视母体金属与焊缝为等强度，不需进行焊缝的计算
			$\sigma=\dfrac{6M}{l\delta^2}\leqslant[\sigma']$	M 为弯矩
搭接	端焊缝	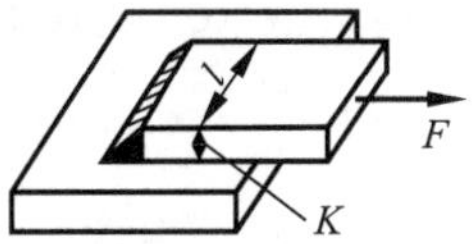	$\tau=\dfrac{F}{0.7Kl}\leqslant[\tau_t']$	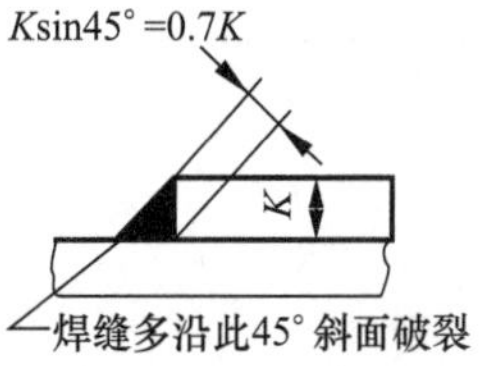 $K\sin45°=0.7K$ 焊缝多沿此45°斜面破裂 $[\tau_t']$为填角焊缝的许用条件切应力（并非真正的切应力），K为焊脚高度
			$\tau=\dfrac{F}{0.7Kl}+\dfrac{6M}{0.7Kl^2}\leqslant[\tau_t']$	
	组合焊缝		$\tau=\dfrac{F}{0.7K\sum l}\leqslant[\tau_t']$ $\sum l=2l_1+2l_2+l_3$	
	双面端焊缝		$\tau=\dfrac{F}{0.7(K_1+K_2)l}\leqslant[\tau_t']$	K_1、K_2 分别为上、下两焊缝的焊脚高度

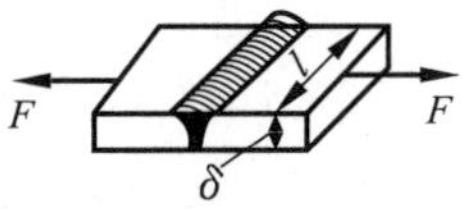

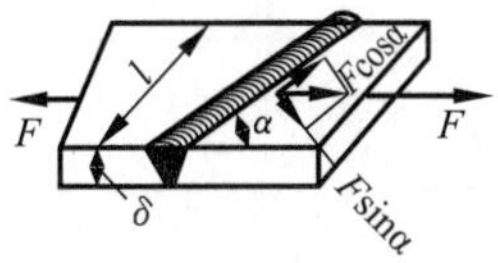

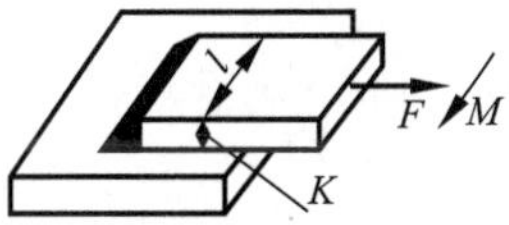

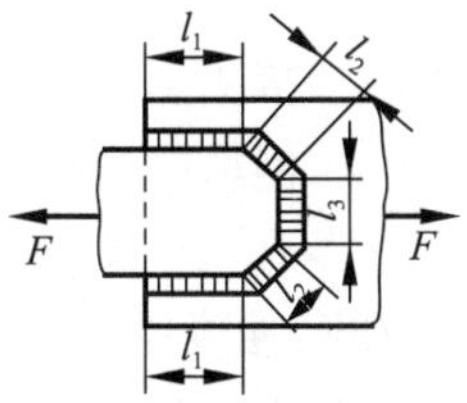

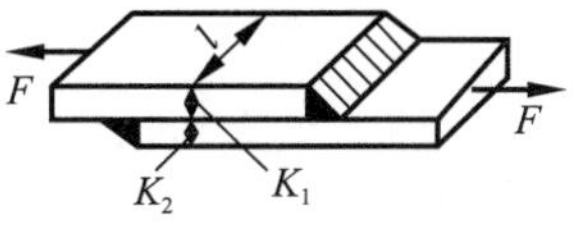

续表

接头类型	承载简图	计算公式	注
正交		$\tau=\dfrac{F}{2\times0.7Kl}\leqslant[\tau_t']$	未预测坡口的正交焊缝按搭接填角焊缝计算
		$\sigma=\dfrac{F}{\delta l}+\dfrac{6M}{l\delta^2}\leqslant[\sigma']$	预测坡口的正交焊缝按对接焊缝进行计算

表 5-3　焊缝静强度的许用应力　　MPa

被焊件材料	许用应力（使用 E43 焊条时）				
	许用压应力 $[\sigma_c']$	许用拉应力 $[\sigma']$		填角焊缝的许用条件切应力 $[\tau_t']$	对接焊缝的许用切应力 $[\tau']$
		普通检查	精确检查		
Q195	170	145	170	120	100
Q215	200	180	200	140	120
Q235	210	180	210	140	130

注：（1）E43 表示焊条型号，E 后的数字表示熔敷金属的抗拉强度的最小值，E43 系列熔敷金属抗拉强度大于等于 420 MPa。
（2）对单面焊接的角钢构件，表中数值应降低 25%。
（3）受变载荷时，许用应力应乘一降低系数（查有关手册）。

第二节　铆　　接

利用铆钉把两个或两个以上的被连接件（通常是板材或型材）连接在一起的不可拆连接称为铆钉连接，简称铆接。

铆接具有在承受严重冲击和剧烈振动载荷时工作比较可靠，接头质量易于检查，工艺简单等优点，曾广泛应用于桥梁、船舶和压力容器等工程结构中。但铆接结构比较笨重，被连接件由于需要打出钉孔而被削弱强度，且铆接时劳动强度大、噪声大、劳动条件差，影响工人健康，所以铆接的应用范围受到限制。近年来，随着焊接和高强度螺栓连接技术的发展，铆钉连接逐渐被焊接或螺栓连接所代替。但在铁路桥梁、某些起重机的构架以及轻合金金属结构（如飞机结构）中，由于焊接技术的限制，或者不便采用焊接结构等原因，铆接至今仍是主要的连接形式。

一、铆钉的主要类型

铆钉有空心和实心两种。空心铆钉用于受力较小的薄板或非金属零件的连接上。钢制实心铆钉按其钉头形状有多种类型，并已标准化。

铆钉所用材料应具有高的塑性和不可淬性，钢铆钉常用 Q215、Q235 等低碳钢制成。在要求高强度时，也可使用低碳合金钢。铆钉也可用其他塑性金属制成，如铜、铝等。但铆钉材料应和被铆件材料相同，以避免由于线膨胀系数不同而使铆缝恶化，并避免产生电化学腐蚀。常见铆钉铆接后的形式见图 5－8。

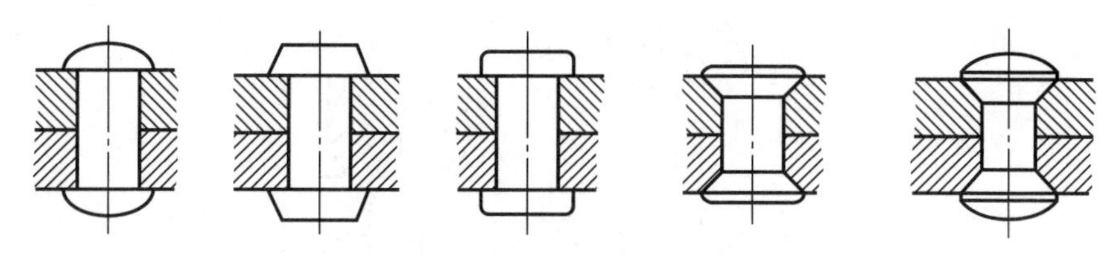

图 5－8 常见铆钉铆接后的形式

二、铆缝的基本形式

铆钉与被连接件，有时还与辅助连接件（搭板）一起形成铆缝。根据工作要求，铆缝可分为三种：以强度为基本要求的铆缝称为强固铆缝，如起重设备的机架、建筑物金属桁架中的铆缝；既要求有足够的强度，还要求具有良好紧密性的铆缝称为强密铆缝，如锅炉、高压容器中的铆缝；仅以紧密性为基本要求的铆缝称为紧密铆缝，如水箱及一般低压容器中的铆缝。本节仅讨论强固铆缝。

根据接头形式，铆缝有搭接、单搭板对接、双搭板对接三种类型；根据铆钉排数，又有单排、双排与多排之分，如图 5－9 所示。实践证明，铆钉排数超过三排，再增加排数只能稍微改善铆缝的强度。因此，在实用上，平行于载荷方向上的铆钉个数不超过 6 个。多排铆钉通常按交错排列，以使铆缝加载较为均匀并便于铆接操作。

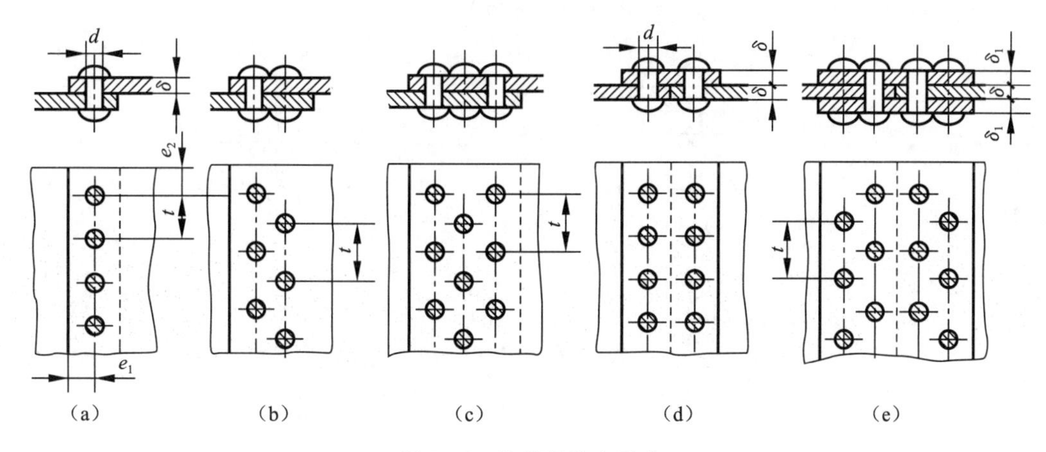

图 5－9 铆缝的基本形式

（a）单排搭接；（b）双排搭接；（c）三排搭接；（d）单排单搭板对接；（e）双排双搭板对接

三、铆缝的受力及损坏形式

铆钉用棒料在锻压机上制成，一端有预制头。把铆钉插入被铆件孔内，利用端模制出另一端的铆成头（图 5－10），这个过程称为铆合。铆合可用人力、气力或液力（用气铆枪或铆钉枪）。当实心钢铆钉的直径大于 12 mm 时，铆合时通常要把铆钉全部或局部加热，称为热铆。直径如小于 12 mm，铆合时可不加热，称为冷铆。塑性良好的铜、铝合金铆钉广泛地使用冷铆。铆钉孔的直径略大于铆钉直径，分两种情况：精装配时，$d=[(2\sim4)+0.1]$ mm；$[(5\sim8)+0.2]$ mm；$(10+0.3)$ mm；$(12+0.4)$ mm；$[(14\sim16)+0.5]$ mm。粗装配时，$d=[(10\sim18)+1]$ mm；$[(20\sim27)+1.5]$ mm；$[(30\sim36)+2]$ mm。

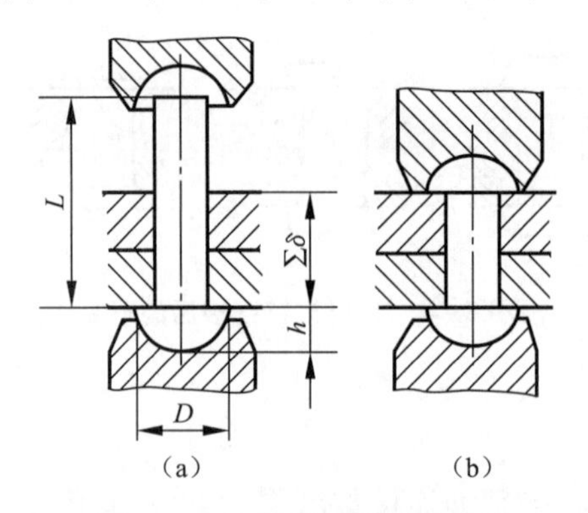

图 5-10　钢制半圆头铆钉连接

（a）铆合前；（b）铆合后

$D\approx1.75d$；$h\approx0.65d$；$L=1.1\sum\delta+1.4d$；一般$\sum\delta\leqslant5d$

热铆是铆钉在红热时铆合，冷却后由于钉杆的纵向收缩，把被铆件压紧；由于钉杆的横向收缩，在钉杆与孔壁间产生少许间隙。被铆件被铆钉头压紧，横向载荷就靠相伴而生的摩擦力来传递。当横向载荷超过铆缝中可能产生的最大摩擦力时，被铆件发生相对滑移，而钉杆两侧将分别与两被铆件的孔壁接触，于是有一部分载荷将通过杆孔互压来传递。如果载荷继续增大并超过一定限度，将使铆缝损坏。主要的损坏形式有：铆钉被剪断；接触面被挤压坏；被铆件沿钉孔被拉断；板边被剪坏（图 5-11）。

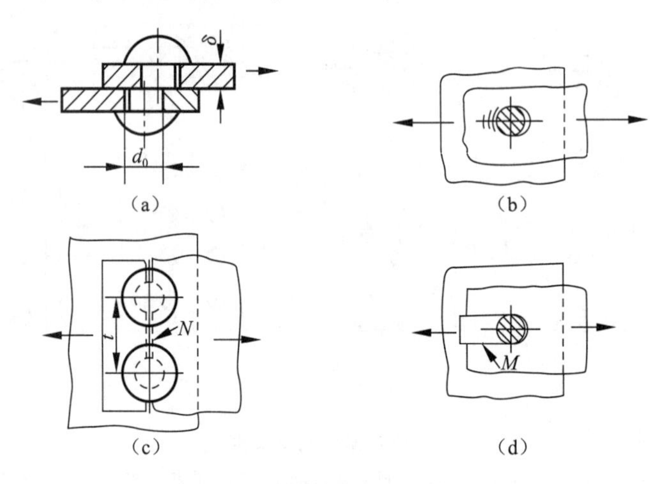

图 5-11　铆缝的受力及损坏形式

（a）铆钉被剪断；（b）接触面被挤压坏；（c）板沿钉孔被拉断；（d）板边被剪坏

冷铆铆接要求铆合后钉杆胀满钉孔，没有滑移过程。其铆缝的损坏形式，主要也是上述四种。

对于强密铆缝，滑移将破坏连接的紧密性，所以防滑条件是衡量连接工作能力的准则。对于强固铆缝，虽少量滑移不致影响连接质量，但也要在工艺上采取措施，力图避免滑移，或使滑移减至最小。

四、铆缝的设计

设计铆缝时，通常是根据具体的工作要求及受载情况，参照有关专业的技术规范，选择合适的铆缝形式、被铆件的尺寸、铆钉的直径和数量，然后根据其受力时可能的损坏形式按材料力学的基本公式进行强度校核。校核时所用的许用应力也必须从有关专业的技术规范中选取。

如图5－12所示，铆钉直径d、铆钉之间的距离t和被铆件厚度δ，不同形式的铆缝，可以得出不同的d、t和δ三者之间的关系式。以图5－12所示单排搭接铆缝为例进行强度分析。

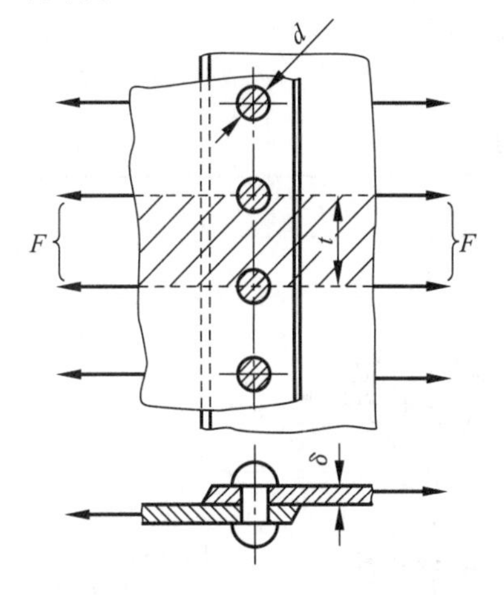

图5－12　单排搭接铆缝的受力简图

由被铆件的拉伸强度条件，得到这条铆缝所能传递的载荷为

$$F_1 = (t - d)\delta[\sigma] \tag{5-1}$$

由被铆件孔壁的挤压强度条件，得这条铆缝所能传递的载荷为

$$F_2 = d\delta[\sigma_p] \tag{5-2}$$

由铆钉的剪切强度条件，得这条铆缝所能传递的载荷为

$$F_3 = \frac{\pi d^2}{4}[\tau] \tag{5-3}$$

式中，$[\sigma]$为被铆件的许用拉应力（MPa）；$[\sigma_p]$为被铆件孔壁的许用挤压应力（MPa）；$[\tau]$为铆钉的许用切应力（MPa）；δ为被铆件的厚度（此处设两件的厚度相等）（mm）；t为铆钉之间的距离（mm）；d为铆钉的计算直径（mm）。

决定这条铆缝承载能力的是F_1、F_2和F_3中的最小值。整个铆缝的承载力则是这条铆缝承载能力乘以此单排中铆钉的数目。

被铆件钻孔后，由于钉孔的削弱，强度将小于其钻孔前的强度，它们的比值称为铆缝的强度系数，用φ表示。以图5－12所示的铆缝为例：

$$\varphi = \frac{(t - d)\delta[\sigma]}{t\delta[\sigma]} = \frac{t - d}{t} = 1 - \frac{d}{t} \tag{5-4}$$

由式（5－4）可见，当铆钉排数一定时，强度系数φ的大小将由d与t的比值确定，d/t越小，φ值越大。但φ值永远小于1，即被铆件的整个厚度将由铆缝处的局部强度所决定，因而使得结构的总重量增加。φ值越小，钢材剖面利用率就越低，结构的重量就越大。增加铆钉排数，可以增大铆钉距离t或减小铆钉直径d，从而增大φ值，但将增加制造工时，并使铆缝处的重量加大。

用强度系数求被铆件的截面尺寸比较方便。一般情况下被铆件厚度已定，很容易求出两被铆件的搭接宽度。如果构件受拉，则

$$A = \frac{F}{\varphi[\sigma]} \tag{5-5}$$

式中，A 为被铆件搭接处的横截面面积（mm^2）；F 为作用于构件上的外载荷（N）。初步计算时可取 $\varphi = 0.6 \sim 0.75$，单排铆钉时取其小值。

由强度条件设计的铆钉直径 d、钉间距 t 及横截面面积 A 值，往往受到其他方面技术要求的制约，例如，限制最小钉间距的条件是铆合时放置端模所需的空间；限制最大钉间距的条件是接触面全部保持紧密贴合的要求等。如在钢结构中通常取

最小孔间距离：$t \approx 3d$。

最大孔间距离：

受力较大时，$t \approx 8d$；

只用于固持，$t \approx 12d$。

设计一具体铆缝时，须遵照铆接规范的各项规定，一般先布置铆缝，再根据所传递的载荷，进行必要的强度校核。

铆接结构设计中应注意的一些事项列于表5-4。

表5-4 铆接结构设计中应注意的事项

序号	注意事项	设计		注
		差	良	
1	应使铆缝主要承受剪切力而减小弯矩的作用	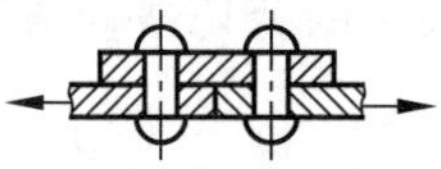	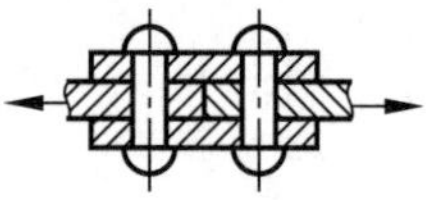	—
				底部变形越小、l 越小，则弯矩也越小
2	应便于铆接操作			应有足够的 e 和 e_1 值
				—
		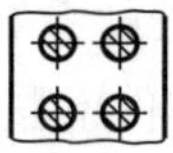	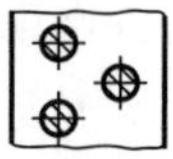	交错安排

续表

序号	注意事项	设计		注
		差	良	
2				—
3	需要在斜面部位铆接时，应将斜面处加工为平面或者采用沉头及半沉头的钉头形状			—

第三节　粘　　接

粘接是使用胶黏剂将被粘件连接在一起的方法，也是一种不可拆连接。粘接技术在非金属材料粘接中使用的历史比较长，如木工利用鳔胶黏合木材。但在机械制造业中采用粘接金属构件，还是近几十年来发展起来的。图 5－13 是金属粘接的应用示例。

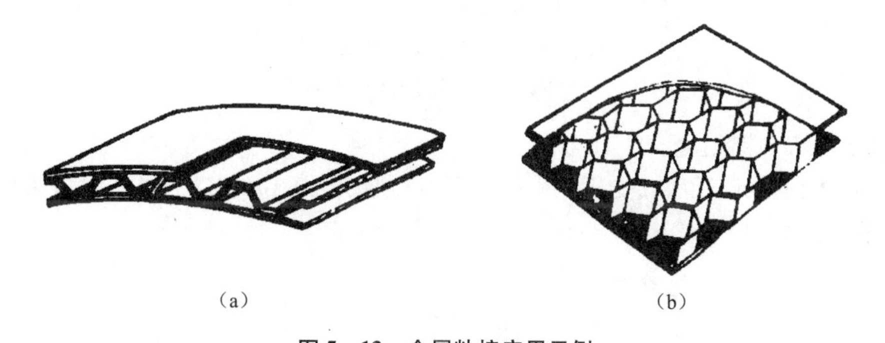

（a）　　　　（b）

图 5－13　金属粘接应用示例

（a）飞机机翼蒙皮与型材；（b）蒙皮与蜂窝结构

粘接具有如下优点：①能够将不同的金属或金属与非金属粘接在一起；②可以粘接一些不宜焊接或铆接的异形、复杂、微小和极薄的零件；③粘接接头处应力分布比较均匀，粘接胶层具有缓和冲击、削减振动的作用，使接头处疲劳强度得以提高；④粘接胶层密封性能好，胶黏剂可以将两种不同金属隔开，能防止电化学腐蚀；⑤粘接质量小、外表光整。目前粘接技术在许多具有特殊要求的连接中应用比较普遍，如航天、电子设备等连接中。

粘接的缺点是：①胶黏剂对温度变化比较敏感；②耐老化、耐介质（如酸、碱等）性能较差；③如果黏合面不清洁、胶层涂抹不均匀或过厚、固化温度与压力控制不当，将造成连接内部缺陷，且不易发现，因而降低了连接的可靠性。

近年来，粘接－焊接、粘接－铆接、粘接－螺纹连接的联合应用日益广泛。这种机械连接与金属胶黏剂的结合使用，明显提高了机械连接件抗疲劳性能与连接的可靠性。

一、粘接接头

粘接接头的基本形式是对接、搭接和正交，其典型结构见图5－14，其选用与被粘接件的结构形式及载荷情况有关。

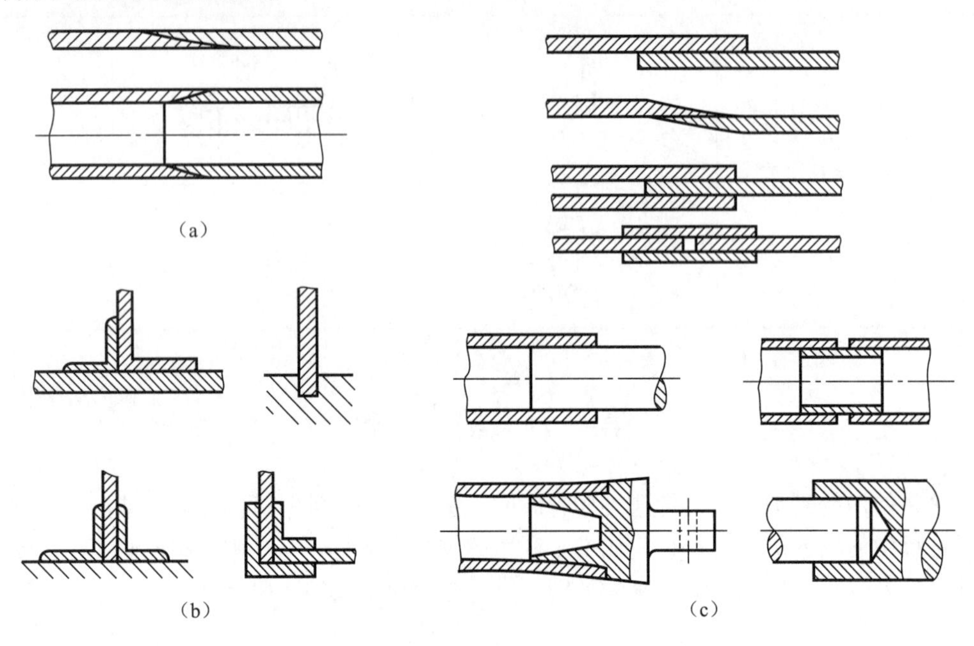

图5－14　粘接接头的基本形式

（a）对接；（b）正交；（c）搭接

设计粘接接头时应注意以下几点：

（1）尽可能使胶层受剪或受压。受拉易于发生扯开或剥离破坏。必要时应采取一些保护措施（参见图5－15）。

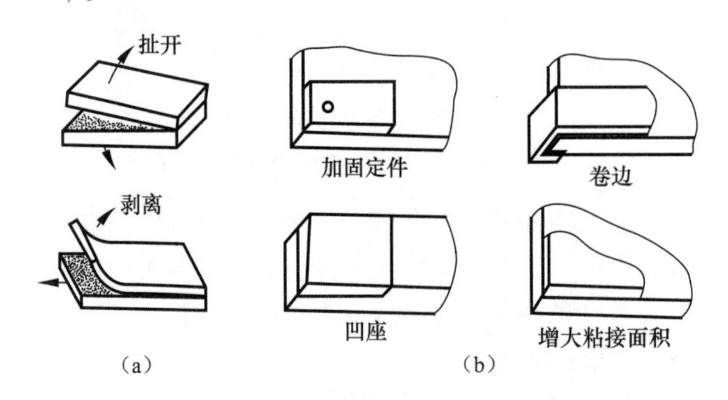

图5－15　胶层应避免的受力和保护措施

（a）应避免的受力；（b）胶层保护措施举例

（2）尽量使胶层应力分布均匀。以搭接接头为例，若搭接长度过长，应力分布越不均匀，两侧最大切应力 τ_{max} 与平均切应力 τ_m 之比越大，见图 5－16。故建议取搭接长度不超过 $10\delta \sim 15\delta$，δ 为板厚。采用斜口接头对应力分布有所改善。

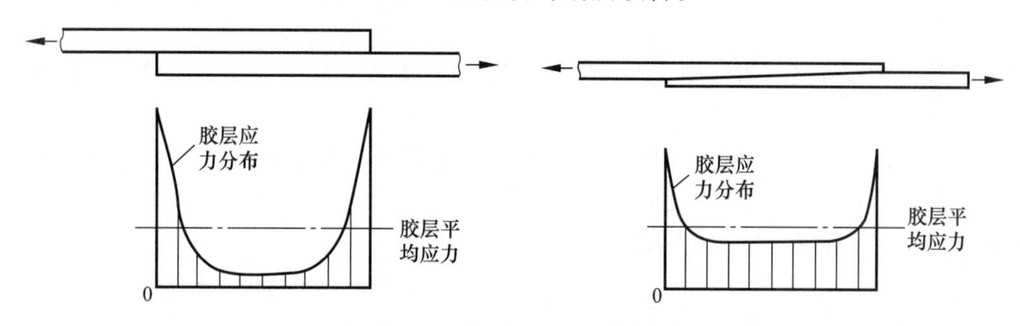

图 5－16　胶层应力分布不均及其改善

（3）胶层厚度为 0.1～0.2 mm 时，胶层强度最高。

（4）因胶层强度一般都低于被粘金属的强度，故粘接面积宜取大些，以利于金属强度的充分利用。

二、胶黏剂

胶黏剂的品种很多，基本组合成分有环氧树脂、酚醛树脂、环氧树脂－酚醛树脂、聚酰胺、聚酰胺－环氧树脂、丙烯酸酯树脂、氰基丙烯酸酯、聚酰亚胺等。胶黏剂有单组分和双组分之分。双组分是指树脂和固化剂，在施工前两者须调和后再使用。按固化温度不同，有在室温下或较高温度（例如 60 ℃）下固化的胶黏剂和只能在高温下（例如 200 ℃）固化的胶黏剂。后者的粘接强度高于前者。在机械制造行业中，还应用无机胶黏剂，如经特殊处理的磷酸氢氧化铝溶液与特制氧化铜粉调和成的胶黏剂等。

胶黏剂的生产已商品化，由生产单位提供商品名称、使用指标、工艺条件、适用场合、特点等。选用时，需考虑被粘接的材料（如金属与金属、金属与非金属、非金属与非金属等）、对粘接强度的要求、固化温度等。一般宜选用固化后韧性比被粘接件高、线膨胀系数与被粘接件相接近的胶黏剂，以便减轻温度变化对胶层应力分布不均匀的影响（此外，两被粘接件的线膨胀系数如果不同，胶层却有协调温度变化时两被粘接件变形的作用，从而改善整个接头的受力情况）。对于受冲击、振动的接头，应选用固化后弹性模量小的胶，以利用其柔性减振；必要时，还可在胶层中添加玻璃布等缓冲材料。

粘接前应对表面进行预处理，做到没有脂、油、氧化皮或其他残留物。机械处理方法有刮削、车削、砂布打磨、喷砂等。化学处理方法有用有机溶剂脱脂、酸洗、浸蚀等。表面粗糙的、经阳极氧化处理的（轻金属）粘接件，粘接强度更高。例如被粘接件为钢，经酸处理的比用蒸汽脱脂的可提高强度约 50%。粘接接头的强度还与固化温度、压力和时间有关。

习　题

5－1　试对比焊接、铆接及粘接的特点。

5－2　采用焊接结构时，应注意些什么问题？

5－3　铆接的主要失效形式有哪些？

5－4　已知钢板承受静拉伸载荷 $F=350$ kN，钢板厚度 $\delta=10$ mm，材料为 Q235（许用

拉应力 $[\sigma]=210$ MPa）。焊缝为普通检查。试求：

（1）设计题5－4（a）图所示两块钢板的对接焊缝（写明焊条型号、定出钢板宽度 l 值）。

（2）若将对接焊缝改为搭接双面端焊缝（题5－4图（b））时，将其与对接直焊缝的强度进行比较。

（3）若已知对接直焊缝的许用拉应力 $[\sigma']=120$ MPa、许用剪应力 $[\tau']=80$ MPa、被焊件宽度 $l=220$ mm，试校核焊缝的强度。设若强度不够并不允许加搭板时，试问可用什么方法来提高此对接焊缝的强度？为什么？

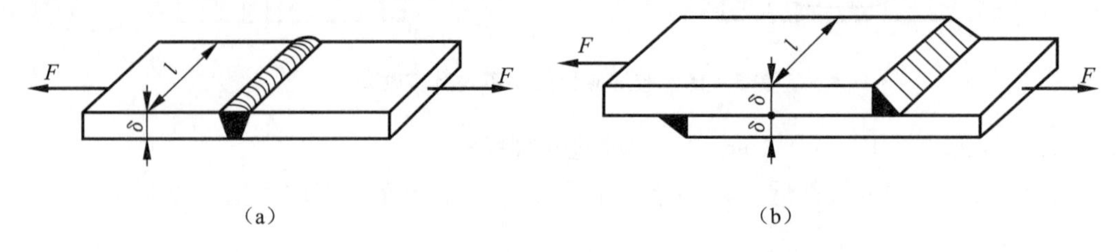

题5－4图

第三篇　机械传动设计

传动装置（即机器中的传动部分）的功能是把原动机的运动和动力传递给工作机，是大多数机器中不可缺少的重要组成部分。

传动一般分为机械传动、流体传动和电气传动三类，机械传动应用最为广泛。本课程仅介绍机械传动。

根据工作原理的不同，机械传动可分为：①摩擦传动，如直接接触的摩擦轮传动，有中间件的带传动；②啮合传动，如直接接触的齿轮传动、蜗杆传动，有中间件的同步带传动、链传动。

本篇介绍带传动、链传动、摩擦轮传动、齿轮传动、蜗杆传动、螺旋传动的基本知识、基本原理和基本设计方法。

第六章
带　传　动

第一节　概　　述

带传动是一种通过中间挠性体（传动带），将主动轴上的运动和动力传递给从动轴的机械传动形式。带传动一般由主动带轮1、从动带轮2、紧套在两带轮上的传动带3组成，如图6－1（a）所示。当主动轮转动时，通过带和带轮工作表面之间的摩擦力或啮合作用促使传动带运动，再通过传动带驱动从动轮转动并传递动力。

由于采用挠性带作为中间元件来传递运动和动力，带传动具有如下一般特点，即具有缓冲和吸振作用，传动平稳无噪声；能够实现较大距离间两轴的传动；通过改变带长，能满足不同的中心距要求。工程实际中，带传动通常应用于传动功率不大（＜50～100 kW）、速度适中（带速一般为5～30 m/s）、传动距离较大的场合。在多级传动系统中，通常将摩擦型带传动置于第一级（直接与原动机相连），起到过载保护并减小其结构尺寸和重量的效能。

第二节　带传动类型及其工作原理

根据工作原理不同，带传动分为摩擦型和啮合型两种类型，如图6－1（a）、（b）所示。

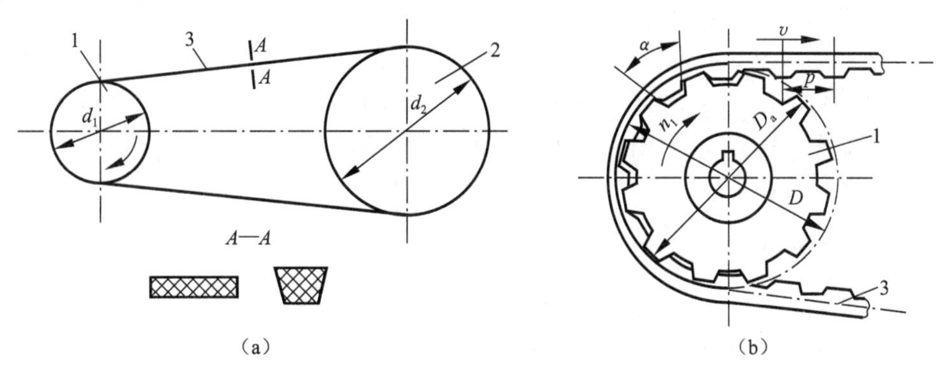

图6－1　带传动类型简图

（a）摩擦型带传动；（b）啮合型带传动

1—主动带轮；2—从动带轮；3—传动带

一、摩擦型带传动

摩擦型带传动如图6－1（a）所示，传动带张紧在主、从动轮上，带与两轮的接触面间产生正压力。当主动轮1转动时，由这个正压力产生的摩擦力拖拽带运动；同样，带又拖拽从动轮2转动。如此，依靠挠性带与带轮接触面间的摩擦力来传递运动和动力。

摩擦型带传动中，根据挠性带截面形状的不同，可划分为平带传动、V带传动、多楔带传动、圆带传动等形式，其截面形状分别如图6－2（a）、（b）、（c）、（d）所示。

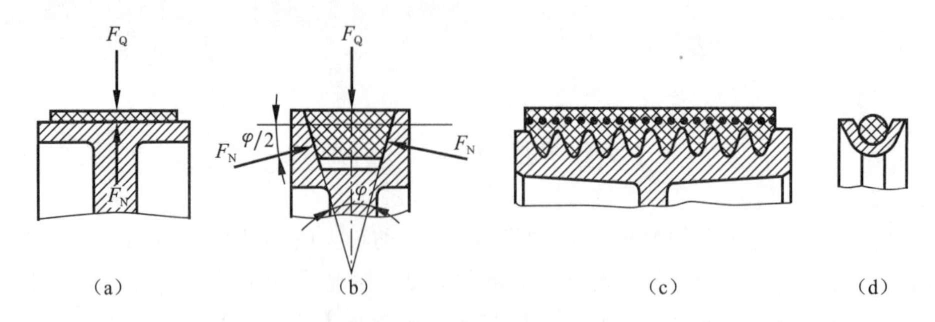

图6－2　摩擦型带传动类型

（a）平带传动；（b）V带传动；（c）多楔带传动；（d）圆带传动

平带的截面形状为矩形，与带轮轮面相接触的内表面为工作面；带的挠性较好，带轮制造方便，适合于两轴平行、转向相同的较远距离传动。尤其是轻质薄型的各式高速平带，较为广泛地应用于高速传动，或中心距较大或两轴交叉或半交叉传动等使用场合。

V带的截面形状为等腰梯形，与带轮轮槽相接触的两侧面为工作面，在相同初拉力和相同摩擦系数的情况下，V带传动产生的摩擦力比平带传动的摩擦力更大，因而V带传动能力强，结构更加紧凑，广泛应用于机械传动中。

多楔带相当于平带与多根V带的组合，兼有两者的优点，多用于结构要求紧凑的大功率传动中。与V带传动一样，多楔带传动也具有带的厚度较大、挠性较差、带轮制造比较复杂等不足。

圆带的截面形状为圆形，仅用于载荷很小、速度较低的小功率场合，例如缝纫机、仪器、牙科医疗器械中。

摩擦型带传动除了具备带传动的一般特点以外，过载时带将沿着带轮工作表面产生打滑，能够对其他传动零件起到安全保护作用；并且其结构简单、制造成本低、装拆方便。但是，由于带与带轮之间存在弹性滑动现象，摩擦型带传动存在传动效率较低、传动比不准确、带的寿命较短等缺点。

二、啮合型带传动

啮合型带传动依靠同步带上的齿与带轮齿槽之间的啮合来传递运动和动力，如图6－1（b）所示，通常称为同步带传动。

同步带传动兼有摩擦型带传动和啮合传动的优点，既可以保证准确的传动比和较高的传动效率（98%以上），也可以满足较大轴间传动距离和较大传动比的要求（可达12～20）；且传动运行平稳，允许较高的带速（带速可达50 m/s），冲击振动和噪声较小。其缺点在于同步带及带轮制造工艺复杂，安装要求较高。

同步带传动主要用于中小功率、传动比要求精确的场合，如打印机、绘图仪、录音机、电影放映机等精密机械中。

第三节　带传动工作情况分析

一、带传动的受力分析

带传动装置在安装时按照规定的张紧程度张紧。在主动轮转动（工作）之前，传动带的受力很简单，任何一个截面上仅受一个相同的初拉力 F_0，并在带和带轮接触面之间产生正压力，如图 6－3（a）所示。

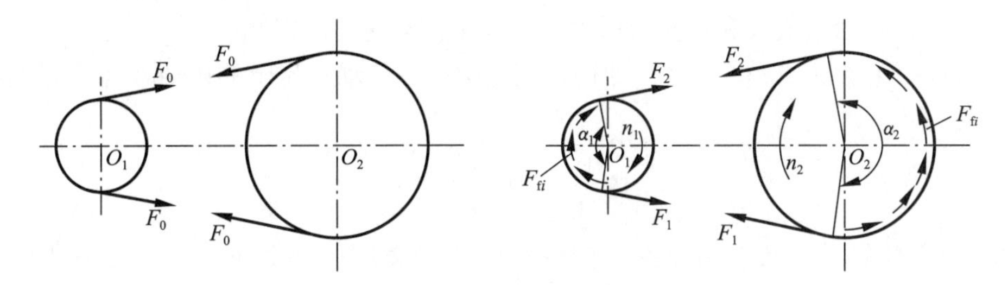

图 6－3　带传动受力分析

（a）工作前带的受力；（b）工作中带的受力

在工作时，主动轮以转速 n_1 转动，在带与带轮接触面间产生摩擦力，带在进入主动轮的一边被进一步拉紧伸长，称为紧边；其上拉力增大至 F_1，称为紧边拉力。带在退出主动轮的一边被相对地放松，称为松边，其上的拉力降至 F_2，称为松边拉力，如图 6－3（b）所示。

在带与带轮的接触表面上，产生了沿接触弧段分布的摩擦力 F_{fi}。取主动轮一端的一段带，假设接触弧段上摩擦力的总和为 $F_f = \sum F_{fi}$，根据其受力和力矩平衡条件得

$$F_f = F_1 - F_2 \tag{6-1}$$

即带与带轮工作面间的摩擦力等于紧边拉力和松边拉力之差。紧、松边拉力之差 $F = F_f$ 称为带传动的有效拉力。

可以认为工作前后带的总长度保持不变，则紧边的伸长量等于松边的收缩量。对于受力与变形成线性关系的传动带，紧边拉力增量等于松边拉力减量，$F_1 - F_0 = F_0 - F_2$，即

$$F_1 + F_2 = 2F_0 \tag{6-2}$$

由式（6－1）和式（6－2）可进一步表示有效拉力 F 与初拉力 F_0，紧、松边拉力 F_1、F_2 之间的关系为

$$\begin{cases} F_1 = F_0 + F/2 \\ F_2 = F_0 - F/2 \end{cases} \tag{6-3}$$

有效拉力 F(N) 与带传动的功率 P(kW)、带速 v(m/s) 之间的关系为

$$F = 1\,000P/v \tag{6-4}$$

当带速一定时，传递的功率越大，所需有效拉力越大，则要求带与带轮之间的摩擦力也

越大。但是带与带轮间的摩擦力终究存在一个极限值，因而所能传递的有效拉力存在一个最大值 F_{max}。对于一定结构的带传动，在安装张紧后，如果载荷所要求的有效拉力 F 超过这个有效拉力的最大值 F_{max} 时，将在带与带轮工作表面间产生显著的相对滑动。这种现象称为打滑，是带传动的一种失效形式。

二、最大有效拉力 F_{max} 及其影响因素

最大有效拉力 F_{max} 值随初拉力 F_0、摩擦系数 f、传动带与带轮接触面包角 α_1 的增大而提高。当带在带轮上即将打滑，即摩擦力达到最大摩擦力值时，紧边拉力 F_1、松边拉力 F_2 与 f 和 α_1 之间的关系可由欧拉公式来表示，即

$$F_1 = F_2 e^{f\alpha_1} \qquad (6-5)$$

由欧拉公式可以看出，随着摩擦系数 f 和包角 α_1 的增大，紧边拉力与松边拉力的差值将随之增大，带传动的最大有效拉力增大，有利于传动能力的提高。

将式（6-5）带入式（6-3），即得一定结构的带传动在规定的传动条件下所能传递的最大有效拉力 F_{max} 为

$$F_{max} = 2F_0 \frac{e^{f\alpha_1} - 1}{e^{f\alpha_1} + 1} \qquad (6-6)$$

式中，f 为带与带轮工作面间的摩擦系数（V 带为当量摩擦系数 f_v）；α_1 为小带轮的包角（rad）。

分析上式可知，带传动的最大有效拉力 F_{max} 与下列因素有关：

（1）增大初拉力 F_0 可以提高传动的最大有效拉力。这是由于增大带与带轮之间的正压力而使摩擦力增大。但是同时也增大了带的受拉应力，并加剧带的磨损，导致传动带的寿命缩短。如果初拉力 F_0 过小，则容易产生打滑和传动带跳动等失效。因此，带的张紧程度应在合适的范围内。

（2）增大小带轮的包角 α_1 可以提高最大有效拉力。因此带传动设计需要保证尽可能大的小带轮包角，对于平带传动，通常要求 $\alpha_1 \geqslant 150°$；对于 V 带传动，一般要求 $\alpha_1 \geqslant 120°$。

（3）摩擦系数 f 越大，越有助于提高最大有效拉力。V 带传动中，工作面间的当量摩擦系数 $f_v = f/\sin(\varphi/2) = f/\sin 20° \approx 3f$，因而较平带传动能够显著地提高传动能力。

三、带的应力分析

带传动过程中，带的任一截面在运动到不同位置时，其上所受应力可能包括三种形式。

1. 由拉力产生的拉应力

假设带的截面面积为 A，则在紧边和松边上由拉力产生的拉应力分别为

$$\sigma_1 = F_1/A; \sigma_2 = F_2/A \qquad (6-7)$$

2. 由离心力产生的拉应力

由于带本身的质量，在带绕过带轮做圆周运动时将产生离心力。此离心力使环形封闭带在全长上受到相同的拉应力 σ_c 作用。离心拉应力可由下式计算

$$\sigma_c = \frac{qv^2}{A} \qquad (6-8)$$

式中，v 为带速（m/s）；q 为带的单位长度质量（kg/m），见表 6-2。

3. 由弯曲变形产生的弯曲应力

带绕过带轮时，由于带的弯曲变形，将产生弯曲应力，如图 6-4 所示。带的弯曲应力大小为

$$\sigma_b \approx \frac{Eh}{d_d} \tag{6-9}$$

式中，E 为带材料的弹性模量（MPa）；h 为带的高度（mm）；d_d 为带轮的基准直径（mm）。

由上式可知，带越厚，或者带轮直径越小，带所受的弯曲应力就越大。显然，带绕过小带轮时产生的弯曲应力 σ_{b1} 大于带绕过大带轮时的弯曲应力 σ_{b2}，因此设计中应当限制小带轮的最小直径 $d_{1\min}$。

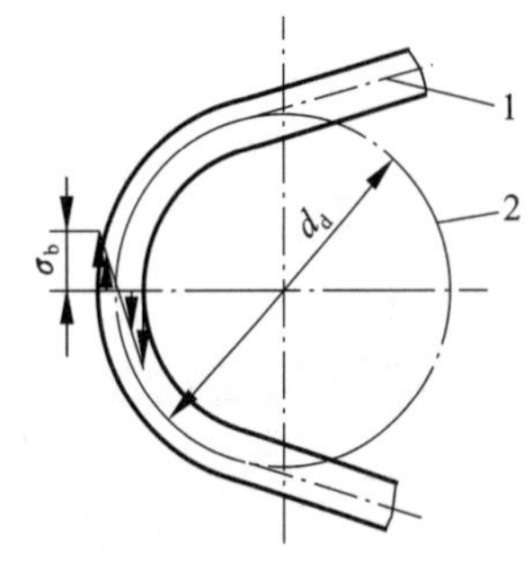

图 6-4 带的弯曲应力

1—V 带节线；2—V 带轮基准圆

上述三种应力沿带长的分布情况如图 6-5 所示，不同截面上的应力大小用该处引出的法线线段的长短来表示。

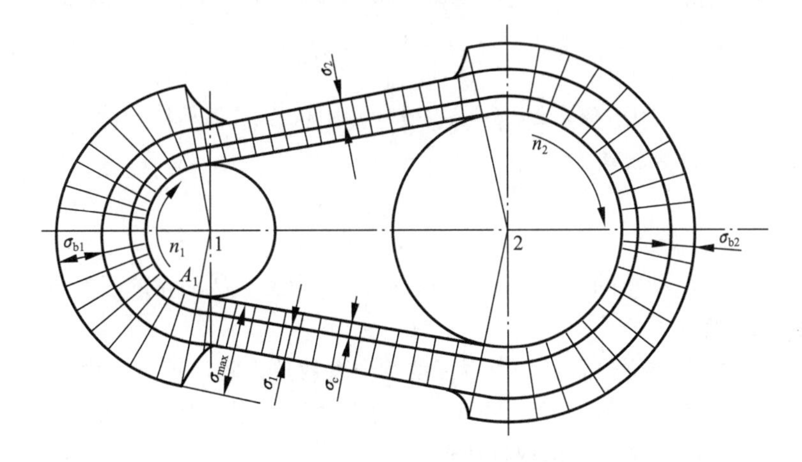

图 6-5 带上应力分布及变化情况

由图可知，传动带任一截面上的应力是一种交变循环应力，应力最大值发生在带的紧边进入小带轮处，其值为

$$\sigma_{max} = \sigma_1 + \sigma_c + \sigma_{b1} \tag{6-10}$$

四、带传动的弹性滑动与打滑

1. 弹性滑动现象

作为弹性体的传动带，它在拉力作用下的伸长变形量随受力大小的不同而变化。带的拉伸变形规律基本遵循虎克定律，即变形量与受力成正比。

如图 6-6 所示，带传动工作时，主动轮将带带过起始段 AA'，这个过程中带所受拉力保持紧边拉力 F_1 不变，带速与主动轮圆周速度 v_1 相等。接下来在带由 A'点转至 B 点的过程中，带所受拉力由 F_1 逐渐减小至松边拉力 F_2，带的拉伸变形量逐渐减小，导致带沿着带轮表面在 BA'弧段上向 A'点回缩，产生微量的相对滑动，并使得松边带速低于主动轮圆周速度 v_1。接着，带以降低了的速度将从动轮带过起始段 CC'，带速与从动轮圆周速度 v_2 相等，带与轮面无相对滑动。带接着由 C'点转至紧边 D 点，带所受拉力由 F_2 逐渐增大至 F_1，其弹性

伸长量也逐渐增大，导致带沿着从动轮表面在 $C'D$ 弧段上向 D 点前伸，产生微量的相对滑动，并使带速高于从动轮的圆周速度 v_2。因此，从动轮的圆周速度 v_2 始终低于主动轮的圆周速度 v_1。

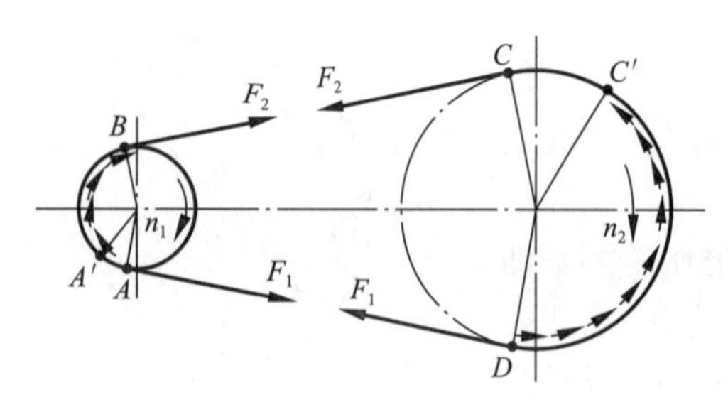

图6－6　带的弹性滑动

上述由传动带弹性变形量的改变而引起的带与轮面在局部接触弧上发生微量相对滑动的现象称为弹性滑动。在带传动中，带的紧、松边拉力必然不相等，因而弹性滑动是摩擦型带传动不可避免的现象。

带传动弹性滑动现象引起的后果包括：从动轮的圆周速度低于主动轮，造成传动比误差；降低传动效率；加快带的磨损；工作面温度升高；带的工作寿命降低等。

从动轮圆周速度 v_2 低于主动轮圆周速度 v_1 的程度，可用滑动率 ε 来表示

$$\varepsilon = \frac{v_1 - v_2}{v_1} \times 100\% \tag{6-11}$$

带传动的滑动率一般为1%～2%，在一般计算中可以忽略不计。计入弹性滑动影响时，带传动传动比的准确计算公式为

$$i = \frac{n_1}{n_2} = \frac{d_2}{d_1} \cdot \frac{1}{1-\varepsilon} \tag{6-12}$$

式中，n_1、n_2 为主、从动轮的转速（r/min）；d_1、d_2 为主、从动轮的基准直径（mm）。

2. 弹性滑动与打滑

打滑是指由于传递载荷的需要，当带传动所需有效拉力超过带与带轮面间摩擦力的极限时，带与带轮面在整个接触弧段发生显著的相对滑动。打滑将使带传动失效并加剧带的磨损，因而在正常工作中应当避免出现打滑现象。

弹性滑动与打滑是两个截然不同的概念，不应混淆。它们的区别见表6－1。

表6－1　弹性滑动与打滑的区别

对比	弹性滑动	打滑
现象	局部带在局部带轮面上发生微小滑动	整个带在整个带轮面上发生显著滑动
产生原因	带轮两边的拉力差，产生带的变形量变化	所需有效拉力超过摩擦力最大值
性质	不可避免	可以且应当避免
后果	v_2 小于 v_1；效率下降；带磨损；工作面温升	传动失效；引起带的严重磨损

第四节　普通V带传动的设计计算

一、普通V带与带轮的基本尺寸

标准普通V带是截面呈等腰梯形、采用无接头形式构造的环形橡胶带。带体由顶胶、

抗拉体、底胶和包布组成，如图 6－7 所示，带的两侧面为工作面。抗拉体分为帘布结构和线绳结构两种，其中线绳结构具有柔韧性好、弯曲强度高的优点，适用于带轮直径较小、转速较高的场合，有利于提高使用寿命。帘布结构更方便于制造。抗拉体是 V 带传动过程中承受工作载荷（拉力）的主体，其上下的顶胶和底胶分别承受弯曲变形的拉伸和压缩作用。

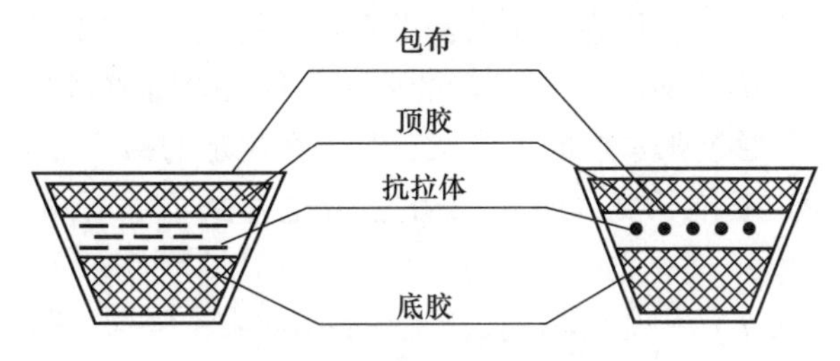

图 6－7　普通 V 带的结构

1. 带型及其截面尺寸

V 带及其带轮槽是标准化结构。普通 V 带采用基准宽度制，基准宽度制采取带的基准线的位置和基准宽度 b_d 来定义带轮的轮槽尺寸以及带在轮槽中的位置。

普通 V 带按照截面尺寸大小标准化为 7 种型号，由小到大分别命名为 Y、Z、A、B、C、D 和 E 型。各型普通 V 带和带轮槽的截面尺寸分别见表 6－2 和表 6－3。

表 6－2　普通 V 带截面基本尺寸（摘自 GB/T 13575.1—2008）

带型	节宽 b_p /mm	顶宽 b /mm	高度 h /mm	楔角 α /(°)	适用槽形的基准宽度/mm	V 带单位长度质量 q/(kg·m^{-1})
Y	5.3	6.0	4.0	40	5.3	0.023
Z	8.5	10.0	6.0		8.5	0.060
A	11.0	13.0	8.0		11.0	0.105
B	14.0	17.0	11.0		14.0	0.170
C	19.0	22.0	14.0		19.0	0.300
D	27.0	32.0	19.0		27.0	0.630
E	32.0	38.0	23.0		32.0	0.970

表 6－3　普通 V 带轮槽截面尺寸（摘自 GB/T 13575.1—2008）　　mm

槽型	b_d	h_{amin}	h_{fmin}	e	f_{min}	d_d			
						$\varphi=32°$	$\varphi=34°$	$\varphi=36°$	$\varphi=38°$
Y	5.3	1.6	4.7	8 ±0.3	6	≤60	—	>60	—
Z	8.5	2	7.0	12 ±0.3	7	—	≤80	—	>80
A	11	2.75	8.7	15 ±0.3	9	—	≤118	—	>118
B	14	3.5	10.8	19 ±0.4	11.5	—	≤190	—	>190
C	19	4.8	14.3	25.5 ±0.5	16	—	≤315	—	>315
D	27	8.1	19.9	37 ±0.6	23	—	—	≤475	>475
E	32	9.6	23.4	44.5 ±0.7	28	—	—	≤600	>600

2. 带的基准长度

V 带绕过带轮时发生弯曲变形，在带的高度方向上存在一个既不受拉也不受压的中性层，称为节面，节面宽度 b_p 称为节宽，见表 6－2。带在带轮上产生弯曲时，其节宽保持不变。

在 V 带轮上，与 V 带节面处于同一圆周位置上的轮槽宽度称为轮槽的基准宽度，用 b_d 表示；基准宽度处的带轮直径，称为带轮的基准直径，见表 6－3 中 d_d。它是 V 带轮的公称直径，通常情况下用 d_1、d_2 表示主、从动轮的公称直径（基准直径）。

V 带安装于带轮上并通过张紧形成工作状态时，在规定的初拉力下，位于带轮基准直径上的周线长度称为 V 带的基准长度，用 L_d 表示。带轮直径 d_1、d_2 和 L_d 用于带传动的几何计算。

普通 V 带的基准长度 L_d 系列及其带长修正系数 K_L 见表 6－4。带长修正系数 K_L 是指 V 带传动因安装参数（V 带基准长度）与单根 V 带基本额定功率的测定条件（特定基准长度）有所不同时对单根 V 带基本额定功率进行修正的系数。

表 6－4　普通 V 带基准长度 L_d 系列及其带长修正系数 K_L

Y 型		Z 型		A 型		B 型		C 型		D 型		E 型	
L_d	K_L	L_d	K_L	L_d	K_L	L_d	K_L	L_d	K_L	L_d	K_L	L_d	K_L
200	0.81	405	0.87	630	0.81	930	0.83	1 565	0.82	2 470	0.82	4 660	0.91
224	0.82	475	0.90	700	0.83	1 000	0.84	1 760	0.85	3 100	0.86	5 040	0.92
250	0.84	530	0.93	790	0.85	1 100	0.86	1 950	0.87	3 330	0.87	5 420	0.94
280	0.87	625	0.96	890	0.87	1 210	0.87	2 195	0.90	3 730	0.90	6 100	0.96
315	0.89	700	0.99	990	0.89	1 370	0.90	2 420	0.92	4 080	0.91	6 850	0.99
355	0.92	780	1.00	1 100	0.91	1 560	0.92	2 715	0.94	4 620	0.94	7 650	1.01
400	0.96	920	1.04	1 250	0.93	1 760	0.94	2 880	0.95	5 400	0.97	9 150	1.05
450	1.00	1 080	1.07	1 430	0.96	1 950	0.97	3 080	0.97	6 100	0.99	12 230	1.11
500	1.02	1 330	1.13	1 550	0.98	2 180	0.99	3 520	0.99	6 840	1.02	13 750	1.15
		1 420	1.14	1 640	0.99	2 300	1.01	4 060	1.02	7 620	1.05	15 280	1.17
		1 540	1.54	1 750	1.00	2 500	1.03	4600	1.05	9 140	1.08	16 800	1.19
				1 940	1.02	2 700	1.04	5 380	1.08	10 700	1.13		
				2 050	1.04	2 870	1.05	6 100	1.11	12 200	1.16		
				2 200	1.06	3 200	1.07	6 815	1.14	13 700	1.19		
				2 300	1.07	3 600	1.09	7 600	1.17	15 200	1.21		
				2 480	1.09	4 060	1.13	9 100	1.21				
				2 700	1.10	4 430	1.15	10 700	1.24				
						4 820	1.17						
						5 370	1.20						
						6 070	1.24						

V 带的型号由 V 带截面代号和基准长度组成，如 A1550 表示 A 型 V 带，基准长度为 1 550 mm。V 带型号印制在带的外表面上。

3. 带轮的基准直径

V 带轮的基准直径 d_1、d_2 也被标准化为系列尺寸。表 6－5 列出了带轮的基准直径系列。

为了防止 V 带绕过带轮时弯曲过大而影响 V 带的强度，设计时应限制小带轮的最小直径取值。大带轮直径按传动比要求计算获得初值，一般情况下在传动比误差允许的范围内按基准直径系列选取 d_2 值。V 带轮的基准直径系列与最小基准直径分别见表 6－5 和表 6－6。

表 6－5　V 带轮的基准直径系列（摘自 GB/T 13575.1—2008）　mm

带型	基准直径 d_d
Y	20，22.4，25，28，31.5，35.5，40，45，50，56，80，90，100，112，125
Z	50，56，63，71，75，80，90，100，112，125，132，140，150，160，180，200，224，250，280，315，355，400，500，630
A	75，80，85，90，95，100，106，112，118，125，132，140，150，160，180，200，224，250，280，315，355，400，450，500，560，630，710，800
B	125，132，140，150，160，180，200，224，250，280，315，355，400，450，500，560，600，630，710，750，800，900，1 000，1 120
C	200，212，224，236，250，265，280，300，315，335，355，400，450，500，560，600，630，710，750，800，900，1 000，1 120，1 250，1 400，1 600，2 000
D	355，375，400，425，450，475，500，560，600，630，710，750，800，900，1 000，1 060，1 120，1 250，1 400，1 500，1 600，1 800，2 000
E	500，530，560，600，630，670，710，800，900，1 000，1 120，1 250，1 400，1 500，1 600，1 800，2 000,2 240，2 500

表 6－6　V 带轮的最小基准直径　mm

槽型	Y	Z	A	B	C	D	E
d_{dmin}	20	50	75	125	200	355	500

二、V 带传动的失效形式与计算准则

根据带传动的工作情况分析可知，V 带传动的主要失效形式为：

（1）V 带疲劳断裂。带在交变应力下工作，运行一定时间后，V 带上局部出现疲劳裂纹或脱层，随之出现疏松状态甚至断裂。

（2）打滑。当工作载荷超过 V 带传动的最大有效圆周围力时，带沿着带轮工作表面出现显著的相对滑动，导致传动失效。

因此，为了保证传动的正常工作，V 带传动的计算准则是：在保证带传动不打滑的条件下，保证 V 带具有一定的疲劳强度和寿命。

三、单根 V 带的额定功率

按照 V 带传动的计算准则，根据前述带传动受力分析关系式（6－1）、式（6－4）、式（6－5）和式（6－7）可推导获得保证不打滑条件下单根 V 带所能传递的最大功率P_0 为

$$P_0 = \frac{F_{max}v}{1\,000} = \sigma_1 A\left(1 - \frac{1}{e^{f\alpha_1}}\right)\frac{v}{1\,000} \tag{6-13}$$

式中，符号的意义、单位同前。

为了保证 V 带具有一定的疲劳寿命，应使 $\sigma_{max} = \sigma_1 + \sigma_b + \sigma_c \leqslant [\sigma]$。取 $\sigma_{max} = [\sigma]$，则

$$\sigma_1 = [\sigma] - \sigma_b - \sigma_c \tag{6-14}$$

式中，$[\sigma]$ 为带的许用应力。

将式（6－14）代入式（6－13）中，即可获得带传动在既不打滑又保证带具有一定疲劳寿命条件下，单根 V 带能够传递的功率为

$$P_0 = ([\sigma] - \sigma_b - \sigma_c)\left(1 - \frac{1}{e^{f\alpha_1}}\right)\frac{Av}{1\,000} \tag{6-15}$$

对于一定材质和规格尺寸的 V 带，在特定的试验条件（$i=1$，即 $\alpha_1 = \alpha_2 = 180°$；疲劳寿命约为 $10^8 \sim 10^9$ 次；载荷平稳）下通过试验获得 V 带的许用应力 $[\sigma]$。代入式（6－15）进行计算，即可获得单根 V 带在特定条件下所能传递的功率 P_0，称为单根 V 带的基本额定功率。单根普通 V 带的基本额定功率见表 6－7。

表 6－7　单根普通 V 带的基本额定功率 P_0（摘自 GB/T 13575.1—2008）　　kW

带型	小带轮基准直径 d_{d1}/mm	小带轮转速 n_1/(r·min^{-1})										
		200	400	700	800	950	1 200	1 450	1 600	2 000	2 400	2 800
Z	50	0.04	0.06	0.09	0.10	0.12	0.14	0.16	0.17	0.20	0.22	0.26
	56	0.04	0.06	0.11	0.12	0.14	0.17	0.19	0.20	0.25	0.30	0.33
	63	0.05	0.08	0.13	0.15	0.18	0.22	0.25	0.27	0.32	0.37	0.41
	71	0.06	0.09	0.17	0.20	0.23	0.27	0.30	0.33	0.39	0.46	0.50
	80	0.10	0.14	0.20	0.22	0.26	0.30	0.35	0.39	0.44	0.50	0.56
	90	0.10	0.14	0.22	0.24	0.28	0.33	0.36	0.40	0.48	0.54	0.60
A	75	0.15	0.26	0.40	0.45	0.51	0.60	0.68	0.73	0.84	0.92	1.00
	90	0.22	0.39	0.61	0.68	0.77	0.93	1.07	1.15	1.34	1.50	1.64
	100	0.26	0.47	0.74	0.83	0.95	1.14	1.32	1.42	1.66	1.87	2.05
	112	0.31	0.56	0.90	1.00	1.15	1.39	1.61	1.74	2.04	2.30	2.51
	125	0.37	0.67	1.07	1.19	1.37	1.66	1.92	2.07	2.44	2.74	2.98
	140	0.43	0.78	1.26	1.41	1.62	1.96	2.28	2.45	2.87	3.22	3.48
	160	0.51	0.94	1.51	1.69	1.95	2.36	2.73	2.94	3.42	3.80	4.06
	180	0.59	1.09	1.76	1.97	2.27	2.74	3.16	3.40	3.93	4.32	4.54

续表

带型	小带轮基准直径 d_{d1}/mm	小带轮转速 n_1/(r·min^{-1})										
		200	400	700	800	950	1 200	1 450	1 600	2 000	2 400	2 800
B	125	0.48	0.84	1.30	1.44	1.64	1.93	2.19	2.33	2.64	2.85	2.96
	140	0.59	1.05	1.64	1.82	2.08	2.47	2.82	3.00	3.42	3.70	3.85
	160	0.74	1.32	2.09	2.32	2.66	3.17	3.62	3.86	4.40	4.75	4.89
	180	0.88	1.59	2.53	2.81	3.22	3.85	4.39	4.68	5.30	5.67	5.76
	200	1.02	1.85	2.96	3.30	3.77	4.50	5.13	5.46	6.13	6.47	6.43
	224	1.19	2.17	3.47	3.86	4.42	5.26	5.97	6.33	7.02	7.25	6.95
	250	1.37	2.50	4.00	4.46	5.10	6.04	6.82	7.20	7.87	7.89	7.14
	280	1.58	2.89	4.61	5.13	5.85	6.90	7.76	8.13	8.60	8.22	6.80
C	200	1.39	2.41	3.69	4.07	4.58	5.29	5.84	6.07	6.34	6.02	5.01
	224	1.70	2.99	4.64	5.12	5.78	6.71	7.45	7.75	8.06	7.57	6.08
	250	2.03	3.62	5.64	6.23	7.04	8.21	9.04	9.38	9.62	8.75	6.56
	280	2.42	4.32	6.76	7.52	8.49	9.81	10.72	11.06	11.04	9.50	6.13
	315	2.84	5.14	8.09	8.92	10.05	11.53	12.46	12.72	12.14	9.43	4.16
	355	3.36	6.05	9.50	10.46	11.73	13.31	14.12	14.19	12.59	7.98	—
	400	3.91	7.06	11.02	12.10	13.48	15.04	15.53	15.24	11.95	4.34	—
	450	4.51	8.20	12.63	13.80	15.23	16.59	16.47	15.57	9.64	—	—
D	355	5.31	9.24	13.70	14.83	16.15	17.25	16.77	15.63	—	—	—
	400	6.52	11.45	17.07	18.46	20.06	21.20	20.15	18.31	—	—	—
	450	7.90	13.86	20.63	22.25	24.01	24.84	22.02	19.59	—	—	—
	500	9.21	16.20	23.99	25.76	27.50	26.71	23.59	18.88	—	—	—
	560	10.76	18.95	27.73	29.55	31.04	29.67	22.58	15.13	—	—	—
	630	12.54	22.05	31.68	33.38	34.19	30.15	18.08	6.25	—	—	—
	710	14.55	25.45	35.59	36.87	36.35	27.88	7.99	—	—	—	—
	800	16.76	29.08	39.14	39.55	36.76	21.32	16.82	—	—	—	—
E	500	10.86	18.55	26.21	27.57	28.32	25.53	15.35	—	—	—	—
	560	13.09	22.49	31.59	33.03	33.40	28.49	8.85	—	—	—	—
	630	15.65	26.95	37.26	38.52	37.92	29.17	—	—	—	—	—
	710	18.52	31.83	42.87	43.52	41.02	25.91	—	—	—	—	—
	800	21.70	37.05	47.96	47.38	41.59	16.46	—	—	—	—	—
	900	25.15	42.49	51.95	49.21	38.19	—	—	—	—	—	—
	1 000	28.52	47.52	54.00	48.19	30.08	—	—	—	—	—	—
	1 120	32.47	52.98	53.62	42.77	—	—	—	—	—	—	—

当V带传动的实际工作条件与上述试验条件不同时，应对单根V带的基本额定功率加以修正，并由此计算实际工作条件下单根V带所能传递的功率，称为单根V带的额定功率$[P_0]$

$$[P_0] = (P_0 + \Delta P_0)K_\alpha K_L \tag{6-16}$$

式中，ΔP_0为功率增量，计入传动比$i \neq 1$时，因带在大带轮上弯曲程度的减小对传动能力的提升程度，单根普通V带基本额定功率的增量ΔP_0见表6-8；K_α为包角系数，计入包角$\alpha_1 \neq 180°$时，对传动能力的影响，其值见表6-9；K_L为带长修正系数，计入带长不等于特定长度时对传动能力的影响，见表6－4。

表6－8　单根普通V带基本额定功率的增量ΔP_0（摘自GB/T 13575.1—2008）　kW

带型	传动比i	小带轮转速n_1/(r·min^{-1})										
		200	400	700	800	950	1 200	1 450	1 600	2 000	2 400	2 800
Z	1.00～1.01	0.00	0.00	0.00	0.00	0.00	0.00	0.00	0.00	0.00	0.00	0.00
	1.02～1.04	0.00	0.00	0.00	0.00	0.00	0.00	0.00	0.01	0.01	0.01	0.01
	1.05～1.08	0.00	0.00	0.00	0.00	0.00	0.01	0.01	0.01	0.01	0.02	0.02
	1.09～1.12	0.00	0.00	0.00	0.00	0.01	0.01	0.01	0.01	0.02	0.02	0.02
	1.13～1.18	0.00	0.00	0.00	0.01	0.01	0.01	0.01	0.01	0.02	0.02	0.03
	1.19～1.24	0.00	0.00	0.00	0.01	0.01	0.01	0.02	0.02	0.02	0.03	0.03
	1.25～1.34	0.00	0.00	0.00	0.01	0.01	0.02	0.02	0.02	0.02	0.03	0.03
	1.35～1.50	0.00	0.00	0.00	0.01	0.02	0.02	0.02	0.02	0.03	0.03	0.04
	1.51～1.99	0.00	0.00	0.00	0.02	0.02	0.02	0.02	0.03	0.03	0.04	0.04
	≥2.00	0.00	0.00	0.00	0.02	0.02	0.03	0.03	0.03	0.04	0.04	0.04
A	1.00～1.01	0.00	0.00	0.00	0.00	0.00	0.00	0.00	0.00	0.00	0.00	0.00
	1.02～1.04	0.00	0.01	0.01	0.01	0.01	0.02	0.02	0.02	0.03	0.03	0.04
	1.05～1.08	0.01	0.01	0.02	0.02	0.03	0.03	0.04	0.04	0.06	0.07	0.08
	1.09～1.12	0.01	0.02	0.03	0.03	0.04	0.05	0.06	0.06	0.08	0.10	0.11
	1.13～1.18	0.01	0.02	0.04	0.04	0.05	0.07	0.08	0.09	0.11	0.13	0.15
	1.19～1.24	0.01	0.03	0.05	0.05	0.06	0.08	0.09	0.11	0.13	0.16	0.19
	1.25～1.34	0.02	0.03	0.06	0.06	0.07	0.10	0.11	0.13	0.16	0.19	0.23
	1.35～1.51	0.02	0.04	0.07	0.08	0.08	0.11	0.13	0.15	0.19	0.23	0.26
	1.52～1.99	0.02	0.04	0.08	0.09	0.10	0.13	0.15	0.17	0.22	0.26	0.30
	≥2.00	0.03	0.05	0.09	0.10	0.11	0.15	0.17	0.19	0.24	0.29	0.34
B	1.00～1.01	0.00	0.00	0.00	0.00	0.00	0.00	0.00	0.00	0.00	0.00	0.00
	1.02～1.04	0.01	0.01	0.02	0.03	0.03	0.04	0.05	0.06	0.07	0.08	0.10
	1.05～1.08	0.01	0.03	0.05	0.06	0.07	0.08	0.10	0.11	0.14	0.17	0.20
	1.09～1.12	0.02	0.04	0.07	0.08	0.10	0.13	0.15	0.17	0.21	0.25	0.29
	1.13～1.18	0.03	0.06	0.10	0.11	0.13	0.17	0.20	0.23	0.28	0.34	0.39
	1.19～1.24	0.04	0.07	0.12	0.14	0.17	0.21	0.25	0.28	0.35	0.42	0.49
	1.25～1.34	0.04	0.08	0.15	0.17	0.20	0.25	0.31	0.34	0.42	0.51	0.59
	1.35～1.51	0.05	0.10	0.17	0.20	0.23	0.30	0.36	0.39	0.49	0.59	0.69
	1.52～1.99	0.06	0.11	0.20	0.23	0.26	0.34	0.40	0.45	0.56	0.68	0.79
	≥2.00	0.06	0.13	0.22	0.25	0.30	0.38	0.46	0.51	0.63	0.76	0.89

续表

带型	传动比 i	小带轮转速 $n_1/(\mathrm{r}\cdot\mathrm{min}^{-1})$										
		200	400	700	800	950	1 200	1 450	1 600	2 000	2 400	2 800
C	1. 00 ~ 1. 01	0. 00	0. 00	0. 00	0. 00	0. 00	0. 00	0. 00	0. 00	0. 00	0. 00	0. 00
	1. 02 ~ 1. 04	0. 02	0. 04	0. 07	0. 08	0. 09	0. 12	0. 14	0. 16	0. 20	0. 23	0. 27
	1. 05 ~ 1. 08	0. 04	0. 08	0. 14	0. 16	0. 19	0. 24	0. 28	0. 31	0. 39	0. 47	0. 55
	1. 09 ~ 1. 12	0. 06	0. 12	0. 21	0. 23	0. 27	0. 35	0. 42	0. 47	0. 59	0. 70	0. 82
	1. 13 ~ 1. 18	0. 08	0. 16	0. 27	0. 31	0. 37	0. 47	0. 58	0. 63	0. 78	0. 94	1. 10
	1. 19 ~ 1. 24	0. 10	0. 20	0. 34	0. 39	0. 47	0. 59	0. 71	0. 78	0. 98	1. 18	1. 37
	1. 25 ~ 1. 34	0. 12	0. 23	0. 41	0. 47	0. 56	0. 70	0. 85	0. 94	1. 17	1. 41	1. 64
	1. 35 ~ 1. 51	0. 14	0. 27	0. 48	0. 55	0. 65	0. 82	0. 99	1. 10	1. 37	1. 65	1. 92
	1. 52 ~ 1. 99	0. 16	0. 31	0. 55	0. 63	0. 74	0. 94	1. 14	1. 25	1. 57	1. 88	2. 19
	≥2. 00	0. 18	0. 35	0. 62	0. 71	0. 83	1. 06	1. 27	1. 41	1. 76	2. 12	2. 47
D	1. 00 ~ 1. 01	0. 00	0. 00	0. 00	0. 00	0. 00	0. 00	0. 00	0. 00	—	—	—
	1. 02 ~ 1. 04	0. 07	0. 14	0. 24	0. 28	0. 33	0. 42	0. 51	0. 56	—	—	—
	1. 05 ~ 1. 08	0. 14	0. 28	0. 49	0. 56	0. 66	0. 84	1. 01	1. 11	—	—	—
	1. 09 ~ 1. 12	0. 21	0. 42	0. 73	0. 83	0. 99	1. 25	1. 51	1. 67	—	—	—
	1. 13 ~ 1. 18	0. 28	0. 56	0. 97	1. 11	1. 32	1. 67	2. 02	2. 23	—	—	—
	1. 19 ~ 1. 24	0. 35	0. 70	1. 22	1. 39	1. 60	2. 09	2. 52	2. 78	—	—	—
	1. 25 ~ 1. 34	0. 42	0. 83	1. 46	1. 67	1. 92	2. 50	3. 02	3. 33	—	—	—
	1. 35 ~ 1. 51	0. 49	0. 97	1. 70	1. 95	2. 31	2. 92	3. 52	3. 89	—	—	—
	1. 52 ~ 1. 99	0. 56	1. 11	1. 95	2. 22	2. 64	3. 34	4. 03	4. 45	—	—	—
	≥2. 00	0. 63	1. 25	2. 19	2. 50	2. 97	3. 75	4. 53	5. 00	—	—	—
E	1. 00 ~ 1. 01	0. 00	0. 00	0. 00	0. 00	0. 00	0. 00	0. 00	—	—	—	—
	1. 02 ~ 1. 04	0. 14	0. 28	0. 48	0. 55	0. 65	—	—	—	—	—	—
	1. 05 ~ 1. 08	0. 28	0. 55	0. 97	1. 10	1. 29	—	—	—	—	—	—
	1. 09 ~ 1. 12	0. 41	0. 83	1. 45	1. 65	1. 95	—	—	—	—	—	—
	1. 13 ~ 1. 18	0. 55	1. 00	1. 93	2. 21	2. 62	—	—	—	—	—	—
	1. 19 ~ 1. 24	0. 69	1. 38	2. 41	2. 76	3. 27	—	—	—	—	—	—
	1. 25 ~ 1. 34	0. 83	1. 65	2. 89	3. 31	3. 92	—	—	—	—	—	—
	1. 35 ~ 1. 51	0. 96	1. 93	3. 38	3. 86	4. 58	—	—	—	—	—	—
	1. 52 ~ 1. 99	1. 10	2. 20	3. 86	4. 41	5. 23	—	—	—	—	—	—
	≥2. 00	1. 24	2. 48	4. 34	4. 96	5. 89	—	—	—	—	—	—

表6-9　包角系数 K_α

$\alpha_1/(°)$	180	175	170	165	160	155	150	145	140	135
K_α	1.00	0.99	0.98	0.96	0.95	0.93	0.92	0.91	0.89	0.88
$\alpha_1/(°)$	130	125	120	115	110	105	100	95	90	—
K_α	0.86	0.84	0.82	0.80	0.78	0.76	0.74	0.72	0.69	—

四、V带传动的设计计算与参数选择

普通V带传动设计中，一般情况下给定的原始设计数据和要求包括：使用条件，需传递的功率 P，主、从动带轮的转速 n_1、n_2（或传动比 i），安装或外廓尺寸要求等。设计内容包括：确定V带的型号、长度、根数，V带传动的中心距及其变化范围，V带轮的结构形式及尺寸，V带张紧的初拉力，V带轮作用于轴上的力等传动参数等，并以零件图形式表达V带轮结构及其尺寸。

普通V带传动设计计算步骤及传动参数的选择要点如下。

1. 确定计算功率 P_c

计算功率 P_c 是考虑设计V带传动的使用场合和工况条件差异，引入工况系数 K_A 对名义传动功率 P 进行修正的值。

$$P_c = K_A P \tag{6-17}$$

式中，K_A 为工况系数，见表6-10。

表6-10　带传动工况系数 K_A

载荷性质	工作机类型	K_A					
		空载、轻载启动			重载启动		
		每天工作小时数/h					
		<10	10~16	>16	<10	10~16	>16
载荷变动微小	液体搅拌机、通风机和鼓风机（≤7.5 kW）、离心式水泵和压缩机、轻载输送机	1.0	1.1	1.2	1.1	1.2	1.3
载荷变动小	带式输送机（不均匀载荷）、通风机（>7.5 kW）、旋转式水泵和压缩机（非离心式）、发电机、金属切削机床、印刷机、旋转筛、锯木机和木工机械	1.1	1.2	1.3	1.2	1.3	1.4
载荷变动较大	制砖机、斗式提升机、往复式水泵和压缩机、起重机、磨粉机、冲剪机床、橡胶机械、振动筛、纺织机械、重载输送机	1.2	1.3	1.4	1.4	1.5	1.6

续表

载荷性质	工作机类型	K_A					
		空载、轻载启动			重载启动		
		每天工作小时数/h					
		<10	10~16	>16	<10	10~16	>16
载荷变动大	破碎机（旋转式、颚式等）、磨碎机（球磨、棒磨、管磨）	1.3	1.4	1.5	1.5	1.6	1.8

注：(1) 空载、轻载启动——电动机（交流启动、三角启动、直流并励）、四缸以上的内燃机、装有离心式离合器、液力联轴器的动力机。
(2) 重载启动——电动机（联机交流启动、直流复励或串励）、四缸以下的内燃机。
(3) 在反复启动、正反转频繁、工作条件恶劣等场合下，普通 V 带 K_A 应乘以 1.2，窄 V 带应乘以 1.1。
(4) 对于增速传动，K_A 应根据增速比 i 的大小乘以系数 C：当 $1.25 \leqslant i \leqslant 1.74$ 时，$C=1.05$；当 $1.75 \leqslant i \leqslant 2.49$ 时，$C=1.11$；当 $2.5 \leqslant i \leqslant 3.49$ 时，$C=1.18$；当 $i \geqslant 3.5$ 时，$C=1.25$。

2. 选择 V 带截面型号

根据计算功率 P_c 和小带轮转速 n_1，由图 6－8 选择普通 V 带的截面型号。图中，当工况位于两种型号分界线附近时，可分别选择两种型号进行计算，择优确定设计方案。

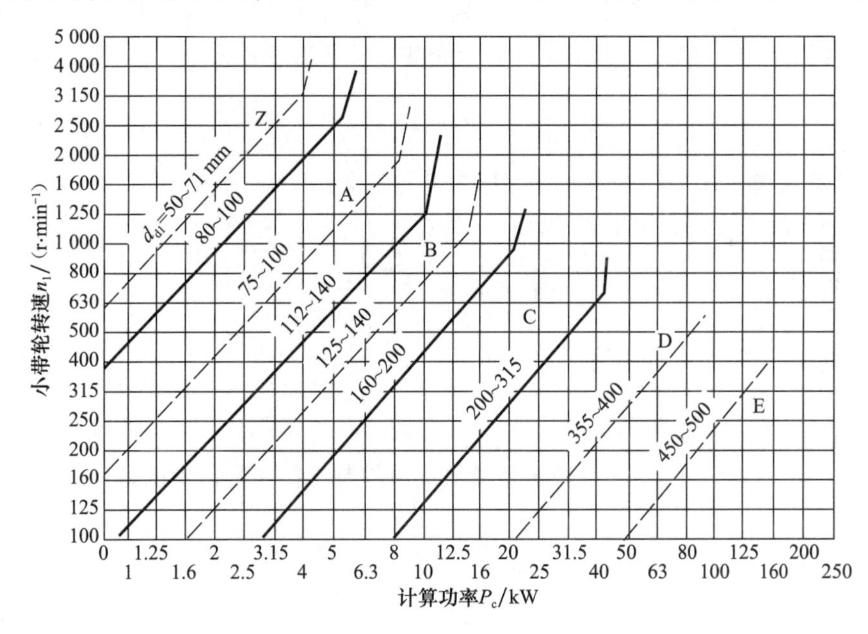

图 6－8　普通 V 带的型号选择

3. 确定带轮基准直径 d_1、d_2

带轮直径越小，传动尺寸结构越紧凑，但带承受的弯曲应力越大，带的使用寿命越低。同时，带速也低，导致带的传动（功率）能力不足。相反，如果带轮直径过大，则传动尺寸增大，结构不紧凑，不符合机械设计的基本要求。因此，小带轮的基准直径应根据实际情况合理选用，保证小带轮的基准直径 d_1 不小于表 6－6 中所列最小基准直径，并按表 6－5

中所列标准直径系列值选用。

按照 $d_2=id_1$ 计算大带轮直径，并按表6－5中最接近的基准直径值确定大带轮直径。

4. 验算带速 v

小带轮基准直径选用的合理性由带速验算来控制。带速按下式计算：

$$v=\frac{\pi d_1 n_1}{60\times 1\,000}\quad (\mathrm{m/s}) \tag{6-18}$$

通常情况下，普通V传动的带速应控制在30 m/s以内。为了充分发挥带传动的能力，V带传动的最佳带速范围为10～20 m/s。带速过高，会因离心力过大而降低带和带轮间的正压力，从而降低传动能力；而且单位时间内应力循环次数增加，将降低带的疲劳寿命。若带速过小，则所需有效拉力大，致使V带的根数增多，结构尺寸加大。带速不符合上述要求时，应重新选择 d_1。

5. 确定中心距 a 和带的基准长度 L_d

带传动中心距的选择直接关系到带的基准长度 L_d 和小带轮包角 α_1 的大小，并影响传动的性能。中心距较小，传动较为紧凑，但带长较短，单位时间内带绕过带轮的次数增多，从而降低带的疲劳寿命。而中心距过大，则传动的外廓尺寸大，且容易引起带的颤振，影响正常工作。

当传动设计对结构无特别要求时，可按下式初步选择中心距 a_0。

$$0.7(d_1+d_2)\leqslant a_0\leqslant 2(d_1+d_2) \tag{6-19}$$

确定 a_0 后，由传动的几何关系可计算带的基准长度初值 L_{d0}。

$$L_{d0}=2a_0+\frac{\pi}{2}(d_1+d_2)+\frac{(d_2-d_1)^2}{4a_0} \tag{6-20}$$

由 L_{d0} 计算值查表6－4，选取相近值作为带的基准长度 L_d。

带传动的实际中心距 a 由下式计算：

$$a\approx a_0+\frac{L_d-L_{d0}}{2} \tag{6-21}$$

实际中心距的调节范围应控制在 $a_{min}=a-0.015L_d$ (mm) 和 $a_{max}=a+0.03L_d$ (mm) 之间。

6. 验算小带轮包角 α_1

中心距 a 选择的合理性由小带轮包角验算加以控制。按照带传动的几何关系，小带轮包角 α_1 为

$$\alpha_1=180^\circ-\frac{d_2-d_1}{a}\times 57.3^\circ \tag{6-22}$$

α_1 是影响带传动工作能力的重要参数之一，一般要求 $\alpha_1>120^\circ$，否则应适当增大中心距或减小传动比来满足。

7. 确定带的根数 Z

传动计算功率 P_c 需要多根V带来执行。带的根数为

$$Z=\frac{P_c}{[P_0]}=\frac{P_c}{(P_0+\Delta P_0)K_\alpha K_L} \tag{6-23}$$

按上式计算值圆整确定带的根数 Z。为了保证多根带受力均匀，所确定的 Z 值不应当超

过表 6－11 所推荐的最多使用根数 Z_{max}，否则应当改选带的截面型号或加大带轮直径后重新设计。

表 6－11　V 带传动允许的最多使用根数

V 带型号	Y	Z	A	B	C	D	E
Z_{max}	1	2	5	6	8	8	9

8. 确定初拉力 F_0

初拉力 F_0 是保证带传动正常工作的重要因素。初拉力过小，摩擦力小，传动易打滑；初拉力过大，会增大带所受的应力，降低带的疲劳强度，同时增大作用在带轮轴上的压力。故初拉力 F_0 大小应适当。推荐单根 V 带张紧的初拉力 F_0 为

$$F_0 = 500\frac{P_c}{vZ}\left(\frac{2.5}{K_\alpha} - 1\right) + qv^2 \tag{6-24}$$

式中，P_c 为计算功率（kW）；v 为带速（m/s）；Z 为带的根数；K_α 为包角系数，见表 6－9；q 为带单位长度的质量（kg/m），见表 6－2。

带传动在此初拉力的张紧下，作用于带轮轴上的载荷为

$$F_Q = 2ZF_0\sin\frac{\alpha_1}{2} \tag{6-25}$$

9. 带轮结构设计

按照带轮结构设计要点确定带轮结构类型、材料、结构尺寸，绘制带轮工作图。

五、设计实例

例　试设计一带式输送机的普通 V 带传动装置。已知其原动机为 Y132S—4 型三相异步电动机，额定功率 $P=5.5$ kW，转速 $n_1=1\,440$ r/min，传动比 $i=3.6$，单班制工作，系统的安装布置要求传动中心距 $a\leqslant 1\,000$ mm。

解：

1. 确定计算功率 P_c

根据给定的工作条件，由表 6－10 查得工况系数 $K_A=1.1$，故

$$P_c = K_AP = 1.1\times 5.5 = 6.05(\text{kW})$$

2. 选择 V 带型号

按 $P_c=6.05$ kW 和 $n_1=1\,440$ r/min，由图 6－8 选择 A 型 V 带。

3. 确定带轮基准直径 d_1、d_2

根据 V 带型号查表 6－6，并参考图 6－8，选择 $d_1=100$ mm $>d_{min}$。

由 $d_2=id_1$ 计算从动轮直径为

$$d_2 = id_1 = 3.6\times 100 = 360(\text{mm})$$

由表 6－5 选取最接近的标准直径为 $d_2=355$ mm。

4. 验算带速 v

V 带传动带速为

$$v = \frac{\pi d_1 n_1}{60\times 1\,000} = \frac{3.14\times 100\times 1\,440}{60\,000} = 7.54(\text{m/s})$$

$v < 25$ m/s，因此带速适宜。

5. 确定中心距 a 和带的基准长度 L_d

由式（6-19）初定中心距 a_0：

$$0.7(d_1 + d_2) \leqslant a_0 \leqslant 2(d_1 + d_2)$$

即

$$318.5 \leqslant a_0 \leqslant 910 \text{ mm}$$

初定中心距 $a_0 = 700$ mm。

由式（6-20）计算带的基准长度初值 L_{d0}：

$$L_{d0} = 2a_0 + \frac{\pi}{2}(d_1 + d_2) + \frac{(d_2 - d_1)^2}{4a_0}$$

$$= 2 \times 700 + \frac{\pi}{2} \times (100 + 355) + \frac{(355 - 100)^2}{4 \times 700}$$

$$= 2\,137.14(\text{mm})$$

由表6-4选取接近的基准长度 $L_d = 2\,200$ mm。

因此，由式（6-21），带传动的实际中心距 a 为

$$a \approx a_0 + \frac{L_d - L_{d0}}{2} = 700 + \frac{2\,200 - 2\,137.14}{2} = 731.4(\text{mm})$$

满足 $a \leqslant 1\,000$ mm 的要求。

安装时应保证的最小中心距 a_{min}、调整时的最大中心距 a_{max} 分别为

$$a_{min} = a - 0.015L_d = 731.4 - 0.015 \times 2\,200 = 698.4(\text{mm})$$

$$a_{max} = a + 0.03L_d = 731.4 + 0.03 \times 2\,200 = 797.4(\text{mm})$$

6. 校核小带轮包角 α_1

$$\alpha_1 = 180° - \frac{d_2 - d_1}{a} \times 57.3° = 180° - \frac{355 - 100}{731.4} \times 57.3° = 160.0°$$

$\alpha_1 > 120°$，合格。

7. 计算所需V带根数Z

查表6-7，选定参数下A2200型V带的基本额定功率 $P_0 = 1.32$ kW；查表6-8得其功率增量 $\Delta P_0 = 0.17$ kW；查表6-9得包角系数 $K_\alpha = 0.95$；查表6-4得带长修正系数 $K_L = 1.06$，则

$$Z = \frac{P_c}{(P_0 + \Delta P_0)K_\alpha K_L} = \frac{6.05}{(1.32 + 0.17) \times 0.95 \times 1.06} = 4.03$$

取V带根数 $Z = 4$ 根。按表6-11，有 $Z \leqslant Z_{max} = 5$。

8. 确定初拉力 F_0 和轴上压力 F_Q

查表6-2得A型V带 $q = 0.105$ kg/m，由式（6-24）计算带传动的初拉力为

$$F_0 = 500\frac{P_c}{vZ}\left(\frac{2.5}{K_\alpha} - 1\right) + qv^2$$

$$= 500 \times \frac{6.05}{7.54 \times 4} \times \left(\frac{2.5}{0.95} - 1\right) + 0.105 \times 7.54^2 = 170(\text{N})$$

由式（6-25）计算作用于带轮轴上的压力为

$$F_Q = 2ZF_0 \sin\frac{\alpha_1}{2} = 2 \times 4 \times 170 \times \sin\left(\frac{160.0}{2}\right) = 1\,339(\text{N})$$

9. 大小带轮的结构设计与工作图绘制（略）

第五节　V 带传动结构设计

一、V 带轮结构设计

V 带轮是典型的盘类零件，由轮缘、轮毂和轮辐（或腹板）三部分组成。

轮缘是带轮的外缘部分，其上开有梯形槽，是传动带安装及带轮的工作部分。轮槽工作面需要精细加工（表面粗糙度一般为 $Ra2.5\ \mu m$），以减少带的磨损。轮缘及轮槽的结构尺寸见表 6－3。

轮毂是带轮与轴的安装配合部分；轮辐则是连接轮缘和轮毂的中间部分。

V 带轮常用的材料包括铸铁、铸钢、铝合金或工程塑料，铸铁材料应用最广。当带速 $v<25$ m/s 时，常用灰口铸铁 HT150 或 HT200；当 $v \geqslant 25 \sim 40$ m/s 时，宜用球墨铸铁、铸钢或冲压钢板焊接制造带轮；小功率传动带轮可采用铸铝或工程塑料。

当采用铸铁材料制造时，根据轮辐结构的不同，V 带轮有实心、腹板、孔板和椭圆轮辐四种典型结构形式。当带轮基准直径 $d_d \leqslant (2.5 \sim 3)d$（$d$ 为带轮轴直径）时，采用实心式结构，如图 6－9（a）所示；当 $d_d \leqslant 350$ mm，且 $d_2 - d_1 < 100$ mm 时（d_1 为轮毂外径，d_2 为轮缘内径），采用腹板式结构，如图 6－9（b）所示；若 $d_2 - d_1 \geqslant 100$ mm，则采用孔板式结构，如图 6－9（c）所示；当 $d_d > 350$ mm，应采用椭圆轮辐式结构，如图 6－9（d）所示。图 6－9 所示带轮的有关结构尺寸，可考参图中所附经验公式取值。

二、带传动的张紧装置

传动带安装在带轮上，通过中心距调整获得一定的初拉力，保证带传动的有效承载。但是，在工作一段时间后，由于带的塑性变形会产生带的松弛现象，使得带的初拉力逐渐减小，承载能力随之降低。为了保证带传动的正常工作，应当始终保持带在带轮上具有一定的初拉力。因此，必须采用适当的张紧装置。常用的张紧装置如图 6－10 所示，分为定期张紧、自动张紧和利用张紧轮张紧方式三种类型。

1. 定期张紧装置

在水平布置或与水平面倾斜不大的带传动中，可用图 6－10（a）所示的张紧装置，将装有带轮的电动机安装在滑轨上，通过调节螺钉来调整电动机的位置，加大中心距，以达到张紧目的。

在垂直或接近垂直的带传动中，可用图 6－10（b）所示的张紧装置，通过调节螺杆来调整摆动架（电动机轴中心）的位置，加大中心距而达到张紧的目的。

2. 自动张紧装置

图 6－10（c）是一种自动张紧装置，它将装有带轮的电动机安装在浮动摆架上，利用电动机及摆架的自重使带轮随同电动机绕固定支承轴摆动，自动调整中心距达到张紧的目的。这种方法常用于带传动功率小且近似垂直布置的情况。

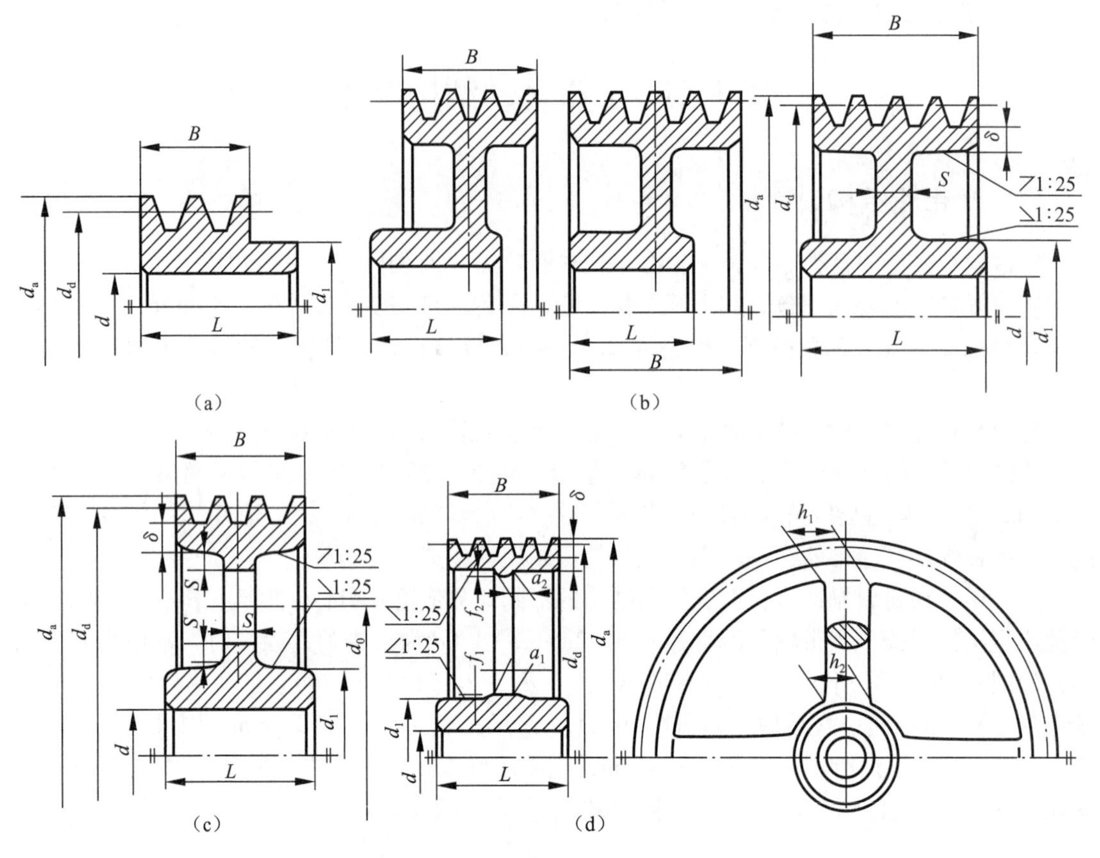

图 6-9　V 带轮的典型结构

（a）实心式；（b）腹板式；（c）孔板式；（d）轮辐式

$d_1=(1.8\sim2)d$；$d_0=0.5(d_1+d_2)$；$S=(0.2\sim0.3)B$；

$L=(1.5\sim2)d$，当 $B<1.5d$ 时，$L=B$；

$h_1=290\times\sqrt[3]{\dfrac{P}{nm}}$（式中，$P$ 为功率；n 为转速；m 为轮辐数）

$h_2=0.8h_1$；$a_1=0.4h_1$；$a_2=0.8a_1$；$f_1=0.2h_1$；$f_2=0.2h_2$

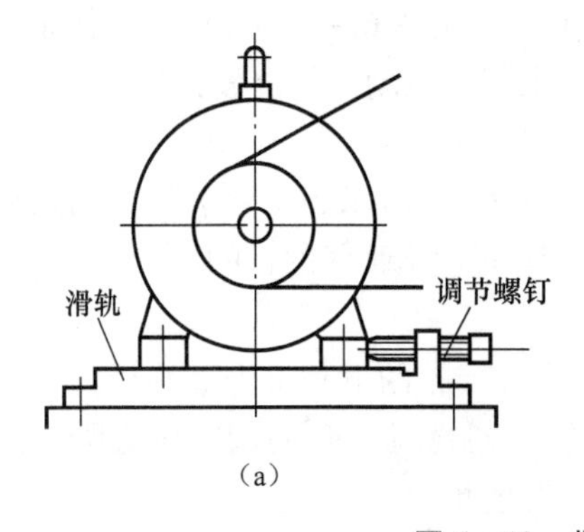

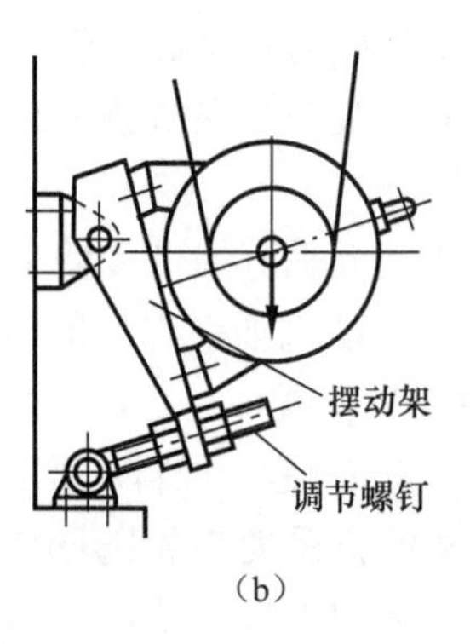

图 6-10　带传动的张紧

（a）滑道式；（b）摆架式

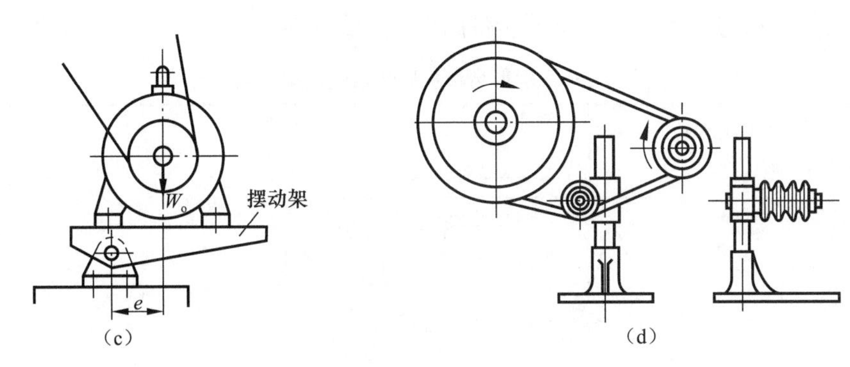

图 6－10　带传动的张紧（续）

（c）自动张紧装置；（d）张紧轮张紧装置

3. 利用张紧轮张紧方式

当带传动中心距不能调节时，可以采用张紧轮将带张紧，如图 6－10（d）所示。张紧轮一般应布置在松边的内侧，从而使带只受单向弯曲。同时，为了保证小带轮包角不致减小过多，张紧轮应尽量靠近大带轮安装。

第六节　其他带传动简介

一、同步带传动

同步带传动的工作原理、特点和应用如第二节所述。同步带采用聚氨酯或氯丁橡胶为基体，以钢丝绳或玻璃纤维绳等作为抗拉体，制作成如图 6－11（a）所示的结构形式。带轮则对应采用沿外圆周具有等间距轴向齿的结构形式，如图 6－11（b）所示。按照齿型的不同，同步带分为梯形齿同步带和曲线齿同步带两类。

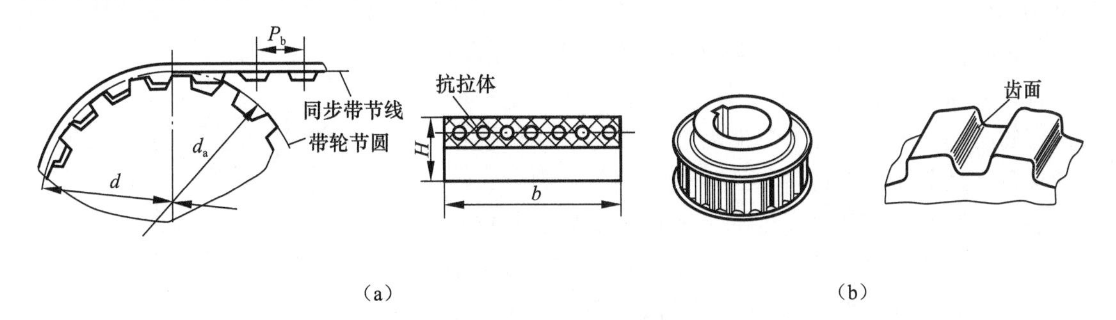

图 6－11　同步带传动的结构形式

（a）同步带结构；（b）带轮结构

同步带传动的基本特性参数包括带齿节距 P_b、节线长 L_p 和带宽 b_s。带齿节距 P_b 是指在规定的张紧力下，带的纵截面上相邻两齿对称中心线的直线距离。节线是当带垂直其底边弯曲时，在带中保持原长度不变的任意一条周线；节线长 L_p 是指整条环形带的节线长度，是同步带的公称长度。带宽 b_s 是指带背面的横向宽度。梯形齿同步带标准化为 MXL、XXL、XL、L、H、XH、XXH 七种型号，分别表示最轻型、超轻型、特轻型、轻型、重型、特重型和超重型的七个代号。梯形齿标准同步带的齿型参数见表6－12。

表6－12　梯形齿标准同步带的齿型参数

带型	节距 P_b /mm	齿形角 2β /(°)	齿根厚 S /mm	齿高 h_t /mm	带高 h_s /mm	齿根圆角半径 r_r/mm	齿顶圆角半径 r_a/mm
MXL	2.032	40	1.14	0.51	1.14	0.13	0.13
XXL	3.175	50	1.73	0.76	1.52	0.20	0.30
XL	5.080	50	2.57	1.27	2.3	0.38	0.38
L	9.525	40	4.65	1.91	3.6	0.51	0.51
H	12.700	40	6.12	2.29	4.3	1.02	1.02
XH	22.225	40	12.57	6.35	11.2	1.57	1.19
XXH	31.750	40	19.05	9.53	15.7	2.29	1.52

二、窄V带传动

与普通V带相比，窄V带具有较大的相对高度（截面高与节宽之比 h/b_P），其值 $h/b_P=0.9$（普通V带 $h/b_P=0.7$）；带的顶部呈弓形，顶宽约为同高度普通V带的3/4，如图6－12所示。

这种结构的窄V带用合成纤维作为抗拉体，且抗拉体位置比普通V带提高，带与带轮槽的有效接触面积增大；带的两侧面内凹，受力弯曲后能与带轮槽面保持良好的接触，且线绳仍保持平整，故受力均匀。因此，与普通V带传动相比，相同高度的窄V带宽度减小了1/4，而承载能力却可以提高1.5～2.5倍；在传递相同功率时，窄V带传动比普通V带传动在结构上能缩小尺寸达50%左右。此外，窄V带允许较高的带速，可达40～45 m/s；传动效率也更高，可达90%～97%。窄V带传动日益广泛地得到更多的应用。窄V带有SPZ、SPA、SPB和SPC四种型号，其结构和有关尺寸也已标准化。

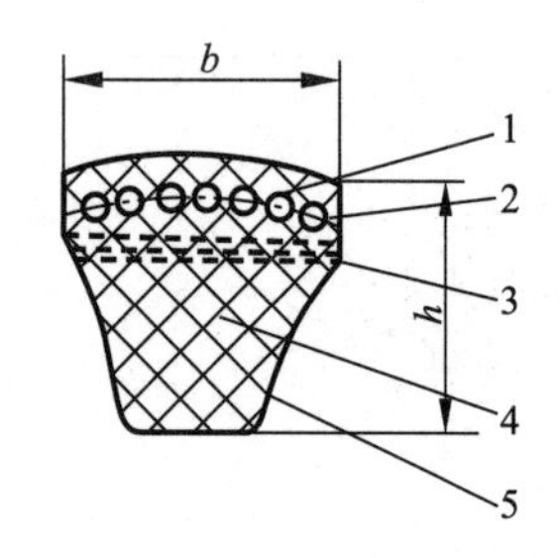

图6－12　窄V带

1—伸张层；2—强力层；3—缓冲层；4—压缩层；5—包布层

三、高速带传动

带的线速度 $v>30$ m/s，或高速轴转速 $n_1=10\ 000\sim50\ 000$ r/min 的带传动属于高速带

传动。

高速带传动需要采用质量小、厚度薄、挠性好、质地均匀的环形平带，这种带称为高速带。根据材质不同，高速带分为麻织带、丝织带、锦纶编织带、薄形强力锦纶带及高速环形胶带等。近年来国内外普遍采用以尼龙薄片为骨架，用橡胶将其与合成纤维黏合而成的高速平带，也采用以合成纤维如涤纶绳作强力层的液体浇注型聚氨酯高速平带。这些高速平带薄、轻、软，抗弯性能好，强度高，延伸率低，摩擦系数大，散热快，高速传动性能良好，应用十分广泛。

高速带轮要求质量轻，结构对称均匀、强度高，运转时空气阻力小，通常采用钢或铝合金制造，带轮的各个面均需要进行精加工，并进行动平衡处理。为了防止带从带轮上滑落，大、小带轮的轮缘表面都应制成中间凸出的鼓形面或双锥面形式，如图 6－13 所示。在轮缘表面常开设环形槽，是为了在带和轮缘表面之间形成空气层而降低摩擦系数，保证其正常工作。

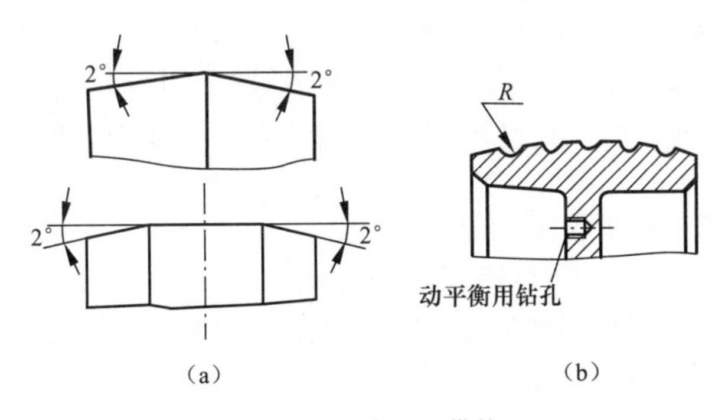

图 6－13　高速平带轮

(a) 轮面结构；(b) 轮缘及轮毂结构

四、多楔带传动

多楔带的剖面结构如图 6－14 所示，它可以看作是由平带和多根 V 带组合而成的结构，因而多楔带传动兼有平带挠性好和 V 带传动摩擦力大的优点。

多楔带有聚氨酯型和橡胶型两种类型，分别如图 6－14 (a)、(b) 所示。聚氨酯多楔带采用高强度、低延伸率的特种聚氨酯线绳结构作为强力层，带体其余部分采用液体聚氨酯浇注而成；带的背面上制有槽。因此它具有摩擦系数大、耐磨、耐油、挠性大且弯曲性能好等特点，适用于工作环境温度在 －20 ℃ ~80 ℃的场所。橡胶型多楔带的强力层也采用聚氨酯线绳结构，但带体的其余部分采用橡胶，它的适用工作温度范围为 －40 ℃ ~100 ℃。

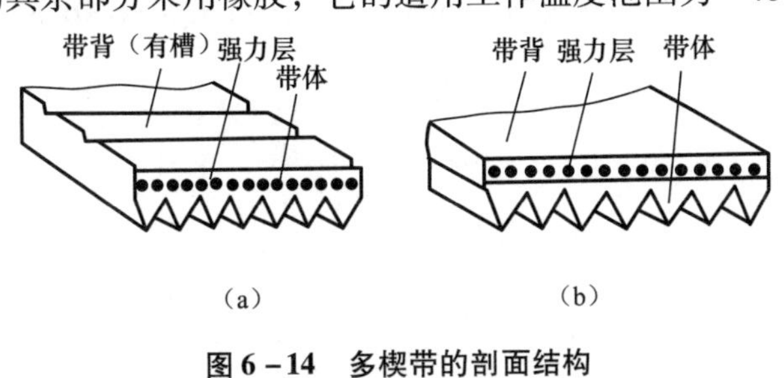

图 6－14　多楔带的剖面结构

(a) 聚氨酯型；(b) 橡胶型

与普通V带传动相比，多楔带传动的能力更大。在相同结构尺寸下，多楔带传动所能传递的功率比普通V带传动提高约30%；在传递相同功率时，多楔带传动的尺寸比普通V带传动可减小25%左右。多楔带传动允许较高的带速，可达40 m/s。工作时具有传动平稳、振动小、效率高、发热少等优点，被广泛地应用于高精度磨床、高速钻床、大功率机床、磨粉机等机械中。

习　题

6-1　按工作原理，带传动的主要类型有哪些？各有什么特点和适用场所？

6-2　带传动中，紧边和松边是如何产生的？怎样理解紧边和松边的拉力差即为带传动的有效拉力？

6-3　影响带传动能力的因素有哪些？如何提高带传动的承载能力？

6-4　增大初拉力可以使带与带轮间的摩擦力增加，但为什么带传动不能过大地增大初拉力来提高带的传动能力，而是把初拉力控制在一定数值上？

6-5　带的工作速度一般为5~25 m/s，带速为什么不宜过高又不宜过低？

6-6　带传动工作时，带内应力变化情况如何？最大应力发生在什么位置？由哪些应力组成？

6-7　为什么要限制包角的最小值？如何增大包角？

6-8　普通V带的基准长度是指哪个部位的长度？

6-9　为什么普通V带剖面楔角为40°，而带轮槽的楔角却制成34°、36°或38°等不同角度？什么情况下采用较小的槽楔角？

6-10　为什么说弹性滑动是带传动的固有特性？弹性滑动对传动有什么影响？

6-11　带传动的打滑是怎样发生的？打滑多发生在大轮还是小轮上？为什么？

6-12　为什么要对V带传动中小带轮基准直径的最小值加以限制？

6-13　带传动的主要失效形式是什么？单根普通V带所能传递的功率是根据什么准则确定的？

6-14　安装带传动，为什么要把带张紧？在什么情况下使用张紧轮？张紧轮布置在何处较为合理？

6-15 带传动的主动轮转速 $n_1 = 1\,460$ r/min，主动轮基准直径 $d_1 = 180$ mm，从动轮转速 $n_2 = 650$ r/min，传动中心距 $a \approx 800$ mm，工作情况系数 $K_A = 1$，采用3根B型V带。试求带传动允许传递的功率 P。

6-16　试设计一带式输送机中的普通V带传动。已知电动机功率 $P = 7.5$ kW，转速 $n_1 = 1\,440$ r/min，减速器输入轴转速 $n_2 = 630$ r/min，每天工作16 h，要求中心距不超过700 mm。

第七章
链　传　动

第一节　概　　述

链传动属于具有中间挠性体的啮合传动，由装在平行轴上的主、从动链轮和绕在链轮上的环形链条所组成，通过链与链轮的啮合来传递运动和动力，如图7－1所示。链传动是一种广泛使用的机械传动形式。

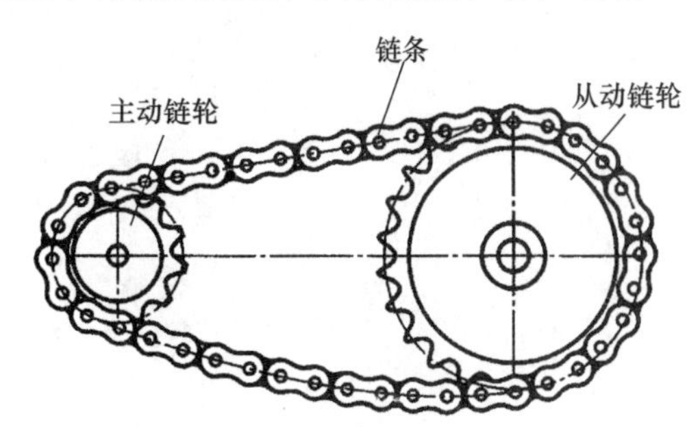

图7－1　链传动简图

一、链传动的特点

链传动同时兼有挠性传动和啮合传动的一些特点。与摩擦型带传动相比，链传动不存在弹性滑动和打滑现象，能够保持准确的平均传动比；链传动结构尺寸比较紧凑，而且不需要较大的初拉力，作用于轴上的载荷较小；链传动的传动能力较强，且传动效率较高（η可达95%以上）。与齿轮传动相比，链传动具有明显的吸收和缓和冲击振动的传动效果；其结构相对简单，安装精度要求较低，制造成本相对低廉；容易实现较大中心距的传动。

链传动具有传动功率大，传动中心距大，结构简单，制造和使用精度要求不高，成本低等突出优点，能够在高温、多尘、油污等恶劣的环境中工作。同时也存在瞬时传动比不恒定，传动中产生冲击和噪声，高速传动平稳性较差，只能使用于平行轴间传动等缺点，不宜使用于高速或载荷变化较大等场合。一般情况下，链条传动适用于传递功率$P \leqslant 100$ kW，链速$v \leqslant 15$ m/s，传动比$i \leqslant 7$的工况。

二、链传动的结构类型

按照用途，链条可划分为传动链、起重链和输送链三大类。传动链应用于一般的机械传动；起重链和输送链应用于起重机械和运输机械的特殊工况。传动链从结构形式上划分为短节距精密滚子链（简称滚子链）、短节距精密套筒链（简称套筒链）、齿形链和成形链等，如图7－2所示。

由图7－2（a）、（b）可以看出，套筒链与滚子链在结构上基本相同，只是在啮合部位缺少了滚子，所以套筒容易磨损，适用于低速传动（通常$v \leqslant 2$ m/s）。齿形链是利用特定齿形的链片与链轮相啮合来实现传动，因而传动平稳，承受冲击载荷的能力强，噪声小（故称无声链）；但其结构复杂、质量较大、制造及安装成本较高，适用于传动速度或精度要求较高的场合，允许线速度可达 40 m/s。成形链结构简单、装拆方便，通常应用于低速传动和农业机械中。

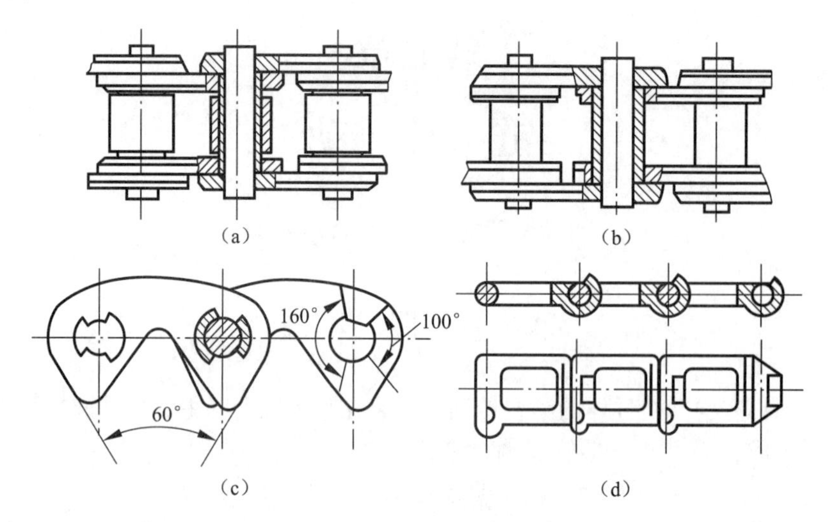

图 7-2　传动链的结构类型

（a）滚子链；（b）套筒链；（c）齿形链；（d）成形链

第二节　滚子链和链轮

一、滚子链的结构

滚子链的结构如图 7-3 所示，是由一系列内链节和外链节相间组成的环形链条。其组成零件包括滚子 1、套筒 2、销轴 3、内链板 4 和外链板 5，其中滚子与套筒、套筒与销轴之间均以间隙配合形成动连接；内链板与套筒、外链板与销轴之间则均以过盈配合连接构成

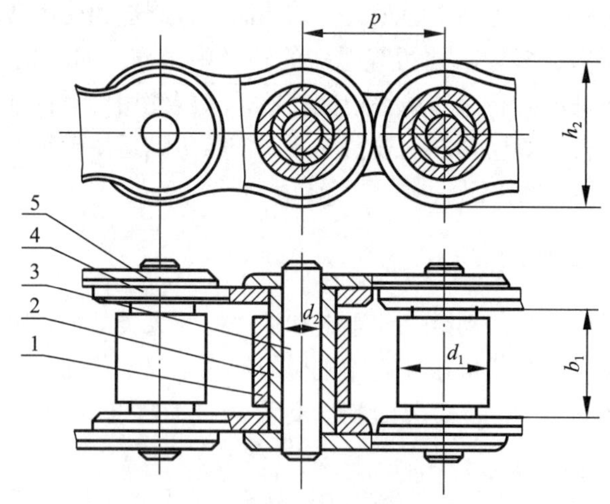

图 7-3　滚子链的结构

1—滚子；2—套筒；3—销轴；4—内链板；5—外链板

内、外链节。链传动工作时，滚子沿着链轮齿廓在齿间滚动，并绕套筒和销轴自由转动，减轻了与链轮轮齿之间的磨损；同时，内、外链板之间能做灵活的相对转动。

滚子链分为单排链（图 7－3）、双排链（图 7－4）和多排链。排数越多，承载能力越大，但各排受载也越不均匀。故排数不宜过多，通常不超过 3 排或 4 排，双排链结构应用较多。

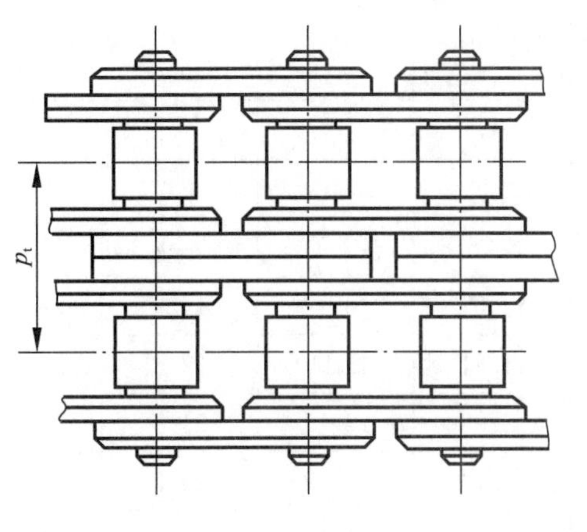

图 7－4 双排滚子链

为了使链板各横截面具有接近相等的抗拉强度，并减轻链条的质量和运动惯性，内、外链板均制成“∞”形。传动中链条的磨损主要发生在销轴与套筒的接触面上，因此，内、外链板间应留少许间隙，以便润滑油渗入销轴和套筒的摩擦面之间。

为了形成链节首尾相连的环形链条，要用接头加以连接。滚子链的接头形式如图 7－5 所示。当链节数为偶数时，接头处可采用图 7－5（a）所示的开口销或图 7－5（b）所示的弹簧锁片来固定。一般前者用于大节距，后者用于小节距。当链节数为奇数时，需要增加一个图 7－5（c）所示的过渡链节才能构成环形。由于过渡链节的链板要受附加弯矩的作用，形成链条的薄弱环节，所以应尽量避免使用奇数链节。

链条的使用寿命在很大程度上取决于链条各组成零件的材料及其热处理方法。因此，组成链条的所有元件均需经过热处理，以提高其强度、耐磨性和耐冲击性。

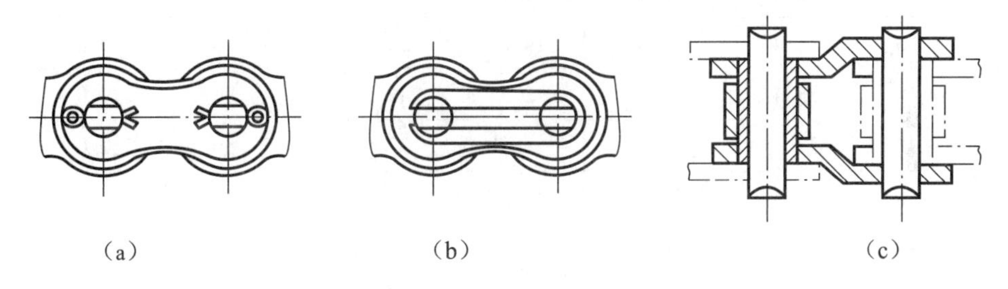

（a）　　（b）　　（c）

图 7－5 滚子链的接头形式

（a）钢丝锁销；（b）弹簧锁片；（c）过渡链节

二、滚子链的基本参数

如图 7－3 所示，滚子链和链轮啮合的主要参数包括节距 p、滚子外径 d_1、内链节内宽 b_1 和链节数 L_p 等，对于多排链还包括排数和排距 p_t，如图 7－4 所示。其中节距 p 表示相邻两销轴之间的距离，是滚子链的基本参数。节距增大时，链条中各零件的尺寸相应增大，传动能力也随之增大。

滚子链结构及其主要参数已经标准化。GB/T 1243—2006 规定了适合于机械传动及其类似应用的短节距精密滚子链和套筒链，及其附件与链轮的技术要求，包括其规格、尺寸、公差、长度测量、预拉、最小抗拉强度和最小动载强度。链条的链号、主要尺寸及抗拉强度见

表7－1。

表7－1　标准系列链条主要尺寸及抗拉强度（摘自GB/T 1243—2006）

链号	节距 p(nom)	滚子直径 d_1(max)	内节内宽 b_1(min)	销轴直径 d_2(max)	内链板高度 h_2(max)	排距 p_t	抗拉强度 单排(min)	抗拉强度 双排(min)
	mm						kN	
05B	8.00	5.00	3.00	2.31	7.11	5.64	4.4	7.8
06B	9.525	6.35	5.72	3.28	8.26	10.24	8.9	16.9
08A	12.7	7.92	7.85	3.98	12.07	14.38	13.9	27.8
08B	12.7	8.51	7.75	4.45	11.81	13.92	17.8	31.1
10A	15.875	10.16	9.40	5.09	15.09	18.11	21.8	43.6
10B	15.875	10.16	9.65	5.08	14.73	16.59	22.2	44.5
12A	19.05	11.91	12.57	5.96	18.10	22.78	31.3	62.6
12B	19.05	12.07	11.68	5.72	16.13	19.46	28.9	57.8
16A	25.40	15.88	15.75	7.94	24.13	29.29	55.6	111.2
16B	25.40	15.88	17.02	8.28	21.08	31.88	60.0	106.0
20A	31.75	19.05	18.90	9.54	30.17	35.76	87.0	174.0
20B	31.75	19.05	19.56	10.19	26.42	36.45	95.0	170.0
24A	38.10	22.23	25.22	11.11	36.20	45.44	125.0	250.0
24B	38.10	25.40	25.40	14.63	33.40	48.36	160.0	280.0
28A	44.45	25.40	25.22	12.71	42.23	48.87	170.0	340.0
28B	44.45	27.94	30.99	15.90	37.08	59.56	200.0	360.0
32A	50.80	28.58	31.55	14.29	48.26	58.55	223.0	446.0
32B	50.80	29.21	30.99	17.81	42.29	58.55	250.0	450.0
36A	57.15	35.71	35.48	17.46	54.30	65.84	281.0	562.0
40A	63.50	39.68	37.85	19.85	60.33	71.55	347.0	694.0
40B	63.50	39.37	38.10	22.89	52.96	72.29	355.0	630.0
48A	76.20	47.63	47.35	23.81	72.39	87.83	500.0	1 000.0
48B	76.20	48.26	45.72	29.24	63.88	91.21	560.0	1 000.0
56B	88.90	53.98	53.34	34.32	77.85	106.6	850.0	1 600.0
64B	101.60	63.50	60.96	39.40	90.17	119.89	1 120.0	2 000.0
72B	114.30	72.39	68.58	44.48	103.63	136.27	1 400.0	2 500.0

注：重载系列链条参见GB/T 1243—2006。

滚子链链条的标示方法是在链号之后加一连线和后缀，其中后缀“1”表示单排链，“2”表示双排链，“3”表示三排链，例如16A－1。

三、滚子链链轮结构

1. 链轮的主要尺寸

链轮的主要尺寸包括齿数 z、弦节距 p、分度圆直径 d、齿顶圆直径 d_a、齿根圆直径 d_f、最大滚子直径 d_1、齿沟角 α、齿槽圆弧半径 r_e、齿沟圆弧半径 r_i、节距多边形以上的齿高 h_a、齿宽 b_{f1}、齿侧凸缘直径 d_g 等，如图7－6所示。其中分度圆是指链轮上销轴中心所在且被链条节距等分的圆。

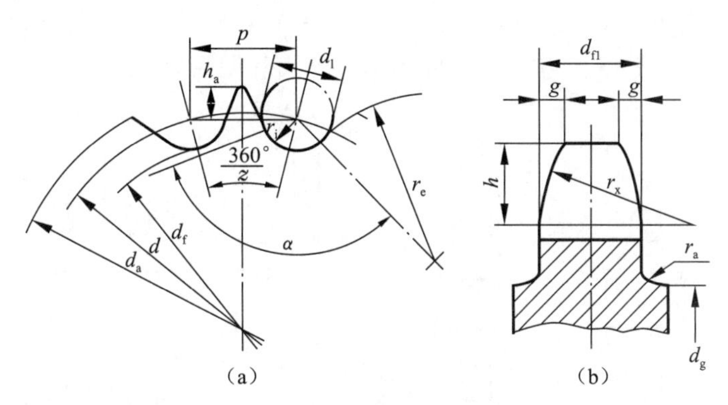

图7－6　链轮的齿形结构

链轮一些主要尺寸参数的计算公式为：

分度圆直径：$d=p/\sin(180°/z)$

齿根圆直径：$d_f=d-d_1$

齿顶圆直径 d_a 的最大值和最小值：$d_{amax}=d+1.25p-d_1$，$d_{amin}=\mathrm{d}+(1-1.6/z)p-d_1$

对应弦齿高 h_a 的最大值和最小值：$h_{amax}=0.625p-0.5d_1+0.8p/z$，$h_{amin}=0.5(p-d_1)$

齿侧凸缘直径：$d_g\leqslant p\cot(180°/z)-1.04h_2-0.76$

2. 链轮的齿形

滚子链与链轮齿在传动中并非共轭啮合，故链轮齿形具有较大的灵活性，齿形设计以便于加工、不易脱链、链节能平稳自由进入和退出、减少啮合冲击为目标。GB/T 1243—2006中规定了轮齿的最大齿槽形状和最小齿槽形状，即如图7－6（a）所示的齿侧圆弧半径 r_e、滚子定位圆弧半径 r_i 和滚子定位角 α 的最小值和最大值，从而决定了齿槽形状的极限。采用切齿或等效加工方法获得的实际齿槽形状应当位于最大和最小齿槽圆弧半径之间，并在对应的定位圆弧角处与滚子定位圆弧平滑连接。最大齿槽形状由 r_{emin}、r_{imax} 和 α_{min} 决定；最小齿槽形状由 r_{emax}、r_{imin} 和 α_{max} 决定。它们的取值分别为

$$\begin{cases}r_{emin}=0.008d_1(z^2+180)\\ r_{imax}=0.505d_1+0.069\sqrt[3]{d_1}\\ \alpha_{min}=120°-90°/z\end{cases},\quad \begin{cases}r_{emin}=0.12d_1(z+2)\\ r_{imax}=0.505d_1\\ \alpha_{max}=140°-90°/z\end{cases}$$

实际齿槽形状取决于加工刀具和加工方法，保证在两个极限齿槽形状之间的齿形均可用。链轮齿形可采用渐开线齿廓链轮滚刀以范成法加工。

3. 链轮结构与材料

作为典型的盘类零件，链轮按照尺寸大小可选取图7－7所示不同的结构。当链轮尺寸较小时，采用图7－7（a）所示的整体式结构；中等直径的链轮可采用图7－7（b）所示孔板式结构；直径较大的链轮可采用图7－7（c）所示焊接结构或图7－7（d）所示装配式组合结构。

链轮的材料应保证具有足够的强度和良好的耐疲劳性。通常采用碳钢或合金钢制造，齿面经过热处理，保证足够的强度和耐磨性。一般工况下，可采用45、50、45Mn、ZG310～570等钢材经淬火、回火处理，齿面硬度40～50 HRC；重要工况下，可采用15Cr、20Cr材料，经表面渗碳、淬火和回火处理，齿面硬度55～60 HRC，或者40Cr、35SiMn、35CrMo材料，经淬火、回火处理，齿面硬度40～50 HRC；简单工况下可采用35钢经正火处理，齿面硬度160～200 HBW，或15、20钢经表面渗碳、淬火和回火处理，齿面硬度50～60 HRC。

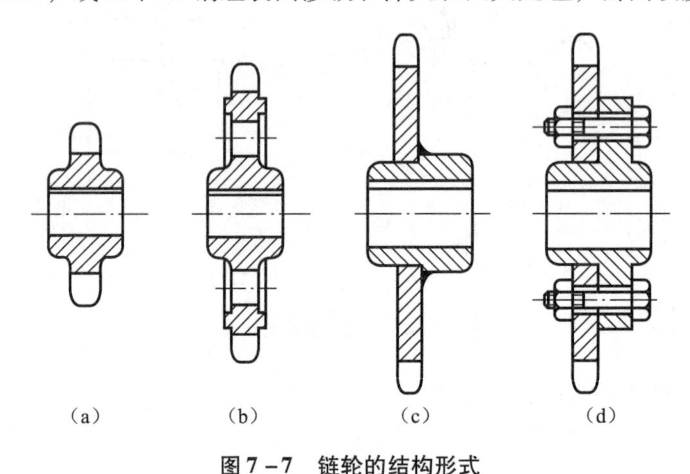

图7－7　链轮的结构形式

（a）整体式；（b）孔板式；（c）焊接式；（d）装配式

第三节　链传动工作情况分析

一、链传动的运动分析

当链条与链轮啮合时，链条按正多边形的形式绕在链轮上，如图7－8所示。正多边形的边长即为节距p，边数等于链轮齿数z。当主动链轮以转速n_1回转时，链轮回转一周，链条的移动距离等于zp，因而链条运动的平均速度为

$$v = \frac{n_1 z_1 p}{60 \times 1\,000} \tag{7-1}$$

式中，p为链节距（mm）；z_1为小链轮齿数；n_1为小链轮的转速（r/min）。

由于链条与链轮进行啮合传动，因此链传动的平均传动比为

$$i = n_1/n_2 = z_2/z_1 \tag{7-2}$$

正是由于链传动的周期性啮合特性，链传动的瞬时链速、从动轮的瞬时角速度及瞬时传动比都是变化的。如图7－8所示，当主动链轮1以恒定角速度ω_1转动时，链节销轴进入啮

合且未脱离轮齿期间的圆周速度恒定为 $v_1 = R_1\omega_1$。为了便于分析，假设传动时紧边始终处于水平位置，销轴随着链轮的转动而不断改变其位置。如图 7－8（a）所示，当销轴位于 β 角位置的瞬时，其圆周速度在链长（水平）方向和垂直方向上的分速度分别为 $v = R_1\omega_1\cos\beta$ 和 $v' = R_1\omega_1\sin\beta$。转动过程中，$\beta$ 角在 $-\phi_1/2 \sim +\phi_1/2$ 之间变化，因而链传动在链长方向上的瞬时速度 v 将随链轮转动位置的变化而产生由小到大、再由大到小的变化；同时，在链长的垂直方向也产生速度的大小变化。每当链轮转过一个链节，这两个方向上的速度变化就将重复一次。

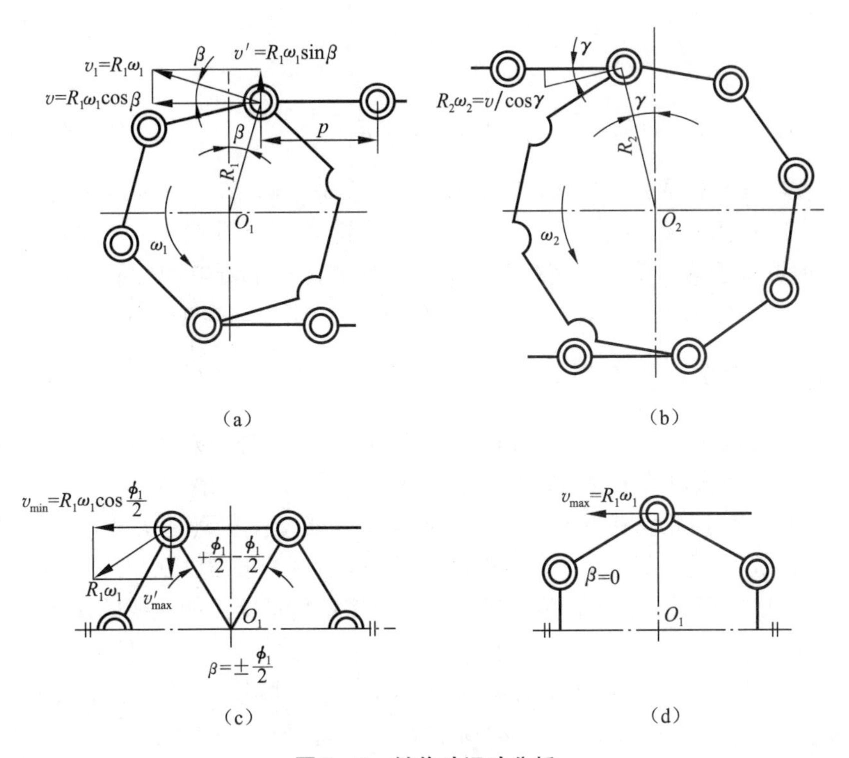

图 7－8　链传动运动分析

（a）主动轮上的链节速度；（b）从动轮上的链节速度；（c）链速最小；（d）链速最大

这种链长方向上的瞬时速度变化，必然造成瞬时链速、从动轮瞬时角速度及瞬时传动比的周期性变化，并形成链传动的规则性振动。链传动的这种固有特性，使得工作中不可避免地产生传动速度不均匀和冲击动载荷，称为链传动的多边形效应。

由图 7－8（b）可以推知，从动轮的瞬时角速度为 $\omega_2 = v/(R_2\cos\gamma)$，也是呈周期性变化的，由此可得链传动的瞬时传动比为

$$i_t = \frac{\omega_1}{\omega_2} = \frac{R_2\cos\gamma}{R_1\cos\beta} \tag{7-3}$$

二、链传动的受力分析

链传动安装和工作时不需要较大的初拉力，适度张紧的主要目的是保证链条松边的下垂程度不致过大，避免产生跳齿、脱链和较大的振动。不考虑传动中产生的动载荷，作用于链

的力为各种拉力之和，包括有效圆周（拉）力 F、离心力 F_c 和悬垂拉力 F_y。

作用于链条的紧边拉力为

$$F_1 = F + F_c + F_y \tag{7-4}$$

链条的松边拉力为

$$F_2 = F_c + F_y \tag{7-5}$$

其中，F 为有效圆周力；F_c 为离心力；F_y 为悬垂拉力。分别由下式求得

$$\begin{cases} F = 1\,000\,P/v \\ F_c = qv^2 \\ F_y = K_y qga \end{cases} \tag{7-6}$$

式中，P 为传动功率（kW）；q 为链条的单位长度质量（kg/m）；v 为链速（m/s）；a 为中心距（m）；g 为重力加速度（9.81 m/s^2）。K_y 为链条按下垂量 $y=0.02a$ 时的重度系数（kg/m），其值取决于两链轮中心连线对水平线的倾角 α：当 $\alpha=0$ 时，$K_y=7$；当 $\alpha=30°$时，$K_y=6$；当 $\alpha=60°$时，$K_y=4$；当 $\alpha=75°$时，$K_y=2.5$；当 $\alpha=90°$时，$K_y=1$。

三、链传动的主要失效形式

由于设计、制造和使用多方面的原因，链传动失效的具体形式多种多样，但大多数情况都是链条失效。链条失效的主要形式有以下几种。

（1）链条的疲劳损坏。链条零件在传动过程中承受交变循环应力作用，经过一定的应力循环次数，链板发生疲劳断裂，滚子和套筒发生冲击疲劳破裂。在闭式链传动中，正常润滑条件得以保证的情况下，链条的疲劳破坏成为决定链传动能力的主要因素。

（2）链条铰链磨损。通常发生在销轴和套筒之间，由于润滑条件不能得以保证而发生工作表面的磨损。这是开式链传动常见的失效形式。磨损使得链条总长度伸长，松边下垂度增大，导致啮合情况恶化，动载荷加大，引起振动和噪声，发生跳齿、脱链等异常情况。

（3）链条铰链胶合。润滑不良或转速过高时，在组成铰链副的销轴和套筒摩擦表面容易发生胶合破坏。

（4）链条过载拉断。在低速重载的链传动中，如果突然出现过大的载荷，链条受拉超过其极限抗拉载荷，可导致链条因静强度不足而被拉断。

第四节　滚子链传动设计

一、计算准则

链传动的计算准则为：对于链速 $v>0.6$ m/s 的中、高速链传动，以保证链条抗疲劳损坏的强度条件为依据；对于链速 $v<0.6$ m/s 的低速链传动，以防止链条的过载拉断的静强度设计为主导。

二、链型选取

1. 单排链的额定功率曲线

图 7－9 和图 7－10 分别是符合 GB/T 1243—2006 的 A 系列单排链条和 B 系列单排链条的典型承载能力图，即典型链传动的额定功率曲线。这些功率曲线是在特定实验条件下测取的试验数据，即两链轮轴心线在同一水平面上，两链轮保持共面，小链轮齿数 $z_1=19$，单排传动，载荷平稳且保证规定的润滑条件下使用寿命为 15 000 h。设计中需要按照实际工作情况与上述特定条件的差异，通过修正系数对名义功率加以修正。

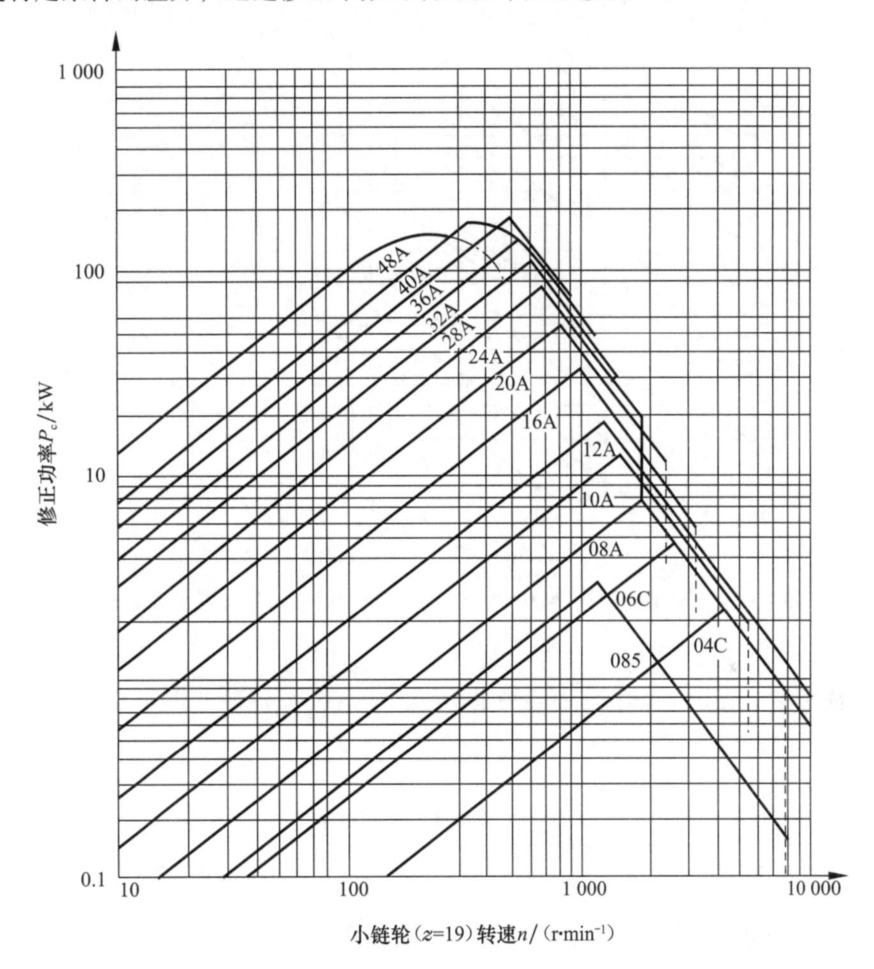

图 7－9　符合 GB/T 1243—2006 的 A 系列单排链条的典型承载能力图

2. 链传动的修正功率 P_c

根据典型链传动额定功率曲线的获取条件，引入修正系数并按下式对名义功率 P 进行修正计算

$$P_c = P \cdot f_1 \cdot f_2 \tag{7-7}$$

式中，f_1 为应用系数，是考虑链传动的运行条件不同和导致动载荷的原因而引入的动载荷系数，由表 7－2 选取；f_2 为齿数系数，是计入小齿轮齿数不等于 19 时对于链条额定功率的影

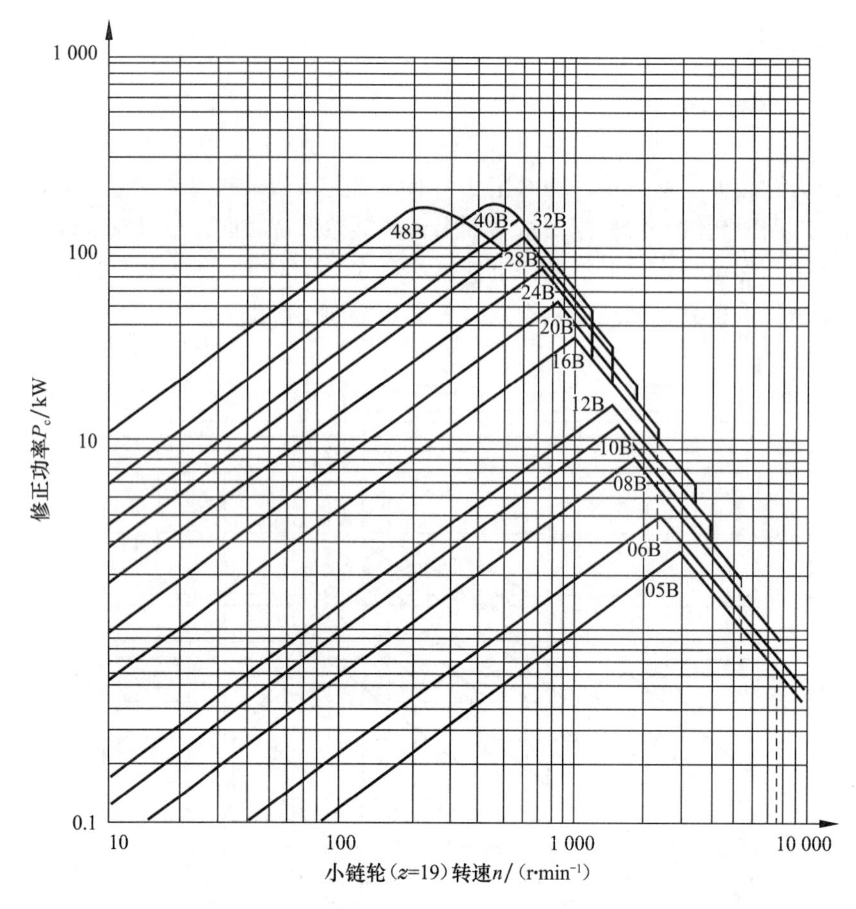

图7－10　符合GB/T 1243—2006的B系列单排链条的典型承载能力图

响系数。

对于以链板疲劳损坏为失效形式的额定功率影响系数f_2可按下式计算：

$$f_2 = \left(\frac{19}{z_1}\right)^{1.08} \tag{7-8}$$

表7－2　链传动的应用系数f_1

载荷性质	工作机类型	主动机械类型		
		电动机、汽轮机和燃气轮机、带液力变矩器的内燃机	带机械联轴器的六缸及以上内燃机、频繁启动的电动机	带机械联轴器的六缸以下内燃机
载荷平稳	液体搅拌机、中小型离心式鼓风机、离心式压缩机、谷物机械、均匀载荷运输机、发电机、均匀载荷不反转的一般机械	1.0	1.1	1.3

续表

载荷性质	工作机类型	主动机械类型		
		电动机、汽轮机和燃气轮机、带液力变矩器的内燃机	带机械联轴器的六缸及以上内燃机、频繁启动的电动机	带机械联轴器的六缸以下内燃机
中等冲击	半液体搅拌机、三缸以上往复式压缩机、大型或不均匀载荷输送机、中性起重机和升降机、机床、食品机械、木工机械、印染纺织机械、大型风机、中等脉动载荷不反转的一般机械	1.4	1.5	1.7
严重冲击	船用螺旋桨、制砖机、单缸往复式压缩机、挖掘机、往复振动式输送机、破碎机、重型起重机械、石油钻井机械、锻压机械、线材拉拔机械、冲床、剪床、严重冲击有反转的一般机械	1.8	1.9	2.1

在使用图 7-9 和图 7-10 获取双排链条的额定功率时，可由图中查取的单排额定功率值 P_c 乘以 1.7 得到。获取三排链条的额定功率时，可由图中查取的单排修正额定功率值 P_c 乘以 2.5 得到。

3. 链型的选取

按照小链轮转速 n_1 和修正功率 P_c 的大小，由链条的承载能力图（图 7-9 或图 7-10）来选取能够满足小链轮转速和所要传递功率的、具有最小节距的单排链。当链轮转速超过了最小节距单排链的限制时，或者要求较为紧凑的传动布局设计时，应当考虑选择较小节距的多排链。

选取时，图中接近最大额定功率的转速为最佳转速；功率曲线右侧竖线为允许的极限转速，选取点（P_c，n_1）落在功率曲线顶点左侧范围内比较理想。

如果链传动实际的润滑状况不能满足要求的条件，则按图 7-9 或图 7-10 选取时应将图中修正额定功率 P_c 值按以下推荐值进行降低处理。

（1）当 $v \leq 1.5$ m/s、润滑不良时，降至 $(0.3 \sim 0.6)P_c$；无润滑时，降至 $0.15P_c$，且不能达到预期工作寿命 15 000 h。

（2）当 $1.5 < v \leq 7$ m/s、润滑不良时，降至 $(0.15 \sim 0.3)P_c$。

（3）当 $v > 7$ m/s、润滑不良时，则传动不可靠，故不宜选用。

4. 链节数的确定

对于由两个链轮组成的链传动，在确定链条节距 p 并初选中心距 a_0 的基础上，使用以下公式计算链节数 L_p。

$$L_p = \begin{cases} \dfrac{2a_0}{p} + z, & z = z_1 = z_2 \\ \dfrac{2a_0}{p} + \dfrac{z_1 + z_2}{z} + \dfrac{kp}{a_0}, & z_1 \neq z_2 \end{cases} \tag{7-9}$$

式中，$k = \left(\dfrac{z_2 - z_1}{2\pi}\right)^2$。

将由式（7－9）计算获得的链节数圆整为整数，并且最好取为偶数，避免使用过渡节。

三、链传动的主要参数选择与计算

1. 传动比与链轮齿数

链传动的传动比一般情况下 $i \leqslant 7$，推荐使用范围为 $i = 2 \sim 3.5$。传动比过大将导致传动尺寸的不合理增大，并减小链条在链轮上的包角，使得同时啮合的齿数减少，轮齿磨损加剧。

GB/T 1243—2006 主要应用的齿数范围为9～150齿。优选齿数为17、19、21、23、25、38、57、76、95和114。小链轮齿数 z_1 不宜过少也不宜过多。齿数过少使得链传动的多边效应显著，增加传动的不均匀性、增大动载荷并加剧链条的磨损。齿数过多不仅使传动尺寸和零件质量加大，而且在铰链磨损后容易产生跳齿和脱链现象。一般情况下，小链轮齿数在 $z_1 = 17 \sim 29$ 之间选取；大链轮齿数按照 $z_2 = iz_1$ 取值并圆整，但其最大齿数也不宜超过120。小链轮齿数选取推荐值见表7－3。

表7－3　小链轮齿数 z_1 的推荐值

传动比 i	1～2	2.5～4	4.6～6	≥7
小链轮齿数 z_1	31～27	25～21	22～18	17

为了保证链传动使用中磨损均匀，两链轮齿数应尽量选取与链节数（偶数）互为质数的奇数。

2. 中心距

中心距较小，则结构紧凑，但是将使单位时间参与啮合工作的次数增加，加快磨损并降低链条的疲劳寿命；中心距过大，则链条松边的下垂量较大，传动中易于产生链条的上下颤动和拍击，影响传动的平稳性。一般初选中心距 $a_0 = (30 \sim 50)p$。为了保证小链轮上包角大于120°，且大、小链轮不产生运动干涉，初选最小中心距 $a_{0\min}$ 可由下式确定：

$$a_{0\min} = \begin{cases} 0.2z_1(i+1)p & (i < 4) \\ 0.33z_1(i-1)p & (i \geqslant 4) \end{cases} \tag{7-10}$$

在节距 p 和链节数 L_p 确定以后，理论中心距按下式计算：

$$a = \frac{p}{4}\left[\left(L_p - \frac{z_1 + z_2}{2}\right) + \sqrt{\left(L_p - \frac{z_1 + z_2}{2}\right)^2 - 8\left(\frac{z_2 - z_1}{2\pi}\right)^2}\right] \tag{7-11}$$

为了保证传动松边一定的下垂度，实际中心距应比按式（7－11）的计算值小约2～5 mm。链传动中心距应该可以调整，以便在链节距增大、链条变长后能够调整链的张紧程度。

3. 链速验算

链速由式（7－1）计算，一般不超过12～15 m/s。

4. 作用于轴上的压力

链传动属于啮合传动，不需要很大的初拉力，因而作用于链轮轴上的压力 F_Q 也较小，可根据有效圆周力 F 由下式计算

$$F_Q = 1.2F \tag{7-12}$$

四、低速链传动的静强度校核

对于低速（$v<0.6$ m/s）链传动，依据计算准则可以只按静强度计算作为链型选择的依据（一般的中、高速链传动可不做此项校核）。链条的静强度校核公式为

$$S = \frac{F_\sigma}{f_1 F} \geqslant [S] \tag{7-13}$$

式中，S 为静强度安全系数计算值；F_σ 为链条的抗拉强度，查表 7-1；f_1 为链传动的应用系数，查表 7-2；[S] 为许用安全系数，一般取 [S]=4~8。

五、链传动的设计计算步骤及设计实例

设计链传动时，一般的已知条件为：所需传递的功率 P、传动用途、载荷性质、小链轮转速 n_1、大链轮转速 n_2（或传动比 i）、原动机种类等。需要设计的内容包括：确定链型规格、链轮齿数 z_1 和 z_2、链节距 p、排数 m、链节数 L_p、中心距 a 等。

链传动的设计计算步骤如下述设计实例所示。

例 设计一带式输送机驱动装置低速级用滚子链传动。已知小链轮轴输入功率 $P=4.3$ kW，小链轮转速 $n_1=265$ r/min，传动比 $i=2.5$，工作载荷平稳，小链轮悬臂装在轴上，链传动中心距可调，两轮中心线与水平面夹角近于30°。

解：

1. 选择链轮齿数

查表 7-3，由 $i=2.5$ 可取推荐值 $z_1=25$。

由 $z_2=iz_1$ 计算大链轮齿数，$z_2=2.5\times25=62.5$，取 $z_2=63$。

实际传动比 $i'=z_2/z_1=63/25=2.52$，传动比误差为 $\Delta i=(i'-i)/i=(2.52-2.5)/2.5=0.8\%$。

大链轮转速为：$n_2=n_1/i'=265/2.52=105.16$(r/min)。

2. 计算修正功率

由式（7-8）计算链传动的修正功率 P_c。式中应用系数 f_1 查表 7-2，得 $f_1=1.0$。计算齿数系数 f_2，$f_2=(19/25)^{1.08}=0.75$。则链传动的修正功率为

$$P_c = P \cdot f_1 \cdot f_2 = 4.3\times1.0\times0.75 = 3.23(\text{kW})$$

3. 确定链型规格、链节距

根据修正功率 $P_c=3.23$ kW 和小链轮转速 $n_1=265$ r/min，由图 7-9 选取链条的标准系列为单排链条，链号为 12A，链条节距为 $p=19.05$ mm。

4. 初定中心距

按推荐取值范围，取 $a_0=(30\sim50)p=(30\sim50)\times19.05=571.5\sim952.5$(mm)

取 $a_0=660$ mm

5. 计算链节数

由式（7－9）计算链节数

$$L_p=\frac{2a_0}{p}+\frac{z_1+z_2}{2}+\frac{p}{a_0}\left(\frac{z_2-z_1}{2\pi}\right)^2$$

$$=\frac{2\times660}{19.05}+\frac{25+63}{2}+\frac{19.05}{660}\times\left(\frac{63-25}{2\pi}\right)^2$$

$$=113.8$$

取 $L_p=114$ 节

则链条长度为 $L=L_pp=114\times19.05=2\,171.7(\mathrm{mm})$

6. 验算链速

由式（7－1）计算链速为

$$v=\frac{n_1z_1p}{60\times1\,000}=\frac{265\times25\times19.05}{60\times1\,000}=2.1(\mathrm{m/s})$$

链速符合一般规范。

7. 计算理论中心距

由式（7－11）计算理论中心距为

$$a=\frac{p}{4}\left[\left(L_p-\frac{z_1+z_2}{2}\right)+\sqrt{\left(L_p-\frac{z_1+z_2}{2}\right)^2-8\left(\frac{z_2-z_1}{2\pi}\right)^2}\right]$$

$$=\frac{19.05}{4}\times\left[\left(114-\frac{25+63}{2}\right)+\sqrt{\left(114-\frac{25+63}{2}\right)^2-8\times\left(\frac{63-25}{2\pi}\right)^2}\right]$$

$$=662.01(\mathrm{mm})$$

8. 计算对链轮轴的压力

链传动的有效圆周力为 $F=1\,000P/v=1\,000\times4.3/2.1=2\,047.6(\mathrm{N})$

由式（7－12）计算传动对链轮轴的压力为

$$F_Q=1.2F=1.2\times2\,047.6=2\,457(\mathrm{N})$$

9. 链轮结构设计（略）

习　题

7－1　链传动具有哪些特点？滚子链由哪些元件组成？

7－2　链传动中，当主动链轮匀速转动时，从动链轮的运动情况如何？

7－3　为什么链传动通常将主动边设置在上面，而与带传动相反？

7－4　国家标准中对于链轮齿形是如何规定的？

7－5　滚子链的额定功率曲线是在什么条件下得到的？使用时应如何修正？

7－6　滚子链的链节数通常应如何选取？链轮的齿数、节距、中心距对链传动有何影响？

7－7　试分析如何适当地选取链传动主要参数来减轻多边形效应的不良影响。

7－8　试设计一滚子链传动。电动机驱动，已知需传递的功率 $P=7$ kW，主动链轮转速 $n_1=960$ r/min，从动链轮转速 $n_2=330$ r/min，载荷平稳，按规定条件润滑，两链轮轴线位于同一水平面，中心距无严格要求。

第八章

摩擦轮传动

第一节　概　　述

一、摩擦轮传动的工作原理及应用

图 8－1（a）所示的是一最简单的摩擦轮传动，它是由两个相互压紧的摩擦轮及压紧装置等组成，依靠两摩擦轮接触面间的切向摩擦力传递运动和动力。其工作原理是：摩擦轮 A 与摩擦轮 B 相互压紧后，在接触处产生压紧力 Q，当主动轮 A 逆时针回转时，摩擦力即带动从动轮 B 顺时针回转。此时驱动从动轮所需的工作圆周力 F_t，应小于两摩擦轮接触处所能产生的最大摩擦力 fQ，即 $F_t \leqslant fQ$；f 为摩擦系数，其值与摩擦材料、表面状态及工作情况有关。为了使工作可靠，引入一个可靠性系数 K，$KF_t = fQ$，在一般动力传动中，取 $K = 1.25 \sim 1.67$；在仪表中，取 $K = 2 \sim 3$。

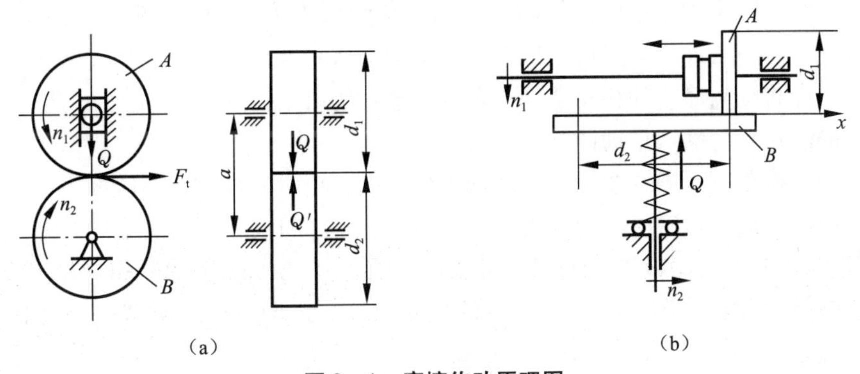

图 8－1　摩擦传动原理图

（a）外切圆柱平摩擦传动；（b）圆柱滚轮－平盘式摩擦传动

摩擦轮传动可用于两平行轴之间（图 8－1（a））或两相交轴之间（图 8－1（b））及两交错轴之间的传动。传递的功率可以从小型仪表中的很小到大型锻压设备中的很大，但一般不超过 20 kW，传动比最大可达到 10，但一般不超过 7，圆周速度可以由很低到 25 m/s。

二、摩擦轮传动的特点

摩擦轮传动具有结构简单，制造容易，过载时打滑能够保护零件，传动平稳，无噪声，可用于较高转速的传动中，易于连续平缓地无级变速等优点，因而具有较大的应用范围。但由于在运转中存在滑动、传动效率低、传动比不能保持准确、结构尺寸大以及作用于轴和轴承上的载荷大、承受过载和冲击能力差等缺点，因而只适宜传递动力不大的场合。

第二节　摩擦轮传动中的滑动

一、弹性滑动

如图8－2所示，当摩擦轮传动时，主动轮1依靠与从动轮2之间的接触摩擦传递运动和动力，而主动轮所受的摩擦力与其速度方向相反，从动轮所受的摩擦力与其速度方向相同，由于接触区内摩擦力的作用，结果造成主动轮的表层在进入接触区时受到压缩，而在离开接触区时受到拉伸。相反，从动轮的表层在进入接触区时要受到拉伸，而在离开接触区时要受到压缩。因而，两摩擦轮的表层都会产生不同程度的切向弹性变形，与理论上两个相切圆做纯滚动相比，从动轮上指定点落后于主动轮上对应点的位置，由此引起的相对滑动叫作弹性滑动。弹性滑动使得从动轮的速度落后于主动轮的速度、摩擦轮的磨损加剧和工作表面温度升高等，它是摩擦传动的固有现象，是不可避免的。

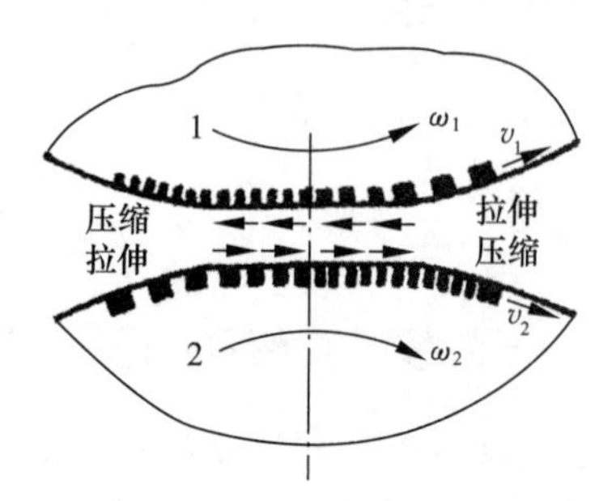

图8－2　摩擦轮传动中的弹性滑动

1—主动轮；2—从动轮

二、打滑和几何滑动

摩擦轮传动时，主动轮作用在从动轮上的驱动圆周力 F_t，应等于接触面上所产生的全部摩擦力的总合。当从动轮的阻抗圆周力增大到超过接触区所能产生的最大摩擦力 fQ 值时，全部接触区表面将发生显著的相对滑动，这种现象称为打滑。

打滑时的载荷即为摩擦传动的极限载荷。

打滑会使摩擦轮表面的磨损加剧而降低工作寿命，正常工作时，不应发生打滑现象，但当机器启动或者变速的短暂时间内，由于惯性力的影响，打滑是很难避免的。

对于图8－3（a）所示的圆柱滚子－平盘式端面摩擦轮传动和图8－3（b）所示的两顶点不重合的圆锥摩擦轮传动，由于有一定的接触宽度，在两轮的接触线上，只有 p 点（节

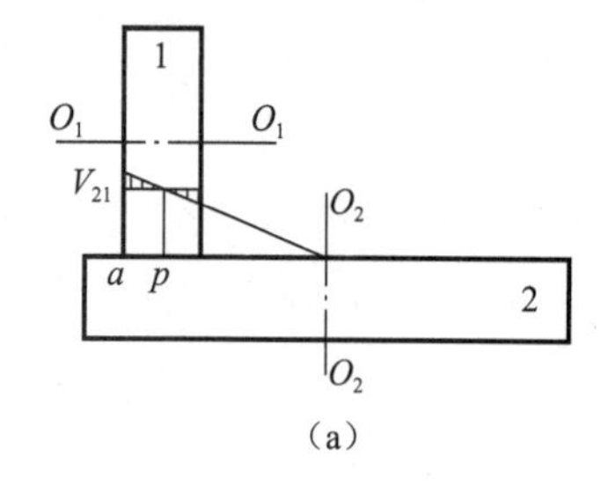

（a）

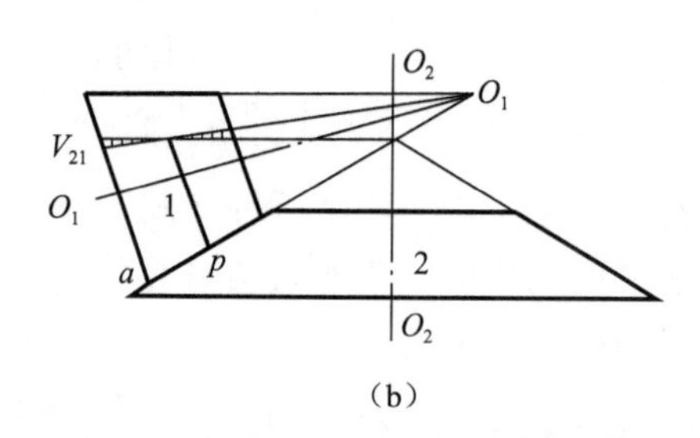

（b）

图8－3　摩擦轮传动中的几何滑动

（a）圆柱滚子－平盘式端面摩擦轮传动；（b）圆锥摩擦轮传动

1，2—摩擦轮

点）的圆周速度相等，其他各点都有不同程度的速度差，因而两轮间就要产生相对滑动，这种由于传动的结构特点而引起的滑动，称为几何滑动。

a 点速度有如下关系：v_{a1} 为摩擦轮 1 上 a 点处的线速度，v_{a2} 为摩擦轮 2 上 a 点处的线速度，$v_{a2} > v_{a1}$，所以摩擦轮传动时，可能发生弹性滑动、打滑和几何滑动等不同的现象，其中弹性滑动是运转过程中不可避免的，几何滑动则是由传动装置本身的结构特点所决定的，而打滑除了在启动、停车、变速等特殊情况下短暂时间发生外，正常工作时必须要避免。

三、传动比

摩擦轮传动中的弹性滑动现象将造成从动轮的速度损失、传动比不准确，其中的速度损失程度采用滑动率来表示

$$\varepsilon = \frac{v_1 - v_2}{v_1} \times 100\% \tag{8-1}$$

摩擦轮的材质不同，摩擦轮传动的滑动率数值也不一样。当两轮皆为钢质时，$\varepsilon \approx 0.2\%$；当两轮为钢材－夹布胶木时，$\varepsilon \approx 1\%$；当两轮为钢材－橡胶时，$\varepsilon \approx 3\%$。

摩擦轮传动的传动比，当忽略弹性滑动时

$$i = \frac{n_1}{n_2} = \frac{d_2}{d_1} \tag{8-2}$$

当需要准确计算，考虑弹性滑动的影响时

$$i = \frac{n_1}{n_2} = \frac{d_2}{d_1(1-\varepsilon)} \tag{8-3}$$

第三节　摩擦轮传动的类型及基本结构

一、圆柱平摩擦轮传动

如图 8－4 所示，圆柱平摩擦轮传动分为外切和内切两种类型，其传动比为

$$i = \frac{n_1}{n_2} = \mp \frac{R_2}{R_1(1-\varepsilon)} \tag{8-4}$$

式中，“－”、“＋”分别表示外切或内切时，主、从动轮的转向相反或相同。此种结构形式简单、制造容易，但所需压紧力较大，宜用于小功率传动的场合。

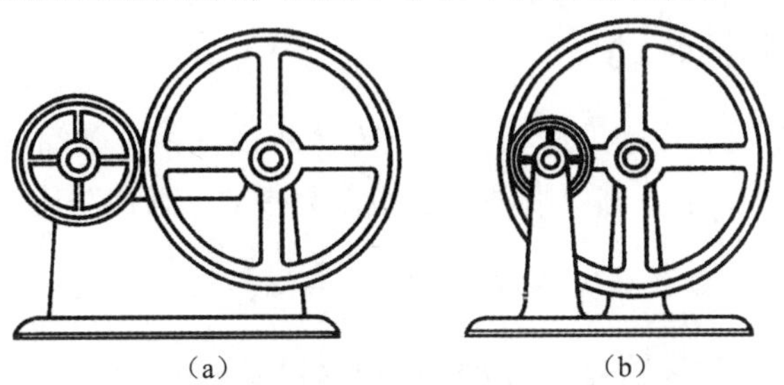

（a）　（b）

图 8－4　圆柱平摩擦轮传动

（a）外切圆柱平摩擦轮传动；（b）内切圆柱平摩擦轮传动

二、圆柱槽摩擦轮传动

图8-5所示为圆柱槽摩擦轮传动，其特点是带有2β角度的槽的两侧面接触。因此，在同样压紧力的条件下，可以增大切向摩擦力，提高传动功率。但易发热与磨损，传动效率较低，并且对加工和安装要求较高。该传动适用于铰车驱动装置等机械中。

三、圆锥摩擦轮传动

图8-6所示为圆锥摩擦轮传动，可传递两相交轴之间的运动，两轮锥面相切。当两圆锥角$\delta_1+\delta_2\neq 90°$时，其传动比为

$$i=\frac{n_1}{n_2}=\frac{1}{1-\varepsilon}\cdot\frac{\sin\delta_2}{\sin\delta_1}$$

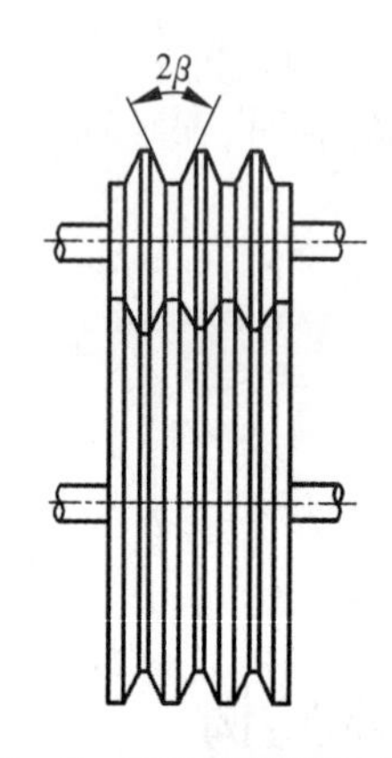

图8-5 圆柱槽摩擦轮传动

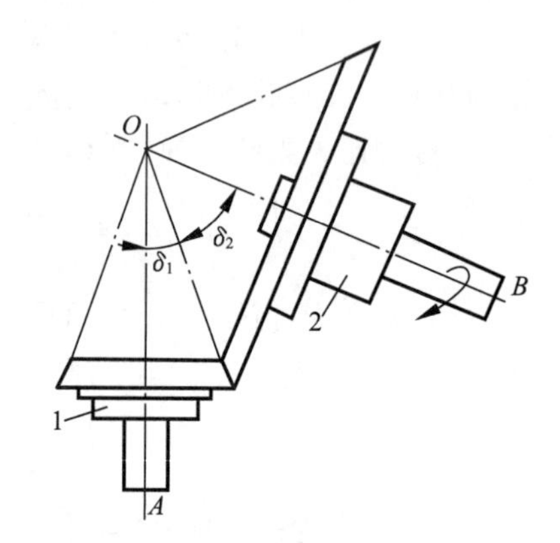

图8-6 圆锥摩擦轮传动

当两圆锥角$\delta_1+\delta_2=90°$时，其传动比为

$$i=\frac{n_1}{n_2}=\frac{1}{1-\varepsilon}\cdot\frac{\sin\delta_2}{\sin(90°-\delta_2)}=\frac{\tan\delta_2}{1-\varepsilon}$$

垂直相交轴圆锥摩擦轮传动在实际使用中通常采用双从动轮对称布置的结构形式，以改善受力状况。这种形式的摩擦轮传动结构简单，易于制造，但安装要求较高，常用于摩擦压力机中。

四、滚轮圆盘式摩擦传动

图8-7所示为滚轮圆盘式摩擦传动，用于传递两垂直相交轴间的运动。盘形摩擦轮装在轴3上，滚轮2装在轴1上，并可沿轴1上的花键移动，其传动比为

$$i=\frac{n_1}{n_2}=\frac{a}{r}$$

式中，r为滚轮的半径；a为滚轮与摩擦盘的接触点到轴3的距离。

此种结构形式需要压紧力较大，易发热和磨损。如果将滚轮制成鼓形，可减小相对滑动。如果沿轴1方向移动滚轮，可实现正反向无级变速。此机构常用于摩擦压力机中。

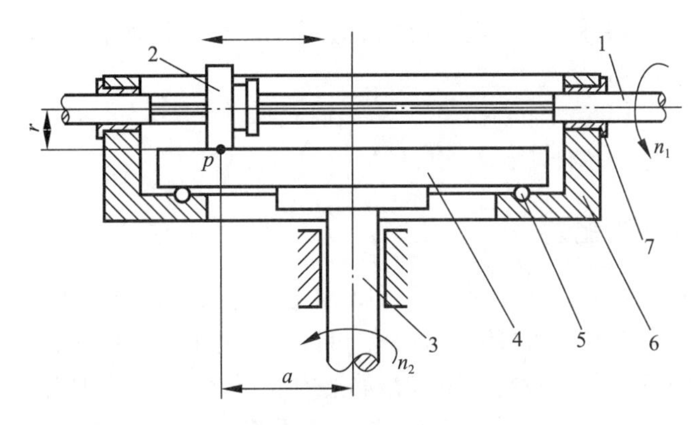

图 8－7　滚轮圆盘式摩擦传动

1—主动轴；2—滚轮；3—从动轴；4—盘形摩擦轮；5—滚珠；6—托盘；7—轴套

五、滚轮圆锥式摩擦传动

图 8－8 所示为圆锥式摩擦传动，滚轮 2 绕轴 1 转动，并可在轴 1 的花键上移动。轴 3 与轴 1 之间的夹角为 γ，其值等于摩擦轮的半锥角。轴 1 与轴 3 的传动比为

$$i = \frac{n_1}{n_3} = \frac{R - a\sin\gamma}{r}$$

式中，r 为滚轮的半径；a 为滚轮 2 与摩擦锥的接触点 p 到摩擦锥底端 q 点间的距离；R 为摩擦锥底端的半径。

该机构兼有圆柱和圆锥摩擦轮传动的特点，可用于无级变速传动中。

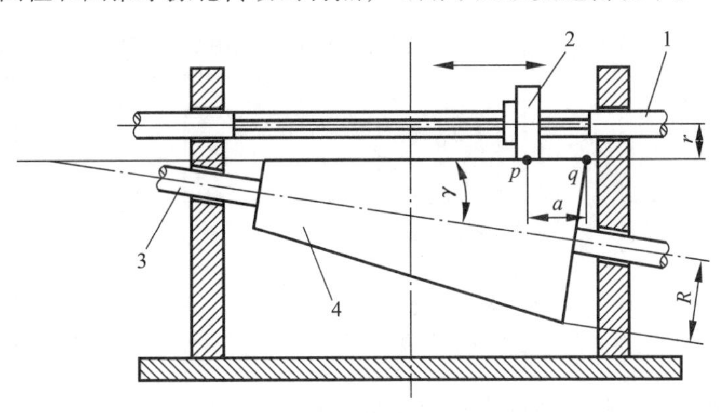

图 8－8　滚轮圆锥式摩擦传动

1—主动轴；2—滚轮；3—从动轴；4—圆锥形摩擦轮

第四节　摩擦轮的材料选择

一、选材要求

摩擦轮的材料应满足如下要求：

（1）具有较大的弹性模量，以减少弹性滑动和功率损耗。

（2）具有较大的摩擦系数，能提供更大的摩擦力，提高传动能力。

（3）接触疲劳强度高。

（4）耐磨性能好，延长工作寿命。

（5）对温度、湿度敏感性小。

二、摩擦轮材料的配对

（1）淬火钢－淬火钢。采用轴承钢 GCr15 制造，并且淬硬到 HRC≥60，强度高，适用于高速运转和要求结构紧凑的摩擦轮传动中。可以在油池中或干燥的状态下使用。

（2）淬火钢－铸铁。强度较高，可以在油池中或干燥的状态下使用。

（3）钢－夹布胶木、塑料。具有较大的摩擦系数和中等的强度，通常在干燥状况下使用。

（4）钢－木材、皮革、橡胶。虽然具有较大的摩擦系数，但强度很低，通常用于小功率的传动中。

用于摩擦轮传动的各种材料组合的摩擦系数、工作条件、性能数据和适用场合见表8－1。

表8－1　摩擦轮传动的各种材料组合的摩擦系数、工作条件、性能数据和适用场合

摩擦轮传动材料副	工作条件	摩擦系数 f	许用接触应力 $[\sigma_H]$①/MPa	许用线载荷 $[q]$/(N·mm^{-1})	适用场合
淬火钢－淬火钢	油中	0.03～0.05	（25～30）HRC	—	传动空间较小，转速较高，功率较大，工作频繁
钢－钢	无润滑	0.1～0.2	（1.2～1.5）HBW	—	
铸铁－钢或铸铁		0.1～0.15	$1.5\sigma_{Bb}$②	—	传动空间较大，功率、转速一般，开式传动
钢或铸铁－夹布胶木、塑料 钢或铸铁－皮革 钢或铸铁－木材 钢或铸铁－橡胶		0.2～0.25 0.25～0.3 0.4～0.5 0.45～0.6	—	40～80 20～30 5～15 10～30	传动功率较小，转速较低，间歇工作

① 适用于线接触情况；对于点接触可提高1.5倍。
② σ_{Bb}为铸铁的弯曲强度（MPa）。

第五节　摩擦轮传动的计算

摩擦轮传动的计算步骤是：首先选定传动形式和摩擦轮材料副，然后通过强度计算定出摩擦轮的主要尺寸，最后进行合理的结构设计。

一、圆柱摩擦轮传动的失效形式

（1）打滑。防止打滑就要保证两摩擦轮之间有足够的压紧力，采用高摩擦系数的配对材料。

（2）表面点蚀。进行表面接触疲劳强度计算，从而确定出摩擦轮的直径。

（3）表面磨损。按单位接触线长度上的许用线载荷进行计算。

二、摩擦轮传动的计算

几种常见的摩擦轮传动的计算公式见表8－2。

表8－2　几种常见的摩擦轮传动的计算公式

<table>
<tr><th>传动类型</th><th>计算项目</th><th>计算公式</th><th>说明</th></tr>
<tr><td rowspan="3">圆柱平摩擦轮传动</td><td>法向压紧力</td><td>$Q=\frac{KF_t}{f}$（N）</td><td>F_t为传递的圆周力（N）；
f为摩擦系数，见表8－1；
K为载荷系数，动力传动$K=1.25\sim1.67$，仪表中$K=2\sim3$</td></tr>
<tr><td>按接触疲劳强度计算中心距</td><td>$a=(i\pm1)\sqrt[3]{E\frac{KP_1}{\phi_a fn_2}\left(\frac{1\,290}{i[\sigma_H]}\right)^2}$（mm）</td><td rowspan="2">i为减速比；
E为综合弹性模量，$E=\frac{2E_1E_2}{E_1+E_2}$（MPa）；
P_1为主动轴传动功率（kW）；
ϕ_a为轮宽系数，$\phi_a=b/a$，常取0.2～0.4；
n_2为从动轮转速（r/min）；正号外接触，负号内接触</td></tr>
<tr><td>按许用线载荷计算中心距</td><td>$a=3\,090\sqrt{\frac{KP_1}{\phi_a fn_2}\cdot\frac{i\pm1}{i[q]}}$（mm）</td></tr>
<tr><td rowspan="3">圆柱槽摩擦轮传动</td><td>径向压紧力</td><td>$Q_1=\frac{KF_t}{f}\sin\beta$（N）</td><td>$\beta$为轮槽夹角之半，常取为$\beta=15°$</td></tr>
<tr><td>按接触疲劳强度计算中心距</td><td>$a=(i\pm1)\sqrt[3]{E\frac{KP_1}{\phi_a fzn_2}(i\pm1)\left(\frac{1\,615}{i[\sigma_H]}\right)^2}$（mm）</td><td rowspan="2">z为摩擦轮槽数</td></tr>
<tr><td>按许用线载荷计算中心距</td><td>$a=7\,590(i\pm1)\sqrt{\frac{KP_1}{fzn_2i[q]}}$（mm）</td></tr>
</table>

续表

传动类型	计算项目	计算公式	说明
圆锥摩擦轮传动	轴向压紧力	$Q_1=\frac{KF_t}{f}\sin\delta_1$ (N) $Q_2=\frac{KF_t}{f}\sin\delta_2$ (N)	δ_1 为小轮锥顶半角； δ_2 为大轮锥顶半角
	按接触疲劳强度计算锥距	$R=118\sqrt{i^2+1}\sqrt[3]{E\frac{KP_1}{\phi_R fn_2}\left[\frac{1}{i[\sigma]_H(1-0.5\phi_R)}\right]^2}$ (mm)	ϕ_R 为轮宽系数，$\phi_R=B/R$，B 为轮宽，常取 $\phi_R=0.2\sim0.25$
	按许用线载荷计算锥距	$R=3\ 125\sqrt{\frac{KP_1}{\phi_R fn_2}\cdot\frac{\sqrt{i^2+1}}{i[q](1-0.5\phi_R)}}$ (mm)	

第六节　摩擦无级变速器简介

在机器中采用无级变速器，就可以根据生产需要随时调整其转速，从而获得最合适的工作速度。随着工程技术的不断发展，无级变速器的应用越来越广泛。目前实现无级变速的方式有很多，如机械式无级变速器、变频式无级变速器、电子式无级变速器、液压式无级变速器以及利用直流电进行无级调速等，其中机械式无级变速器主要是靠摩擦传动的方式进行无级调速的。

一、摩擦无级变速原理

图8－9所示为圆柱滚子－平板式无级变速器的示意图。当主动摩擦轮1以恒定的转速 n_1 回转时，因轮1紧紧压在从动摩擦轮2上，因而靠摩擦力的作用带动从动摩擦轮2以转速 n_2 回转。假定在节点 p 处无滑动，则在节点 p 处，即在该处两轮的圆周速度相等，故其传动比 $i_{12}=n_1/n_2=r_2/r_1$。如果主动轮1沿着 $O_1—O_1$ 轴改变自己的位置，也就改变了从动摩擦轮2的工作半径 r_2，从而也就改变了从动轮的转速 n_2。因为主动摩擦轮1可以在主动轴 $O_1—O_1$ 上连续任意移动，故可以在一定范围内无级地改变 n_2 的值，实现无级变速。

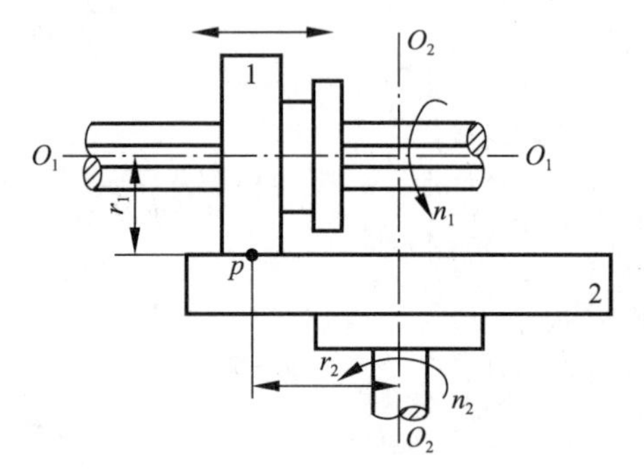

图8－9　圆柱滚子－平板式无级变速器示意图

1—主动摩擦轮；2—从动摩擦轮

二、常见摩擦无级变速的形式

1. 按摩擦轮形状分

①圆盘式；②圆锥式；③球面式。

2. 按两摩擦轮轴线相互位置分

①互相垂直；②互相平行；③同轴；④任意。

三、常用摩擦无级变速装置

工程中摩擦式无级变速装置主要有以下几种形式：

1. 滚轮平盘式无级变速装置

如图 8-10 所示，这种结构形式的无级变速装置，传递相交轴的运动和动力，可实现升速或降速传动，可以逆转，并且具有结构简单、制造方便等特点。但传动存在较大的相对滑动、磨损严重等缺点。

2. 钢球外锥轮式无级变速装置

如图 8-11 所示，主要由两个锥轮 1、2 和一组钢球 3（通常为 6 个）组成。主、从动锥轮 1 和 2 分别装在轴Ⅰ、Ⅱ上，钢球 3 被压紧在两锥轮的工作锥面上，并可绕轴 4 自由转动。工作时，主动锥轮 1 依靠摩擦力带动钢球 3 绕轴 4 旋转，钢球同样依靠摩擦力带动从动锥轮 2 转动。轴Ⅰ、Ⅱ的传动比 $i=(r_1/R_1)\times(R_2/r_2)$。由于 $R_1=R_2$，所以 $i=r_1/r_2$。调整支承轴 4 的倾斜角度与倾斜方向，即可改变钢球 3 的传动半径 r_1 和 r_2，从而实现无级变速。

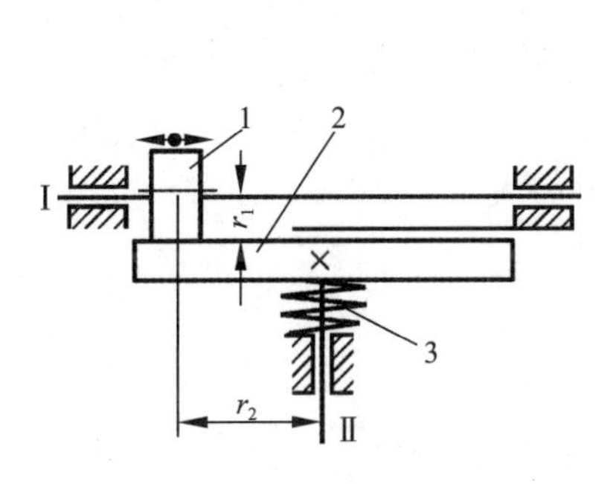

图 8-10　滚轮平盘式无级变速装置

1—主动滚轮；2—从动平盘；3—弹簧

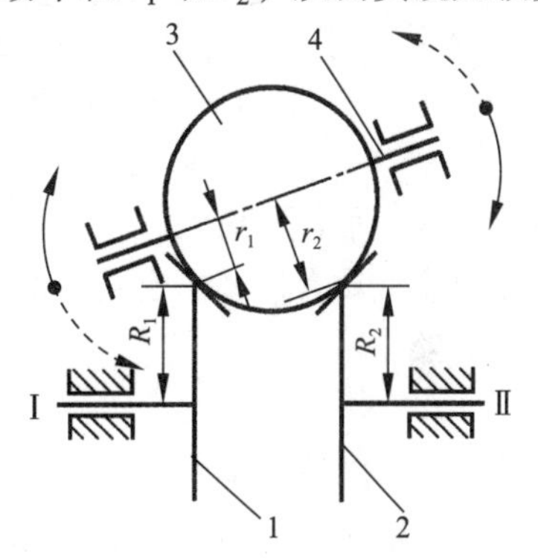

图 8-11　钢球外锥轮式无级变速装置

1—主动锥轮；2—从动锥轮；
3—钢球；4—钢球转轴

这种结构用于相同轴线的无级变速传动，可以用作升速或降速传动；可调换主、从动轴位置实现对称调速。具有结构简单、传动平稳、相对滑动小、结构紧凑等特点，而且具有传递恒定功率的特性。

3. 菱锥式无级变速传动

如图 8-12 所示，空套在轴 4 上的菱形滚锥 3（通常为 5 或 6 个）被压紧在主、从动轮 1、2 之间。轴 4 支承在支架 5 上，其倾斜角是固定的。工作时，主动轮 1 靠摩擦力带动菱形滚锥 3 绕轴 4 旋转，菱形滚锥又靠摩擦力带动从动轮 2 旋转。轴Ⅰ、Ⅱ间的传动比 $i=(r_1/R_1)\times(R_2/r_2)$。操作支架 5 做水平移动，可改变菱形滚锥的传动半径 r_1 和 r_2，从而实现无级变速。

这种结构形式为同轴线传动，可以用作升速和降速传动，具有传递恒定功率的特性。

4. 宽V带式无级变速传动

如图8－13所示，在主动轴Ⅰ和从动轴Ⅱ上分别装有锥轮1*a*、1*b*和2*a*、2*b*，其中锥轮1*b*和2*a*分别固定在轴Ⅰ和轴Ⅱ上，锥轮1*a*和2*b*可以沿轴Ⅰ、Ⅱ同步移动。宽V带3套在两对锥轮之间，工作时如同V带传动，传动比$i=r_2/r_1$。通过轴向同步移动锥轮1*a*和2*b*，可改变传动半径r_1和r_2，从而实现无级变速。

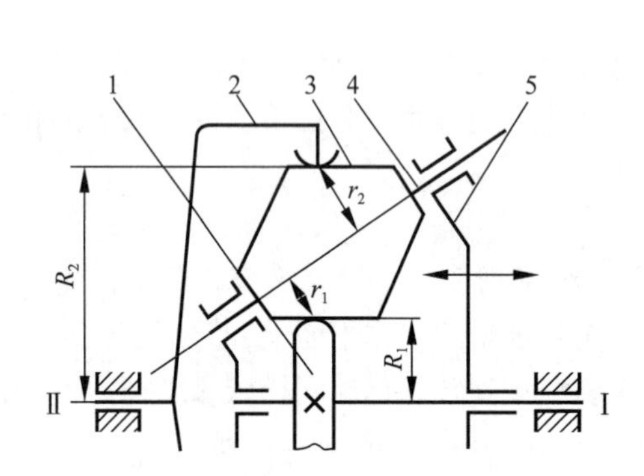

图8－12　菱锥式无级变速传动

1—主动轮；2—从动轮；3—菱形滚锥；4—滚锥轴；5—滚锥轴支架

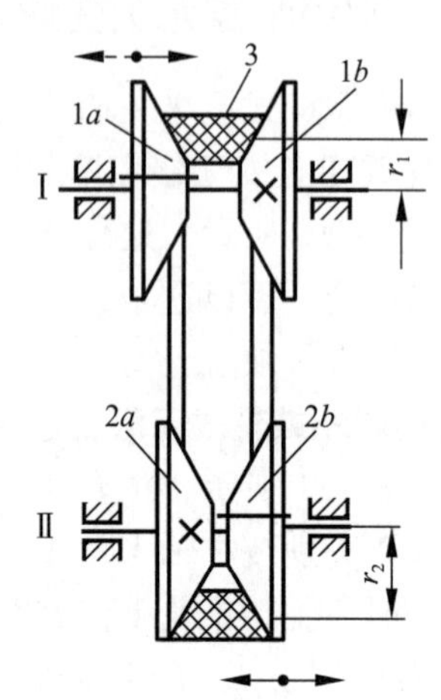

图8－13　宽V带式无级变速传动

1*b*、2*a*—固定锥轮；1*a*、2*b*—可移动锥轮；3—宽V带

这种结构为平行轴传动，可以用作升速或降速传动；同时，主、从动轮位置可以互换，实现对称调速。具有传递恒定功率的特性，但结构尺寸较大。

习　题

8－1　阐明摩擦传动的工作原理和应用场合。

8－2　摩擦轮传动有何特点？

8－3　何为弹性滑动？何为几何滑动？

8－4　试说明摩擦传动中弹性滑动的现象、发生原因及其影响。

8－5　举例说明无级变速装置的种类、变速原理及其特点。

第九章

圆柱齿轮传动

第一节　概　　述

齿轮传动的应用非常广泛，随着科学技术的进步，齿轮传动的精度和强度已经大幅度地提高。根据现有文献，齿轮传动的传递功率可达 10^5 kW，圆周速度可达 300 m/s，齿轮直径也能达到 152.3 m。齿轮传动的主要功能是通过啮合方式传递两轴之间的运动和动力。与其他机械传动相比，齿轮传动的主要优点是：

（1）效率高、寿命长、工作可靠。如一级圆柱齿轮传动的效率可达 99%。

（2）瞬时传动比稳定。

（3）结构紧凑，尺寸小。

（4）传递功率和圆周速度的范围广。

缺点是：

（1）制造和安装精度要求高。

（2）不适用于远距离两轴间的传动。

（3）当精度不高或高速运转时，振动和噪声较大。

（4）无过载保护作用。

圆柱齿轮可用于两平行轴之间的传动，如图 9－1（a）~（d）所示；也可用于两交错轴之间的传动，如图 9－1（e）所示；或者将转动改变为移动、将移动改变为转动，如图 9－1（f）所示。

圆柱齿轮的轮齿均匀分布在圆柱表面上，按轮齿的齿廓形状可分为渐开线、摆线、圆弧等；按轮齿的齿线形状可分为直齿、斜齿、人字齿、圆弧齿等；按齿轮传动的工作环境可分为闭式（齿轮被封闭在箱体内）和开式（齿轮外露）。

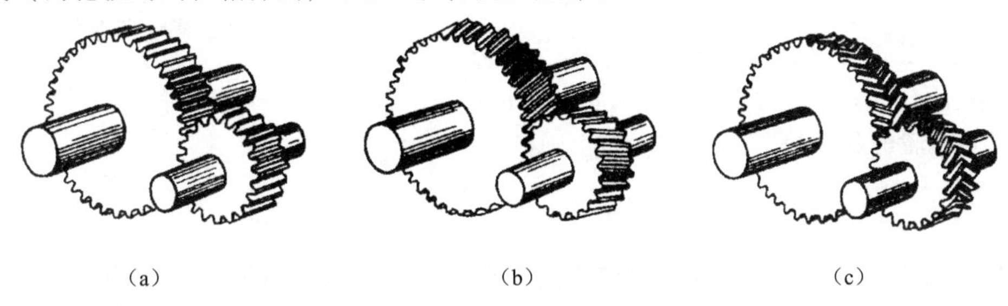

图 9－1　圆柱齿轮传动常见类型

（a）直齿圆柱齿轮传动；（b）斜齿圆柱齿轮传动；（c）人字齿轮传动

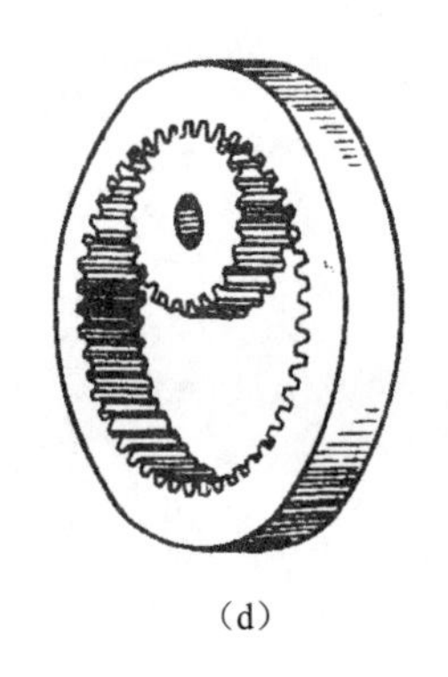
(d)

(e)

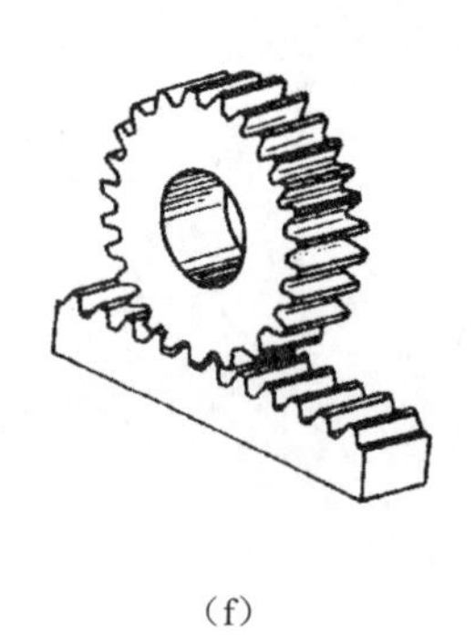
(f)

图 9-1　圆柱齿轮传动常见类型（续）

(d) 内齿轮传动；(e) 交错轴斜齿圆柱齿轮传动；(f) 齿轮齿条传动

第二节　渐开线圆柱齿轮的受力分析

一、直齿圆柱齿轮的受力分析

这里分析外啮合标准渐开线直齿圆柱齿轮的轮齿表面在节点处啮合时的受力情况。由于齿轮传动一般均加以润滑，啮合轮齿间的摩擦力通常很小，计算轮齿受力时，忽略所有摩擦力。如图 9-2 所示，将沿齿宽分布的载荷合成为集中力，作用在齿宽中部。此时，两齿轮表面相互作用着一对法向力 F_{bn}（N），它们的方向垂直于齿面。通常将法向力 F_{bn} 分解为相互垂直的两个分力：与分度圆相切的切向力 F_t（N）和沿齿轮半径方向的径向力 F_r（N）。

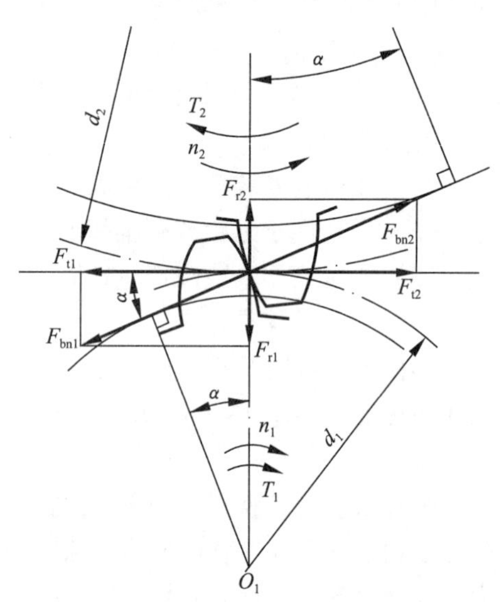

图 9-2　直齿圆柱齿轮受力分析

对于主动齿轮 1：

$$
\begin{aligned}
F_{t1} &= \frac{2\,000T_1}{d_1} \\
F_{r1} &= F_{t1}\tan\alpha \qquad (9-1) \\
F_{bn} &= \frac{F_{t1}}{\cos\alpha}
\end{aligned}
$$

式中，T_1 为齿轮的名义转矩（N·m）；d_1 为齿轮的分度圆直径（mm）；α 为分度圆压力角（rad）。

若已知齿轮的名义功率 P_1（kW）和转速 n_1（r/min），则有

$$T_1 = 9\,549\frac{P_1}{n_1}$$

对图 9-2 的从动齿轮 2 也可进行同样的分析，将上面公式中的下标 1 替换成 2，即可得用于从动齿轮的受力计算公式。注意，当考虑功率损耗时，有关系式：

$$P_2 = \eta P_1$$

式中，η 为传动总效率。

各个分力方向的确定：

主动齿轮的切向力方向与齿面节点运动方向相反，从动齿轮的切向力方向与齿面节点运动方向相同；外齿轮的径向力方向由节点指向各自轮心，内齿轮的径向力由节点背离轮心。

根据力学知识，两齿轮齿面的法向力大小相等、方向相反，则各个分力满足以下关系：

$$F_{t2} = -F_{t1}, \quad F_{r2} = -F_{r1}$$

式中的负号表示方向相反。

二、斜齿圆柱齿轮的受力分析

这里分析外啮合标准渐开线斜齿圆柱齿轮的轮齿表面在节点处啮合时的受力情况。如图9－3所示，忽略啮合齿面间的摩擦力，将沿齿宽分布的载荷合成为集中力，作用在齿宽中部。此时，两齿轮表面相互作用着一对法向力 F_{bn}（N），它们垂直于齿面。通常将法向力 F_{bn}分解为相互垂直的三个分力：位于端面内与分度圆相切的切向力 F_t（N）、沿齿轮半径方向的径向力 F_r（N）和平行于轴线方向的轴向力 F_a（N）。

对于主动齿轮1：

$$\begin{aligned} F_{t1} &= \frac{2\,000T_1}{d_1} \\ F_{r1} &= \frac{F_{t1}\tan\alpha_n}{\cos\beta} \\ F_{a1} &= F_{t1}\tan\beta \\ F_{bn} &= \frac{F_{t1}}{\cos\alpha_n\cos\beta} \end{aligned} \qquad (9-2)$$

式中，T_1 为主动齿轮的名义转矩（N·m）；d_1 为主动齿轮的分度圆直径（mm）；α_n 为分度圆法向压力角（rad）；β 为分度圆螺旋角（rad）。

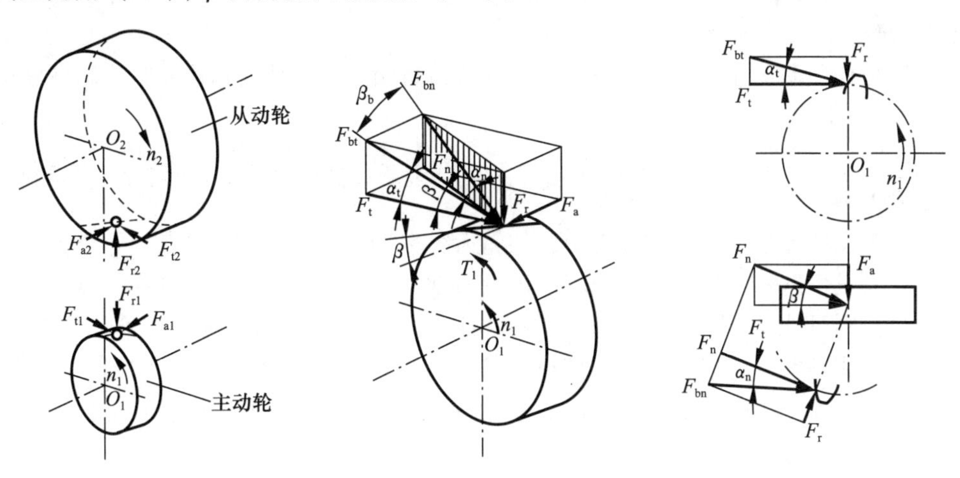

图9－3　斜齿圆柱齿轮受力分析

各个分力方向的确定：

主动齿轮的切向力方向与齿面节点运动方向相反，从动齿轮的切向力方向与齿面节点运动方向相同；外齿轮的径向力方向由节点指向各自轮心，内齿轮的径向力由节点背离轮心。主动齿轮的轴向力方向根据左右手定则确定，从动齿轮的轴向力根据各个分力之间的关系确定。

主动齿轮的左右手定则：

主动齿轮左旋就用左手定则，主动齿轮右旋就用右手定则。将手掌展开，使拇指与四指垂直；使四指的指向与主动齿轮转向一致，并环绕轴线，拇指的指向就是轴向力的方向。

根据力学知识，两齿轮齿面的法向力大小相等、方向相反，则各个分力满足以下关系：

$$F_{t2} = -F_{t1}, \quad F_{r2} = -F_{r1}, \quad F_{a2} = -F_{a1}$$

式中的负号表示方向相反。

以上受力分析是针对标准齿轮传动，对于变位齿轮传动，将上面公式中的分度圆参数改为节圆参数即可。

第三节　齿轮传动失效分析与计算准则

齿轮的失效主要发生在轮齿部分。齿轮的其余部分，如轮毂、轮辐等，通常是根据经验确定尺寸，一般情况下强度都比较富裕，很少发生失效。

轮齿的失效分为两大类：齿体失效和齿面失效。

一、齿体失效

1. 弯曲疲劳折断

处于啮合状态的轮齿受力情况类似于变截面悬臂梁，齿根处的应力最大。对于单齿侧工作的齿轮，齿根处的应力为脉动循环变应力；对于双齿侧工作的齿轮，齿根处的应力为对称循环变应力。在这种周期性变应力的作用下，由于齿根部的圆角、切削刀痕、材料内部缺陷等引起应力集中，使齿根部产生疲劳裂纹并逐步扩展，最终导致齿轮轮齿折断。这种折断称为齿根弯曲疲劳折断，如图9－4（d）所示。

为了避免在预期工作寿命内出现齿根弯曲疲劳折断，应该使轮齿满足齿根弯曲疲劳强度计算准则，即

$$\sigma_F \leqslant [\sigma_F]$$

2. 过载折断

轮齿因为短期过载或冲击过载而引起的轮齿突然折断，称为过载折断。用淬火钢或铸铁制成的轮齿易发生这种失效。齿宽较小的齿轮通常发生整齿折断，如图9－4（a）所示；齿宽较大的轮齿则可能会由于偏载而出现局部折断，如图9－4（b）所示，斜齿轮和人字齿轮，由于接触线倾斜，轮齿通常是局部折断。

为了避免轮齿出现过载折断，轮齿的模数不宜过小，要尽量减小偏载和外部冲击，应该考虑设计过载安全保护装置。

3. 弯曲塑性变形

由高塑性材料制成的齿轮承受载荷过大时，将会出现齿体弯曲塑性变形，如图9－4（c）所示。

为防止轮齿出现弯曲塑性变形，设计时应该满足轮齿弯曲静强度计算准则，即

$$\sigma_{\mathrm{Fmax}} \leqslant [\sigma_{\mathrm{Fmax}}]$$

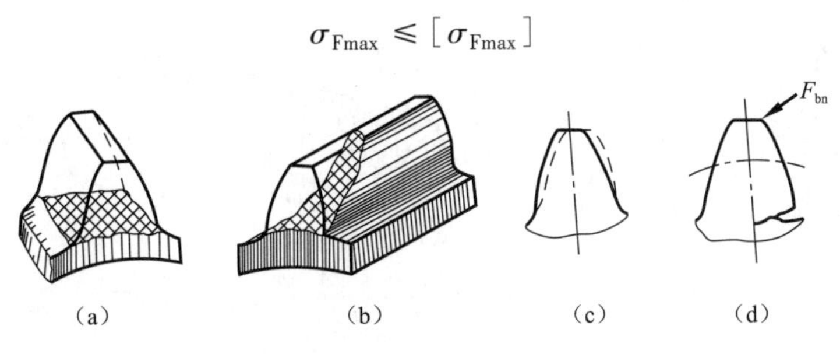

图 9-4　常见齿体失效形式

(a) 整齿折断；(b) 局部折断；(c) 弯曲塑性变形；(d) 疲劳折断

二、齿面失效

1. 齿面点蚀和齿面剥落

轮齿工作时，工作齿面上某点的应力是由零（远离啮合点时）逐渐增加到某一最大值（该点进入啮合时），即齿面接触应力是脉动循环变应力。在变应力作用下，齿面的初始疲劳裂纹逐渐扩展，导致齿面金属微粒剥落而呈现众多麻点状凹坑，这种现象称为齿面点蚀，如图 9-5（a）所示。齿面点蚀通常首先出现在节点附近靠近齿根部分的表面上，然后向齿根齿顶发展。这是由于节点附近通常处于单对齿啮合（直齿轮），此时轮齿承受较大的载荷；同时油楔效应会加快节点偏齿根处的裂纹扩展。点蚀是润滑良好的闭式传动常见的失效形式，它使齿面啮合恶化，影响传动的平稳性并产生振动和噪声，甚至不能正常工作。

点蚀与润滑油的黏度有关，润滑油黏度越低，越容易挤入裂纹，导致油楔效应而使裂纹更快扩展。提高齿轮材料的硬度，可以增强抗点蚀的能力。但是硬齿面（HBW >350）一旦发生点蚀，就很容易快速扩展而使齿轮不能正常工作。软齿面的点蚀分为收敛性点蚀和扩展性点蚀：轮齿初期工作时表面接触不够好，在个别凸起处有很大的接触应力，但当点蚀形成后，凸起逐渐变平，接触面积扩大，待接触应力降至小于极限值时，点蚀即停止发展，这种点蚀称为收敛性点蚀；而软齿面轮齿经跑合后，接触应力仍高于接触疲劳极限值时，随着工作时间的延长而继续发生点蚀，称为扩展性点蚀。严重的扩展性点蚀能使齿轮在很短时间内报废。开式传动没有点蚀现象，这是由于齿面磨粒磨损比点蚀发展得快。

为避免在预期使用寿命内发生齿面点蚀，设计时应该满足齿面接触疲劳强度计算准则，即

$$\sigma_{\mathrm{H}} \leqslant [\sigma_{\mathrm{H}}]$$

表面硬化的齿轮，有时在硬化层与芯部交界处存在较大的硬度梯度、晶格扭曲和有害的残余应力等，在交变应力下产生疲劳裂纹，逐渐扩展而造成齿面成片成块剥落，这种现象称为齿面剥落。

2. 齿面严重磨损

在相对滑动的两齿面间落入较硬的颗粒（如铁屑、砂粒等），齿面将会产生严重磨损，从而破坏渐开线齿廓形状，降低工作平稳性；同时使齿厚减薄，容易导致轮齿折断，如图 9-5（b）所示。齿面严重磨损是开式齿轮传动的主要失效形式之一。

目前尚无成熟的磨粒磨损计算准则，通常借用齿根弯曲疲劳强度计算准则，并留有一定的磨损量予以补偿。

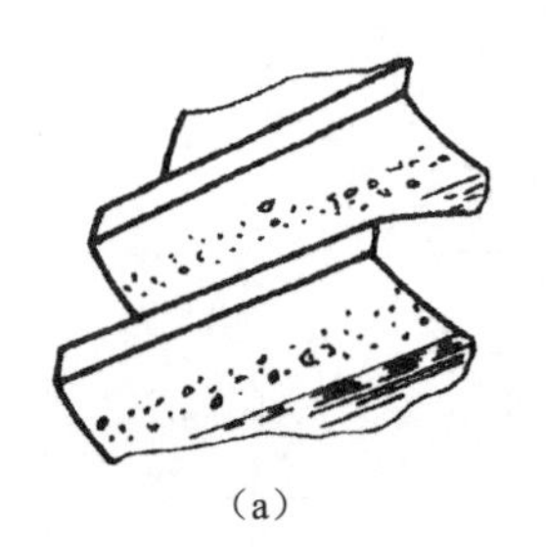

(a)

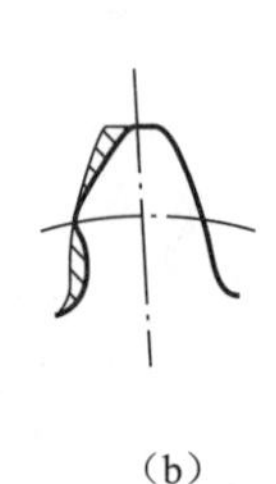

(b)

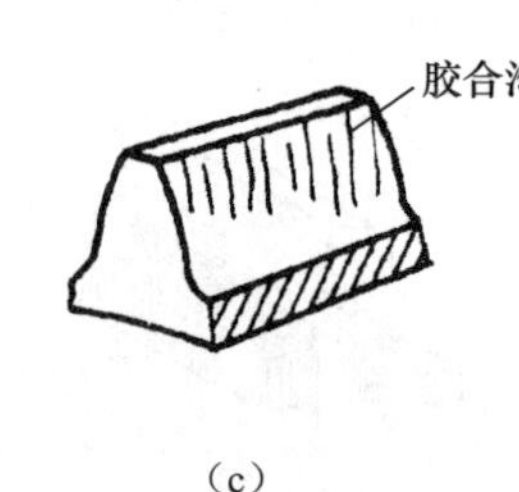

(c)

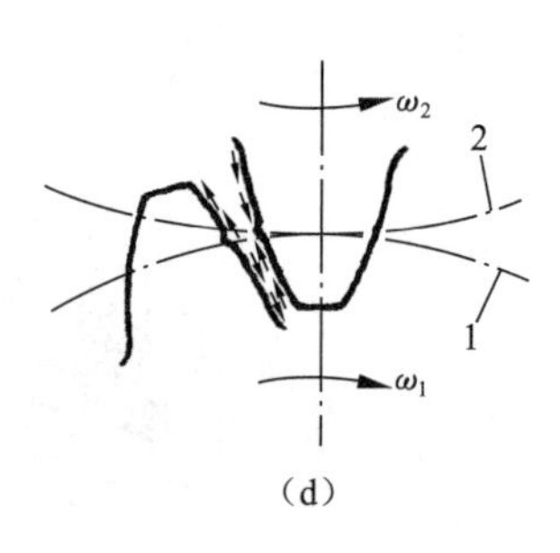

(d)

图9-5　常见齿面失效形式

(a) 点蚀；(b) 磨损；(c) 胶合；(d) 塑性流动

3. 齿面胶合

在重载下运行，齿轮表面常常因为温度过高，使两齿面的金属发生局部焊接，后又因为相对滑动而被撕裂下来，使齿面呈现条状的粗糙沟痕，如图9-5（c）所示，这种现象称为胶合。

高速重载条件下工作的齿轮，由于其相对滑动速度大，导致齿体温度上升过高，使润滑油膜破裂而产生的胶合，称为热胶合。

低速重载条件下工作的齿轮，齿体温度不高，但由于齿面应力过大、相对滑动速度小而不易形成润滑油膜，使接触处产生局部高温而发生的胶合，称为冷胶合。

为防止齿面胶合，设计中应满足齿面工作温度的抗胶合计算准则。具体方法参考相关资料。

4. 齿面塑性流动

由于接触应力过大，使齿面材料在摩擦力作用下，发生塑性流动，导致齿形破坏而失效，这种现象称为齿面塑性流动。

材料的塑性流动方向和齿面上所受的摩擦力方向一致。根据齿面摩擦力方向，主动齿轮齿面上的塑性流动方向是背离节点，在节点附近形成凹沟；从动齿轮齿面上的塑性流动方向是朝向节点，在节点附近形成凸脊，如图9-5（d）所示。

为避免出现齿面塑性流动，在设计中应该满足齿面接触静强度计算准则，即

$$\sigma_{\mathrm{Hmax}} \leqslant [\sigma_{\mathrm{Hmax}}]$$

从以上分析可知，在不同的载荷和工作条件下，齿轮传动可能出现不同的失效形式。对不同失效形式的齿轮传动，应该有不同的设计依据和计算方法。目前比较成熟和常用的是齿面接触疲劳强度计算和齿根弯曲疲劳强度计算。

第四节　齿轮材料及精度选择

一、齿轮材料

齿轮材料及热处理方法的选择，应根据齿轮传动的载荷大小与性质、工作环境条件、结构尺寸和经济性等多方面的要求来确定。基本的要求是使齿轮具有一定的抗点蚀、抗疲劳折断、抗磨损、抗胶合、抗塑性变形等能力。

表9-1列出了目前常用的齿轮材料及力学性能。

表 9-1　常用齿轮材料及力学性能

材料牌号	热处理方法	抗拉强度 R_m/MPa	屈服强度 R_{eL}/MPa	硬度 HBW	
				齿芯硬度 HBW	齿面硬度 HRC
45	正火	580	290	162~217	
	调质	650	360	217~286	
	调质后表面淬火			217~286	40~50
40Cr	调质	700	500	241~286	
	调质后表面淬火			241~286	48~55
42SiMn	调质	785	510	229~286	
	调质后表面淬火			229~286	45~55
30CrMnSi	调质	1 100	900	310~360	
20Cr	渗碳后淬火	650	400	>178	58~62
20CrMnTi	渗碳后淬火	1 100	850	240~300	58~62
38CrMoAl	调质后氮化（氮化层厚 $\delta \geqslant 0.3 \sim 0.5$）	1 000	850	255~321	>850 HV
ZG310—570	正火	570	310	163~179	
ZG340—640	正火	640	340	179~207	
	调质	700	380	241~269	
HT250	人工时效	250	—	170~241	
HT300	人工时效	300	—	187~255	
HT350	人工时效	350	—	197~269	
QT500—7	正火	500	320	163~197	
QT600—3	正火	600	370	179~207	
夹布胶木		100	—	25~35	

注：40Cr 钢可用 40MnB 或 40MnVB 钢代替；20CrMnTi 钢可用 20CrMn2B 或 20MnVB 钢代替。

1. 常用的齿轮材料

最常用的材料是钢，钢的品种很多，且可通过各种热处理方式获得适合工作要求的综合性能。其次是铸铁，还有非金属材料。

（1）锻钢。由于锻钢的力学综合性能好，它是最常用的齿轮材料。适合中小直径的齿轮。

（2）铸钢。直径较大的齿轮采用铸钢，其毛坯应进行正火处理以消除残余应力和硬度不均匀现象。

（3）铸铁。普通灰铸铁的铸造性能和切削性能好、价廉、抗点蚀和抗胶合能力强，但弯曲强度低、冲击韧性差，常用于低速、无冲击和大尺寸的场合。铸铁中石墨有自润滑作用，尤其适用于开式传动。铸铁性脆，要避免载荷集中引起轮齿局部折断，齿宽宜较窄。球墨铸铁的力学性能和抗冲击性能远高于灰铸铁。

（4）非金属材料。高速、小功率和精度要求不高的齿轮传动，可采用夹布胶木、尼龙等非金属材料。非金属材料的弹性模量较小，传动时的噪声小。由于非金属材料的导热性差，应注意润滑和散热。

2. 常用热处理方法

钢制齿轮常用的热处理方法主要有以下几种：

（1）正火。正火能消除内应力，细化晶粒，改善力学性能。强度要求不高和不很重要的齿轮，可用中碳钢或中碳合金钢正火处理。大直径的齿轮可用铸钢正火处理。

（2）调质。调质后齿面硬度不高，易于跑合，可精切成形，力学综合性能较好。对中速、中等平稳载荷的齿轮，可采用中碳钢或中碳合金钢调质处理。

（3）整体淬火。整体淬火后再低温回火，这种热处理工艺较简单，但轮齿变形较大，质量不易保证，芯部韧性较低，不适于承受冲击载荷，热处理后必须进行磨齿、研齿等精加工。中碳钢或中碳合金钢可采用这种热处理。

（4）表面淬火。表面淬火后再低温回火，由于芯部韧性高，接触强度高，耐磨性能好，能承受中等冲击载荷。因为只在表面加热，轮齿变形不大，一般不需要最后磨齿，如果硬化层较深，则变形较大，应进行热处理后的精加工。中、小尺寸齿轮和重要的齿轮可采用中频或高频感应加热，大尺寸齿轮可采用火焰加热。常用材料为中碳钢或中碳合金钢。

（5）表面渗碳淬火。表面渗碳淬火的齿轮表面硬度高，接触强度好，耐磨性好，芯部韧性好，能承受较大的冲击载荷，但轮齿变形较大，弯曲强度也较低，载荷较大时渗碳层有剥离的可能。常用材料有低碳钢或低碳合金钢。

除以上几种热处理方法外，目前使用的方法还有表面渗氮、碳氮共渗、激光表面硬化等。

3. 齿轮材料的选取原则

在选择齿轮材料时，下述几点可供参考：

（1）满足工作条件要求。由于工作条件和使用环境的不同，对齿轮材料的要求也不尽相同，因此，满足工作条件要求是选择齿轮材料时首先应考虑的因素。例如，对于用于矿山机械的齿轮传动，一般工作速度较低、功率较大、环境较恶劣，往往选择铸钢或铸铁等材料；对于儿童玩具、家用或办公用机械上的齿轮传动，传递功率很小，但要求传动平稳、低或无噪声，以及能在少润滑或无润滑状态下正常工作，常选用工程塑料作为齿轮材料；而在飞行器上使用的齿轮传动，需满足质量小、承载能力大和可靠性高等要求，必须选用力学性能高的合金钢。

（2）考虑齿轮尺寸的大小、毛坯成型方法、热处理和制造工艺。大尺寸的齿轮一般采用铸造工艺，采用铸钢或铸铁作为材料；中等或中等以下尺寸的齿轮常采用锻造毛坯；尺寸较小而又要求不高时，可选用圆钢作为毛坯。齿面硬化的常用方法有渗碳、氮化和表面淬火。低碳或低碳合金钢，可采用渗碳工艺；氮化钢和调质钢能采用氮化工艺；而采用表面淬火时对材料没有特别要求。对于正火碳钢，不论采用何种毛坯制作方法，只能用于制作载荷平稳或轻度冲击下工作的齿轮，不能承受大的冲击载荷，而调质碳钢制作的齿轮可承受中等冲击载荷。

4. 齿面硬度差

热处理后的齿轮表面可分为软齿面（HBW≤350）和硬齿面（HBW＞350）两种，调质和正火后的齿面一般为软齿面，表面淬火后的齿面为硬齿面。当大、小齿轮均为软齿面时，由于单位时间内小齿轮循环次数多，常取小齿轮的齿面硬度值比大齿轮高 30～50 HBW，或更高一些。传动比越大，硬度差就应该越大。但大、小齿轮均为硬齿面时，硬度差宜小不宜大。齿轮齿面硬度及其组合举例见表 9－2。

表 9－2　齿轮齿面硬度及其组合举例

<table>
<tr><th rowspan="2">齿面类型</th><th rowspan="2">齿轮种类</th><th rowspan="2">齿面硬度差</th><th colspan="2">热处理</th><th colspan="2">齿面硬度</th><th rowspan="2">备注</th></tr>
<tr><th>小齿轮</th><th>大齿轮</th><th>小齿轮</th><th>大齿轮</th></tr>
<tr><td rowspan="2">软齿面
（≤350 HBW）</td><td>直齿</td><td>0～
25 HBW</td><td>调质</td><td>正火
调质
调质
调质</td><td>240～270 HBW
260～290 HBW
280～310 HBW
300～330 HBW</td><td>180～220 HBW
220～240 HBW
240～260 HBW
260～280 HBW</td><td rowspan="2">用于重载中低速固定式传动装置</td></tr>
<tr><td>斜齿及人字齿</td><td>≥40～
50 HBW</td><td>调质</td><td>正火
正火
调质
调质</td><td>240～270 HBW
260～290 HBW
270～300 HBW
300～330 HBW</td><td>160～190 HBW
180～210 HBW
200～230 HBW
260～280 HBW</td></tr>
<tr><td rowspan="2">软硬组合齿面</td><td rowspan="2">斜齿及人字齿</td><td rowspan="2">很大</td><td>表面淬火</td><td>调质</td><td>45～50 HRC</td><td rowspan="2">200～230 HBW
230～260 HBW
270～300 HBW
300～330 HBW</td><td rowspan="2">用于载荷冲击及过载都不大的重载中低速固定式传动装置</td></tr>
<tr><td>渗碳淬火</td><td>调质</td><td>56～62 HRC</td></tr>
<tr><td rowspan="2">硬齿面
（＞350 HBW）</td><td rowspan="2">直齿
斜齿及人字齿</td><td rowspan="2">很小</td><td>表面淬火</td><td>表面淬火</td><td colspan="2">45～50 HRC</td><td rowspan="2">用于传动齿寸受结构条件限制的情形和运输机械上的传动装置</td></tr>
<tr><td>渗碳淬火</td><td>渗碳淬火</td><td colspan="2">56～62 HRC</td></tr>
</table>

二、齿轮精度

国家标准 GB/T 10095. 1～2—2008 规定了单个渐开线圆柱齿轮 0～12 共 13 个精度等级，其中 0 级精度最高，12 级最低。

选用齿轮精度等级时，应仔细分析对齿轮传动提出的功能要求和工作条件，如传动准确性、圆周速度、噪声、传动功率、载荷、寿命、润滑条件和工作持续时间等。在工程实际中，绝大多数齿轮的精度等级采用类比法确定。类比法是按照现有已证实可靠的同类产品或机械的齿轮，按精度要求、工作条件、生产条件加以必要的修正，选用相应的精度等级。

表 9－3 给出了齿轮的常用精度等级及加工方法；表 9－4 列出了各类机械所用齿轮的一般精度要求；表 9－5 列出了与 5～10 级精度齿轮相适应的齿轮圆周速度范围，供设计时参考。实际选用时，应综合考虑载荷和速度等因素，要避免盲目追求较高的精度，以免造成不

必要的浪费。

表9-3　齿轮的常用精度等级及加工方法

精度等级	5级	6级	7级	8级	9级	10级
加工方法	在周期性误差非常小的精密齿轮机床上范成加工	在高精度的齿轮机床上范成加工	在高精度的齿轮机床上范成加工	用范成法或仿形法加工	用任意的方法加工	
齿面最终精加工	精密磨齿。大型齿轮精密滚齿后，再研磨或剃齿	精密磨齿或剃齿	不淬火的齿轮推荐用高精度的刀具切制。淬火的齿轮需要精加工（磨齿、剃齿、研齿、珩齿）	不磨齿，必要时剃齿或研磨	不需要精加工	
齿面粗糙度 Ra/μm	0.8	0.8	1.6	3.2～6.3	12.5	25

表9-4　各类机械中齿轮的精度等级

齿轮用途	精度等级	齿轮用途	精度等级	齿轮用途	精度等级
测量齿轮	3～5	轻型汽车	5～8	拖拉机、轧钢机	6～10
汽轮机	3～6	载重汽车	6～9	起重机	7～10
金属切削机床	3～8	通用减速器	6～9	矿山绞车	8～10
航空发动机	3～7	机车	6～7	农业机械	8～11

表9-5　与齿轮精度相适应的圆周速度范围

齿轮种类	齿面硬度 HBW	精度等级					
		5	6	7	8	9	10
		圆周速度/($m \cdot s^{-1}$)					
直齿	≤350 >350	>12 >10	≤18 ≤15	≤12 ≤10	≤6 ≤5	≤4 ≤3	≤1 ≤1
斜齿	≤350 >350	>25 >20	≤36 ≤30	≤25 ≤20	≤12 ≤9	≤8 ≤6	≤2 ≤1.5

第五节　计算载荷

在计算齿轮的强度时，要考虑影响齿轮受载的各种因素，通常用计算载荷进行计算。国家标准规定的载荷系数分为4个：

$$F_{bnc} = KF_{bn} = K_A K_v K_\alpha K_\beta F_{bn}$$

1. 使用系数 K_A

考虑由于齿轮啮合外部因素引起附加动载荷影响的系数。这种外部附加动载荷取决于原动机和工作机的特性、轴和联轴器系统的质量和刚度以及运行状态。可参考表 9－6 和表 9－7 选取。

2. 动载系数 K_v

考虑齿轮制造精度、运转速度对轮齿内部附加动载荷影响的系数。

齿轮传动不可避免地会有制造及装配误差，以及受载时的弹性变形，这些误差以及变形将使啮合轮齿的基圆齿距 p_{b1} 和 p_{b2} 不相等，因而轮齿就不能正确地啮合传动，瞬时传动比就不是定值，从动齿轮在运转中就会产生角加速度，从而引起动载荷和冲击。对于直齿轮，啮合过程中存在单对齿和双对齿的交替啮合，由于轮齿刚度的变化，也将引起动载荷。

表 9－6　使用系数 K_A

原动机工作特性	工作机工作特性			
	均匀平稳	轻微冲击	中等冲击	严重冲击
均匀平稳	1.00	1.25	1.50	1.75
轻微冲击	1.10	1.35	1.60	1.85
中等冲击	1.25	1.50	1.75	2.00
严重冲击	1.5	1.75	2.00	2.25 或更大

注：(1) 表中所列 K_A 值仅适用于减速传动；若为增速传动，K_A 值约为表中数值的 1.1 倍。
(2) 当外部机械与齿轮装置间有挠性连接时，通常 K_A 值可适当减小。

表 9－7　原动机和工作机的工作特性

工作特性	原动机	工作机
均匀平稳	电动机、平稳运行的蒸汽轮机或燃气轮机（启动力矩很小，启动不频繁）	载荷平稳的发电机，载荷平稳的带式或板式输送机，螺杆输送机，轻型升降机，包装机械，机床进给机械，通风机，轻型离心机，离心泵，用于轻质液体或均匀密度物料的搅拌机、混料机，剪切机，压力机，冲压机，立式传动装置和往复移动齿轮装置
轻微冲击	蒸汽轮机、燃气轮机、液压马达或电动机（具有大的、频繁的启动转矩）	载荷非均匀平稳的带式或板式输送机，机床主传动装置，重型升降机，起重机回转齿轮装置，工业或矿山用风机，重型离心机，离心泵，黏性介质和非均匀密度物料的搅拌机，混料机，多缸活塞泵，给水泵，通用挤压机，压延机，回转窑，轧机，连续的锌带、铅带轧机，线材和棒材轧机
中等冲击	多缸内燃机	橡胶挤压机，连续工作的橡胶和塑料混料机，轻型球磨机，木工机械（锯片和车床），钢坯轧机，提升装置，单缸活塞泵
严重冲击	单缸内燃机	挖掘机，重型球磨机，橡胶压轧机，破碎机，铸造机械、重型给水泵，钻机，压砖机，卸载机，落砂机，带材冷轧机，压坯轧，轧碎机

齿轮的制造精度以及圆周速度的大小对轮齿啮合过程中产生的动载荷有很大影响。可以通过提高制造精度、减小齿轮直径及降低圆周速度等措施减小动载荷。另一重要的减小动载荷的措施是对轮齿进行齿顶修缘，即把齿顶的一部分齿廓曲线（分度圆压力角 $\alpha=20°$ 的渐开线）修整成 $\alpha>20°$ 的渐开线。一般高速齿轮传动或硬齿面齿轮，轮齿应进行修缘。但齿顶修缘会减小重合度，因此修缘量不宜过大，修缘量的选择可参考相关文献。

对于一般齿轮传动，动载系数 K_v 可以按齿轮制造精度和圆周速度参考图 9－6 选用。

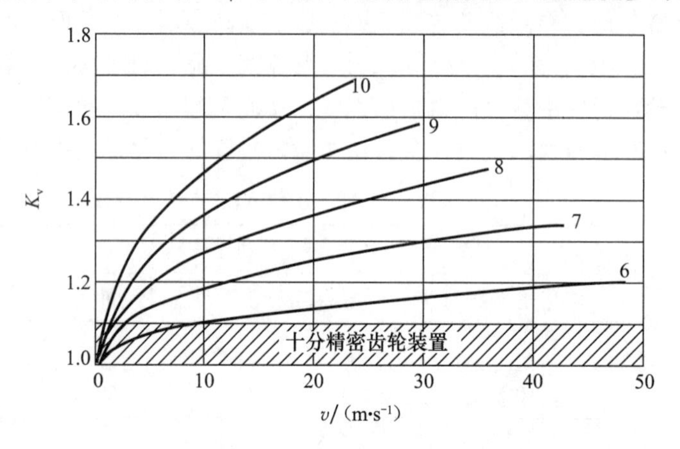

图 9－6　动载系数 K_v

图中 6～10 为齿轮传动的精度系数，如将其看作齿轮精度查取 K_v 值，则偏于安全

3. 齿间载荷分配系数 K_α

考虑同时啮合的各对轮齿间载荷分配不均匀影响的系数。

影响齿间载荷分配系数的主要因素有：受载后轮齿变形；轮齿制造误差；齿廓修形；跑合效果等。它与齿轮重合度和精度等有关。一般可以按齿轮制造精度等级和总重合度由图 9－7 查取。

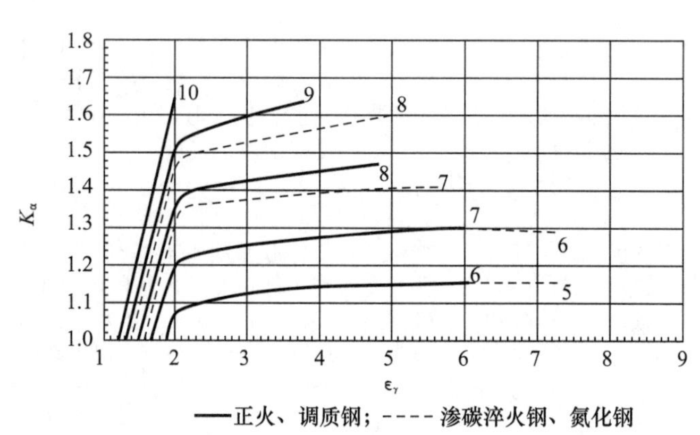

——正火、调质钢；－－－－渗碳淬火钢、氮化钢

图 9－7　齿间载荷分配系数 K_α

适用范围：$d\leqslant 1\ 600$ mm，$m_n\leqslant 16$ mm；

对修缘的齿轮，可取图中数值的 80%，但不小于 1；

图中 5～10 为齿轮的精度等级

4. 齿向载荷分布系数 K_β

考虑沿齿宽方向载荷分布不均匀对齿面接触应力影响的系数。

它与齿宽、齿轮精度、齿轮刚度、齿轮相对于轴承的布置、轴的变形、轴承和支座的变形以及制造、装配误差等因素有关。

为了改善齿向载荷分布的均匀性，可以采用适当提高齿轮的制造和安装精度、增大轴和轴承以及支座的刚度、合理布置齿轮在轴上的位置（尽量对称布置、避免悬臂布置），以及适当地限制轮齿宽度等措施。也可以沿齿宽方向将轮齿修磨成鼓形齿，当轴有弯曲变形而导致齿轮偏斜时，鼓形齿可大大改善载荷偏向轮齿一端的现象。

对于一般的工业用齿轮，可根据齿轮在轴上的支承情况、齿宽系数和齿面硬度从图 9－8 中查取。图 9－8 针对 8 级精度齿轮，若为高于 8 级精度，K_β 应降低 5%～10%，但不小于 1；若低于 8 级精度，K_β 应增大 5%～10%。

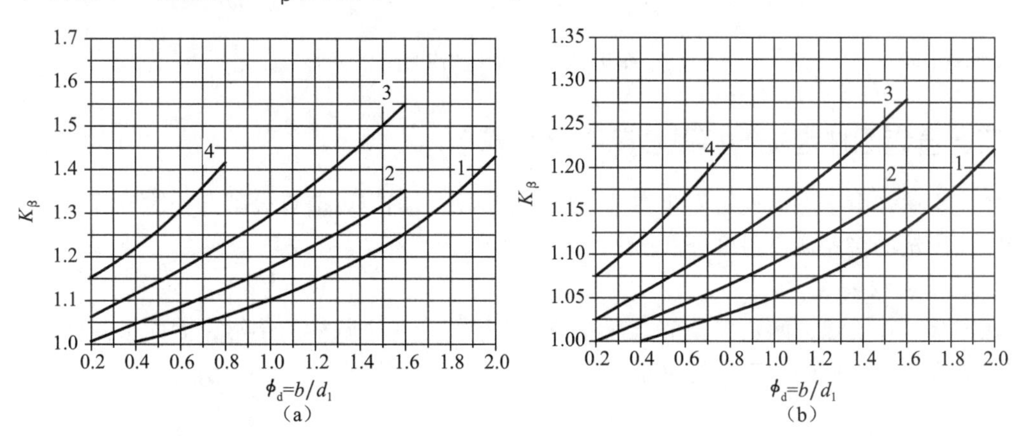

图 9－8　齿向载荷分布系数 K_β

（a）两齿轮均为硬齿面（HBW＞350）；（b）两齿轮或其中一个齿轮为软齿面（HBW≤350）

1—齿轮对称布置在两轴承中间；2—齿轮非对称布置在两轴承中间，且轴的刚度较大；

3—齿轮非对称布置在两轴承中间，且轴的刚度较小；4—齿轮悬臂布置

第六节　齿面接触疲劳强度计算

圆柱齿轮的齿面接触疲劳强度公式是以赫兹接触应力计算公式为基础，齿轮齿面在节点处啮合，并考虑接触状态和重合度影响而导出的。

一、赫兹接触应力

如图 9－9 所示，两个圆柱在接触处的赫兹应力 σ_H（MPa）为

$$\sigma_H=\sqrt{\frac{F_{bn}}{\pi L}\cdot\frac{\dfrac{\rho_2\pm\rho_1}{\rho_2\rho_1}}{\dfrac{1-\nu_1^2}{E_1}+\dfrac{1-\nu_2^2}{E_2}}}\tag{9-3}$$

式中，F_{bn}为法向力（N）；L 为接触线长度（mm）；ρ_1、ρ_2 分别为两圆柱的半径（mm）；

E_1、E_2 分别两表面材料的弹性模量（MPa）；ν_1、ν_2 分别为两表面材料的泊松比。当两个外圆柱表面接触时，公式中正负号取正号；当外圆柱表面 ρ_1 与内圆柱表面 ρ_2 接触时，公式中正负号取负号。

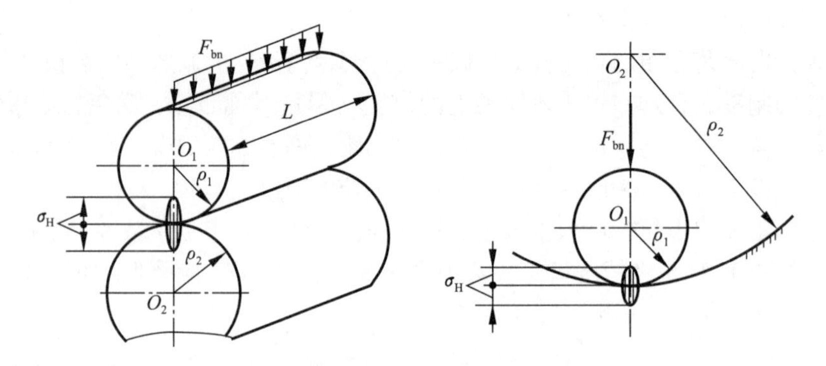

图 9-9 赫兹接触应力

二、直齿圆柱齿轮的接触疲劳强度公式

如前所述，由于点蚀通常发生在节点附近，因此，确定以节点处啮合作为计算点并推导直齿圆柱齿轮的接触疲劳强度公式。

1. 强度校核公式

如图 9-10 所示，两轮齿在节点处的啮合，可视为两个圆柱的接触，而两个圆柱的半径分别为齿廓在节点处的曲率半径（mm）

$$\rho_1 = \frac{d_1'}{2}\sin\alpha'$$

$$\rho_2 = \frac{d_2'}{2}\sin\alpha'$$

式中，d_1'，d_2'为齿轮的节圆半径（mm）；α'为啮合角（rad）。

一对啮合轮齿间的法向力 F_{bnc}（N）为

$$F_{bnc} = \frac{KF_{t1}}{\cos\alpha}$$

齿面接触线长度 L（mm）为

$$L = \frac{b}{Z_\varepsilon^2}$$

式中，b 为齿宽（mm）；Z_ε 为重合度系数，$Z_\varepsilon = \sqrt{\frac{4-\varepsilon_\alpha}{3}}$，用以考虑端面重合度 ε_α 对接触线长度的影响。

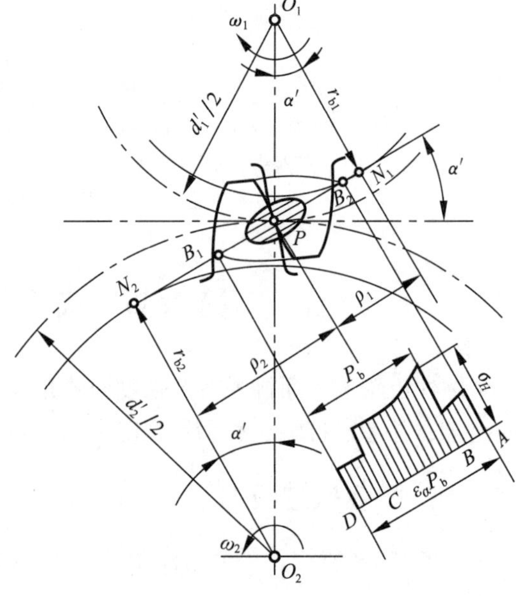

图 9-10 齿面接触应力

将上述参数带入赫兹接触应力计算公式，可得齿面接触疲劳强度的校核公式

$$\sigma_H = Z_E Z_H Z_\varepsilon \sqrt{\frac{KF_{t1}(u \pm 1)}{bd_1 u}} \leqslant [\sigma_H] \tag{9-4}$$

式中，Z_E 为弹性系数（$\sqrt{\text{MPa}}$），$Z_E = \sqrt{\dfrac{1}{\pi\left(\dfrac{1-\nu_1^2}{E_1}+\dfrac{1-\nu_2^2}{E_2}\right)}}$；$Z_H$ 为节点区域系数，$Z_H = \sqrt{\dfrac{2}{\cos^2\alpha\tan\alpha'}}$，主要考虑节点处齿廓形状对接触应力的影响；外啮合时正负号取正号，内啮合时正负号取负号。

系数 Z_E、Z_H 也可由表 9－8、图 9－12 查取。

表 9－8　弹性系数 Z_E

小齿轮			大齿轮			弹性系数
材料	E/MPa	ν	材料	E/MPa	ν	$Z_E/\sqrt{\text{MPa}}$
钢	206 000	0.3	钢	206 000	0.3	189.8
			铸钢	202 000		188.9
			球墨铸铁	173 000		181.4
			铸铁	126 000		165.4
			铸造锡青铜	103 000		155.0
材料	E/MPa	ν	材料	E/MPa	ν	$Z_E/\sqrt{\text{MPa}}$
铸钢	202 000	0.3	铸钢	202 000	0.3	188.0
			球墨铸铁	173 000		180.0
			铸铁	126 000		164.8
球墨铸铁	173 000	0.3	球墨铸铁	173 000	0.3	173.9
			铸铁	126 000		159.7
铸铁	126 000	0.3	铸铁	126 000	0.3	148.5

2. 初步设计公式

对于一般钢制标准直齿圆柱齿轮：$Z_E = 189.8\ \sqrt{\text{MPa}}$，$Z_H = 2.5$，取 $Z_\varepsilon = 1$，令齿宽系数 $\phi_a = b/a$，考虑到关系式：$F_{t1} = \dfrac{2\,000T_1}{d_1}$及 $d_1 = \dfrac{2a}{u \pm 1}$，由校核公式可推导出简化设计公式

$$a \geqslant 483(u \pm 1)\sqrt[3]{\frac{KT_1}{\phi_a u[\sigma_H]^2}} \tag{9-5}$$

式中，a 为中心距（mm）；K 为载荷系数，可取 1.2～2.0；外啮合时正负号取正号，内啮合时正负号取负号。

三、斜齿圆柱齿轮的接触疲劳强度公式

斜齿圆柱齿轮的齿面接触强度计算是在节点处的法平面内进行的。

1. 强度校核公式

如图 9－11 所示，齿廓在节点处的曲率半径 ρ_1、ρ_2（mm）分别为

$$\rho_1 = \frac{d_1' \sin\alpha_t'}{2\cos\beta_b}$$

$$\rho_2 = \frac{d_2' \sin\alpha_t'}{2\cos\beta_b}$$

式中，d_1'，d_2'为齿轮的节圆直径（mm）；α_t'为节圆端面压力角（rad）；β_b 为基圆螺旋角（rad）。

齿轮的法向力 F_{bnc}（N）为

$$F_{bnc} = \frac{KF_{t1}}{\cos\alpha_n \cos\beta}$$

齿面接触线长度 L（mm）为

$$L = \frac{b}{Z_\varepsilon^2 \cos\beta_b}$$

式中，重合度系数 Z_ε 按下式计算

$$\begin{cases} Z_\varepsilon = \sqrt{\dfrac{4-\varepsilon_\alpha}{3}(1-\varepsilon_\beta)+\dfrac{\varepsilon_\beta}{\varepsilon_\alpha}}, & \text{当 } \varepsilon_\beta < 1 \text{ 时} \\ Z_\varepsilon = \sqrt{\dfrac{1}{\varepsilon_\alpha}}, & \text{当 } \varepsilon_\beta \geqslant 1 \text{ 时} \end{cases}$$

式中，ε_β 为纵向重合度。

将上述参数代入赫兹接触应力计算公式，可得斜齿轮齿面接触疲劳强度的校核公式

$$\sigma_H = Z_E Z_H Z_\varepsilon Z_\beta \sqrt{\frac{KF_{t1}(u \pm 1)}{bd_1 u}} \leqslant [\sigma_H] \tag{9-6}$$

式中，Z_E 为弹性系数，意义同直齿轮；

Z_H 为节点区域系数，$Z_H = \sqrt{\dfrac{2\cos\beta_b}{\cos^2\alpha_t \tan\alpha_t'}}$；

Z_β 为螺旋角系数，$Z_\beta = \sqrt{\cos\beta}$；

外啮合时正负号取正号，内啮合时正负号取负号。

系数 Z_E、Z_H、Z_ε、Z_β 也可由表9-8、图9-12、图9-13查取。

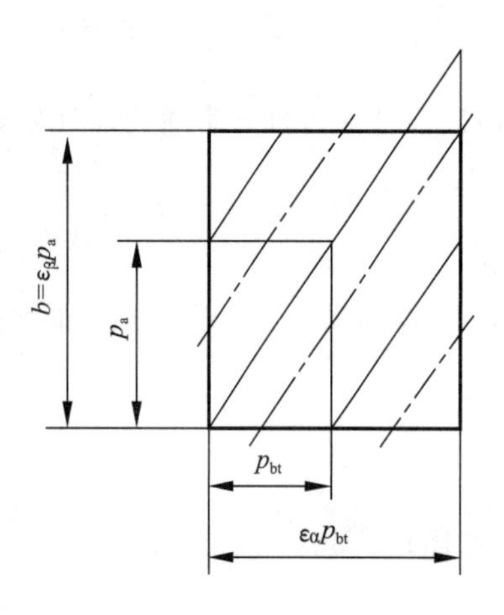

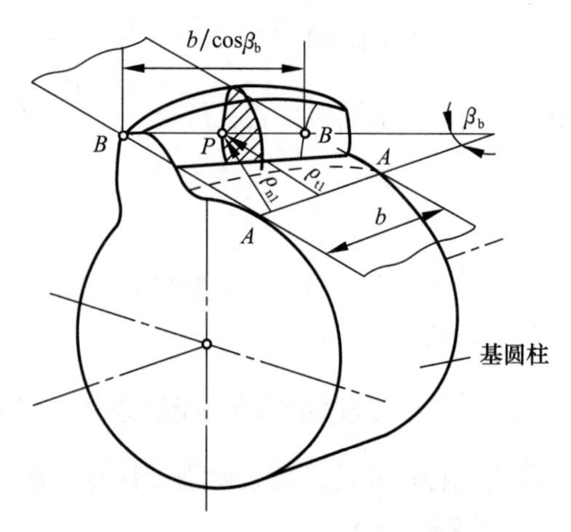

图9-11　斜齿轮接触线及曲率半径

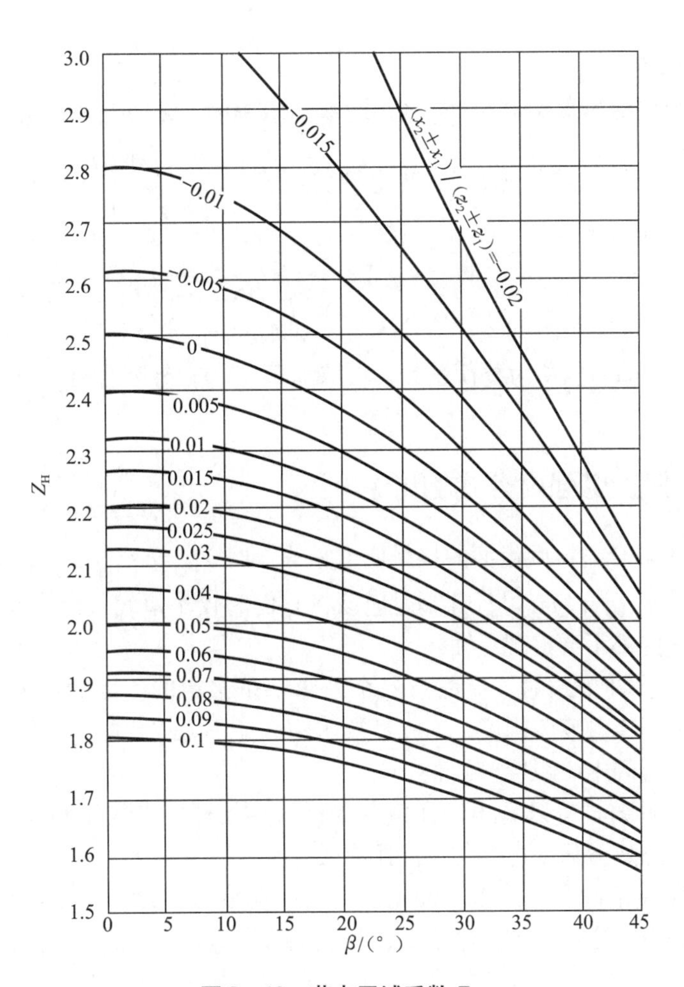

图 9－12　节点区域系数 Z_H

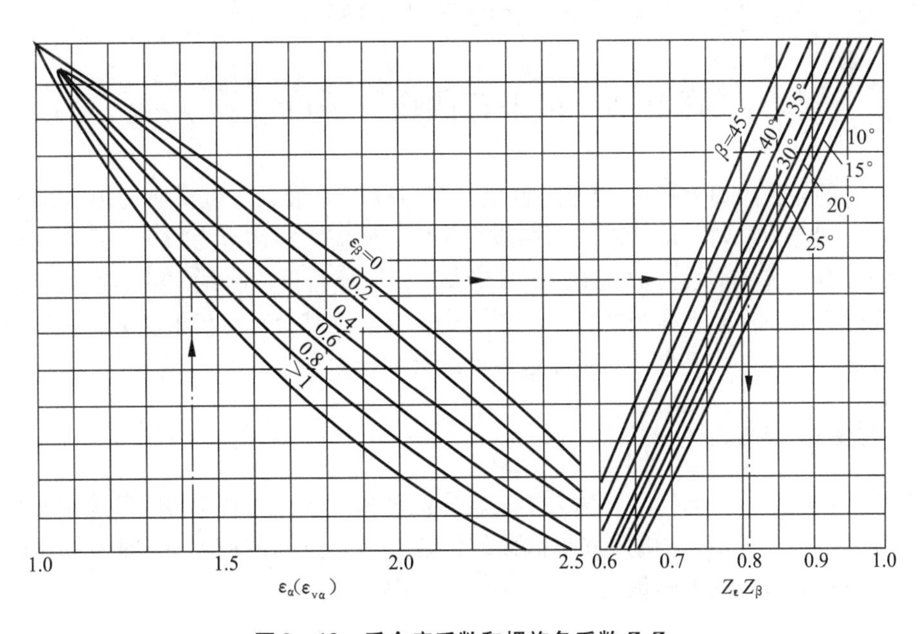

图 9－13　重合度系数和螺旋角系数 $Z_\varepsilon Z_\beta$

2. 初步设计公式

对于一般钢制标准斜齿圆柱齿轮：$Z_E=189.8\sqrt{\text{MPa}}$，$Z_H=2.46$，$\beta=8°\sim15°$，取$\beta=10°$，$Z_\varepsilon Z_\beta\approx1$，令齿宽系数$\phi_a=b/a$，考虑到关系式：$F_{t1}=\dfrac{2\,000T_1}{d_1}$及$d_1=\dfrac{2a}{u\pm1}$，由校核公式可推导出简化设计公式

$$a\geqslant476(u\pm1)\sqrt[3]{\frac{KT_1}{\phi_a u[\sigma_H]^2}} \tag{9-7}$$

式中，a为中心距（mm）；K为载荷系数，可取1.2～2.0；外啮合时正负号取正号，内啮合时正负号取负号。

四、齿面接触疲劳强度公式的讨论

（1）一对齿轮啮合时，两齿面的接触应力相等，即$\sigma_H=\sigma_{H1}=\sigma_{H2}$，但它们的许用应力可能不相等，即$[\sigma_{H1}]\neq[\sigma_{H2}]$；计算时应该将它们的较小值代入公式计算，才能保证大、小齿轮在要求寿命内都不会出现点蚀。

（2）使用简化设计公式时，应注意各个系数都是假定的。当确定齿轮各部分尺寸后，应该精确校核其齿面接触疲劳强度。对一些要求不高、不太重要的齿轮传动，可以省略精确校核。此外，计算出的中心距应该圆整。

（3）由简化设计公式可以看出，在载荷、材料热处理、齿数比和齿宽系数一定的情况下，齿轮的齿面接触疲劳强度主要与中心距有关。

（4）在一定载荷条件下，欲提高齿轮的齿面接触疲劳强度，主要可采用的措施有：改善齿轮材料和热处理方法以及加工精度，以便提高许用应力$[\sigma_H]$；加大中心距a、适当增加齿宽b、采用正传动变位增大啮合角，以便降低齿面接触疲劳应力。应注意轮齿过宽时，更容易偏载使齿向载荷分布更不均匀，从而达不到提高强度的目的。

第七节　齿根弯曲疲劳强度计算

圆柱齿轮的轮齿可以看作变截面悬臂梁，其齿根应力最大。齿根应力由三部分应力组成：压应力、切应力、弯曲应力。与弯曲应力相比，压应力、切应力很小，可以忽略。齿根弯曲应力的计算：首先假设法向力F_{bn}作用在齿顶，计算齿根危险截面处的弯曲应力；然后考虑重合度的影响，实际上是齿轮在单齿对啮合上界点处啮合时，齿根应力最大，引入重合度系数进行修正；此外，还考虑了齿根过渡曲线处的应力集中。

一、齿根弯曲应力

如图9-14所示，根据光测弹性力学实验分析可知，最大弯曲应力的危险截面是在齿根过渡曲线处，可用30°切线法确定危险截面的位置。两切点间的齿厚S_F即为危险截面的宽度。这样，齿根危险截面处的最大弯曲应力σ_F（MPa）为

$$\sigma_F = \frac{M}{W} = \frac{KF_{bn}\cos\alpha_F h_F}{\frac{bS_F^2}{6}}$$

令 $h_F = \lambda m$，$S_F = \psi m$。其中，λ、ψ 为比例系数。

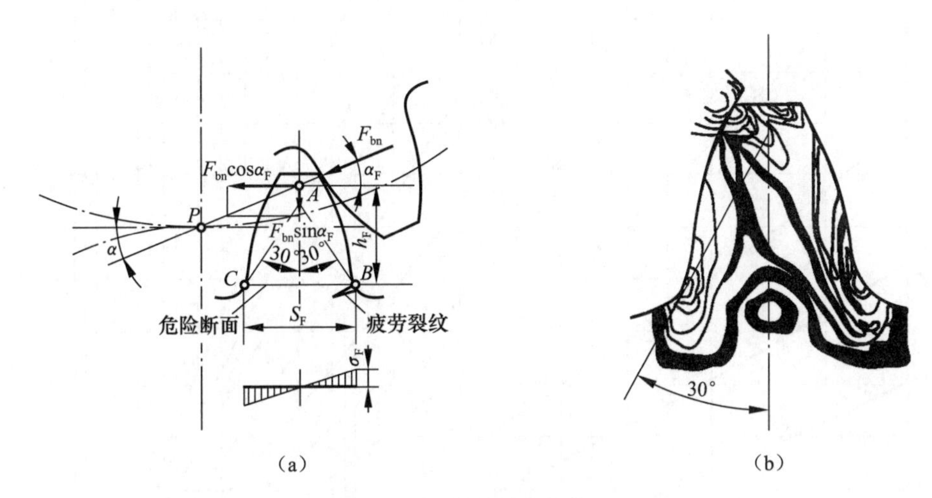

图 9－14　轮齿的危险截面

(a) 危险截面；(b) 光测分析

考虑关系式 $F_{bn} = \frac{F_{t1}}{\cos\alpha}$，可得齿根弯曲应力计算公式为

$$\sigma_F = \frac{KF_{t1}}{bm} Y_{Fa} \tag{9-8}$$

式中，Y_{Fa} 为齿形系数，$Y_{Fa} = \frac{6\lambda\cos\alpha_F}{\psi^2\cos\alpha}$。

齿形系数 Y_{Fa} 只与齿廓形状有关，而与模数无关。当齿数、变位系数或分度圆压力角增加时，Y_{Fa} 值减小，齿根应力减小，如图 9－15 所示。Y_{Fa} 的值可由图 9－16 查取。

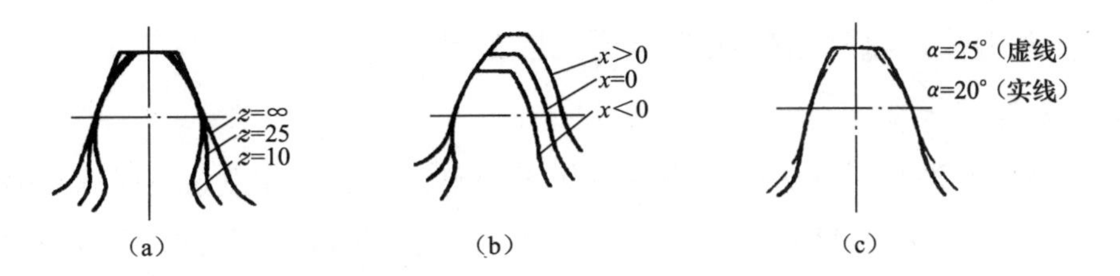

图 9－15　齿形系数的影响因素

(a) 齿数不同；(b) 变位系数不同；(c) 压力角不同

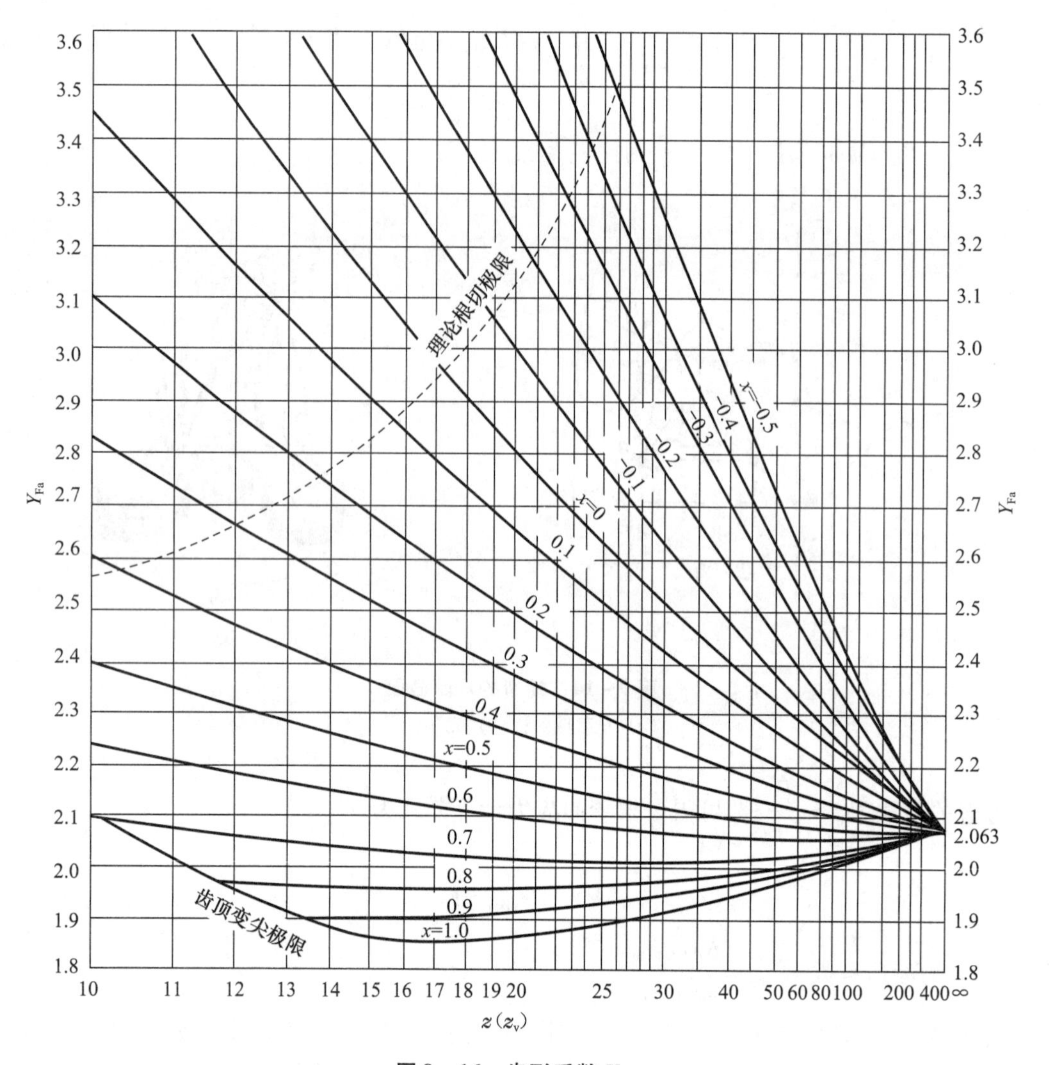

图 9－16　齿形系数 Y_{Fa}

二、直齿圆柱齿轮的齿根弯曲疲劳强度公式

1. 校核公式

引入重合度系数 Y_ε，将法向力作用点修正到单齿啮合上界点，并引入应力修正系数 Y_{Sa}，考虑齿根过渡曲线处的应力集中，可得直齿圆柱齿轮的齿根弯曲疲劳强度校核公式

$$\sigma_F = \frac{KF_{t1}}{bm} Y_{Fa} Y_{Sa} Y_\varepsilon \leqslant [\sigma_F] \tag{9-9}$$

式中，Y_ε 为重合度系数，可按下式计算

$$Y_\varepsilon = 0.25 + \frac{0.75}{\varepsilon_\alpha} \quad (1 < \varepsilon_\alpha < 2)$$

Y_{Sa}为应力修正系数，可由图 9－17 查得。

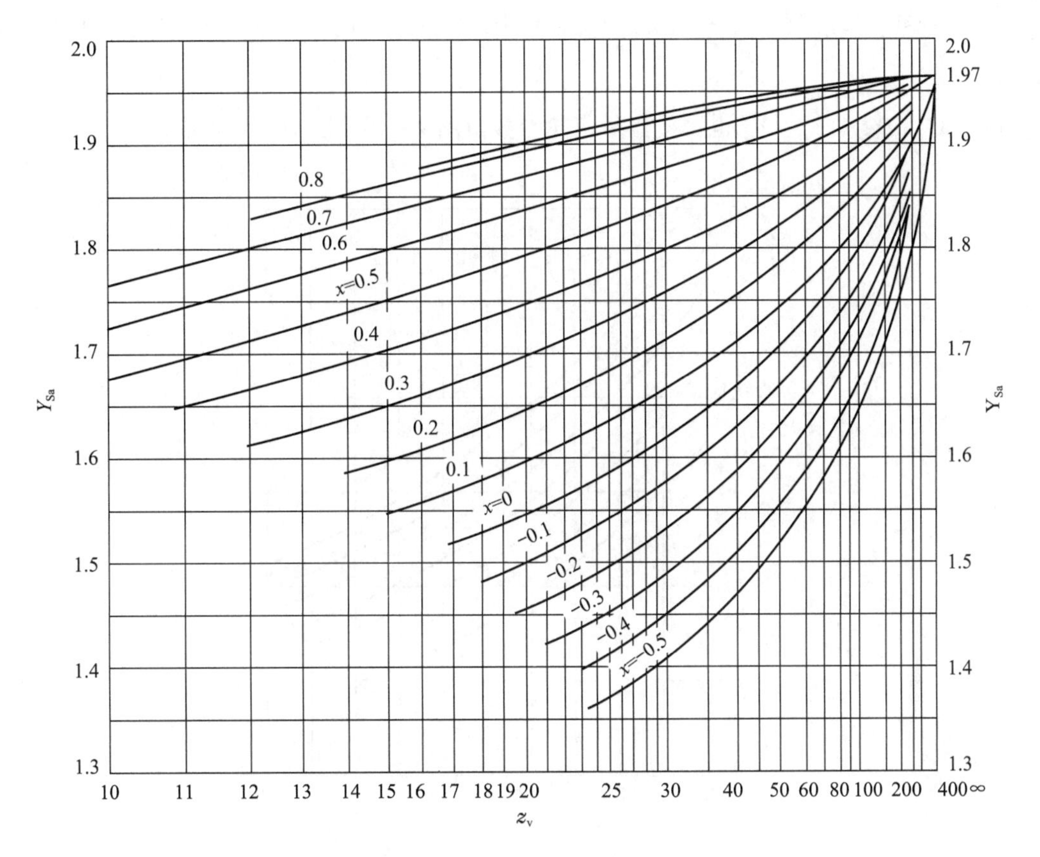

图 9－17　应力修正系数 Y_{Sa}

2. 初步设计公式

对于一般钢制标准直齿圆柱齿轮，取 $Y_{\varepsilon}=1$，令齿宽系数 $\phi_m = b/m$，考虑到关系式 $F_{t1}=\dfrac{2\,000T_1}{d_1}$ 及 $d_1 = mz_1$，由校核公式可推导出简化设计公式

$$m \geqslant 12.6\sqrt[3]{\frac{KT_1 Y_{Fa} Y_{Sa}}{\phi_m z_1 [\sigma_F]}} \tag{9-10}$$

式中，m 为端面模数（mm），应取标准值；K 为载荷系数，可取 1.2～2.0。

三、斜齿圆柱齿轮的齿根弯曲疲劳强度公式

1. 校核公式

斜齿圆柱齿轮的齿根弯曲强度是在法平面内的当量齿轮上计算，即推导公式时，应采用当量齿轮的参数，如法面模数、当量齿数等。除引入重合度系数、应力修正系数外，还引入螺旋角系数 Y_{β}，考虑由于接触线倾斜增加了接触线长度，使齿根弯曲应力减小。斜齿圆柱齿轮的齿根弯曲疲劳强度校核公式如下

$$\sigma_F = \frac{KF_{t1}}{bm_n} Y_{Fa} Y_{Sa} Y_{\varepsilon} Y_{\beta} \leqslant [\sigma_F] \tag{9-11}$$

式中，Y_β 为螺旋角系数，$Y_\beta = 1 - \varepsilon_\beta \dfrac{\beta}{120°}$，其中，当 $\varepsilon_\beta > 1$ 时，按 $\varepsilon_\beta = 1$；当 $\beta > 30°$时，按 $\beta = 30°$。

系数 Y_{Fa}、Y_{Sa}、Y_ε、Y_β 也可按当量齿轮参数由图 9－16～图 9－18 查取。

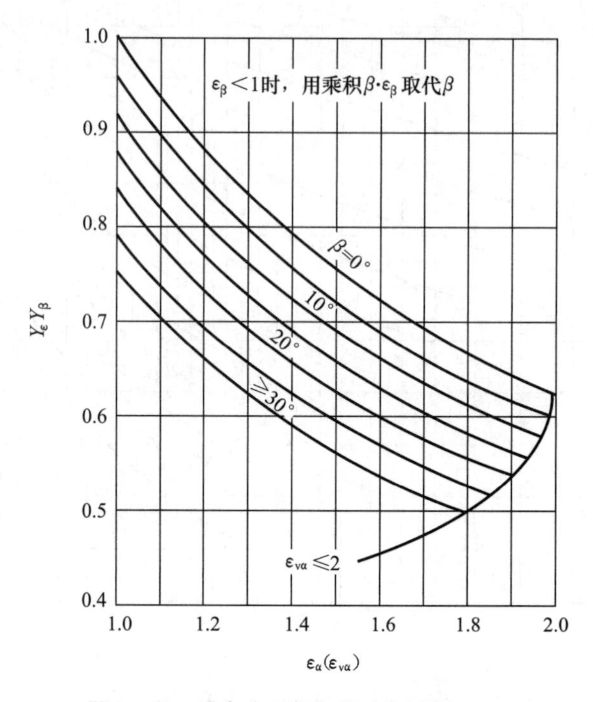

图 9－18　重合度系数和螺旋角系数 $Y_\varepsilon Y_\beta$

2. 初步设计公式

对于一般钢制标准斜齿圆柱齿轮，$\beta = 8° \sim 15°$，取 $\beta = 10°$，$\varepsilon_\beta = 0.4$，则 $Y_\varepsilon Y_\beta = 0.96$，令齿宽系数 $\phi_m = b/m_n$，考虑到关系式 $F_{t1} = \dfrac{2\,000T_1}{d_1}$及 $d_1 = \dfrac{m_n z_1}{\cos\beta} = \dfrac{m_n z_1}{\cos 10°}$，由校核公式可推导出简化设计公式

$$m_n \geqslant 12.4 \sqrt[3]{\frac{KT_1 Y_{Fa} Y_{Sa}}{\phi_m z_1 [\sigma_F]}} \tag{9-12}$$

式中，m_n 为法面模数（mm）；K 为载荷系数，可取 1.2～2.0。

四、齿根弯曲疲劳强度公式的讨论

（1）一般对大、小齿轮而言，公式中的系数 $Y_{Fa1} Y_{Sa1} \neq Y_{Fa2} Y_{Sa2}$，故 $\sigma_{F1} \neq \sigma_{F2}$，即大、小齿轮的齿根弯曲应力一般是不相等的，它们之间的关系是 $\sigma_{F2} = \sigma_{F1} \dfrac{Y_{Fa2} Y_{Sa2}}{Y_{Fa1} Y_{Sa1}}$。为保证大、小齿轮在预期寿命内都不发生齿根疲劳折断，计算中应该以$\dfrac{Y_{Fa1} Y_{Sa1}}{[\sigma_{F1}]}$和$\dfrac{Y_{Fa2} Y_{Sa2}}{[\sigma_{F2}]}$两者中较大值为依据。

（2）使用简化设计公式时，应注意各个系数都是假定的。当确定齿轮各个部分尺寸后，应该精确校核其齿根弯曲疲劳强度。对一些要求不高、不太重要的齿轮传动，可以省略精确校核。此外，所选取的模数应该符合标准系列。

（3）由简化设计公式可以看出，在载荷、材料及热处理、小齿轮齿数和齿宽系数一定的情况下，齿轮的齿根弯曲疲劳强度主要与模数有关。

（4）在一定载荷条件下，欲提高齿轮的齿根弯曲疲劳强度，主要可采用的措施有：改善齿轮材料和热处理方法以及加工精度，以便提高许用应力 $[\sigma_F]$；加大模数 $m(m_n)$、适当增加齿宽 b、采用正变位增大齿根厚度等方法，以便降低齿根弯曲疲劳应力。应注意轮齿过宽时，更容易偏载而出现局部折断的现象。

第八节 许用应力简介

齿轮的许用应力是根据试验齿轮的疲劳极限，考虑设计齿轮与试验齿轮及使用环境条件的差别进行修正而得到的。对于一般的齿轮传动，齿轮绝对尺寸、齿面粗糙度、圆周速度及润滑等对齿轮的疲劳极限影响不大，通常可不予考虑，而只需考虑应力循环次数对疲劳极限的影响。

一、齿面接触疲劳许用应力

齿面接触疲劳许用应力的计算公式如下

$$[\sigma_H] = \frac{\sigma_{Hlim} Z_N}{S_{Hmin}} \tag{9-13}$$

式中，σ_{Hlim}为试验齿轮的接触疲劳极限应力；Z_N 为接触强度的寿命系数；S_{Hmin}为接触强度的最小安全系数。

σ_{Hlim}可由图 9－19 查取，其中，ME、MQ、ML 为材料的质量等级。ME 是齿轮材料品质和热处理质量很高时的疲劳强度极限取值线；MQ 是齿轮材料品质和热处理质量达到中等要求时的疲劳强度极限取值线；ML 是齿轮材料品质和热处理达到最低要求时的疲劳强度极限取值线。一般在 MQ 及 ML 中间选值。当齿面硬度超出图中推荐使用的范围，可大体按外插值法查取相应的极限应力值。

Z_N 考虑应力循环次数的影响。Z_N 值可查图 9－20 确定。图中横坐标 N_L 为应力循环次数，可由下式计算

$$N_L = 60naL_h$$

其中，n 为齿轮的转速（r/min）；a 为齿轮每转一圈时，同一齿面啮合的次数；L_h 为齿轮的工作寿命（h）。

S_{Hmin}考虑不同的使用场合对齿轮有不同的可靠度要求的因素。由于点蚀破坏发生后只是引起噪声、振动增大，通常不会立即导致不能继续工作等严重后果，故可取失效概率低于1%，相应地取 $S_{Hmin}=1$。也可参考表 9－9 选取。

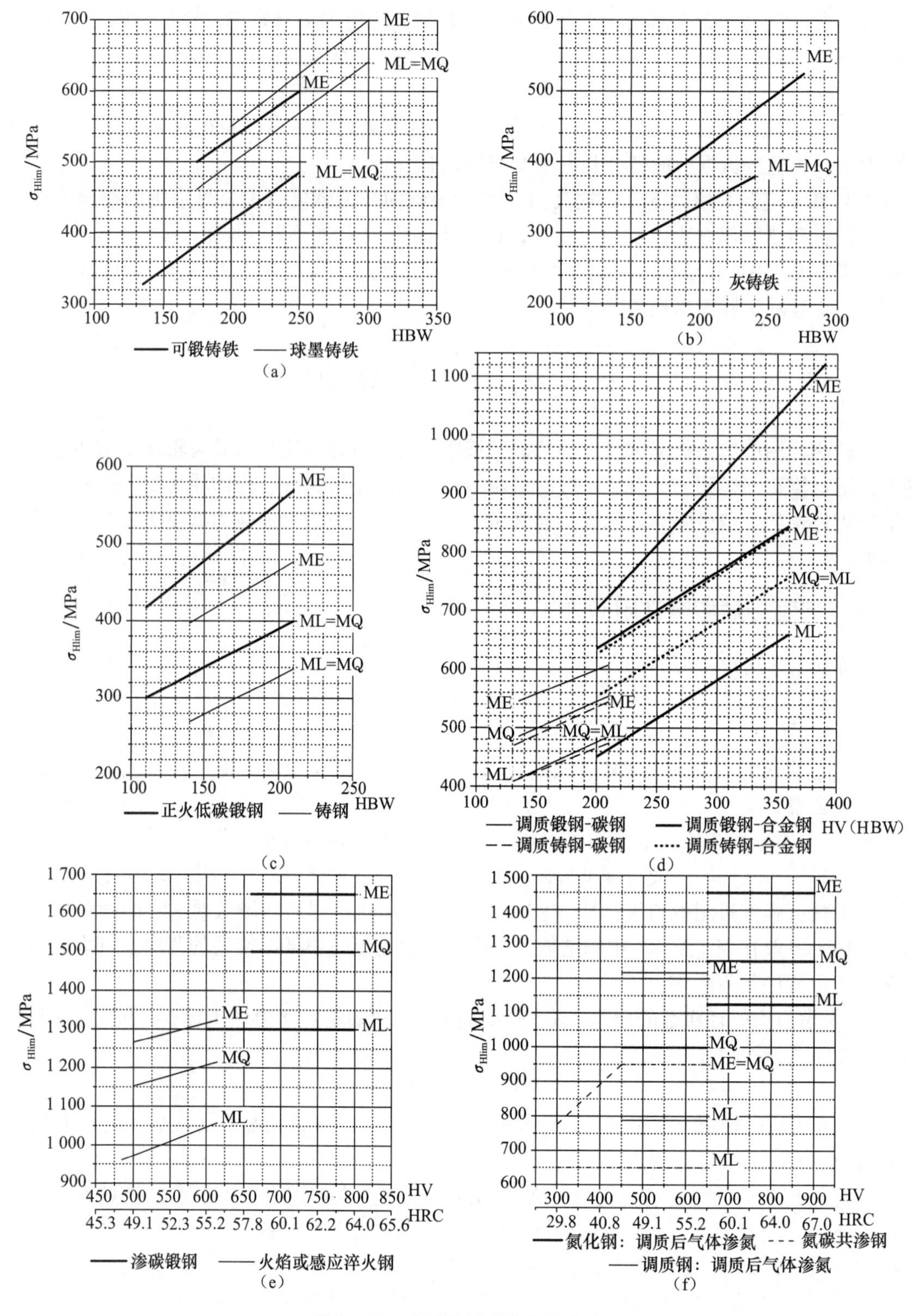

图 9-19　齿面接触疲劳极限应力

(a) 可锻铸铁和球墨铸铁；(b) 灰铸铁；(c) 正火低碳钢和铸钢；(d) 调质锻钢和调质铸钢；
(e) 渗碳锻钢和火焰或感应淬火钢；(f) 氮化钢和氮碳共渗钢

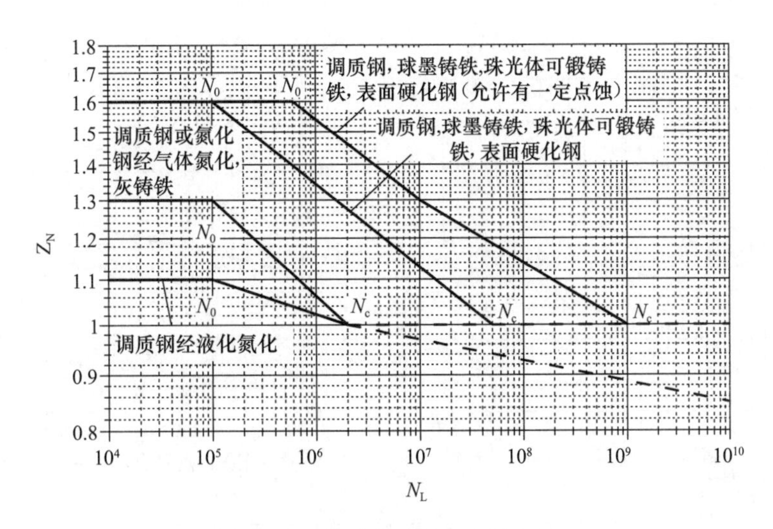

图 9-20　接触强度的寿命系数 Z_N

当 $N_L > N_C$ 时，可由经验在虚线区内根据钢材质量取值

表 9-9　最小安全系数

可靠性要求	最小安全系数 S_{Hmin}、S_{Fmin}
失效概率低于 1/10 000	1.50
失效概率低于 1/1 000	1.25
失效概率低于 1/100	1.00
失效概率低于 1/10	0.85

二、齿根弯曲疲劳许用应力

齿根弯曲疲劳许用应力的计算公式如下

$$[\sigma_F] = \frac{\sigma_{Flim} Y_N Y_{ST}}{S_{Fmin}} \tag{9-14}$$

式中，σ_{Flim}为试验齿轮的弯曲疲劳极限；Y_N 为弯曲强的寿命系数；Y_{ST}为试验齿轮的应力修正系数，一般取 $Y_{ST}=2$；S_{Fmin}为弯曲强度的最小安全系数。

σ_{Flim}可由图 9-21 查取，其中，ME、MQ、ML 为材料的质量等级，同前所述。对于受对称双向弯曲的齿轮（如中间轮、行星轮）或双向运转工作的齿轮，应将图中查得的 σ_{Flim}值乘系数 0.7。

Y_N 意义同 Z_N，可由图 9-22 查取，横坐标 N_L 的计算与齿面接触疲劳强度的计算相同。

S_{Fmin}意义同 S_{Hmin}。对于弯曲疲劳强度而言，一旦发生断齿，将会导致严重事故，因此在进行齿根弯曲疲劳强度计算时，一般取失效概率低于 1/1 000，取 $S_{Fmin}=1.25\sim1.5$。也可参考表 9-9 选取。

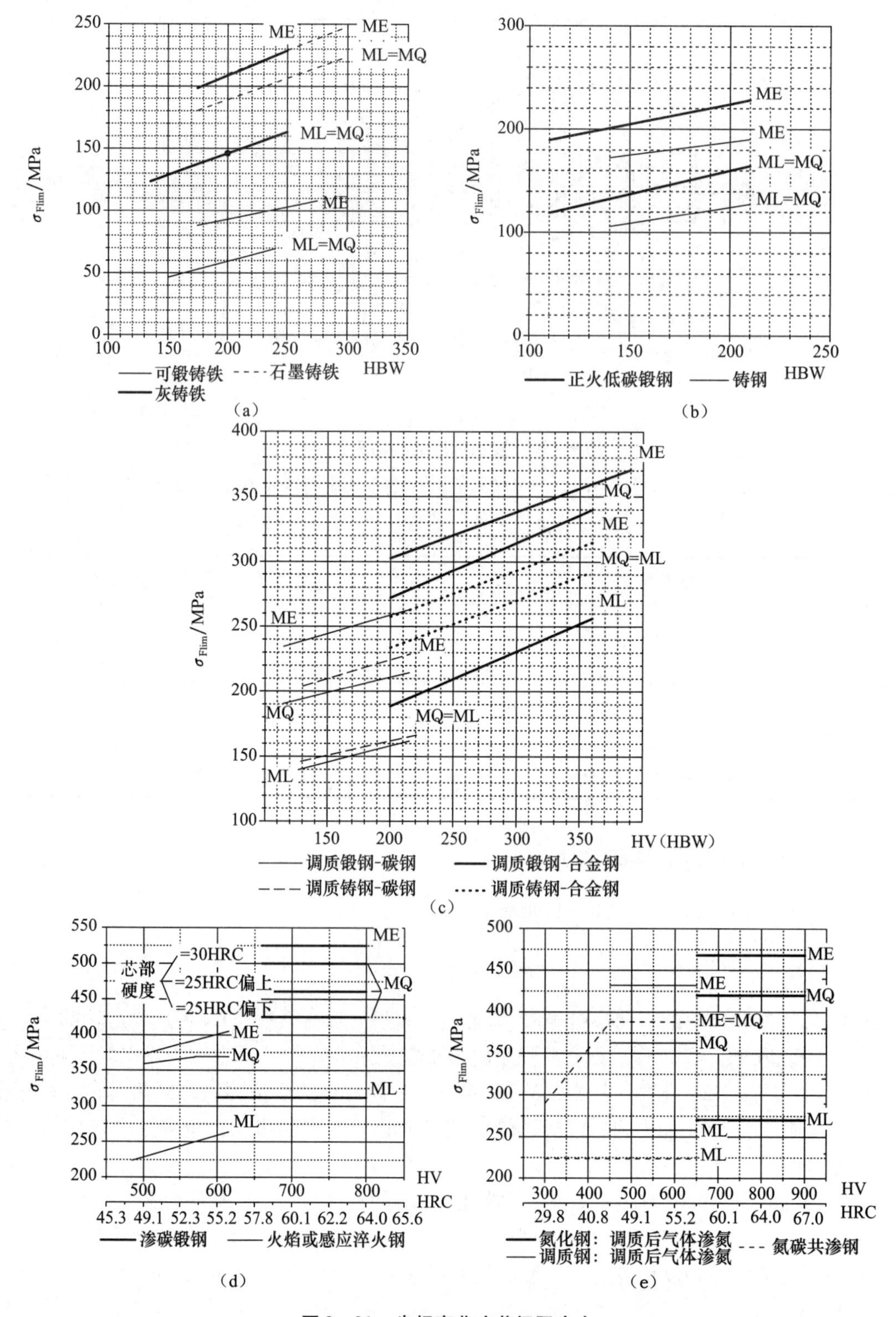

图9-21 齿根弯曲疲劳极限应力

（a）铸铁；（b）正火低碳钢和铸钢；（c）调质锻钢和调质铸钢；

（d）渗碳锻钢和火焰或感应淬火钢；（e）氮化钢和氮碳共渗钢

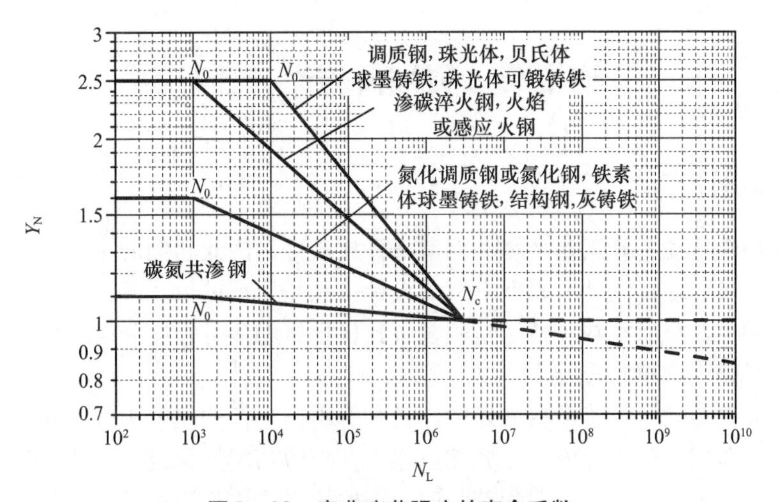

图 9－22　弯曲疲劳强度的寿命系数

当 $N_L > N_C$ 时，可由经验在虚线区内根据钢材质量取值

第九节　静强度计算和耐磨性计算

在齿轮运转过程中，常会出现短时高峰载荷，如启动、制动、偶尔过载等，它们造成的失效形式往往是塑性变形或轮齿过载折断。若没有缓冲装置和安全过载保护装置时，对齿轮传动要进行静强度校核。

齿轮传动的静强度校核是借用疲劳强度公式，其计算公式为

齿面静强度：

$$\sigma_{Hmax} = \sigma_H \sqrt{\frac{F_{tmax}}{F_t}} \leqslant [\sigma_{Hmax}] \tag{9-15}$$

齿根静强度：

$$\sigma_{Fmax} = \sigma_F \frac{F_{tmax}}{F_t} \leqslant [\sigma_{Fmax}] \tag{9-16}$$

其中，许用应力 $[\sigma_{Hmax}]$ 和 $[\sigma_{Fmax}]$ 根据循环次数小于 10^2，按 $[\sigma_H]$ 和 $[\sigma_F]$ 的确定方法计算。

开式齿轮传动的主要失效形式是磨损。目前，磨损计算准则仍不成熟，一般借用齿根弯曲疲劳强度计算方法，并将齿根弯曲疲劳应力 σ_F 乘磨损系数 K_m 计入磨损的影响。磨损系数 K_m 参考表 9－10 选取。

表 9－10　磨损系数 K_m

许用磨损量与原齿厚的比/%	K_m
10	1.25
15	1.40
20	1.60
25	1.80
30	2.00

第十节　圆柱齿轮设计计算

一、基本设计方法

对于闭式齿轮传动，其工作环境和润滑条件比较好，因此它们的主要失效形式是齿面点蚀、齿面胶合、齿面塑性流动。目前一般的设计方法是先根据齿面接触疲劳强度简化设计公式，确定齿轮的主要尺寸参数，然后精确校核其齿面接触疲劳强度和齿根弯曲疲劳强度。必要时还要校核静强度和抗胶合能力。

对于开式齿轮传动，由于没有良好的防护和润滑，它们的主要失效形式是严重磨损和齿根疲劳折断。目前主要的设计方法是先按齿根弯曲疲劳强度简化设计公式，确定齿轮的主要尺寸参数，然后精确校核齿根弯曲疲劳强度。一般不需要进行齿面接触疲劳强度和抗胶合能力校核。必要时要校核静强度。

总之，无论采用何种方法，都必须满足齿面接触疲劳强度、齿根弯曲疲劳强度和静强度等要求，以保证齿轮传动在预期寿命内能可靠地工作。

二、基本参数选择

在设计过程中，需要人为地选择一些基本参数，它们对设计结果影响很大。因此必须根据实际情况进行适当的选择，下面是一些基本参数的选取原则。

1. 齿数和模数

模数越大，齿根就越厚，齿根弯曲应力就小，即齿根弯曲疲劳强度增高。根据关系式 $a=\frac{m}{2}(z_1+z_2)$，保持中心距不变（即齿面接触疲劳强度基本不变）时，应该在保证齿根弯曲疲劳强度的前提下，尽可能选取较小的模数，这样可以选取较多的齿数，使重合度增加，改善齿轮传动的平稳性；也可以减小齿面滑动速度，降低油温和胶合的危险性；此外还可减少金属切削量和切削时间。

传递动力为主的齿轮传动，模数应该大于1.5～2 mm，以防止轮齿折断。大、小齿轮的齿数最好互为质数，以使轮齿磨损比较均匀。

对闭式齿轮传动，通常选取 $z_1=18\sim30$。其中，闭式软齿面齿轮的齿数应取较大值，闭式硬齿面齿轮的齿数应取较小值。

对开式齿轮传动，为防止齿面严重磨损和轮齿折断，齿数不应该太多，以防模数过小，一般选取 $z_1=17\sim20$。

2. 齿宽系数

齿宽系数有多种表示方法，即 $\phi_a=b/a$，$\phi_m=b/m$，$\phi_d=b/d_1$。它们之间的关系是

$$\phi_m = z_1\phi_d = 0.5(u+1)z_1\phi_a$$

齿宽系数越大，轮齿就越宽，其承载能力就越大。但轮齿过宽，会使载荷沿齿宽分布不均的现象严重，甚至偏载引起局部轮齿折断。因此，齿宽系数取值要适当。一般闭式齿轮传动常取 $\phi_a=0.2\sim0.6$；通用减速器常取 $\phi_a=0.4$；变速器换挡齿轮常取 $\phi_a=0.12\sim0.15$；开式齿轮传动常取 $\phi_a=0.1\sim0.3$。选取时，直齿轮宜取较小值，斜齿轮可取较大值；载荷

稳定，轴刚性大时取较大值；变载荷，轴刚性小时应取较小值。

3. 螺旋角

螺旋角大，齿轮传动平稳，承载能力大。但螺旋角太大，会引起很大的轴向力。一般 $\beta=8°\sim15°$，常用 $\beta=8°\sim12°$。人字齿轮一般取 $\beta=25°\sim40°$。

4. 变位系数

采用变位齿轮，除可以配凑中心距外，还可以改变啮合角、几何尺寸、最小无根切齿数等。正变位的齿轮，其齿根厚度增加，齿根弯曲强度提高；正传动角度变位（$x_1+x_2>0$），可使啮合角增大，齿面接触强度提高，但重合度略有降低；高度变位（$x_1+x_2=0$）可以通过适当选择变位系数，使两个齿轮的齿根弯曲强度接近。

选择变位系数时，除要考虑以上因素外，还应考虑以下限制条件：

（1）轮齿不发生根切。

（2）齿顶厚度应大于 0.25～0.4 m。

（3）保证重合度大于 1～1.2。

（4）不会发生齿廓干涉，包括齿根过渡曲线干涉。

三、主要几何参数间的关系

在圆整和选取标准值后，为保证一对齿轮能正确啮合传动，它们的几何参数之间必须严格符合下列关系式：

$$d_1=\frac{m_n z_1}{\cos\beta}$$

$$d_2=\frac{m_n z_2}{\cos\beta}$$

$$a=0.5(d_1+d_2)$$

$$\beta=\arccos\frac{m_n(z_1+z_2)}{2a}$$

计算时，对不能圆整的参数值一般取小数点后三位，角度取秒位。

例 9－1　设计球磨机用闭式单级减速器中的斜齿圆柱齿轮传动，已知小齿轮额定功率 $P_1=9.5$ kW，小齿轮转速 $n_1=730$ r/min，传动比 $i=3.15$，单向传动，满载工作时间 35 000 h，传动比误差不超过 ±5%。

解：

1. 选择齿轮材料、热处理方法和精度等级

由表 9－1 查得：

小齿轮材料：40Cr 调质，硬度 280 HBW

大齿轮材料：45 调质，硬度 220 HBW

由图 9－19（d）和图 9－21（c）知

$$\sigma_{\mathrm{Hlim1}}=720\ \mathrm{MPa}$$

$$\sigma_{\mathrm{Hlim2}}=550\ \mathrm{MPa}$$

$$\sigma_{\mathrm{Flim1}}=290\ \mathrm{MPa}$$

$$\sigma_{\mathrm{Flim2}}=210\ \mathrm{MPa}$$

由表9－4根据应用场合，选用7级精度。

2. 按齿面接触疲劳强度设计主要尺寸

简化设计公式

$$a \geqslant 476(u \pm 1)\sqrt[3]{\frac{KT_1}{\phi_a u[\sigma_H]^2}}$$

（1）小齿轮转矩。

$$T_1 = 9\,549\frac{P_1}{n_1} = 9\,549 \times \frac{9.5}{730} = 124.3(\mathrm{N \cdot m})$$

（2）齿数比。

$$u = i = 3.15$$

（3）齿宽系数。取 $\phi_a = 0.4$。

（4）载荷系数。取 $K = 1.6$。

（5）许用应力。

考虑齿面点蚀产生不会瞬间产生严重后果，由表9－9知失效概率低于1%，取 $S_{Hmin} = 1.0$。

应力循环次数：

$$N_{L1} = 60an_1L_h = 60 \times 1 \times 730 \times 35\,000 = 1.53 \times 10^9$$

$$N_{L2} = 60an_2L_h = 60 \times 1 \times \frac{730}{3.15} \times 35\,000 = 4.87 \times 10^8$$

由图9－20查得：$Z_{N1} = 1$，$Z_{N2} = 1.04$。

$$[\sigma_{H1}] = \frac{\sigma_{Hlim1}Z_{N1}}{S_{Hmin}} = \frac{720 \times 1}{1.0} = 720(\mathrm{MPa})$$

$$[\sigma_{H2}] = \frac{\sigma_{Hlim2}Z_{N2}}{S_{Hmin}} = \frac{550 \times 1.04}{1.0} = 572(\mathrm{MPa})$$

因为 $[\sigma_{H1}] > [\sigma_{H2}]$，故应以 $[\sigma_{H2}]$ 代入计算：

$$a \geqslant 476 \times (3.15 + 1) \times \sqrt[3]{\frac{1.6 \times 124.3}{0.4 \times 3.15 \times 572^2}} = 154.93(\mathrm{mm})$$

取 $a = 160$ mm。

（6）按经验公式选取模数。

$$m_n = (0.007 \sim 0.02)a = (0.007 \sim 0.02) \times 160 = 1.1 \sim 3.2(\mathrm{mm})$$

取标准模数 $m_n = 2$ mm。

（7）计算主要几何参数。

初选 $\beta = 10°$，

$$z_1 = \frac{2a\cos\beta}{m_n(u + 1)} = \frac{2 \times 160 \times \cos 10°}{2 \times (3.15 + 1)} = 38$$

$$z_2 = uz_1 = 3.15 \times 38 = 120$$

传动比误差

$$\Delta i = i - \frac{z_2}{z_1} = 3.15 - \frac{120}{38} = -0.007\,9, \quad \frac{\Delta i}{i} = \frac{-0.007\,9}{3.15} = -0.25\%$$

精确计算螺旋角

$$\beta = \arccos\frac{m_n(z_1+z_2)}{2a} = \arccos\frac{2\times(38+120)}{2\times160} = 9.068\ 72^\circ = 9^\circ4'7''$$

$$d_1 = \frac{m_n z_1}{\cos\beta} = \frac{2\times38}{\cos 9.068\ 72^\circ} = 76.962(\text{mm})$$

$$d_2 = \frac{m_n z_2}{\cos\beta} = \frac{2\times120}{\cos 9.068\ 72^\circ} = 243.038(\text{mm})$$

$$d_{a1} = d_1 + 2h_a^* m_n = 76.962 + 2\times1\times2 = 80.962(\text{mm})$$

$$d_{a2} = d_2 + 2h_a^* m_n = 243.038 + 2\times1\times2 = 247.038(\text{mm})$$

（8）计算齿宽。

$$b = \phi_a a = 0.4\times160 = 64(\text{mm})$$

取

$$b_1 = b + (5\sim10) = 64 + (5\sim10) = 69\sim74(\text{mm})\quad 取\ 70\ \text{mm}$$

$$b_2 = b = 64(\text{mm})$$

（9）计算当量齿数。

$$z_{V1} = \frac{z_1}{\cos^3\beta} = \frac{38}{\cos^3 9.068\ 72^\circ} = 39.46$$

$$z_{V2} = \frac{z_2}{\cos^3\beta} = \frac{120}{\cos^3 9.068\ 72^\circ} = 124.61$$

（10）计算重合度。

$$\alpha_t = \arctan\left(\frac{\tan\alpha_n}{\cos\beta}\right) = \arctan\left(\frac{\tan20^\circ}{\cos9.068\ 72^\circ}\right) = 20.232\ 75^\circ$$

$$\alpha_{at1} = \arccos\left(\frac{z_1\cos\alpha_t}{z_1+2h_a^*}\right) = \arccos\left(\frac{38\times\cos20.232\ 75^\circ}{38+2\times1}\right) = 26.952\ 74^\circ$$

$$\alpha_{at2} = \arccos\left(\frac{z_2\cos\alpha_t}{z_2+2h_a^*}\right) = \arccos\left(\frac{120\times\cos20.232\ 75^\circ}{120+2\times1}\right) = 22.644\ 18^\circ$$

$$\varepsilon_\alpha = \frac{1}{2\pi}[z_1(\tan\alpha_{at1}-\tan\alpha_t) + z_2(\tan\alpha_{at2}-\tan\alpha_t)]$$

$$= \frac{1}{2\pi}[38\times(\tan26.952\ 74^\circ - \tan20.232\ 75^\circ) + 120(\tan22.644\ 18^\circ - \tan20.232\ 75^\circ)]$$

$$= 1.774\ 1$$

$$\varepsilon_\beta = \frac{b\sin\beta}{\pi m_n} = \frac{64\times\sin9.068\ 72}{\pi\times2} = 1.605\ 5$$

$$\varepsilon_\gamma = \varepsilon_\alpha + \varepsilon_\beta = 1.774\ 1 + 1.605\ 5 = 3.38$$

（11）计算圆周速度。

$$v = \frac{\pi d_1 n_1}{60\times1\ 000} = \frac{\pi\times76.962\times730}{60\times1\ 000} = 2.94(\text{m/s})$$

3. 校核齿面接触疲劳强度

（1）齿面接触疲劳应力。

切向力：

$$F_t = \frac{2\,000T_1}{d_1} = \frac{2\,000 \times 124.3}{76.962} = 3\,230(\text{N})$$

查表9－6，$K_A = 1.5$。

查图9－6，$K_v = 1.12$。

查图9－7，$K_\alpha = 1.27$。

按对称布置，查图9－8，并减小5%，$K_\beta = 1$。

查表9－8，$Z_E = 189.8$。

查图9－12，$Z_H = 2.46$。

查图9－13，$Z_\varepsilon Z_\beta = 0.74$。

齿面接触应力：

$$\begin{aligned}\sigma_H &= Z_E Z_H Z_\varepsilon Z_\beta \sqrt{\frac{K_A K_V K_\alpha K_\beta F_t(u+1)}{bd_1 u}} \\ &= 189.8 \times 2.46 \times 0.74 \times \sqrt{\frac{1.5 \times 1.12 \times 1.27 \times 1 \times 3\,230 \times (3.15+1)}{64 \times 76.962 \times 3.15}} \\ &= 469(\text{MPa})\end{aligned}$$

（2）强度校核。

$$\sigma_H < [\sigma_{H1}]$$
$$\sigma_H < [\sigma_{H2}]$$

满足齿面接触疲劳强度要求。

4. 校核齿根弯曲疲劳强度

（1）齿根弯曲疲劳许用应力。

取 $Y_{ST} = 2$。

由图9－22，$Y_{N1} = Y_{N2} = 1$。

考虑轮齿弯曲折断产生的后果严重，选择失效概率低于1/1 000，由表9－9，取 $S_{Fmin} = 1.25$。

许用应力：

$$[\sigma_{F1}] = \frac{\sigma_{Flim1} Y_{N1} Y_{ST}}{S_{Flim}} = \frac{290 \times 1 \times 2}{1.25} = 464(\text{MPa})$$

$$[\sigma_{F2}] = \frac{\sigma_{Flim2} Y_{N2} Y_{ST}}{S_{Flim}} = \frac{210 \times 1 \times 2}{1.25} = 336(\text{MPa})$$

（2）齿根弯曲疲劳应力。

由图9－16，$Y_{Fa1} = 2.41$，$Y_{Fa2} = 2.16$。

由图9－17，$Y_{Sa1} = 1.67$，$Y_{Sa2} = 1.81$。

由图9－18，$Y_\varepsilon Y_\beta = 0.66$

$$\begin{aligned}\sigma_{F1} &= \frac{K_A K_V K_\alpha K_\beta F_t}{bm_n} Y_{Fa1} Y_{Sa1} Y_\varepsilon Y_\beta \\ &= \frac{1.5 \times 1.12 \times 1.27 \times 1.0 \times 3\,230}{64 \times 2} \times 2.41 \times 1.67 \times 0.66 \\ &= 143(\text{MPa})\end{aligned}$$

$$\sigma_{F2} = \frac{\sigma_{F1}Y_{Fa2}Y_{Sa2}}{Y_{Fa1}Y_{Sa1}} = \frac{143\times2.16\times1.81}{2.41\times1.67} = 139(\mathrm{MPa})$$

（3）强度校核。

$$\sigma_{F1} < [\sigma_{F1}]$$
$$\sigma_{F2} < [\sigma_{F2}]$$

满足齿根弯曲疲劳强度要求。

5. 结构设计及工作图（略）

第十一节　结构设计

齿轮的结构尺寸如轮缘、轮毂、轮辐等的尺寸，一般是按经验设计方法确定。确定这些尺寸时，除应满足强度条件外，还要具有良好的加工和安装工艺性。

根据毛坯制造方法，齿轮结构可分为锻造齿轮、铸造齿轮、焊接齿轮和组合齿轮。它们的结构尺寸均可由相关设计手册查得经验推荐数据。

一、锻造齿轮

齿顶圆直径小于500 mm的中、大批量齿轮，常采用锻造齿轮，其力学综合性能较好。根据齿轮尺寸的大小，锻造齿轮具有以下几种结构形式：

1. 齿轮轴

当齿顶圆直径小于$2d$或齿根圆与键槽的距离X小于$2.5m_n$时，应该将齿轮与轴做成整体，这种结构称为齿轮轴，如图9－23所示。

2. 整体齿轮

齿顶圆直径小于200 mm的中、大批量锻造齿轮常采用整体式结构，如图9－24所示。

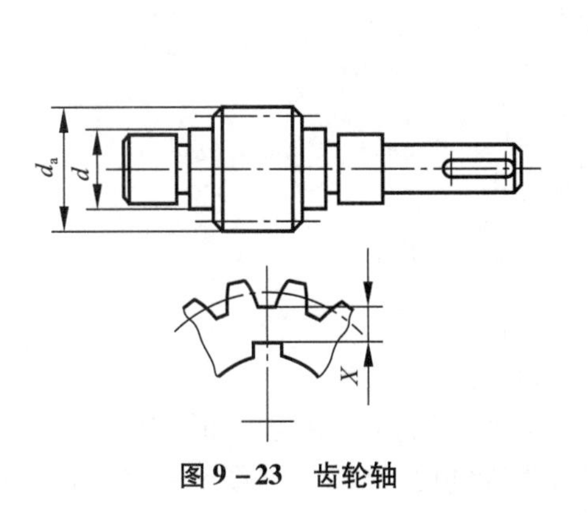

图9－23　齿轮轴

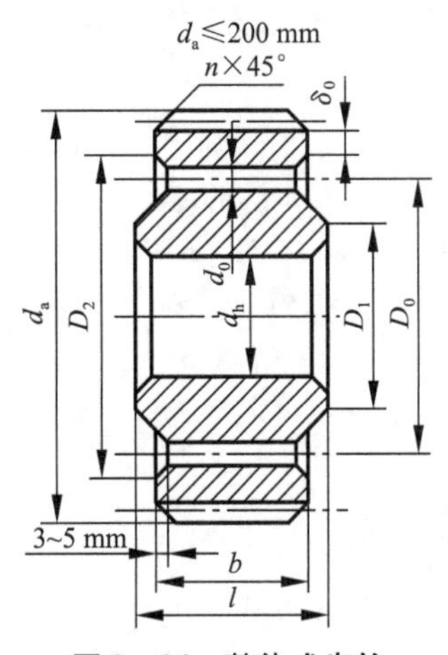

图9－24　整体式齿轮

$D_1=1.6d_h$；$D_0=0.5(D_1+D_2)$；$l=(1.2\sim1.5)d_h$，$l\geqslant b$；$d_0=10\sim29$ mm；$\delta_0=2.5m_n$，不小于8～10 mm；$n=0.5m_n$

为保证齿轮在轴上的安装精度，轮毂长度应大于齿宽。

3. 腹板齿轮

齿顶圆直径大于200 mm的中、大批量锻造齿轮，常采用锻造腹板式结构，如图9－25（a）、（b）所示。腹板开孔式结构是为了减轻重量、节约材料，其数目及尺寸视齿轮尺寸大小而定，一般沿圆周方向均匀分布。

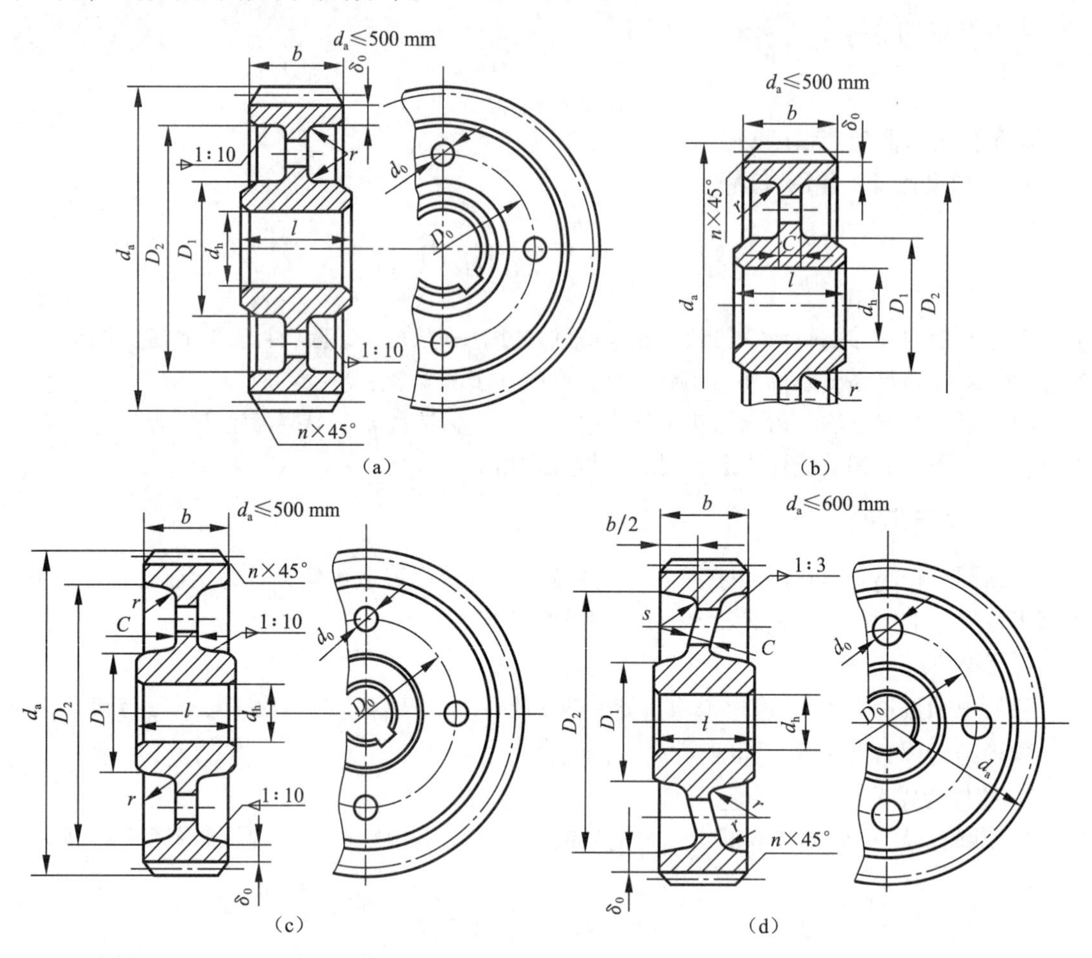

图9－25　腹板式齿轮

（a）模锻齿轮；（b）自由锻齿轮；（c）铸造齿轮；（d）铸造齿轮

$D_1=1.6d_h$，铸钢、锻钢；$D_1=1.8d_h$，铸铁；$D_0=0.5(D_1+D_2)$；

$l=(1.2\sim1.5)d_h$，$l\geqslant b$；$d_0=0.25(D_2-D_1)$；$\delta_0=(2.5\sim4)m_n$，不小于8～10 mm；

$n=0.5m_n$；$S=r=0.5C$；

$C=(0.2\sim0.3)b$，模锻；$C=0.3b$，自由锻；$C=0.2b$，铸造；C不应小于10 mm

二、铸造齿轮

齿顶圆直径大于500 mm的中、大批量齿轮，常采用铸造轮辐式结构，如图9－26所示；齿顶圆直径小于500 mm的中、大批量齿轮，常采用腹板式结构，如图9－25（c）、（d）所示；铸造齿轮结构要求有拔模斜度。

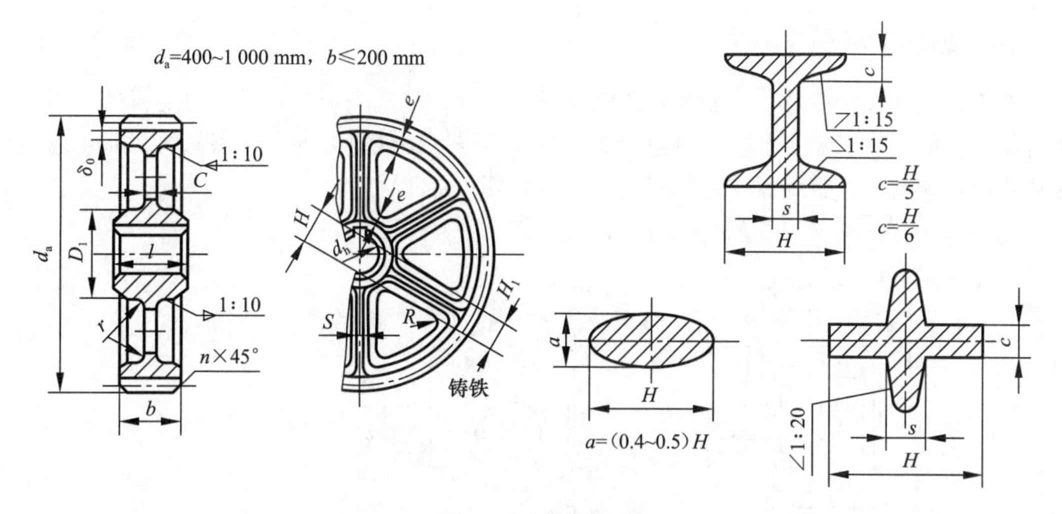

图 9-26　轮辐式齿轮

$D_1=1.6d_h$，铸钢；$D_1=1.8d_h$，铸铁；

$l=(1.2\sim1.5)d_h$，$l\geqslant b$；$\delta_0=(2.5\sim4)m_n$，不小于 8 mm；

$n=0.5m_n$；$e=0.8\delta_0$；$r=0.5C$；$S=H/6$，不小于 10 mm；

$C=H/5$；$H=0.8d_h$；$H_1=0.8H$

椭圆辐条用于轻载，十字辐条用于中载，工字辐条用于重载

三、焊接齿轮

对于单件或小批量生产的齿轮，为缩短加工周期和减小加工费用，可以采用焊接结构，如图 9-27 所示。齿轮焊接后必须经回火处理消除残余内应力后，才能进行切齿加工。

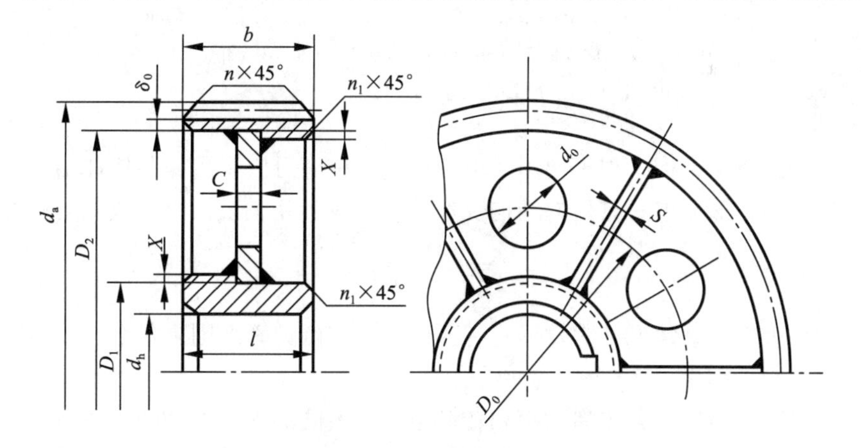

图 9-27　焊接轮辐式齿轮

$D_1=1.6d_h$；$D_0=0.5(D_1+D_2)$；

$l=(1.2\sim1.5)d_h$，$l\geqslant b$；$d_0=0.5(D_2-D_1)$；$\delta_0=2.5m_n$，不小于 8 mm；

$n=0.5m_n$；$S=0.8C$；$X=5$ mm；$C=(0.1\sim0.15)b$，不小于 8 mm；

$n_1=1\sim3$ mm

四、组合齿轮

对于重型大尺寸齿轮，为使齿轮既满足强度要求，又达到节省贵重材料的目的，可采用组合结构，如图9－28所示。组合齿轮中的齿圈可采用性能较好的合金钢材料，而轮芯可采用铸铁或铸钢材料，整个齿轮装配好后，再进行切齿加工。

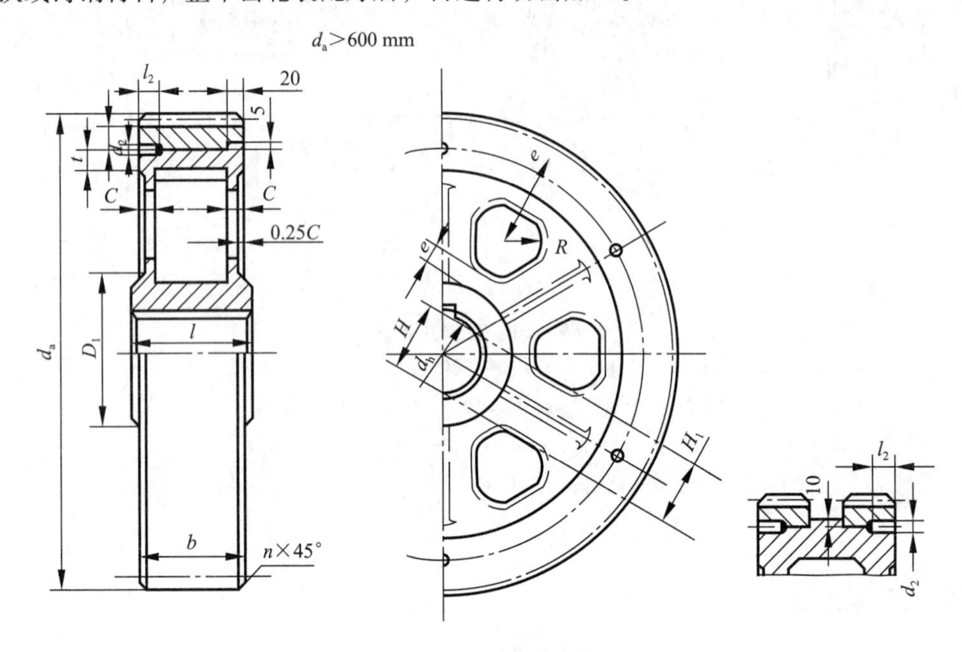

图9－28　组合式齿轮

$D_1=1.6d_h$，铸钢；$D_1=1.8d_h$，铸铁；

$l=(1.2\sim1.5)d_h$，$l\geqslant b$；$d_0=10\sim29$ mm；$\delta_0=4m_n$，不小于15 mm；

$n=0.5m_n$；$e=0.8\delta_0$；$S=r=0.5C$；$H=0.8d_h$，$H_1=0.8H$；

$d_2=(0.05\sim0.1)d_h$；$l_2=3d_1$；$C=0.15b$

以上是常用的齿轮结构，根据使用要求，齿轮结构还可以采用一些特殊结构或采用一些特殊材料，以满足特殊要求。具体的结构及尺寸，可参考相关设计手册或相关标准。

习　题

9－1　圆柱齿轮传动常见的失效形式有哪些？对应的计算准则是什么？简要说明各种失效形式的现象及影响因素。

9－2　一对圆柱齿轮，若传递功率和转速不变，不同的啮合点处的法向力大小和方向是否相同？切向力是否相同？径向力是否相同？强度计算中的载荷是法向力还是切向力？

9－3　圆柱齿轮计算载荷如何确定？四个载荷系数分别考虑了哪些影响因素？

9－4　圆柱齿轮常用材料及热处理有哪些？两齿轮齿面硬度差确定的基本原则是什么？

9－5　圆柱齿轮齿面接触疲劳强度为何在节点啮合处进行计算？相互啮合的两个齿轮，它们的接触疲劳应力是否相同？它们的接触疲劳强度是否相同？

9－6　圆柱齿轮齿根弯曲疲劳强度计算中，载荷实际作用在什么位置？危险截面如何确定？相互啮合的两个齿轮，它们的弯曲疲劳应力是否相同？它们的弯曲疲劳强度是否相同？

9－7　圆柱齿轮的齿面接触疲劳强度与哪些因素有关？圆柱齿轮齿根弯曲疲劳强度与哪些因素有关？齿形系数与哪些因素有关？

9－8　圆柱齿轮传动设计中，基本参数选择的原则是什么？

9－9　圆柱齿轮有哪些结构形式？具体应用时如何选择？

9－10　提高齿面接触疲劳强度和齿根弯曲疲劳强度的措施有哪些？

9－11　画出如图所示的渐开线直齿圆柱齿轮传动中各个齿轮的切向力和径向力方向。

（1）当齿轮 2 和齿轮 4 主动时。

（2）当齿轮 1 和齿轮 5 主动时。

9－12　画出如图所示的渐开线斜齿圆柱齿轮传动中各齿轮的三个分力的方向。若齿轮转动方向或螺旋角方向改变，各分力方向如何改变？（齿轮 1 主动）

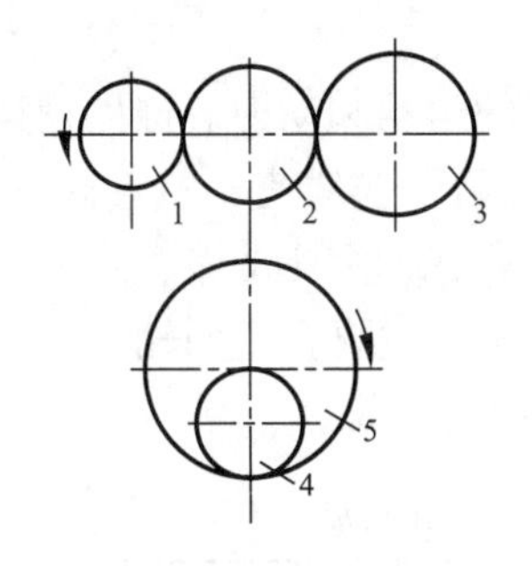

题 9－11 图

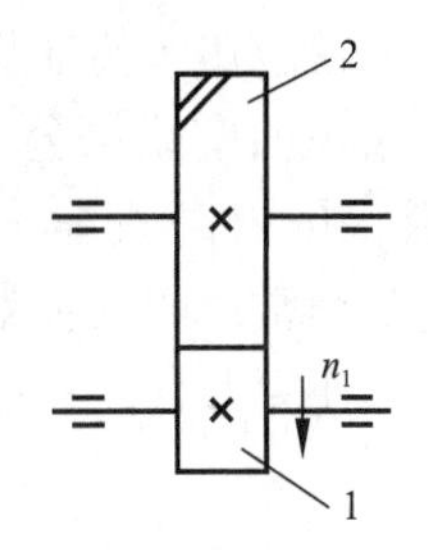

题 9－12 图

9－13　如图所示二级展开式渐开线斜齿圆柱齿轮传动，齿轮 1 主动，转动方向及螺旋角方向如图所示：

（1）欲使中间轴的支承部件所受轴向载荷较小，确定齿轮 4 的螺旋角方向和转动方向。

（2）画出齿轮 2 和齿轮 4 的三个分力方向。

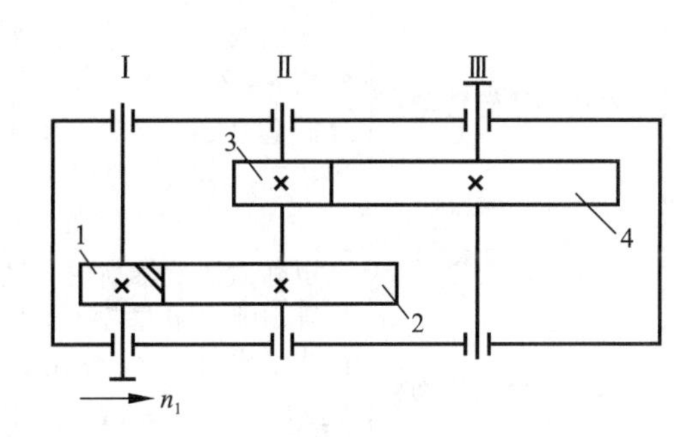

题 9－13 图

9－14　设计电动机驱动的一对闭式单级渐开线斜齿圆柱齿轮传动。已知小齿轮额定功率 $P=11$ kW，小齿轮转速 $n_1=960$ r/min，传动比 $i=3.55$，单向传动，工作中有中等冲击，按无限寿命设计，传动比误差不超过 ±5%。

9－15　已知一对闭式单级渐开线斜齿圆柱齿轮减速器，电动机驱动，工作平稳，$m_n=3$ mm，$\beta=11°58'20''$，$z_1=25$，$z_2=125$，$b=115$ mm，$n_1=960$ r/min，单向传动，小齿轮材料 40Cr，调质硬度 275 HBW，大齿轮材料 45 钢，正火硬度 180 HBW。试按无限寿命估算此减速器的许用功率值。

第十章
锥齿轮传动

第一节　概　　述

锥齿轮传动广泛应用于传递相交轴或交错轴之间的运动和动力。锥齿轮类型很多，也有很多分类方法。按齿面节线可分为直齿、斜齿、圆弧齿、摆线齿；按两轴线位置可分为正交、斜交、偏置；按齿高收缩方式可分为标准收缩、等顶隙收缩、双重收缩、等高齿。表 10－1 列出了目前常用的几种锥齿轮传动及特点。本章主要介绍两轴正交的标准直齿锥齿轮传动的设计，其主要几何尺寸的计算公式见表 10－2。

表 10－1　常用锥齿轮传动类型和特点

名称	特点	应用
直齿锥齿轮传动	两轴线正交，采用正常收缩齿或等顶隙收缩齿，常用 $\alpha=20°$，$h_a^*=1$，$C^*=0.2$。 制造简单，但对安装误差和变形敏感，振动和噪声较大，承载能力较低	常用于速度小于 5 m/s、载荷较小并且稳定的传动，例如车辆中的差速器
弧齿锥齿轮传动	也称为螺旋锥齿轮传动。两轴线正交或斜交，采用等顶隙收缩齿或双重收缩齿，用铣刀盘加工齿形，齿线呈现圆弧形。常用 $\alpha=20°$ 或 $25°$，$\beta=35°$，$h_a^*=1$ 或 0.8，$C^*=0.2$ 或 0.25。 重合度较大，工作平稳，承载能力较大，对安装误差和变形不敏感	广泛应用于以传递动力为主的重载齿轮传动，速度可大于 5 m/s，例如船舶和重型卡车中的主传动
摆线锥齿轮传动	也称为延伸外摆线锥齿轮传动。两轴线正交或斜交，采用等高齿，用铣刀盘加工齿形，齿线呈现延伸外摆线形状。中点螺旋角接近 $\beta=35°$。工作平稳，承载能力较大，对安装误差和变形敏感	可替代直齿锥齿轮，常用于中速中载场合
准双曲面齿轮传动	外形同弧齿锥齿轮，但两轴线交错。常采用双重收缩齿，大齿轮螺旋角接近 $\beta=35°$，重合度和传动比均比弧齿锥齿轮大，工作平稳，承载能力大，且可降低车辆重心和获得较大地隙	可用于中、高速且载荷较大的动力传动，例如车辆主传动

表 10－2　标准直齿锥齿轮传动几何参数（正交，轴交角 $\Sigma=90°$）

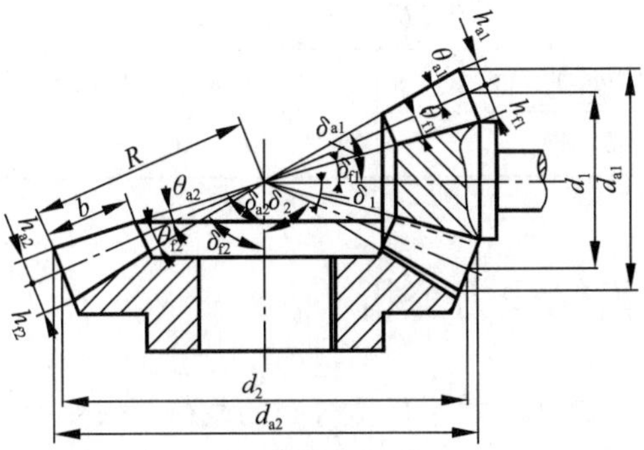

标准收缩齿 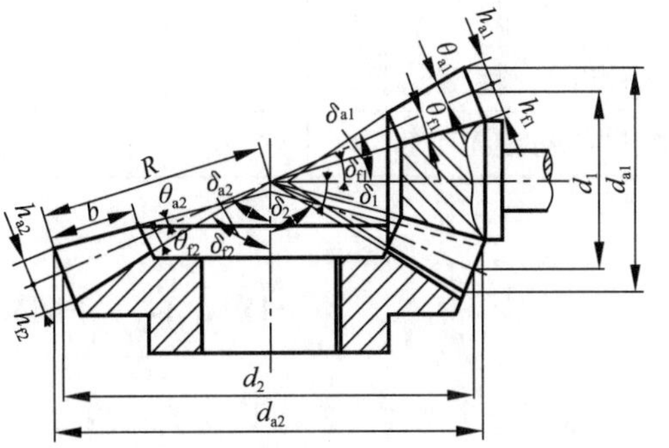　　　等顶隙收缩齿

名称	代号	小齿轮	大齿轮
齿数	z	不根切 $z_{1\min}=13$	z_2
齿数比	u	$u=z_2/z_1$	
分锥角	δ	$\delta_1=\arctan\left(\dfrac{1}{u}\right)$	$\delta_2=90°-\delta_1$
大端模数	m	由强度计算确定，并应该取标准系列	
齿顶高	h_a	$h_{a1}=h_a^* m$　一般 $h_a^*=1$	$h_{a2}=h_{a1}$
齿根高	h_f	$h_{f1}=(h_a^*+c^*)m$　一般 $c^*=0.2$	$h_{f2}=h_{f1}$
分度圆直径	d	$d_1=mz_1$	$d_2=mz_2$
齿顶圆直径	d_a	$d_{a1}=d_1+2h_{a1}\cos\delta_1$	$d_{a2}=d_2+2h_{a2}\cos\delta_2$
齿根圆直径	d_f	$d_{f1}=d_1-2h_{f1}\cos\delta_1$	$d_{f2}=d_2-2h_{f2}\cos\delta_2$
锥距	R	$R=\dfrac{m}{2}\sqrt{z_1^2+z_2^2}=\dfrac{d_1}{2}\sqrt{u^2+1}$	
齿宽系数	ϕ_R	一般 $\phi_R=1/3\sim1/4$	
齿宽	b	$b=\phi_R R$	
齿顶角	θ_a	标准收缩 $\theta_{a1}=\arctan(h_{a1}/R)$	$\theta_{a2}=\arctan(h_{a2}/R)$
		等顶隙收缩 $\theta_{a1}=\arctan(h_{f2}/R)$	$\theta_{a2}=\arctan(h_{f1}/R)$
齿根角	θ_f	$\theta_{f1}=\arctan(h_{f1}/R)$	$\theta_{f2}=\arctan(h_{f2}/R)$
顶锥角	δ_a	$\delta_{a1}=\delta_1+\theta_{a1}$	$\delta_{a2}=\delta_2+\theta_{a2}$
根锥角	δ_f	$\delta_{f1}=\delta_1-\theta_{f1}$	$\delta_{f2}=\delta_2-\theta_{f2}$
分度圆弧齿厚	S	$S_1=\pi m/2$	$S_2=\pi m/2$
当量齿数	z_v	$z_{v1}=z_1/\cos\delta_1$	$z_{v2}=z_2/\cos\delta_2$
当量齿数比	u_v	$u_v=z_{v2}/z_{v1}=u^2$	

续表

名称	代号	小齿轮	大齿轮
中点模数	m_m	$m_m=(1-0.5\phi_R)m$	
中点分度圆直径	d_m	$d_{m1}=d_1(1-0.5\phi_R)$	$d_{m2}=d_2(1-0.5\phi_R)$
中点当量分度圆直径	d_v	$d_{v1}=d_{m1}/\cos\delta_1$	$d_{v2}=d_{m2}/\cos\delta_2$

第二节　直齿锥齿轮受力分析

如图 10－1 所示，两齿轮在节点啮合，忽略摩擦力，将沿齿宽分布的载荷等效变换为集中作用在齿宽中点的法向力 F_{bn}（N），通常将法向力 F_{bn} 分解为相互垂直的三个分力：切向力 F_t（N）、径向力 F_r（N）、轴向力 F_a（N）。

对于主动齿轮 1，由图 10－1 可得

$$
\left.\begin{aligned}
F_{t1} &= \frac{2\,000T_1}{d_{m1}} \\
F_{r1} &= F_{t1}\tan\alpha\cos\delta_1 \\
F_{a1} &= F_{t1}\tan\alpha\sin\delta_1 \\
F_{bn} &= \frac{F_{t1}}{\cos\alpha}
\end{aligned}\right. \tag{10-1}
$$

式中，T_1 为作用在小齿轮上的名义转矩（N·m）；α 为分度圆压力角（rad）；δ_1 为小齿轮分锥角（rad）；d_{m1} 为齿轮齿宽中点分度圆直径（mm）。

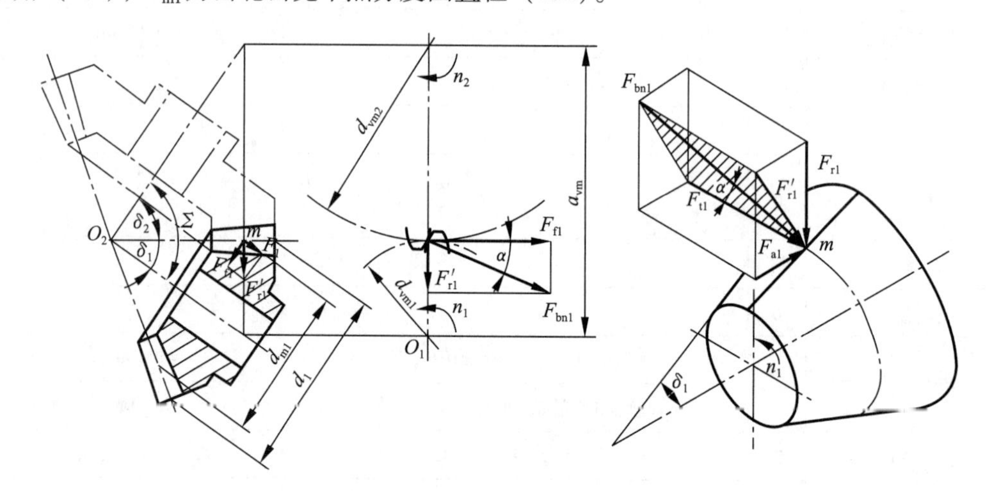

图 10－1　锥齿轮传动受力分析

对从动齿轮 2 可以同样分析，得到各个分力的计算公式。通常可以利用分力之间的关系式得到

$$F_{t2}=-F_{t1},\quad F_{r2}=-F_{a1},\quad F_{a2}=-F_{r1}$$

式中，负号表示方向相反。

各个分力方向的确定：

对于主动齿轮，切向力方向与节点运动方向相反；对于从动齿轮，切向力方向与节点运动方向相同；径向力方向均由节点垂直指向各自的轴线；轴向力方向均平行于各自轴线且由节点背离锥顶指向大端。

第三节　直齿锥齿轮传动的强度计算

直齿锥齿轮传动的强度计算是在齿宽中点的当量齿轮上进行，并且考虑锥齿轮传动的特点进行修正。

一、计算载荷

考虑各种影响因素后，锥齿轮传动的计算载荷为

$$F_{bnc} = 1.18 K_A K_v K_\alpha K_\beta F_{bn}$$

式中的系数1.18是考虑锥齿轮的基准齿形与圆柱齿轮的差异对载荷的影响。其余系数，可根据当量齿轮参数，根据表9-7、表9-8、图9-6、图9-7、图9-8确定。

锥齿轮传动当量齿轮的圆周速度 v_m（m/s）和齿宽系数 ϕ_{dm} 为

$$v_m = \pi d_{m1} n_1 / 6\,000$$

$$\phi_{dm} = \frac{b}{d_{m1}}$$

二、齿面接触疲劳强度

将锥齿轮传动的当量齿轮参数和计算载荷代入圆柱齿轮强度计算公式，并考虑锥齿轮的特点进行修正，可得直齿锥齿轮传动的齿面接触疲劳强度的校核公式和设计公式。

1. 校核公式

$$\sigma_H = Z_E Z_H Z_\varepsilon Z_K \sqrt{\frac{1.18 K F_{t1} \sqrt{(u^2+1)}}{b d_{m1} u}} \leqslant [\sigma_H] \qquad (10-2)$$

式中，Z_K 为锥齿轮系数，考虑配对齿轮的齿根和齿顶的修缘对强度的影响。如果进行了齿根和齿顶的修缘，$Z_K=0.85$；如果没有进行齿根和齿顶的修缘，$Z_K=1.00$。其余系数可根据当量齿轮参数，按直齿圆柱齿轮的方法确定。

2. 设计公式

对一般钢制标准锥齿轮传动，$Z_E=189.8$，$Z_H=2.5$，取 $\varepsilon_{v\alpha}=1.72$，$Z_\varepsilon=0.872$，假设没有进行齿根和齿顶的修缘，$Z_K=1.00$，令齿宽系数 $\phi_R=b/R$，考虑各个参数之间的关系式，可得钢制标准直齿锥齿轮齿面接触疲劳强度简化设计公式

$$R \geqslant 466\sqrt{u^2+1}\sqrt[3]{\frac{KT_1}{\phi_R(1-0.5\phi_R)^2 u[\sigma_H]^2}} \qquad (10-3)$$

式中，K 为载荷系数，可取1.2~2.0。

三、齿根弯曲疲劳强度

将锥齿轮传动的当量齿轮参数和计算载荷代入圆柱齿轮强度计算公式，可得直齿锥齿轮传动的齿根弯曲疲劳强度的校核公式和设计公式。

1. 校核公式

$$\sigma_F = \frac{1.18KF_{t1}}{bm_m}Y_{Fa}Y_{Sa}Y_\varepsilon \leqslant [\sigma_F] \tag{10-4}$$

式中，各个系数可根据当量齿轮参数，按直齿圆柱齿轮的方法确定。

2. 设计公式

对于一般钢制标准直齿圆柱齿轮，取 $Y_\varepsilon=1$，考虑当量齿轮参数之间的关系，可得钢制标准直齿锥齿轮齿根弯曲疲劳强度简化设计公式

$$m \geqslant 16.8\sqrt[3]{\frac{KT_1Y_{Fa}Y_{Sa}}{\phi_R(1-0.5\phi_R)^2z_1^2[\sigma_F]\sqrt{u^2+1}}} \tag{10-5}$$

式中，K 为载荷系数，可取 1.2～2.0。

第四节　结构设计

锥齿轮的结构可分为齿轮轴（图 10－2（a））、整体式（图 10－2（b））、腹板式（图 10－3）、组合式（图 10－4）几种。齿轮直径较小时，应该选择整体式结构；若轮体最小厚度 $\delta<1.6m$ 时，必须选择齿轮轴结构。齿顶圆直径小于 500 mm 时，可采用锻造齿轮；齿顶圆直径大于 500 mm 时，可采用铸造齿轮。对于组合式结构，要考虑锥齿轮的轴向力方向。

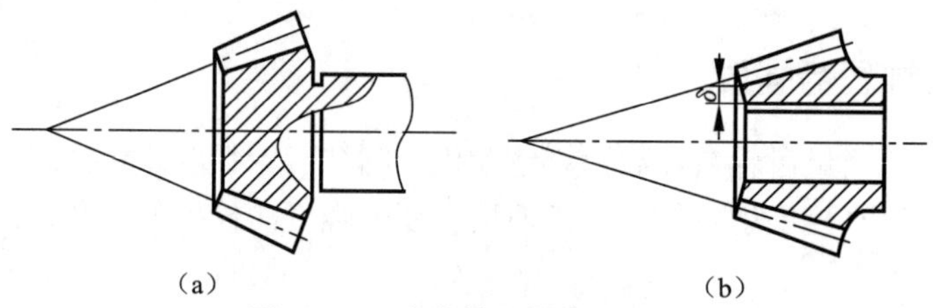

图 10－2　齿轮轴和整体式结构

（a）齿轮轴；（b）整体式结构

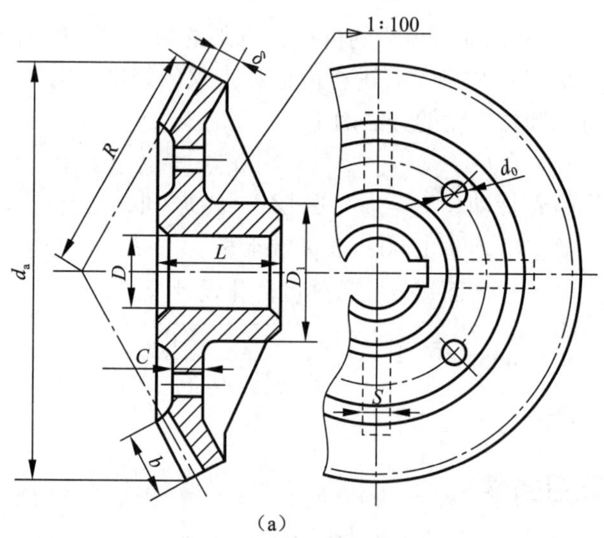

图 10－3　腹板式结构

（a）$d_m>300$ mm 铸造锥齿轮

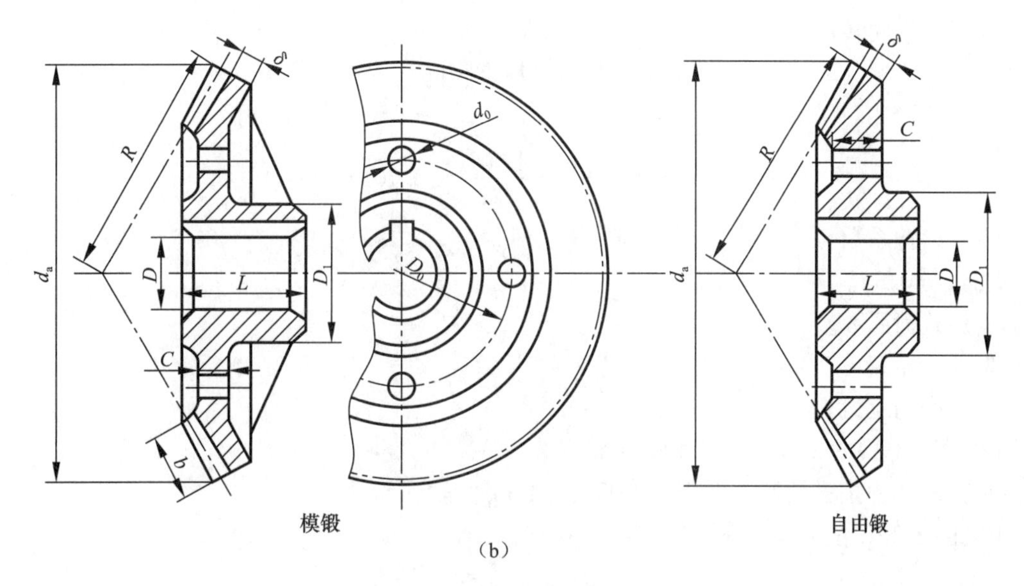

图 10 -3　腹板式结构（续）

（b）d_m <500 mm 锻造锥齿轮

$D_1 = 1.6D$（铸钢、锻钢）；$D_1 = 1.8D$（铸铁）；$L = (1 \sim 1.2)D$；

$\delta = (3 \sim 4)m$，不小于 10 mm；$C = (0.1 \sim 0.17)R$，不小于 10 mm；

$S = 0.8C$，不小于 10 mm；D_0、d_0 按结构确定

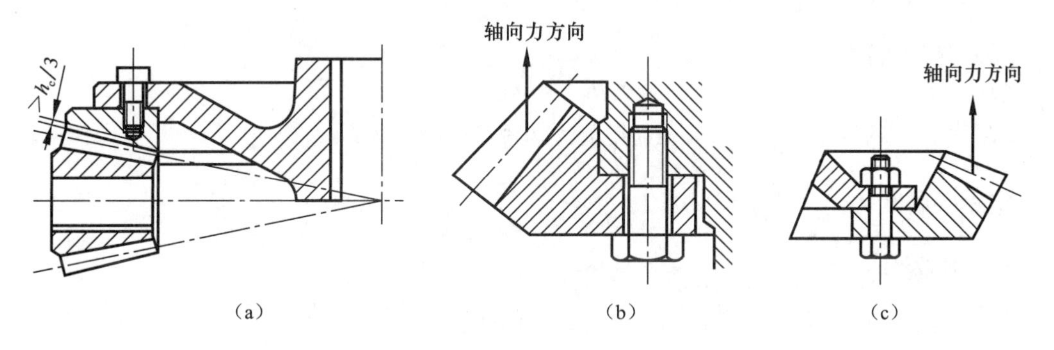

图 10 -4　组合式结构

（a）用于轴向力指向大端；（b）、（c）用于轴向力指向锥顶

（a）常用于轴向力指向大端的场合；若轴向力指向锥顶（如弧齿锥齿轮传动中），为使螺栓不承受拉力，应按（b）、（c）连接；（b）常用于双支承结构；（c）常用于悬臂支承结构

例　设计某机床用 6 级精度的直齿锥齿轮传动。已知：小齿轮传递的额定转矩 $T_1 =$ 114 N·m，转速 $n_1 = 1\,000$ r/min，大齿轮转速 $n_2 = 322$ r/min，两齿轮轴交叉成 90°，小齿轮悬臂，大齿轮两端支承，长期工作，大小齿轮均采用 20Cr 渗碳淬火，表面硬度 56 ~62 HRC。

解：

1. 按齿面接触疲劳强度设计主要尺寸

简化设计公式

$$R \geqslant 466\sqrt{u^2+1}\sqrt[3]{\frac{KT_1}{\phi_R(1-0.5\phi_R)^2u[\sigma_H]^2}}$$

（1）小齿轮转矩。

$$T_1 = 114\ \text{N} \cdot \text{m}$$

（2）齿数比。

$$u = i = \frac{n_1}{n_2} = \frac{1\,000}{322} = 3.105\,6$$

（3）齿宽系数。

取 $\phi_R = 0.35$。

（4）载荷系数。

取 $K = 2$。

（5）许用应力。

由图9－19（e），$\sigma_{Hlim} = 1\,500$ MPa。

由表9－9，按失效概率低于1/1 000，取 $S_{Hmin} = 1.25$。

由图9－20，按无限寿命查得：$Z_N = 1$。

$$[\sigma_{H1}] = [\sigma_{H2}] = \frac{\sigma_{Hlim}}{S_{Hmin}} = \frac{1\,500 \times 1}{1.25} = 1\,200(\text{MPa})$$

代入计算：

$$R \geqslant 466 \times \sqrt{3.105\,6^2 + 1} \times \sqrt[3]{\frac{2 \times 114}{0.35 \times (1 - 0.5 \times 0.35)^2 \times 3.105\,6 \times 1\,200^2}} = 90.94(\text{mm})$$

取 $R = 100$ mm。

（6）选取齿数。

取 $z_1 = 19$

$$z_2 = uz_1 = 3.105\,6 \times 19 = 59$$

实际齿数比 $u = \frac{z_2}{z_1} = \frac{59}{19} = 3.105\,3$

传动比误差：

$$\Delta i = i - \frac{z_2}{z_1} = 3.105\,6 - \frac{59}{19} = 0.000\,03, \quad \frac{\Delta i}{i} = \frac{0.000\,3}{3.105\,6} = 0.01\%$$

（7）按经验公式选取模数。

$$m = \frac{2R}{z_1\sqrt{u^2 + 1}} = \frac{2 \times 100}{19 \times \sqrt{3.105\,3^2 + 1}} = 3.23(\text{mm})$$

取标准模数 $m = 3.5$ mm。

（8）计算主要几何参数。

分度圆直径：

$$d_1 = mz_1 = 3.5 \times 19 = 66.50(\text{mm})$$
$$d_2 = mz_2 = 3.5 \times 59 = 206.5(\text{mm})$$

分锥角：

$$\delta_1 = \arctan\left(\frac{z_1}{z_2}\right) = \arctan\left(\frac{19}{59}\right) = 17.850\,32° = 17°51''01'$$

$$\delta_1 = 90° - \delta_1 = 90° - 17.850\,32° = 72.149\,68° = 72°08''59'$$

锥距：

$$R = \frac{m}{2}\sqrt{{z_1}^2 + {z_2}^2} = \frac{3.5}{2} \times \sqrt{19^2 + 59^2} = 108.472(\mathrm{mm})$$

齿宽：

$$b = \phi_R R = 0.35 \times 108.472 = 37.97(\mathrm{mm})$$

取 $b = 38$ mm。

当量齿数：

$$z_{v1} = \frac{z_1}{\cos\delta_1} = \frac{19}{\cos 17.850\,32^\circ} = 19.96$$

$$z_{v2} = \frac{z_2}{\cos\delta_2} = \frac{59}{\cos 72.149\,68^\circ} = 192.48$$

端面重合度：

$$\alpha_{a1} = \arccos\frac{z_{v1}\cos\alpha}{z_{v1} + 2h_a^*} = \arccos\frac{19.96 \times \cos 20^\circ}{19.96 + 2 \times 1} = 31.338\,4^\circ$$

$$\alpha_{a2} = \arccos\frac{z_{v2}\cos\alpha}{z_{v2} + 2h_a^*} = \arccos\frac{192.48 \times \cos 20^\circ}{192.48 + 2 \times 1} = 21.560\,7^\circ$$

$$\varepsilon_\alpha = \frac{1}{2\pi}[z_{v1}(\tan\alpha_{a1} - \tan\alpha) + z_{v2}(\tan\alpha_{a2} - \tan\alpha)]$$

$$= \frac{1}{2\pi}[19.96 \times (\tan 31.338\,4^\circ - \tan 20^\circ) + 192.48 \times (\tan 21.560\,7 - \tan 20^\circ)]$$

$$= 1.732\,9$$

齿宽中点圆周速度：

$$v_m = \frac{\pi(1 - 0.5\phi_R)d_1 n_1}{60 \times 1\,000} = \frac{\pi(1 - 0.5 \times 0.35) \times 66.5 \times 1\,000}{60 \times 1\,000} = 2.87(\mathrm{m/s})$$

中点分度圆直径：

$$d_{m1} = (1 - 0.5\phi_R)d_1 = (1 - 0.5 \times 0.35) \times 66.5 = 54.862\,5(\mathrm{mm})$$

中点分度圆模数：

$$m_m = (1 - 0.5\phi_R)m = (1 - 0.5 \times 0.35) \times 3.5 = 2.887\,5(\mathrm{mm})$$

2. 校核齿面接触疲劳强度

（1）齿面接触疲劳应力。

切向力：

$$F_{tm} = \frac{2\,000T_1}{d_{m1}} = \frac{2\,000 \times 114}{54.862\,5} = 4\,155.8(\mathrm{N})$$

查表 9－6，$K_A = 1.25$

查图 9－6，$K_v = 1.05$

查图 9－7，$K_\alpha = 1$

查图 9－8，并减小 8%，$K_\beta = 1.24$

查表 9－7，$Z_E = 189.8\sqrt{\mathrm{MPa}}$

查图 9－12，$Z_H = 2.5$

$$Z_\varepsilon = \sqrt{\frac{4-\varepsilon_\alpha}{3}} = \sqrt{\frac{4-1.7329}{3}} = 0.87$$

未修缘 $Z_K = 1$

齿面接触疲劳应力：

$$\sigma_H = Z_E Z_H Z_\varepsilon Z_K \sqrt{\frac{1.18 K_A K_V K_\alpha K_\beta F_t \sqrt{u^2+1}}{b d_{m1} u}}$$

$$= 189.8 \times 2.5 \times 0.87 \times 1 \times \sqrt{\frac{1.18 \times 1.25 \times 1.05 \times 1 \times 1.24 \times 4155.8 \times \sqrt{3.1053^2+1}}{38 \times 54.8625 \times 3.1053}}$$

$= 829(\text{MPa})$

（2）强度校核。

$$\sigma_H < [\sigma_H]$$

满足齿面接触疲劳强度要求。

3. 校核齿根弯曲疲劳强度

（1）齿根弯曲疲劳许用应力。

取 $Y_{ST} = 2$

由图9－22，得 $Y_N = 1$

由表9－8，失效概率低于1/1 000，$S_{Fmin} = 1.25$

由图9－21（d），$\sigma_{Flim} = 320$ MPa

许用应力：

$$[\sigma_{F1}] = [\sigma_{F2}] = \frac{\sigma_{Flim} Y_N Y_{ST}}{S_{Flim}} = \frac{320 \times 1 \times 2}{1.25} = 512(\text{MPa})$$

（2）齿根弯曲疲劳应力。

由图9－16，$Y_{Fa1} = 2.8$，$Y_{Fa2} = 2.1$

由图9－17，$Y_{Sa1} = 1.55$，$Y_{Sa2} = 1.86$

由图9－18，$Y_\varepsilon = 0.68$

$$\sigma_{F1} = \frac{1.18 K_A K_V K_\alpha K_\beta F_{tm}}{b m_m} Y_{Fa1} Y_{Sa1} Y_\varepsilon$$

$$= \frac{1.18 \times 1.25 \times 1.05 \times 1 \times 1.24 \times 4155.8}{38 \times 2.8875} \times 2.8 \times 1.55 \times 0.68$$

$= 215(\text{MPa})$

$$\sigma_{F2} = \frac{\sigma_{F1} Y_{Fa2} Y_{Sa2}}{Y_{Fa1} Y_{Sa1}} = \frac{215 \times 2.1 \times 1.86}{2.8 \times 1.55} = 194(\text{MPa})$$

（3）强度校核。

$$\sigma_{F1} < [\sigma_{F1}]$$
$$\sigma_{F2} < [\sigma_{F2}]$$

满足齿根弯曲疲劳强度要求。

4. 结构设计及工作图（略）

习　题

10－1　锥齿轮强度公式推导的依据是什么？它是考虑了哪些与圆柱齿轮的不同点后导出的？

10－2　如题10－2图所示的锥－柱齿轮传动，小锥齿轮1主动，直齿锥齿轮的齿数比 $u=2.5$，切向力 $F_t=5\,600$ N；标准渐开线斜齿圆柱齿轮传动的螺旋角 $\beta=11°36'$，切向力 $F_t=9\,500$ N。

（1）确定输出轴Ⅲ的转动方向。

（2）确定斜齿轮3的螺旋角方向，使轴Ⅱ的支承所受轴向力较小。

（3）画出大斜齿轮4和大锥齿轮2的各个分力方向。

（4）求轴Ⅱ支承所受轴向力的数值。

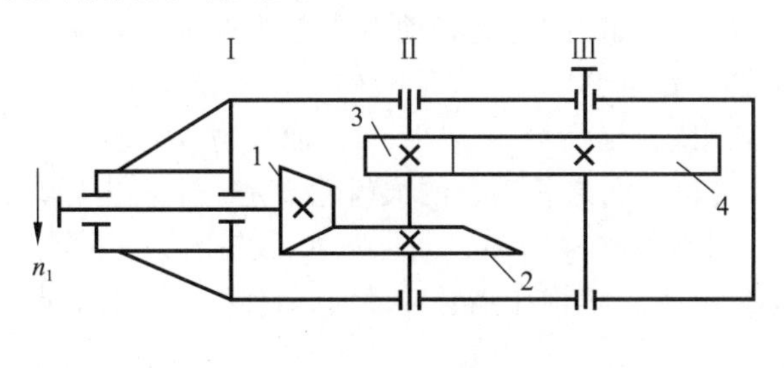

题10－2图

10－3　设计用于螺旋输送机的直齿锥齿轮传动。已知 $P_1=1.8$ kW，$n_1=250$ r/min，$u=2.3$，$\Sigma=90°$，齿轮寿命按无限寿命，小齿轮悬臂布置，电动机驱动。

第十一章

蜗 杆 传 动

第一节 概　　述

一、蜗杆传动的形成

蜗杆传动是由交错轴斜齿圆柱齿轮传动演变而来的，它由蜗杆和蜗轮组成（图 11－1）。蜗杆传动用来传递空间两交错轴间的运动和动力。通常两轴交角为 90°。

在两轴的交角 $\Sigma=\beta_1+\beta_2=90°$ 的斜齿轮机构中，将小齿轮 1 的螺旋角 β_1 取较大值，其分度圆柱的直径 d_1 取较小值，当齿数 z_1 取 1～4，而齿宽 b_1 较长时，小齿轮外形酷似一根螺杆，称为蜗杆（图 11－2）。与之相啮合的大齿轮 2 是一个斜齿轮，其螺旋角 β_2 较小，分度圆柱的直径 d_2 很大，则当齿数 z_2 较多，而齿宽 b_2 较短时，实际是一个斜齿轮，被称为蜗轮。这样的交错轴斜齿圆柱齿轮机构在啮合传动时，齿廓间的接触仍为点接触。

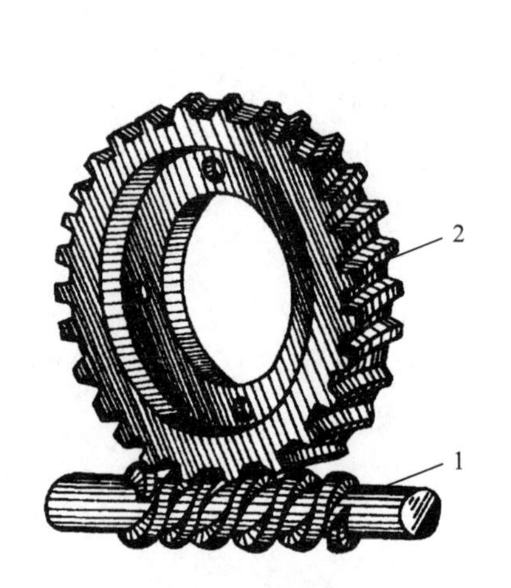

图 11－1　蜗杆传动

1—蜗杆；2—蜗轮

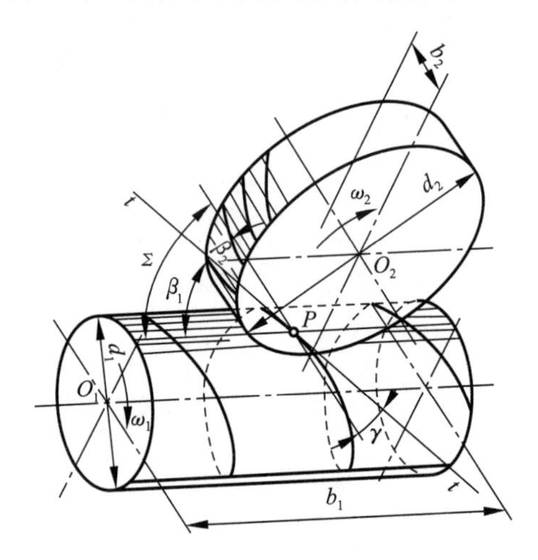

图 11－2　蜗杆的形成

蜗杆在分度圆柱上具有完整的螺旋齿，通常以蜗杆为主动件做减速运动，当其反行程不自锁时，蜗轮可为主动件做增速运动。

通常将蜗轮分度圆柱面的直母线改为圆弧形，使其部分地包住蜗杆（图 11－3（a）），同时用与蜗杆形状和参数相同的滚刀范成加工蜗轮，这样加工出的蜗轮与蜗杆在啮合传动时，能保证齿廓间为线接触，以便传递较大的动力。

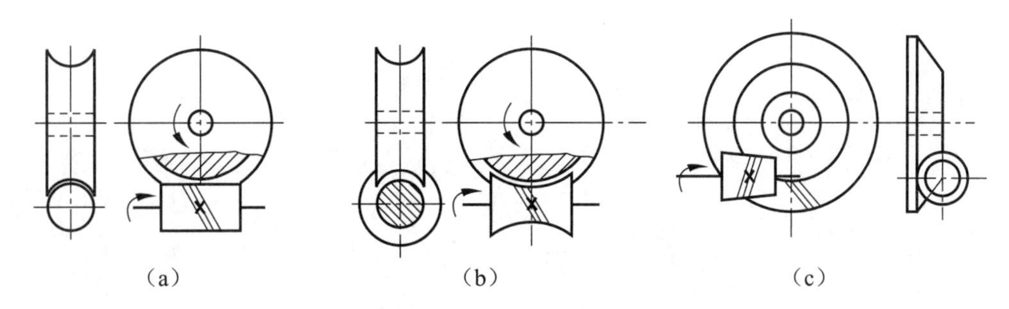

图 11－3　几种常用蜗杆传动

(a) 圆柱蜗杆传动；(b) 环面蜗杆传动；(c) 锥蜗杆传动

二、蜗杆传动的分类

根据蜗杆形状不同，蜗杆传动可分为圆柱蜗杆传动、环面蜗杆传动和锥蜗杆传动三大类（图 11－3），应用最广泛的是圆柱蜗杆传动。

1. 圆柱蜗杆传动

根据蜗杆齿面形状或所用刀具形状的不同，圆柱蜗杆传动又分为普通圆柱蜗杆传动和圆弧齿圆柱蜗杆传动（ZC 型）。

（1）普通圆柱蜗杆传动。

普通圆柱蜗杆齿面一般是在车床上用直线刀刃的车刀车制而成（除 ZK 型锥面包络圆柱蜗杆外），车刀安装位置不同，加工出的蜗杆齿面在不同截面中有着不同的齿廓曲线。根据不同的蜗杆齿廓形状及形成机理，普通圆柱蜗杆又可分为以下几种：

1）阿基米德圆柱蜗杆传动（ZA 型）（图 11－4（a））——端面齿廓为阿基米德螺旋线。

阿基米德圆柱蜗杆通常在车床上加工，用直线刀刃的梯形车刀切削而成。刀具切削刃顶面通过蜗杆轴线，蜗杆端面上的齿廓曲线为阿基米德螺旋线；中间平面内的齿廓为直边梯形，如齿条齿廓。阿基米德圆柱蜗杆车削工艺好，但精度低，难以精确磨削。由于传动的啮合特性差，只用于中小载荷、中小速度及间歇工作的场合。

2）渐开线圆柱蜗杆传动（ZI 型）（图 11－4（b））——端面齿廓为渐开线。

渐开线圆柱蜗杆在垂直其轴线的截面内，蜗杆端面的齿廓曲线为渐开线。刀刃与蜗杆的基圆柱相切，其他平面内的齿廓为曲线。这种蜗杆要求在专用机床上用平面砂轮磨削，承载能力大，效率高，用于传递载荷和功率较大的场合。

3）法向直廓圆柱蜗杆传动（ZN 型）（图 11－4（c））。

法向直廓圆柱蜗杆与 ZA 蜗杆相似，其直线刀刃放在蜗杆的法平面，在该平面内齿廓是直线，在端面上是延伸渐开线。该蜗杆切削而成，加工精度低。应用场合与 ZA 蜗杆的相同，多用于分度蜗杆传动。

4）锥面包络圆柱蜗杆传动（ZK 型）（图 11－4（d））。

锥面包络圆柱蜗杆在铣床和磨床上加工，采用直母线双锥面盘铣刀或砂轮放置在蜗杆齿槽的法面内加工。蜗杆的齿面由刀具的回转面包络而成，各个截面内的齿廓均为曲线。加工容易，精度高，但设计较复杂，一般用于中速、中载、连续运转的动力蜗杆传动。

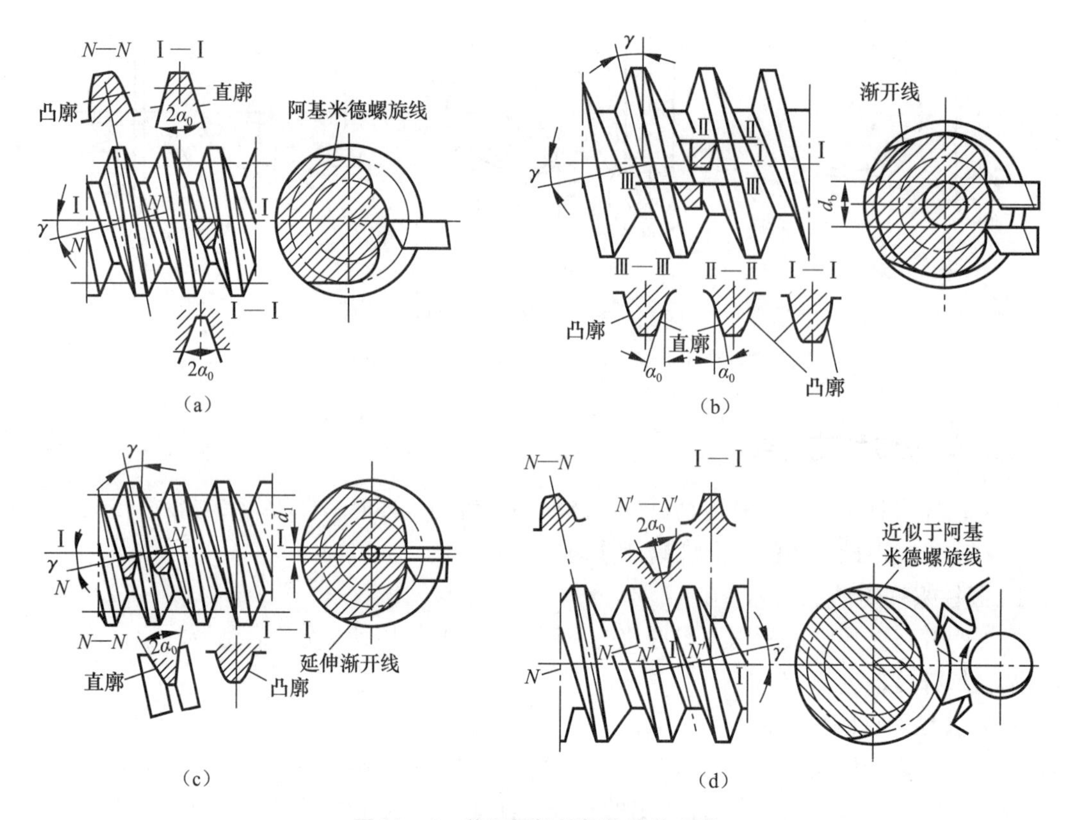

图 11-4　普通圆柱蜗杆传动的分类

（a）阿基米德蜗杆（ZA 蜗杆）；（b）渐开线蜗杆（ZI 蜗杆）；
（c）法向直廓蜗杆（ZN 蜗杆）；（d）锥面包络圆柱蜗杆（ZK 蜗杆）

（2）圆弧齿圆柱蜗杆传动。

圆弧齿圆柱蜗杆是将直母线的刀具改为圆弧形，在任何截面上加工出均为凹圆弧的齿廓，与之共轭的蜗轮轮齿为凸形齿廓。这种蜗杆传动是凸凹圆弧啮合，工作时有利于润滑油膜形成，其综合曲率半径大，接触强度高，承载能力较阿基米德圆柱蜗杆传动提高约 50% ~100%，故在批量生产的蜗杆减速器中已逐步取代了阿基米德圆柱蜗杆传动，但其对中心距的误差较敏感。

2. 环面蜗杆传动

环面蜗杆在轴向的外形是以凹圆弧为母线所形成的旋转曲面，蜗轮的节圆与蜗杆的节圆弧重合，啮合齿对多，而且轮齿接触线与蜗杆齿运动方向近似于垂直，具备了良好的油膜形成条件，使承载力和效率大大提高。本章将在第九节详细介绍环面蜗杆传动的形成原理及传动特点。

3. 锥蜗杆传动

锥蜗杆为一等导程的锥形螺旋，蜗轮则与曲线齿锥齿轮相似，用与锥蜗杆参数相同的滚刀加工而成。其传动特点是啮合齿数多，重合度大，传动平稳，承载能力和效率较高。但由于结构的原因，传动具有不对称性。

上述各种新型蜗杆传动，与圆柱形蜗杆传动相比，具有啮合性能好、承载能力大和机械效率高等优点，但因其设计和加工均较复杂，故目前应用尚不普遍。

三、蜗杆传动的特点及应用

与齿轮传动相比较，蜗杆传动具有以下特点：

（1）单级传动比较大，结构紧凑。在动力传动中，传动比一般为 5 ~ 80（常用为 15 ~ 50），在分度机构或手动机构的传动中，传动比可达 300；在只传递运动的场合，采用导程角很小的单头蜗杆时，传动比可达几百甚至到 1 000。

（2）传动平稳，无噪声。在蜗杆传动中同时啮合的齿对数较多，啮合过程是连续不断的螺旋齿啮合，故振动和冲击载荷小。

（3）传动效率较低，磨损严重。蜗杆传动与螺旋齿轮传动相似，啮合轮齿间的相对滑动速度较大，摩擦与磨损较大，易出现发热和温升过高的现象，因而传动效率较低。该缺点在大传动比、大功率和长期使用时尤为突出，提高传动效率就成为新型蜗杆传动的一个研究重点。

当蜗杆主动时，传动效率 η 一般为 0.7 ~ 0.9，而自锁蜗杆传动的效率 η 小于 0.5。为减轻齿面磨损，防止胶合，保证有一定的使用寿命，蜗轮常用青铜等贵重的减摩材料来制造，成本较高。

（4）具有自锁性。当蜗杆的导程角 γ 小于啮合轮齿间的当量摩擦角 ρ_v 时，机构反行程具有自锁性，此时只能以蜗杆为主动件带动蜗轮进行传动。如在起重机械中使用的自锁蜗杆机构，其反向自锁性可起安全保护作用。

（5）对制造和安装误差很敏感，安装时对中心距的尺寸精度要求较高。

蜗杆传动通常用在两轴交错、传动比大且要求结构紧凑或自锁的场合，以及传动功率不大或间歇工作的场合。当要求传递较大功率时，为提高传动效率，常取 $z_1 = 2 \sim 4$。蜗杆传动在机床、汽车、冶金、矿山和起重运输机械设备等的传动系统及仪器仪表中得到了广泛应用，同时蜗杆传动的自锁性常被用于各种提升设备、电梯、卷扬机等起重机械中，起安全保护作用。

第二节　阿基米德圆柱蜗杆传动

从蜗杆传动的类型，了解到阿基米德圆柱蜗杆的基本特性。本章重点以阿基米德圆柱蜗杆传动为例，讨论普通圆柱蜗杆传动的设计计算问题。

一、蜗杆传动的主要参数和几何尺寸计算

蜗轮蜗杆啮合时，通过蜗杆轴线并垂直于蜗轮轴线的平面被称为中间平面或主平面，如图 11 - 5 所示。在中间平面上与阿基米德蜗杆相配的蜗轮是渐开线齿廓，蜗杆与蜗轮的啮合传动相当于齿条与齿轮的传动，因此，中间平面是蜗杆传动设计计算的基准面。通常蜗杆、蜗轮轮齿的参数和尺寸均在该平面内确定，在该平面内可沿用齿轮传动的参数和几何关系，并以此作为蜗杆传动的基准参数。

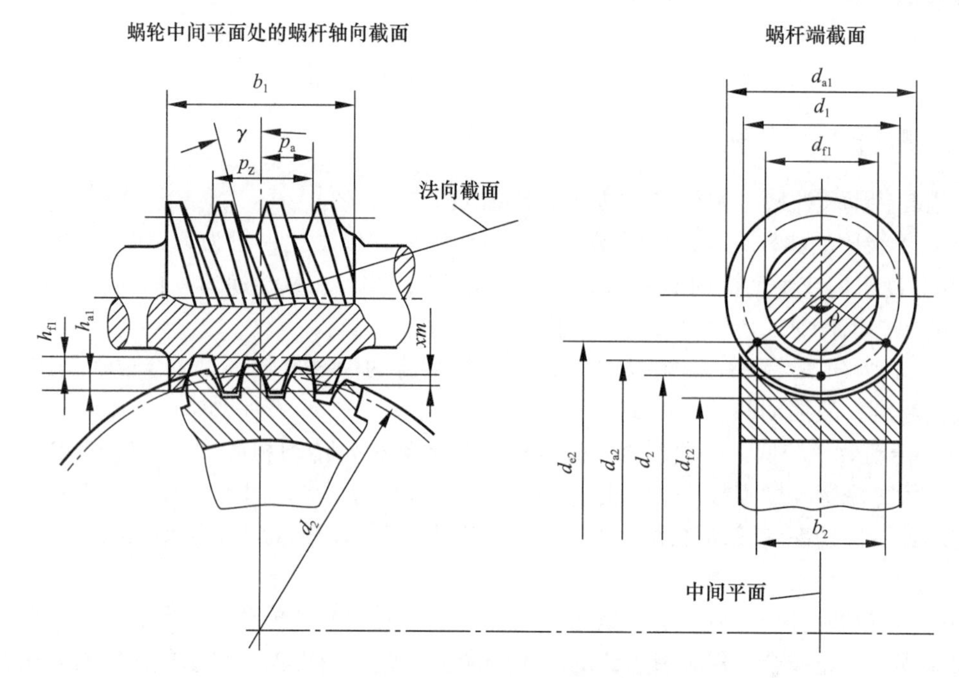

图11－5　圆柱蜗杆传动的几何尺寸

1. 蜗杆传动的正确啮合条件

蜗杆传动的正确啮合条件与齿条和齿轮传动相同。即在中间平面内，

$$m_{a1} = m_{t2} = m \tag{11-1}$$

$$\alpha_{a1} = \alpha_{t2} = \alpha \tag{11-2}$$

式中，m_{a1}、α_{a1}为蜗杆的轴向模数和轴向压力角；m_{t2}、α_{t2}为蜗轮的端面模数和端面压力角；m为蜗杆传动的标准模数，见表11－1；α为标准压力角，取$\alpha=20°$。

ZI、ZN、ZK蜗杆的标准压力角在法平面内，其法向压力角α_n为标准值，$\alpha_n=20°$，它们在蜗轮中间平面上。蜗杆轴向压力角与法向压力角的关系为

$$\tan\alpha_a = \tan\alpha_n/\cos\gamma \tag{11-3}$$

由于蜗杆传动是蜗杆与蜗轮两轴线空间交错为90°的空间运动，蜗杆轮齿的螺旋线方向可分为左、右旋，无特别要求时，蜗杆传动采用右旋蜗杆。为保证蜗杆传动的正确啮合，必须使蜗杆与蜗轮轮齿的螺旋线方向相同，蜗杆分度圆柱上的导程角γ与蜗轮分度圆上的螺旋角β等值同向，即$\gamma=\beta_2$。

2. 模数 *m*

在中间平面内，蜗杆的轴向齿距p_a应与蜗轮端面齿距p_t相等。蜗杆的轴平面的模数m_a与蜗轮的端面模数m_t相等且为标准模数。普通圆柱蜗杆传动的标准模数值按表11－1选取。

表 11-1 普通圆柱蜗杆传动基本尺寸及其参数（摘自 GB/T10085—1988）

模数 m/mm	分度圆直径 d_1/mm	蜗杆头数 z_1	m^2d_1 /mm^3	模数 m/mm	分度圆直径 d_1/mm	蜗杆头数 z_1	m^2d_1 /mm^3
1	**18**	1	18	6.3	(80)	1，2，4	3 175.2
1.25	20	1	31.25		**112**	1	4 445.3
	22.4	1	35	8	(63)	1，2，4	4 032
1.6	20	1，2，4	51.2		80	1，2，4，6	5 120
	28	1	71.68		(100)	1，2，4	6 400
2	(18)	1，2，4	72		**140**	1	8 960
	22.4	1，2，4，6	89.6	10	(71)	1，2，4	7 100
	(28)	1，2，4	112		90	1，2，4，6	9 000
	35.5	1	142		(112)	1	11 200
2.5	(22.4)	1，2，4	140		160	1	16 000
	28	1，2，4，6	175	12.5	(90)	1，2，4	14 062.5
	(35.5)	1，2，4	221.88		112	1，2，4	17 500
	45	1	281.25		(140)	1，2，4	21 875
3.15	(28)	1，2，4	277.83		200	1	31 250
	(35.5)	1，2，4，6	252.25	16	(112)	1，2，4	28 672
	(45)	1，2，4	446.52		140	1，2，4	35 840
	56	1	555.67		(180)	1，2，4	46 080
4	(31.5)	1，2，4	504		250	1	64 000
	40	1，2，4，6	640	20	(140)	1，2，4	56 000
	(50)	1，2，4	800		160	1，2，4	64 000
	71	1	1 136		(224)	1，2，4	89 600
5	(40)	1，2，4	1 000		315	1	126 000
	50	1，2，4，6	1 250	25	(180)	1，2，4	112 500
	(63)	1，2，4	1 575		200	1，2，4	125 000
	90	1	2 250		(280)	1，2，4	175 000
6.3	(50)	1，2，4	1 984.5		400	1	250 000
	63	1，2，4，6	2 500.5				

注：括号内分度圆直径值尽量不用，黑体 d_1 值为蜗杆导程角 $\gamma<3°30'$ 的自锁蜗杆。

3. 蜗杆导程角 γ

蜗杆导程角 γ 是指蜗杆分度圆柱螺旋线上任一点的切线与端面间所夹的锐角，如图 11-6 所示。

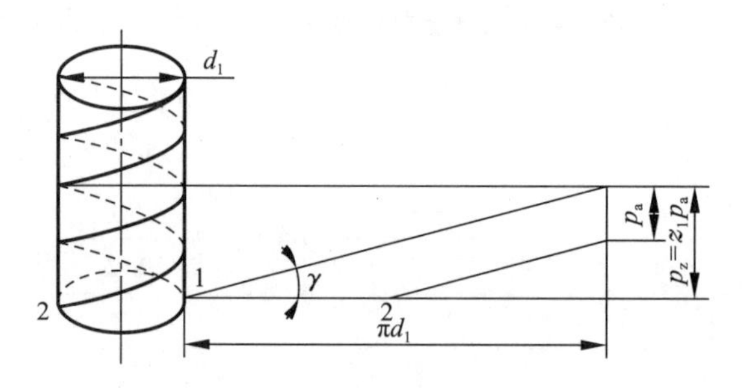

图11－6　圆柱蜗杆导程角

由螺纹形成原理知，蜗杆头数 z_1、轴向齿距 p_a 与导程角 γ 满足如下几何关系：

$$\tan\gamma = \frac{z_1 p_a}{\pi d_1} = \frac{z_1 m}{d_1} \tag{11-4}$$

蜗杆传动的啮合效率与导程角的大小有关，导程角大，传动效率高，但车削蜗杆时加工困难，并且齿面间相对滑动速度也随之增大。当润滑不良时，还会加速齿面间的磨损。

对于动力传动，为提高传动效率，宜选取较大的导程角 γ。常取 $\gamma = 15° \sim 30°$，此时多为多头蜗杆。

蜗杆的导程角小，则传动效率低，易自锁，通常要求自锁的传动，则取 $\gamma = 3.5° \sim 4.5°$。

按国家标准，γ 多数在 $3° \sim 31°$之间。

4. 蜗杆的分度圆直径 d_1 和直径系数 q

蜗杆的分度圆直径也称蜗杆直径。为保证蜗轮蜗杆正确啮合传动，按范成原理加工蜗轮时所使用的滚刀，其直径和齿形参数必须与蜗杆的几何参数基本一致。由于相同的模数，可以有许多不同的蜗杆直径，而对每一模数都要配备很多把相对应的蜗轮滚刀，以适应不同的蜗杆直径，这样很不经济。为使刀具尺寸标准化，并减少加工刀具的数量，国家标准对蜗杆分度圆直径 d_1 制定了标准系列值，即对每一标准模数 m 规定了一定数量的蜗杆分度圆直径 d_1，并把其分度圆直径和模数的比值称为蜗杆的直径系数 q，即

$$q = \frac{d_1}{m} \tag{11-5}$$

故 $d_1 = mq$。

d_1、m 为标准值，q 为导出值。蜗杆的分度圆直径 d_1 及直径系数 q 值见表11－1。

若采用非标准滚刀或飞刀切削蜗轮，则 d_1 不受该标准的限制。

蜗杆分度圆直径 d_1 小时，其刚性小，挠度大；蜗轮滚刀采用整体结构，强度较低，刀齿数目少，磨损快，齿形和齿形角误差大，且导程角大，效率较高。蜗杆分度圆直径 d_1 大时，其刚性大，挠度小；蜗轮滚刀可以套装，结构强度大，刀齿数目多，磨损慢，且导程角小，传动效率较低；这时圆周速度大，易形成油膜，润滑条件较好。

5. 蜗杆头数 z_1 和蜗轮齿数 z_2

常用的蜗杆头数为1、2、4、6，可根据要求的传动比和效率来选择。

$z_1 = 1$ 时的单头蜗杆，传动比大，易自锁，但效率低，通常用在要求蜗杆传动实现反行程自锁时，不宜用于传递功率较大的场合；当传动比较小时，为了避免蜗轮轮齿发生根切，或为了在传递大功率时提高传动效率，可采用多头蜗杆，但蜗杆的头数过多，导程角大，加

工困难。

蜗轮齿数 $z_2 = iz_1$，用滚刀切制蜗轮时，不产生根切的齿数为 $z_{2\min} = 17$，但对蜗杆传动而言，当 $z_2 < 26$ 时，其啮合区急剧减小，为保证蜗杆传动的平稳性和承载能力，一般取 $z_2 = 27 \sim 80$。对于中小功率传动，常取 $z_2 = 30 \sim 50$；若功率大于 20 kW，多取 $z_2 = 50 \sim 70$；当 $z_2 < 22$（$z_1 = 1$）或 $z_2 \leqslant 26$（$z_1 > 1$）时，发生根切和干涉，影响平稳性；当 $z_2 \geqslant 30$ 时，蜗杆传动可实现两对齿以上的啮合。

但是对于动力传动，z_2 也不宜大于 80，因为当蜗轮直径 d_2 不变时，z_2 越大，模数就越小，这将削弱蜗轮轮齿的弯曲疲劳强度。而如果模数不变，则蜗轮直径增大，导致传动结构尺寸变大，蜗杆轴的支承跨距加长，致使蜗杆轴的弯曲刚度降低，容易产生挠曲而影响正常的啮合。蜗杆传动用于分度传动时，可不受齿数限制。

z_1 和 z_2 的推荐值见表 11－2。

表 11－2　蜗杆头数 z_1 和蜗轮齿数 z_2 的推荐值

$i = z_2/z_1$	5 ~ 6	7 ~ 8	9 ~ 13	14 ~ 24	25 ~ 27	28 ~ 40	≥40
z_1	6	4	3 ~ 4	2 ~ 3	2 ~ 3	1 ~ 2	1
z_2	30 ~ 36	28 ~ 32	28 ~ 52	28 ~ 72	50 ~ 81	28 ~ 80	≥40

6. 传动比 *i* 和齿数比 *u*

蜗杆传动通常以蜗杆为主动件，其传动比为

$$i = n_1/n_2 = z_2/z_1 \tag{11-6}$$

式中，n_1、n_2 分别为蜗杆和蜗轮的转速（r/min）；z_1、z_2 分别为蜗杆头数和蜗轮齿数。

应当指出：蜗杆传动在减速时，其传动比 $i = z_2/z_1$，但 $i \neq d_2/d_1$。

国家标准中规定了一级圆柱蜗杆减速装置的传动比 i 的公称值应由下列数值中选取：5，7.5，10，12.5，15，20，25，30，35，40，50，60，70，80。其中，10，20，40，80 为基本传动比，应优先选用。

蜗杆传动的齿数比为 $u = z_2/z_1$。对于蜗杆为主动的减速传动，$i = u$。

为提高蜗杆副的加工精度，齿数比 u 宜避免整数，通常取 $5 \leqslant u \leqslant 70$，优先采用 $15 \leqslant u \leqslant 50$，增速传动取 $5 \leqslant u \leqslant 15$。

7. 传动中心距 *a*

蜗杆传动的中心距

$$a = \frac{1}{2}(d_1 + d_2) = \frac{1}{2}m(q + z_2) \tag{11-7}$$

中心距的大小反映能够传递功率的大小。

国家标准规定了标准蜗杆减速装置的中心距值，见表 11－3。

表 11－3　蜗杆传动中心距的标准系列值　　mm

40，50，63，80，100，125，160，（180），200，（225），250，（280），315，（355），400，（450），500
注：括号内数字尽可能不用。大于 500 mm 时，按 R_{20} 优先数选用（R_{20} 为公比 $\sqrt[20]{10}$ 的级数）。

二、蜗杆传动的变位

蜗杆传动变位的主要目的是调整中心距或微量改变传动比。

蜗杆传动的变位方法与齿轮传动的变位方法相似，也是利用刀具相对蜗轮毛坯的径向位移来实现。由于切制蜗轮的滚刀的齿形和尺寸与蜗杆的齿廓形状和尺寸相同，而刀具的尺寸不能变动，因此，被变动的只是蜗轮的尺寸，即只对蜗轮进行变位，而蜗杆不变位。

变位后蜗杆的参数和尺寸保持不变，只是节圆不再与分度圆重合；而变位后的蜗轮其节圆和分度圆却仍然重合，只是其齿顶圆和齿根圆改变了，这是蜗杆传动变位的一个特点。

根据使用场合的不同，常用下述两种变位传动。

1. 调整中心距

变位前后，蜗轮的齿数 z_2 不变，仅传动中心距改变。

设变位前后的中心距分别为 a 和 a'（图 11－7），则未变位时蜗杆传动中心距为

$$a = \frac{1}{2}(d_1 + d_2) = \frac{1}{2}m(q + z_2)$$

变位后蜗杆传动中心距

$$a' = a + xm = \frac{1}{2}m(q + z_2 + 2x) \tag{11-8}$$

式中，x 为蜗轮变位系数，其值可由下式求出：

$$x = \frac{a' - a}{m} = \frac{a'}{m} - \frac{1}{2}(q + z_2)$$

由于变位系数 x 过大会引起齿顶变尖，而过小又会引起轮齿根切，因此考虑到接触情况和曲率大小等因素，蜗杆变位系数通常在推荐范围 $-0.5 \leqslant x \leqslant +0.5$ 内取值。采用正变位系数有利于提高蜗轮轮齿强度和承载能力，采用负变位系数能改善蜗杆传动的摩擦、磨损。

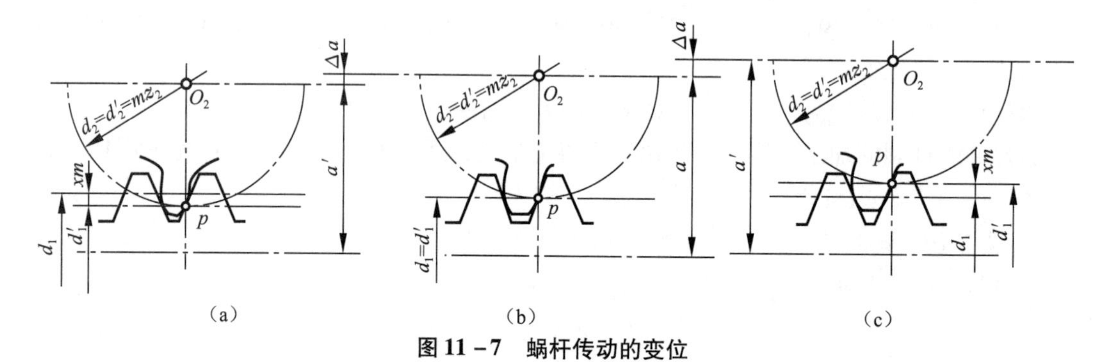

图 11－7　蜗杆传动的变位

(a) 凑中心距，$a > a'$，$x_2 < 0$；(b) 不变位，$x = 0$；(c) 凑中心距，$a < a'$，$x_2 > 0$

2. 调整传动比

变位前后，蜗轮的传动中心距不变，仅改变蜗轮齿数 z_2 来调整传动比。

设变位前后蜗轮的齿数分别为 z_2 和 z_2'，则有

$$a = \frac{1}{2}m(q + z_2) = a' = \frac{1}{2}m(q + 2x + z_2')$$

得到

$$x = \frac{1}{2}(z_2 - z_2')$$

利用这种变位方法，蜗杆传动的传动比调整范围极其有限。

三、蜗杆传动的几何尺寸计算

圆柱蜗杆传动的基本几何尺寸及其计算公式见图 11－5 和表 11－4。

表 11－4　普通圆柱蜗杆传动基本几何尺寸计算公式

名称	符号	计算公式	
		蜗杆	蜗轮
模数	m	$m=m_a=m_n/\cos\gamma$	
蜗杆轴向齿距	p_a	$p_a=\pi m$	
蜗杆导程	p_z	$p_z=\pi m z_1$	
分度圆直径	d	$d_1=mq=mz_1/\tan\gamma$	$d_2=mz_2=2a-d_1-2xm$
节圆直径	d'	$d_1'=d_1+2xm=m(q+2x)$	$d_2'=d_2$
齿顶高	h_a	$h_{a1}=h_a^* m=\frac{1}{2}(d_{a1}-d_1)$	$h_{a2}=\frac{1}{2}(d_{a2}-d_2)=m(h_a^*+x)$
齿根高	h_f	$h_{f1}=(h_a^*+c^*)m=\frac{1}{2}(d_1-d_{f1})$	$h_{f2}=\frac{1}{2}(d_2-d_{f2})=m(h_a^*-x+c^*)$
顶隙	c	$c=c^* m$	
全齿高	h	$h_1=h_{a1}+h_{f1}=\frac{1}{2}(d_{a1}-d_{f1})$	$h_2=h_{a2}+h_{f2}=\frac{1}{2}(d_{a2}-d_{f2})$
齿顶圆直径	d_a	$d_{a1}=d_1+2h_{a1}$	$d_{a2}=d_2+2h_{a2}$
齿根圆直径	d_f	$d_{f1}=d_1-2h_{f1}$	$d_{f2}=d_2-2h_{f2}$
渐开线蜗杆基圆直径	d_{b1}	$d_{b1}=d_1\tan\gamma/\tan\gamma_b=mz_1/\tan\gamma_b$	
渐开线蜗杆导程角	γ	基圆 $\cos\gamma_b=\cos\gamma\cos\alpha_n$；分度圆 $\gamma=\arctan(z_1/q)$； 节圆 $\gamma'=\arctan(z_1/(q+2x))$	
中心距	a	$a=\frac{1}{2}(d_1+d_2)$，变位时 $a'=\frac{1}{2}(d_1+d_2+2xm)$	
蜗杆齿宽 （蜗杆螺纹部分长度）	b_1	由设计确定，可参考公式：$b_1\approx 2.5m\sqrt{z_2+1}$， 或通过表 11－14 中推荐公式计算	
蜗轮齿宽	b_2	由设计确定，可参考公式：$b_2\approx 2m(0.5+\sqrt{q+1})$， 或当 $z_1<3$ 时，$b_2\leqslant 0.75d_{a1}$；$z_1=4\sim6$ 时，$b_2\leqslant 0.67d_{a1}$	
蜗轮齿宽角	θ	$\theta=2\arcsin(b_2/d_1)$	
蜗轮咽喉母圆半径	r_{g2}	$r_{g2}=a-d_{a2}/2$	
蜗杆齿厚	s	轴向：$s_a=\frac{1}{2}\pi m$；法向：$s_n=s_a\cos\gamma$	
蜗轮齿厚	s_t	按蜗杆节圆处轴向齿槽宽确定	
蜗轮外圆直径	d_{e2}	$d_{e2}\leqslant d_{a2}+2m$（$z_1=1$ 时）；$d_{e2}\leqslant d_{a2}+1.5m$（$z_1=2$ 时）； $d_{e2}\leqslant d_{a2}+m$（$z_1=4\sim6$ 时），或由结构确定	

第三节　蜗杆传动的相对滑动速度与效率

一、蜗杆传动的相对滑动速度

蜗杆传动的两轴线空间交错成90°，工作时蜗杆与蜗轮的线速度方向（v_1，v_2）互相垂直，在其啮合面间会产生较大的相对滑动速度 v_s，造成沿齿高和齿长两方向均出现相对滑动。由图11－8可知，相对滑动速度 v_s 沿蜗杆轮齿螺旋线方向，设蜗杆和蜗轮的圆周速度分别为 v_1 和 v_2，

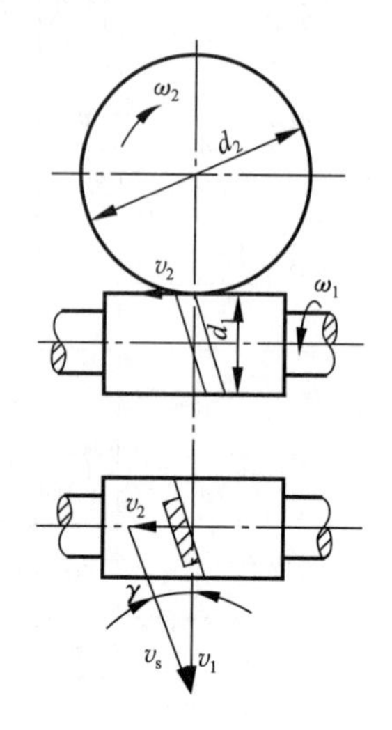

图11－8　蜗杆传动的滑动速度

相对滑动速度计算公式如下：

$$v_s = \sqrt{v_1^2 + v_2^2} = \frac{v_1}{\cos\gamma} = \frac{\pi d_1 n_1}{60 \times 1\,000\cos\gamma} \quad (11-9)$$

式中，d_1 为蜗杆分度圆直径（mm）；n_1 为蜗杆转速（r/min）；v_s 为相对滑动速度（m/s）。

相对滑动速度 v_s 的大小直接影响着蜗杆传动。当蜗杆传动选用合适的润滑油并具备良好的润滑条件时，相对滑动速度越大，齿面间越容易形成油膜，使齿面间摩擦系数减小，减少磨损，传动的效率和承载能力得到提高。在确定传动方案时，常将蜗杆传动布置在高速级。

当润滑和散热条件不良时，相对滑动速度 v_s 大，会使传动发热严重，易产生齿面磨损和胶合，蜗杆的传动效率降低。

二、蜗杆传动的效率

闭式蜗杆传动的功率损失如同闭式齿轮传动，一般包括三个部分：齿面间啮合摩擦损失、轴承的摩擦损失和浸入油池中零件搅动箱体中润滑油的搅油损失。因此蜗杆传动的总效率为

$$\eta = \eta_1\eta_2\eta_3 \quad (11-10)$$

式中，η_1 为啮合效率；η_2 为轴承效率；η_3 为搅油效率。

η_1 是影响蜗杆传动效率的主要因素，按螺旋副的啮合效率计算。

当蜗杆主动时，
$$\eta_1 = \frac{\tan\gamma}{\tan(\gamma + \rho_v)}$$

当蜗轮主动时，
$$\eta_1 = \frac{\tan(\gamma - \rho_v)}{\tan\gamma}$$

其中，γ 为蜗杆分度圆柱上的导程角；ρ_v 为当量摩擦角，它取决于蜗杆副材料、润滑条件和相对滑动速度 v_s 等，$\rho_v = \arctan f_v$，f_v 为当量摩擦系数，其值可在表11－5中查取。

若 $\gamma \leqslant \rho_v$ 时，$\eta_1 \leqslant 0$，说明蜗杆传动发生自锁现象。对于要求自锁的传动取 $z_1 = 1$。

表 11-5　当量摩擦系数 f_v 和当量摩擦角 ρ_v

蜗轮齿圈材料	锡青铜				无锡青铜		灰铸铁			
蜗杆齿面硬度	≥45 HRC①		<45 HRC		>45 HRC①		≥45 HRC①		<45 HRC	
滑动速度/(m·s⁻¹)	f_v	ρ_v	f_v	ρ_v	f_v	ρ_v	f_v	ρ_v	f_v	ρ_v
0.01	0.110	6°17′	0.120	6°51′	0.180	10°12′	0.180	10°12′	0.190	10°45′
0.05	0.090	5°09′	0.100	5°43′	0.140	7°58′	0.140	7°58′	0.160	9°05′
0.10	0.080	4°34′	0.090	5°09′	0.130	7°24′	0.130	7°24′	0.140	7°58′
0.25	0.065	3°43′	0.075	4°17′	0.100	5°43′	0.100	5°43′	0.120	6°51′
0.50	0.055	3°09′	0.065	3°43′	0.090	5°09′	0.090	5°09′	0.100	5°43′
1.00	0.045	2°35′	0.055	3°09′	0.070	4°00′	0.070	4°00′	0.090	5°09′
1.50	0.040	2°17′	0.050	2°52′	0.065	3°43′	0.065	3°43′	0.080	4°34′
2.00	0.035	2°00′	0.045	2°35′	0.055	3°09′	0.055	3°09′	0.070	4°00′
2.50	0.030	1°43′	0.040	2°17′	0.050	2°52′	—	—	—	—
3.00	0.028	1°36′	0.035	2°00′	0.045	2°35′	—	—	—	—
4.00	0.024	1°22′	0.031	1°47′	0.040	2°17′	—	—	—	—
5.00	0.022	1°16′	0.029	1°40′	0.035	2°00′	—	—	—	—
8.00	0.018	1°02′	0.026	1°29′	0.030	1°43′	—	—	—	—
10.00	0.016	0°55′	0.024	1°22′	—	—	—	—	—	—
15.00	0.014	0°48′	0.020	1°09′	—	—	—	—	—	—
24.00	0.013	0°45′	—	—	—	—	—	—	—	—

① 表面硬度≥45 HRC 的蜗杆齿面的表面粗糙度 $Ra<0.32\sim1.25$ μm。

对于轴承效率，通常在选用滚动轴承时取 $\eta_2=0.99$，选用滑动轴承时取 $\eta_2=0.98$；对于搅油效率，一般取 $\eta_3=0.96\sim0.99$。

通常计算时也可取 $\eta_2\eta_3=0.95\sim0.97$，这时传动效率计算式可写作 $\eta=(0.95\sim0.97)\eta_1$。

蜗杆传动的总效率主要取决于 η_1，因此其传动效率比齿轮低的主要原因是 η_1 低。由啮合效率 η_1 的计算公式知，导程角 γ 是影响蜗杆传动效率的主要参数之一，在 γ 值的常用范围内，η 随 γ 的增大而提高。由公式 $\eta_1=\dfrac{\tan\gamma}{\tan(\gamma+\rho_v)}$ 对 γ 求导并令其导数为零，得到当 $\gamma=45°-\dfrac{\rho_v}{2}$ 时，即 γ 在 40°左右时 η_1 有最大值。

当选定 ρ_v 后，可作出 γ 与 η_1 的关系图，如图 11-9 所示。

当 $\gamma>28°$ 后，效率随其提高缓慢，且 γ 过大会导致蜗杆加工困难，故在设计中尽量取 γ 值小于 28°。

在初步设计时，蜗杆传动中总效率 η 可根据蜗杆头数 z_1 按表 11-6 近似取值。

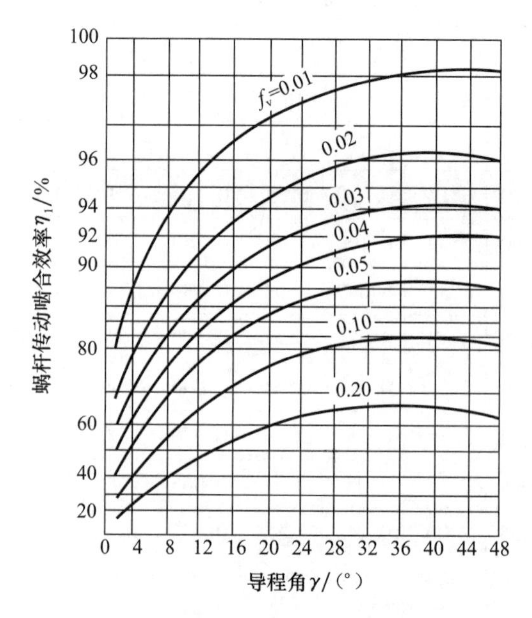

图 11－9　蜗杆传动的效率与导程角的关系

表 11－6　蜗杆传动的总效率

z_1		1	2	4	6
η	闭式传动	0.7～0.75	0.75～0.82	0.87～0.92	0.95
	开式传动	0.6～0.7		—	

在进行蜗杆传动强度设计时，常需通过蜗杆传动效率求得蜗轮上的转矩 T_2，这时的效率值也可由 $\eta=(100-3.5\sqrt{i})\%$ 进行估算。

第四节　蜗杆传动的失效形式与材料选择

一、蜗杆传动的失效形式和计算准则

蜗杆传动的失效形式和齿轮传动的相同，且类似于螺旋传动，效率低，相对滑动速度较大，发热量大，易产生胶合和磨损，主要失效形式有齿面胶合、点蚀、磨损和轮齿折断等。由于材料和齿形的原因，蜗杆螺纹部分的强度总要高于蜗轮轮齿的强度，失效通常发生在蜗轮轮齿上，因此，一般只对蜗轮轮齿进行强度计算，必要时对蜗杆进行强度计算和刚度校核。

蜗杆传动通常只进行齿根弯曲疲劳强度的计算和齿面接触疲劳强度的计算。由于目前对胶合和磨损尚无可靠的计算方法，针对此类失效形式，通常按齿面接触疲劳强度条件计算，而对胶合与磨损等失效因素的影响，在选择许用应力时适当考虑。

在闭式蜗杆传动中，主要失效形式是齿面胶合和点蚀，首先按齿面接触疲劳强度进行设计（确定主要几何尺寸），然后按齿根弯曲疲劳强度进行校核。当 $z_2>80\sim100$ 时，则用轮齿弯曲疲劳强度进行设计。闭式传动散热条件较差，如果润滑不良，容易引起润滑失效并导致齿面胶合，使蜗杆传动的承载能力受到抗胶合能力的限制，因此对连续工作的传动必须进行热平衡计算。

在开式蜗杆传动中，主要失效形式是齿面磨损和轮齿折断，通常只需要按齿根弯曲疲劳强度进行设计计算。

二、蜗杆传动的常用材料

由蜗杆传动的失效形式知，蜗杆、蜗轮的材料首先要具有良好的减摩性、耐磨性和跑合性，其次必须满足一定的强度要求。当蜗杆齿面满足一定粗糙度要求后，两者的硬度差愈大，抗胶合能力愈强，而且蜗杆的齿面硬度应高于蜗轮，这就要求蜗杆材料应具有良好的热处理、切削和磨削性能。

1. 蜗杆材料

一般用碳素钢或合金钢制造，齿面经渗碳淬火或调质后渗氮等热处理方法获得较高的硬度，增加耐磨性。蜗杆常用材料及工艺要求见表 11－7。

表 11－7　蜗杆、蜗轮常用材料及工艺要求

名称	材料牌号	使用特点	应用范围
蜗杆	20、15Cr、20Cr、20CrNi、20MnVB、20CrMnTi、20CrMnMo	渗碳淬火（56～62HRC）并磨削	用于高速重载传动
	45、40Cr、40CrNi、35SiMn、42SiMn、35CrMo、37SiMn2MoV	淬火（45～55HRC）并磨削	
	45	调质处理	用于低速轻载传动
蜗轮	ZCuSn10P1、ZCuSn5Pb5Zn5	抗胶合能力强，但强度较低（$R_m < 350$ MPa），价格较高	用于滑动速度较大（$v_s = 5 \sim 15$ m/s）及长期连续工作处
	ZCuAl10Fe3、ZCuAl10Fe3Mn2、ZCuZn38Mn2Pb2	抗胶合能力较差，但强度较高（$R_m > 300$ MPa），价格较低，但配对蜗杆必须经表面硬化处理	用于中等滑动速度（$v_s \leqslant 8$ m/s）
	HT200、HT150	强度低，冲击韧性差，但加工容易，价格低廉	用于低速轻载传动（$v_s \leqslant 2$ m/s）

2. 蜗轮材料

一般用与蜗杆材料减摩匹配的较软材料制造，常用有铸造锡青铜（ZCuSn10P1、ZCuSn5Pb5Zn5）、铝铁青铜（ZCuAl10Fe3）、灰铸铁（HT200、HT150）和球墨铸铁等。锡青铜易跑合，减摩性和耐磨性最好，抗胶合能力强，但强度低、价格高，适用于相对滑动速度高的重要场合；铝铁青铜的硬度比锡青铜的高，具有足够的强度，价格低廉，但减摩性、耐磨性和抗胶合能力均不如锡青铜，一般用于相对滑动速度不高的重要场合；灰铸铁用于相对滑动速度低（$v_s < 2$ m/s），对效率要求不高的场合，为了防止变形，常对蜗轮进行时效处理。几种常用的蜗轮材料及工艺要求见表 11－7。

在选用蜗轮、蜗杆材料时应考虑配对使用，如蜗轮采用铝铁青铜时，蜗杆材料应选用硬齿面的淬火钢。

第五节　蜗杆传动的受力分析与计算载荷

一、蜗杆传动的受力分析

对蜗杆传动进行受力分析之前，首先要按照螺旋副的运动规律确定出蜗轮、蜗杆的转动方向。

蜗杆传动的受力分析和斜齿圆柱齿轮传动的相似，由于蜗杆传动中的摩擦损失较大，在进行受力分析时，应考虑齿面间的摩擦力对传动的影响。

图11－10所示为以右旋蜗杆为主动件，并沿图示方向旋转时，蜗杆螺旋面上的受力情况。如图11－10（a）所示，取节点P为受力点进行受力分析，作用在蜗杆齿面上的法向力F_n可分解为三个互相垂直的分力，即切向力F_{t1}、径向力F_{r1}和轴向力F_{a1}。当蜗杆主动时，蜗杆上啮合面的摩擦力为$F_f=f_vF_n$，其中f_v为当量摩擦系数，F_f的方向与相对滑动速度的方向相反，且沿着蜗杆螺旋线的方向。

已知蜗杆传动功率P_1(kW)、蜗杆转速n_1(r/min)，则有

$$T_1=9\,549\frac{P_1}{n_1} \tag{11-11}$$

$$T_2=T_1i\eta \tag{11-12}$$

式中，T_1为蜗杆转矩（N·m）；T_2为蜗轮转矩（N·m）；i为传动比；η为蜗杆传动总效率。

当忽略摩擦力的影响时，蜗杆传动中各力的大小可按下式计算

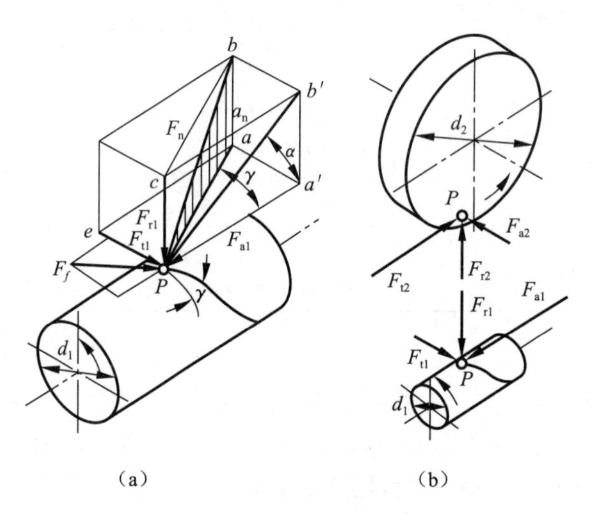

图11－10　蜗杆传动的受力分析

（a）蜗轮对蜗杆施加的力；（b）蜗杆与蜗轮的对应受力关系

$$\begin{cases} F_{t1} = F_{a2} = 2\,000\dfrac{T_1}{d_1} \\ F_{a1} = F_{t2} = 2\,000\dfrac{T_2}{d_2} = 2\,000i\eta\dfrac{T_1}{d_2} \\ F_{r1} = F_{r2} \approx F_{t2}\tan\alpha \\ F_n \approx \dfrac{F_{a1}}{\cos\alpha_n\cos\gamma} = \dfrac{F_{t2}}{\cos\alpha_n\cos\gamma} = \dfrac{2\,000T_2}{d_2\cos\alpha_n\cos\gamma} \end{cases} \tag{11-13}$$

图 11－10（b）所示为蜗杆与蜗轮的对应受力关系。蜗轮受力分析与蜗杆的相似，这时蜗轮是从动件。由图中可知，作用在蜗杆上的轴向力 F_{a1} 与蜗杆所受切向力 F_{t2} 大小相同，方向相反。同理，F_{t1} 与 F_{a2}，F_{r1} 与 F_{r2} 均大小相等，方向相反，即

$$\begin{cases} F_{a1} = -F_{t2} \\ F_{t1} = -F_{a2} \\ F_{r1} = -F_{r2} \end{cases} \tag{11-14}$$

蜗杆传动中的受力分析要特别注意判定受力方向。当蜗杆为主动件时，蜗杆上的切向力 F_{t1} 起阻碍作用，方向与蜗杆转动方向相反，而蜗轮上的切向力 F_{t2} 方向与蜗轮转动方向相同；径向力 F_r 的方向在蜗杆和蜗轮上均由啮合点分别指向轴心；轴向力 F_{a1} 的方向与蜗杆螺旋线旋向和蜗杆的转向有关，可用主动轮的左右手定则来判断：蜗杆左旋用左手，右旋用右手，用手握住蜗杆，握紧的四指所指方向表示蜗杆的转向，大拇指伸直的指向表示轴向力 F_{a1} 的作用方向；而蜗轮上轴向力 F_{a2} 的方向则与 F_{t1} 相反。

当蜗杆的回转方向和螺旋方向已知时，由左右手定则来确定 F_{a1} 的方向，F_{t2} 与 F_{a1} 的方向相反，再由 F_{t2} 与 n_2 方向相同便可确定蜗轮的转动方向。

在对蜗轮蜗杆进行受力分析时，最为简单和适用的是绘制出蜗杆传动的受力分析投影图，如图 11－11 所示。将节点 P 处作为受力点，在受力点处画出切向力 F_t，与节圆（或分度圆）相切；轴向力 F_a 与其啮合件的切向力 F_t 等值反向；径向力 F_r 指向轮心；由 n_1 与蜗杆轴向力 F_{a1}，可定出 n_2 方向，即 n_2 与 F_{a1} 方向相反。

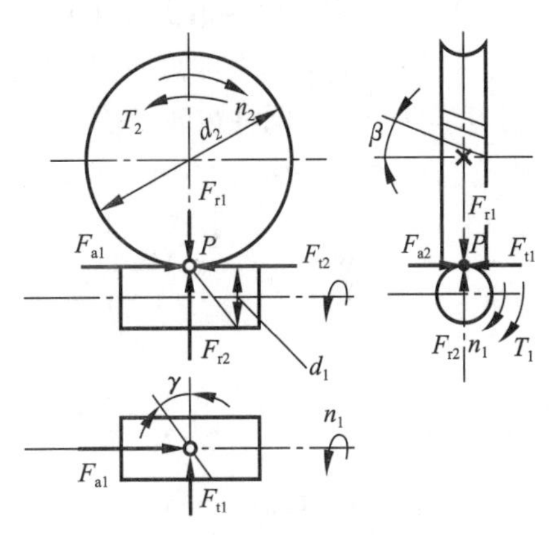

图 11－11　受力分析投影图

二、计算载荷

与齿轮传动一样，由于外部和内部的原因，轮齿实际受载要大于名义载荷，即法向力 F_n。蜗杆传动的计算载荷 F_c 是名义载荷 F_n 与载荷系数 K 的乘积，即

$$F_c = KF_n \tag{11-15}$$

载荷系数 $$K = K_A K_v K_\beta$$

式中，K_A 为使用系数，其意义与齿轮传动的使用系数相似，由表 11－8 查取；K_v 为动载系数，蜗杆传动比较稳定，因此 K_v 值较小，当 $v_2 \leqslant 3$ m/s 时，取 $K_v = 1 \sim 1.1$；当 $v_2 > 3$ m/s 时，取 $K_v = 1.1 \sim 1.2$；K_β 为齿向载荷分布系数，当载荷稳定，蜗轮材料较软而易于跑合，

使偏载现象得到改善时，取 $K_\beta=1$；当载荷变化大或有冲击振动，蜗杆由于变形不固定，不可能因跑合使载荷分布均匀，这时取 $K_\beta=1.1\sim1.5$，蜗杆刚度大时取小值，反之取大值。

表 11-8　蜗杆传动的使用系数 K_A

原动机	工作机的载荷性质		
	平稳	中等冲击	严重冲击
电动机、汽轮机	0.8～1.25	0.9～1.5	1～1.75
多缸内燃机	0.9～1.5	1～1.75	1.25～2
单缸内燃机	1～1.75	1.25～2	1.5～2.25

第六节　蜗轮轮齿强度计算与蜗杆刚度计算

一、蜗轮轮齿的强度计算

前面已经介绍了蜗杆传动的主要失效形式，通过对这些失效形式的分析，来进行相应的设计计算。通常蜗轮轮齿材料比蜗杆的软，蜗杆传动的失效常发生在蜗轮轮齿，所以设计时，只做蜗轮的强度计算，包括蜗轮轮齿齿面的接触疲劳强度计算和轮齿的弯曲疲劳强度计算。同时，还要进行蜗杆刚度计算和箱体热平衡计算。

1. 蜗轮齿面接触疲劳强度计算

由于阿基米德蜗杆传动在中间平面上相当于直齿齿条与齿轮的啮合传动，而蜗轮本身又相当于一个斜齿圆柱齿轮，因此，蜗轮齿面接触疲劳强度计算与斜齿圆柱齿轮传动相似，仍以赫兹应力公式作为原始计算公式，按节点处啮合的条件计算有关参数。由赫兹应力计算公式知

$$\sigma_H=\sqrt{\frac{F_n}{\pi L\rho_v}\cdot\frac{1}{[(1-\nu_1^2)/E_1]+[(1-\nu_2^2)/E_2]}}\leqslant[\sigma_H] \tag{11-16}$$

式中，F_n 为齿面法向力，其计算式为 $F_n=\dfrac{2\,000KT_2}{d_2\cos\alpha\cos\gamma}$；$\rho_v$ 为综合曲率半径（当量曲率半径），由于蜗杆齿在法截面上近似直线轮廓，故取 $\rho\approx\infty$，蜗轮的曲率半径借用斜齿轮的曲率半径公式 $\rho_2\approx d_2\dfrac{\sin\alpha}{2\cos\gamma}$，则蜗杆传动在节点处的当量曲率半径为 $\rho_v=\rho_2=\dfrac{d_2\sin\alpha}{2\cos\gamma}$；$L$ 为最小接触线长度，其计算式为 $L=X\varepsilon_t\dfrac{\pi d_1\theta}{360^\circ\cos\gamma}$，式中，$\dfrac{\pi d_1\theta}{360^\circ\cos\gamma}$ 为蜗轮轮齿弧长，θ 为蜗轮齿宽角（取 $\theta\approx100^\circ$）；ε_t 为端面重合度，一般取 $\varepsilon_t=2$；X 为接触线长度变化系数，可取 $X=0.75$。将以上数值代入公式后得到接触线长度计算式 $L=\dfrac{1.31d_1}{\cos\gamma}$；$[\sigma_H]$ 为蜗轮许用接触应力。

引入弹性系数 $Z_E=\sqrt{\dfrac{1}{\pi\{[(1-\nu_1^2)/E_1]+[(1-\nu_2^2)/E_2]\}}}$，取值可参考表

11－9，对青铜（或铸铁）蜗轮与钢制蜗杆配对时，通常取 $Z_E=155\ \sqrt{\text{MPa}}$。

表 11－9　弹性系数 Z_E　　$\sqrt{\text{MPa}}$

蜗杆材料	蜗轮材料			
	铸造锡青铜 ZCuSn10P1	铸造铝铁青铜 ZCuAl10Fe3	灰铸铁	球墨铸铁
钢	155.0	156.0	162.0	181.4

将以上各参数值代入赫兹公式

$$\sigma_H = Z_E\sqrt{F_n\cdot\frac{1}{L}\cdot\frac{1}{\rho_v}} = Z_E\sqrt{\frac{2\,000KT_2}{d_2\cos\alpha\cos\gamma}\cdot\frac{\cos\gamma}{1.31d_1}\cdot\frac{2\cos\gamma}{d_2\sin\alpha}}$$

一般取 $\gamma=5°\sim25°$，$\cos\gamma\approx0.95$（平均值），$\alpha=20°$，代入公式并整理得

$$\sigma_H = Z_E\sqrt{\frac{9\,000KT_2}{d_1d_2^2}} = Z_E\sqrt{\frac{9\,000KT_2}{m^2d_1z_2^2}}$$

其齿面接触疲劳强度条件（校核公式）为

$$\sigma_H = Z_E\sqrt{\frac{9\,000KT_2}{m^2d_1z_2^2}} \leqslant [\sigma_H] \tag{11-17}$$

则设计公式为

$$m^2d_1 \geqslant 9\,000KT_2\left(\frac{Z_E}{z_2[\sigma_H]}\right)^2 \tag{11-18}$$

式中，σ_H 为蜗轮齿面的接触应力（MPa）；d_1 为蜗杆分度圆直径（mm）；d_2 为蜗轮分度圆直径（mm）；T_2 为蜗轮工作转矩（N·m）；$[\sigma_H]$ 为蜗轮材料的许用接触应力（MPa）。

根据计算出的 m^2d_1 值，由表 11－1 确定相应的 m、d_1 值。

许用接触应力 $[\sigma_H]$ 可分为两种情况确定：

（1）当蜗轮材料为抗拉强度 $R_m<300$ MPa 的青铜时，失效形式主要是疲劳点蚀，其许用应力与应力循环次数 N 有关，即

$$[\sigma_H] = Z_N[\sigma_{OH}] = \sqrt[8]{\frac{10^7}{N}}[\sigma_{OH}]$$

式中，Z_N 为接触寿命系数，$Z_N=\sqrt[8]{\frac{10^7}{N}}$；$N$ 为蜗轮齿面应力循环次数，$N=60an_2t$，其中，a 为蜗轮每转一转时各轮齿啮合的次数；n_2 为蜗轮的转速（r/min）；t 为蜗轮总的工作小时数，公式中 N 的取值范围为 $2.6\times10^5\leqslant N\leqslant2.5\times10^8$，当 $N<2.6\times10^5$ 时，取 $N=2.6\times10^5$；当 $N>2.5\times10^8$ 时，取 $N=2.5\times10^8$。$[\sigma_{OH}]$ 为 $N=10^7$ 时的基本许用接触疲劳应力，见表 11－10。

（2）当蜗轮材料为抗拉强度 $R_m\geqslant300$ MPa 的青铜或铸铁时，失效形式主要是胶合。需通过限制齿面接触应力 σ_H 的大小来防止发生胶合现象，因此，要根据抗胶合条件选择许用接触应力，其值与润滑条件、相对滑动速度等因素有关，而与应力循环次数无关，见表 11－11。

表 11-10　$N=10^7$ 时，抗拉强度 $R_m<300$ MPa 的青铜基本许用接触应力 $[\sigma_{OH}]$　　MPa

蜗轮材料	铸造方法	滑动速度/(m·s⁻¹)	蜗杆齿面硬度	
			≤350HBW	>45HRC
ZCuSn10P1	砂型	≤12	180	200
	金属型	≤15	200	220
ZCuSn5Pb5Zn5	砂型	≤10	110	125
	金属型	≤12	135	150

表 11-11　抗拉强度 $R_m \geq 300$ MPa 的青铜与铸铁的 $[\sigma_H]$　　MPa

材料		滑动速度/(m·s⁻¹)							
蜗轮	蜗杆	0.25	0.5	1	2	3	4	6	8
ZCuAl10Fe3、ZCuAl10Fe3Mn2	钢（淬火）	—	250	230	210	180	160	120	90
ZCuZn38Mn2Pb2	钢（淬火）	—	215	200	180	150	135	95	75
HT200（120HBW~150HBW）	渗碳钢	160	130	115	90	—	—	—	—
HT200（120HBW~150HBW）	钢（调质或正火）	140	110	90	70	—	—	—	—
注：标有淬火的钢蜗杆，在未经淬火时，表中值须降低20%。									

2. 蜗轮齿根弯曲疲劳强度计算

由于蜗轮的齿形较复杂，在平行于中间平面的各截面内，蜗轮的齿厚不同，无法精确计算齿根的弯曲应力。为简化计算，可近似将蜗轮视为斜齿圆柱齿轮进行计算。将蜗轮各参数转化后代入斜齿圆柱齿轮弯曲疲劳强度计算公式中，并考虑实际齿宽为 $b=\dfrac{\pi d_1\theta}{360°}$（取 $\theta=100°$），则可推导出齿根弯曲疲劳强度校核公式为

$$\sigma_F = \frac{1\,530KT_2\cos\gamma}{m^2 d_1 z_2}Y_{F2} \leq [\sigma_F] \tag{11-19}$$

同理，设计公式为

$$m^2 d_1 \geq \frac{1\,530KT_2\cos\gamma}{z_2[\sigma_F]}Y_{F2} \tag{11-20}$$

式中，σ_F 为蜗轮齿根的弯曲应力（MPa）；Y_{F2} 为蜗轮齿形系数，可按当量齿数 $z_v=\dfrac{z_2}{\cos^3\gamma}$ 值从表 11-12 中查取（$\alpha=20°$，$h_a^*=1$）；T_2 为蜗轮转矩（N·m）；$[\sigma_F]$ 为蜗轮的许用弯曲应力（MPa），$[\sigma_F]=Y_N[\sigma_{OF}]$，其中 Y_N 为弯曲寿命系数，$Y_N=\sqrt[9]{\dfrac{10^6}{N}}$，$N$ 为应力循环次数，公式中 N 的取值范围为：蜗轮材料为铸铁时，$10^6 \leq N \leq 6\times10^6$；蜗轮材料为青铜或黄铜时，$10^6 \leq N \leq 2.5\times10^8$，若 $N \leq 10^6$ 时，取 $N=10^6$；若 $N>2.5\times10^8$ 时，取 $N=2.5\times10^8$。

$[\sigma_{OF}]$ 为应力循环次数 $N=10^6$ 时，计入齿根应力修正系数后，蜗轮的基本许用弯曲应力值，由表 11-13 查得。

表 11－12 蜗轮齿形系数 Y_{F2}

z_v	20	24	26	28	30	32	35	37	40
Y_{F2}	1.98	1.88	1.85	1.80	1.76	1.71	1.64	1.61	1.55
z_v	45	50	60	80	100	150	300	—	—
Y_{F2}	1.48	1.45	1.40	1.34	1.30	1.27	1.24	—	—

表 11－13 蜗轮材料的基本许用弯曲应力 $[\sigma_{OF}]$ MPa

材料	铸造方法	蜗杆硬度≤350HBW		蜗杆硬度≥45HRC	
		单向受载	双向受载	单向受载	双向受载
ZCuSn10P1	砂模	51	32	64	40
	金属模	70	40	73	50
ZCuSn5Pb5Zn5	砂模	33	24	46	36
	金属模	40	29	49	40
ZCuAl10Fe3	砂模	82	64	103	80
	金属模	90	80	113	100
ZCuAl10Fe3Mn2	金属模	90	80	113	100
ZCuZn40Pb2	金属模	62	55	77	69
HT150	砂模	38	24	48	30
HT200	砂模	48	30	60	38

二、蜗杆传动的刚度计算

蜗杆传动中，与蜗轮相比，蜗杆直径较小，支点间的跨距较大，受力后易产生过大的挠曲变形，造成轮齿上载荷分布不均，影响蜗轮蜗杆的正常啮合传动，因此，还需对蜗杆进行刚度校核。

在进行蜗杆刚度校核时，通常把蜗杆螺旋部分近似看作以蜗杆齿根圆直径值为直径的光轴，通过计算其中央截面的挠度值来校核蜗杆的弯曲刚度。

蜗杆轴主要由切向力 F_{t1} 和径向力 F_{r1} 产生挠曲变形，在轴的啮合处产生的最大挠度 y 值应满足以下刚度条件：

$$y=\sqrt{y_{t1}^2+y_{r1}^2}=\frac{l^3\sqrt{F_{t1}^2+F_{r1}^2}}{48EI}\leqslant[y] \tag{11-21}$$

式中，l 为蜗杆的支点跨距（mm），初步计算时可近似取 $l=0.9d_2$，d_2 为蜗轮分度圆直径；E 为蜗杆材料的弹性模量（MPa），对于钢蜗杆 $E=2.06\times10^5$ MPa；I 为蜗杆危险截面的惯性矩，$I=\pi d_{f1}^4/64$，d_{f1} 为蜗杆齿根圆直径；$[y]$ 为最大许用挠度，$[y]=0.001d_1$，d_1 为蜗杆分度圆直径。

第七节　蜗杆传动的热平衡计算

蜗杆传动的传动效率低，工作时发热量大，在闭式蜗杆传动散热条件较差的情况下，产生的热量不能及时散发出去，油温进一步升高致使润滑油黏度降低，润滑条件恶化，从而加剧齿面间的磨损甚至发生胶合。为保证油温稳定在规定的范围内，对闭式蜗杆传动要进行热平衡计算。

根据能量守恒，在达到热平衡时，传动损失功率所产生的发热量应等于箱体散发的热量。

单位时间内因摩擦损失功率产生的热量为

$$H_1 = 1\,000P(1-\eta)$$

式中，P 为蜗杆传递的功率（kW）；η 为蜗杆传动的效率。

经箱体散发到空气中的热量为

$$H_2 = K_s A(t-t_0)$$

式中，K_s 为散热系数，根据箱体周围通风条件而定，没有循环空气流动时，取 $K_s=8.15\sim10.5$ W/(m² · ℃)，通风良好时，取 $K_s=14\sim17.5$ W/(m² · ℃)；A 为散热面积（m²），指箱体内壁能被油飞溅到而外壁又能被周围空气冷却的箱体有效散热面积，箱体的凸缘及散热片以实面积的50%计算；t 为达到热平衡时箱体内的油温，一般限制在60 ℃～70 ℃，最高不超过80 ℃；t_0 为周围环境的空气温度，通常取 $t_0=20$ ℃。

由热平衡条件 $H_1=H_2$，可求得在此工作条件下的油温为

$$t = t_0 + \frac{1\,000P(1-\eta)}{K_s A} \tag{11-22}$$

保持正常的工作油温所需要的散热面积为

$$A = \frac{1\,000P(1-\eta)}{K_s(t-t_0)} \tag{11-23}$$

在 $t_1>80$ ℃或有效的散热面积不足时，应采取以下措施提高散热能力（图11-12）：

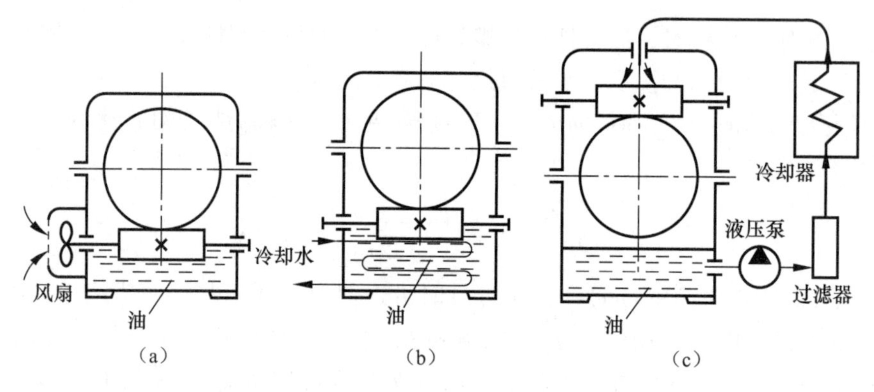

图11-12　蜗杆减速器的冷却方式

（a）蜗杆端部加装风扇；（b）蛇形冷却水管进行冷却；（c）压力喷油循环冷却

（1）在箱体外壁加散热片，增加散热面积；

（2）在箱体外蜗杆轴端安装风扇，加速空气流动，提高散热系数 K_s，此时 K_s 可达 20 ~ 35 W/(m²·℃)，蜗杆转速高时取大值，反之取小值；

（3）在箱体内安装蛇形冷却水管；

（4）采用压力喷油循环冷却。

第八节　阿基米德圆柱蜗杆传动的结构与精度

一、蜗杆结构

由于蜗杆的直径较小，通常将蜗杆螺旋部分与轴做成一个整体，称为蜗杆轴。按蜗杆的螺旋齿面的加工方法不同，可分铣制蜗杆轴（图 11－13（a））和车制蜗杆轴（图 11－13（b））两类。其中，前一种结构无退刀槽，螺旋部分在轴上直接铣制而成；后一种结构则有退刀槽，螺旋部分既可车制，也可铣制，但刚度比前一种的差，退刀槽对轴刚度有不利影响。

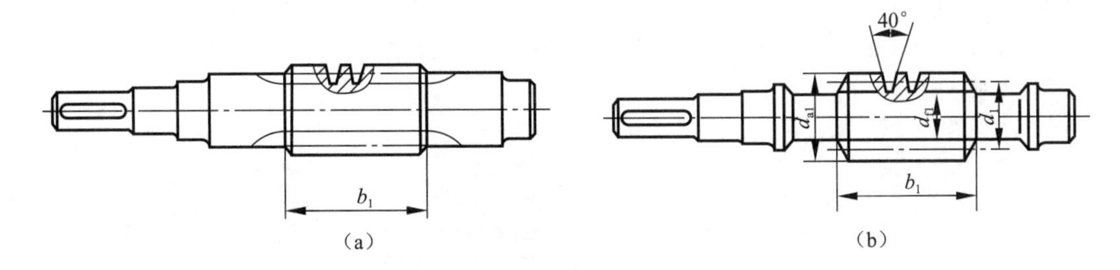

图 11－13　蜗杆的结构

（a）铣制蜗杆；（b）车制蜗杆

当蜗杆的根圆直径 d_{f1} 与相配的轴的直径 d 之比大于 1.7 时，可将蜗杆与轴分开制作，然后装配在一起。

蜗杆齿宽 b_1，可根据 z_1、z_2 及变位系数 x 按表 11－14 推荐公式计算。

表 11－14　蜗杆齿宽 b_1 推荐公式

z_1	x	计算公式	附注
1、2	0 −0.5 −1.0 0.5 1.0	$b_1 \geq (11+0.06z_2)m$ $b_1 \geq (8+0.06z_2)m$ $b_1 \geq (10.5+z_1)m$ $b_1 \geq (11+0.1z_2)m$ $b_1 \geq (12+0.1z_2)m$	① 当 x 为中间值时，b_1 取邻近的两公式所求值的较大者。 ② 要磨削的蜗杆的 b_1 按公式所求的值加长。 当 $m<10$ mm 时，b_1 加长 15 ~ 25 mm； 当 $m=10$ ~ 16 mm 时，b_1 加长 35 ~ 40 mm； 当 $m>16$ mm 时，b_1 加长 50 mm
3、4	0 −0.5 −1.0 0.3 1.0	$b_1 \geq (12.5+0.09z_2)m$ $b_1 \geq (9.5+0.09z_2)m$ $b_1 \geq (10.5+z_1)m$ $b_1 \geq (12.5+0.1z_1)m$ $b_1 \geq (13+0.12z_1)m$	

二、蜗轮结构

蜗轮结构可制成整体式或组合式。为节省贵重有色金属，大多数蜗轮做成组合式。常用的蜗轮结构形式有以下几种：

（1）整体式（图 11－14（a））。主要用于制造铸铁蜗轮、铝合金蜗轮或直径小于 100 mm 的青铜蜗轮。

（2）齿圈压配式（图 11－14（b））。采用在铸铁或铸钢的轮芯上加铸的齿圈，齿圈与轮芯多选择过盈配合 H7/s6 或 H7/r6；为了增加连接的可靠性，常在接缝处加台阶和在接缝上安装 4～6 个紧固螺钉，螺钉直径可取 $(1.2\sim1.4)m$，长度取 $(0.3\sim0.4)b_2$，在这里 m 和 b_2 分别为蜗轮的模数和齿宽；螺钉孔中心线要偏向轮芯一边 2～3 mm，以便于钻孔。该结构多用于尺寸不大而工作温度较低的场合。

（3）螺栓连接式（图 11－14（c））。采用螺栓连接齿圈和轮芯，定位圆柱面可选择过渡配合或间隙配合（H7/js6、H7/h6），最好采用铰制孔用受剪螺栓。该结构工作可靠，装拆方便。多用于尺寸较大或易于磨损，经常需更换齿圈的蜗轮。

（4）镶铸式（图 11－14（d））。将青铜齿圈浇铸在铸铁轮芯上，然后切齿。为防止齿圈与轮芯相对滑动，在轮芯外圆柱面上预制出榫槽。该结构只适用于大批量生产。

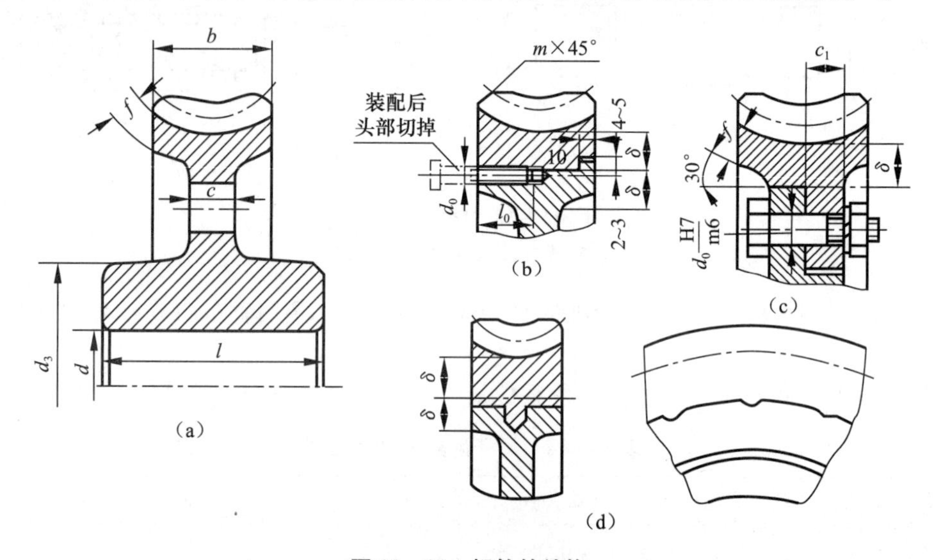

图 11－14　蜗轮的结构

（a）整体式；（b）齿圈压配式；（c）螺栓连接式；（d）镶铸式

$f=1.7m\geqslant10$ mm；$\delta=2m\geqslant10$ mm；$d_3=(1.6\sim1.8)d$；$l=(1.2\sim1.8)d$；

$d_0=(0.075\sim0.12)d\geqslant5$ mm；$l_0=2d_0$；$c\approx0.3b$；$c_1\approx0.25b$

三、精度与表面粗糙度

蜗杆传动精度标准（GB/T 10089—1988）适用于轴交角为90°的蜗杆、蜗轮副。标准中将蜗杆、蜗轮传动的公差各分为三个公差组，各组公差内容与齿轮的公差组概念相符。蜗杆、蜗轮和蜗杆传动皆有检查项目，设计时可查阅有关设计手册。

标准（GB/T 10089—1988）对蜗杆、蜗轮和蜗杆传动规定了 12 个精度等级，第 1 级精度最高，第 12 级精度最低，蜗轮速度高则应选高精度，一般选用 7、8 级精度。根据使用要求的不同，允许各公差组选用不同的精度等级，但在同一公差组内，各公差与极限偏差应保持相同的精度等级。蜗杆与配对蜗轮的精度等级一般取成相同，也允许取成不同。

蜗杆传动精度等级选择可参考表 11－15。其他详细内容见标准及有关机械设计手册。

表 11－15　动力蜗杆传动的精度等级选择

精度等级	蜗轮圆周速度/($m \cdot s^{-1}$)	传动用途
7	≤7.5	用于中等精度的机械的动力传动
8	≤3	用于不重要的短时工作的传动装置
9	≤1.5	对传动精度的稳定性没有特别要求的手动传动装置

标准中还规定蜗杆传动的侧隙共分为 8 种：a、b、c、d、e、f、g 和 h。最小法向侧隙值以 a 为最大，其他依次递减，h 为零侧隙。侧隙种类与精度等级无关，侧隙是由蜗杆齿厚的减薄量来保证的。

在蜗杆、蜗轮和传动副加工图样上，应标出精度等级和齿厚偏差的代号。

例：蜗杆传动的第Ⅰ公差组精度为 5 级，第Ⅱ、第Ⅲ公差组精度为 6 级，侧隙种类为 f。则标注为

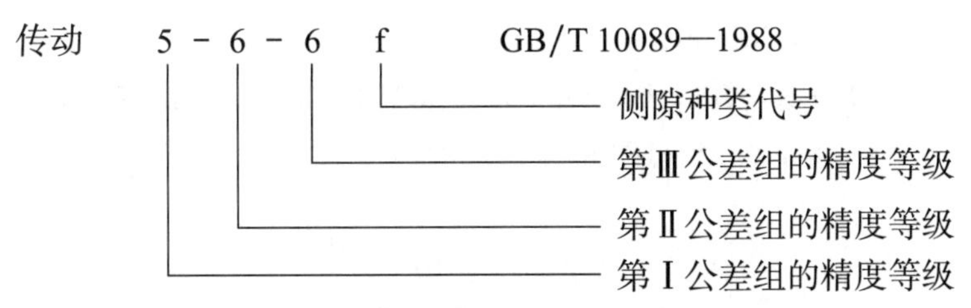

蜗杆、蜗轮的表面粗糙度可由精度等级参考表 11－16 选取。

表 11－16　蜗杆、蜗轮表面粗糙度 *Ra* 的推荐值　　μm

蜗杆					蜗轮				
精度等级		7	8	9	精度等级		7	8	9
Ra	齿面	0.8	1.6	3.2	*Ra*	齿面	0.8	1.6	3.2
	顶圆	1.6	1.6	3.2		顶圆	3.2	3.2	6.3

例　设计一闭式普通圆柱蜗杆传动。已知原动机为电动机（Y160M—4），其额定功率 $P_{ed}=11$ kW，转速 $n_1=1\ 460$ r/min，传动比 $i=21$，单向转动，工作机载荷有轻微冲击，双班制，使用寿命 10 年（每年工作 250 天）。

解：采用阿基米德圆柱蜗杆传动。

1. 选择材料及热处理方式

蜗杆材料选用 45 钢，表面淬火处理，齿面硬度 >45 HRC。蜗轮材料选用 ZCuSn10P1，砂型铸造。

2. 选择齿数

确定蜗杆头数 z_1，由表 11－2，取 $z_1=2$，则蜗轮齿数 z_2 为

$$z_2 = iz_1 = 21 \times 2 = 42$$

蜗轮转速 n_2

$$n_2 = \frac{n_1}{i} = \frac{1\,460}{21} = 69.5(\mathrm{r/min})$$

3. 按蜗轮齿面接触疲劳强度确定主要参数

由式（11－18）得 $$m^2 d_1 \geqslant 9\,000 K T_2 \left(\frac{Z_E}{z_2 [\sigma_H]} \right)^2$$

（1）蜗轮传递的转矩 T_2（N·m）。由 $z_1=2$，初取 $\eta=0.80$，则由式（11－12）得

$$T_2 = 9\,549 \frac{P_{ed}\eta}{n_2}$$

$$= 9\,549 \times \frac{11 \times 0.80}{69.5} = 1\,209.1(\mathrm{N \cdot m})$$

（2）确定载荷系数 K。由表 11－8 查得 $K_A=0.95$。假设 $v_2<3$ m/s，取 $K_v=1.0$。因工作载荷变动较小，蜗轮齿圈材料软，易磨合，取 $K_\beta=1.0$。则

$$K = K_A K_v K_\beta = 0.95 \times 1.0 \times 1.0 = 0.95$$

（3）确定许用接触应力 $[\sigma_H]$。

$$[\sigma_H] = Z_N [\sigma_{OH}]$$

由表 11－10 查得 $[\sigma_{OH}]=200$ MPa

$$N = 60 a n_2 t = 60 \times 1 \times 69.5 \times 10 \times 250 \times 8 \times 2 = 16.7 \times 10^7$$

N 的计算值在 $2.6 \times 10^5 \leqslant N \leqslant 2.5 \times 10^8$ 的取值范围内

则 $$Z_N = \sqrt[8]{\frac{10^7}{16.7 \times 10^7}} = 0.7$$

故 $$[\sigma_H] = Z_N [\sigma_{OH}] = 0.7 \times 200 = 140(\mathrm{MPa})$$

（4）确定弹性系数。弹性系数 $Z_E=155\ \sqrt{\mathrm{MPa}}$。

（5）确定蜗杆模数 m 和分度圆直径 d_1。

$$m^2 d_1 \geqslant 9\,000 K T_2 \left(\frac{Z_E}{z_2 [\sigma_H]} \right)^2$$

$$= 9\,000 \times 0.95 \times 1\,209.1 \times \left(\frac{155}{42 \times 140} \right)^2 = 7\,183.5(\mathrm{mm}^3)$$

查表 11－1 得 $m=10$ mm，$d_1=90$ mm。

4. 验算蜗轮圆周速度 v_2、相对滑动速度 v_s 及总效率 η

蜗轮分度圆直径 d_2

$$d_2 = m z_2 = 10 \times 42 = 420(\mathrm{mm})$$

则蜗轮圆周速度 v_2

$$v_2 = \frac{\pi d_2 n_2}{60 \times 1\,000} = \frac{\pi \times 420 \times 69.5}{60 \times 1\,000} = 1.53(\mathrm{m/s}) < 3\ \mathrm{m/s}$$

与原假设相符，取 $K_v=1.0$ 合适。

由 $\tan\gamma = \frac{m z_1}{d_1} = \frac{10 \times 2}{90} = 0.222\,2$ 得 $\gamma = 12.53°$

$$v_s = \frac{\pi d_1 n_1}{60 \times 1\,000\cos\gamma} = \frac{\pi \times 90 \times 1\,460}{60 \times 1\,000 \times \cos 12.53°} = 7(\text{m/s})$$

查表 11-5 得 $\rho_v = 1.11°$，这时

$$\begin{aligned}\eta &= (0.95 \sim 0.97)\frac{\tan\gamma}{\tan(\gamma+\rho_v)} \\ &= (0.95 \sim 0.97)\frac{\tan 12.53°}{\tan(12.53° + 1.11°)} \\ &= 0.87 \sim 0.88\end{aligned}$$

与原假设 $\eta = 0.80$ 不符。

验算：当 $\eta = 0.875$ 时

$$T_2' = \frac{9\,549 P_{ed}\eta}{n_2} = \frac{9\,549 \times 11 \times 0.875}{69.5} = 1\,322.4(\text{N}\cdot\text{m})$$

$$\begin{aligned}(m^2 d_1)' &= 9\,000KT_2'\left(\frac{Z_E}{z_2[\sigma_H]}\right)^2 \\ &= 9\,000 \times 0.95 \times 1\,322.4 \times \left(\frac{155}{42 \times 140}\right)^2 = 7\,856.7(\text{mm}^3) < 9\,000\ \text{mm}^3\end{aligned}$$

即原设计所取 $m = 10$ mm，$d_1 = 90$ mm 仍满足要求。

5. 验算蜗轮齿根弯曲强度

由式（11-19）

$$\sigma_F = \frac{1\,530KT_2\cos\gamma Y_{F2}}{d_1 d_2 m} \leqslant [\sigma_F]$$

（1）上式中 K、T_2、d_1、d_2、m 和 γ 取值同前。

（2）确定 Y_{F2}。

由
$$Z_v = \frac{z_2}{\cos^3\gamma} = \frac{42}{\cos^3 12.53°} = 45.15$$

查表 11-12 得 $Y_{F2} = 1.48$。

（3）确定许用弯曲应力 $[\sigma_F]$。

$$[\sigma_F] = Y_N[\sigma_{0F}]$$

由表 11-13 查得 $[\sigma_{0F}] = 64$ MPa。

前面计算已知 $N = 16.7 \times 10^7$，代入公式得

$$Y_N = \sqrt[9]{\frac{10^6}{N}} = \sqrt[9]{\frac{10^6}{16.7 \times 10^7}} = 0.57$$

则
$$[\sigma_F] = 0.57 \times 64 = 36.48(\text{MPa})$$

这时有
$$\sigma_F = \frac{1\,530KT_2\cos\gamma Y_{F2}}{d_1 d_2 m} = \frac{1\,530 \times 0.95 \times 1\,322.4 \times \cos 12.53° \times 1.48}{90 \times 420 \times 10} = 7.35(\text{MPa})$$

即
$$\sigma_F < [\sigma_F]$$

蜗轮轮齿弯曲强度足够。

6. 确定蜗轮、蜗杆几何尺寸

主要几何参数

$$m=10\ \text{mm},\quad z_1=2,\quad z_2=42,\quad \gamma=12.53^\circ=12^\circ31'48''$$

$$d_1=90\ \text{mm},\quad d_2=420\ \text{mm},\quad a=\frac{1}{2}(d_1+d_2)=\frac{1}{2}\times(90+420)=255(\text{mm})$$

齿顶圆直径：
$$d_{a1}=d_1+2h_{a1}=90+2\times1\times10=110(\text{mm})$$
$$d_{a2}=d_2+2h_{a2}=420+2\times1\times10=440(\text{mm})$$

齿根圆直径：
$$d_{f1}=d_1-2h_{f1}=90-2\times1.2\times10=66(\text{mm})$$
$$d_{f2}=d_2-2h_{f2}=440-2\times1.2\times10=416(\text{mm})$$

7. 确定精度等级和表面粗糙度

所设计的是动力蜗杆传动，按表11－15推荐选用7级精度，侧隙种类为f，标注为7f GB/T 10089—1988，要求的公差项目及表面粗糙度可由有关手册查取，此处从略。

8. 热平衡计算（略）

9. 结构设计及工作图（略）

第九节　环面蜗杆传动简介

环面蜗杆传动的蜗杆体是一个由凹圆弧为母线所形成的回转体，蜗杆的节圆弧沿蜗轮的节圆包住蜗轮（图11－3（b）），以增加啮合接触线长度，提高承载能力。

一、环面蜗杆的形成原理与制造

通常用的环面蜗杆可以按螺旋齿面的母线不同，分为直线环面蜗杆传动和平面包络环面蜗杆传动两大类。

1. 直线环面蜗杆

直线环面蜗杆在轴截面内齿廓为直线，可用切于主基圆的直线刀刃做回转运动来加工。如图11－15（a）所示，在平面 P 上轴线 $O_1—O_1$ 为蜗杆轴线，此蜗杆以角速度 ω_1 回转；直线 $N—N$ 与成形圆（直径为 d_b）固定相切，圆心 O_2 与轴线 $O_1—O_1$ 相距 a，当成形圆连同切线 $N—N$ 以角速度 ω_2（即与蜗杆啮合的蜗轮的角速度）回转时，直线 $N—N$ 在回转的蜗杆上形成的空间轨迹面即为直线环面蜗杆的螺旋齿面，或称直线 $N—N$ 为该蜗杆的螺旋齿面的母线。由图11－15（b）所示，在切齿过程中梯形刀刃通过蜗杆轴面，蜗杆毛坯（以角

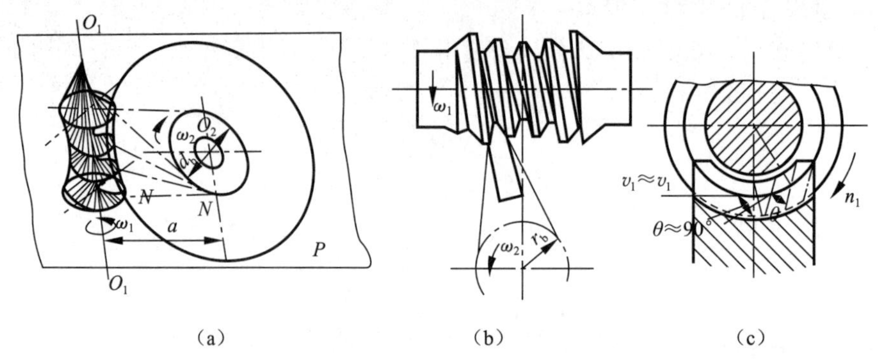

图11－15　直线环面蜗杆形成原理及切齿简图

（a）形成原理；（b）切齿方法；（c）接触线的位置图

速度 ω_1 回转）与刀座（以角速度 ω_2 回转）的传动比为 $i=\omega_1/\omega_2$，也是蜗杆与蜗轮的传动比。

2. 平面包络环面蜗杆

平面包络环面蜗杆的螺旋齿面是用盘状铣刀或平面砂轮在专用机床上按包络原理加工的。

如图 11-16（a）所示，让平面 F 与圆锥 A 的外表面固定相切，并一同绕轴 $O_2—O_2$ 以角速度 ω_2 回转，同时中心距 a、轴线 $O_1—O_1$ 与圆锥 A 轴线 $O_2—O_2$ 垂直交叉的蜗杆以角速度 ω_1 回转，则平面 F 在蜗杆毛坯上形成的轨迹面（实际上是平面 F 的包络面）即为平面包络环面蜗杆的螺旋齿面。平面 F 称为该螺旋齿面的母面。平面包络环面蜗杆的螺旋齿面是以平面齿齿轮（齿面为 F 面）的齿面为母面经过共轭运动包络形成的，所以该平面包络环面蜗杆与该平面齿齿轮组成的传动副，称为平面一次包络环面蜗杆传动。用上述环面蜗杆螺旋齿面为母面制成的滚刀，按包络原理加工出与之啮合的蜗轮齿面，实际上是经两次包络运动，故称为平面二次包络环面蜗杆传动。

当一次包络环面蜗杆的母面 F 与轴线 $O_2—O_2$ 的夹角 $\beta>0$ 时，可包络出斜齿平面包络环面蜗杆，适用于传递动力；而当 $\beta=0$ 时，则包络出直齿平面包络环面蜗杆，适用于传递运动。实际切制平面包络环面蜗杆时，母面 F 即相当于铣刀或砂轮，如图 11-16（b）所示，因此这样的蜗杆可进行磨削，蜗杆也可采用硬齿面（淬火）提高强度。

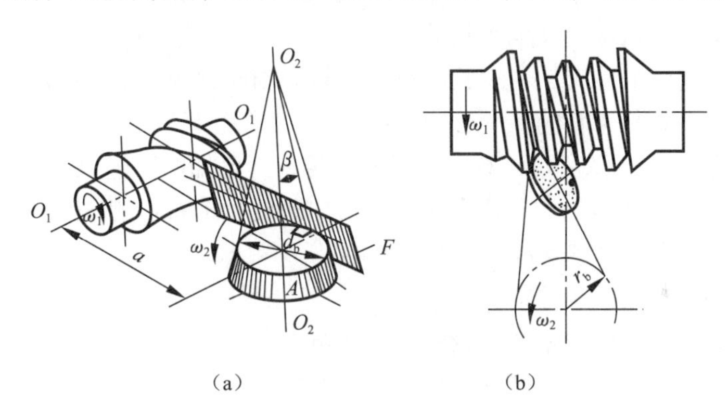

图 11-16 平面包络蜗杆形成原理及切齿简图

（a）形成原理；（b）切齿方法

二、环面蜗杆传动特点

直线环面蜗杆传动和平面二次包络环面蜗杆传动的特点是：多齿对啮合且双接触线接触，所以扩大了接触面积，而且由于啮合接触线与 v_s 的夹角 θ 较大，易于形成油膜，改善了润滑条件，增大了齿面间的相对曲率半径，因此承载能力大为增加，效率高，传力大。

平面一次包络环面蜗杆传动的特点是：多齿对啮合，单接触线接触，θ 角较大，润滑条件大有改善，所以效率与承载能力比圆柱蜗杆传动的大得多。

平面包络环面蜗杆比较容易实现完全符合其啮合原理的精加工和淬硬磨削加工，故可采用高硬度蜗杆，且可降低齿面粗糙度，这对提高其承载能力与传动效率极其有利。

一般环面蜗杆传动的承载力高于普通圆柱蜗杆传动的2～4倍，效率高达85%～90%，它的不足之处是制造和安装精度要求较高。

习　题

11－1　与圆柱齿轮相比，蜗杆传动有什么特点？

11－2　阿基米德蜗杆传动为何以中间平面的轴向模数和压力角为标准值？其正确啮合条件是什么？

11－3　如何选择蜗杆头数 z_1？对于动力传动，为什么蜗轮齿数 z_2 不应小于28，也不宜大于80？

11－4　蜗杆传动的效率主要与哪些因素有关？在设计中如何提高啮合效率？

11－5　蜗杆传动的变位有何特点？为什么？

11－6　蜗杆传动中的自锁现象发生在什么情况下？如何应用？

11－7　蜗杆传动常见的失效形式有哪些？对应的计算准则是什么？

11－8　常用的蜗杆和蜗轮材料如何选择？

11－9　蜗杆传动设计中，为什么要进行热平衡计算？如热平衡不能满足要求时，应采取哪些措施？

11－10　如题11－10图所示蜗杆－斜齿圆柱齿轮二级减速传动：

（1）蜗杆主动时，试确定其他齿轮的转向。

（2）确定小斜齿轮的旋向，使蜗轮和小斜齿轮的轴向力相互抵消一部分。

（3）画出蜗轮和大斜齿轮的三个分力方向。

11－11　如题11－11图所示，有一闭式蜗杆传动，已知蜗杆输入功率为2.8 kW，蜗杆转速为960 r/min，蜗杆头数为2，蜗轮齿数为40，模数为8 mm，蜗杆分度圆直径为80 mm，蜗杆和蜗轮齿面间的当量摩擦系数为0.1。试求：

（1）该传动的啮合效率及传动总效率。

（2）作用于蜗杆轴上的转矩和蜗轮轴上的转矩。

（3）作用于蜗杆和蜗轮上的各分力的大小和方向。

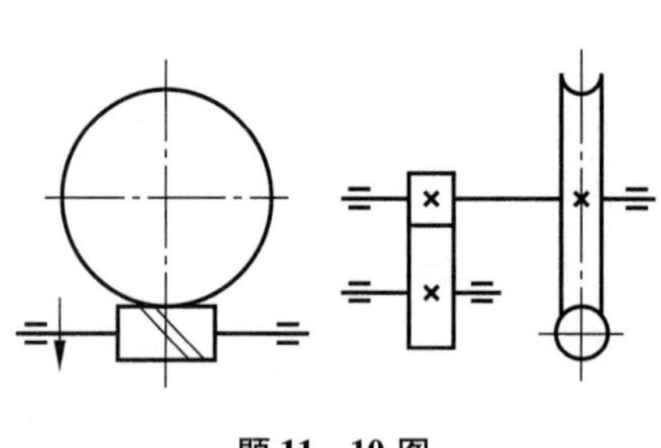

题11－10图

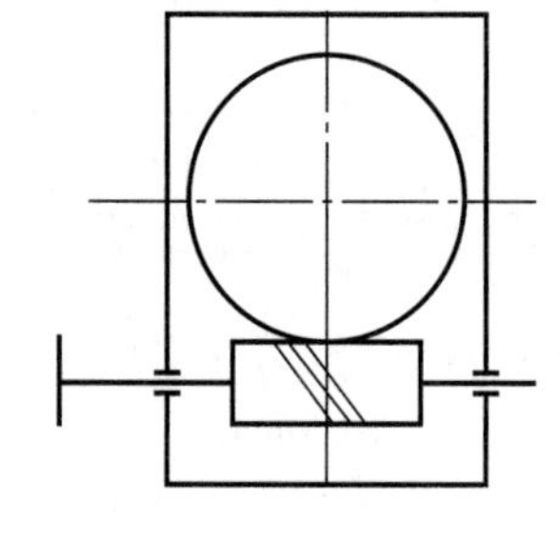

题11－11图

11－12　题11－12图所示为一手动绞车的蜗杆起重机构，已知蜗杆头数为1，模数为8 mm，蜗杆分度圆直径为80 mm，蜗轮齿数为40，卷筒直径为200 mm，试求：

（1）使重物 Q 上升1 m时蜗杆应转动多少转？

（2）蜗杆与蜗轮间的当量摩擦系数为0.18，该机构能否自锁？

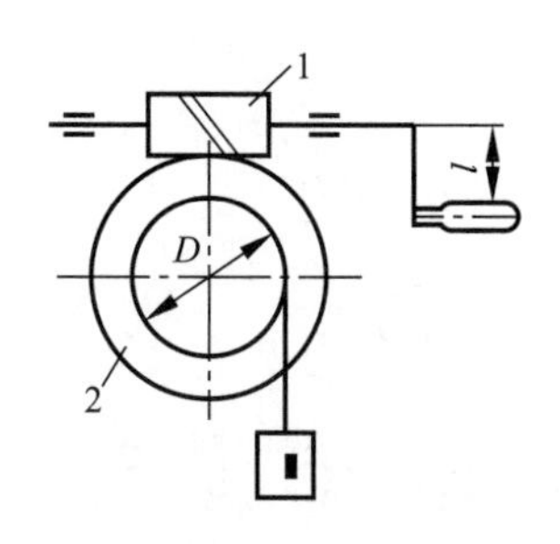

题 11－12 图

1—蜗杆；2—蜗轮

（3）若 $Q=5$ kN，手摇时施加的力 $F=100$ N，手柄转臂的长度 l 应是多少？

11－13　设计一由电机驱动的蜗杆减速器，蜗杆传动功率为 $P_1=7$ kW，两班制工作，寿命为 7 年，蜗杆转速 $n_1=1\,480$ r/min，蜗轮转速 $n_2=80$ r/min，单向传动，载荷平稳。

11－14　电炉炼钢车间有一普通圆柱蜗杆减速器。其输入功率为 3 kW，蜗杆头数为 2，要求工作时油温不超过 80 ℃，三班制连续工作，试进行该减速器的热平衡校核计算。该减速器的主要外廓尺寸如题 11－14 图所示（忽略凸缘及筋板的散热，近似计算）。

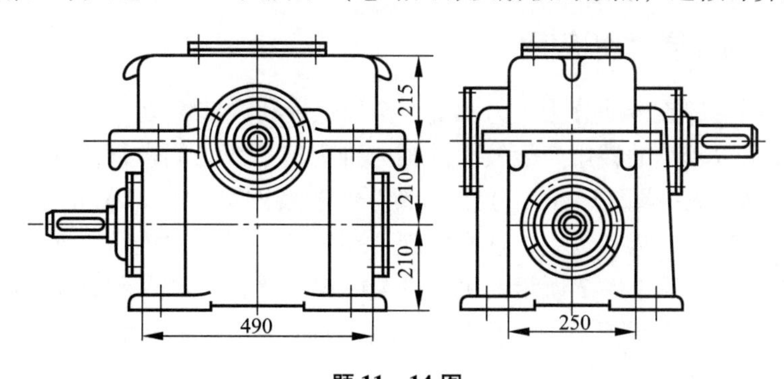

题 11－14 图

第十二章

螺 旋 传 动

第一节　概　　述

螺旋传动是利用螺杆（丝杠）和螺母组成的螺旋副来实现传动要求的。它主要用于将回转运动转变为直线运动，同时传递运动和动力。它具有结构紧凑、传动均匀、准确、平稳、易于自锁等优点，在工业中获得了广泛应用。

一、螺旋传动的类型和应用

按照用途不同，螺旋传动分为传力螺旋、传导螺旋和调整螺旋三种类型。传力螺旋以传递动力为主，要求以较小的转矩产生较大的轴向推力，一般为间歇性工作，工作速度较低，通常要求具有自锁能力，图 12－1（a）的螺旋千斤顶及图 12－1（b）的螺旋压力机均为传力螺旋。传导螺旋以传递运动为主，这类螺旋常在较长的时间内连续工作且工作速度较高，传动精度要求较高，如图 12－2 所示的机床进给机构的螺旋。调整螺旋用于调整并固定零件间的相对位置，一般在空载下工作，要求能自锁，如带传动张紧装置、机床卡盘、轧钢机轧滚下压螺旋等。

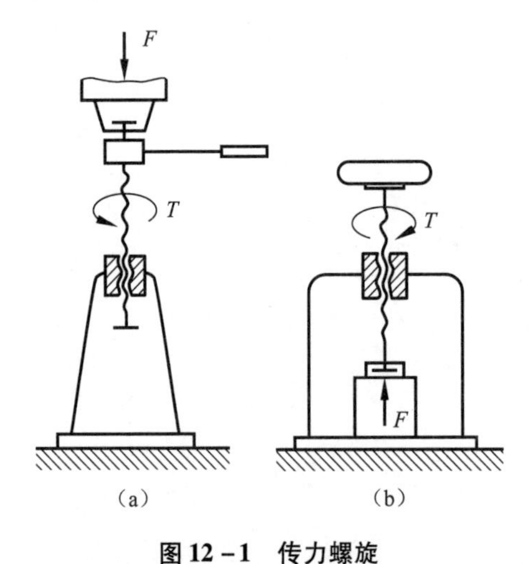

图 12－1　传力螺旋

(a) 螺旋千斤顶；(b) 螺旋压力机

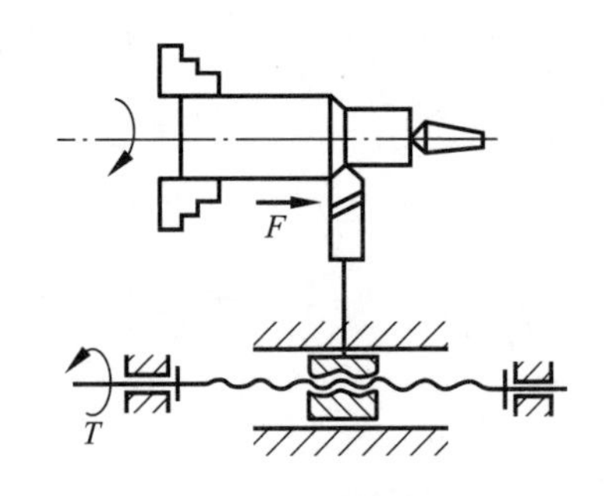

图 12－2　传导螺旋

按照螺旋副摩擦性质的不同，螺旋传动又可分为滑动摩擦螺旋传动（简称滑动螺旋）、滚动摩擦螺旋传动（简称滚动螺旋）和静压滑动摩擦螺旋传动（简称静压螺旋）。

滑动螺旋传动应用较广，其特点是结构简单，制造方便，成本低；易于实现自锁；运转平稳。缺点在于当低速或进行运动微调时可能出现爬行现象；摩擦阻力大，传动效率低（一般为30%～60%）；螺纹间有侧向间隙，反向时有空行程；磨损较大。滑动螺旋传动广泛应用于机床的进给、分度、定位等机构，如压力机、千斤顶的传力螺旋等。

滚动螺旋也称滚珠丝杠，其特点是摩擦阻力小，传动效率高（90%以上）；运转平稳，低速时不爬行，启动时无抖动；经调整和预紧可实现高精度定位；传动具有可逆性，如果运用于禁止逆转的场合，需要加设防逆转机构；使用寿命长。缺点为结构复杂，制造困难；抗冲击能力差。应用于精密和数控机床，测试机械、仪器的传动和调整螺旋，车辆、飞机上的传动螺旋。

静压螺旋传动螺杆与螺母被油膜隔开，不直接接触。具有摩擦阻力小，传动效率高（达99%）；运转平稳，无爬行现象；传动具有可逆性（不需要逆转功能时，应加设防逆转机构）；反向时无空行程，定位精度高，轴向刚度大；磨损小，寿命长等优点。其缺点为结构复杂，制造较难，供油系统要求高。应用于精密机床的进给、分度机构的传动螺旋。

结构最简单、应用最广泛的是滑动螺旋，本章主要介绍滑动螺旋的设计。

二、螺旋传动的运动关系

1. 一般螺旋机构

一般螺旋机构当螺杆转 φ（rad）角时，螺母轴向移动的位移 L（mm）为

$$L = S\frac{\varphi}{2\pi} \tag{12-1}$$

式中，S 为螺旋线导程（mm）。

如螺杆的转速为 n（r/min），则螺母移动速度 v（mm/s）为

$$v = S\frac{n}{60} \tag{12-2}$$

2. 差动螺旋机构与复式螺旋机构

图12－3中的螺旋机构中，螺杆上有 A、B 两段螺旋，A 段螺旋导程为 S_A（mm），B 段螺旋导程为 S_B（mm）。

若两者螺旋方向相同，则当螺杆转 φ（rad）角时，螺母轴向移动的位移 L（mm）为

$$L = (S_A - S_B)\frac{\varphi}{2\pi} \tag{12-3}$$

如螺杆的转速为 n（r/min），则螺母移动速度 v（mm/s）为

$$v = (S_A - S_B)\frac{n}{60} \tag{12-4}$$

由上式可知，当 A、B 两螺旋的导程 S_A、S_B 接近时，螺母可得到微小位移，这种螺旋机构称为差动螺旋机构（又称微动螺旋机构），常用于分度机构、测微机构等。图12－4所示为镗刀的微调机构。

如两螺旋的螺旋方向相反，则螺母轴向移动的位移 L 为

$$L = (S_A + S_B)\frac{\varphi}{2\pi} \tag{12-5}$$

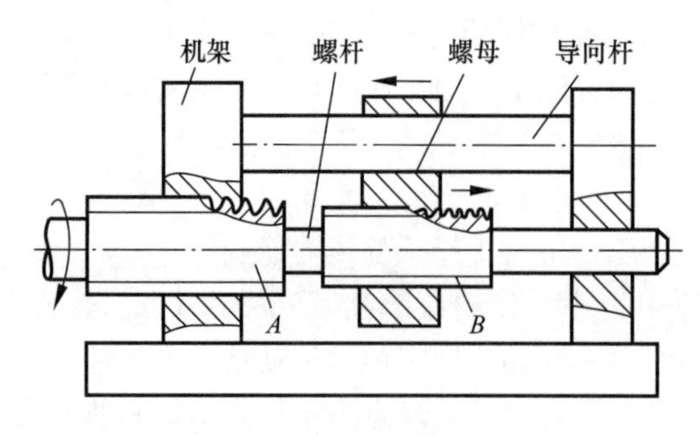

图 12－3　差动螺旋机构

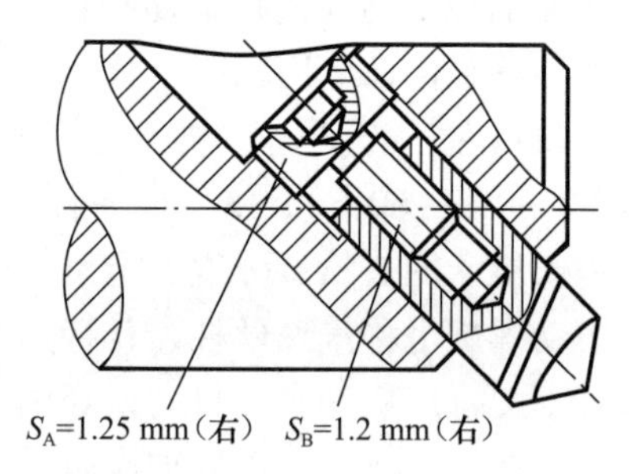

图 12－4　镗刀的微调机构

移动速度为

$$v = (S_A + S_B)\frac{n}{60} \tag{12-6}$$

这种螺旋机构称为复式螺旋机构，适合于快速靠近或离开的场合，如图 12－5 所示的车钩快速合拢或分开装置。

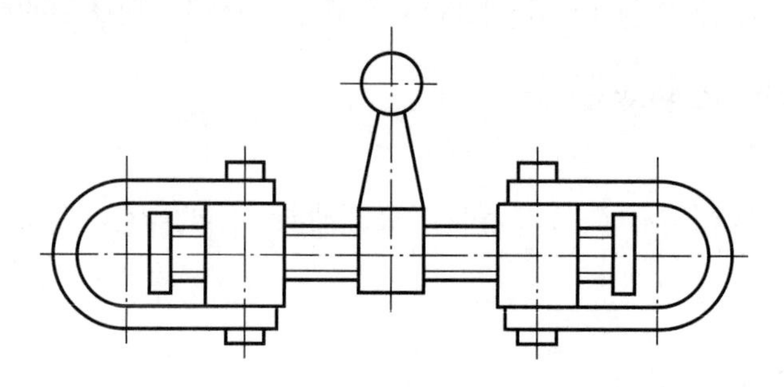

图 12－5　复式螺旋机构

第二节　滑动螺旋传动的设计

滑动螺旋传动工作时，螺杆和螺母主要承受转矩和轴向载荷（拉力或压力）的作用，同时，在螺杆和螺母的旋合螺纹间有较大的相对滑动。滑动螺旋传动的主要失效形式是螺纹磨损。因此，通常根据螺旋副的耐磨性条件，计算螺杆中径及螺母高度，并参照螺纹标准确定螺旋的主要参数和尺寸，然后再对可能发生的其他失效逐一进行校核。

一、滑动螺旋的结构及材料

1. 滑动螺旋的结构

滑动螺旋的结构包括螺杆、螺母的结构形式及其固定和支承结构形式。螺旋传动的工作刚度与精度等和支承结构有直接关系，当螺杆短而粗且垂直布置时，如起重及加压装置的传力螺旋，可以采用螺母本身作为支承的结构。当螺杆细长且水平布置时，如机床的传导螺旋（丝杠）等，应在螺杆两端或中间附加支承，以提高螺杆工作刚度。

螺母结构有整体螺母、组合螺母和剖分螺母等形式。整体螺母结构简单，但由磨损而产生的轴向间隙不能补偿，只适合在精度要求较低的场合中使用。对于经常双向传动的传导螺

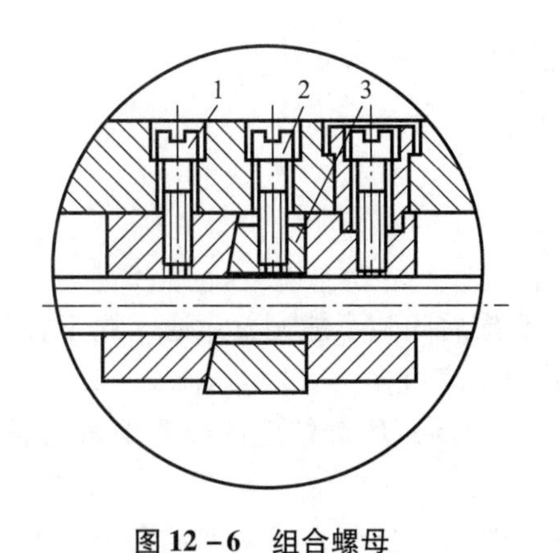

图 12－6　组合螺母

1—固定螺钉；2—调整螺钉；3—调整楔块

旋，为了消除轴向间隙并补偿旋合螺纹的磨损，通常采用组合螺母或剖分螺母结构。图 12－6 为组合螺母的一种结构形式，利用调整螺钉 2 可使楔块 3 将其两侧的螺母挤紧，减小螺纹副的间隙，提高传动精度。

传动用螺杆的螺纹一般采用右旋结构，只有在特殊情况下采用左旋螺纹。

2. 螺杆与螺母常用材料

螺杆和螺母材料应具有较高的耐磨性、足够的强度和良好的工艺性。螺杆与螺母常用材料见表 12－1。

表 12－1　螺杆与螺母常用材料

螺纹副	材料	应用场合
螺杆	Q235、Q275、45、50	轻载、低速传动。材料不热处理
	40Cr、65Mn、20CrMnTi	重载、较高速传动。材料需经热处理，以提高耐磨性
	9Mn2V、CrWMn、38CrMoAl	精密传导螺旋传动。材料需经热处理
螺母	ZCuSn10P1、ZCuSn5Pb5Zn5	一般传动
	ZCuAl10Fe3、ZCuZn25Al6Fe3Mn3	重载、低速传动。尺寸较小或轻载高速传动，螺母可采用钢或铸铁制造，内孔浇铸轴承合金或青铜

二、耐磨性计算

耐磨性计算尚无完善的计算方法，目前是通过限制螺纹副接触面上的压强 p 作为计算条件，其校核公式为

$$p = \frac{F}{A} = \frac{F}{\pi d_2 hz} = \frac{FP}{\pi d_2 hH} \leqslant [p] \qquad (12-7)$$

式中，F 为轴向工作载荷（N）；A 为螺纹工作表面投影到垂直于轴向力的平面上的面积（mm^2）；d_2 为螺纹中径（mm）；P 为螺距（mm）；h 为螺纹工作高度（mm），矩形与梯形螺纹的工作高度 $h=0.5P$，锯齿形螺纹的工作高度 $h=0.75P$；$z=\frac{H}{P}$为螺纹工作圈数，H 为螺母高度（mm）；$[p]$ 为许用压强（MPa），见表 12－2。

为便于推导设计公式，令 $\phi=\frac{H}{d_2}$，则 $H=\phi d_2$，代入式（12－7），整理后得螺纹中径的设计公式为

$$d_2 \geqslant \sqrt{\frac{FP}{\pi \phi h [p]}}$$

对矩形、梯形螺纹，$h=0.5P$，则

$$d_2 \geqslant 0.8\sqrt{\frac{F}{\phi[p]}} \tag{12-8}$$

对锯齿形螺纹，$h=0.75P$，则

$$d_2 \geqslant 0.65\sqrt{\frac{F}{\phi[p]}} \tag{12-9}$$

式中，ϕ 值根据螺母的结构选取。对于整体式螺母，磨损后间隙不能调整，通常用于轻载或精度要求低的场合，为使受力分布均匀，螺纹工作圈数不宜过多，宜取 $\phi=1.2\sim2.5$；对于剖分式螺母或螺母兼作支承而受力较大，可取 $\phi=2.5\sim3.5$；传动精度高或要求寿命长时，允许 $\phi=4$。

根据公式计算出螺纹中径 d_2 后，按国家标准选取螺纹的公称直径 d 和螺距 P。由于旋合各圈螺纹牙受力不均，故 z 不宜大于10。

表12-2　滑动螺旋传动的许用压强［p］

螺纹副材料	滑动副速度/(m·min⁻¹)	许用压强/MPa
钢对青铜	低速 <3.0 6~12 >15	18~25 11~18 7~10 1~2
钢-耐磨铸铁	6~12	6~8
钢-灰铸铁	<2.4 6~12	13~18 4~7
钢-钢	低速	7.5~13
淬火钢-青铜	6~12	10~13
注：$\phi<2.5$ 或人力驱动时，［p］可提高20%；螺母为剖分式时，［p］应降低15%~20%。		

三、螺母螺纹牙的强度校核

螺纹牙多发生剪切与弯曲破坏。由于一般情况下螺母材料的强度比螺杆的低，因此只需校核螺母螺纹牙的强度。假设载荷集中作用在螺纹中径上，可将螺母螺纹牙视为大径 D 处展开的悬臂梁（图12-7），螺纹牙根部 aa 处的弯曲强度校核公式为

$$\sigma_b=\frac{\frac{F}{z}\frac{h}{2}}{\frac{\pi Db^2}{6}}=\frac{3Fh}{\pi Db^2z}\leqslant[\sigma_b] \tag{12-10}$$

剪切强度校核公式为

$$\tau=\frac{F}{z\pi Db}\leqslant[\tau] \tag{12-11}$$

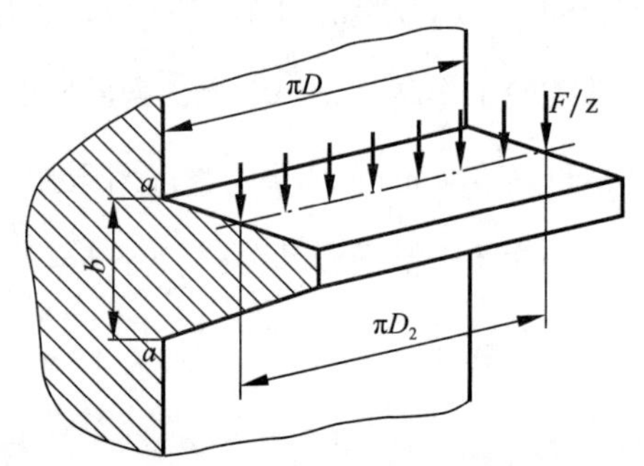

图12-7　螺母螺纹牙受力

式中，F、h、z 同式（12-7）；D 为螺母螺纹的大径（mm）；b 为螺母螺纹牙根部宽度（mm），可由

国家标准查得，也可取矩形螺纹 $b=0.5P$，梯形螺纹 $b=0.65P$，锯齿形螺纹$b=0.74P$；$[\sigma_b]$、$[\tau]$ 分别为螺母螺纹牙的许用弯曲应力和许用切应力（MPa），见表 12－3。

若螺杆与螺母的材料相同，由于螺杆螺纹的小径 d_1 小于螺母螺纹的大径 D，故应校核螺杆螺纹牙的强度，这时公式中的 D 应改为 d_1。

表 12－3　滑动螺旋副材料的许用应力

项目	许用应力/MPa		
钢制螺杆	$[\sigma]=\dfrac{R_{eL}}{3\sim5}$		
螺母	材料	许用弯曲应力 $[\sigma_b]$	许用切应力 $[\tau]$
	青铜	40～60	30～40
	耐磨铸铁	50～60	40
	铸铁	45～55	40
	钢	$(1.0\sim1.2)[\sigma]$	$0.6[\sigma]$

注：（1）R_{eL}为材料的屈服强度（MPa）。
（2）静载荷许用应力取大值。

四、螺杆强度校核

螺杆受轴向力 F 及转矩 T 的作用，危险截面上受拉（压）应力 σ 和扭转切应力 τ。根据第四强度理论，螺杆危险截面的强度校核公式为

$$\sigma_{ca}=\sqrt{\sigma^2+3\tau^2}=\sqrt{\left(\frac{4F}{\pi d_1^2}\right)^2+3\left(\frac{T}{\pi d_1^3/16}\right)^2}\leqslant[\sigma] \tag{12－12}$$

式中，d_1 为螺杆螺纹小径（mm）；$[\sigma]$ 为螺杆材料的许用应力（MPa），见表 12－3；T 为螺杆所受转矩（N·mm），由式（3－6）得 $T=F\dfrac{d_2}{2}\tan(\lambda+\rho_v)$。

五、螺杆稳定性校核

对于长径比大的受压螺杆，当轴向力 F 超过某一临界载荷 F_c 时，螺杆可能会突然产生侧向弯曲而丧失稳定。因此，对细长螺杆应进行稳定性校核。螺杆的稳定性条件为

$$\frac{F_c}{F}\geqslant[S] \tag{12－13}$$

式中，$[S]$ 为许用稳定性安全系数，对于传力螺旋，取 $[S]=3.5\sim5$；对于传导螺旋，取 $[S]=2.5\sim4$；对于精密螺杆或水平螺杆，取 $[S]>4$。

临界载荷 F_c 与螺杆的柔度 γ 及材料有关，根据 $\gamma=\dfrac{\mu L}{i}$的大小选用不同的公式计算。

当 $\gamma\geqslant85\sim90$ 时，根据欧拉公式计算，即

$$F_c=\frac{\pi^2 EI}{(\mu L)^2} \tag{12－14}$$

式中，F_c 为临界载荷（N）；E 为螺杆材料的弹性模量（MPa），钢的弹性模量 $E=2.06\times10^5$ MPa；I 为危险截面的惯性矩（mm^4），$I=\frac{\pi d_1^4}{64}$；d_1 为螺杆螺纹小径（mm）；μ 为长度系数，与螺杆端部结构有关，见表 12－4；L 为螺杆最大受力长度（mm）；i 为螺杆危险截面的惯性半径（mm），$i=\sqrt{\frac{I}{\pi d_1^2/4}}=\frac{d_1}{4}$。

表 12－4　长度系数 μ

螺杆端部结构	μ
两端固定	0.5
一端固定，一端不完全固定	0.6
一端固定，一端自由（如千斤顶）	2
一端固定，一端铰支（如压力机）	0.7
两端铰支（如传导螺杆）	1

注：用下列办法确定螺杆端部的支承情况：
采用滑动支承时：
l_0 为支承长度，d_0 为支承孔直径。$l_0/d_0<1.5$，铰支；$l_0/d_0=1.5\sim3$，不完全固定；$l_0/d_0>3$，固定。
采用滚动支承时：
只有径向约束时为铰支；径向和轴向都有约束时为固定。

当 $\gamma<85\sim90$ 时，对 $R_m\geqslant380$ MPa 的碳素钢（如 Q235、Q275）

$$F_c=(304-1.12\gamma)\frac{\pi d_1^2}{4} \tag{12-15}$$

当 $\gamma<85\sim90$ 时，对 $R_m\geqslant470$ MPa 的优质碳素钢（如 45 钢）

$$F_c=(461-2.57\gamma)\frac{\pi d_1^2}{4} \tag{12-16}$$

当 $\gamma<40$ 时，无须进行稳定性计算。

六、自锁性校核

对于要求自锁的螺旋传动，应校核是否满足自锁条件，即

$$\lambda\leqslant\rho_v=\arctan f_v \tag{12-17}$$

式中，f_v 为螺纹副的当量摩擦系数，见表 12－5。

表 12－5　螺旋传动螺旋副的当量摩擦系数 f_v（定期润滑）

螺纹副材料	钢和青铜	钢和耐磨铸铁	钢和铸铁	钢和钢	淬火钢和青铜
f_v	0.08～0.10	0.10～0.12	0.12～0.15	0.11～0.17	0.06～0.08

例　设计一螺旋千斤顶，已知轴向载荷 $F=10\,000$ N，起重高度为 $l=124$ mm，结构方案图如图 12－8 所示。

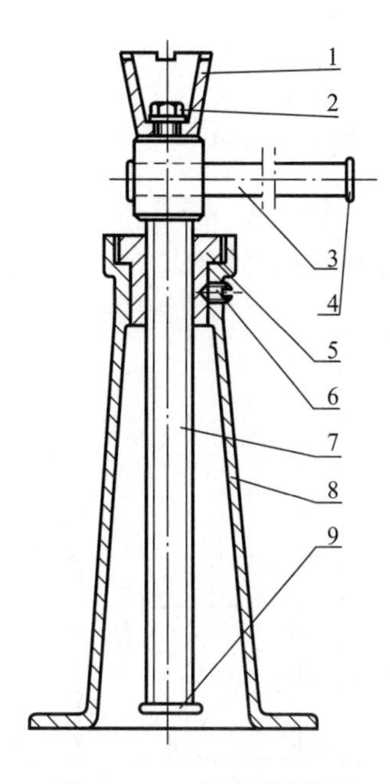

图 12-8　千斤顶结构图

1—托杯；2—螺钉；3—手柄；4—挡环；5—螺母；6—紧定螺钉；7—螺杆；8—底座；9—挡环

解：

1. 选择材料

由表 12-1 选螺杆材料为 45 钢，由手册查 $R_{eL}=355$ MPa；螺母材料为 ZCuSn10P1，由表 12-2 查得 $[p]=11$ MPa；取单头右旋梯形螺纹，$\alpha=30°$，$\beta=15°$，整体螺母。

2. 耐磨性计算

（1）取 $\phi=2$。

（2）计算 d_2。

$$d_2 \geqslant 0.8\sqrt{\frac{F}{\phi[p]}} = 0.8 \times \sqrt{\frac{10\,000}{2 \times 11}} = 17.06(\text{mm})$$

由计算出的 d_2 查手册确定螺纹的标准值为

$$d = 24\ \text{mm}, D = 24.5\ \text{mm}$$

$$d_1 = 18.5\ \text{mm}, D_1 = 19\ \text{mm}$$

$$d_2(D_2) = 21.5\ \text{mm}$$

$$P = 5\ \text{mm}。$$

（3）计算螺母高 H。

$$H = \phi d_2 = 2 \times 21.5 = 43(\text{mm})$$

（4）计算旋合圈数 z。

$$z = \frac{H}{P} = \frac{43}{5} = 8.6 < 10$$

（5）校核螺纹副自锁性。

$$\lambda = \arctan\frac{S}{\pi d_2} = \frac{nP}{\pi d_2} = \frac{1 \times 5}{21.5\pi} = 4.23°$$

由表 12-5 查得 $f_v=0.10$，$\rho_v=\arctan f_v=\arctan 0.10=5.71°$。

$\lambda \leqslant \rho_v$，满足自锁条件。

3. 螺母螺纹牙强度校核

由表 12-3 查得青铜螺母螺纹牙许用弯曲应力 $[\sigma_b]=40\sim60$ MPa、许用切应力 $[\tau]=30\sim40$ MPa；梯形螺纹螺纹牙根宽度 $b=0.65P=0.65\times5=3.25$（mm）；梯形螺纹螺纹牙工作高度 $h=0.5P=0.5\times5=2.5$（mm）。

（1）弯曲强度校核。

$$\sigma_b = \frac{3Fh}{\pi Db^2 z} = \frac{3 \times 10\,000 \times 2.5}{3.14 \times 24.5 \times 3.25^2 \times 8.6} = 10.72(\text{MPa}) \leqslant [\sigma_b] \quad 合格$$

（2）剪切强度校核。

$$\tau = \frac{F}{z\pi Db} = \frac{10\,000}{8.6 \times 3.14 \times 24.5 \times 3.25} = 4.65(\text{MPa}) \leqslant [\tau] \quad 合格$$

4. 螺杆强度校核

（1）由表 12-3 查得螺杆许用应力

$$[\sigma] = \frac{R_{eL}}{3} = \frac{355}{3} = 118.33\ (\text{MPa})$$

（2）螺杆所受转矩

$$T=F\frac{d_2}{2}\tan(\lambda+\rho_v)=10\,000\times\frac{21.5}{2}\tan(4.23°+5.71°)=18\,955\ (\text{N}\cdot\text{mm})$$

（3）$\sigma_{ca}=\sqrt{\left(\frac{4F}{\pi d_1^2}\right)^2+3\left(\frac{T}{\pi d_1^3/16}\right)^2}=\sqrt{\left(\frac{4\times10\,000}{3.14\times18.5^2}\right)^2+3\times\left(\frac{18\,955}{3.14\times18.5^3/16}\right)^2}$

$=40.13\ (\text{MPa})\leqslant[\sigma]$　　合格

5. 螺母外部尺寸设计计算

螺母的结构及尺寸如图12－9所示。

（1）计算 D_3。

螺母悬置部分受拉伸和扭转联合作用，为使计算简单，将 F 增大30%，按拉伸强度计算得

$$\sigma=\frac{1.3F}{\frac{\pi(D_3^2-D^2)}{4}}\leqslant[\sigma]$$

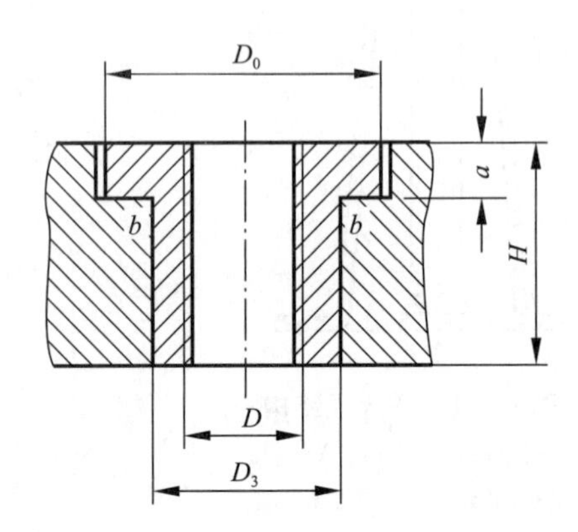

图12－9　螺母的结构及尺寸

式中，$[\sigma]$ 为螺母材料的许用拉伸应力，可取 $[\sigma]=0.83[\sigma_b]$，由表12－3取 $[\sigma_b]=50$ MPa，因此，$[\sigma]=0.83[\sigma_b]=41.5$ MPa。故

$$D_3\geqslant\sqrt{1.66\times\frac{F}{[\sigma]}+D^2}$$

$$=\sqrt{1.66\times\frac{10\,000}{41.5}+24.5^2}=31.6\ (\text{mm})$$

取 $D_3=35$ mm。

（2）确定 D_0 和 a。按经验公式 $D_0=(1.3\sim1.4)D_3$ 及 $a=\frac{H}{3}$ 确定。

$D_0=(1.3\sim1.4)\times35=45.5\sim49(\text{mm})$　　取 $D_0=48$ mm

$a=\frac{H}{3}=\frac{43}{3}=14.3(\text{mm})$　　取 $a=15$ mm

（3）校核凸缘支承表面的挤压强度，强度条件为

$$\sigma_p=\frac{4F}{\pi(D_0^2-D_3^2)}\leqslant[\sigma_p]$$

式中，$[\sigma_p]$ 为螺母材料许用挤压应力（MPa），可取 $[\sigma_p]=(1.5\sim1.7)[\sigma_b]$，取 $[\sigma_b]=50$ MPa，$[\sigma_p]=75\sim80$ MPa。

故　$\sigma_p=\frac{4\times10\,000}{3.14\times(48^2-35^2)}=11.8\ (\text{MPa})\leqslant[\sigma_p]$　　合格

（4）校核凸缘根部弯曲强度。

$$\sigma_b=\frac{M}{W}=\frac{F(D_0-D_3)/4}{\pi D_3a^2/6}=\frac{1.5\times10\,000(48-35)}{3.14\times35\times15^2}=7.89(\text{MPa})\leqslant[\sigma_b]=50\text{ MPa}$$　合格

（5）校核凸缘根部剪切强度，强度条件为

$$\tau=\frac{F}{\pi D_3a}\leqslant[\tau]$$

式中，螺母材料的许用切应力 $[\tau]=35$ MPa（表 12－3）。

故　　$\tau=\dfrac{F}{\pi D_3 a}=\dfrac{10\,000}{3.14\times35\times15}=6(\text{MPa})\leqslant[\tau]=35\text{ MPa}$　　合格

6. 手柄设计计算

托杯与手柄的结构见图 12－10。

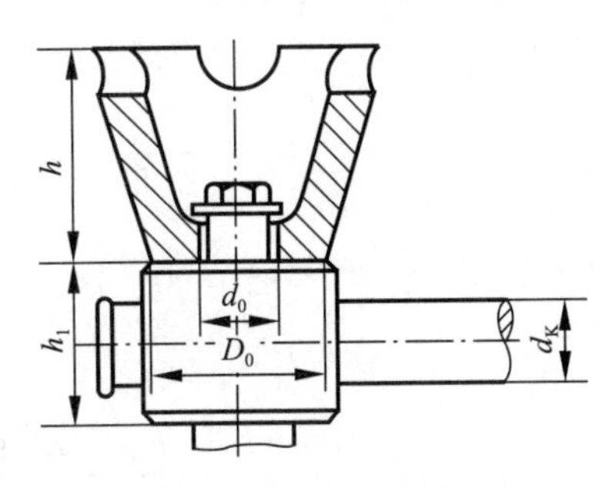

图 12－10　托杯与手柄的结构

（1）确定手柄长度。

手柄上的工作转矩为

$$T=F_{\mathrm{H}}L_{\mathrm{H}}=T_1+T_2$$

$$=\frac{1}{2}F\left[d_2\tan(\lambda+\rho_{\mathrm{v}})+\frac{2}{3}f_{\mathrm{c}}\frac{D_0^3-d_0^3}{D_0^2-d_0^2}\right]$$

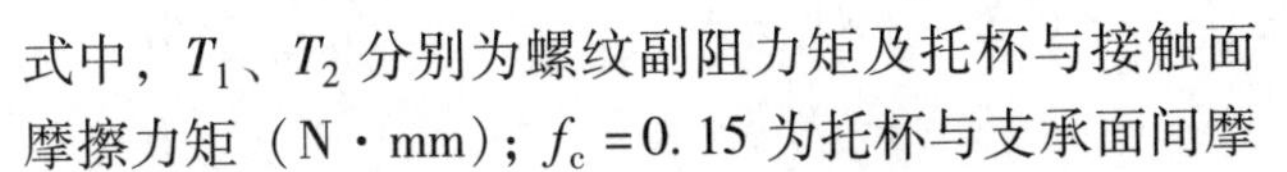

式中，T_1、T_2 分别为螺纹副阻力矩及托杯与接触面摩擦力矩（N · mm）；$f_{\mathrm{c}}=0.15$ 为托杯与支承面间摩擦系数；D_0 为托杯底座与支承面接触部分外径（mm），由经验公式 $D_0=(1.6\sim1.8)d$ 确定，取 $D_0=45$ mm；d_0 为托杯底座与支承面接触部分内径（mm），取 $d_0=18$ mm；F_{H} 为手作用在手柄上的力（N），如一人连续工作，手作用力通常取 $F_{\mathrm{H}}=150\sim200$ N，取 $F_{\mathrm{H}}=180$ N；L_{H} 为手柄有效长度（mm）。

故 $180L_{\mathrm{H}}=T_1+T_2=\dfrac{1}{2}\times10\,000\times\left[21.5\tan(4.23^\circ+5.71^\circ)+\dfrac{2}{3}\times0.15\times\dfrac{45^3-18^3}{45^2-18^2}\right]$

得 $L_{\mathrm{H}}=246$ mm，取 $L_{\mathrm{H}}=350$ mm。

（2）确定手柄直径 d_{k}。

选取手柄材料为 45 钢，$R_{\mathrm{eL}}=355$ MPa，许用弯曲应力 $[\sigma_{\mathrm{b}}]=\dfrac{R_{\mathrm{eL}}}{1.5\sim2}=237\sim178$ MPa，取 $[\sigma_{\mathrm{b}}]=200$ MPa。

手柄的弯曲强度条件为

$$\sigma_{\mathrm{b}}=\frac{F_{\mathrm{H}}L_{\mathrm{H}}}{W}=\frac{F_{\mathrm{H}}L_{\mathrm{H}}}{\frac{\pi}{32}d_{\mathrm{k}}^3}\leqslant[\sigma_{\mathrm{b}}]$$

因此，$d_{\mathrm{k}}\geqslant\sqrt[3]{\dfrac{32\times180\times350}{\pi\times200}}=14.75$（mm），取 $d_{\mathrm{k}}=20$ mm。

托杯其他部分尺寸为

托杯高 $h=(0.8\sim1)D_0=36\sim45$ mm，取 $h=36$ mm。

铰支头高 $h_1=(1.8\sim2)d_{\mathrm{k}}=36\sim40$ mm，取 $h_1=36$ mm。

7. 螺杆稳定性校核

（1）计算柔度 $\gamma=\dfrac{\mu L}{i}$。

螺杆一端固定，一端自由，长度系数 $\mu=2$；螺杆最大受力长度 L 由起重高度 l、螺母高 H、铰支头高 h_1 及螺杆轴向预留余量 Δ 决定，因此 $L=l+H+h_1+\Delta=124+43+36+12=215$（mm）；螺杆危险截面惯性半径 $i=\dfrac{d_1}{4}=\dfrac{18.5}{4}=4.625$（mm）。

$$\gamma = \frac{\mu L}{i} = \frac{2 \times 215}{4.625} = 92.97$$

（2）计算临界载荷 F_c。

取安全系数 $S=4$；对于钢，弹性模量 $E=2.06 \times 10^5$ MPa；危险截面的惯性矩

$$I = \frac{\pi d_1^4}{64} = \frac{3.14 \times 18.5^4}{64} = 5\,749.9(\mathrm{mm}^4)。$$

因为 $\gamma = 92.97 > 85 \sim 90$，因此 $F_c = \frac{\pi^2 EI}{(\mu L)^2} = \frac{3.14^2 \times 2.06 \times 10^5 \times 5\,749.9}{(2 \times 215)^2} = 63\,161.130$（N）。

$$\frac{F_c}{F} = \frac{63\,163.130}{10\,000} = 6.3 > [S] = 4 \qquad 合格$$

第三节　其他螺旋传动简介

一、滚动螺旋传动简介

滚动螺旋是将滑动螺旋传动中丝杠与螺母间的滑动摩擦改变为滚动摩擦的螺旋传动形式，明显地减小了传动摩擦，提高了传动效率。

滚动螺旋间的滚动体绝大多数为钢球，也有采用圆柱滚子、圆锥滚子的。在 GB/T 17587.1—1998 中，将滚动螺旋传动称为滚珠丝杠副，分为定位滚珠丝杠副（P 型）和传动滚珠丝杠副（T 型）。前者是通过旋转角度和导程控制轴向位移量的滚珠丝杠副，后者是与旋转角度无关，而用于传递动力的滚珠丝杠副。

按照钢球循环的方式，滚珠丝杠副分为内循环（图 12－11（a））和外循环（图 12－11（b））两种。外循环的导路为一导管；内循环为每圈螺纹有一反向器，钢珠只在本圈内循环。外循环加工方便，但径向尺寸较大。螺母螺纹一般 3～5 圈，若圈数过多，则受力不均，不能提高承载能力。

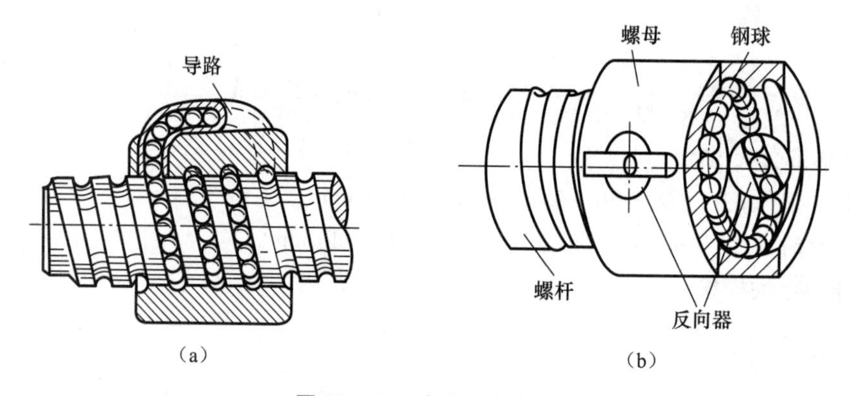

图 12－11　滚动螺旋传动

（a）外循环；（b）内循环

二、静压螺旋传动简介

静压螺旋传动的结构及工作原理如图 12－12 所示。螺杆为普通的梯形螺纹螺杆，在螺母的每圈螺纹牙两侧面的中径处，各均匀分布三个油腔。压力油经节流器进入螺母螺纹牙两侧的油腔，然后经回油通路流回油箱。当螺杆不受力时，螺杆处于中间位置，螺纹牙两侧的间隙和油腔压力均相等。当螺杆受径向力 F_r 而向下移动时，油腔 A 间隙减小，由于节流器的作用，压力增高，油腔 B 和 C 侧间隙增大，压力降低，从而产生一平衡 F_r 的液压力；当螺杆受到轴向力 F_a 左移时，间隙 h_1 减小，h_2 增大，左侧油压增大，右侧油压减小，从而产生一平衡 F_a 的液压力；螺杆受弯曲力矩时，同样也会产生一平衡力矩。无论上述何种受力状况，静压螺旋传动螺旋副均处于流体摩擦状态。

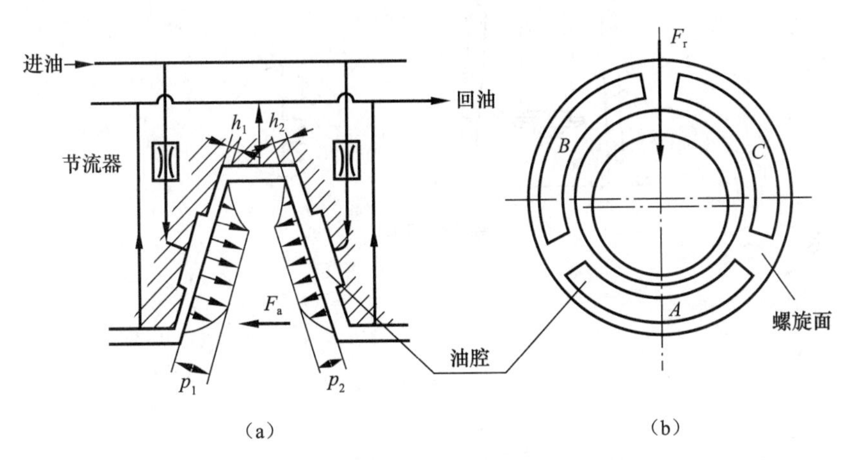

图 12－12　静压螺旋传动的结构及工作原理

（a）受轴向力时；（b）受径向力时

习　题

12－1　简述螺旋传动的类型、特点及应用。

12－2　滑动螺旋传动的失效形式有哪些？如何进行相应计算？

12－3　设计一螺旋千斤顶，起重量为 $F=40$ kN，起重高度为 $l=200$ mm，试：

（1）选择螺杆、螺母、托杯等零件的材料；

（2）计算螺杆、螺母的主要参数及其他尺寸；

（3）计算手柄的长度和截面尺寸；

（4）绘制装配图（参见题 12－3 图），标注有关尺寸，填写标题栏及零件明细表。

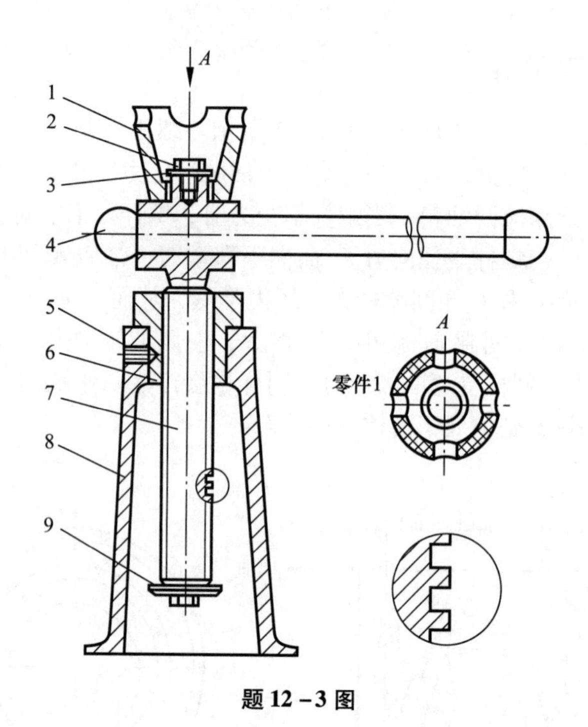

题 12－3 图

第四篇　轴系设计

轴系部件指由轴、轴承、联轴器、离合器以及轴上的回转零件等组成的有机整体。轴系部件是机器的骨干。

本篇主要介绍轴、滚动轴承、滑动轴承、联轴器等的工作原理、特点和基本设计计算方法。

第十三章
轴

第一节 概　　述

一、用途

轴是组成机器的重要零件之一，有两个主要功能：一是支承做回转运动的零件（如凸轮、齿轮、带轮及联轴器等），并保证其具有确定的工作位置；二是传递运动和动力。

二、分类

常见的轴的分类方法主要有以下几种：

1. 根据轴线形状分类

根据轴的中心线形状的不同，轴可分为直轴、曲轴和挠性轴。

（1）直轴。根据外形的不同，直轴可分为光轴（图 13－1）、阶梯轴（图 13－2）及特殊用途轴，如凸轮轴、齿轮轴（图 13－3）和蜗杆轴等。

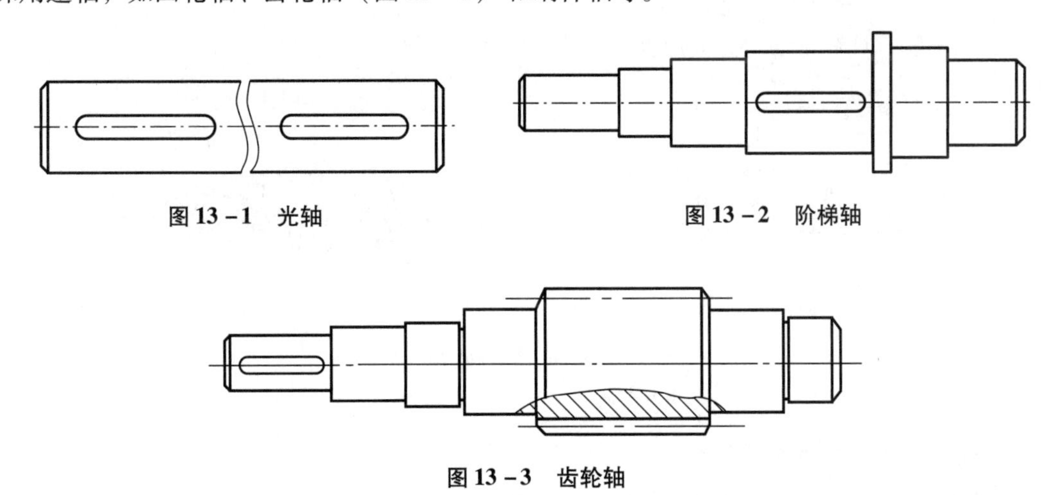

图 13－1　光轴

图 13－2　阶梯轴

图 13－3　齿轮轴

光轴具有结构简单、设计加工方便、成本低和应力集中源少等优点，但安装于轴上的零件不易实现装配和定位，主要用作心轴和传动轴。阶梯轴由不同外径的轴段组成，便于实现轴上零件的装拆、定位与固定，受力也比较合理，因而应用极为广泛，主要用作转轴。

直轴一般均为实心轴，但有时为了减轻轴的重量（如航空发动机）或满足机器的工作要求（如车床车削细长棒料时需穿过主轴中心），也可将直轴做成空心轴（图 13－4），但设计时通常保证其内径与外径的比值介于 0.5～0.6 范围内，以保证轴的扭转刚度及稳定性。

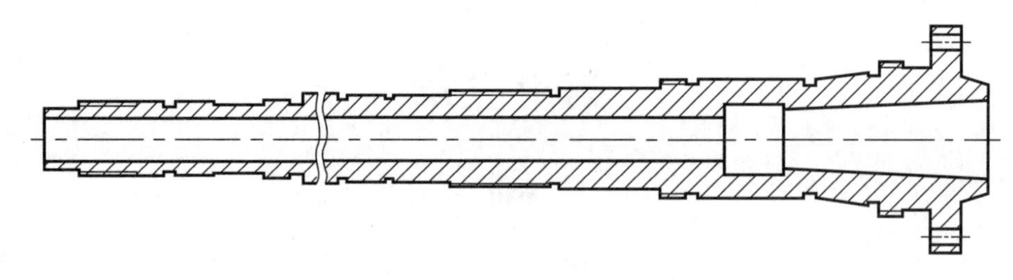

图 13－4　空心轴

（2）曲轴。曲轴常用于往复式运动机械中，以实现往复运动与旋转运动之间的转换，如发动机中的曲轴（图 13－5）。

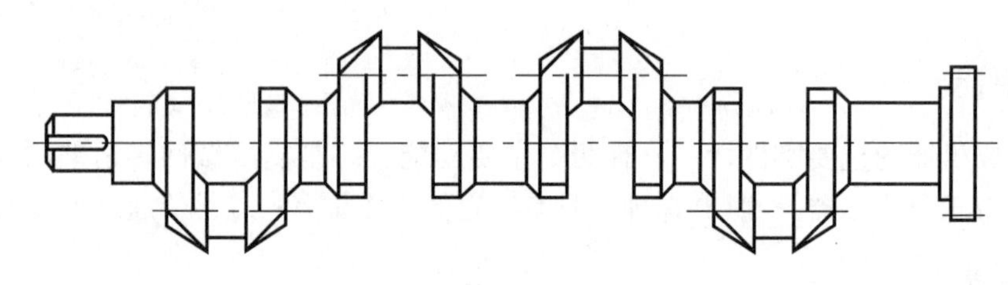

图 13－5　曲轴

（3）挠性轴。主要用于轴线形状允许发生相对变化的特殊场合，如图 13－6 所示的钢丝软轴由多层钢丝卷绕而成，其优点是可绕开障碍物，将转矩和回转运动灵活地传递到任何需要的空间位置，而且还具有良好的挠性和缓冲作用。

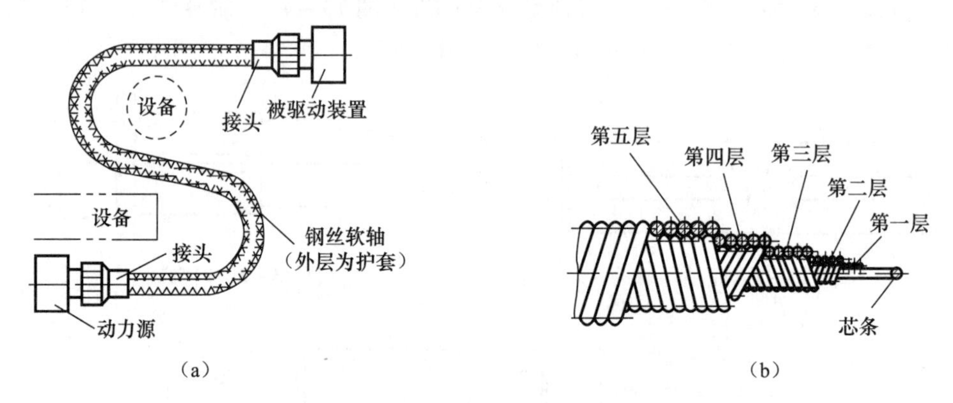

图 13－6　钢丝软轴

（a）钢丝软轴的应用；（b）钢丝软轴的绕制

2. 根据轴所受载荷性质分类

根据轴所受载荷性质的不同，轴可分为心轴、传动轴和转轴三类。

（1）心轴。心轴是工作时只承受弯矩而不承受转矩的轴（图 13－7）。根据轴转动与否，心轴又可分为转动心轴（图 13－7（a））和固定心轴（图 13－7（b））两种。固定心轴工作时不随回转零件一起转动，如自行车的轮轴，其所受弯曲应力为静应力。转动心轴工作时随回转零件一起转动，如火车车轮轴和滑轮轴等，其所受弯曲应力为对称循环应力。

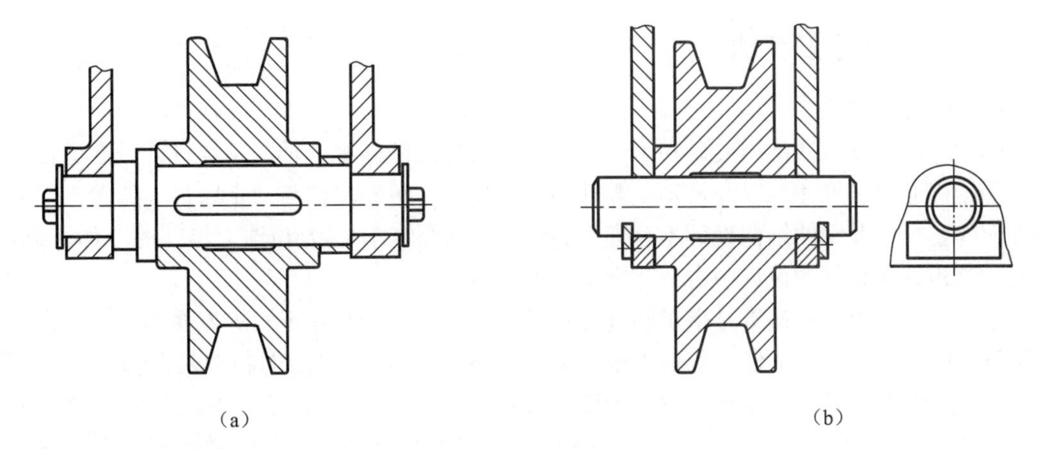

图 13－7　心轴

（a）转动心轴；（b）固定心轴

（2）传动轴。传动轴是工作时只承受转矩而不承受弯矩或弯矩很小的轴（图 13－8），如连接汽车变速器输出轴和后桥的轴。

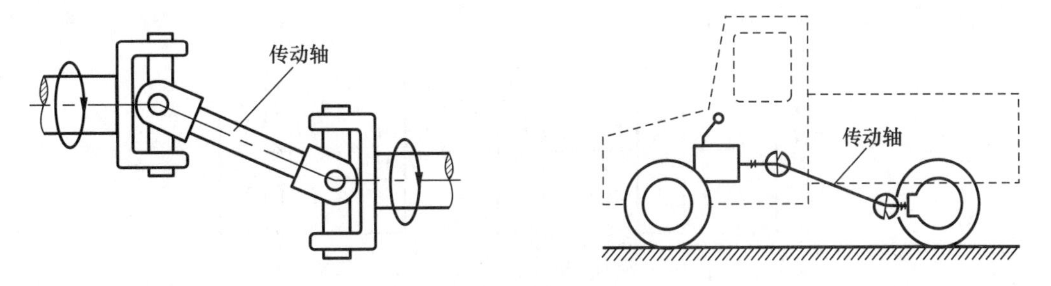

图 13－8　传动轴

（3）转轴。转轴是工作时既承受弯矩又承受转矩的轴。转轴在机器中应用最广泛，如支承齿轮（图 13－9）、带轮的轴均为转轴。转轴设计是本章的学习重点。

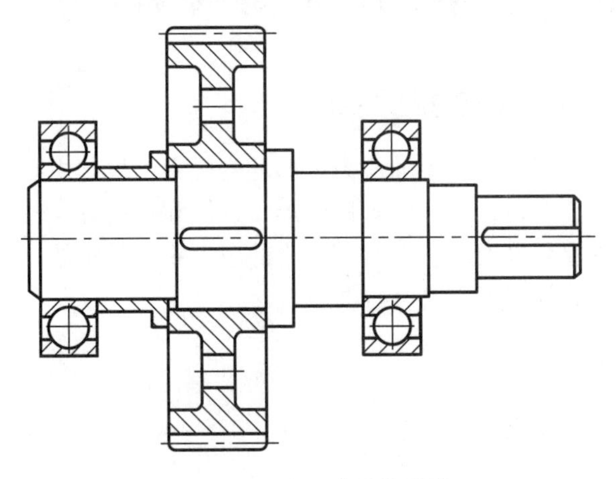

图 13－9　支承齿轮的转轴

三、设计内容及步骤

1. 轴的设计内容

轴的设计主要包括结构设计和工作能力计算两方面的内容。轴的结构设计是通过合理确定轴的结构形式和尺寸，以满足轴上零件的正确安装、精确定位与固定以及轴的加工工艺性等方面的要求。若轴的结构设计不合理，会影响到轴的工作能力和轴上零件的工作可靠性。因此，结构设计在轴的设计中占有非常重要的地位。

轴的工作能力计算通常是指对轴进行强度、刚度以及振动稳定性等方面的计算。为了保证所设计的轴能在规定的使用寿命内正常工作，必须根据轴的工作要求对其进行强度计算，以防止其发生断裂或塑性变形失效。对于刚度要求较高的轴（如车床主轴）和受力较大的细长轴（如蜗杆轴），还应进行刚度计算，以防止工作时产生过大的弹性变形。对于高速运转的轴，为避免产生共振现象，还应进行振动稳定性计算。

本章主要讨论轴的结构设计和强度计算问题。对于轴的刚度计算和振动稳定性计算，本章仅作简单介绍。

2. 轴的设计步骤

轴设计的一般步骤如图13－10所示。

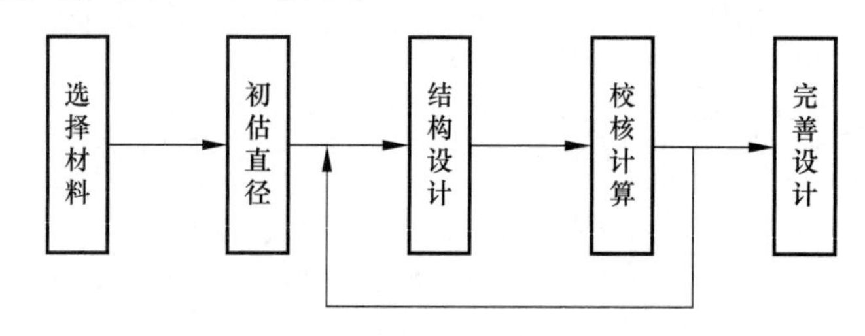

图13－10　轴设计的一般步骤

第二节　轴的材料

一、失效形式及对材料的性能要求

在多数情况下，轴在工作时产生的应力为循环变应力，故其主要失效形式为因疲劳强度不足而产生的疲劳断裂。有时还会产生塑性变形、磨损和振动等失效形式。因此，当选择轴的材料时，首先应该满足强度要求，并具有较小的应力集中敏感性。同时，还应满足一定的韧性、耐磨性、加工工艺性以及经济性等要求。

二、常用材料及热处理

轴常用的材料主要有碳素钢、合金钢和铸铁。

1. 碳素钢

碳素钢具有较好的综合性能，尽管强度较合金钢的低，但其因对应力集中不敏感、热处理和机械加工性能好、成本低等优点而应用最为广泛。其中，最常用的是45钢，此外还有30、40和50钢等。通常，为了保证有较好的力学性能，一般应进行调质或正火等热处理。

对低速、轻载或不重要的轴，也可选用 Q235、Q275 等普通碳素钢材料。

2. 合金钢

合金钢的机械性能和淬火性能高于碳素钢，但对应力集中的敏感性高、价格高，常用于重载、高速、重要的轴或有特殊性能要求（如耐高温、耐低温、耐腐蚀、耐磨损以及尺寸小、质量小但强度高等）的轴。常用的合金钢主要有 40Cr、20CrMnTi、38CrMoAlA 等，通常采用调质、表面淬火以及渗碳淬火等热处理方法。

需要说明的是，各种碳素钢和合金钢在一般工作温度下的弹性模量值非常接近，因此，用合金钢替代碳素钢并不能提高轴的刚度。

3. 铸铁

铸铁的流动性能好，吸振性和耐磨性高，对应力集中敏感性低，价格低廉。但缺点是强度和韧性低，且铸造质量不易控制，一般常用于形状复杂、尺寸较大的轴，如曲轴。常用铸铁材料为高强度铸铁和球墨铸铁。

表 13－1 列出了轴的常用材料及其主要力学性能。

表 13－1 轴的常用材料及其主要力学性能

材料牌号	热处理	毛坯直径/mm	硬度 HBW	抗拉强度 R_m	屈服强度 R_{eL}	弯曲疲劳极限 σ_{-1}	剪切疲劳极限 τ_{-1}	许用弯曲应力 $[\sigma_{-1}]$	备注
				MPa					
Q235	热轧或锻后空冷	≤100	—	400～420	225	170	105	40	用于不重要及受载荷不大的轴
		>100～250	—	375～390	215				
45	正火回火	≤100	170～217	590	295	255	140	55	应用最广泛
		>100～300	162～217	570	285	245	135		
	调质	≤200	217～255	640	355	275	155	60	
40Cr	调质	≤100	241～286	735	540	355	200	70	用于载荷较大，而无很大冲击的重要轴
		>100～300		685	490	335	185		
35SiMn	调质	≤100	229～286	785	510	355	205	70	性能接近于40Cr，用于中小型轴
		>100～300	219～269	735	440	335	185		
40CrNi	调质	≤100	270～300	900	735	430	260	75	用于很重要的轴
		>100～300	240～270	785	570	370	210		
38CrMoAl	调质	≤60	293～321	930	785	440	280	75	用于要求高耐磨性、高强度且热处理（氮化）变形很小的轴
		>60～100	277～302	835	685	410	270		
		>100～160	241～277	785	590	375	220		

续表

材料牌号	热处理	毛坯直径/mm	硬度HBW	抗拉强度 R_m	屈服强度 R_{eL}	弯曲疲劳极限 σ_{-1}	剪切疲劳极限 τ_{-1}	许用弯曲应力 $[\sigma_{-1}]$	备注
				MPa					
20Cr	渗碳淬火回火	≤60	56～62 HRC	640	390	305	160	60	用于要求强度及韧性均较高的轴
30Cr13	调质	≤100	≥241	835	635	395	230	75	用于腐蚀条件下的轴
QT600－3	—	—	190～270	600	370	215	185	—	用于制造复杂外形的轴
QT800－2	—	—	245～335	800	480	290	250	—	

注：（1）表中所列疲劳极限 σ_{-1}、τ_{-1} 值按以下关系式计算，供设计时参考。碳钢：$\sigma_{-1}\approx 0.43R_m$；合金钢：$\sigma_{-1}\approx 0.2(R_m+R_{eL})+100$；不锈钢：$\sigma_{-1}\approx 0.27(R_m+R_{eL})$，$\tau_{-1}\approx 0.156(R_m+R_{eL})$；球墨铸铁：$\sigma_{-1}\approx 0.36R_m$，$\tau_{-1}\approx 0.31R_m$。

（2）扭转屈服强度 $\tau_{eL}\approx(0.55\sim0.62)R_{eL}$。

第三节　初估轴的直径

轴在结构设计之前，通常先要初步估算轴的最小直径，为轴结构设计提供依据。下面是3种常用的轴的直径估算方法：

一、类比法

参考同类型已有机器的轴的结构和尺寸，并进行分析对比，从而最终确定所设计的轴的直径。

二、经验公式法

对于一般减速器，高速输入轴与电动机轴通过联轴器相连，其直径 d 可按照公式 $d=(0.8\sim1.2)D$ 来估算（其中 D 为电动机外伸轴的轴端直径）。而各级低速轴的直径 d' 可根据公式 $d'=(0.3\sim0.4)a$ 来进行估算，式中，a 为同级齿轮传动的中心距。

三、扭转强度法

对于既受转矩又受弯矩的转轴来讲，若转轴的结构没有确定，轴上零件（如齿轮、轴承等）的位置和支承跨距就无法确定，从而导致无法计算轴上所受的作用力、支反力以及弯矩。无法确定轴的直径，结构也就无法确定。在这种情况下，通常只考虑轴在转矩作用下所受切应力的影响，按照扭转强度来估算轴的最小轴径，同时适当降低材料的许用切应力 $[\tau]$，以补偿弯曲应力的影响。

根据材料力学可知，对于实心圆轴，其扭转强度条件为

$$\tau = \frac{1\,000T}{W_T} = \frac{9\,549 \times 10^3 P}{0.2d^3 n} \leqslant [\tau] \tag{13-1}$$

变换式（13－1），可得轴直径的设计公式为

$$d \geqslant \sqrt[3]{\frac{9\,549 \times 10^3}{0.2[\tau]}} \sqrt[3]{\frac{P}{n}} = C\sqrt[3]{\frac{P}{n}} \tag{13-2}$$

式中，τ 为轴的扭转切应力（MPa）；T 为轴所传递的转矩（N·m）；d 为轴的直径（mm）；W_T 为轴的抗扭截面系数（mm^3），这里，$W_T = \frac{\pi d^3}{16}$；P 为轴所传递的功率（kW）；n 为轴的转速（r/min）；$[\tau]$ 为轴材料的许用切应力（MPa）；C 为与轴材料有关的系数。

$[\tau]$ 及 C 的值见表 13－2。

表 13－2　轴的常用材料的 $[\tau]$ 及 C 值

轴的材料	Q235、20	Q275、35	45	40Cr、35SiMn、40CrNi、30Cr13
$[\tau]$/MPa	15～25	20～35	25～45	35～55
C	149～126	135～112	126～103	112～97

需要注意的是，利用式（13－2）计算得到的直径为轴的最小直径，若该轴段上有键槽，应适当放大轴径，以考虑键槽对轴强度的削弱影响。当有一个键槽时，将轴径增大 4%～5%；有两个键槽时，将轴径增大 7%～10%。增大轴径后，应将其圆整为标准直径。

此外，对于刚度要求较高的轴（如车床主轴），可根据扭转刚度条件进行轴最小直径的估算，这里不再赘述。

第四节　轴的结构设计

轴结构设计的主要任务是根据工作条件和要求，合理确定出轴的具体结构形状和全部尺寸。只有完成了结构设计，才能对轴的强度、刚度和振动稳定性等进行精确的分析和计算。图 13－11 所示为典型的阶梯轴结构，主要由轴颈、轴头和轴身三部分组成。其中，被轴承支承部分称为轴颈，安装传动件轮毂部分称为轴头，连接轴颈和轴头的部分称为轴身。

轴是非标准零件，没有标准的结构形式，这是因为有许多因素影响轴的结构。因此，设计时必须综合考虑和分析各种情况以确定合理的轴的结构。一般地讲，轴的结构主要应满足以下要求：

（1）轴上零件应便于装拆和调整。

（2）轴上零件应定位准确，固定可靠。

（3）轴应具有良好的加工和装配工艺性。

（4）轴应受力合理，尽量减小应力集中，并有利于提高轴的强度和刚度。

图 13－12 所示为一减速器的低速轴，下面结合该图逐项讨论在轴的结构设计中需要考虑的几个主要问题。

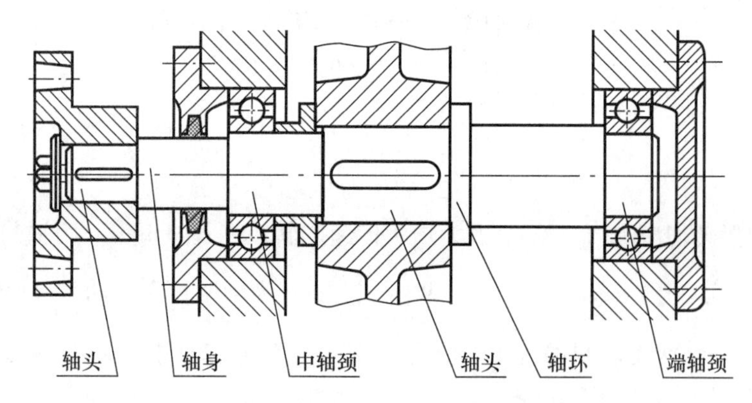

图 13－11　典型的阶梯轴结构及轴的各部分名称

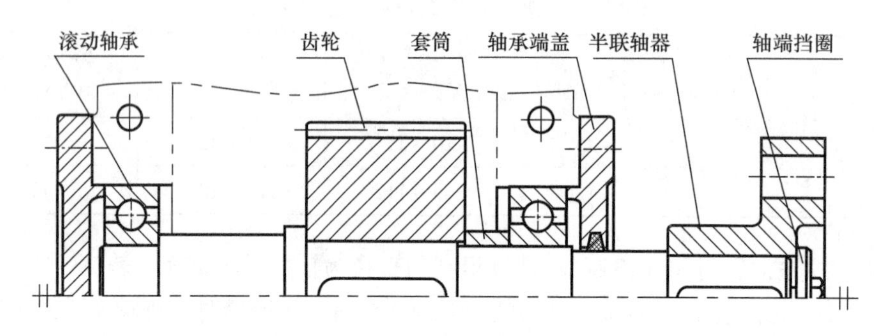

图 13－12　轴上零件的装配方案

一、轴上零件的装配方案确定

结构设计前，首先应该确定轴上零件的装配方案，即确定出轴上零件的装配方向、装配顺序和相互关系。装配方案不同，得到轴的结构形式也不同。因此，在确定装配方案时，通常是先考虑几种不同的装配方案，经过分析比较，最终选定最佳方案。装配方案确定后，轴的初步结构形状也就基本确定。图 13－12 所示轴上零件的装配方案为：齿轮、套筒、右端轴承、右端轴承端盖和半联轴器依次从轴的右端向左安装，而左端轴承和左端轴承端盖则依次从左向右安装。图 13－13 给出了另一种装配方案。显然，两种不同装配方案下的轴的结构也不同，通过对比可知，图 13－13 所示结构采用了一个用于轴向定位的长套筒，从而使轴系的质量增大。因此，图 13－12 所示装配方案较为合理。

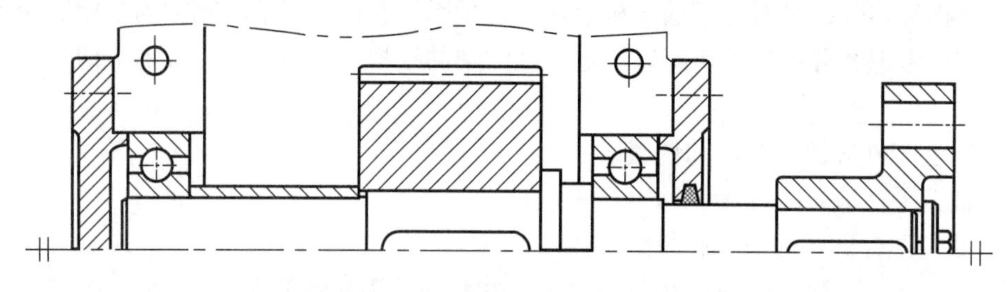

图 13－13　轴上零件的另一种装配方案

二、轴上零件的定位与固定

为保证轴上零件能正常工作，零件在轴上必须有准确的工作位置，而且应该保证轴上零件在承受载荷时不产生沿轴向或周向的相对运动，因此，轴上零件不但应具有准确的定位，而且固定还要可靠，以保证能传递要求的运动和动力。

1. 轴上零件的轴向定位与固定

当选择轴上零件的轴向定位与固定方法时，主要应考虑轴向力的大小、轴的加工、轴上零件装拆的难易程度、对轴强度的影响以及工作可靠性等因素的影响。图 13－14 列出了几种常用的轴向定位与固定方法。

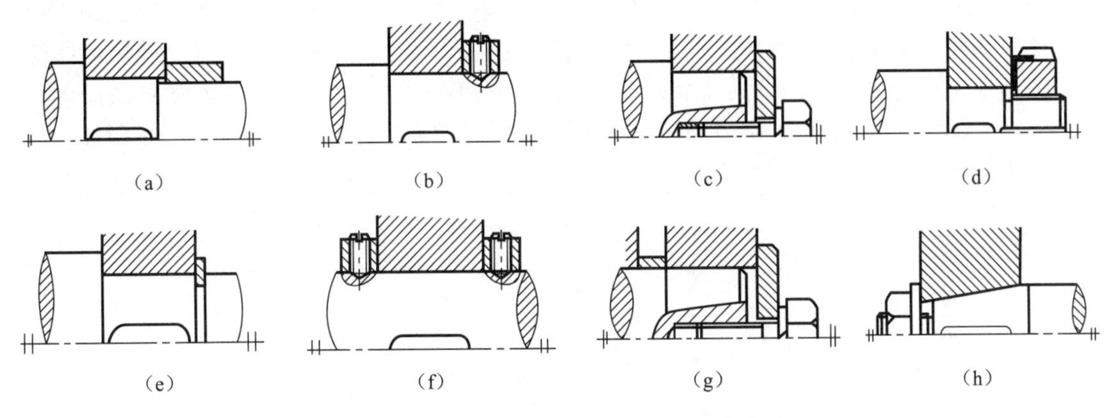

图 13－14　轴上零件的轴向定位与固定方法

（a）轴肩－套筒；（b）轴肩－锁紧挡圈；（c）轴肩－轴端挡圈；（d）轴肩－圆螺母
（e）轴肩－弹性挡圈；（f）双锁紧挡圈；（g）套筒－轴端挡圈；（h）轴端挡圈－圆锥形轴头

从图中可以看出，轴向定位与固定方法通常可分为两类：一类是利用轴本身的结构，如轴肩、轴环、圆锥面以及过盈配合等；另一类是用附加零件来实现，如套筒、圆螺母、轴端挡圈、弹性挡圈以及紧定螺钉等。下面分别详细说明：

（1）轴肩与轴环。轴肩与轴环由定位面和过渡圆角组成，如图 13－15 所示，二者功能基本相同。轴肩与轴环结构简单、定位可靠，常用于轴向载荷较大的场合。其缺点是会加大轴的直径，并在截面变化处产生应力集中。图 13－15 给出了利用轴肩与轴环定位时的相关尺寸参数。由图中可以看出，为了保证零件能紧靠轴肩（或轴环）的定位面而使定位准确可靠，其过渡圆角半径 r 必须小于与之相配合的零件毂孔端部的圆角半径 R（如滚动轴承）或倒角尺寸 C（如齿轮）。通常，定位轴肩（或轴环）的高度推荐值为：$h=(0.07\sim0.1)d$，其中 d 为与轴上零件相配合处的直径。轴环宽度一般可取为 $b\geq1.4h$。

除了定位轴肩外，还有非定位轴肩，如图 13－15（c）所示。其轴径变化的目的仅是便于加工与装配，轴肩高度无严格规定，一般可取为 1～2 mm。

（2）套筒。套筒通常适用于轴上两个零件之间的定位与固定（图 13－14（a）），它具有结构简单、定位可靠以及减少应力集中源等优点。由于套筒的两个端面为工作面，因此平行度和垂直度要求较高。当轴上两个零件相距较远时，不宜采用套筒定位，以避免增加轴系的质量和材料。此外，由于套筒与轴之间的配合为间隙配合，套筒不适用于轴高速旋转的情况。

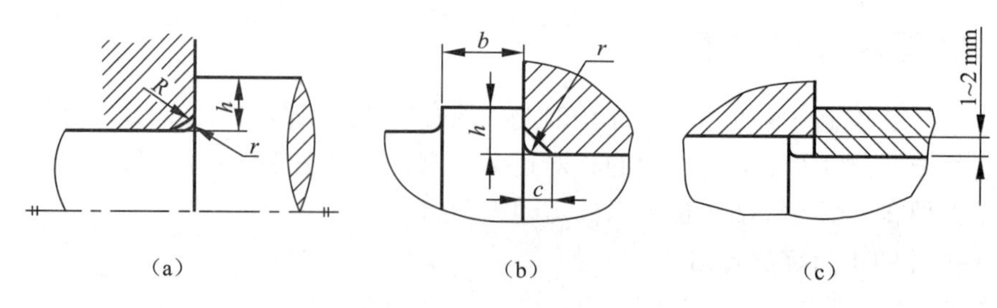

图 13－15　轴肩与轴环

（a）定位轴肩；（b）定位轴环；（c）非定位轴肩

（3）圆螺母。如图 13－16 所示，圆螺母常用于轴端零件的固定，也适用于轴上相距较远（不宜采用套筒定位）的两相邻零件间的定位与固定。定位与固定时，可以采用双圆螺母或圆螺母＋止动垫圈两种形式来实现。圆螺母具有装拆方便、可承受较大轴向载荷等优点，但轴上螺纹处存在较大的应力集中，从而会降低轴的疲劳强度。因此，一般采用细牙螺纹以减小应力集中和对轴强度的影响。

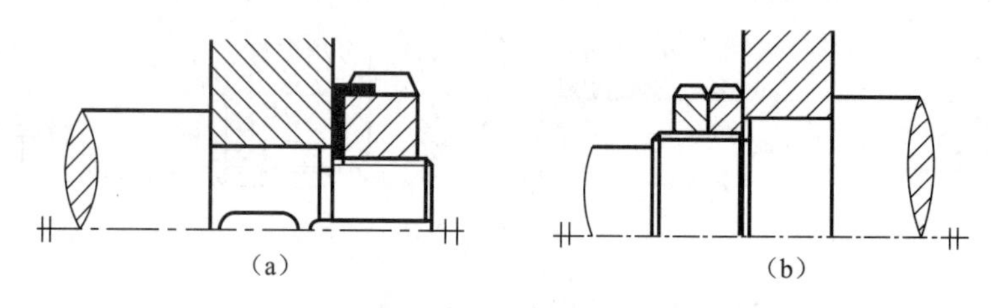

图 13－16　圆螺母

（a）圆螺母＋止动垫片；（b）双圆螺母

（4）圆锥形轴头。圆锥形轴头（图 13－14（h））常用于轴端零件的定位，其锥度一般取 1∶30～1∶8。由于圆锥形轴头与轴上零件采用圆锥面配合，因而易于保证二者具有较高的同轴度，并能同时起到一定的周向固定作用。

（5）轴端挡圈。如图 13－17 所示，轴端挡圈（也叫轴端挡板）常用于轴端零件的固定，可承受较大的轴向载荷，而且具有简单可靠、装拆方便等优点。通常采用单螺钉＋锁定圆柱销或双螺钉＋止动垫片两种方法，使挡圈压紧轴上被固定零件的端面。

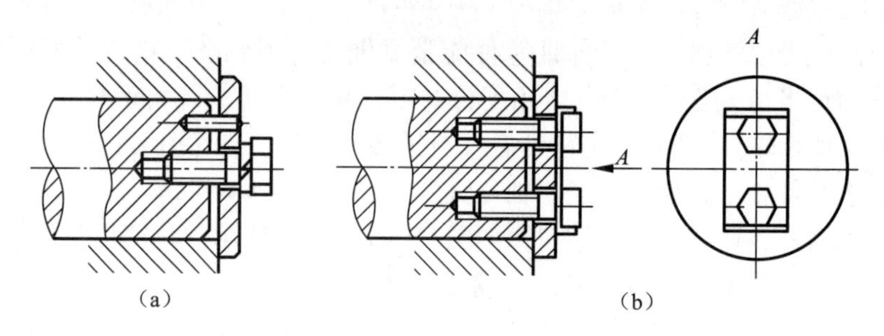

图 13－17　轴端挡圈

（a）单螺钉＋锁定圆柱销；（b）双螺钉＋止动垫片

（6）弹性挡圈。当轴向载荷较小时，可采用弹性挡圈实现固定，如图 13－18 所示。由于使用弹性挡圈时需要在轴上加工出环形槽，因此对轴的强度削弱较大。

（7）紧定螺钉。如图 13－14（f）和图 13－19 所示，紧定螺钉可单独使用，也可与锁紧挡圈配合使用，其优点是可同时起到轴向和周向固定的作用，但仅适用于轴向载荷较小的场合。

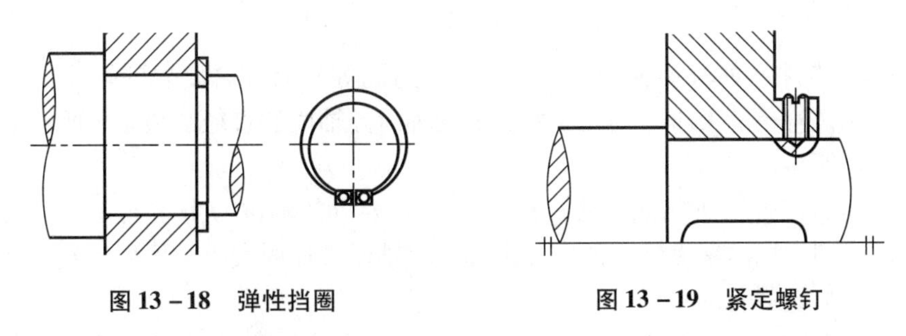

图 13－18 弹性挡圈　　**图 13－19 紧定螺钉**

2. 轴上零件的周向定位与固定

轴上零件要实现运动和动力的正确传递，就必须实现可靠的周向定位与固定，以限制轴上零件与轴之间的相对转动。常用的周向固定方法有键、花键、销、胀套、紧定螺钉、型面以及过盈连接等，这类连接常称为轴毂连接（详见第四章）。图 13－20 给出了几种常用的轴上零件的周向固定方法。

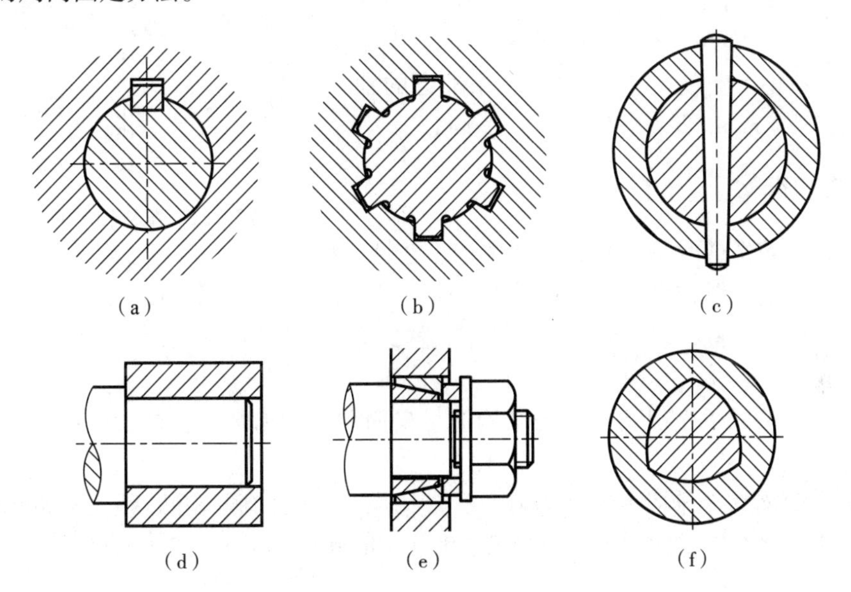

图 13－20 轴上零件的周向定位与固定方法

（a）键连接；（b）花键连接；（c）销连接；（d）过盈连接；（e）胀套连接；（f）型面连接

周向固定方法的选择，常受到载荷的大小与性质、轴与轮毂的对中性精度以及加工难易程度等因素的影响。例如，一般情况下的齿轮与轴之间可采用平键连接，需要传递的载荷较大且对中要求较高时，可采用花键连接，轻载时则可采用紧定螺钉连接等。

三、各轴段直径和长度的确定

当零件在轴上的装配方案以及定位与固定方式确定后，轴的结构形状也就基本确定了，接下来便是确定轴的几何尺寸，即各轴段的直径与长度。

1. 确定各轴段的直径

由于阶梯轴的最小轴径通常在轴端，其大小可以通过第三节的估算方法得到。之后，就可以参考轴上零件的装配方案及定位与固定方法，来确定各轴段直径的大小，但同时需要注意以下几点：

（1）与标准零件（如滚动轴承、联轴器、密封圈等）有配合要求的轴段，应按照标准直径来确定该轴段直径的大小。例如，安装滚动轴承处轴段的直径必须等于所选滚动轴承的内孔直径。

（2）与非标准零件（如齿轮、带轮等）有配合要求的轴段，由于该零件的结构已经确定，因此，应按照非标准零件毂孔的直径来确定该轴段直径的大小。例如，安装齿轮处轴段的直径必须等于齿轮毂孔的直径。

（3）为便于滚动轴承的拆卸，安装滚动轴承处的定位轴肩高度应低于轴承内圈端面厚度，具体尺寸可查阅相关滚动轴承标准。

2. 确定各轴段的长度

各轴段的长度尺寸，主要由轴上零件与轴配合部分的轴向尺寸、相邻零件之间的距离、轴向定位以及轴上零件的装配和调整空间等因素决定。如图13－21所示，为了实现零件轴向的可靠定位，齿轮（或联轴器）的轮毂宽度 l_1 应该比与之相配合的轴段长度 l_2 长2～3 mm，即 $l_1=l_2+(2\sim3)$ mm。

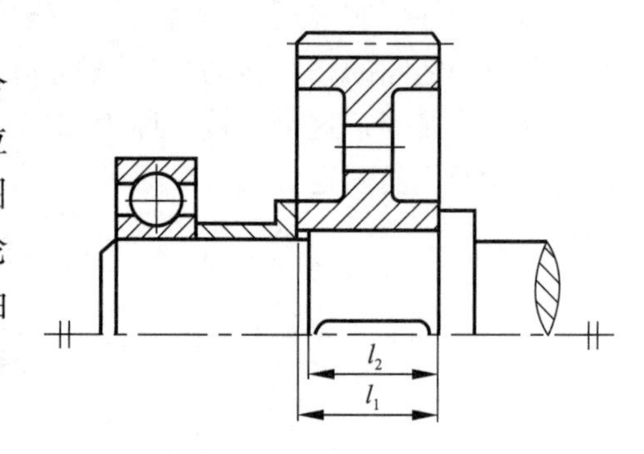

图13－21　配合轴端的长度尺寸

四、轴的结构工艺性

轴的结构工艺性通常是指其加工和装配工艺性。也就是说，轴在进行结构设计时，除了考虑轴上零件的定位与固定外，还应该保证轴具有良好的加工和装配工艺性，以达到提高生产率、降低成本等目的。轴结构设计时一般需要注意以下几点：

（1）在满足要求的情况下，轴的结构应尽量简单，阶梯数尽可能少，以减少加工时间和减小应力集中。

（2）同一轴有多个轴段上设有键槽时，键槽应开在轴的同一条母线上，以保证工件一次装夹即可完成多个键槽的加工，减少了辅助加工时间，如图13－22所示。

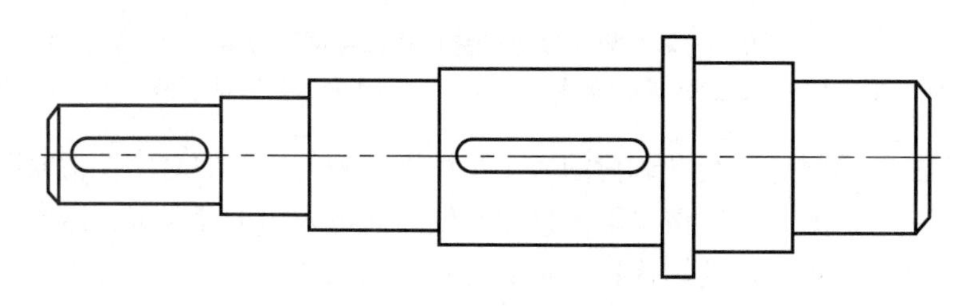

图13－22　键槽的布置

（3）当轴段上需要进行磨削加工或螺纹加工时，应留有砂轮越程槽或退刀槽，如图13－23所示。

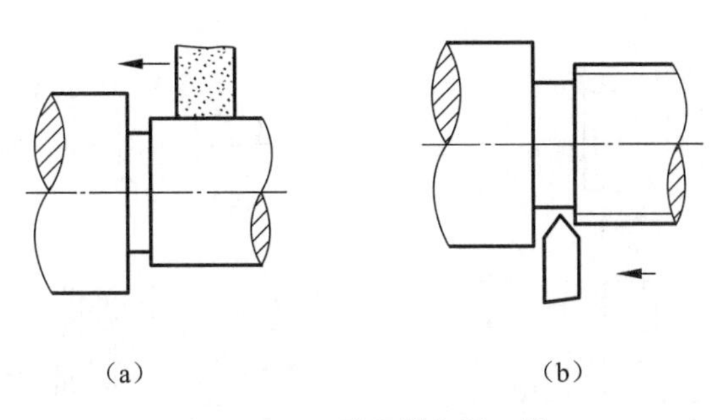

图 13－23　越程槽与退刀槽

（a）砂轮越程槽；（b）螺纹退刀槽

（4）同一轴上所有的过渡圆角、倒角、退刀槽、砂轮越程槽以及中心孔等尺寸应尽可能统一，以减少所需刀具数目和换刀时间，并便于检验。

（5）轴端及部分轴段端部应制成倒角，以防止锐棱或毛刺划伤轴上零件的配合表面，也便于装配。

（6）在满足要求的情况下，轴的加工精度应尽可能低，以降低加工成本。

（7）当轴与轴上零件采用过盈配合时，若配合轴段的装入端过长，则可采用非定位轴肩结构、同一轴段不同部位选用不同的尺寸公差或在装入端加工出导向圆锥面，分别如图 13－24（a）～（c）所示。

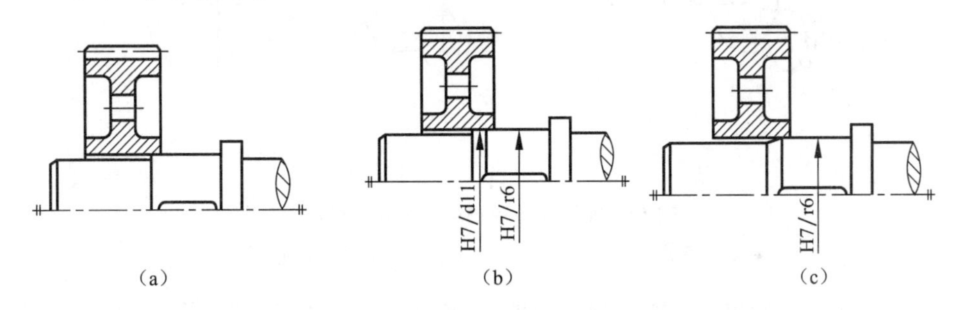

图 13－24　过盈配合时轴上零件的装配

（a）采用非定位轴肩结构；（b）采用不同尺寸公差；（c）采用导向圆锥面结构

五、提高轴强度的常用措施

轴的强度通常受轴与轴上零件的结构、工艺以及轴上零件在轴上的安装布置等因素的影响，因此，在进行轴的结构设计时，还应全面考虑这些因素，以尽可能提高轴的承载能力。

1. 合理布置轴上传动零件的位置

合理布置轴上零件的位置可以有效改善轴的受力情况。如图 13－25 所示，设 1 轮为动力输入轮，2、3 轮为动力输出轮，则 3 个轮的布置方式不同，轴所受到的最大转矩也不同。图 13－25（a）、（b）所示两种情况下轴所受的最大转矩分别为 T_1 和 T_1+T_2。显然，图 13－25（a）所示轴上零件的布置较为合理。

2. 合理设计轴上零件的结构

图 13－26 所示为起重卷筒的两种不同结构方案。其中，图 13－26（a）中卷筒与大齿轮固连，通过大齿轮将转矩直接传递给卷筒，此时卷筒轴只承受弯矩，不承受转矩，是心

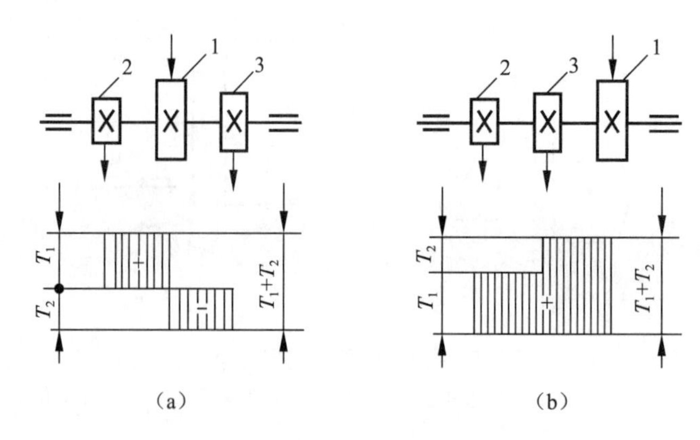

图 13-25　轴上零件的合理布置

（a）中间轮为输入轮；（b）右边轮为输入轮

轴；而图 13-26（b）中大齿轮通过卷筒轴将转矩传递给卷筒，从而导致卷筒轴既受弯又受扭，为转轴。因此，图 13-26（a）所示方案较为合理。

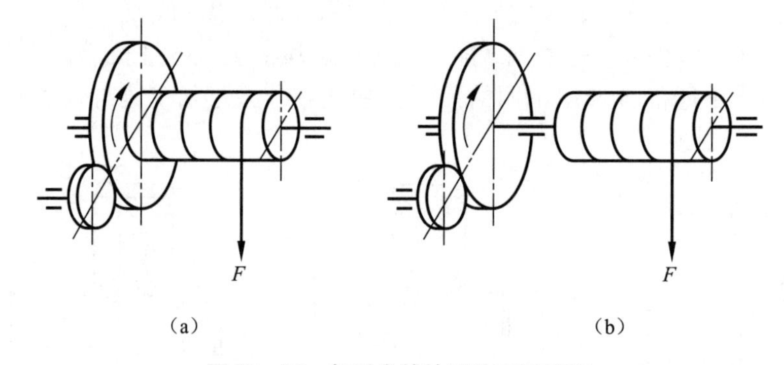

图 13-26　起重卷筒的两种不同结构

（a）大齿轮安装在卷筒上；（b）大齿轮安装在卷筒轴上

又如，图 13-27 给出了卷筒轮毂的两种不同结构，其中，图 13-27（a）所示结构中，轴与卷筒轮毂的配合面较长，而 13-27（b）所示结构将卷筒轮毂与轴的配合面分为两部分，既减小了轴所承受的弯矩，又使轴与卷筒轮毂的配合有所改善，因此，图 13-27（b）所示结构较为合理。

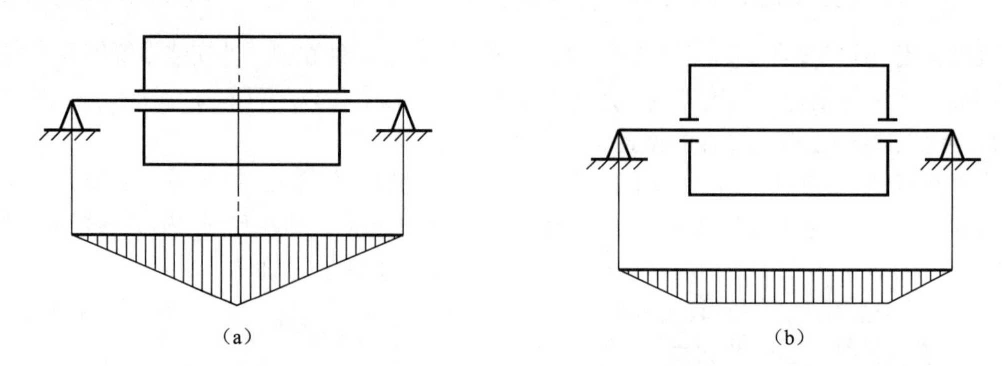

图 13-27　卷筒轮毂的两种不同结构

（a）配合面长；（b）配合面短

3. 合理设计轴的结构

改进轴的结构可以减少应力集中，从而可以提高轴的疲劳强度。因此，当利用轴肩实现轴向定位时，该处过渡圆角半径应尽可能大，但又往往受到轴上零件毂孔倒角或圆角尺寸的限制。为此，可采用图 13－28 所示的几种常用的减小应力集中的方法。

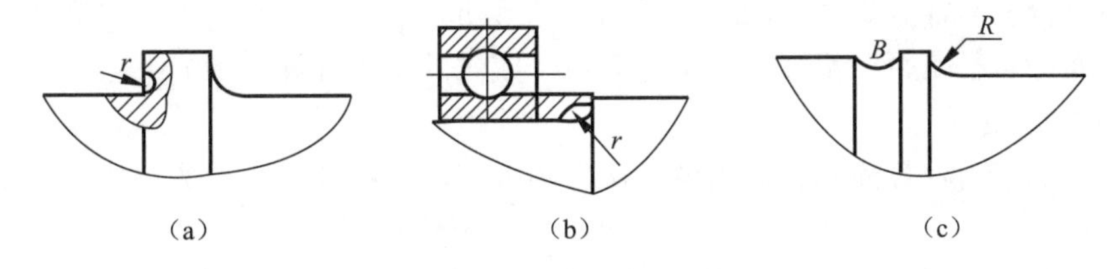

图 13－28 减小轴肩（或轴环）处应力集中的轴结构

（a）凹切圆角；（b）中间环；（c）减载槽

当轴与轴上零件配合时，配合边缘部分会产生较大的应力集中，此时，可在轴上或与轴配合的零件上开减载槽，以减小应力集中程度，如图 13－29 所示。

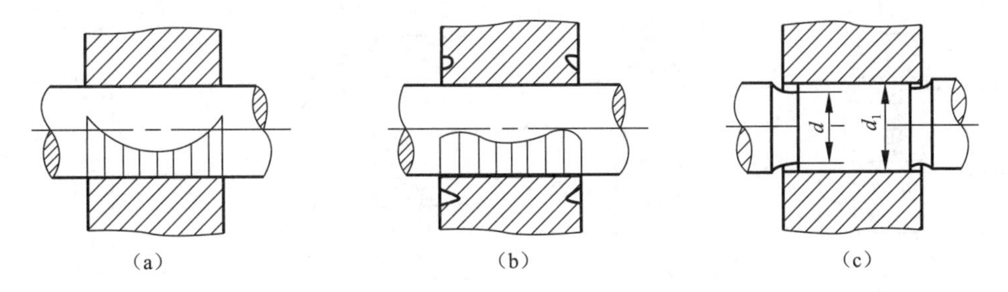

图 13－29 减小配合处应力集中的轴结构

（a）过盈配合处的应力集中；（b）轮毂上开减载槽；（c）轴上开减载槽

采用空心轴结构不但可以减轻轴的质量，而且在同等质量的情况下，空心轴的截面系数要比实心轴的大，因而强度也比实心轴的高。

4. 合理改善轴的表面质量

轴的表面质量对轴的疲劳强度也有较大的影响。例如，轴的表面粗糙度越大，其疲劳强度就越低。因此，应合理减小轴的表面粗糙度值，以降低应力集中的影响。另外，也可以通过轴表面辊压、喷丸、渗碳、渗氮以及氰化等强化处理方法来改善轴的表面质量，从而提高轴的疲劳强度。

第五节 轴的强度计算

当完成轴的结构设计后，还应该对轴进行校核计算。校核内容主要有强度、刚度和振动稳定性等，通常视工作条件和重要性而定，对于一般用途的轴，只需校核强度即可。本节主要讨论轴的强度校核计算。

扭转强度法、弯扭合成法和安全系数法是三种主要的轴的强度计算方法。扭转法适用于仅承受转矩的传动轴或不重要的转轴的强度计算，也常用于结构设计前估算轴的最小直径（见本章第三节）。下面分别介绍弯扭合成法和安全系数法。

一、弯扭合成法

设计完轴的结构后，轴的结构形状和主要几何尺寸初步确定，轴上零件的位置、所承受的外载荷和支反力的作用点等条件也随之确定。外载荷（包括弯矩和转矩等）的大小和方向也均可通过分析与计算得到，因此，可以按照弯扭合成强度条件来校核轴的强度，以判断轴上危险截面的直径是否满足强度要求。弯扭合成法的主要计算步骤如下：

1. 建立力学模型

即画出轴的受力计算简图，标出各作用力的大小、方向和作用点的位置。画简图时应注意以下几点：

（1）通常把轴简化为铰支梁，其支反力的作用点由轴承的类型和布置方式决定，如图13－30所示。其中，可通过查滚动轴承样本或手册来确定图13－30（b）中的a值。而13－30（d）中的e值与滑动轴承的宽度l和内径d有关，当$l \leqslant d$时，$e=0.5l$；$l>d$时，$e=0.5d$，但不应小于$(0.25\sim0.35)l$；对于调心轴承，取$e=0.5l$。

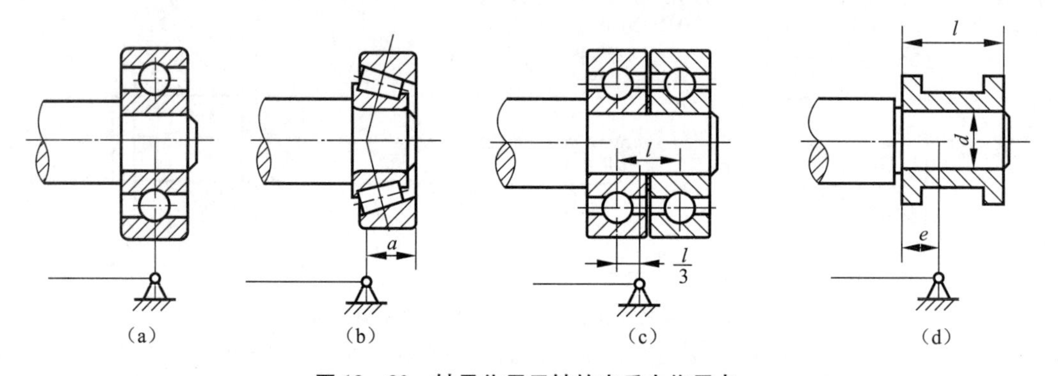

图13－30　轴承作用于轴的支反力作用点

（a）径向接触轴承；（b）角接触向心轴承；（c）双列向心轴承；（d）滑动轴承

（2）通常将轴上传动零件（如齿轮、带轮等）作用于轴上的分布载荷简化为集中力，并作用在工作宽度的中点处，如图13－31所示。而作用于轴上的转矩，也可简化为从传动零件（如联轴器）轮毂宽度中点算起的转矩。

（3）若轴上零件承受外部载荷（如齿轮，通常为空间力系），应将其分解为沿径向、切向及轴向的三个分力，计算三分力大小并转化到轴上。然后，将其分解为水平分力和垂直分力，并求出水平支反力和垂直支反力。

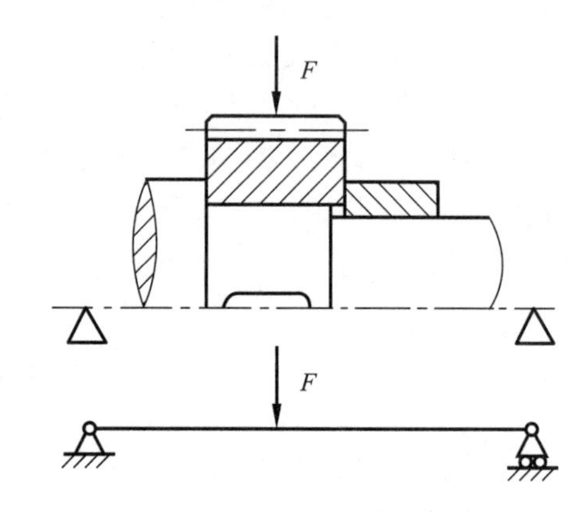

图13－31　轴上传动零件作用于轴上的力作用点

2. 计算弯矩，并画出弯矩图

根据上述受力计算简图，分别计算出水平面和垂直面内产生的弯矩，并分别绘制出水平弯矩（M_H）图和垂直弯矩（M_V）图。然后，根据公式$M=\sqrt{M_H^2+M_V^2}$计算合成弯矩，并绘制合成弯矩图。

3. 计算转矩（T），并画出转矩图

4. 确定危险截面，校核轴的强度

计算出轴所受的转矩和弯矩后，即可对轴的危险截面（指发生破坏可能性最大的截面，在弯扭合成法中，通常是指弯矩、转矩大而轴径可能不足的截面）进行强度校核。对于一般钢制轴，根据第三强度理论，其弯扭合成强度条件为

$$\sigma_{ca} = \sqrt{\sigma^2 + 4\tau^2} = 1\,000\sqrt{\left(\frac{M}{W}\right)^2 + 4\left(\frac{T}{W_T}\right)^2} \leqslant [\sigma_{-1}] \tag{13-3}$$

式中，σ_{ca}为轴的计算弯曲应力（MPa）；σ、τ 分别为轴的弯曲应力和扭转切应力（MPa）；M、T 分别为轴所受的弯矩和转矩（N·m）；W、W_T 分别为轴的抗弯截面系数和抗扭截面系数（mm^3），其值可按表 13－3 中公式计算；$[\sigma_{-1}]$ 为对称循环应力状态下轴的许用弯曲应力（MPa），按表 13－1 选取。

一般情况下，由弯矩产生的弯曲应力为对称循环应力，而由转矩所产生的扭转切应力则随其转矩的变化情况而异，不一定是对称循环应力。因此，在计算弯曲应力时，引入应力修正系数，以考虑应力循环特性差异的影响。此时，弯扭合成强度条件可修正为

$$\sigma_{ca} = \sqrt{\sigma^2 + 4\tau^2} = 1\,000\sqrt{\left(\frac{M}{W}\right)^2 + 4\left(\frac{\alpha T}{W_T}\right)^2} \leqslant [\sigma_{-1}] \tag{13-4}$$

式中，α 为应力修正系数。当扭转切应力为静应力时，取 $\alpha \approx 0.3$；当轴单向转动时，扭转切应力可按照脉动循环应力处理，取 $\alpha \approx 0.6$；当轴正反转频繁时，扭转切应力可按对称循环应力处理，取 $\alpha = 1$。

对于圆轴来讲，由于 $W_T = 2W$，因此，式（13－4）变为

$$\sigma_{ca} = 1\,000\frac{\sqrt{M^2 + (\alpha T)^2}}{W} \leqslant [\sigma_{-1}] \tag{13-5}$$

此式即为轴的强度校核公式。

需要注意的是，由轴向力产生的压应力要比弯曲应力和扭转切应力小得多，一般可忽略不计。

表 13－3　抗弯、抗扭截面系数计算公式

截面	W	W_T	截面	W	W_T
d	$\frac{\pi d^3}{32} \approx 0.1d^3$	$\frac{\pi d^3}{16} \approx 0.2d^3$	b, t, d	$\frac{\pi d^3}{32} - \frac{bt(d-t)^2}{d}$	$\frac{\pi d^3}{16} - \frac{bt(d-t)^2}{d}$
d, d_1	$\frac{\pi d^3}{32}(1-\beta^4) \approx$ $0.1d^3(1-\beta^4)$ $\beta = \frac{d_1}{d}$	$\frac{\pi d^3}{16}(1-\beta^4) \approx$ $0.2d^3(1-\beta^4)$ $\beta = \frac{d_1}{d}$	d_1, d	$\frac{\pi d^3}{32}\left(1 - 1.54\frac{d_1}{d}\right)$	$\frac{\pi d^3}{16}\left(1 - \frac{d_1}{d}\right)$

续表

截面	W	W_T	截面	W	W_T
	$\frac{\pi d^3}{32}-\frac{bt(d-t)^2}{2d}$	$\frac{\pi d^3}{16}-\frac{bt(d-t)^2}{2d}$		$[\pi d^4+(D-d)(D+d)^2zb]/(32D)$ z为花键齿数	$[\pi d^4+(D-d)(D+d)^2zb]/(16D)$ z为花键齿数

二、安全系数法

较之弯扭合成法，采用安全系数法校核轴的强度是一种更精确的校核方法，其实质是确定轴在变应力情况下的安全程度，它不但要考虑到弯曲应力和扭转切应力的大小，还需要考虑轴的应力循环特性、应力集中、表面质量以及几何尺寸对轴强度的影响。因此，安全系数法适用于校核一些重要应用场合中轴的强度。

1. 轴的疲劳强度校核计算

轴的疲劳强度校核，主要是校核轴危险截面的疲劳强度。由于轴的疲劳强度受诸多因素的影响，因此，校核过程中有时很难找出危险截面的位置。也就是说，危险截面不一定是弯矩和转矩最大处的截面。因此，在这种情况下，就必须校核所有可能的危险截面，使其安全系数均大于许用值。采用安全系数法校核轴的疲劳强度时，其强度条件为

$$S=\frac{S_\sigma S_\tau}{\sqrt{S_\sigma^2+S_\tau^2}}\geqslant[S] \tag{13-6}$$

其中

$$S_\sigma=\frac{\sigma_{-1}}{\frac{K_\sigma}{\beta\varepsilon_\sigma}\sigma_a+\psi_\sigma\sigma_m} \tag{13-7}$$

$$S_\tau=\frac{\tau_{-1}}{\frac{K_\tau}{\beta\varepsilon_\tau}\tau_a+\psi_\tau\tau_m} \tag{13-8}$$

式中，S为轴的工作安全系数；S_σ、S_τ分别为仅考虑弯曲应力或仅考虑扭转切应力时的工作安全系数，其值可按式（13-7）和式（13-8）计算；$[S]$为轴疲劳强度的许用安全系数，其值可查表13-4；σ_{-1}、τ_{-1}分别为对称循环应力状态下的弯曲疲劳极限和扭转疲劳极限（MPa），其值可查表13-1；K_σ、K_τ分别为弯矩和转矩作用下轴的有效应力集中系数，其值可查表13-5和表13-6，如果存在多个应力集中源，则按较大的有效应力集中系数进行计算；ε_σ、ε_τ分别为弯矩和转矩作用下轴的绝对尺寸系数，其值可查表13-7；ψ_σ、ψ_τ分别为弯矩和转矩作用下轴的平均应力折算为应力幅的等效系数，对于碳素钢，$\psi_\sigma=0.1\sim0.2$，$\psi_\tau=0.05\sim0.1$，对于合金钢，$\psi_\sigma=0.2\sim0.3$，$\psi_\tau=0.1\sim0.15$；β为轴的表面质量系数，且有$\beta=\beta_1\beta_2$，β_1、β_2的值可查表13-8、表13-9；σ_a、σ_m分别为弯矩作用下轴的弯

曲应力幅和平均应力（MPa）；τ_a、τ_m 分别为转矩作用下轴的剪切应力幅和平均应力（MPa）。

表 13－4 轴的许用安全系数 [S] 和 [S_0]

许用疲劳强度安全系数 [S]		许用静强度安全系数 [S_0]	
载荷可精确计算，材质均匀	1.3～1.5	最大瞬时载荷作用时间极短，其值可精确计算： 高塑性：$R_{eL}/R_m=0.6$	 1.2～1.4
载荷计算不够精确，材质不够均匀	1.5～1.8	中等塑性钢：$R_{eL}/R_m=0.6\sim0.8$ 低塑性钢：$R_{eL}/R_m=0.8$	1.4～1.8 1.8～2.0
载荷计算很不精确，材质均匀性很差	1.8～2.5	铸造轴及脆性材料制成的轴 最大瞬时载荷很难准确计算的轴	2～3 3～4

表 13－5 圆角、环槽的有效应力集中系数

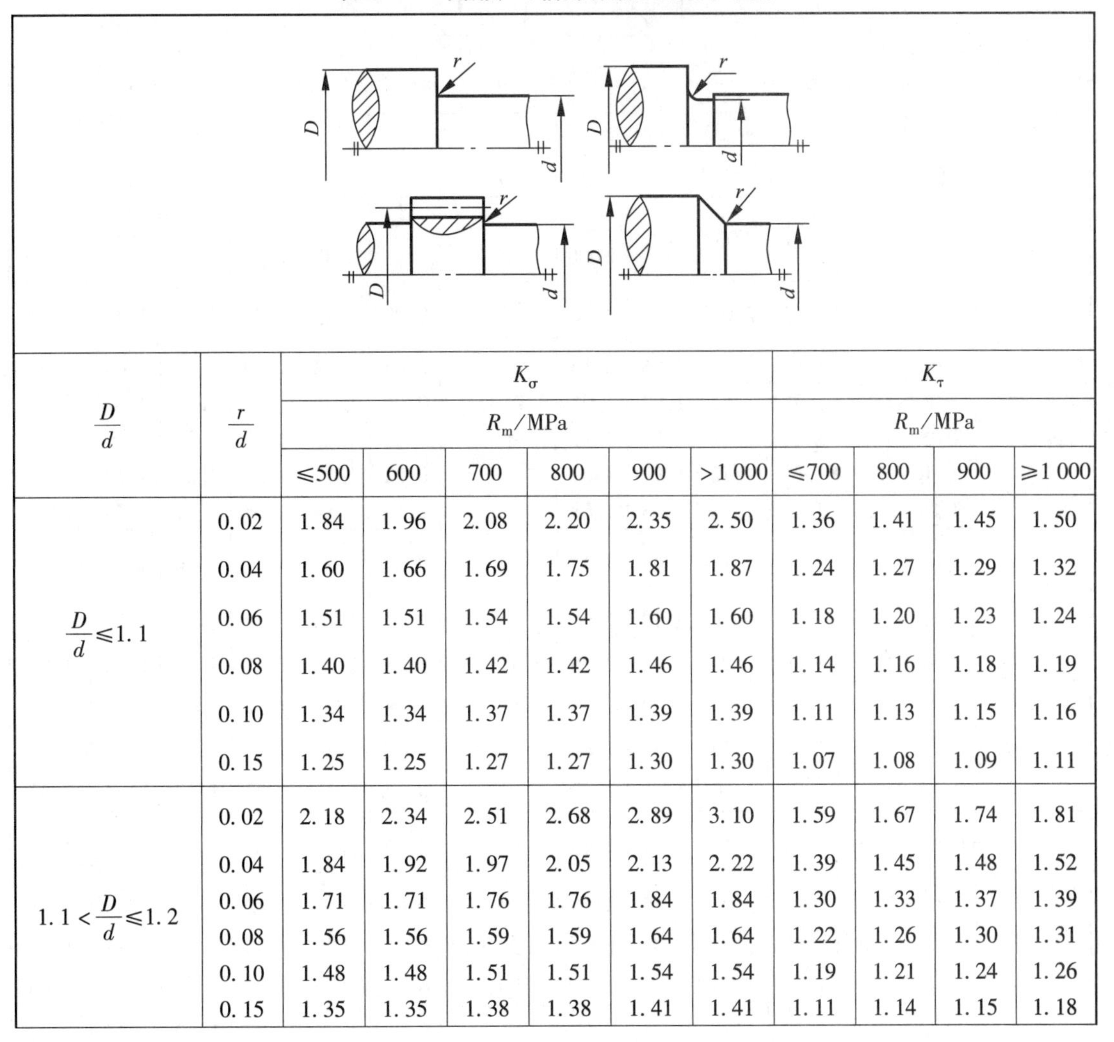

$\frac{D}{d}$	$\frac{r}{d}$	K_σ						K_τ			
		R_m/MPa						R_m/MPa			
		≤500	600	700	800	900	>1 000	≤700	800	900	≥1 000
$\frac{D}{d}\leq1.1$	0.02	1.84	1.96	2.08	2.20	2.35	2.50	1.36	1.41	1.45	1.50
	0.04	1.60	1.66	1.69	1.75	1.81	1.87	1.24	1.27	1.29	1.32
	0.06	1.51	1.51	1.54	1.54	1.60	1.60	1.18	1.20	1.23	1.24
	0.08	1.40	1.40	1.42	1.42	1.46	1.46	1.14	1.16	1.18	1.19
	0.10	1.34	1.34	1.37	1.37	1.39	1.39	1.11	1.13	1.15	1.16
	0.15	1.25	1.25	1.27	1.27	1.30	1.30	1.07	1.08	1.09	1.11
$1.1<\frac{D}{d}\leq1.2$	0.02	2.18	2.34	2.51	2.68	2.89	3.10	1.59	1.67	1.74	1.81
	0.04	1.84	1.92	1.97	2.05	2.13	2.22	1.39	1.45	1.48	1.52
	0.06	1.71	1.71	1.76	1.76	1.84	1.84	1.30	1.33	1.37	1.39
	0.08	1.56	1.56	1.59	1.59	1.64	1.64	1.22	1.26	1.30	1.31
	0.10	1.48	1.48	1.51	1.51	1.54	1.54	1.19	1.21	1.24	1.26
	0.15	1.35	1.35	1.38	1.38	1.41	1.41	1.11	1.14	1.15	1.18

续表

$\frac{D}{d}$	$\frac{r}{d}$	K_σ						K_τ			
		R_m/MPa						R_m/MPa			
		≤500	600	700	800	900	>1 000	≤700	800	900	≥1 000
$1.2<\frac{D}{d}\leqslant 2$	0.02	2.40	2.60	2.80	3.00	3.25	3.50	1.80	1.90	2.00	2.10
	0.04	2.00	2.10	2.15	2.25	2.35	2.45	1.53	1.60	1.65	1.70
	0.06	1.85	1.85	1.90	1.90	2.00	2.00	1.40	1.45	1.50	1.53
	0.08	1.66	1.66	1.70	1.70	1.76	1.76	1.30	1.35	1.40	1.42
	0.10	1.57	1.57	1.61	1.61	1.64	1.64	1.25	1.28	1.32	1.35
	0.15	1.41	1.41	1.45	1.45	1.49	1.49	1.15	1.18	1.20	1.24

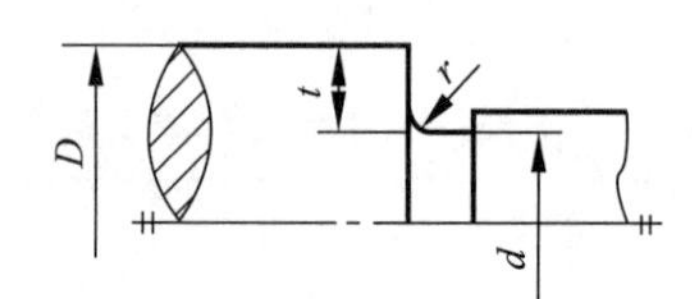

$\frac{t}{r}$	$\frac{r}{d}$	K_σ					$\frac{D}{d}$	$\frac{r}{d}$	K_τ				
		R_m/MPa							R_m/MPa				
		≤650	700	800	900	≥1 000			≤650	700	800	900	≥1 000
$0.4<\frac{t}{r}\leqslant 0.6$	0.02	1.82	1.92	2.03	2.21	2.30	$1.02<\frac{D}{d}\leqslant 1.1$	0.02	1.29	1.32	1.39	1.46	1.50
	0.04	1.77	1.82	1.96	2.06	2.16		0.04	1.27	1.30	1.37	1.43	1.48
	0.06	1.72	1.77	1.87	1.92	1.96		0.06	1.25	1.29	1.36	1.41	1.46
	0.08	1.68	1.72	1.77	1.87	1.92		0.08	1.21	1.25	1.32	1.39	1.43
	0.10	1.63	1.68	1.72	1.77	1.82		0.10	1.18	1.21	1.29	1.32	1.37
	0.15	1.53	1.55	1.58	1.63	1.68		0.15	1.14	1.18	1.21	1.25	1.29
$0.6<\frac{t}{r}\leqslant 1$	0.02	1.85	1.95	2.10	2.25	2.35	$1.1<\frac{D}{d}\leqslant 1.2$	0.02	1.37	1.41	1.50	1.59	1.64
	0.04	1.80	1.85	2.00	2.10	2.20		0.04	1.35	1.38	1.47	1.55	1.62
	0.06	1.75	1.80	1.90	1.95	2.00		0.06	1.32	1.37	1.46	1.52	1.59
	0.08	1.70	1.75	1.80	1.90	1.95		0.08	1.27	1.32	1.41	1.50	1.55
	0.10	1.65	1.70	1.75	1.80	1.85		0.10	1.23	1.27	1.37	1.41	1.47
	0.15	1.55	1.57	1.60	1.65	1.70		0.15	1.18	1.23	1.27	1.32	1.37
$1<\frac{t}{r}\leqslant 1.5$	0.02	1.89	1.99	2.15	2.31	2.41	$1.2<\frac{D}{d}\leqslant 1.4$	0.02	1.40	1.45	1.55	1.65	1.70
	0.04	1.84	1.89	2.05	2.15	2.26		0.04	1.38	1.42	1.52	1.60	1.68
	0.06	1.78	1.87	1.94	1.99	2.05		0.06	1.35	1.40	1.50	1.57	1.65
	0.08	1.73	1.78	1.84	1.94	1.99		0.08	1.30	1.35	1.45	1.55	1.60
	0.10	1.68	1.73	1.78	1.84	1.89		0.10	1.25	1.30	1.40	1.45	1.52
	0.15	1.58	1.60	1.63	1.68	1.73		0.15	1.20	1.25	1.30	1.35	1.40

表 13－6　螺纹、键、花键、横孔处及配合边缘处的有效应力集中系数

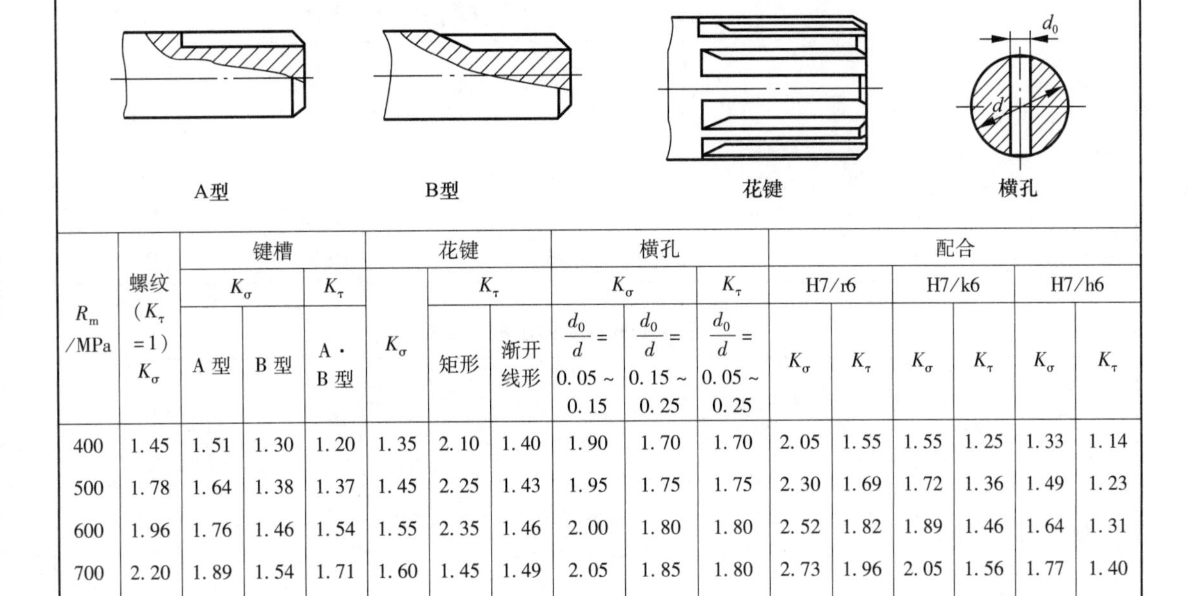

R_m /MPa	螺纹（K_τ=1）K_σ	键槽			花键			横孔			配合					
		K_σ		K_τ	K_σ	K_τ		K_σ		K_τ	H7/r6		H7/k6		H7/h6	
		A 型	B 型	A·B 型		矩形	渐开线形	$\frac{d_0}{d}$=0.05～0.15	$\frac{d_0}{d}$=0.15～0.25	$\frac{d_0}{d}$=0.05～0.25	K_σ	K_τ	K_σ	K_τ	K_σ	K_τ
400	1.45	1.51	1.30	1.20	1.35	2.10	1.40	1.90	1.70	1.70	2.05	1.55	1.55	1.25	1.33	1.14
500	1.78	1.64	1.38	1.37	1.45	2.25	1.43	1.95	1.75	1.75	2.30	1.69	1.72	1.36	1.49	1.23
600	1.96	1.76	1.46	1.54	1.55	2.35	1.46	2.00	1.80	1.80	2.52	1.82	1.89	1.46	1.64	1.31
700	2.20	1.89	1.54	1.71	1.60	1.45	1.49	2.05	1.85	1.80	2.73	1.96	2.05	1.56	1.77	1.40
800	2.32	2.01	1.62	1.88	1.65	2.55	1.52	2.10	1.90	1.85	2.96	2.09	2.22	1.65	1.92	1.49
900	2.47	2.14	1.69	2.05	1.70	2.65	1.55	2.15	1.95	1.90	3.18	2.22	2.39	1.76	2.08	1.57
1 000	2.61	2.26	1.77	2.22	1.72	2.70	1.58	2.20	2.00	1.90	3.41	2.36	2.56	1.86	2.22	1.66
1 200	2.90	2.50	1.92	2.39	1.75	2.80	1.60	2.30	2.10	2.00	3.87	2.62	2.90	2.05	2.50	1.83

注：(1) 滚动轴承与轴的配合按 H7/r6 配合选择系数。
(2) 蜗杆螺旋根部有效应力集中系数可取：K_σ＝2.3～2.5，K_τ＝1.7～1.9。

表 13－7　绝对尺寸系数

直径/mm	硬　钢		合金钢	
	ε_σ	ε_τ	ε_σ	ε_τ
>20～30	0.91	0.89	0.83	0.89
>30～40	0.88	0.81	0.77	0.81
>40～50	0.84	0.78	0.73	0.78
>50～60	0.81	0.76	0.70	0.76
>60～70	0.78	0.74	0.68	0.74
>70～80	0.75	0.73	0.66	0.73
>80～100	0.73	0.72	0.64	0.72
>100～120	0.70	0.70	0.62	0.70
>120～150	0.68	0.68	0.60	0.68
>155～500	0.60	0.60	0.54	0.60

表 13-8　加工表面的表面质量系数 β_1 值

轴上表面粗糙度	材料的抗拉强度 R_m/MPa		
	400	800	1 200
精磨、抛光（Ra<0.32 μm）	1	1	1
精车、粗磨（Ra<2.5 μm）	0.95	0.90	0.80
车削（Ra20～2.5 μm）	0.85	0.80	0.65
未经切削加工	0.75	0.65	0.45

表 13-9　强化表面的表面质量系数 β_2 值

表面强化方法	芯部材料的抗拉强度 R_m/MPA	β_2		
		光轴	有应力集中的轴	
			较小 $K_\sigma \leqslant 1.5$	较大 $K_\sigma \geqslant 1.8$～2
高频感应加热淬火①	600～800 800～1 100	1.5～1.7 1.3～1.5	1.6～1.7 1.4～1.5	2.4～2.8 2.1～2.4
渗氮②	900～1 200	1.1～1.25	1.5～1.7	1.7～2.1
渗碳	400～600 700～800 1 000～1 200	1.8～2.0 1.4～1.5 1.2～1.3	3 2.3 2	3.5 2.7 2.3
喷丸处理③ 滚子辗压④	600～1 500	1.1～1.25 1.1～1.3	1.5～1.6 1.3～1.5	1.7～2.1 1.6～2.0

① 数据是在实验室中用 d=10～20 mm 的试件求得的，淬透深度为（0.05～0.20）d。对于大尺寸的试件，表面质量系数可取小值。
② 渗氮层深度为 0.01d 时，宜取低限值；深度为（0.03～0.04）d 时，宜取高限值。
③ 数据是用 d=8～40 mm 的试件求得的，喷射速度较小时宜取低值，较大时宜取高值。
④ 数据是用 d=17～130 mm 的试件求得的。

2. 轴的静强度校核计算

静强度校核的目的主要是评价轴抵抗塑性变形的能力，一般用于瞬时过载的情况。静强度通常根据轴上所承受的最大瞬时载荷来计算，其静强度条件为

$$S_0 = \frac{S_{0\sigma} S_{0\tau}}{\sqrt{S_{0\sigma}^2 + S_{0\tau}^2}} \geqslant [S_0] \qquad (13-9)$$

其中

$$S_{0\sigma} = \frac{R_{eL}}{\sigma_{max}} \qquad (13-10)$$

$$S_{0\tau} = \frac{\tau_{eL}}{\tau_{max}} \qquad (13-11)$$

式中，S_0 为轴危险截面的静强度安全系数；$S_{0\sigma}$、$S_{0\tau}$ 分别为仅考虑弯矩或仅考虑转矩时的安全系数，其值可按式（13-10）、式（13-11）计算；[S_0] 为轴静强度的许用安全系数，

其值可查表 13－4；R_{eL}、τ_{eL}分别为轴材料的拉伸和扭转屈服强度（MPa），其值可查表 13－1；σ_{max}、τ_{max}分别为轴危险截面上所受的最大弯曲应力和最大扭转切应力（MPa）。

例 图 13－32 所示为两级斜齿圆柱齿轮减速器传动示意图。其中，中间轴（Ⅱ轴）上的斜齿圆柱齿轮 2、3 分别与高速轴（Ⅰ轴）上的齿轮 1 和低速轴（Ⅲ轴）上的齿轮 4 相啮合。现已知：Ⅱ轴的传递功率 P = 15 kW，转速 n = 500 r/min，齿轮 2、3 的分度圆直径分别为：d_2 = 286.0 mm，d_3 = 81.3 mm，齿根圆直径分别为：d_{f2} = 276.0 mm，d_{f3} = 71.3 mm，宽度分别为：B_2 = 75 mm，B_3 = 86 mm，螺旋角分别为：$\beta_2 = 11°58'8''$，$\beta_3 = 10°23'20''$。试设计此轴的结构，并分别用弯扭合成法和安全系数法来校核其强度。

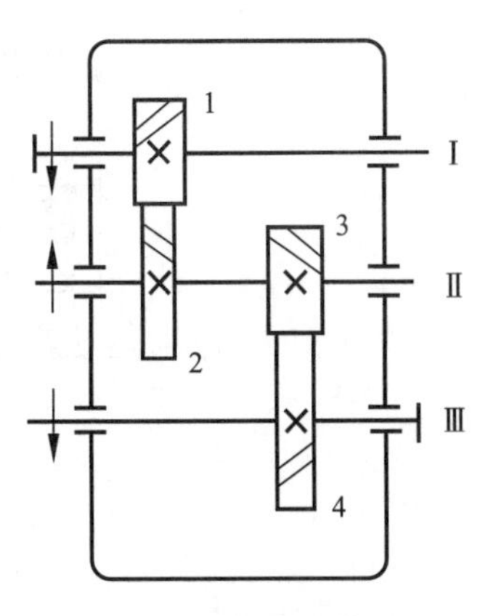

图 13－32 两级斜齿圆柱齿轮减速器传动示意图

解：

1. 选择轴的材料及热处理方式

由于减速器轴为一般用途轴，可选 45 钢，调质处理。查表 13－1 可得：R_m = 640 MPa，R_{eL} = 355 MPa，σ_{-1} = 275 MPa，τ_{-1} = 155 MPa，$[\sigma_{-1}]$ = 60 MPa。

2. 最小轴径估算

利用扭转强度法，根据式（13－2）可知

$$d \geqslant C\sqrt[3]{\frac{P}{n}}$$

式中，P = 15 kW，n = 500 r/min，C = 126 ~ 103（查表 13－2），不妨取 C = 120。故最小轴径为

$$d_{min} = 120 \times \sqrt[3]{\frac{15}{500}} = 37.29(\text{mm})$$

经圆整，取最小轴径（即轴端直径）d_{min} = 40 mm。

3. 轴的结构设计

（1）确定轴上零件的装配方案。考虑到轴上零件的定位、固定及装拆，拟采用阶梯轴结构，并选用如图 13－33（a）所示装配方案。

（2）确定各轴段的直径。

1）由于斜齿轮会产生轴向力，因此支承选用角接触球轴承 7208AC，此轴段（左轴颈）直径取为 d_{01} = 40 mm。

2）为了便于齿轮 2 的装拆，且不损伤左轴颈表面，与齿轮 2 配合的轴段直径取为 d_{02} = 45 mm。

3）齿轮 2 右端采用轴肩实现轴向定位，轴肩高度 $h = (0.07 \sim 0.1)d_2 = 3.15 \sim 4.5$。因此，轴肩处直径取为 d_{03} = 53 mm。

4）由于齿轮 3 的直径较小，因此做成齿轮轴结构。

5）与左轴颈一样，右支承也选用角接触球轴承 7208AC，因此，此轴段（右轴颈）直径取为 d_{04} = 40 mm。

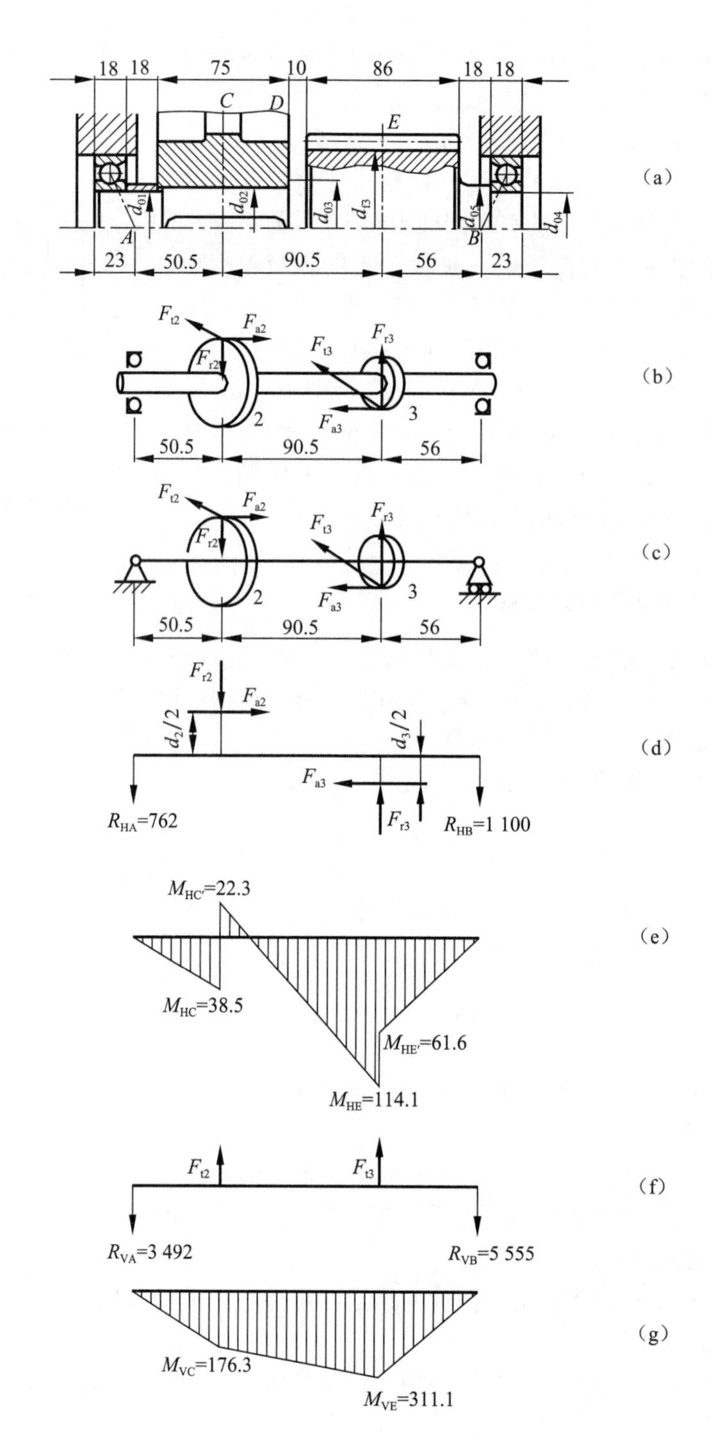

图 13－33　例题 13－1 图

（a）结构图；（b）示意图；（c）受力计算简图；（d）水平面受力简图（单位为 N）；（e）水平面弯矩图（单位为 N·m）；（f）垂直面受力简图（单位为 N）；（g）垂直面弯矩图（单位为 N·m）

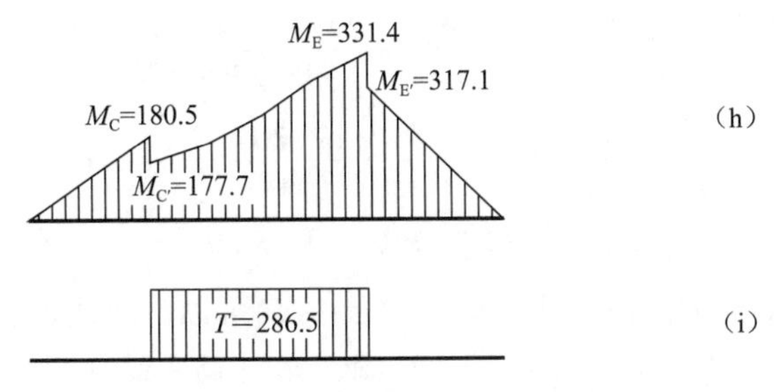

图 13－33 例题 13－1 图（续）

（h）合成弯矩图（单位为 N·m）；（i）转矩图（单位为 N·m）

6）齿轮 3 与右轴颈之间采用轴肩过渡，考虑右轴承的左端轴向定位和方便拆卸，查轴承安装尺寸，取该轴段直径为 d_{05} =48 mm。

（3）确定各轴段的长度。

1）取右轴颈 d_{04} 轴段的长度等于轴承 7208AC 的宽度（经查表为 18 mm）。

2）考虑到齿轮端面距离减速器箱体内壁的距离应不小于箱体壁厚（考虑到铸造工艺，壁厚应大于等于 8 mm），因此，取 d_{05} 轴段长度为 18 mm。

3）齿轮 3 处轴段即为其宽度，根据已知条件，该段长度为 86 mm。

4）取 d_{03} 轴段处长度为 10 mm。

5）已知齿轮 2 的宽度为 75 mm，则 d_{02} 轴段长度应比其小 1～2 mm，取该轴段长度为73 mm。

6）与 2）同，齿轮 2 左端面也应距箱体内壁至少 8 mm，同样取其与左轴承右端面距离为 18 mm，因此，d_{01} 轴段的长度为（18＋18＋2）＝38 mm。

（4）确定其他细节尺寸。

1）轴两端倒角尺寸可取为 1.5×45°；经查轴承安装尺寸，右轴承轴肩处的过渡圆角半径取为 0.8 mm；齿轮 2 两端的过渡圆角半径均取为 1 mm；齿轮 3 与其两边轴段之间的过渡圆角半径可取为 5 mm。

2）齿轮 2 与轴为过渡配合（H7/k6），且采用 A 型平键连接实现周向固定。该轴段上键槽宽度 $b=14$ mm，槽深 $t=5.5$ mm，键槽长度 $L=63$ mm。

4. 按弯扭合成法校核轴的强度

（1）建立力学模型。考虑到 7208AC 轴承的接触角，左、右轴承对轴的支反力作用点应位于距两轴承外端面 23 mm 的位置。齿轮 2、3 作用于轴上的分布力可视作集中载荷，并作用于齿宽中点上。因此，该轴的受力计算简图如图 13－33（c）所示。其中，水平面和垂直面内的受力计算简图分别如图 13－33（d）和（f）所示。

（2）计算弯矩，并画出弯矩图。

1）计算齿轮 2、3 的受力。根据齿轮的受力计算公式，两齿轮所受力的大小为

$$F_{t2}=\frac{2\,000T_2}{d_2}=\frac{2\,000\times 9\,549P}{d_2 n}=\frac{2\,000\times 9\,549\times 15}{286.0\times 500}=2\,003(\mathrm{N})$$

$$F_{r2}=\frac{F_{t2}\tan\alpha_n}{\cos\beta_2}=\frac{2\,003\times\tan 20^\circ}{\cos 11^\circ 58'8''}=745(\mathrm{N})$$

$$F_{a2}=F_{t2}\tan\beta_2=2\,003\times\tan 11^\circ 58'8''=425(\mathrm{N})$$

$$F_{t3}=\frac{2\,000T_3}{d_3}=\frac{2\,000\times9\,549P}{d_3n}=\frac{2\,000\times9\,549\times15}{81.3\times500}=7\,044(\mathrm{N})$$

$$F_{r3}=\frac{F_{t3}\tan\alpha_n}{\cos\beta_3}=\frac{7\,044\times\tan20^\circ}{\cos10^\circ23'20''}=2\,607(\mathrm{N})$$

$$F_{a3}=F_{t3}\tan\beta_3=7\,044\times\tan10^\circ23'20''=1\,292(\mathrm{N})$$

2）根据水平面内的受力简图（图 13－33（d）），可以计算出两支点 A、B 处的支反力及 C、E 截面的弯矩，绘制其水平弯矩（M_H）图，如图 13－33（e）所示。

3）根据垂直面内的受力简图（图 13－33（f）），可以计算出两支点 A、B 处的支反力及 C、E 截面的弯矩，绘制其垂直弯矩（M_V）图，如图 13－33（g）所示。

4）根据公式 $M=\sqrt{M_H^2+M_V^2}$ 计算合成弯矩，并绘制合成弯矩图，如图 13－33（h）所示。

（3）计算转矩，绘制转矩图。该轴所受的转矩可通过下式计算

$$T=\frac{9\,549P}{n}=\frac{9\,549\times15}{500}=286.5(\mathrm{N\cdot m})$$

绘出的转矩图如图 13－33（i）所示。

（4）确定危险截面，校核轴的强度。

结合图 13－33（a）、（h）、（i）可以看出，E 截面处受转矩和弯矩最大，C 截面处虽然弯矩、转矩不是最大，但轴径较小，因此，该轴的危险截面为 C、E 两截面。根据式（13－5），可得

C 截面：

$$\sigma_{ca\_C}=1\,000\frac{\sqrt{M^2+(\alpha T)^2}}{W}=1\,000\times\frac{\sqrt{180.5^2+(0.6\times286.5)^2}}{\dfrac{\pi\times45^3}{32}-\dfrac{14\times5.5\times(45-5.5)^2}{2\times45}}$$

$$=32.7(\mathrm{MPa})<[\sigma_{-1}]=60\ \mathrm{MPa}$$

其中，由于轴单向转动，取 $\alpha\approx0.6$；W 值根据表 13－3 中相应公式计算。

E 截面：

$$\sigma_{ca\_E}=1\,000\frac{\sqrt{M^2+(\alpha T)^2}}{W}=1\,000\times\frac{\sqrt{331.4^2+(0.6\times286.5)^2}}{\dfrac{\pi\times71.3^3}{32}}$$

$$=10.5(\mathrm{MPa})<[\sigma_{-1}]=60\ \mathrm{MPa}$$

其中，由于 E 截面处为齿轮轴，因此，取其齿根圆直径（$d_{f3}=71.3$ mm）进行强度校核。

因此，根据弯扭合成法，该轴的结构满足强度要求。

5. 按安全系数法精确校核轴的强度

通过对该轴的结构、弯矩图和转矩图进行分析可知，C、D、E 截面处所受的载荷（弯矩和转矩）较大。对 C 截面，由合成弯矩图可知，其所受弯矩比 D 截面大，而且由于 C 截面处存在键槽，其抗弯截面系数 W 和抗扭截面系数 W_T 均较 D 截面要小。然而，经查表 13－5 和表 13－6 可知，尽管 C 截面处的键槽和 D 截面处的过渡配合、过渡圆角都会引起应力集中，但由过渡配合和过渡圆角所引起的应力集中最为严重。因此，C 截面和 D 截面都有可能是危险截面。

对于 E 截面处，尽管其弯矩最大，但此处直径（齿轮3的齿根圆直径）要较 C、D 截面处直径大得多，因此，本题将 C、D 截面确定为危险截面，并以 C 截面为例对其进行强度精确校核。

（1）查表13－6可得，对于A型平键，轴上键槽的应力集中系数为：$K_\sigma=1.81$，$K_\tau=1.61$。

（2）查表13－7可得，45钢的绝对尺寸系数为：$\varepsilon_\sigma=0.84$，$\varepsilon_\tau=0.78$。

（3）对于45钢，弯矩和转矩作用下轴的平均应力折算为应力幅的等效系数分别为：$\psi_\sigma=0.15$，$\psi_\tau=0.075$。

（4）查表13－8可得，该轴段的加工表面质量系数：$\beta_1=0.92$，由于该轴表面未做强化处理，$\beta_2=1$。因此，有：$\beta=\beta_1\beta_2=0.92$。

（5）由于该轴所受弯曲应力为对称循环变应力，故平均应力 $\sigma_m=0$，其弯曲应力幅为

$$\sigma_a=\frac{1\,000M_C}{W_C}=\frac{1\,000\times 180.5}{\dfrac{\pi\times 45^3}{32}-\dfrac{14\times 5.5\times(45-5.5)^2}{2\times 45}}=23.7(\mathrm{MPa})$$

（6）由于该轴所受扭转切应力为脉动循环变应力，其扭转切应力为

$$\tau=\frac{1\,000T}{W_T}=\frac{1\,000\times 286.5}{\dfrac{\pi\times 45^3}{16}-\dfrac{14\times 5.5\times(45-5.5)^2}{2\times 45}}=17.3(\mathrm{MPa})$$

因此，转矩应力幅和平均应力分别为：$\tau_a=\tau_m=\dfrac{\tau}{2}=8.65$（MPa）。

（7）根据式（13－7）和式（13－8）可得，仅考虑弯曲应力和仅考虑扭转切应力时的工作安全系数分别为

$$S_\sigma=\frac{\sigma_{-1}}{\dfrac{K_\sigma}{\beta\varepsilon_\sigma}\sigma_a+\psi_\sigma\sigma_m}=\frac{275}{\dfrac{1.81}{0.92\times 0.84}\times 23.7+0.15\times 0}=5.0$$

$$S_\tau=\frac{\tau_{-1}}{\dfrac{K_\tau}{\beta\varepsilon_\tau}\tau_a+\psi_\tau\tau_m}=\frac{155}{\dfrac{1.61}{0.92\times 0.78}\times 8.65+0.075\times 8.65}=7.7$$

（8）根据式（13－6）可得，轴的工作安全系数为

$$S=\frac{S_\sigma S_\tau}{\sqrt{S_\sigma^2+S_\tau^2}}=\frac{5.0\times 7.7}{\sqrt{5.0^2+7.7^2}}=4.2$$

查表13－4，取轴疲劳强度的许用安全系数 $[S]=1.5\sim1.8$。显然，$S\geqslant[S]$，故满足强度要求。

D 截面的强度精确校核方法与 C 截面的相同。需要注意的是，D 截面处的过渡配合和过渡圆角都会引起应力集中，计算时应取较大的应力集中系数。计算后得到 D 截面的工作安全系数：$S=3.0\geqslant[S]$，因此，该轴满足强度要求。

第六节　轴的刚度计算

轴在弯矩或转矩作用下会产生弯曲变形或扭转变形。对于刚度要求较高的场合，变形过

大会影响轴上零件乃至整台设备的正常工作。例如，对于安装齿轮的轴，若二者相配合轴段在载荷作用下产生的挠度和扭转角过大，会导致齿轮轮齿所受载荷沿齿高和齿宽方向上严重分布不均，从而影响齿轮的正确啮合。又如车床主轴，过大的挠度会对加工精度产生影响。因此，对于重要的或有刚度要求的轴，一般需进行刚度校核计算。

轴在载荷下所产生的变形通常可分为挠度 y、偏转角 θ 和扭转角 φ 三种。其中，挠度 y 和偏转角 θ 用来表征轴的弯曲刚度，而扭转角 φ 则用来表征轴的扭转刚度。因此，轴的刚度条件为

$$\left.\begin{aligned} y &\leqslant [y] \\ \theta &\leqslant [\theta] \\ \varphi &\leqslant [\varphi] \end{aligned}\right\} \tag{13-12}$$

式中，y、θ、φ 分别为轴在载荷下的挠度、偏转角和扭转角，单位分别为 mm、rad、(°)/m，大小可根据材料力学相关公式进行计算；$[y]$、$[\theta]$、$[\varphi]$ 分别为轴的许用挠度、许用偏转角和许用扭转角，其值可查表 13－10。

表 13－10　轴的许用挠度 $[y]$、许用偏转角 $[\theta]$ 和许用扭转角 $[\varphi]$

变形	应用场合	许用值
挠度 y/mm	一般用途的轴	$(0.000\,3.\sim0.000\,5)l$
	刚度要求较高的轴	$0.000\,2l$
	安装齿轮的轴	$(0.01\sim0.05)m_n$
	安装蜗轮的轴	$(0.02\sim0.05)m_t$
偏转角 θ/rad	滑动轴承	0.001
	深沟球轴承	0.005
	调心轴承	0.05
	圆柱滚子轴承	0.002 5
	圆锥滚子轴承	0.001 6
	安装齿轮处	0.001～0.002
扭转角 φ/[(°)·m^{-1}]	一般传动	0.5～1
	较精密的传动	0.25～0.5
	精密传动	0.25
注：l 为轴的跨距（mm）；m_n 为齿轮的法面模数；m_t 为蜗轮的端面模数。		

第七节　轴的振动简介

轴属于弹性体零件，当轴及轴上零件的材质不均匀、结构不对称或者加工与装配有误差时，容易造成轴系的质心与回转轴线不重合的情况，从而会使轴受到除弯矩和转矩之外的周期性的离心干扰力，并引起轴振动，如图 13－34 所示。特别是当离心干扰力的频率与轴的自振频率相等或接近时，轴就会出现运转不稳定和严重振动的现象，即称为轴的共振现象。

轴发生共振时的转速称为临界转速。共振会导致轴的振幅迅速增大，并使轴甚至整台机器发生破坏。因此，对于用于重要场合的轴或高速轴，需要进行振动校核计算，即计算其临界转速，并使其尽量远离轴的工作转速，以避免发生共振现象。

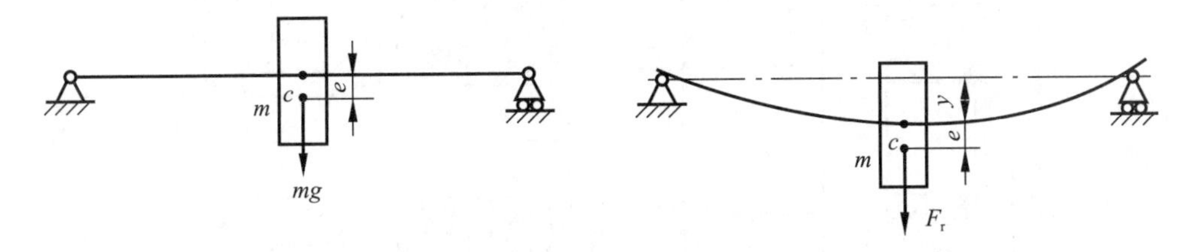

图 13-34　装有单圆盘的双铰支轴

理论上轴的临界转速有无穷多个，从小到大依次为一阶、二阶、三阶……临界转速，等等。其中，把工作转速低于一阶临界转速的轴称为刚性轴，而超过一阶临界转速的轴称为挠性轴。事实上，轴在一阶临界转速下产生的振动最为激烈，也最危险，所以，一般主要计算轴的一阶临界转速。轴的临界转速条件为

对刚性轴　　$n \leqslant (0.75 \sim 0.8)n_{c1}$

对挠性轴　　$1.4n_{c1} \leqslant n \leqslant 0.7n_{c2}$

式中，n 为轴的工作转速（r/min）；n_{c1}、n_{c2}分别为轴的一阶、二阶临界转速（r/min），其计算方法可参考机械设计手册或其他相关资料。

习　题

13-1　试说明心轴、传动轴和转轴工作时的受力特点及应力变化情况。

13-2　试举出三种实现轴上零件轴向定位的方法，并说明其优缺点。

13-3　画图说明阶梯轴的轴肩过渡圆角半径 r、轴肩高度 h 和轴上零件倒角高度 C 三者之间的关系。

13-4　试举出三种实现轴上零件周向固定的方法，并说明其优缺点。

13-5　试列出至少三种能提高轴的强度的方法。

13-6　指出题 13-6 图中轴的结构有哪些错误之处，简要说明原因，并画出改进后的轴结构图。

13-7　在轴的强度校核计算中，如何判断轴的危险截面？

13-8　题 13-8 图所示为一用于带式运输机上的单级斜齿圆柱齿轮减速器简图。现已知：电动机额定功率 $P=5.5$ kW，转速 $n=1\ 440$ r/min；两齿轮齿数分别为：$z_1=21$、$z_2=42$，法向模数 $m_n=2.5$ mm，螺旋角 $\beta=10°36'28''$，低速轴齿轮宽度 $B=55$ mm；减速器单向运转，转向如图所示。试设计该减速器的低速轴，并要求：

（1）完成轴的全部结构设计。

（2）根据弯扭合成法校核轴的强度。

（3）根据安全系数法校核轴的强度。

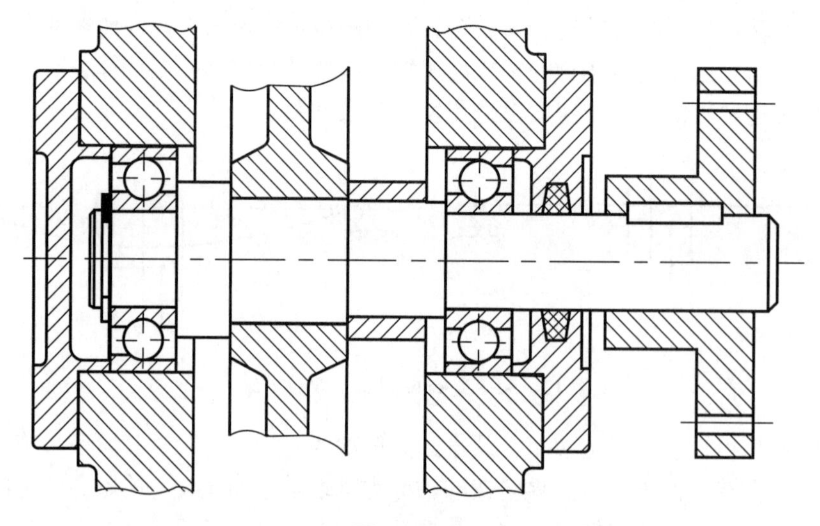

题 13－6 图

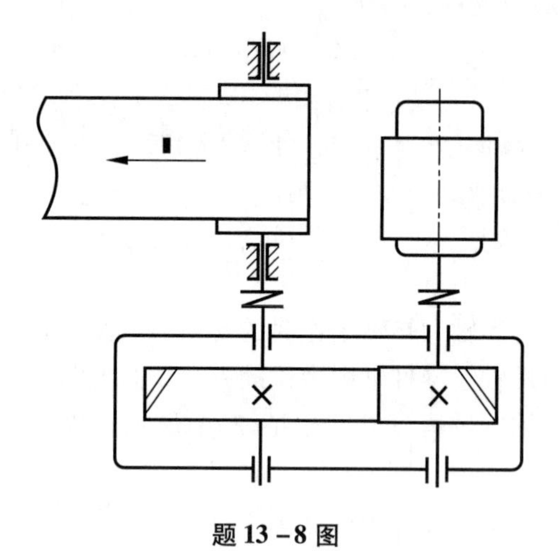

题 13－8 图

第十四章

滚动轴承

第一节 概　　述

滚动轴承是利用滚动摩擦原理设计而成的支承零件，在各种机器中被广泛使用。

与滑动轴承相比，滚动轴承具有摩擦阻力小、启动灵活、效率高、润滑简便、易于互换且可以通过预紧提高轴承的刚度和旋转精度等优点。它的缺点是抗冲击能力较差、高速时有噪声、径向尺寸较大、工作寿命也不及液体摩擦的滑动轴承。

滚动轴承一般由内圈、外圈、滚动体和保持架组成（图 14－1）。内圈通常装配在轴上，并与轴一起旋转。外圈通常安装在轴承座孔内或机械部件壳体中起支承作用。但在某些应用场合，也有外圈旋转，内圈固定或者内、外圈都旋转的。滚动体是实现滚动摩擦的滚动元件，在内圈和外圈的滚道之间滚动，常见的滚动体形状如图 14－2 所示。滚动体的大小和数

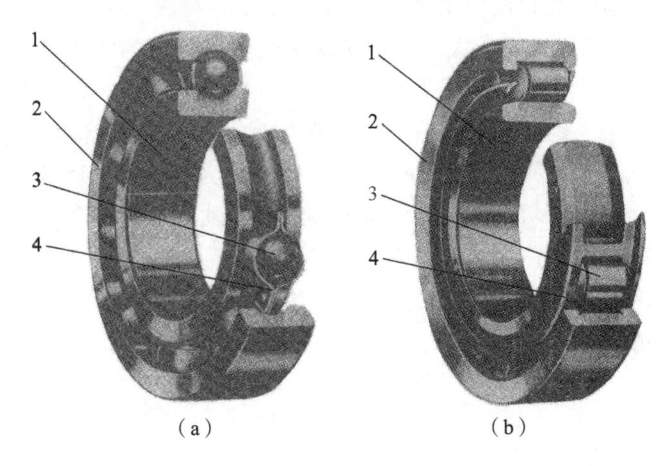

（a）　　　　（b）

图 14－1　滚动轴承的基本结构

（a）深沟球轴承；（b）圆柱滚子轴承

1—内圈；2—外圈；3—滚动体；4—保持架

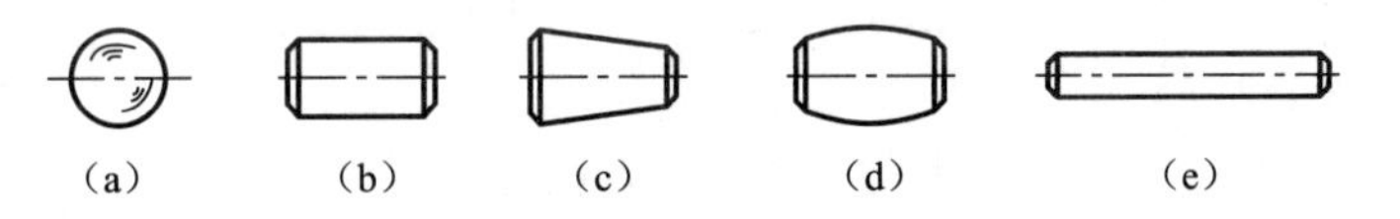

（a）　（b）　（c）　（d）　（e）

图 14－2　常用的滚动体

（a）球；（b）圆柱滚子；（c）圆锥滚子；（d）球面滚子；（e）滚针

量直接影响轴承的承载能力。保持架的作用是将轴承中的滚动体等距隔开，引导滚动体在正确的轨道上运动，改善轴承内部载荷分配和润滑性能。

为了减小轴承的径向尺寸，有的轴承可以无内圈或无外圈，这时的轴颈或轴承座要起到内圈或外圈的作用。为了适应某些使用要求，有的轴承还可以加带防尘盖或密封圈等元件。

滚动轴承内、外圈与滚动体均采用硬度高、抗疲劳性强、耐磨性好的高碳铬轴承钢制造，如 GCr15、GCr15SiMn 等，热处理后硬度应达到 60～65 HRC。保持架多用低碳钢板冲压形成，也可用有色金属（如黄铜）、塑料等材料。

滚动轴承是标准件，由专业化工厂大量生产供应市场，类型和尺寸系列很多。设计时，一般只需根据具体的工作条件，正确选择轴承的类型、尺寸和公差等级，并合理地进行轴承组合结构设计。

第二节　滚动轴承的类型和代号

一、滚动轴承的主要类型

滚动轴承的分类方法有多种。

轴承按其滚动体的种类分为球轴承和滚子轴承。球轴承中球与滚道为点接触，而滚子轴承中滚子与滚道之间为线接触。在相同尺寸下，球轴承制造方便、价格低、摩擦系数小、运转灵活、许用的极限转速高，但抗冲击能力和承载能力不如滚子轴承。

轴承按其所能承受的载荷方向或公称接触角 α 的不同，分为向心轴承和推力轴承。滚动轴承公称接触角 α 是指轴承的径向平面（垂直于轴线）与滚动体和滚道接触点的公法线之间的夹角，如图 14－3 所示。α 越大，滚动轴承承受轴向载荷的能力越大。向心轴承主要用于承受径向载荷，公称接触角的范围为 $0° \leqslant \alpha \leqslant 45°$；推力轴承主要用于承受轴向载荷，其公称接触角的范围为 $45° < \alpha \leqslant 90°$。按照公称接触角不同，向心轴承又分为径向接触轴承（公称接触角为 0°的轴承）和角接触向心轴承（接触角为 $0° < \alpha \leqslant 45°$）；推力轴承又分为轴向接触轴承（公称接触角为 90°的轴承）和角接触推力轴承（接触角为 $45° < \alpha < 90°$）。

轴承按其工作时能否调心，分为调心轴承和非调心轴承（刚性轴承）。调心轴承的滚道是球面形的，能适应内外圈轴心线间的角偏差及角运动（图 14－4）。而非调心轴承能阻抗内外圈轴心线间的角偏移。

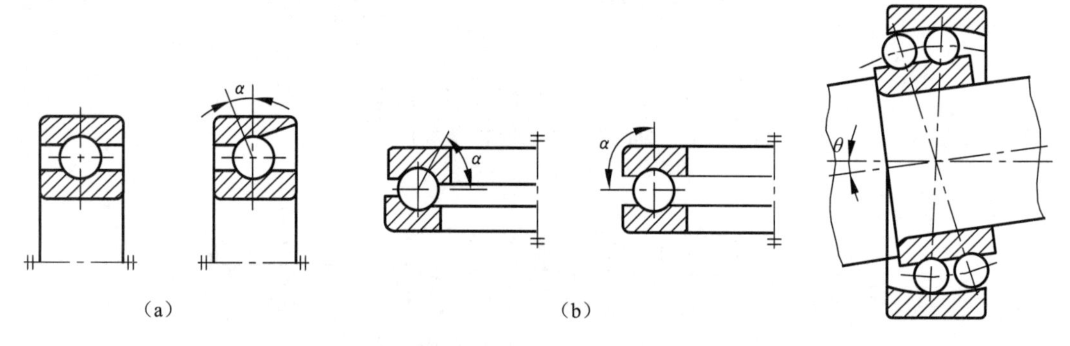

图 14－3　轴承的接触角和类型

（a）向心轴承；（b）推力轴承

图 14－4　轴承的调心作用

轴承按滚动体的列数，分为单列轴承、双列轴承和多列轴承。

轴承按其部件能否分离，还分为可分离轴承和不可分离轴承。

按轴承所能承受的载荷方向或公称接触角、滚动体的种类综合分类，常用的滚动轴承的类型和特点见表 14－1。

表 14－1 滚动轴承的主要类型和特点

轴承类型	结构简图、承载方向	类型代号	特性
调心球轴承		1	主要承受径向载荷，能承受少量的轴向载荷，不宜承受纯轴向载荷，极限转速高。外圈滚道为内球面形，具有自动调心的性能，可以补偿轴的两支点不同心产生的角度偏差
调心滚子轴承		2	主要用于承受径向载荷，同时也能承受一定的轴向载荷。有高的径向载荷能力，特别适用于重载或振动载荷下工作，但不能承受纯轴向载荷。调心性能良好，能补偿同轴度误差
推力调心滚子轴承		2	用于承受轴向载荷为主的轴、径向联合载荷，但径向载荷不得超过轴向载荷的 55%，并具有调心性。与其他推力滚子轴承相比，此种轴承摩擦系数较低，转速较高
圆锥滚子轴承	α	3	主要承受以径向载荷为主的径向与轴向联合载荷，而大锥角圆锥滚子轴承可以用于承受以轴向载荷为主的径、轴向联合载荷。轴承内、外圈可分离，装拆方便，成对使用
推力球轴承	单向 双向	5	分离型轴承，只能承受轴向载荷。高速时离心力大，滚动体与保持架摩擦发热严重，寿命较低，故其极限转速很低 单向推力球轴承只能承受一个方向的轴向载荷。双向推力球轴承能承受两个方向的轴向载荷
深沟球轴承		6	主要用于承受径向载荷，也可承受一定的轴向载荷。当轴承的径向间隙加大时，具有角接触球轴承的功能，可承受较大的轴向载荷。此类轴承摩擦系数小，极限转速高。在转速较高不宜采用推力球轴承的情况下，可用该类轴承承受纯轴向载荷。 结构简单、使用方便，是生产批量大、制造成本低、使用极为普遍的一类轴承

续表

轴承类型	结构简图、承载方向	类型代号	特性
角接触球轴承		7	可以同时承受径向载荷和轴向载荷，也可以承受纯轴向载荷，其轴向载荷能力由接触角决定，并随接触角增大而增大，极限转速较高。通常成对使用
推力圆柱滚子轴承		8	能承受较大的单向轴向载荷，轴向刚度大，占用轴向空间小，极限转速低
圆柱滚子轴承		N	只能承受径向载荷，且径向承载能力大。内、外圈可分离，装拆比较方便，极限转速高。 除图示外圈无挡边（N）结构外，还有内圈无挡边（NU）、外圈单挡边（NF）、内圈单挡边（NJ）等结构形式
滚针轴承		NA	只能承受径向载荷，且径向承载能力大。与其他类型的轴承相比，在内径相同的条件下，其外径尺寸最小。内、外圈可分离，极限转速较低

二、滚动轴承的代号

为了便于设计、制造和选用，在国家标准 GB/T 272—2017 中规定了滚动轴承代号的表示方法。

滚动轴承代号是用字母加数字来表示滚动轴承的结构、尺寸、公差等级、技术性能等特征的产品符号。

滚动轴承代号由基本代号、前置代号和后置代号构成。基本代号表示轴承的基本类型、结构和尺寸，是轴承代号的基础；前置代号和后置代号是轴承结构形式、尺寸、公差、技术要求有改变时，在其基本代号左右添加的补充代号。轴承代号的排列见表 14－2。

表 14－2　滚动轴承代号

<table>
<tr><td rowspan="2">前置代号</td><td colspan="5" rowspan="2">基本代号</td><td colspan="8">后置代号（组）</td></tr>
<tr><td>1</td><td>2</td><td>3</td><td>4</td><td>5</td><td>6</td><td>7</td><td>8</td></tr>
<tr><td rowspan="3">成套轴承分部件</td><td>第 5 位</td><td>第 4 位</td><td>第 3 位</td><td>第 2 位</td><td>第 1 位</td><td rowspan="3">内部结构</td><td rowspan="3">密封与防尘套圈变型</td><td rowspan="3">保持架及其材料</td><td rowspan="3">轴承材料</td><td rowspan="3">公差等级</td><td rowspan="3">游隙</td><td rowspan="3">配置</td><td rowspan="3">其他</td></tr>
<tr><td rowspan="2">类型代号</td><td colspan="2">尺寸系列代号</td><td colspan="2" rowspan="2">内径代号</td></tr>
<tr><td>宽度系列代号</td><td>直径系列代号</td></tr>
</table>

1. 基本代号

基本代号用来表明轴承（滚针轴承除外）的内径、直径系列、宽度系列和类型。

（1）内径代号。轴承内径用基本代号右起第一、二位数字表示。对常用内径 $d=20\sim480$ mm 的轴承，内径一般为 5 的倍数，这两位数字表示轴承内径尺寸被 5 除得的商，如 04 表示 $d=20$ mm；12 表示 $d=60$ mm；等等。对于内径为 10 mm、12 mm、15 mm 和 17 mm 的轴承，内径代号依次为 00、01、02 和 03。对于内径 $d<10$ mm、$d\geqslant500$ mm 以及 $d=22$、28、32 mm 的轴承，其内径表示方法见 GB/T 272—2017。

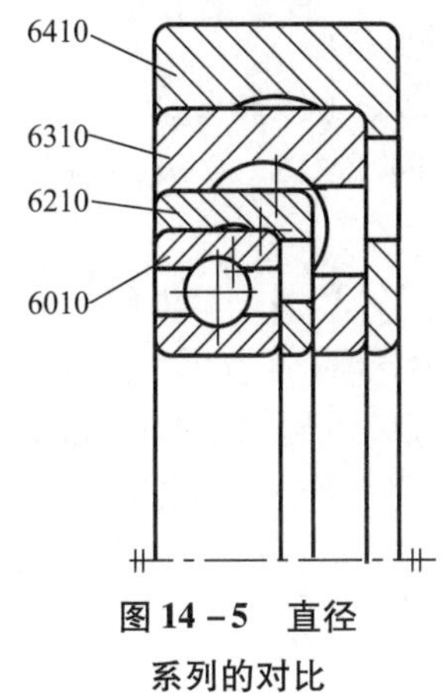

图 14－5　直径系列的对比

（2）直径系列代号。轴承的直径系列是指对应同一轴承内径的外径尺寸系列。用基本代号右起第三位数字表示。分别有 7、8、9、0、1、2、3、4、5 等外径尺寸依次递增的直径系列。图 14－5 表示部分直径系列的尺寸对比。

（3）宽度系列代号。轴承的宽度系列系指对应同一轴承直径系列的宽度尺寸系列。用基本代号右起第四位数字表示。分别有 8、0、1、2、3、4、5、6 等宽度依次递增的宽度系列。推力轴承以高度系列对应于向心轴承的宽度系列，有 7、9、1、2 等高度依次递增的四个高度系列。当宽度系列为 0 系列（正常系列）时，多数轴承在代号中不标出宽度系列代号，但对于调心滚子轴承和圆锥滚子轴承，宽度系列代号 0 应标出。

直径系列代号和宽（高）度系列代号统称为尺寸系列代号，其组合情况见表 14－3。

表 14－3　尺寸系列代号

直径系列		向心轴承								推力轴承			
		宽度系列代号								高度系列代号			
		8	0	1	2	3	4	5	6	7	9	1	2
		宽度尺寸从左至右依次递增								高度尺寸从左至右依次递增			
		尺寸系列代号											
外径尺寸从上至下依次递增	7	—	—	17	—	37	—	—	—	—	—	—	—
	8	—	08	18	28	38	48	58	68	—	—	—	—
	9	—	09	19	29	39	49	59	69	—	—	—	—
	0	—	00	10	20	30	40	50	60	70	90	10	—
	1	—	01	11	21	31	41	51	61	71	91	11	—
	2	82	02	12	22	32	42	52	62	72	92	12	22
	3	83	03	13	23	33	—	—	—	73	93	13	23
	4	—	04	—	24	—	—	—	—	74	94	14	24
	5	—	—	—	—	—	—	—	—	—	95	—	—

注：表中“—”表示不存在此种组合。

（4）类型代号。轴承类型代号用基本代号右起第五位数字或字母表示。表示方法见

表14－1。代号为“0”（双列角接触球轴承）则省略。

2. 后置代号

轴承的后置代号用字母（或加数字）表示，置于基本代号的右边并与基本代号空半个汉字距或用符号“－”、“/”隔开。具有多组后置代号时，则按表14－2所列从左至右的顺序排列。4组（含4组）以后的内容，则在其代号前用“/”与前面代号隔开。后置代号的内容很多，下面介绍几个常用的代号。

（1）内部结构代号。内部结构代号表示同一类型轴承的不同内部结构。如接触角为15°、25°和40°的角接触球轴承分别用C、AC和B表示内部结构的不同。

（2）公差等级代号。轴承的公差等级分为0级、6级、6x级、5级、4级和2级，共6个级别，依次由低级到高级，其代号分别为/P0、/P6、/P6x、/P5、/P4和/P2。0级在轴承代号中省略，6x级只适用于圆锥滚子轴承。

（3）游隙代号。标准规定轴承的径向游隙由小到大，分为1、2、0、3、4、5共6个组别，其中0组游隙组最为常用，在轴承代号中不标注，其他组别的代号对应为/C1、/C2、/C3、/C4、/C5。当公差等级代号与游隙代号需同时表示时，取公差等级代号加上游隙组号（去掉游隙代号中的“/C”）的组合表示，如/P63表示轴承公差等级6级，径向游隙3组。

3. 前置代号

前置代号用字母表示。代号及其含义可参阅GB/T 272—2017。

例14－1 试说明滚动轴承62203和7312 AC/P6的含义。

解：

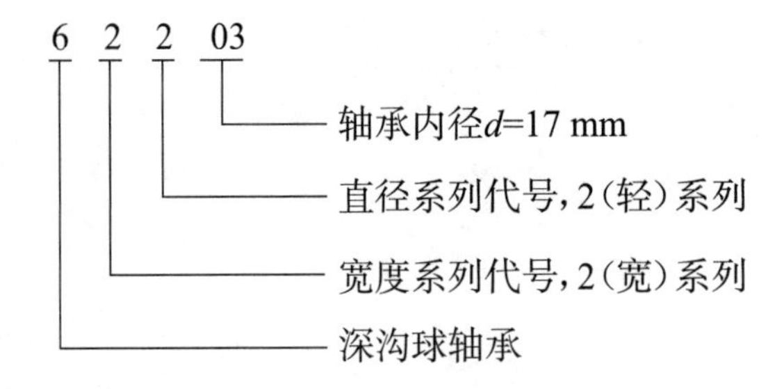

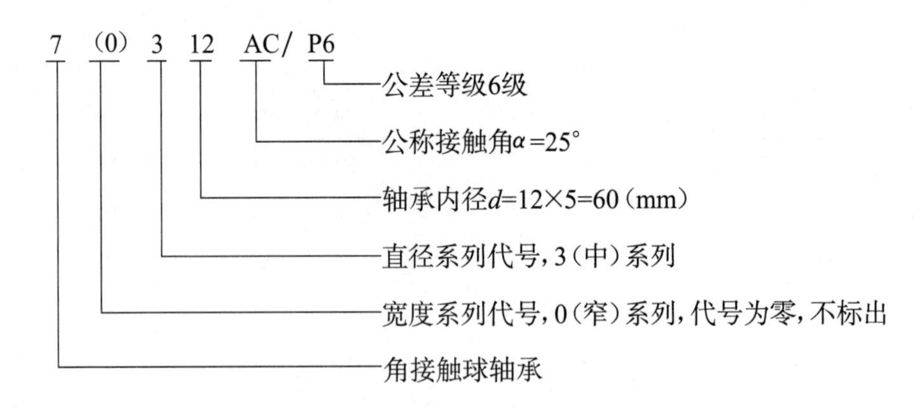

第三节　滚动轴承的类型选择

各类滚动轴承有不同的特性，因此选择滚动轴承类型时，必须根据轴承实际工作情况合理选择，一般考虑下列因素。

1. 载荷性质、大小和方向

（1）载荷的性质和大小。在相同外廓尺寸条件下，滚子轴承一般比球轴承承载能力和抗冲击能力大。故载荷大、有振动和冲击时应选用滚子轴承；载荷小、无振动和冲击时应选用球轴承。

（2）载荷的方向。纯径向载荷可以选用各类向心轴承；纯轴向载荷选用推力球轴承或推力圆柱滚子轴承；联合载荷一般选用角接触球轴承或圆锥滚子轴承。若径向载荷较大而轴向载荷较小，可选用深沟球轴承；若轴向载荷较大而径向载荷较小时，可选用推力角接触球轴承。也可将向心轴承和推力轴承进行组合，分别承受径向和轴向载荷。

2. 轴承的转速

通常球轴承的极限转速高于滚子轴承。各种推力轴承的极限转速均低于向心轴承。每个型号的轴承其极限转速值均列于轴承样本中，选用时应保证工作转速低于极限转速。向心球轴承的极限转速高，高速时应优先选用。

3. 轴承的调心性

当轴的支点跨距大、刚性差或由于加工安装等原因造成轴承有较大不同心时，应选用能适应内、外圈轴线有较大相对偏斜的调心轴承。在使用调心轴承的同一轴上，一般不宜使用其他类型轴承，以免受其影响而失去了调心作用。

4. 安装与拆卸

安装拆卸较频繁时，选用分离型结构的轴承，如圆锥滚子轴承、圆柱滚子轴承、滚针轴承和推力轴承等。

5. 经济性

在满足使用要求的情况下，应优先选用价格低的滚动轴承。一般说来，球轴承的价格低于滚子轴承，所以，只要满足使用要求，应优先选用球轴承。不同公差等级的轴承，价格相差悬殊，选用高精度轴承必须慎重。

第四节　滚动轴承的工作情况分析、失效形式与计算准则

一、滚动轴承的工作情况分析

1. 载荷分析

以向心轴承（深沟球轴承）为例，假定轴承内、外圈的几何形状保持不变，则当轴承承受径向载荷 F_r 时，各滚动体所受的载荷不相等，位于上半圈的滚动体不受载，位于下半圈的滚动体受载，其大小取决于滚动体与套圈接触变形量的大小。图 14－6 所示情况为最下面一个滚动体所受载荷最大。

各滚动体从开始受载到受载终止所滚过的区域称为承载区，其他区域称为非承载区。由

于轴承内存在游隙，故实际承载区的范围将小于180°。如果轴承在承受径向载荷的同时再作用有一定的轴向载荷，则可以使承载区扩大。

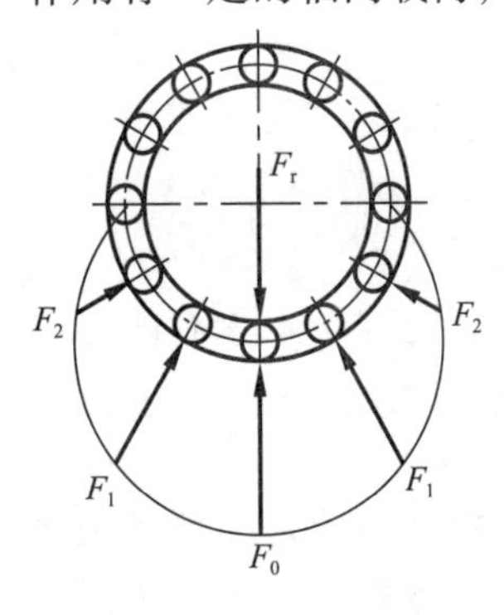

图14-6 向心轴承中径向载荷的分布

2. 轴承工作时轴承元件的应力分析

轴承工作时，由于滚动体受变载荷，所以轴承内、外圈滚道与滚动体接触表面接触点受到的都是脉动循环变化的接触应力。

对于滚动体，当其进入承载区后，接触应力由零逐渐增至最大值（F_r 作用线正下方），然后再逐渐下降至零，其变化情况如图14-7（a）中虚线所示。就滚动体上某一点而言，由于滚动体相对内、外套圈转动每自转一周，分别与内、外套圈接触一次，故它的载荷和应力按周期性不稳定脉动循环变化，如图14-7（a）中实线所示。

对于固定的套圈，处于承载区的各接触点，按其所在位置的不同，承受的载荷和接触应力是不同的。对位于套圈滚道上的某一点，每当一个滚动体滚过，该点承受一次载荷，且载荷大小不变，因而应力大小也不变，即固定套圈承载区内某一点承受稳定脉动循环载荷和应力，如图14-7（b）所示。

转动套圈上各点的受载情况，类似于滚动体的受载情况。就其滚道上某一点而言，处于非承载区时，载荷和应力为零。进入承载区后，每与滚动体接触一次就受载一次，且在承载区的位置不同，其接触载荷和应力也不一样，如图14-7（a）中实线所示，在 F_r 作用线正下方，载荷和应力最大。

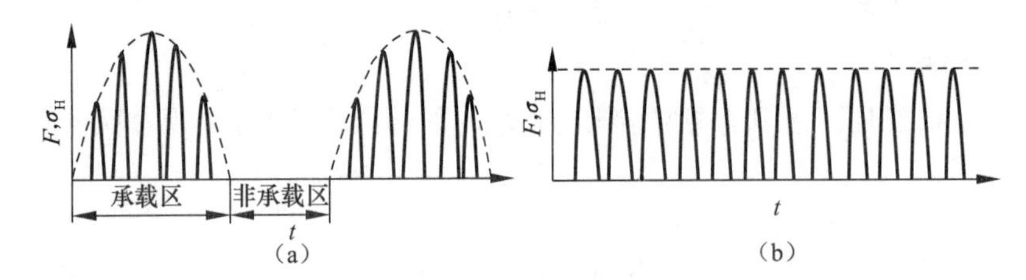

图14-7 轴承元件上的载荷及应力变化

（a）滚动体和转动套圈上的应力；（b）固定套圈上的应力

二、滚动轴承的失效形式与计算准则

1. 失效形式

（1）疲劳点蚀。正常安装和仔细维护的情况下，绝大多数轴承都是由于疲劳点蚀而失效。疲劳点蚀造成轴承工作时产生强烈的振动、噪声和发热现象，轴承的旋转精度逐渐下降，最终导致机器丧失正常的工作能力。

（2）塑性变形。当载荷很大时，在滚动体与内、外圈接触处将产生过大的塑性变形，形成凹坑，从而影响轴承平稳运转，出现振动和噪声。这种失效多发生在低速重载或做往复摆动的轴承中。

（3）磨损。当密封不当或润滑剂不纯净时，将引起严重的磨粒磨损，导致轴承内、外圈与滚动体之间间隙增大、振动加剧及旋转精度降低。由于轴承中存在滑动摩擦，如果润滑不充分，也可能导致轴承产生胶合磨损失效。

2. 计算准则

（1）对一般转速（$n>10$ r/min）的轴承，疲劳点蚀是其主要的失效形式，轴承应进行寿命校核计算；

（2）对静止或极慢转速（$n\leqslant 10$ r/min）的轴承，轴承的承载能力取决于所允许的塑性变形，应进行静强度计算；

（3）对高速轴承，为防止因发热引起胶合，除进行寿命计算外，还应进行极限转速校核计算。

对于磨粒磨损失效，目前尚无统一、有效的计算方法。

第五节　滚动轴承的寿命计算

一、基本概念与寿命计算公式

1. 滚动轴承的基本额定寿命

（1）滚动轴承的寿命。单个滚动轴承的寿命是指轴承的一个套圈或滚动体材料出现第一个疲劳扩展迹象之前，一个套圈相对另一个套圈旋转的转数。

（2）滚动轴承的可靠度。滚动轴承的可靠度是指一组在相同条件下运转、近于相同的滚动轴承期望达到或超过规定寿命的百分率。对单个滚动轴承，是指该轴承达到或超过规定寿命的概率。

（3）滚动轴承的基本额定寿命。对一组同一型号的轴承，由于材料、热处理和工艺等很多随机因素的影响，即使在相同条件下运转，寿命也不一样，有的相差几十倍。可用数理统计的方法求出其寿命分布规律，用基本额定寿命作为选择轴承的标准。基本额定寿命是指单个滚动轴承或一组在相同条件下运转、近于相同的滚动轴承，其可靠度为90%时的寿命，用L_{10}表示（单位为10^6 r）。

按基本额定寿命选择的一组轴承，可能有10%的轴承发生提前失效，有90%的轴承寿命超过其基本额定寿命，其中有些轴承甚至能再工作一个、两个或更多个基本额定寿命期。对于单个轴承而言，它能顺利地在基本额定寿命期内正常工作的概率为90%，而在基本额定寿命期到达之前就发生点蚀失效的概率为10%。

2. 滚动轴承的基本额定动载荷

轴承的寿命与所受载荷的大小有关，工作载荷越大，轴承的寿命越短。图14－8为深沟球轴承6207进行寿命试验得出的载荷与寿命关系曲线，其他轴承也存在类似的关系曲线。

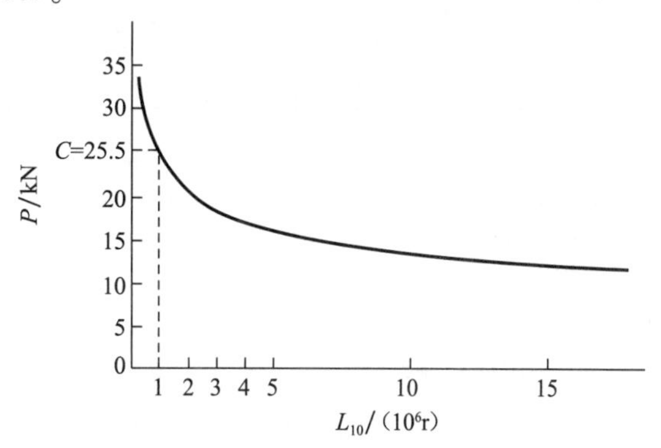

图14－8　滚动轴承的载荷——寿命曲线

滚动轴承的基本额定动载荷，就是使轴承的基本额定寿命恰好为10^6r时，轴承所能承受的载荷值，用C表示。

不同型号的轴承有不同的基本额定动

载荷值，它表征了不同型号的轴承承受载荷能力的大小。每个型号轴承的基本额定动载荷值可从滚动轴承样本或手册中查取。

基本额定动载荷分为径向基本额定动载荷 C_r 和轴向基本额定动载荷 C_a。径向基本额定动载荷是指向心轴承（不含角接触轴承）所能承受的恒定的径向载荷，而对于角接触轴承，是指引起轴承套圈相互间产生纯径向位移的载荷的径向分量；轴向基本额定动载荷是指推力轴承所能承受的恒定的中心轴向载荷。

3. 滚动轴承的当量动载荷

滚动轴承的基本额定动载荷是在规定的载荷条件下确定的。实际上，轴承在大多数应用场合中，常常同时承受径向载荷和轴向载荷。因此，在进行轴承寿命计算时，应把实际载荷转换成与额定动载荷的载荷条件相一致的当量动载荷 P。径向当量动载荷 P_r 指一恒定的径向载荷，轴向当量动载荷 P_a 指一恒定的中心轴向载荷。转换的条件是在当量动载荷作用下，滚动轴承具有与实际载荷条件下相同的寿命。

4. 滚动轴承的寿命计算公式

大量试验表明，滚动轴承的基本额定寿命与基本额定动载荷和当量动载荷的关系为

$$L_{10} = \left(\frac{C}{P}\right)^{\varepsilon} \tag{14-1}$$

式中，L_{10} 为滚动轴承的基本额定寿命（10^6r）；C 为基本额定动载荷（N）；P 为当量动载荷（N）；ε 为寿命指数（球轴承 $\varepsilon=3$，滚子轴承 $\varepsilon=10/3$）。

实际计算时用小时数表示寿命比较方便，上式可改为

$$L_{10h} = \frac{10^6}{60n}\left(\frac{C}{P}\right)^{\varepsilon} \tag{14-2}$$

式中，L_{10h} 为用小时数表示的滚动轴承的基本额定寿命（h）；n 为轴承工作转速（r/min）。

当轴承的工作温度超过120 ℃时，会使轴承表面软化而降低轴承承载能力；工作中冲击和振动将使轴承实际载荷加大，故在计算时分别引入温度系数 f_t（表14－4）和载荷系数 f_d（表14－5）进行修正。此时轴承寿命计算公式为

$$L_{10h} = \frac{10^6}{60n}\left(\frac{f_t C}{f_d P}\right)^{\varepsilon} \tag{14-3}$$

表14－4　温度系数 f_t

工作温度/℃	≤120	125	150	175	200	225	250	300
f_t	1.00	0.95	0.90	0.85	0.80	0.75	0.70	0.60

表14－5　载荷系数 f_d

载荷性质	f_d	举例
无冲击或轻微冲击	1.0～1.2	电动机、汽轮机、通风机、水泵
中等冲击	1.2～1.8	车辆、机床、起重机、冶金设备、内燃机
强烈冲击	1.8～3.0	破碎机、轧钢机、石油钻机、振动筛

若载荷 P 和转速 n 已知，并取轴承的预期使用寿命为 L'_{10h}，则所选轴承应具有的基本额定动载荷 C'可由式（14－3）得出

$$C' = \frac{f_d}{f_t}P\left(\frac{60nL'_{10h}}{10^6}\right)^{\frac{1}{\varepsilon}} \quad (14-4)$$

表 14－6 中给出了某些机器上轴承的预期使用寿命的推荐值。

表 14－6 轴承预期使用寿命推荐值 L'_{10h}

使用条件	预期使用寿命 L'_{10h}/h
不经常使用的仪器和设备	300～3 000
短期或间断使用的机械，中断使用不致引起严重后果，如手动机械、农业机械、装配吊车、自动送料装置	3 000～8 000
间断使用的机械，中断使用将引起严重后果，如发电站辅助设备、流水作业的传送装置、带式运输机、车间起重机	8 000～12 000
每天 8 h 工作的机械，但经常不是满载荷使用，如电动机、一般齿轮传动装置、压碎机、起重机和一般机械	10 000～25 000
每天 8 h 工作的机械，满载荷工作，如机床、木材加工机械、工程机械、印刷机械、分离机、离心机	20 000～30 000
24 h 连续运转的机械，如压缩机、泵、电机、轧机齿轮装置、纺织机械	40 000～50 000
24 h 连续运转的机械，中断使用将引起严重后果，如纤维机械、造纸机械、电站主要设备、给排水设备、矿用泵、矿用通风机	≈100 000

5. 当量动载荷的计算公式

当轴承同时承受径向和轴向载荷，在进行寿命计算时，应将载荷换算成当量动载荷。当量动载荷可统一用下式计算

$$P = XF_r + YF_a \quad (14-5)$$

式中，F_r 为轴承所受的径向载荷；F_a 为轴承所受的轴向载荷；X 为径向动载荷系数；Y 为轴向动载荷系数。

不同类型轴承的 X、Y 的取值方法不同。对于仅能承受径向载荷的轴承，如圆柱滚子轴承，$X=1$，$Y=0$，其径向当量动载荷 $P_r=F_r$；对于仅能承受轴向载荷的轴承，如推力球轴承 $X=0$，$Y=1$，其轴向当量动载荷 $P_a=F_a$。表 14－7 给出了几种常用轴承的 X、Y 值，对于其他轴承，可查阅滚动轴承样本或机械设计手册。X、Y 的取值，根据 $F_a/F_r>e$ 还是 $F_a/F_r\leqslant e$ 有两种。参数 e 是判断系数。

表 14－7　径向动载荷系数 X 和轴向动载荷系数 Y

轴承类型	相对轴向载荷 F_a/C_{0r}①	e	单列轴承				双列轴承			
			$F_a/F_r \leqslant e$		$F_a/F_r > e$		$F_a/F_r \leqslant e$		$F_a/F_r > e$	
			X	Y	X	Y	X	Y	X	Y
深沟球轴承（60000型）	0.014	0.19				2.30				2.30
	0.028	0.22				1.99				1.99
	0.056	0.26				1.71				1.71
	0.084	0.28				1.55				1.55
	0.11	0.30	1	0	0.56	1.45	1	0	0.56	1.45
	0.17	0.34				1.31				1.31
	0.28	0.38				1.15				1.15
	0.42	0.42				1.04				1.04
	0.56	0.44				1.00				1.00
角接触球轴承 $\alpha=15°$（70000C型）	0.015	0.38				1.47		1.65		2.39
	0.029	0.40				1.40		1.57		2.28
	0.058	0.43				1.30		1.46		2.11
	0.087	0.46				1.23		1.38		2.00
	0.12	0.47	1	0	0.44	1.19	1	1.34	0.72	1.93
	0.17	0.50				1.12		1.26		1.82
	0.29	0.55				1.02		1.14		1.66
	0.44	0.56				1.00		1.12		1.63
	0.58	0.56				1.00		1.12		1.63
角接触球轴承 $\alpha=25°$（70000AC型）	—	0.68	1	0	0.41	0.87	1	0.92	0.67	1.41
角接触球轴承 $\alpha=40°$（70000B型）	—	1.14	1	0	0.35	0.57	1	0.55	0.57	0.93
圆锥滚子轴承（30000型）	—	$1.5\tan\alpha$②	1	0	0.4	$0.4\cot\alpha$②	1	$0.45\cot\alpha$②	0.67	$0.67\cot\alpha$②
调心球轴承（10000型）	-	$1.5\tan\alpha$②	—	—	—	—	1	$0.42\cot\alpha$②	0.65	$0.65\cot\alpha$②
调心滚子轴承（20000）	—	$1.5\tan\alpha$②	—	—	—	—	1	$0.45\cot\alpha$②	0.67	$0.67\cot\alpha$②

① 式中 C_{0r} 为轴承的径向基本额定静载荷，按轴承型号由手册查取。
② 由接触角 α 确定的 e、Y 值，根据轴承型号由手册查取。

例 14－2　一农用水泵，决定选用深沟球轴承，轴颈直径 $d=35$ mm，转速 $n=2\ 900$ r/min，径向载荷 $F_r=1\ 770$ N，轴向载荷 $F_a=720$ N，预期使用寿命 $L'_{10h}=6\ 000$ h，试选择轴承的型号。

解：本题的特点是深沟球轴承同时承受径向载荷和轴向载荷，但由于轴承型号未定，C_{0r}的值未定，因此 F_a/C_{0r}、e 及 Y 值都无法确定，必须试算。试算的方法有三种：①预选某一型号的轴承；②预选某一 e 值（或 F_a/C_{0r} 值）；③预选某一 Y 值。由于此处轴颈直径已知，现采用预选轴承型号的方法。

试选 6407 轴承，由手册查得 $C_r=56\ 800$ N，$C_{0r}=29\ 500$ N，则

$$\frac{F_a}{C_{0r}}=\frac{720}{29\ 500}=0.024$$

$$\frac{F_a}{F_r}=\frac{720}{1\ 770}=0.407$$

由表 14－7，按 $F_a/C_{0r}=0.024$，取 $e=0.21$。由于 $F_a/F_r>e$，则 $X=0.56$，$Y=2.08$，故当量动载荷

$$P_r=XF_r+YF_a=0.56\times1\ 770+2.08\times720=2\ 490(\text{N})$$

由表 14－4 和表 14－5 取温度系数和载荷系数分别为 $f_t=1$，$f_d=1.2$，由式（14－4），得

$$C'_r=\frac{f_dP_r}{f_t}\left(\frac{60nL'_{10h}}{10^6}\right)^{\frac{1}{\varepsilon}}=\frac{1.2\times2\ 490}{1}\times\left(\frac{60\times2\ 900\times6\ 000}{10^6}\right)^{\frac{1}{3}}=30\ 300(\text{N})$$

与试选的 6407 轴承的 C_r 值对比，余量过多，改选 6307 轴承。6307 轴承的 $C_r=33\ 400$ N，$C_{0r}=19\ 200$ N，则

$$\frac{F_a}{C_{0r}}=\frac{720}{19\ 200}=0.038$$

由表 14－7 可得 $e=0.23$，由 $F_a/F_r>e$，查得 $X=0.56$，$Y=1.89$，则

$$P_r=XF_r+YF_a=0.56\times1\ 770+1.89\times720=2\ 350(\text{N})$$

$$C'_r=\frac{f_dP_r}{f_t}\left(\frac{60nL'_{10h}}{10^6}\right)^{\frac{1}{\varepsilon}}=\frac{1.2\times2\ 350}{1}\times\left(\frac{60\times2\ 900\times6\ 000}{10^6}\right)^{\frac{1}{3}}=28\ 600(\text{N})$$

与 6307 轴承的值相比，较接近，从寿命计算看，可选定为 6307 轴承。

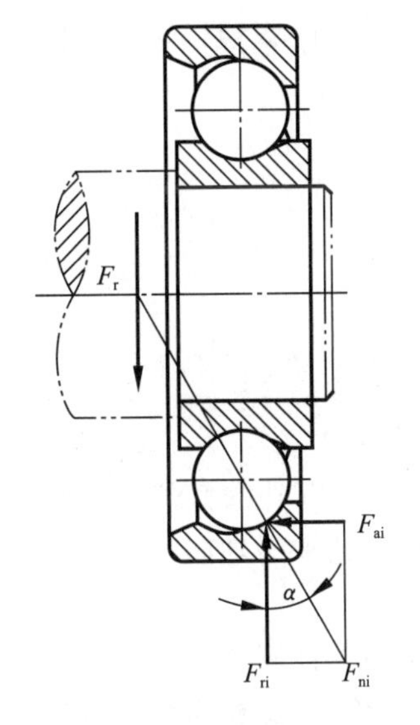

图 14－9　径向载荷产生的派生轴向力

二、角接触球轴承和圆锥滚子轴承的轴向载荷的计算

角接触球轴承和圆锥滚子轴承的接触角 $\alpha>0$，当内圈承受径向 F_r 作用时，承载区内各滚动体将受到外圈法向反力 F_{ni} 的作用，如图 14－9 所示。F_{ni} 的径向分量 F_{ri} 都指向轴承的中心，它们的合力与 F_r 相平衡；轴向分量 F_{ai} 都与轴承的轴线相平行，合力记为 S，称为轴承的派生轴向力（也叫内部轴向力或附加轴向力）。

派生轴向力有使轴承的内圈与外圈分离的趋势，为了使轴承的派生轴向力得到平衡，以免轴串动，通常此类轴承都成对使用。轴承的安装配置方法有面对面和背对背两种，如图 14－10 所示。派生轴向力的大小由其轴承内部结构和承受的径向载荷所决定，与轴向外载荷无关，计算公式见表 14－8。派生轴向力的方向为由外圈的宽边指向窄边。图 14－10 中的 O_1、O_2 点分别为轴承 1 和轴承 2 的压力中心，即支反力作用点。尺寸 a 可由轴承样本或有关手册查得。

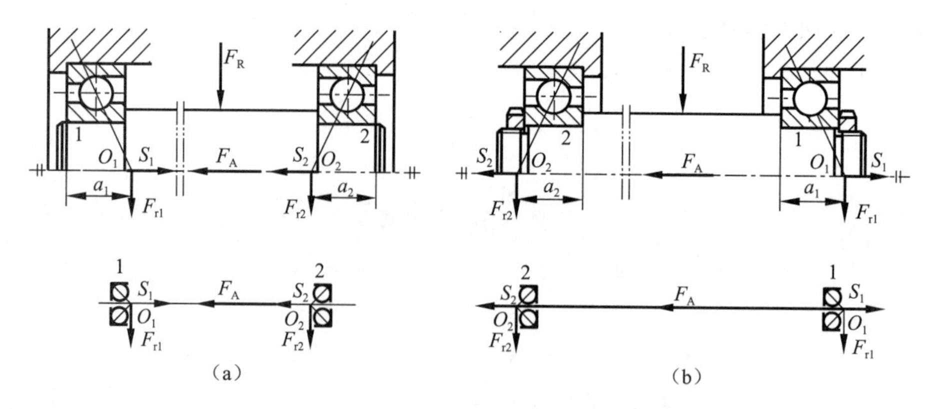

图 14－10　向心角接触轴承的安装配置方式

（a）面对面安装；（b）背对背安装

表 14－8　派生轴向力的计算公式

圆锥滚子轴承（30000 型）	角接触球轴承		
	$\alpha=15°$（70000C 型）	$\alpha=25°$（70000AC 型）	$\alpha=40°$（70000B 型）
$S=F_r/2Y$	$S=eF_r$	$S=0.68F_r$	$S=1.14F_r$

计算轴承所承受的轴向载荷 F_{a1}、F_{a2}时，要同时考虑两个支点轴承的派生轴向力 S_1、S_2 以及所有的作用在轴上的外部轴向载荷 F_A。若把轴和内圈视为一体，并以它为分离体考虑轴系的轴向平衡，就可以确定各轴承所受的轴向载荷 F_{a1}、F_{a2}。例如，对于图 14－10（a）所示面对面配置，有两种受力情况：

（1）若 $S_1<S_2+F_A$，则轴系有向左移动的趋势，由于轴承 1 的左端已固定，轴系不能向左移动，即轴承 1 被“压紧”，轴承 2 被“放松”，由力的平衡条件可得

$$\left.\begin{aligned}F_{a1}&=S_2+F_A\\F_{a2}&=S_2\end{aligned}\right\}\tag{14-6}$$

（2）若 $S_1>S_2+F_A$，则轴系有向右移动的趋势，轴承 2 被“压紧”，轴承 1 被“放松”，由力的平衡条件得

$$\left.\begin{aligned}F_{a1}&=S_1\\F_{a2}&=S_1-F_A\end{aligned}\right\}\tag{14-7}$$

显然，被“压紧”轴承所受轴向载荷的大小等于除本身派生轴向力以外的其他所有轴向力的代数和（使轴承被压紧的力取正值，反之取负值）；被“放松”轴承的轴向载荷等于本身的派生轴向力。

同样的方法可得出图 14－10（b）所示背对背配置的轴承轴向载荷的计算公式。

求得轴承的轴向载荷后，可用 F_{a1}、F_{a2}和 F_A 三者的代数和是否为零来检查轴系是否处于轴向平衡状态。

例 14－3　图 14－11 所示为用一对 30206 圆锥滚子轴承支承的轴，轴的转速 $n=1\,430$ r/min，轴承的径向载荷（即支反力）分别为 $F_{r1}=4\,000$ N，$F_{r2}=4\,250$ N，轴

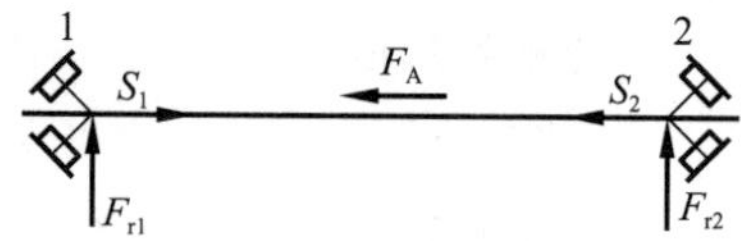

图 14－11　轴系简图

向外载荷 $F_A=350$ N，方向向左，工作温度低于 100 ℃，有中等冲击。试计算两轴承的寿命。

解：

（1）查取 30206 轴承的基本参数。

由手册查得：$C_r=45\ 200$ N，$e=0.37$，$X=0.4$，$Y=1.6$

（2）计算派生轴向力。

由表 14－8 得

$$S_1=\frac{F_{r1}}{2Y}=\frac{4\ 000}{2\times1.6}=1\ 250(\mathrm{N})$$

$$S_2=\frac{F_{r2}}{2Y}=\frac{4\ 250}{2\times1.6}=1\ 330(\mathrm{N})$$

滚动轴承的配置为面对面，派生轴向力的方向如图 14－11 所示。

（3）计算轴承的轴向载荷。

$$S_2+F_A=1\ 330+350=1\ 680(\mathrm{N})>S_1$$

可以判断轴承 1 被“压紧”，轴承 2 被“放松”。

$$F_{a1}=S_2+F_A=1\ 330+350=1\ 680(\mathrm{N})$$

$$F_{a2}=S_2=1\ 330\ \mathrm{N}$$

（4）计算轴承的当量动载荷。

$$\frac{F_{a1}}{F_{r1}}=\frac{1\ 680}{4\ 000}=0.42>e$$

$$\frac{F_{a2}}{F_{r2}}=\frac{1\ 330}{4\ 250}=0.31<e$$

$$P_{r1}=XF_{r1}+YF_{a1}=0.4\times4\ 000+1.6\times1\ 680=4\ 290(\mathrm{N})$$

$$P_{r2}=F_{r2}=4\ 250\ \mathrm{N}$$

（5）计算轴承的寿命。

由表 14－4 和 14－5 查得：$f_t=1$，$f_d=1.5$，由式（14－3）

$$L_{10h1}=\frac{10^6}{60n}\left(\frac{f_tC_r}{f_dP_{r1}}\right)^{\varepsilon}=\frac{10^6}{60\times1\ 430}\times\left(\frac{1\times45\ 200}{1.5\times4\ 290}\right)^{\frac{10}{3}}=7\ 740(\mathrm{h})$$

$$L_{10h2}=\frac{10^6}{60n}\left(\frac{f_tC_r}{f_dP_{r2}}\right)^{\varepsilon}=\frac{10^6}{60\times1\ 450}\times\left(\frac{1\times45\ 200}{1.5\times4\ 250}\right)^{\frac{10}{3}}=7\ 980(\mathrm{h})$$

三、一个支点成对安装同型号角接触球轴承或圆锥滚子轴承的计算

对于将两个相同的单列角接触球轴承或圆锥滚子轴承以面对面或背对背形式安装于一个支点上（如图 14－12 中的右端支点）的轴承计算，可以近似地将其视为一个双列轴承，认为该支点的支反力 F_r 通过两轴承中点，派生轴向力相互抵消。计算当量动载荷时的径向系数和轴向系数均采用双列轴承的数值，由表 14－7 或手册查出。该支点轴承总的径向基本额定动载荷 $C_{r\Sigma}$ 和径向基本额定静载荷 $C_{0r\Sigma}$ 按下式计算：

$$\left.\begin{aligned}C_{r\Sigma}&=1.62C_r(\text{角接触球轴承})\\C_{r\Sigma}&=1.71C_r(\text{圆锥滚子轴承})\end{aligned}\right\}\qquad(14-8)$$

$$C_{0r\Sigma} = 2C_{0r} \tag{14-9}$$

式中，C_r、C_{0r}分别为单个轴承的径向基本额定动载荷和径向基本额定静载荷。

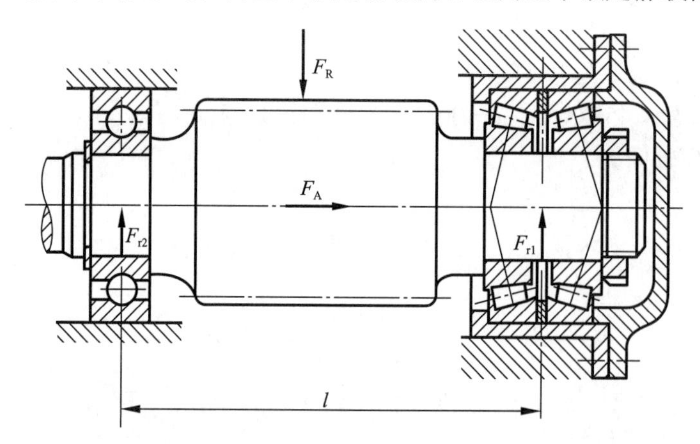

图 14－12　同一支点上成对安装同型号的圆锥滚子轴承

四、不同可靠度的轴承寿命计算

按式（14－3）计算出的轴承寿命，其可靠度为90%。随轴承应用领域的不同和使用要求的提高，不同可靠度的轴承寿命计算显得日益重要。在轴承材料、运转条件不变的情况下，不同可靠度的寿命计算公式为

$$L_{Rh} = a_1 L_{10h} \tag{14-10}$$

式中，L_{10h}为可靠度为90%的轴承寿命，即基本额定寿命，按式（14－3）计算；a_1 为寿命修正系数，见表14－9；L_{Rh}为修正的额定寿命。

表 14－9　寿命修正系数 a_1（GB/T 6391—2010）

可靠度/%	90	95	96	97	98	99	—	—
a_1	1	0.64	0.55	0.47	0.37	0.25	—	—
可靠度/%	99.2	99.4	99.6	99.8	99.9	99.92	99.94	99.95
a_1	0.22	0.19	0.16	0.12	0.093	0.087	0.080	0.077

第六节　滚动轴承的静强度计算

静强度计算的目的是防止在载荷作用下产生过大的塑性变形。对于那些在工作载荷下基本上不旋转的轴承（如起重机吊钩上用的推力轴承）或转速极低的轴承，其主要失效形式是产生过大的塑性变形，因此应进行静强度计算。

1. 基本额定静载荷

基本额定静载荷 C_0 是指在最大载荷滚动体和滚道接触中心处产生与下列计算应力相当的静载荷。

① 4 600 MPa，调心球轴承；

② 4 200 MPa，所有其他类型的球轴承；

③ 4 000 MPa，所有滚子轴承。

轴承最大载荷滚动体和滚道接触中心处产生的总永久变形量的大小与该处接触应力值的大小有关。在大多数的应用场合中，在上述接触应力值作用下产生的总永久变形量，不至于对轴承以后的运转产生有害影响。因此，将引起如此大小接触应力的静载荷规定为轴承的基本额定静载荷。

基本额定静载荷分为径向基本额定静载荷 C_{0r} 和轴向基本额定动静载荷 C_{0a}。径向基本额定静载荷指相当的径向静载荷；轴向基本额定静载荷是指相当的中心轴向静载荷。

2. 当量静载荷

当量静载荷 P_0 是指在最大载荷滚动体与滚道接触中心处产生与实际载荷条件下相同接触应力的静载荷。径向当量静载荷 P_{0r} 指径向静载荷，轴向当量静载荷 P_{0a} 指中心轴向静载荷。

3. 静强度计算公式

滚动轴承的静强度可用下列公式进行验算

$$C_0 \geqslant S_0 P_0 \tag{14-11}$$

式中，C_0 为额定静载荷（N）；P_0 为当量静载荷（N）；S_0 为安全系数，查表 14－10。

表 14－10　安全系数 S_0

旋转情况	使用场合、使用要求或载荷性质	S_0	
静止轴承以及缓慢摆动或转速极低的轴承	飞机变距螺旋桨叶片 水坝闸门装置 吊桥 附加动载荷较小的大型起重机吊钩 附加动载荷很大的小型装卸起重机起重吊钩	≥0.5 ≥1 ≥1.5 ≥1 ≥1.6	
旋转轴承		球轴承	滚子轴承
	对旋转精度及平稳性要求高，或承受冲击载荷 正常使用 对旋转精度及平稳性要求较低，没有冲击和振动	1.5～2 0.5～2 0.5～2	2.5～4 1～3.5 1～3
推力调心滚子轴承（无论旋转与否）		≥4	

4. 当量静载荷的计算公式

当轴承同时承受径向和轴向载荷，在进行静强度计算时，应将载荷换算成当量静载荷，其公式为

$$P_0 = X_0 F_r + Y_0 F_a \tag{14-12}$$

式中，X_0、Y_0 分别为径向、轴向静载荷系数，查表 14－11。

表 14－11　径向静载荷系数 X_0 和轴向静载荷系数 Y_0

轴承类型	单列轴承		双列轴承	
	X_0	Y_0	X_0	Y_0
深沟球轴承（60000 型）	0.6	0.5	0.6	0.5

续表

轴承类型		单列轴承		双列轴承	
		X_0	Y_0	X_0	Y_0
角接触球轴承	$\alpha=15°$（70000C 型）	0.5	0.46	1	0.92
	$\alpha=25°$（70000AC 型）	0.5	0.38	1	0.76
	$\alpha=40°$（70000B 型）	0.5	0.26	1	0.52
圆锥滚子轴承（30000 型）		0.5	$0.22\cot\alpha$①	1	$0.44\cot\alpha$①
调心球轴承（10000）		—	—	1	$0.44\cot\alpha$①
调心滚子轴承		—	—	1	$0.44\cot\alpha$①
① 由接触角 α 确定的 Y_0 值，根据轴承型号由手册查取。					

第七节　滚动轴承的极限转速

极限转速是滚动轴承允许的最高转速，它与轴承类型、尺寸、载荷大小和方向、润滑方式、公差等级等多种因素有关。各种设计手册及轴承样本中都给出了各种型号轴承在脂润滑和油润滑条件下的极限转速值。这些数值适用于 $P\leqslant 0.1C$、润滑与冷却条件正常、向心轴承只受径向载荷或推力轴承只受轴向载荷的 0 级精度的轴承。

当滚动轴承的载荷 $P>0.1C$ 时，接触应力增大，温度升高；当受径向、轴向联合载荷时，轴承的载荷分布发生变化，虽然受载滚动体增多，但摩擦、润滑条件相对较差。此时应对样本或手册提供的极限转速值进行修正。实际工作条件下轴承允许的最高转速 n_{max} 为

$$n_{max}=f_1 f_2 n_{lim} \tag{14-13}$$

式中，n_{lim}为极限转速；f_1 为载荷系数，由图 14－13 查取；f_2 为载荷分布系数，根据比值 F_a/F_r 由图 14－14 查取。

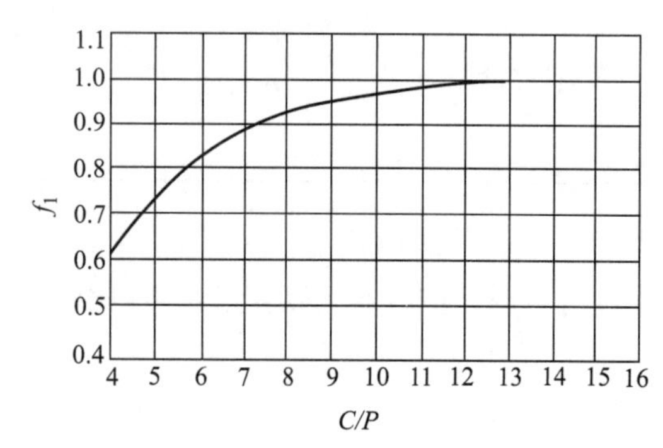

图 14－13　载荷系数

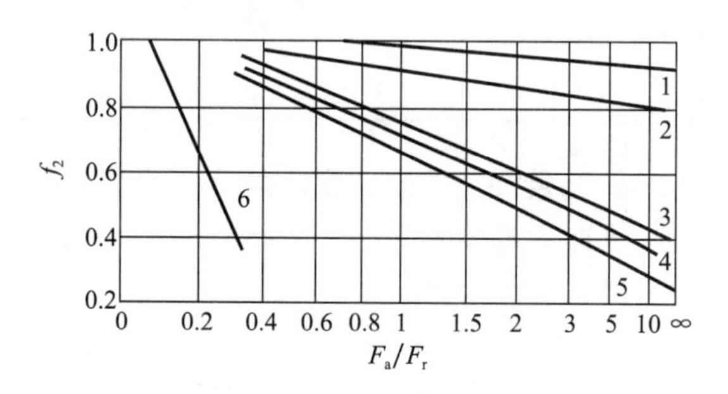

图 14－14　载荷分布系数

1—角接触球轴承；2—深沟球轴承；3—圆锥滚子轴承；4—调心球轴承；5—调心滚子轴承；6—圆柱滚子轴承

第八节　滚动轴承的组合设计

为了保证轴承正常工作，除了正确选择轴承类型和尺寸外，还要进行合理的轴承组合设计。组合设计的内容是正确处理轴承的配置、紧固、调整、装拆、润滑和密封等问题。

一、轴系的轴向固定

通常，一根轴需要两个支点，每个支点可由一个或一个以上的轴承组成。轴系的轴向位置通过轴承来固定。轴系在工作中应始终保持正确的工作位置。受轴向载荷时，能将载荷传递到机座上，而不致使轴发生轴向窜动；由于工作温度变化，轴产生热变形时，应保证轴能自由伸缩，而避免轴承中摩擦力矩过大或将轴承卡死。而这些要求必须通过轴系支点的轴承及相关零件组成合理的轴向固定结构来实现。典型的轴向固定方式有以下三种：

1. 两端单向固定

如图 14－15（a）所示，两个轴承各限制轴一个方向的轴向移动。为了补偿轴的热伸长，在一端轴承外圈端面和轴承盖之间留出间隙 c，如图 14－15（b）所示。一般 $c\approx0.25\sim0.4$ mm，因其很小，结构图中不需画出，但应在装配技术要求中给予规定。间隙的大小可通过轴承盖与机座之间的垫片调整。轴向力较大时，则可选用一对角接触球轴承或一对圆锥滚子轴承，如图 14－16 所示。

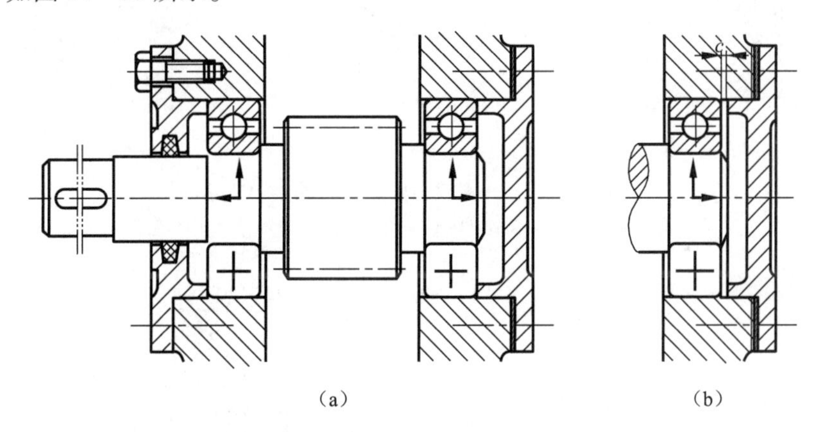

图 14－15　两端单向固定支承

（a）两端单向固定支承结构；（b）热膨胀间隙

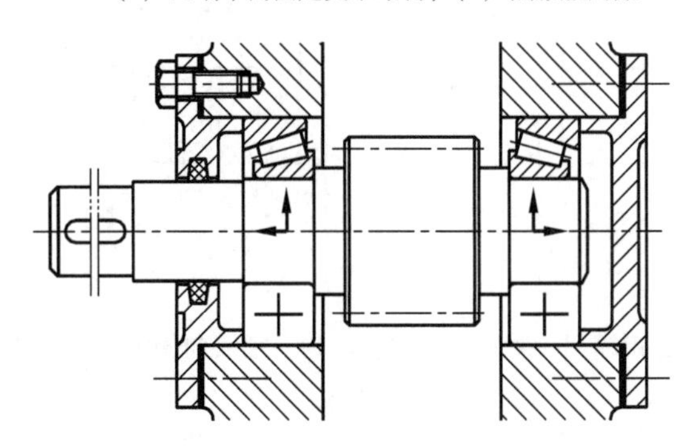

图 14－16　用一对圆锥滚子的两端单向固定支承

这种固定方式对轴热伸长的补偿作用有限，仅适用于支承跨距较小（一般支点跨距≤400 mm）、温升不高的短轴。两端采用深沟球轴承或面对面配置的角接触球轴承（或圆锥滚子轴承）时，结构简单，安装调整方便，应用比较广泛。

2. 一端双向固定、一端游动

如图14－17（a）所示，左端为固定支承，限制轴的双向轴向移动；右端为游动支承，可做轴向移动。固定端轴承应能承受双向轴向载荷，内、外圈轴向均要固定。游动端轴承可用深沟球轴承或内外圈可分离的圆柱滚子轴承。使用深沟球轴承时，外圈两端相对于座孔要留有间隙（图14－17（a））。而使用圆柱滚子轴承，轴承内圈两端相对于轴、轴承外圈两端相对于座孔均需固定（图14－17（b））。固定端也可用一对角接触球轴承（或圆锥滚子轴承）“面对面”或“背对背”组合在一起的结构，如图14－18所示。当轴向载荷较大时，固定端还可用深沟球轴承或径向接触轴承与推力轴承的组合结构（图14－19）。

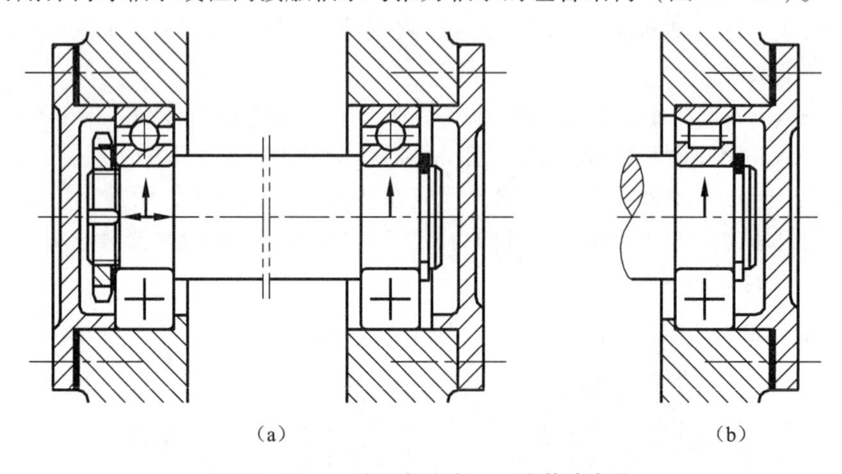

图14－17　一端双向固定、一端游动支承

（a）一端双向固定、一端游动支承结构；（b）游动端使用圆柱滚子轴承

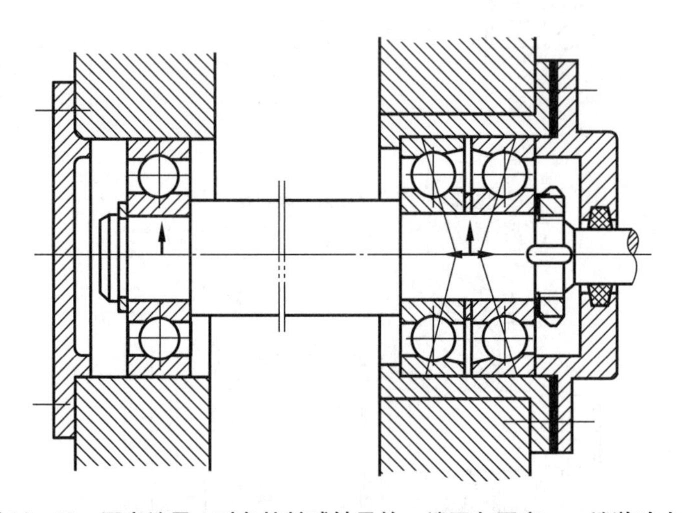

图14－18　固定端用一对角接触球轴承的一端双向固定、一端游动支承

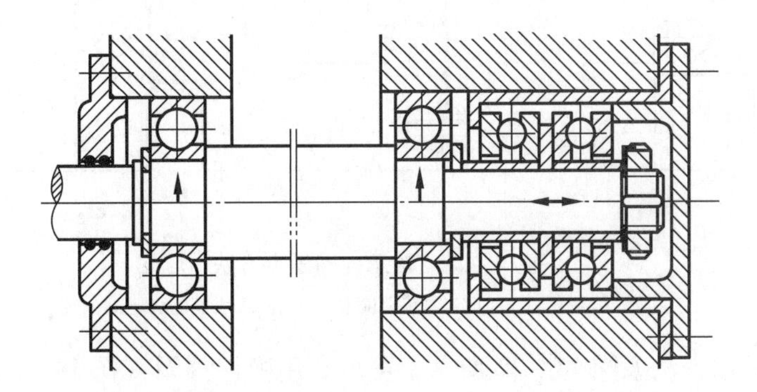

图 14－19　固定端用深沟球轴承与推力球轴承组合的一端双向固定、一端游动支承

这种固定方式适用于支承跨距较大、温升高，因而轴受热伸长量较大的场合，但结构较复杂。

3. 两端游动

轴系的两个支点均不限制轴的移动。当轴系轴向位置通过其他途径得以固定时，应采用两端游动方式，如图 14－20 所示人字齿轮传动中，大齿轮所在轴采用两端单向固定支承结构，由于人字齿轮传动的啮合作用，小齿轮轴的轴向位置也就限定了，因此小齿轮轴系的支承设计成两端游动支承结构。

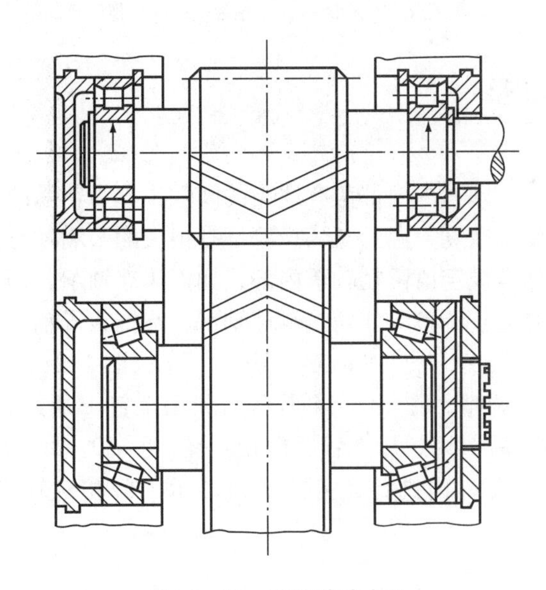

图 14－20　两端游动支承

二、滚动轴承的轴向固定

滚动轴承轴向固定的方法很多，内圈固定的常用方法如图 14－21 所示，可用弹性挡圈（图 14－21（a））、轴端挡圈（图 14－21（b））、圆螺母加止动垫圈（图 14－21（c））等形式。

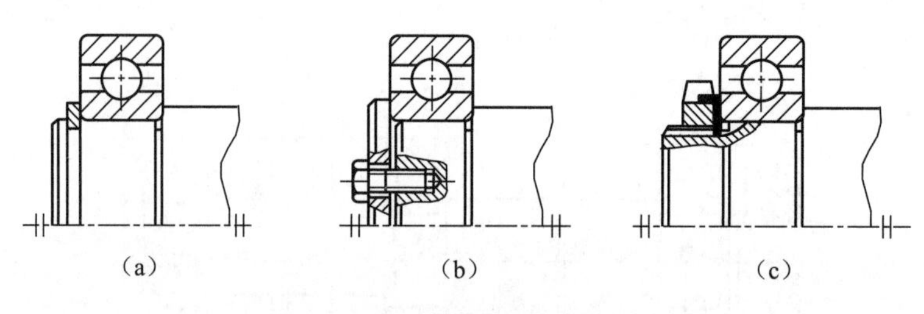

图 14－21　轴承内圈固定方法

（a）弹性挡圈；（b）轴端挡圈；（c）圆螺母加止动垫圈

外圈固定的常用方法如图 14－22 所示，可用孔用弹性挡圈（图 14－22（a））、轴承盖（图 14－22（b））、螺纹环（图 14－22（c））等形式。

在轴系的结构设计中，切忌出现不定位或过定位现象。

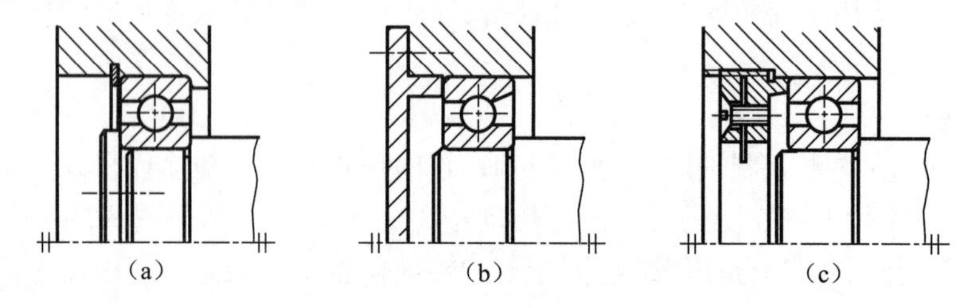

图 14－22　轴承外圈固定方法

（a）孔用弹性挡圈；（b）轴承盖；（c）螺纹环

三、轴承组合的调整

1. 轴承游隙的调整

为保证轴承正常运转，轴承内部都留有适当的间隙，称为轴承的游隙。轴承游隙的大小对轴承的寿命、效率、旋转精度、温升及噪声等都有很大的影响。有些类型的轴承在制造装配时，其游隙就已经按标准规定值留在轴承内部，如深沟球轴承、调心球轴承等；有些类型轴承的游隙则须在安装时进行调整，如角接触球轴承、圆锥滚子轴承等。

调整轴承游隙的方法很多。图 14－16、图 14－18、图 14－23（a）所示为靠加减轴承端盖处的垫片厚度进行调整；图 14－24 所示为利用螺钉 1 通过轴承外圈压盖 3 移动外圈位置进行调整，调整之后，用螺母 2 锁紧防松。图 14－23（b）的结构则是利用圆螺母调整轴承游隙，操作需在套杯内进行，且需要使轴承内圈相对轴产生位移，因此调整较困难。

2. 轴系位置的调整

轴系位置的调整，用以保证轴上传动零件（如锥齿轮、蜗轮等）具有准确的工作位置。如图 14－23 所示小锥齿轮轴支承结构，套杯与机座间的垫片用来调整锥齿轮轴的轴向位置。图 14－25 所示结构，两个大端盖（轴承座）和箱体之间各有一组调整垫片，通过增加或减少垫片的厚度，即可对蜗轮轴系的轴向位置进行调整。

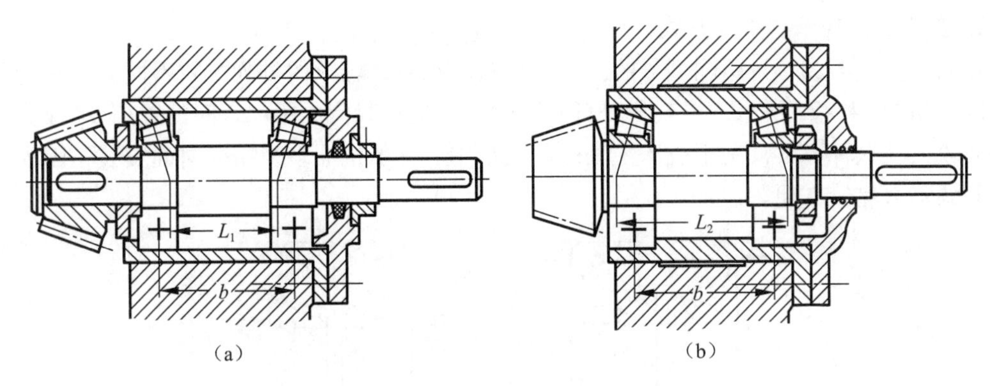

图 14－23　小锥齿轮轴支承结构

（a）支承结构之一；（b）支承结构之二

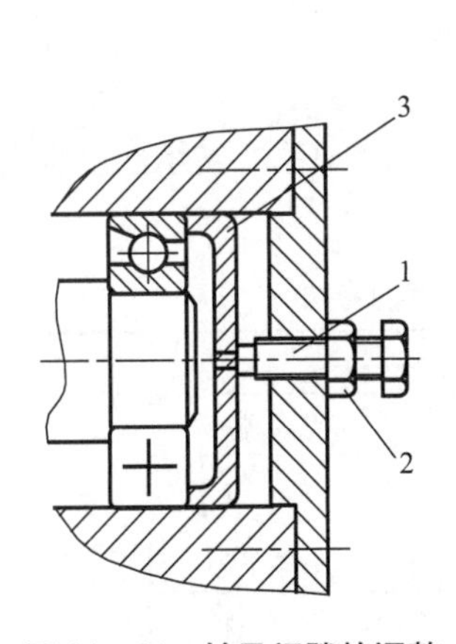

图 14－24　轴承间隙的调整

1—螺钉；2—螺母；3—压盖

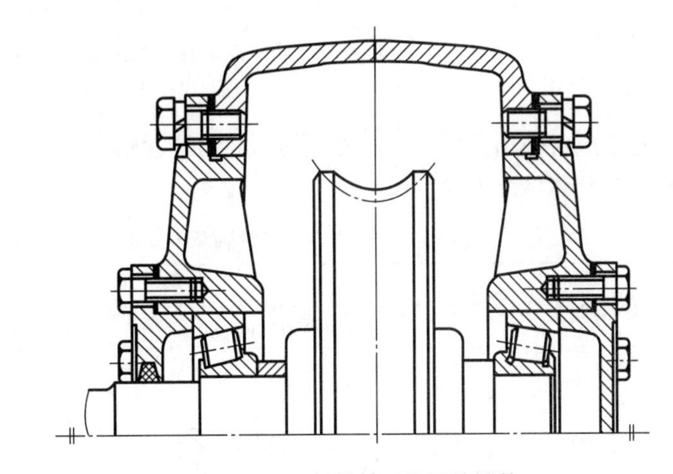

图 14－25　蜗轮轴系位置的调整

四、提高轴系刚度的措施

提高轴系的刚度对提高轴的旋转精度、减小振动噪声和保证轴承寿命都十分有利，可采取以下措施。

1. 提高支承部分的刚度和同心度

轴或轴承座的变形都会使轴承内滚动体受力不均匀及运动受阻，影响轴承的旋转精度和降低轴承的寿命。因此，安装轴承的外壳或轴承座应有足够的刚度。如孔壁要有适当的厚度，壁板上轴承座的悬臂应尽可能地缩短，并用加强筋来提高轴承座的刚度（图 14－26）。对轻金属或非金属外壳，应加钢或铸铁的套杯。

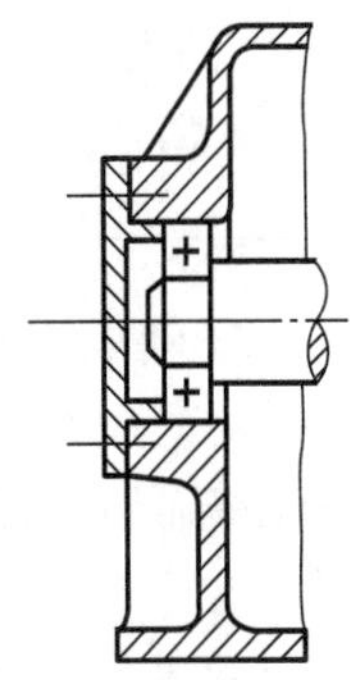

图 14－26　用加强筋提高支承的刚度

支承同一根轴上两个轴承的轴承座孔，其孔径应尽可能相同，以便加工时一次将其镗出，保证两孔的同轴度。如果一根轴上装有不同尺寸的轴承，可用组合镗刀一次镗出两个尺寸不同的座孔，用钢制套杯结构（图 14－19）来安装外径较小的轴承。当两个座孔分别位于不同机壳时，应将两个机壳先进行结合面加工，再连接成一个整体，然后镗孔。

2. 合理安排轴承的排列方式

在同一支点上成对采用同型号的向心角接触轴承时，轴承的排列方式不同，支承的刚度也不同。如图14－27所示，当其背对背安装时，两轴承载荷作用中心间的距离B_2较大，支承刚度较大。这种方案常见于机床主轴的前支承中。一般机器多采用面对面安装，因为这样安装和调整都比较方便。

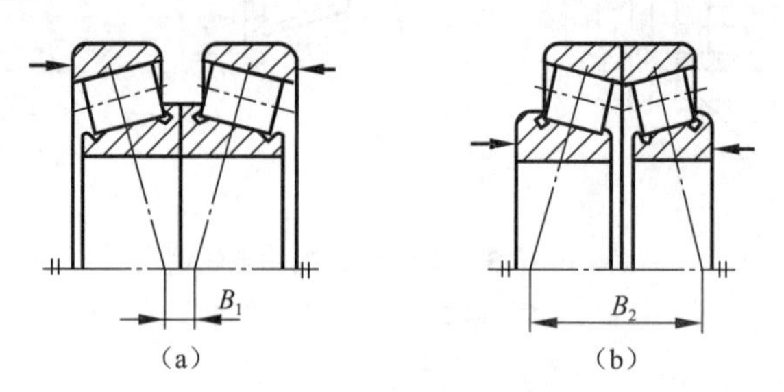

图14－27　同支点上向心角接触轴承的排列方式

（a）面对面；（b）背对背

对于成对使用但处于不同支点的向心角接触轴承，其安装方式对轴系的支承刚度也有较大影响，具体情况见表14－12。

表14－12　向心角接触轴承不同排列方式对轴系刚度的影响

安装方式	工作零件作用力位置	
	两轴承间	悬臂端
面对面		
背对背		
轴系刚度	$l_1 < l_2$，背对背安装时零件处轴的弯矩大，面对面安装刚性好	$l_2 < l_1$，$l_{02} < l_{01}$，面对面安装时零件处轴的挠度大，背对背安装刚性好

3. 轴承的预紧

对某些可调游隙式轴承，在安装时给以一定的轴向压紧力（预紧力），使内外圈产生相对位移而消除游隙，并在套圈与滚动体接触处产生弹性预变形，借此提高轴的旋转精度和刚度，这种方法称为轴承的预紧。以下以角接触球轴承为例说明预紧的原理和方法。

如图14－28（a）所示，球轴承受载时，滚动体的弹性变形δ与外载荷F呈非线性关系。当轴承未预紧时，在工作载荷F_A作用下，变形量为δ；若先施一预紧力F_0，则在同样工作载荷F_A作用下，轴承的变形增量为δ'。显然$\delta' < \delta$，轴承的刚度有所增加。

一般角接触球轴承都是成对预紧。如图14－28（b）所示，经过预紧的轴承加上工作载

荷 F_A 后，由于两轴承的变形协调关系，轴承Ⅰ变形的增量与轴承Ⅱ变形的减少量相等，同为 δ''。此时轴承Ⅰ的载荷在 F_0 的基础上增加了 F_A 的一部分，即 F_{A1}。与单个轴承预紧的效果相比，变形量进一步降低，即 $\delta''<\delta'$，可见成对轴承预紧的效果更加显著。

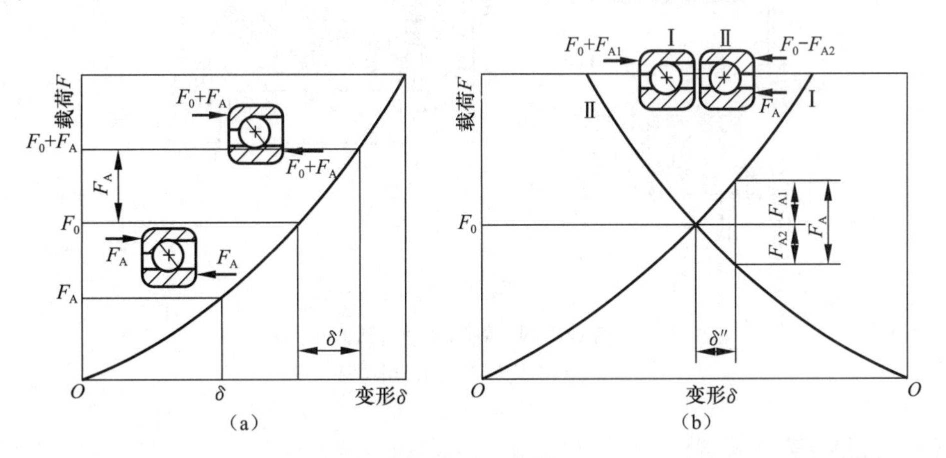

图 14－28　角接触球轴承的刚度曲线与预紧

（a）单个轴承；（b）轴承组

由于圆锥滚子轴承的载荷——变形关系近似为一直线，因此单个轴承预紧不能提高刚度。

常用的预紧方法有如下几种：

（1）在两轴承的内圈或外圈之间放置垫片（图 14－29（a））或者磨窄一对轴承的内圈或外圈（图 14－29（b））。预紧力的大小由垫片的厚度或轴承内、外圈的磨削量来控制。

（2）在一对轴承的内、外圈之间装入长度不等的套筒（图 14－29（c））。预紧力的大小取决于两套筒的长度差。

（3）弹簧预紧（图 14－28（d））。预紧力稳定。

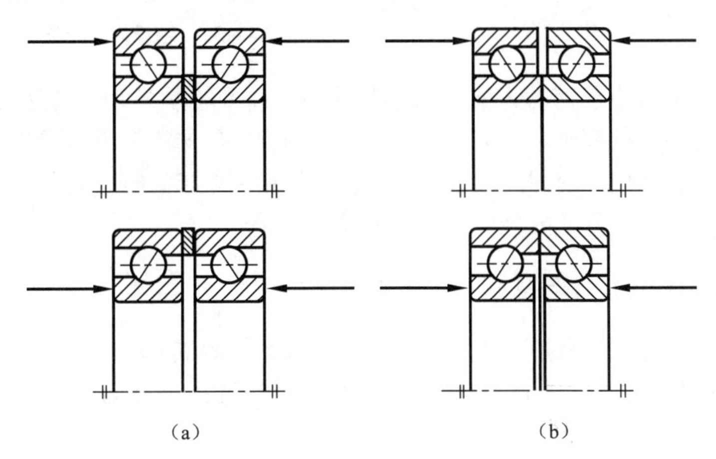

图 14－29　轴承预紧

（a）加金属垫片；（b）磨窄套圈

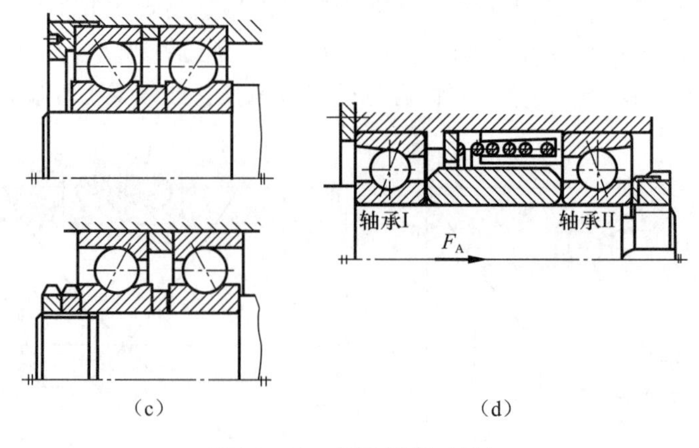

图 14－29　轴承预紧（续）

（c）内、外套筒；（d）用弹簧

五、滚动轴承的配合

由于滚动轴承是标准件，为了便于互换及适应大量生产，轴承内圈孔与轴的配合采用基孔制，轴承外圈与轴承座孔的配合则采用基轴制。滚动轴承的公差标准中，规定其各公差等级的内径和外径的公差带均为单向制，而且统一采用上偏差为零，下偏差为负值的分布，如图 14－30 所示。而普通圆柱公差标准中基准孔的公差带都在零线之上，故滚动轴承内圈与轴的配合，比圆柱公差标准中规定的基孔制同名配合要紧一些。轴承外圈与外壳孔的配合与圆柱公差标准中规定的基轴制同类配合相比较，配合性质的类别基本一致，但由于轴承外径的公差值较小，因而同名配合也稍紧一些。

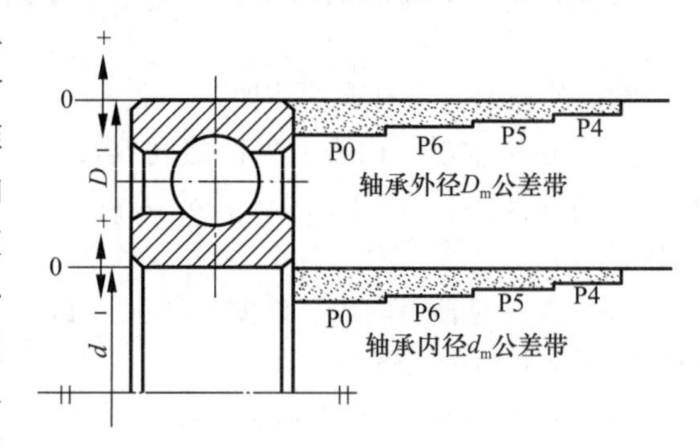

图 14－30　轴承内、外圈公差带的分布

选择配合时，应考虑载荷的方向、大小和性质，以及轴承类型、转速和使用条件等因素。通常，转速越高、载荷越大或工作温度越高的场合，应选用较紧的配合；当外载荷方向不变时，转动套圈应比固定套圈的配合紧一些；旋转精度要求高时，应采用较紧的配合；游动套圈应取较松的配合。具体配合可参考有关设计手册。

六、滚动轴承的润滑与密封

润滑的主要目的是减少摩擦与磨损。当滚动接触部位形成油膜时，还有吸收振动、降低工作温度和噪声等作用。滚动轴承的润滑方式及润滑剂选择可参见第二十章第三节的有关内容。

密封的目的是防止灰尘、水分等进入轴承，并阻止润滑剂的流失。滚动轴承密封装置的形式很多，使用时应根据轴承结构特点、润滑剂的种类、工作环境、温度、密封表面的圆周速度等选择。详细内容可参见第二十一章。

七、轴承的装拆

在轴承的组合设计中，应考虑便于轴承装拆，以便在装拆过程中不致损坏轴承和其他零件。

中小型轴承可用手锤敲击装配套筒（一般用铜套）安装轴承，如图 14－31 所示；大型轴承或较紧的轴承可用专用的压力机装配或将轴承放在矿物油中加热到 80 ℃～100 ℃后再进行装配。

拆卸轴承一般要用专门的拆卸工具。如图 14－32 所示，若轴肩高度大于轴承内圈外径时，就难以放置拆卸工具的钩爪。对外圈拆卸也是如此，应留出拆卸高度 h（图 14－33（a）、（b））或在壳体上制出能放置拆卸螺钉的螺孔（图 14－33（c））。

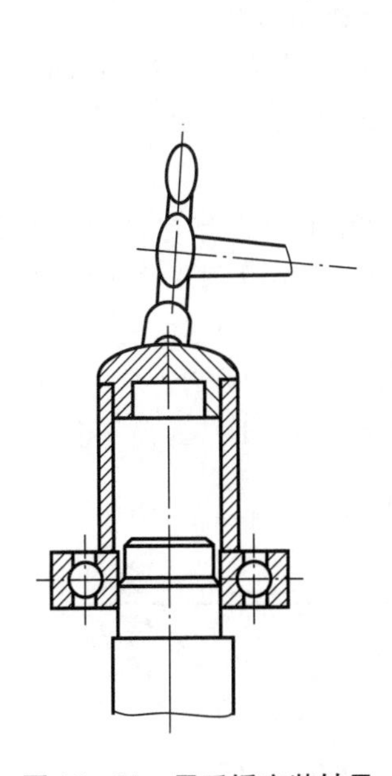

图 14－31　用手锤安装轴承

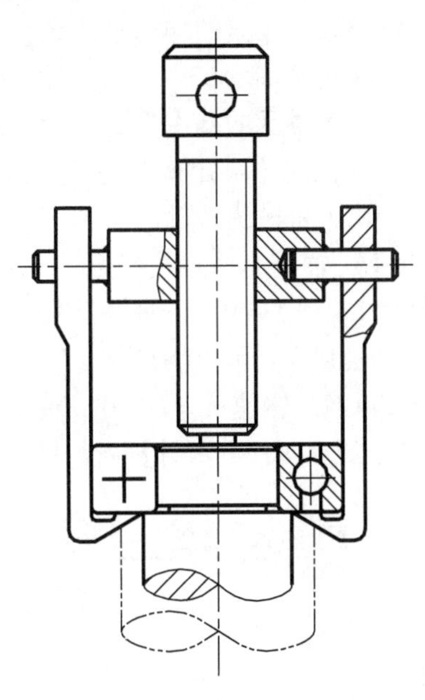

图 14－32　用拆卸器拆卸轴承

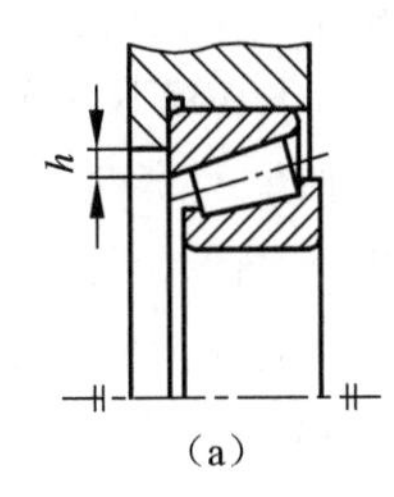

（a）

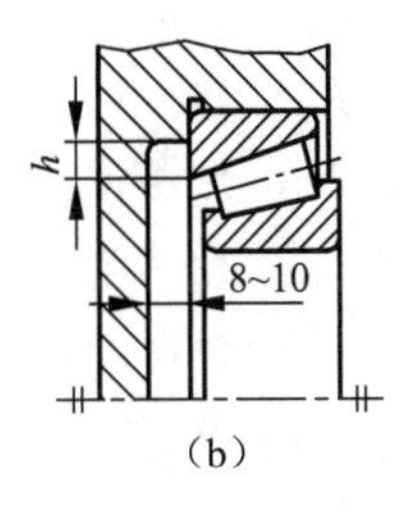

（b）

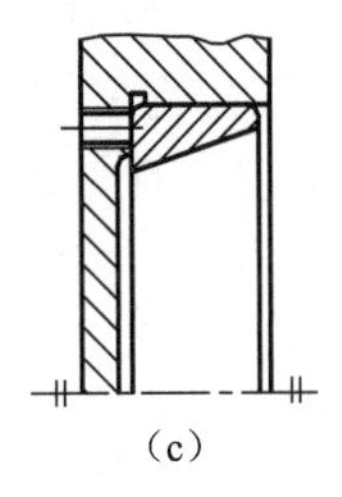

（c）

图 14－33　轴承外圈的拆卸

（a）拆卸高度；（b）拆卸高度和空间；（c）拆卸螺孔

习　题

14－1　滚动轴承由哪些基本零件组成？其各自的功用是什么？

14－2　滚动轴承的主要特点是什么？

14－3 滚动轴承的类型选择应考虑哪些因素？

14－4 试述滚动轴承的主要失效形式与计算准则。

14－5 滚动轴承的实际寿命和基本额定寿命有何不同？

14－6 什么是基本额定动载荷？什么是当量动载荷？

14－7 为什么角接触球轴承和圆锥滚子轴承要成对使用？

14－8 基本额定动载荷与基本额定静载荷本质上有何不同？

14－9 什么情况下需要做滚动轴承的静强度计算？

14－10 说明下列几个轴承代号的含义：6202，7310B/P5，N204E/P4，51212，30309。

14－11 轴系的轴向固定方式有哪几种？它们分别适用于什么场合？

14－12 滚动轴承组合设计时应考虑哪些方面的问题？

14－13 滚动轴承预紧的作用是什么？有哪些常用的预紧方法？

14－14 一深沟球轴承6304承受的径向力 $F_r=4\,000$ N，转速 $n=960$ r/min，载荷平稳，室温下工作，试求该轴承的基本额定寿命，并说明寿命低于该值的概率是多少？若载荷改为 $F_r=2\,000$ N，轴承的基本额定寿命是多少？

14－15 一矿山机械的转轴两端各用一个6313深沟球轴承支承，每个轴承承受的径向载荷 $F_r=5\,400$ N，轴上的轴向载荷 $F_A=2\,650$ N，轴的转速 $n=1\,250$ r/min，运转中有轻微冲击，预期寿命 $L'_{10h}=5\,000$ h，问是否适用？

14－16 如题14－16图所示轴承组合，轴承支反力 $F_{r1}=7\,800$ N，$F_{r2}=16\,000$ N，轴向外载荷 $F_A=3\,200$ N，转速 $n=1\,480$ r/min，预期寿命为8 200 h，载荷平稳，工作温度为60 ℃，试分别按图示两种方案计算所需轴承的基本额定动载荷。

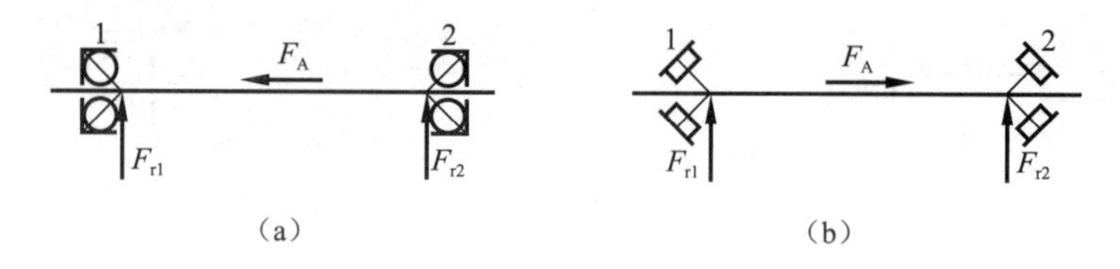

题14－16图

14－17 已知题14－17图所示的锥齿轮轴转速 $n=960$ r/min，锥齿轮平均分度圆半径 $r_m=40$ mm，作用在锥齿轮上的切向力 $F_T=950$ N，径向力 $F_R=307$ N和轴向力 $F_A=102$ N，载荷有中等冲击，选用一对30207轴承背对背安装，试计算轴承的寿命。

14－18 在上题中保持其他条件不变，改选用一对7207A轴承，试计算轴承的寿命。

14－19 在题14－19图所示轴上装有两个直齿圆柱齿轮，从动齿轮2所受的法向力 $F_{n2}=1\,200$ N，与铅垂方向成20°夹角，齿轮3将转矩输出，其上的法向力为 F_{n3}，与水平夹角为20°。在支承 A 处采用一深沟球轴承，B 处采用一圆柱滚子轴承，轴的转速 $n=500$ r/min，取载荷系数 $f_d=1.3$，温度系数 $f_t=1$，预期寿命 $L'_{10h}=56\,000$ h，试对此二轴承进行选择计算（取支承 A 处轴颈为30 mm，支承 B 处轴颈为35 mm）。

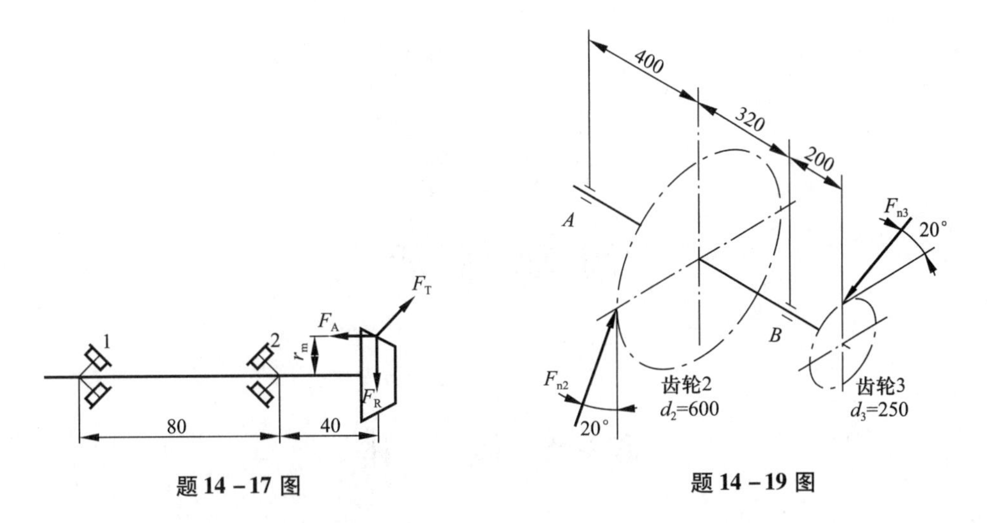

题 14－17 图　　　　题 14－19 图

14－20　指出如题 14－20 图所示的各轴系的结构错误，说明原因，并画出正确的轴系结构图。(齿轮、蜗轮为油润滑，轴承为脂润滑)

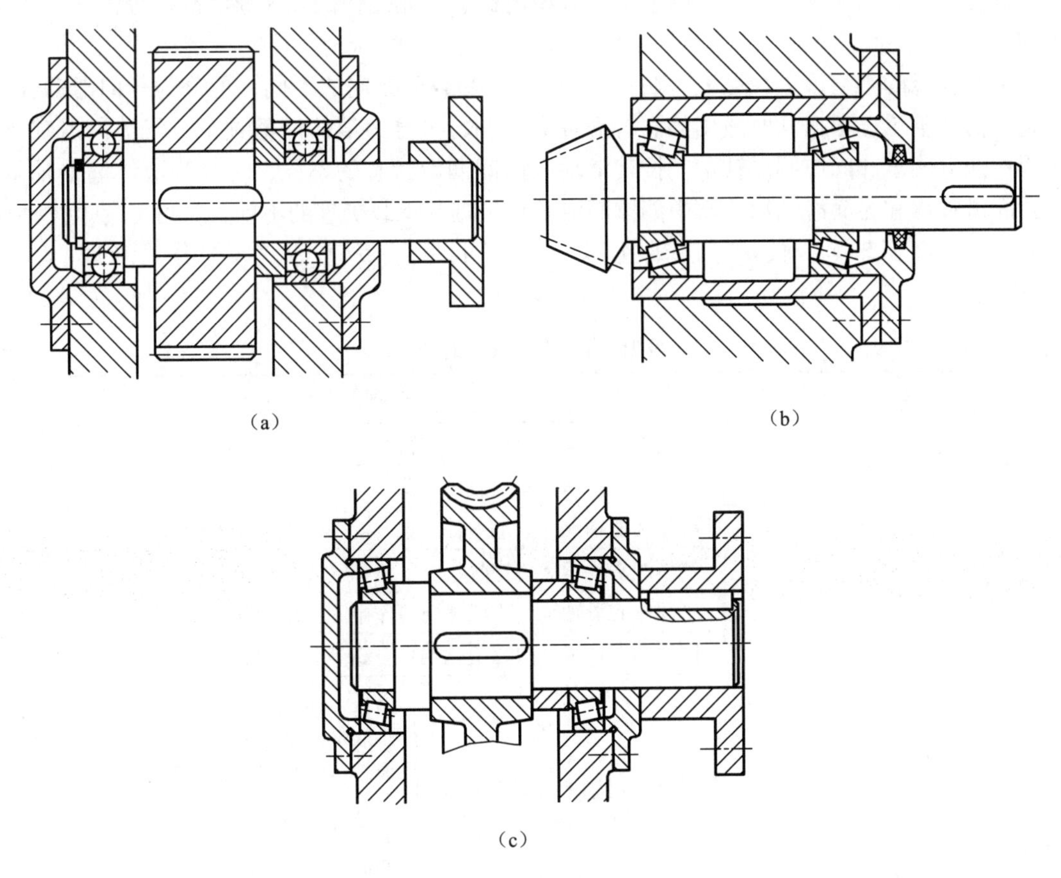

题 14－20 图

第十五章 滑动轴承

第一节 概　　述

从前面一章可以了解到，滚动轴承具有摩擦阻力小、效率高和启动容易等优点，但是对于高速、高精度、重载和结构上要求剖分等场合，滚动轴承并不适用，而滑动轴承则显示出了它的优越性，因而在汽轮机、内燃机、大型电机、水泥搅拌机和滚筒清砂机等机器中广为采用。

滑动轴承的类型很多，见表15－1。根据其承受载荷方向的不同，可分为径向滑动轴承和止推滑动轴承。根据其所使用的润滑剂种类不同，可分为液体润滑轴承、气体润滑轴承、半固体润滑轴承和固体润滑轴承。按其滑动表面间润滑状态的不同，可分为液体润滑轴承、混合润滑轴承和无润滑轴承，其中液体润滑轴承根据其承载机理的不同，又可分为液体动压轴承和液体静压轴承。按轴承中轴瓦形式的不同，可分为整体式、剖分式和调心式轴承三类。

表15－1　滑动轴承的分类

<table>
<tr><th>分类方式</th><th colspan="2">类型及特点</th></tr>
<tr><td rowspan="2">按所承受载荷方向的不同</td><td colspan="2">径向滑动轴承（承受径向载荷）</td></tr>
<tr><td colspan="2">止推滑动轴承（承受轴向载荷）</td></tr>
<tr><td rowspan="4">按所使用的润滑剂种类的不同</td><td colspan="2">液体润滑轴承（以润滑油、水、液态金属等液体作润滑剂）</td></tr>
<tr><td colspan="2">气体润滑轴承（以空气、氢、氩等气体作润滑剂）</td></tr>
<tr><td colspan="2">半固体润滑轴承（以润滑脂等作半固体润滑剂）</td></tr>
<tr><td colspan="2">固体润滑轴承（以二硫化钼、石墨等固体作润滑剂）</td></tr>
<tr><td rowspan="4">按滑动表面间润滑状态的不同①</td><td rowspan="2">液体润滑轴承（轴颈和轴瓦表面间无微凸体接触）</td><td>液体动压轴承（以一定的相对运动速度将润滑油带入两摩擦表面间收敛间隙，形成动压油膜把两摩擦表面分开）</td></tr>
<tr><td>液体静压轴承（用以平衡外载的压力，将润滑油输入两滑动表面间，使两表面分离）</td></tr>
<tr><td colspan="2">混合润滑轴承②（轴颈和轴瓦表面间有微凸体接触）</td></tr>
<tr><td colspan="2">无润滑轴承（轴颈和轴瓦表面间无润滑剂或保护膜而直接接触）</td></tr>
</table>

续表

分类方式	类型及特点
按轴承中轴瓦形式的不同	整体式滑动轴承（轴与轴瓦之间的间隙不能调整）
	剖分式滑动轴承（轴与轴瓦之间的间隙可以调整）
	调心式滑动轴承（轴瓦可在轴承座中适当地摆动）

① 此处流体润滑只针对液体润滑。
② 此处混合润滑轴承又称作“不完全液体润滑轴承”。

第二节　滑动轴承结构与材料

一、径向滑动轴承的典型结构

常见的径向滑动轴承结构有整体式、剖分式和调心式。图 15－1 所示为一整体式滑动轴承，它由轴承座 1 和整体轴瓦 2 组成。整体式滑动轴承具有结构简单、成本低、刚度大等优点，但在装拆时需要轴承或轴做较大的轴向移动，故装拆不便，而且当轴颈与轴瓦磨损后，无法调整其间的间隙。所以这种结构常用于轻载、不需经常装拆且不重要的场合。

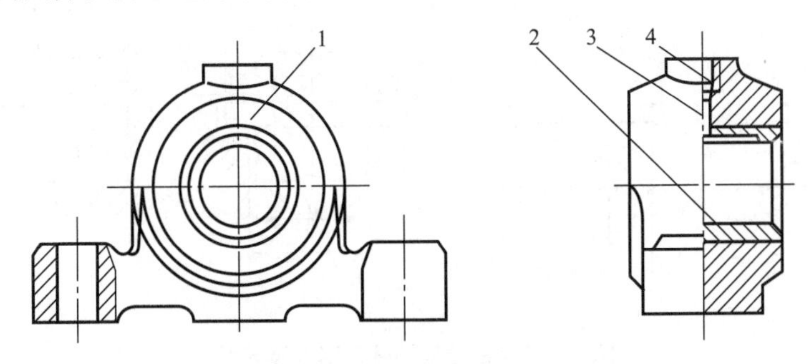

图 15－1　整体式径向滑动轴承

1—轴承座；2—整体轴瓦；3—油孔；4—螺纹孔

剖分式轴承的结构如图 15－2 所示，它由轴承座 1、轴承盖 2、剖分式轴瓦 7 和连接螺柱 3 等组成。为防止轴承座与轴承盖间相对横向错动，接合面要做成阶梯形或设止动销钉。

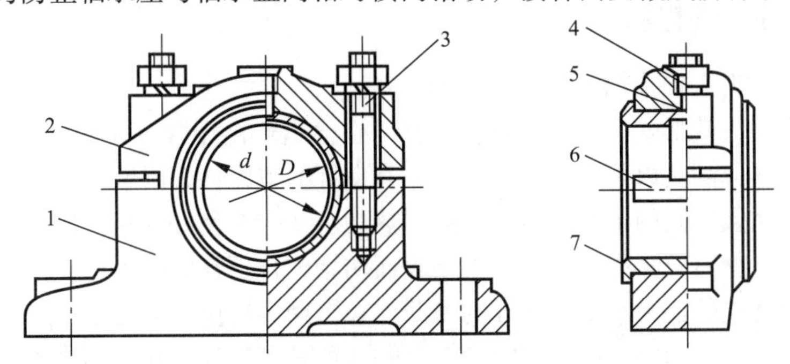

图 15－2　剖分式径向滑动轴承

1—轴承座；2—轴承盖；3—双头螺柱；4—螺纹孔；5—油孔；6—油槽；7—剖分式轴瓦

这种结构装拆方便，且在接合面之间可放置垫片，通过调整垫片的厚薄来调整轴瓦和轴颈间的间隙。

调心式轴承的结构如图15－3所示，其轴瓦和轴承座之间以球面形成配合，使得轴瓦和轴相对于轴承座可在一定范围内摆动，从而避免因安装误差或轴的弯曲变形较大，造成轴颈与轴瓦端部的局部接触所引起的剧烈偏磨和发热。但由于球面加工不易，所以这种结构一般只用在轴承的宽径比较大的场合。

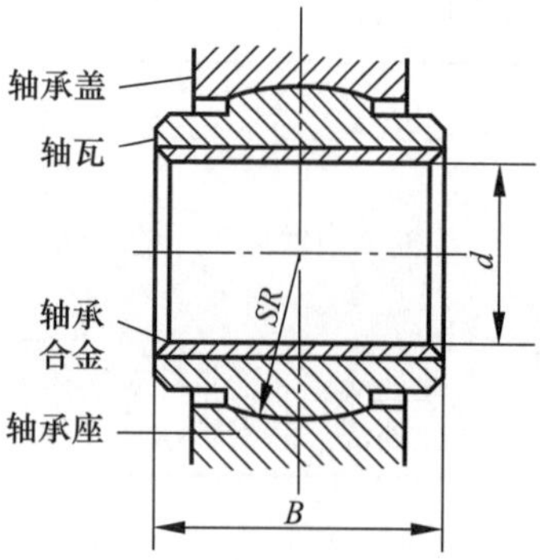

图15－3　调心式滑动轴承

二、止推滑动轴承的结构

止推滑动轴承用来承受轴向载荷，一般由轴承座和推力轴颈组成。常用的结构形式有实心式、空心式、单环式和多环式，其结构及尺寸见图15－4。通常不用实心式轴颈，因其端面上的压力分布很不均匀，靠近中心处的压力很高，对润滑极为不利。空心式轴颈接触面上压力分布较均匀，润滑条件较实心式有所改善。单环式是利用轴颈的环形端面止推，结构简单，润滑方便，广泛用于低速、轻载的场合。多环轴颈不仅能承受较大的轴向载荷，有时还可以承受双向的轴向载荷。

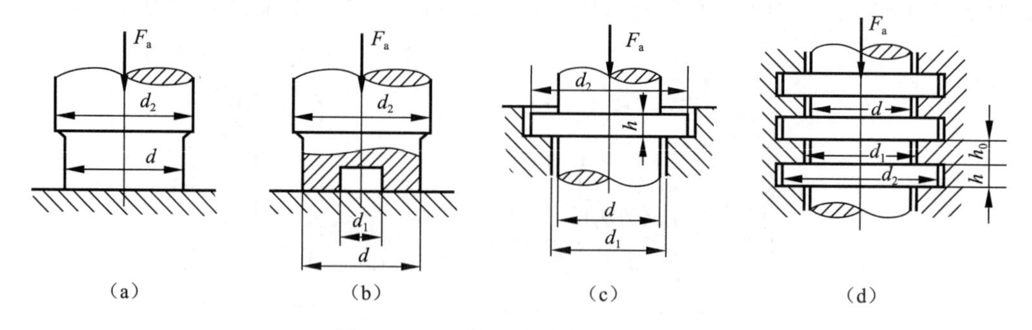

图15－4　止推滑动轴承形式及尺寸

（a）实心式：d，d_2 由轴的结构设计拟定；（b）空心式：d，d_2 由轴的结构设计拟定，$d_1=(0.4\sim0.6)d$；（c）单环式：d 由轴的结构设计拟定，$d_2=(1.2\sim1.6)d$，$d_1=1.1d$，$h=(0.12\sim0.15)d$；（d）多环式：$h_0=(2\sim3)h$，其他尺寸同（c）图

三、滑动轴承的材料

滑动轴承的材料主要指轴瓦和轴承衬的材料。

滑动轴承主要失效形式为磨损和胶合，有时也会出现由于强度不足而造成的疲劳破坏。因此滑动轴承材料应满足以下几点要求：①应有良好的减摩性、耐磨性和抗胶合性，即材料应具有低的摩擦系数、高的抗磨性能和好的耐热性。②应有良好的顺应性、嵌藏性以及跑合性能。也就是说，材料应具有补偿轴承滑动表面初始配合不良的能力；应具有容纳硬质颗粒嵌入以减轻表面磨损的能力；滑动表面的微凸体在短期运转后，应易于被磨平，从而形成表面粗糙度能相互吻合的滑动表面。③应有足够的强度和塑性，包括抗压性、抗疲劳性等。④应有良好的加工工艺性与经济性。

现有的轴承材料尚不能同时满足上述全部要求，因此设计时应根据使用中最主要的要求来选择材料。

目前常用的轴承材料有金属材料、多孔质金属材料和非金属材料三大类。

1. 金属材料

（1）轴承合金。轴承合金又称巴氏合金或白合金，是在软基体金属（如锡、铅）中适量加入硬金属颗粒（如锑或铜）而形成。软基体具有良好的跑合性、嵌藏性和顺应性，而硬金属颗粒则起到支承载荷、抵抗磨损的作用。按基体材料的不同，可分为锡锑轴承合金和铅锑轴承合金两类。锡锑轴承合金的摩擦系数小，抗胶合性能良好，对油的吸附性强，且易跑合、耐腐蚀，因此常用于高速、重载场合，但价格较高，因此一般作为轴承衬材料而浇铸在钢、铸铁或青铜轴瓦上。铅锑轴承合金的各种性能与锡锑轴承合金接近，但这种材料较脆，不宜承受较大的冲击载荷，一般用于中速、中载的轴承。

（2）铜合金。铜合金是铜与锡、铅、锌或铝的合金，是传统使用的轴承材料，主要分为青铜和黄铜两类，其中青铜最为常用。

青铜类材料的强度高、耐磨和导热性好，但可塑性及跑合性较差，因此与之相配的轴颈必须淬硬。青铜可以单独做成轴瓦，但为了节省有色金属，也可将青铜浇铸在钢或铸铁轴瓦内壁上。用作轴瓦材料的青铜，主要有锡青铜、铅青铜和铝青铜，在一般情况下，它们分别用于中速重载、中速中载和低速重载的轴承上。

黄铜类材料的减摩性能低于青铜，但具有良好的铸造及加工工艺性，并且价格低廉，可用于低速中载轴承的材料。

（3）铝基轴承合金。铝基轴承合金是一种较新的轴承材料，具有强度高、耐蚀性好、表面性能优良等特点，因此在一些应用领域（如增压柴油机轴承）中取代了价格较高的轴承合金和青铜。

（4）铸铁。普通灰铸铁、耐磨铸铁，或者球墨铸铁，都可以用作轴承材料。这类材料价格低廉，并且铸铁中的石墨可以在轴瓦表面形成一层起润滑作用的石墨层，因此具有一定的耐磨性。由于铸铁材料的塑性和跑合性较差，故一般用于低速、轻载及无冲击的场合。

常用金属轴承材料及性能见表 15－2。

表 15－2　常用金属轴承材料及性能

材料名称	材料牌号	最大许用值①			最高温度/℃	硬度② HBW	备注
		[p] /MPa	[v] /(m·s^{-1})	[pv] /(MPa·m·s^{-1})			
锡基轴承合金	ZSnSb12Pb10Cu4 ZSnSb11Cu6 ZSnSb8Cu4 ZSnSb4Cu4	平稳载荷			150	20～30 (150)	具有良好的抗胶合性和顺应性，常用于高速重载下工作的重要轴承。但抗疲劳性较差，且价格较高
		25 (40)	80	20 (100)			
		冲击载荷					
		20	60	15			
铅基轴承合金	ZPbSb16Sn16Cu2 ZPbSb15Sn10	12 20	12 15	10 (50) 15	150	15～30 (150)	具有良好的抗胶合性和顺应性，但不宜承受显著冲击，常用于中速中载下工作的轴承

续表

材料名称	材料牌号	最大许用值①			最高温度/℃	硬度② HBW	备注
		[p] /MPa	[v] /(m·s^{-1})	[pv] /(MPa·m·s^{-1})			
锡青铜	ZCuSn10P1	15	10	15	280	300～400	用于中速、重载及受变载荷的轴承
	ZCuSn5Pb5Zn5	8	3	15			用于中速、中载及受变载荷的轴承
铅青铜	ZCuPb30	25	12	30	280	300	用于高速、重载轴承，能承受变载荷和冲击
铝青铜	ZCuAl10Fe3	15	4	12	280	300	抗胶合性、顺应性和耐蚀性均很差，适合用于润滑充分的低速重载轴承，能承受一定的变载荷
黄铜	ZCuZn16Si4	12	2	10	200	200	用于低速、中载轴承
铝基轴承合金	2%铝锡合金	28～35	14	—	140	300	用于高速、中载轴承，强度高、耐腐蚀、表面性能好。可用于增压强化柴油机轴承
灰铸铁	HT150～HT250	1～4	2～0.5	—	—	—	抗胶合性和顺应性均很差，适合用于润滑充分的低速重载轴承，能承受一定的变载荷

① 括号内的数值为极限值，其余为一般值（润滑良好）；[pv] 为混合润滑下的许用值。
② 括号外的数值为合金硬度，括号内的数值为轴颈最小硬度。

2. 多孔质金属材料

多孔质金属材料由铜、铁、石墨等粉末压制、烧结而成。这种材料具有多孔结构，在使用前先把轴瓦在热油中浸渍数小时，使孔隙内充满润滑油，因此这种材料的轴承常称为含油轴承。在运转时，轴瓦温度升高，由于油的膨胀系数比金属的大，因此油自动进入摩擦表面起到了润滑作用。不工作时，由于毛细管的作用，油被吸回到孔隙中，因此在较长的时间内，轴承不加润滑油也能很好地工作，特别适用于不易经常添加润滑剂或密封性结构。由于多孔质金属材料的韧性较差，所以一般仅适用于无冲击、轻载和低速条件下。常用的多孔质金属材料有铁基和铜基两种，具有成本低、含油量多和强度高等特性。近年来又发展了铝基粉末冶金材料，它具有质量小、温升小和寿命长等优点。

3. 非金属材料

用于轴承的非金属材料有塑料、橡胶、碳－石墨等，其中塑料用得最多的，主要有聚四氟乙烯、酚醛树脂和尼龙等。

塑料轴承材料具有自润滑性能，其质量小、强度高、摩擦系数小、抗振和抗咬合性能好，低速轻载时能在无润滑的条件下工作。相比于金属轴承，塑料轴承的优越之处在于其能用于腐蚀、污染和蒸发等恶劣环境，因此在许多场合下能胜任金属轴承无法承担的工作。然而需要注意的是：塑料轴承材料的导热性和耐热性较差，其热传导能力只有钢的百分之几，所以使用时必须考虑摩擦散热问题。又由于塑料轴承材料的热膨胀系数远比钢的大，高温条件下尺寸的稳定性较差，因此在与钢制轴颈配合使用时应考虑留有足够的轴承间隙。此外，塑料轴承材料的强度和屈服极限较低，所以在装配和工作时所能承受的载荷也很有限。

橡胶轴承材料柔软，具有弹性，能有效地隔振和降低噪声。其缺点是导热性差，温度过高时易老化，耐腐蚀和耐磨性也变差。橡胶轴承一般用水作润滑剂和冷却剂，常用于有水和泥浆的设备中。轴承内壁带有纵向沟槽，是为了便于润滑、冷却和冲走污物。

碳－石墨轴承材料由不同量的碳和石墨组合而成，石墨含量愈大，材料愈软，摩擦系数也愈小。碳－石墨轴承材料具有自润滑性、耐腐蚀性和高温稳定性，常用于恶劣环境下工作的轴承。

四、径向滑动轴承的轴瓦结构

1. 轴瓦的形式和构造

径向滑动轴承的轴瓦常有整体式和对开式两种结构，整体式轴瓦用于整体式轴承，而对开式轴瓦用于剖分式轴承。

按制造工艺和材料不同，整体式轴瓦有整体轴套（图 15－5（a））和卷制轴套（图 15－5（b））两种，卷制轴套由单层材料、双层材料或多层材料组成。非金属整体式轴瓦既可以是单纯的非金属轴套，也可以是在钢套上镶衬非金属材料。

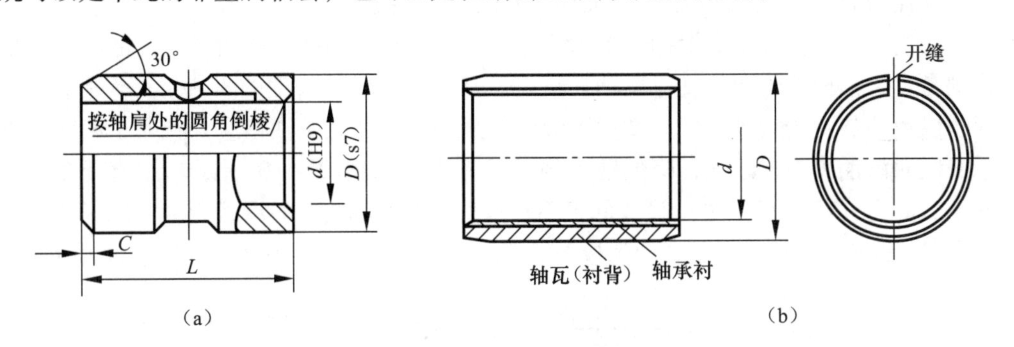

图 15－5　整体式轴瓦

（a）整体轴套；（b）卷制轴套

对开式轴瓦由上、下两半轴瓦组成，分厚壁轴瓦（图 15－6）和薄壁轴瓦（图 15－7）两种。为改善轴瓦表面的摩擦性质，厚壁轴瓦常附有轴承衬，即采用离心铸造法将轴承合金浇铸在轴瓦内表面上的薄层材料。为使轴瓦和轴承衬贴合牢固，可在轴瓦内表面制出各种形式的沟槽。

与厚壁轴瓦不同，薄壁轴瓦可以直接用双金属板连续轧制的工艺进行大批量生产，质量稳定，成本也较低。但薄壁轴瓦刚性小，装配后的形状完全取决于轴承座的形状，因此需对轴承座精密加工。薄壁轴瓦在汽车发动机、柴油机中得到了广泛应用。

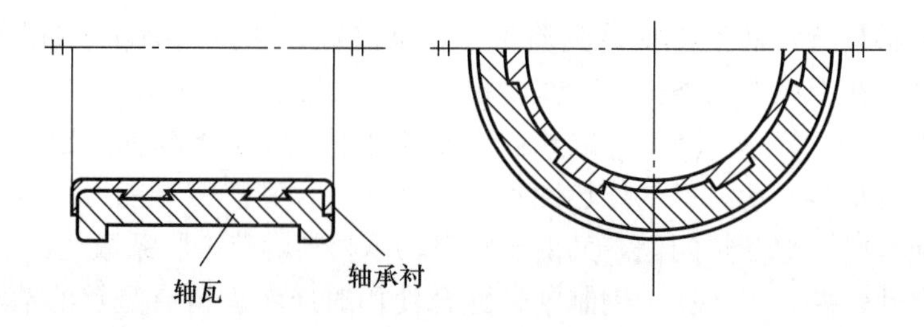

图 15－6　对开式厚壁轴瓦

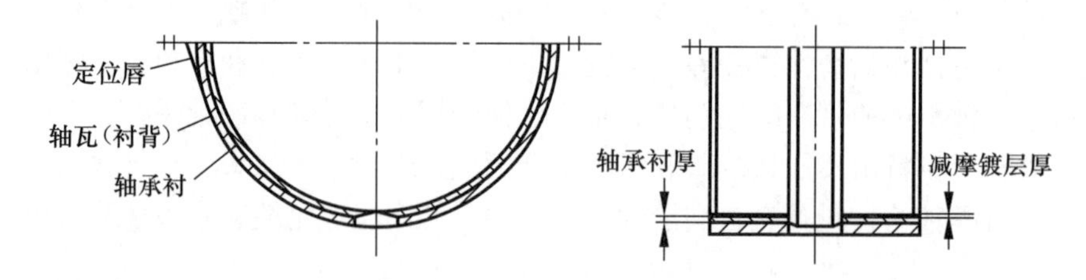

图 15－7　对开式薄壁轴瓦

2. 轴瓦的定位

轴瓦和轴承座不允许有相对移动，因此可将轴瓦两端做成凸缘（图 15－6）用于轴向定位，或用销钉（或螺钉）将其固定在轴承座上（图 15－8）。

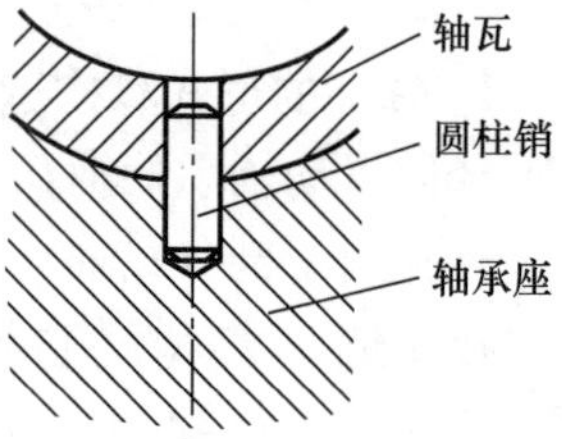

图 15－8　销钉固定轴瓦

3. 油孔及油槽的开设

为了把润滑油导入整个摩擦面间，使滑动轴承获得良好的润滑，轴瓦或轴颈上需开设油孔及油槽。油孔用于供应润滑油，油槽用于输送和分布润滑油。图 15－9 为几种常见的油孔及油槽形式。油孔及油槽的开设原则是：①油槽的轴向长度应比轴瓦长度短（大约为轴瓦长度的 80%），不能沿轴向完全开通，以免油从两端大量流失；②对于液体润滑轴承，油孔及油槽应开在非承载区，以免破坏承载区润滑油膜的连续性，降低轴承的承载能力。如图 15－10 所示，油槽开在了承载区，其承载能力（用实线标注）显然低于不在承载区开设油槽时的承载能力（用虚线标注）。对于混合润滑轴承，油槽应尽量延伸到最大承载区附近，以保证在该处获得足够的润滑油。

图 15－9　常见的油孔、油槽形式

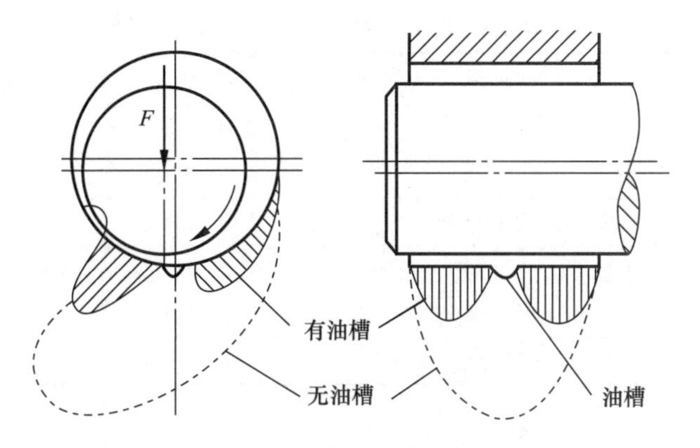

图 15－10　油槽位置对油膜承载能力的影响

第三节　混合润滑轴承的计算

混合润滑轴承又称作不完全润滑轴承。由于工作时其摩擦表面不能被润滑油完全隔开，只能处于边界润滑和液体润滑共存的混合润滑状态，故存在局部金属表面的直接接触。所以混合润滑轴承的主要失效形式是轴承工作表面的磨损和因边界油膜破裂而导致的工作表面胶合或烧瓦。目前对于混合润滑轴承的设计计算，主要是进行轴承的平均压强 p、轴承压强与滑动速度的乘积 pv 值和轴承的滑动速度 v 的验算，使其不超过轴承材料的许用值。此外，对于液体动压润滑轴承，由于其启动和停车阶段也处于混合润滑状态，因而也需要对其进行上述验算。混合润滑轴承的计算准则如下所述。

一、限制轴承的平均压强

限制轴承的平均压强 p，以保证润滑油不被过大的压力所挤出，避免工作表面的过度磨损，即

$$p \leqslant [p] \tag{15-1}$$

对于径向轴承

$$p = \frac{F_r}{dB} \leqslant [p] \tag{15-2}$$

式中，$[p]$ 为轴瓦材料的许用压强（MPa），见表 15－2；F_r 为径向载荷（N）；d 为轴颈直径（mm）；B 为轴承宽度（mm）。

对于止推轴承

$$p = \frac{4F_a}{\pi(d_2^2 - d_1^2)z} \leqslant [p] \tag{15-3}$$

式中，$[p]$ 为许用压力（MPa），见表 15－3；F_a 为轴向载荷（N）；z 为推力环数目；d_1 为轴承孔直径（mm）；d_2 为轴环直径（mm），见图 15－4。

表 15-3 止推轴承的［p］和［pv］值

轴（轴环端面、凸缘）	轴承	$[p]$/MPa	$[pv]/(\mathrm{MPa\cdot m\cdot s^{-1}})$
未淬火钢	铸铁	2.0~2.5	1.0~2.5
	青铜	4.0~5.0	
	轴承合金	5.0~6.0	
淬火钢	青铜	7.5~8.0	1.0~2.5
	轴承合金	8.0~9.0	
	淬火钢	12.0~15.0	

二、限制轴承的pv值

由于pv值与摩擦功率成正比，它简略地表征了轴承的发热因素，因此限制轴承的pv值，可以防止由于轴承温升过高、边界膜破裂而出现的胶合破坏。即

$$pv \leqslant [pv] \tag{15-4}$$

对于径向轴承

$$pv = \frac{F_r}{dB} \cdot \frac{\pi dn}{60 \times 1\,000} = \frac{F_r n}{19\,100B} \leqslant [pv] \tag{15-5}$$

式中，n为轴的转速（r/min）；［pv］为轴瓦材料的许用值（MPa·m/s），见表15-2。

对于止推轴承，应取平均线速度计算，即

$$pv_m \leqslant [pv_m] \tag{15-6}$$

式中，p按式（15-3）计算；$v_m = \dfrac{\pi d_m n}{60 \times 1\,000}$，$d_m = \dfrac{d_1 + d_2}{2}$；轴瓦材料的许用值［$pv$］（MPa·m/s）见表15-3。

需要说明的是，对于多环止推轴承，由于制造和装配误差使各支承面上所受的载荷不相等，［p］和［pv］的值应减小20%~50%。

三、限制轴承的滑动速度v

当压强p较小时，即使p与pv都在许用范围内，也可能因滑动速度v过大而加剧磨损，故要求

$$v \leqslant [v] \tag{15-7}$$

式中，［v］为轴瓦材料的许用值（m/s），见表15-2。

若p、pv和v的验算结果超出许用范围，可采用加大轴颈直径和轴承宽度，或选用较好的轴承材料的措施，使之满足工作要求。

例15-1 有一混合润滑的径向滑动轴承，轴颈直径$d=80$ mm，轴承宽度$B=80$ mm，已知轴承材料的许用值为［p］=5 MPa，［v］=5 m/s，［pv］=10 MPa·m/s，要求轴承在$n_1=320$ r/min和$n_2=640$ r/min两种转速下均能正常工作，试求轴承的许用载荷大小。

解：

1. 求n_1=320 r/min时的许用载荷F_1

（1）按许用压强［p］，求F_{r1}。

由 $p=\frac{F_{r1}}{dB}\leqslant[p]$，解得 $F_{r1}\leqslant[p]\cdot dB=32\,000$（N）。

（2）按许用［pv］，求 F'_{r1}。

由 $pv=\frac{F'_{r1}}{dB}\cdot\frac{\pi dn_1}{60\times100}=\frac{F'_{r1}\cdot n_1}{19\,100B}\leqslant[pv]$，解得 $F'_{r1}\leqslant[pv]\cdot 19\,100B/n_1=47\,750$（N）。

（3）验算 v。

$$v=\frac{\pi dn_1}{60}=\frac{\pi\times0.08\times320}{60}=1.34(\mathrm{m/s})<[v]$$

所以 $n_1=320$ r/min 时能正常工作的许用载荷 F_1 应取为 32 000 N。

2. 求 $n_2=640$ r/min 时的许用载荷 F_2

按上述同样的方法，可求得 $F_{r2}\leqslant32\,000$ N，$F'_{r2}\leqslant23\,875$ N，并且有

$$v=\frac{\pi dn_2}{60}=\frac{\pi\times0.08\times640}{60}=2.68(\mathrm{m/s})<[v]$$

所以 $n_2=640$ r/min 时能正常工作的许用载荷 F_2 可取为 23 875 N。

由上述计算可知，在两种转速下均能正常工作的许用载荷应为 23 875 N。

第四节　液体动压润滑原理

液体动压润滑是依靠表面运动而产生的动力学效应。这种动力学效应最主要的表现形式就是使润滑膜的压力得到升高，所以称为动压润滑。动压润滑膜将两摩擦表面完全隔开，即实现了液体动压润滑，它起到了降低摩擦和减少磨损的作用，常用于高、中速、重载和回转精度要求较高的场合。

一、液体动压润滑的基本方程

液体动压润滑的基本方程是液体膜压力分布的微分方程，又称作雷诺（或 Reynolds）方程。它是从黏性流体动力学的基本方程出发，经过一定的假设条件简化得到的。其假设条件是：①液体为不可压缩的牛顿液体；②液体膜中液体的流动是层流；③忽略压力对液体黏度的影响；④忽略惯性力及重力的影响；⑤液体膜中的压力沿膜厚方向保持不变。

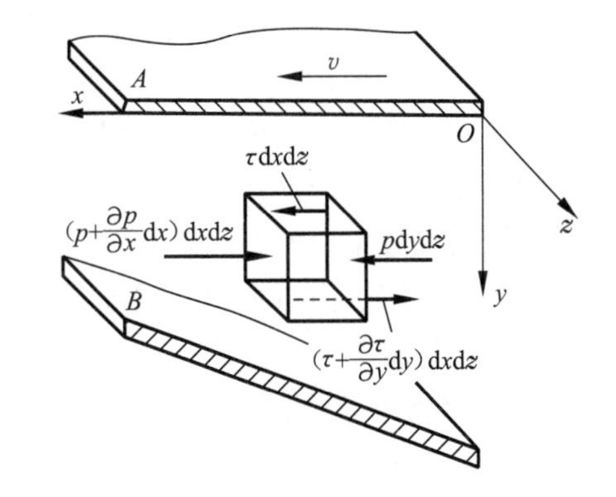

图 15－11　两相对运动平板间油膜的动压分析

如图 15－11 所示，设有沿 z 轴方向无限长的两平板 A 和 B，它们被润滑油隔开，板 A 沿 x 轴方向以速度 v 移动，而另一板 B 静止。由图可知，两平板间润滑油沿 x 方向的流动为一维流动。一维雷诺方程的推导步骤如下：

1. 求油层速度分布

先从层流运动的油膜中取一微单元体进行分析。根据 x 方向的受力平衡条件（受力方向如图 15－11 所示）可得

$$p\mathrm{d}y\mathrm{d}z + \tau\mathrm{d}x\mathrm{d}z - \left(p + \frac{\partial p}{\partial x}\mathrm{d}x\right)\mathrm{d}y\mathrm{d}z - \left(\tau + \frac{\partial \tau}{\partial y}\mathrm{d}y\right)\mathrm{d}x\mathrm{d}z = 0 \tag{15-8}$$

整理后得

$$\frac{\partial p}{\partial x} = -\frac{\partial \tau}{\partial y} \tag{15-9}$$

根据牛顿黏性流体摩擦定律 $\tau = -\eta\frac{\partial u}{\partial y}$，并对 y 求导得

$$\frac{\partial \tau}{\partial y} = -\eta\frac{\partial^2 u}{\partial y^2} \tag{15-10}$$

代入式（15－9），得

$$\frac{\partial p}{\partial x} = \eta\frac{\partial^2 u}{\partial y^2} \tag{15-11}$$

对上式两次 y 积分，得

$$u = \frac{1}{2\eta}\left(\frac{\partial p}{\partial x}\right)y^2 + C_1 y + C_2 \tag{15-12}$$

下面根据边界条件确定积分常数 C_1 和 C_2。

当 $y=0$ 时，$u=v$；$y=h$（h 为相应于所取单元体处的油膜厚度）时，$u=0$。可求得积分常数为

$$C_1 = -\frac{h}{2\eta}\cdot\frac{\partial p}{\partial x} - \frac{v}{h},\quad C_2 = v$$

代入（15－12）后即得两平板间油膜内各油层的速度分布方程

$$u = \frac{v(h-y)}{h} - \frac{y(h-y)}{2\eta}\cdot\left(\frac{\partial p}{\partial x}\right) \tag{15-13}$$

式中，η 为润滑油的动力黏度；$\partial p/\partial x$ 为油膜内油压沿 x 方向的变化率。由式（15－13）可知，两平板间各油层的速度 u 由两部分组成：式中前一项的速度呈线性分布，见图15－12中虚线所示，这是在板 A 的运动下直接由各油层之间内摩擦力的剪切作用所引起的流动，称为剪切流；式中后一项的速度呈抛物线分布，见图15－12中实线所示，这是由油膜中压力沿 x 方向的变化所引起的流动，称为压力流。

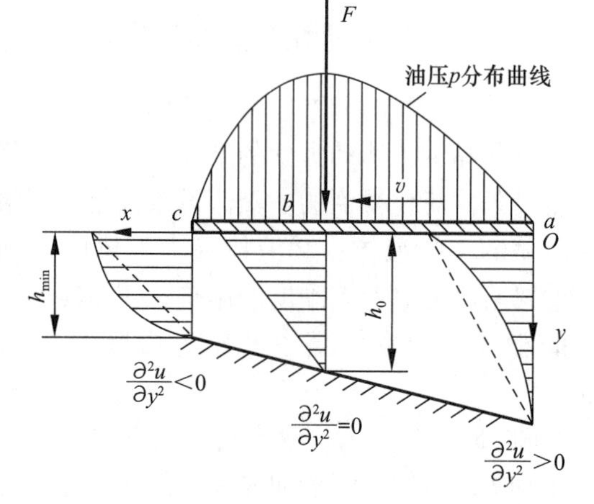

图15－12　两相对运动平板间油膜中的速度分布和压力分布

2. 求润滑油流量

在两平板间 x 处取一截面，截面高度为 h，截面宽为单位宽度（沿 z 向），则单位时间内沿 x 方向流经此截面的润滑油流量为

$$q = \int_0^h u\mathrm{d}y \tag{15-14}$$

将式（15－13）代入式（15－14）并积分，即得润滑油流量方程

$$q = \frac{vh}{2} - \frac{h^3}{12\eta} \cdot \frac{\partial p}{\partial x} \tag{15-15}$$

设在 $p = p_{\max}$ 处的油膜厚度为 h_0，即 $\frac{\partial p}{\partial x} = 0$ 时，$h = h_0$，因此在该截面处的流量为

$$q = \frac{vh_0}{2} \tag{15-16}$$

3. 导出一维雷诺方程

由各截面流量相等条件

$$\frac{vh_0}{2} = \frac{vh}{2} - \frac{h^3}{12\eta} \cdot \frac{\partial p}{\partial x} \tag{15-17}$$

整理后即得一维雷诺方程

$$\frac{\partial p}{\partial x} = \frac{6\eta v}{h^3}(h - h_0) \tag{15-18}$$

雷诺方程是计算液体动压轴承的基本方程，它描述了两平板间油膜压力 p 的变化与润滑油的黏度、相对滑动速度和油膜厚度之间的关系，利用这一公式求出油膜压力分布，经积分后即可求出油膜反力。

二、形成动压油膜的必要条件

由式（15－18）可以看出，当 $h > h_0$ 时，$\partial p/\partial x > 0$，表明压力沿 x 方向逐渐增大；当 $h < h_0$ 时，$\partial p/\partial x < 0$，表明压力沿 x 方向逐渐降低；而当 $h = h_0$ 时，$\partial p/\partial x = 0$，此时压力 p 达到最大值。由于油膜沿 x 方向各处的油压都大于入口和出口的油压，因而能承受板 A 所受的外载荷，从而将板 A 托起（图 15－12）。

若将平板 A、B 如图 15－13 所示平行放置，则两平板间各截面处油膜厚度相等。由式（15－18）知恒有 $\partial p/\partial x = 0$，即油膜压力 p 沿 x 方向无变化，因此两平板间各处油压与右端进口和左端出口处油压相等，在这种情况下，平板 A 承载后必将下沉，直至与板 B 接触。说明此时两平板间不能形成压力油膜，故板 A 不能承受外载荷。因此，建立液体动力润滑必须满足以下条件：

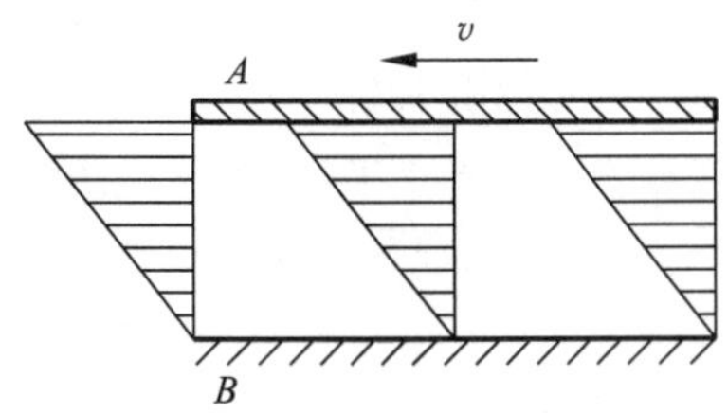

图 15－13　两相对运动平板水平放置

（1）两相对滑动表面之间必须相互倾斜而形成收敛的楔形间隙。

（2）两滑动表面应具有一定的相对滑动速度，并且其速度方向应该使润滑油由大口流进，从小口流出。

（3）润滑油应具有一定的黏度，供油要充分。

三、径向滑动轴承形成动压油膜的过程

如图 15－14（a）所示，当轴颈静止时，轴颈处于轴承孔的最低位置，并与轴瓦接触。此时，轴颈表面和轴承孔表面构成了楔形间隙，这刚好满足了形成液体动压油膜的首要条件。轴颈开始转动时（图 15－14（b）），速度很低，轴颈在摩擦力作用下沿轴承孔内壁向上爬升。此时由于转速较低，尚不足以形成压力油膜将轴承与轴颈表面分开。随着转速的增大，轴颈表面的圆周速度增大，楔形间隙内形成的油膜压力将轴颈抬起而与轴承脱离接触。

当轴颈稳定运转时，轴颈便稳定在一定的偏心位置上（图15－14（c））。此时，轴承处于液体动压润滑状态，油膜产生的动压力与外载荷相平衡。

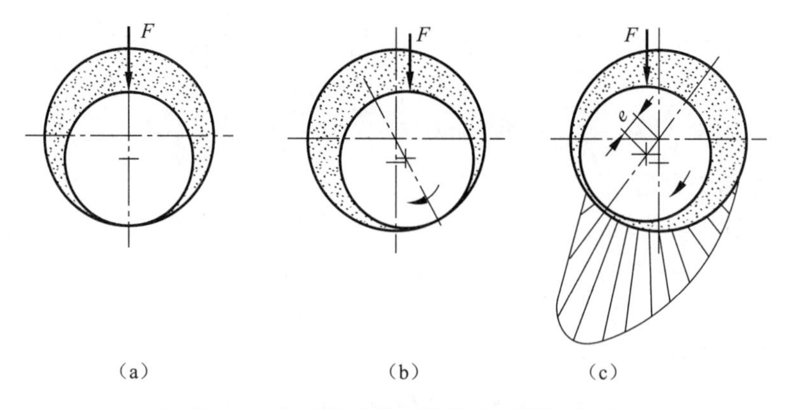

图15－14　径向滑动轴承的动压油膜形成过程

（a）轴颈静止；（b）轴颈开始转动；（c）形成动压油膜

第五节　液体动压润滑径向轴承的设计

一、液体动压径向滑动轴承的几何关系

图15－15为轴承工作时轴颈的位置。O_1为轴承孔中心，O为轴颈中心。设轴承孔直径为D，半径为R；轴颈直径为d，半径为r。动压径向滑动轴承各部分名称及其几何关系如下：

（1）轴承直径间隙Δ。

$$\Delta = D - d \qquad (15-19)$$

（2）半径间隙δ。

$$\delta = R - r = \Delta/2 \qquad (15-20)$$

（3）相对间隙ψ。

$$\psi = \Delta/d = \delta/r \qquad (15-21)$$

（4）偏心距e和偏心率ε。

$$\varepsilon = e/\delta \qquad (15-22)$$

如图15－15所示，偏心距e是指轴颈中心O偏离轴承孔中心O_1的距离。当轴承工作转速和载荷变化时，偏心距也将随之改变；轴颈静止时，偏心距最大。偏心率ε定义为偏心距e与半径间隙δ的比值。偏位角φ_a是指连心线OO_1与作用于轴颈中心的径向外载荷F间的夹角，轴颈在轴承中的平衡位置由e和φ_a决定。

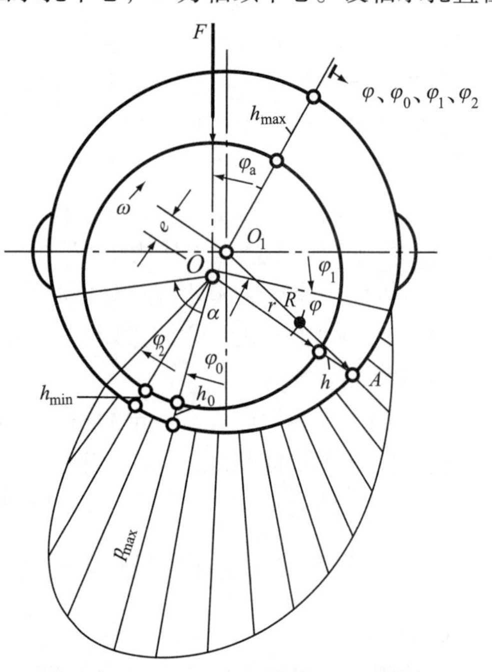

图15－15　液体动压径向滑动轴承的几何关系和油膜压力分布

（5）轴承包角α。轴承包角是指轴瓦表面上连续光滑部分所对应的轴颈中心角，即自轴

瓦进油口到出油口间所包轴颈的角度，见图 15－16。轴承所受载荷的方向和大小都变化时采用全周轴承（$\alpha=360°$，图 15－16（a））；轴承所承载荷的方向固定不变或变化不大时可采用半周轴承（$\alpha=180°$，图 15－16（b）），也可采用 $\alpha=120°$（图 15－16（c））的轴瓦。

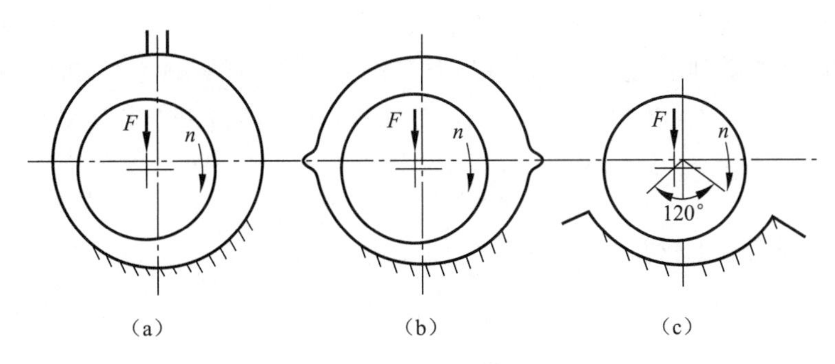

图 15－16　轴承包角

（a）$\alpha=360°$；（b）$\alpha=180°$；（c）$\alpha=120°$

（6）最小油膜厚度 $h_{\min}$。如图 15－15 所示，轴承中最小油膜厚度 $h_{\min}$ 位于 OO_1 连线的延长线上，其表达式为

$$h_{\min}=\delta-e=\delta(1-\varepsilon)=r\psi(1-\varepsilon) \tag{15-23}$$

设轴承内压力油膜的起始角为 φ_1，压力油膜的终止角为 φ_2，$\varphi_1\sim\varphi_2$ 内任意位置角 φ 处的油膜厚度为 h。则在图 15－15 中的 $\triangle AOO_1$ 中，由余弦定理可得

$$R^2=e^2+(r+h)^2-2e(r+h)\cos\varphi$$

可求得
$$r+h=e\cos\varphi\pm R\sqrt{1-(e/R)^2\sin^2\varphi}$$

略去上式中微量 $(e/R)^2\sin^2\varphi$，并取根式的正号，得

$$h=\delta(1+\varepsilon\cos\varphi)=r\psi(1+\varepsilon\cos\varphi) \tag{15-24}$$

设极角 $\varphi=\varphi_0$ 处油膜压力最大，则其油膜厚度为

$$h_0=\delta(1+\varepsilon\cos\varphi_0) \tag{15-25}$$

二、液体动压径向滑动轴承的承载量系数

将 $dx=rd\phi$、$v=r\omega$ 和 h、h_0 表达式代入式（15－18），得一维 Reynolds 方程为

$$\frac{dp}{d\varphi}=6\eta\frac{\omega}{\psi^2}\cdot\frac{\varepsilon(\cos\varphi-\cos\varphi_0)}{(1+\varepsilon\cos\varphi)^3} \tag{15-26}$$

将上式从压力油膜的起始角 φ_1 到任意角 φ 进行积分，得任意角 φ 处的油膜压力，即

$$p_\varphi=6\eta\frac{\omega}{\psi^2}\int_{\varphi_1}^{\varphi}\frac{\varepsilon(\cos\varphi-\cos\varphi_0)}{(1+\varepsilon\cos\varphi)^3}d\varphi$$

压力 p_φ 在外载荷方向上的分量为

$$p_{\varphi y}=p_\varphi\cos[180°-(\varphi_a+\varphi)]=-p_\varphi\cos(\varphi_a+\varphi)$$

将上式在 φ_1 到 φ_2 的区间内积分，即可得到轴承单位宽度上的油膜承载能力

$$p_y=\int_{\varphi_1}^{\varphi_2}p_{\varphi y}rd\varphi=-\int_{\varphi_1}^{\varphi_2}p_\varphi\cos(\varphi_a+\varphi)rd\varphi$$

$$= 6\frac{\eta\omega r}{\psi^2}\int_{\varphi_1}^{\varphi_2}\left[\int_{\varphi_1}^{\varphi}\frac{\varepsilon(\cos\varphi-\cos\varphi_0)}{(1+\varepsilon\cos\varphi)^3}d\varphi\right][-\cos(\varphi_a+\varphi)]d\varphi \tag{15-27}$$

由于式（15-27）是根据一维 Reynolds 方程得出的，所以此时将 p_y 乘以轴承宽度 B 所得到的是无限宽轴承的油膜承载能力。然而实际中的轴承宽度是有限的，应考虑润滑油从轴承两侧端面流出的端泄影响。如图 15-17 所示，受端泄的影响，油膜压力沿轴承宽度呈抛物线分布，油膜压力随轴承宽度尺寸的减小而下降。考虑上述影响计算实际轴承的油膜承载能力时，需乘以 $[1-(2z/B)^2]$ 及系数 C'，由此可得距轴承宽度中线 z 处单位宽度上油膜压力的表达式为

$$P'_y = p_y C'[1-(2z/B)^2] \tag{15-28}$$

则有限宽轴承油膜的总承载能力为

$$F = \int_{-B/2}^{+B/2} p'_y dz$$
$$= \frac{6\eta\omega r}{\psi^2}\int_{-B/2}^{+B/2}\left\{\int_{\varphi_1}^{\varphi_2}\left[\int_{\varphi_1}^{\varphi}\frac{\varepsilon(\cos\varphi-\cos\varphi_0)}{(1+\varepsilon\cos\varphi)^3}d\varphi\right][-\cos(\varphi_a+\varphi)]d\varphi\right\}C'\left[1-\left(\frac{2z}{B}\right)^2\right]dz \tag{15-29}$$

定义承载量系数 C_p 为

$$C_p = 3\int_{-B/2}^{+B/2}\left\{\int_{\varphi_1}^{\varphi_2}\left[\int_{\varphi_1}^{\varphi}\frac{\varepsilon(\cos\varphi-\cos\varphi_0)}{B(1+\varepsilon\cos\varphi)^3}d\varphi\right]\cdot[-\cos(\varphi_a+\varphi)]d\varphi\right\}\cdot C'\left[1-\left(\frac{2z}{B}\right)^2\right]dz \tag{15-30}$$

则有限宽轴承油膜的总承载能力（式（15-29））可以写成

$$F = \frac{\eta\omega Bd}{\psi^2}C_p \tag{15-31}$$

由上式可得

$$C_p = \frac{F\psi^2}{\eta\omega Bd} = \frac{F\psi^2}{2\eta vB} \tag{15-32}$$

式中，η 为润滑油在轴承平均工作温度下的动力黏度（$N\cdot s/m^2$）；B 为轴承宽度（m）；v 为轴颈圆周速度（m/s）；F 为轴承外载荷（N）；C_p 为承载量系数。

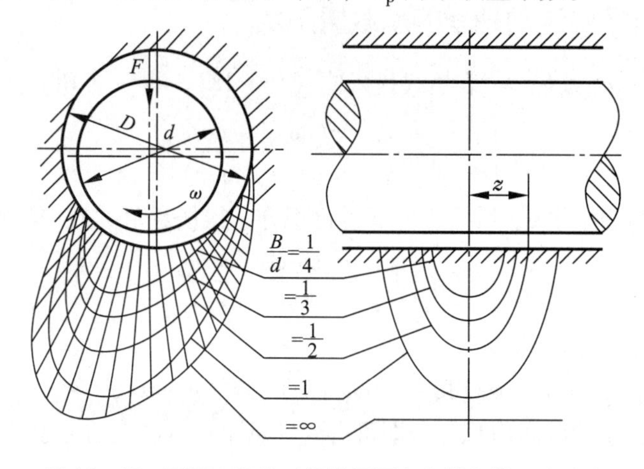

图 15-17 不同宽径比时沿轴承周向和轴向的压力分布

承载量系数 C_p 为量纲一的数，其数值与轴承包角 α、偏心率 ε 和宽径比 B/d 有关。由于对 C_p 直接积分非常困难，因此需采用数值积分的方法求解。图 15－18 为轴承在非压力区内进行无压力供油，并且轴承包角 $\alpha=180°$时，承载量系数 C_p 与偏心率 ε 和宽径比 B/d 的关系曲线。

应该指出，本章推导和使用的一维 Reynolds 方程式是在一系列假设条件下建立的。随着现代工业机器向高速度和大功率方向的不断发展，滑动轴承的工况条件越来越苛刻，对其性能的要求也越来越高，基于上述假设得出的雷诺方程显然不能客观地描述滑动轴承的实际特性。随着润滑力学研究的不断深入，研究者们已相继提出了考虑轴承弹性变形、表面形貌以及润滑膜的热效应和非牛顿效应等非线性因素的广义 Reynolds 方程。同时，现代计算机技术和数值计算方法研究的发展，也为形式更为复杂的广义雷诺方程的求解提供了必要的条件，如有限差分方法（FDM）、有限单元法（FEM）和边界单元法（BEM）等，从而使滑动轴承的计算模型和计算结果越来越接近于实际情况。读者需要了解该方面内容时可参阅有关文献和专著。

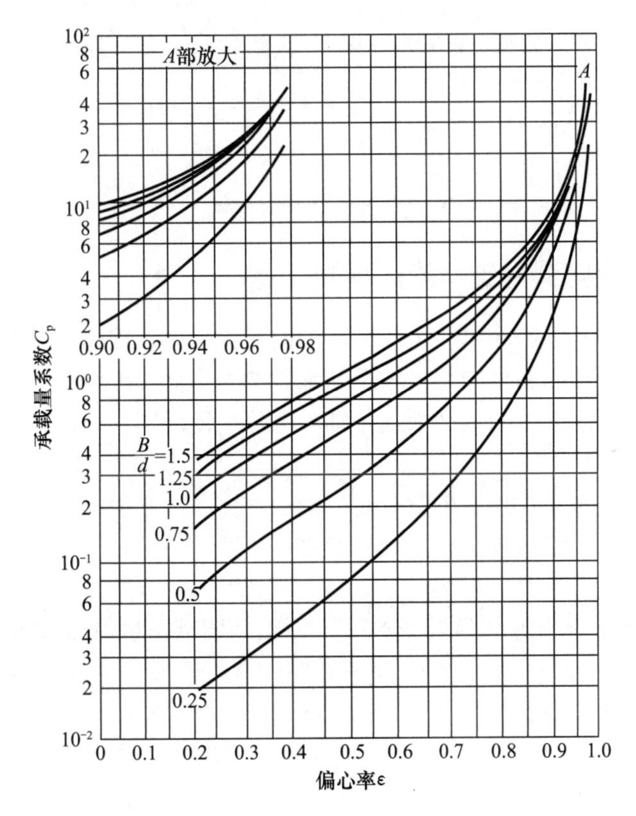

图 15－18 承载量系数 C_p 与偏心率 ε 和宽径比 B/d 的关系曲线

轴承包角 α＝180°，非压力区内无压力供油

三、液体动压径向滑动轴承的最小油膜厚度 h_{min}

最小油膜厚度 h_{min} 是决定动压径向滑动轴承工作性能好坏的一个重要参数。由式（15－23）可知，在其他条件不变时，h_{min} 越小，则偏心率 ε 越大。再由图 15－18 可知，

偏心率 ε 愈大时，承载量系数 C_p 愈大，即轴承的承载能力愈大。但是最小油膜厚度 $h_{\min}$ 不能无限制地缩小，否则会使轴颈表面与轴承表面发生直接接触，从而破坏了液体润滑状态。最小油膜厚度主要受到轴颈和轴承表面的加工粗糙度、轴的刚性、轴颈和轴承的几何形状误差等的限制。因此，为了保证轴承工作处于液体润滑状态，必须使最小油膜厚度不小于许用油膜厚度，即

$$h_{\min} = r\psi(1-\varepsilon) \geqslant [h] \tag{15-33}$$

$$[h] = S(R_{z1} + R_{z2}) \tag{15-34}$$

式中，S 为安全系数，用来考虑表面几何形状误差和轴颈挠曲变形等对许用油膜厚度的影响，一般取 $S \geqslant 2$；R_{z1}、R_{z2} 分别表示轴颈和轴承孔表面粗糙度的微观不平度十点高度（表15－4）。R_z 的大小与加工方法有关。对一般的轴承，R_{z1}、R_{z2} 可分别取3.2 μm和6.3 μm，或1.6 μm和3.2 μm；对重要的轴承，可取为0.8 μm和1.6 μm，或0.2 μm和0.4 μm。

表15－4　加工方法、表面粗糙度轮廓算数平均偏差 Ra 及微观不平度十点高度 R_z

加工方法	精车或精镗，中等磨光，刮（每平方厘米内有1.5～3个点）		铰、精磨、刮（每平方厘米内有3～5个点）		钻石刀头镗，镗磨		研磨、抛光、超精加工等		
Ra/μm	3.2	1.6	0.8	0.4	0.2	0.1	0.05	0.025	0.012
R_z/μm	10	6.3	3.2	1.6	0.8	0.4	0.2	0.1	0.05

四、液体动压径向滑动轴承的热平衡计算

轴承在液体润滑状态下工作时，由于润滑油的黏性及内摩擦作用所产生的摩擦功会使润滑油的温度升高，导致油的黏度减小，轴承的承载能力降低。因此，为了控制润滑油的温升不致过高，保证轴承的承载能力，必须进行轴承的热平衡计算，以保证润滑油的平均温度不超过许用值。

轴承运转时的热平衡条件是：单位时间内轴承摩擦功所产生的热量等于同时间内由润滑油流动所带走的热量和经轴承表面散发的热量之和，即

$$fFv = c\rho q(t_0 - t_i) + a_s \pi Bd(t_0 - t_i) \tag{15-35}$$

式中，f 为摩擦系数；F 为轴承外载荷（N）；v 为轴颈圆周速度（m/s）；c 为润滑油的比热容（J/(kg·℃)），对于矿物油，$c = 1\,675 \sim 2\,090$ J/(kg·℃)；ρ 为润滑油密度（kg/m^3），对于矿物油，$\rho = 850 \sim 900$ kg/m^3；q 为润滑油流量（m^3/s）；t_i、t_0 分别为润滑油的入口与出口温度（℃），因受冷却设备的限制，一般取入口温度 $t_i = 35$ ℃～40 ℃；a_s 为轴承的表面传热系数（W/(m^2·℃)），对于轻型结构轴承或周围介质温度高和难于散热的环境，取 $a_s = 50$ W/(m^2·℃)；对于中型结构或一般通风条件，取 $a_s = 80$ W/(m^2·℃)；对于良好冷却条件下工作的重型轴承，取 $a_s = 140$ W/(m^2·℃)；B、d 的单位为mm。

从式（15－35）中解得达到热平衡时润滑油的温升为

$$\Delta t = t_0 - t_i = \frac{\left(\dfrac{f}{\psi}\right)p}{c\rho\left(\dfrac{q}{\psi vBd}\right) + \dfrac{\pi a_s}{\psi v}} \tag{15-36}$$

式中，f/ψ 为摩擦特性系数（图 15－19）；$q/(\psi vBd)$ 为非压力供油条件下润滑油的流量系数（图 15－20）。

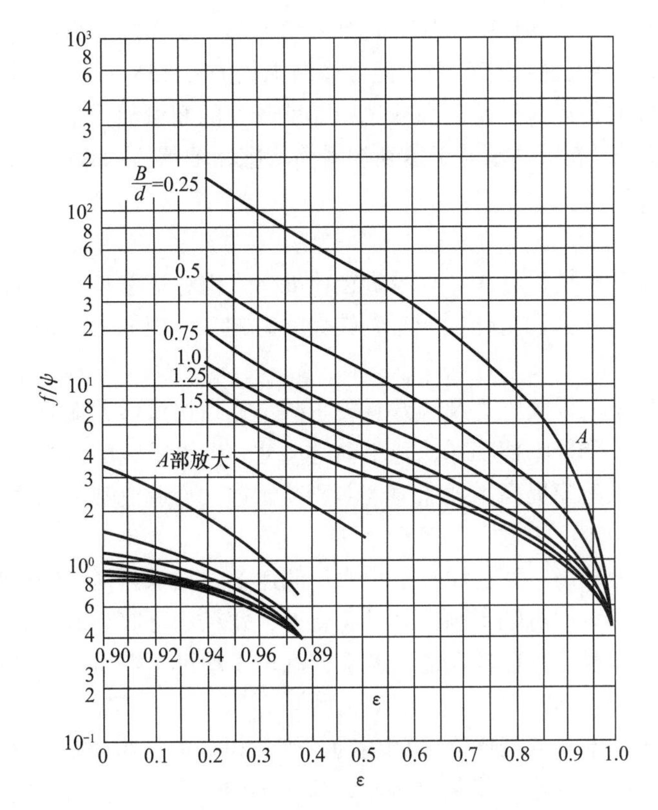

图 15－19　径向轴承的摩擦特性系数线图（α＝180°）

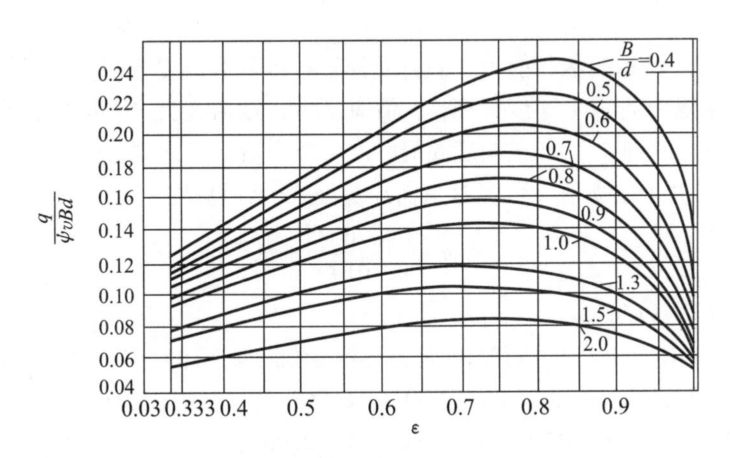

图 15－20　径向轴承的润滑油流量系数线图（α＝180°）

由于实际工作中轴承各点的温度是不相同的，因此各点的黏度也不相同。为计算方便，通常采用润滑油平均温度 t_m 时的黏度。设润滑油的平均温度 $t_m=(t_i-t_0)/2$，而温升 $\Delta t=t_0-t_i$，则润滑油的平均温度为

$$t_m = t_i + \Delta t/2 \qquad (15-37)$$

为了保证轴承的承载能力，润滑油的平均温度一般不应超过 75 ℃。设计时通常是先给定润

滑油的平均温度，然后用式（15－36）求得的温升 Δt 来校核油的入口温度 t_i，即

$$t_i = t_m - \Delta t/2 \qquad (15-38)$$

若计算结果 $t_i = 35$ ℃～40 ℃，则表示轴承满足热平衡条件，能保证轴承的承载能力；若给定的润滑油平均温度已接近 75 ℃，但计算结果仍为 $t_i < 35$ ℃～40 ℃，则表示轴承不易达到热平衡状态，此时需增大轴承间隙或选择黏度较低的润滑油，重新进行计算；若计算结果 $t_i > 35$ ℃～40 ℃，则表示轴承易于达到热平衡状态，轴承的承载能力尚未用尽。

五、参数选择

在液体动压滑动轴承的设计中，轴承宽径比 B/d、相对间隙 ψ、润滑油黏度 η 等几个重要参数，对轴承的承载能力和工作性能有着较大的影响，应根据工作条件慎重选择。

1. 轴承宽径比 B/d

轴承宽径比与轴承的承载能力及温升有关。减小宽径比可增大端泄流量，降低温升，有利于提高运转稳定性，降低摩擦功耗，减小轴向尺寸。但轴承宽度减小，轴承承载能力也随之降低。增大宽径比虽然能提高承载能力，但宽径比过大会造成轴承偏载。通常轴承宽径比 B/d 在 0.3～1.5 的范围内。

高速重载轴承温升较高，宽径比宜取小值；低速重载轴承为提高轴承整体刚性，宽径比宜取大值；高速轻载轴承如对轴承刚性无过高要求，宽径比可取小值，对支承刚性有较高要求的机床主轴轴承，宽径比宜取较大值；航空、汽车发动机中空间尺寸受到限制的轴承，宽径比可取小值。

一般机器中常用的轴承宽径比 B/d 的值为：汽轮机、鼓风机轴承，$B/d = 0.3 \sim 1.0$；电动机、发电机、离心泵、齿轮变速装置轴承，$B/d = 0.6 \sim 1.5$；机床、拖拉机轴承，$B/d = 0.8 \sim 1.2$；轧钢机，$B/d = 0.6 \sim 0.90$。

2. 相对间隙 ψ

轴承相对间隙对轴承的承载能力、温升及回转精度等有重要影响。在设计中相对间隙的值主要根据载荷和速度选取：速度愈高，ψ 值应愈大；载荷愈大，ψ 值应愈小。此外，直径大、宽径比小、调心性能好、加工精度高时，ψ 可取小值；反之取大值。

一般轴承的相对间隙 ψ 值，可参考下面经验公式的计算结果作出选择。

$$\psi \approx \frac{(n/60)^{4/9}}{10^{31/9}} \qquad (15-39)$$

式中，n 为轴颈转速（r/min）。

一般机器中常用的轴承相对间隙值 ψ 为：汽轮机、电动机、发电机轴承，$\psi = 0.001 \sim 0.002$；轧钢机、铁路车辆轴承，$\psi = 0.0002 \sim 0.0015$；内燃机轴承，$\psi = 0.0005 \sim 0.001$；鼓风机、离心泵、齿轮变速装置轴承，$\psi = 0.001 \sim 0.003$；机床，$\psi = 0.0001 \sim 0.00050$。

3. 润滑油黏度 η

润滑油黏度 η 对轴承的承载能力、功耗和轴承温升等影响较大，是轴承设计中的一个重要参数。选用黏度大的润滑油可提高轴承的承载能力，但同时会减小流量，增大摩擦功耗和轴承温升。润滑油的黏度小，又会降低轴承的承载能力。通常载荷大、速度低的轴承应选用较大黏度的润滑油。

对于一般的轴承，可按轴颈转速 n（r/min）初估油的动力黏度 η'，即

$$\eta' = \frac{(n/60)^{-1/3}}{10^{7/6}} \tag{15-40}$$

由式 $\nu' = \eta'/\rho$ 计算相应的运动黏度 ν'，选定平均油温，参照表 15－5 选定润滑油的牌号。然后查润滑油的黏度－温度曲线图（图 2－10），重新确定 t_m 时的运动黏度 ν_{t_m} 和动力黏度 η_{t_m}，最后再验算油的入口温度。

表 15－5　全损耗系统用油的运动黏度

牌号	运动黏度/($mm^2 \cdot s^{-1}$)	
	40 ℃	50 ℃
L－AN5	4.14～5.06	3.32～3.99
L－AN7	6.12～7.48	4.76～5.72
L－AN10	9.00～11.0	6.78～8.14
L－AN15	13.5～16.5	9.80～11.8
L－AN22	19.8～24.2	13.9～16.6
L－AN32	28.8～35.2	19.4～23.3
L－AN46	41.4～50.6	27.0～32.5
L－AN68	61.2～74.8	38.7～46.6
L－AN100	90.0～110	55.3～66.6
L－AN150	135～165	80.6～97.1

六、液体动压径向滑动轴承的工作能力准则和设计步骤

液体动压径向滑动轴承的工作能力准则包括：

（1）在具有足够承载能力的条件下，最小油膜厚度应满足：$h_{min} > [h]$；

（2）在平均油温 $t_m \leq 75$ ℃时，油的入口温度应满足：35 ℃ $\leq t_i \leq$ 40 ℃。

液体动压径向滑动轴承的设计步骤如下：

1. 选择轴承宽径比，计算轴承宽度

根据推荐的取值范围，选择轴承宽径比。

2. 在保证 $p \leq [p]$、$v \leq [v]$、$pv \leq [pv]$ 的条件下，选择轴瓦材料

查表 15－2，确定材料的许用值 $[p]$、$[v]$ 和 $[pv]$。

3. 选择润滑油并确定黏度

初估润滑油动力黏度，由润滑油密度计算运动黏度，选定平均油温 t_m，参照表 15－5 选定润滑油的牌号。然后查润滑油的黏度－温度曲线图（图 2－10），重新确定 t_m 时的运动黏度，并计算动力黏度。

4. 验算最小油膜厚度 h_{min}

由式（15－39）确定相对间隙 ψ；由式（15－21）计算直径间隙 Δ；由式（15－32）计算承载量系数 C_p；根据 C_p 和 B/d 的值查图 15－18，确定偏心率 ε；由式（15－23）计算最小油膜厚度 h_{min}；按加工精度要求查表 15－5，确定轴颈、轴承孔表面微观不平度十点平

均高度 R_{z1}、R_{z2}；由式（15－34），选取安全系数，确定许用油膜厚度［h］；验算最小油膜厚度是否满足轴承工作要求 $h_{min}>[h]$。

5. 验算润滑油入口温度 t_i

根据 B/d 和已确定的轴承偏心率 ε，由图 15－19 确定摩擦特性系数 f/ψ，由图 15－20 确定润滑油流量系数 $q/(\psi vBd)$；计算润滑油油温 Δt；计算润滑油入口温度 t_i；验算润滑油入口温度是否满足要求 $t_i=35$ ℃～40 ℃。

6. 计算润滑油流量 q

7. 选择轴承配合

根据直径间隙 Δ，按 GB/T 1801—2009 选择轴承配合，并查表确定轴承孔及轴颈的尺寸公差。

8. 确定最大间隙 Δ_{max}、最小间隙 Δ_{min}

如果 Δ 在 Δ_{max} 与 Δ_{min} 之间，则所选配合合适。

9. 校核轴承的承载能力、最小油膜厚度及润滑油入口温度

分别按最大间隙 Δ_{max} 及最小间隙 Δ_{min} 进行校核。如果均在允许范围内，则绘制轴承工作图；否则应重新选择参数，再按以上步骤进行设计及校核计算。

七、液体动压径向滑动轴承的设计实例

例 15－2 设计一汽轮机转子用的液体动压径向滑动轴承，载荷垂直向下，工作情况稳定，采用对开式轴承。已知载荷 $F=60\,000$ N，轴颈直径 $d=200$ mm，转速 $n=1\,000$ r/min，轴瓦包角为 180°，非压力供油。

解：

1. 选择轴承宽径比，计算轴承宽度

根据推荐的取值范围，选择轴承宽径比 $B/d=0.75$。轴承宽度为

$$B=(B/d)\times d=0.75\times 200=150(\text{mm})$$

2. 在保证 $p\leqslant[p]$、$v\leqslant[v]$、$pv\leqslant[pv]$ 的条件下，选择轴瓦材料

（1）计算轴承压强 p。

$$p=\frac{F}{dB}=\frac{60\,000}{200\times 150}=2\ (\text{MPa})$$

（2）计算轴承速度 v。

$$v=\frac{\pi dn}{60\times 1\,000}=\frac{\pi\times 200\times 1\,000}{60\times 1\,000}=10.47\ (\text{m/s})$$

（3）计算 pv 值。

$$pv=\frac{Fn}{19\,100B}=\frac{60\,000\times 1\,000}{19\,100\times 150}=20.94(\text{MPa}\cdot\text{m/s})$$

查表 15－2，在保证 $p\leqslant[p]$、$v\leqslant[v]$、$pv\leqslant[pv]$ 的条件下，选择铸造铜合金 ZCuPb10Sn10 为轴瓦材料，其许用值为：$[p]=25$ MPa，$[v]=12$ m/s，$[pv]=30$ MPa·m/s。

3. 选择润滑油并确定黏度

（1）初估润滑油动力黏度。由式（15－40）得

$$\eta' = \frac{(n/60)^{-1/3}}{10^{7/6}} = \frac{(1\,000/60)^{-1/3}}{10^{7/6}} = 0.026\,7\ (\text{Pa}\cdot\text{s})$$

（2）确定润滑油密度 ρ。取润滑油密度 $\rho = 860\ \text{kg/m}^3$。

（3）计算运动黏度。

$$\nu' = \frac{\eta'}{\rho} \times 10^6 = \frac{0.026\,7}{860} \times 10^6 = 31.05\ (\text{mm}^2/\text{s})$$

（4）选择平均油温 t_m。选定平均油温 $t_m = 50$ ℃。

（5）选择润滑油牌号。查表 15－5，选择全损耗系统用油 L－AN46。

（6）确定运动黏度 ν。由润滑油的黏温曲线图 2－10，查得 50 ℃时

$$\nu_{50\,℃} = 31\ \text{mm}^2/\text{s}$$

（7）确定动力黏度。

$$\eta = \rho\nu_{50\,℃} \times 10^{-6} = 860 \times 31 \times 10^{-6} = 0.027\ (\text{Pa}\cdot\text{s})$$

4. 验算最小油膜厚度 h_{min}

（1）确定相对间隙 ψ。由式（15－39）得

$$\psi \approx \frac{(n/60)^{4/9}}{10^{31/9}} = \frac{(1\,000/60)^{4/9}}{10^{31/9}} \approx 0.001\,25$$

（2）计算直径间隙 Δ。由式（15－21）得

$$\Delta = \psi d = 0.001\,25 \times 200 = 0.25(\text{mm})$$

（3）计算承载量系数 C_p。由式（15－32）得

$$C_p = \frac{F\psi^2}{2\eta v B} = \frac{60\,000 \times 0.00\,125^2}{2 \times 0.027 \times 10.47 \times 0.15} = 1.105$$

（4）确定轴承偏心率 ε。根据 C_p 和 B/d 的值查图 15－18，并采用插值法求得 $\varepsilon = 0.648$。

（5）计算最小油膜厚度 h_{min}。由式（15－23）得

$$h_{min} = r\psi(1-\varepsilon) = 200/2 \times 0.001\,25 \times (1-0.648) = 44\ (\mu\text{m})$$

（6）确定轴颈、轴承孔表面微观不平度十点高度 R_{z1}、R_{z2}。

按加工精度要求，轴颈表面经淬火后精磨，表面粗糙度 $Ra = 0.8\ \mu\text{m}$，轴瓦孔精镗，表面粗糙度 $Ra = 1.6\ \mu\text{m}$，查表 15－4 得

$$R_{z1} = 3.2\ \mu\text{m}, R_{z2} = 6.3\ \mu\text{m}$$

（7）确定许用油膜厚度 $[h]$。取安全系数 $S = 2$，由式（15－34）得

$$[h] = S(R_{z1} + R_{z2}) = 2 \times (3.2 + 6.3) = 19\ (\mu\text{m})$$

（8）验算最小油膜厚度。

$$h_{min} > [h]$$

因此可以满足轴承工作要求。

5. 验算润滑油入口温度 t_i

（1）确定摩擦特性系数 f/ψ。由 $B/d = 0.75$ 和 $\varepsilon = 0.648$，根据图 15－19 查得

$$f/\psi = 4.1$$

（2）确定润滑油流量系数。由 $B/d = 0.75$ 和 $\varepsilon = 0.648$，根据图 15－20 查得

$$q/(\psi v B d) = 0.171$$

（3）计算润滑油油温 Δt。取 $c=1\,800\ \mathrm{J/(kg\cdot{}^\circ C)}$，$a_s=80\ \mathrm{W/(m^2\cdot{}^\circ C)}$

$$\Delta t = t_0 - t_i = \frac{\left(\frac{f}{\psi}\right)p}{c\rho\left(\frac{q}{\psi vBd}\right)+\frac{\pi a_s}{\psi v}} = \frac{4.1\times2\times10^6}{1\,800\times860\times0.171+\frac{\pi\times80}{0.001\,25\times10.47}} = 28.88(^\circ\mathrm{C})$$

（4）计算润滑油入口温度 t_i

$$t_i = t_m - \frac{\Delta t}{2} = 50 - \frac{28.88}{2} = 35.56(^\circ\mathrm{C})$$

（5）验算润滑油入口温度。

要求 $t_i=35\ ^\circ\mathrm{C}\sim40\ ^\circ\mathrm{C}$，故上述入口温度合适。

6. 计算润滑油流量 q

$$q = 0.171\psi vBd = 0.171\times0.001\,25\times10.47\times0.15\times0.2 = 7.162\times10^{-5}(\mathrm{m^3/s})$$

7. 选择轴承配合

根据直径间隙 $\Delta=0.25$ mm，按 GB/T 1801—2009 选配合为 F7/d6，查得轴承孔尺寸公差为 $\phi200^{+0.096}_{+0.050}$，轴颈尺寸公差为 $\phi200^{-0.170}_{-0.199}$。

8. 确定最大、最小间隙

（1）最大间隙 Δ_{max}。

$$\Delta_{max}=0.096-(-0.199)=0.295\ (\mathrm{mm})$$

（2）最小间隙 Δ_{min}。

$$\Delta_{min}=0.050-(-0.170)=0.22\ (\mathrm{mm})$$

因 $\Delta=0.25$ mm 在 Δ_{max} 与 Δ_{min} 之间，故所选配合适用。

9. 校核轴承的承载能力、最小油膜厚度及润滑油入口温度

分别按最大间隙 Δ_{max} 及最小间隙 Δ_{min} 进行校核。如果均在允许范围内，则绘制轴承工作图；否则应重新选择参数，再按以上步骤进行设计及校核计算。本例省略。

第六节　液体静压润滑简介

液体动压润滑是一种最为简单的润滑方式，只要两滑动表面之间存在适当的相对运动，具有收敛的楔形间隙，润滑剂具有一定的黏度，液体膜就可以产生承载能力。但工程中有很多机械设备的工作转速较低或很低，甚至只做缓慢摆动或直线运动，如大型天文望远镜的转盘、机床或仪器中的导轨与工作平台，以及一些需要频繁启动或停车的设备，如精密磨床的主轴等，这种轴承都不可避免地会产生磨损，无法实现液体动压润滑，而液体静压润滑则能很好地适应这些场合。

液体静压轴承不依靠系统自身的运动，而是利用外部供油装置将高压油送进轴承间隙强制形成静压承载油膜，将轴颈与轴承表面完全隔开，实现液体静压润滑，并靠液体的静压平衡外载荷。只要外部供压系统的能力足够，即使在零转速下，它也能提供巨大的承载能力。

液体静压径向轴承的原理结构见图 15－21 所示。其中节流器是关键元件，其特点是：流经节流器的油流量越大，产生的压力降就越大——压力降与流量或流量的平方成正比。压

力为 p_s 的高压油经节流器降压后分别进入 4 个完全相同的油腔，当轴承未受径向载荷时，4 个油腔内油压相等，轴颈中心与轴承孔中心重合。此时 4 个油腔的封油面与轴颈间的间隙相等，均为 h_0，因而流经 4 个油腔的油流量相等，在 4 个节流器中产生的压力降也相同。当轴承受径向载荷 F 时，轴颈将下沉，下部油腔间隙减小，油的流量随之减小，流经节流器的油流量也减小，节流器中的压力降随之减小，因而下部油腔内的油压将增大为 p_3。与此同时，进入上油腔的油流量随之增大，在节流器的作用下，油腔油压将减小为 p_1。从而在上、下油腔间形成压力差（p_3-p_1），产生一向上的合力与加在轴颈上的径向载荷 F 平衡。外载荷 F 减小时，上、下油腔中油压的变化与上述情况相反。

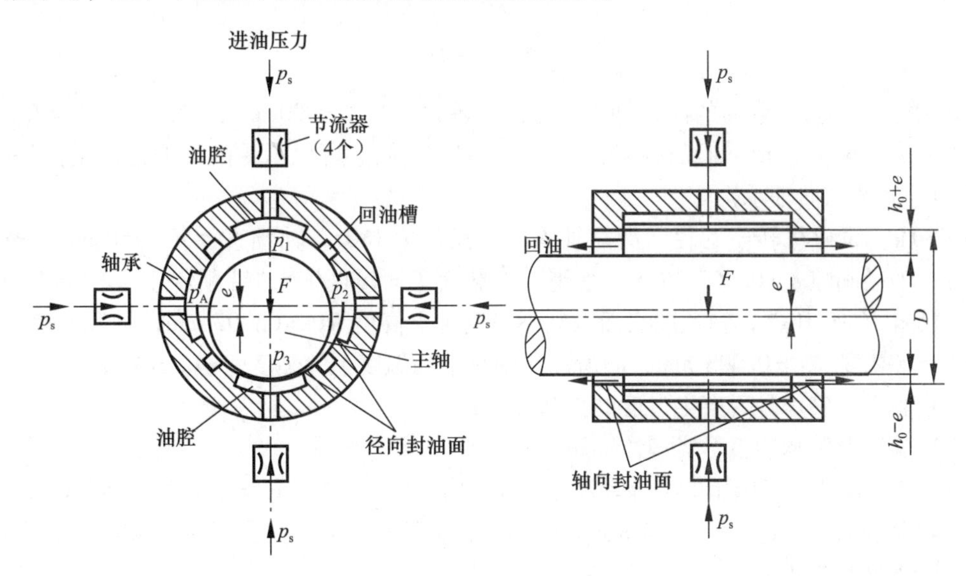

图 15－21　液体静压轴承示意图

液体静压滑动轴承的主要优点是：①摩擦系数很小，一般为 0.000 1 ~ 0.000 4；②静压油膜的形成受轴颈转速的影响很小，因而可在极广的转速范围内正常工作，在启动、停车的过程中也能实现液体摩擦，轴承磨损小，使用寿命长；③油膜刚度大，具有良好的吸振性，工作平稳，旋转精度高；④承载能力可通过供油压力调节，故低转速下也可满足重载的工作要求。其缺点是必须有一套较复杂的供油系统，重要场合甚至还需要备用设备，因而成本高，管理、维护也较麻烦，并且要消耗附加功率。

习　题

15－1　与滚动轴承比较，滑动轴承有何特点？适用于何种场合？

15－2　说明在条件性计算中限制 p、v 和 pv 的主要原因。

15－3　滑动轴承中的油孔和油槽有何作用？液体润滑轴承的油槽应开在何处？为什么？

15－4　径向液体动力润滑轴承和液体静压润滑轴承的承载机理有何不同？

15－5　如何选择普通径向滑动轴承的宽径比？宽径比选取过大时会发生什么现象？

15－6　液体动压润滑轴承在热平衡计算时为何要限制油的入口温度？

15－7　相对间隙 ψ 对轴承性能有何影响？在设计时如出现温升过高，应如何调整 ψ 的取值？

15－8　试分析在图示四种情况下有哪几种可能形成液体动压润滑？（图（c）中 $v_1 > v_2$）。

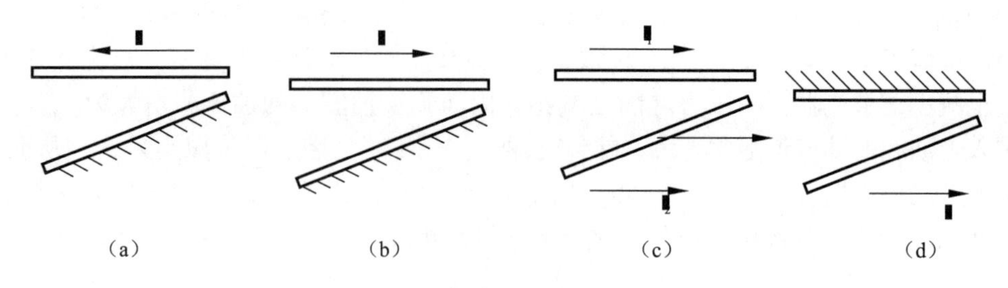

题 15－8 图

15－9　一起重机卷筒的滑动轴承，已知：轴颈直径 $d = 200$ mm，轴承宽度 $B = 200$ mm，轴颈转速 $n = 300$ r/min，轴瓦材料为 ZCuAl10Fe3，试问它可以承受的最大径向载荷是多少？（采用混合润滑径向轴承）。

15－10　发电机转子的径向滑动轴承，轴瓦包角 180°，轴颈直径 $d = 150$ mm，宽径比 $B/d = 1$，半径间隙 $\delta = 0.0675$ mm，承受工作载荷 $F = 50\ 000$ N，轴颈转速 $n = 1\ 000$ r/min，采用锡青铜 ZCuSn10P1，轴颈的表面微观不平度十点高度 $R_{z1} = 0.002$ mm，轴瓦的表面微观不平度十点高度 $R_{z2} = 0.003$ mm，润滑油在轴承平均温度下的黏度 $\eta = 0.014$ Pa·s。

（1）验算此轴承是否产生过度磨损和发热；

（2）验算此轴承能否形成液体动压润滑。

15－11　设计一机床用的液体动压径向滑动轴承。已知：工作载荷 $F = 25\ 000$ N，轴颈直径 $d = 115$ mm，转速 $n = 1\ 000$ r/min，载荷垂直向下，工作情况稳定，采用对开式轴承，在水平剖分面单侧供油。

第十六章

联轴器、离合器与制动器

联轴器和离合器均为连接两轴（或轴与回转件），使其一同回转并传递转矩的机械装置。联轴器在机器运转过程中两轴不能分离，只能在机器停车后，经过拆卸才能分离，而离合器在机器运转过程中可使两轴随时接合或分离。

制动器是用来迫使机器或机构停止运转或降低运转速度的机械装置，有时也用来调节或限制机器的运转速度。

第一节　联　轴　器

一、被连接轴的相对偏移

用联轴器连接的两轴轴线在理论上应该是对中的，但由于制造及安装误差，承载后的变形以及温度变化的影响等原因，往往很难保证被连接的两轴严格对中，因此，两轴间就会出现相对的轴向偏移 x（图 16－1（a））、径向偏移 y（图 16－1（b））、角向偏移 α（图 16－1（c））或这些偏移组合的综合偏移（图 16－1（d））。如果联轴器没有适应这种相对偏移的能力，就会在联轴器、轴和轴承中产生附加载荷，甚至引起剧烈振动。这就要求设计选择联轴器时，要采取各种结构措施，使其具有适应上述相对偏移的性能。

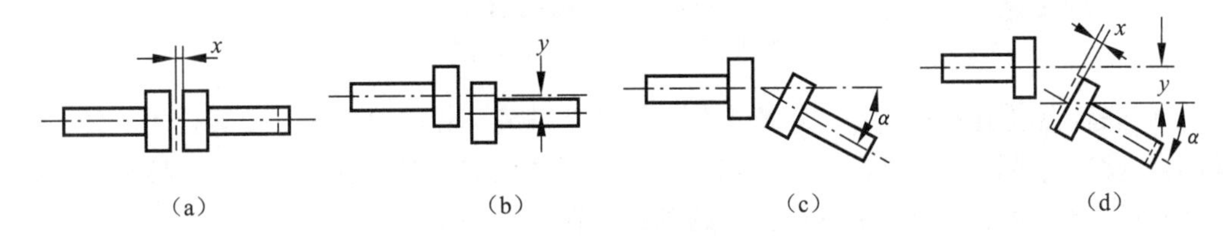

图 16－1　轴的相对偏移

（a）轴向偏移；（b）径向偏移；（c）角向偏移；（d）综合偏移

二、联轴器的分类

联轴器的种类很多，按照性能可分为刚性联轴器和挠性联轴器。刚性联轴器不具有补偿性能，但有结构简单、制造容易、不需维护、成本低等特点，因而仍有其应用范围，其常用类型有套筒联轴器、夹壳联轴器和凸缘联轴器等；挠性联轴器中又分为无弹性元件挠性联轴器和有弹性元件挠性联轴器。无弹性元件联轴器只具有补偿两轴相对偏移的能力，其常用类型有滑块联轴器、齿式联轴器和万向联轴器等。有弹性元件联轴器除具有补偿性能外，还具有缓冲和减振作用，但在传递转矩的能力上，因受弹性元件的强度限制，一般不及无弹性元件联轴器，其常用类型有弹性套柱销联轴器、弹性柱销联轴器和轮胎联轴器等。有弹性元件联轴器中，按弹性元件的材质不同，又可再分为金属弹性元件和非金属弹性元件。金属弹性元件的主要特点是强度高、传递转矩能力大、使用寿命长、不易变质且性能稳定。非金属弹性元件的特点是制造方便、易获得各种结构形状、具有较高的阻尼性能。

三、刚性联轴器

刚性联轴器结构简单、零件数量少、质量小、制造容易、成本低，适用于转速不高、载荷平稳的场合。用刚性联轴器连接的两轴可看作一个刚性的整体，当安装时调整未达到对中要求或工作过程因各种原因引起两轴相对偏移时，将使联轴器承受弯矩，产生附加径向力，增加轴和轴承上的作用力，降低轴承的使用寿命。因此，刚性联轴器对两轴的对中性要求较高。

1. 套筒联轴器

套筒联轴器是利用一公用套筒以销、键、紧定螺钉或过盈配合等连接方式与两轴相连。套筒将被连接的两轴连成一体；键连接实现套筒与轴的周向固定并传递转矩；紧定螺钉或销钉被用作套筒与轴的轴向固定。

图16－2（a）为平键套筒联轴器，图16－2（b）为圆锥销套筒联轴器。

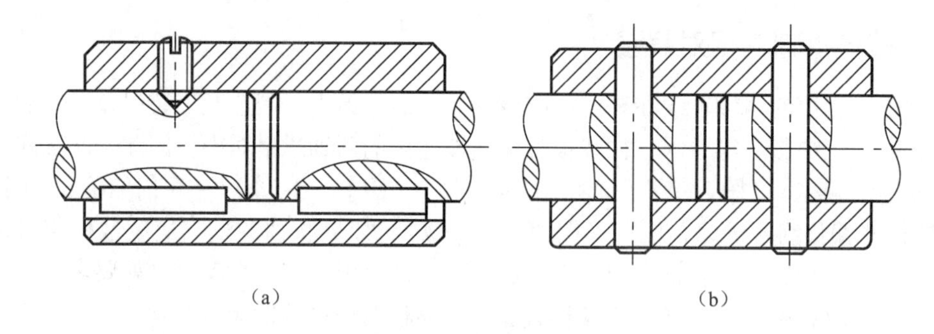

图16－2　套筒联轴器

（a）平键套筒联轴器；（b）圆锥销套筒联轴器

套筒联轴器制造容易、零件数量少、结构简单紧凑、径向尺寸小，但装拆不方便，需要沿轴向移动较大的距离，故常用于要求径向尺寸紧凑或空间受限制的场合，一般可用于载荷较小的无轴肩的光轴或允许沿轴向移动的轴的连接。

2. 夹壳联轴器

夹壳联轴器是利用沿轴向剖分的两半联轴器——夹壳，通过拧紧螺栓产生的预紧力使夹壳与轴连接，并依靠夹壳和轴表面之间的摩擦力来传递转矩。夹壳联轴器的结构如图16－3所示，其特点是装卸方便、不需要沿轴向移动即可进行装拆，但夹壳联轴器只能连接具有相同直径的圆柱形轴伸的两轴。由于外形复杂不易平衡，且高速转动时产生的离心力会降低夹紧表面的摩擦力，夹壳联轴器一般用于低速轴，常用于一些垂直布置的轴。为使两轴对中方便，并使联轴器固定在垂直轴上，在两轴的端部还有一剖分的半环，固定在轴端相应的环形槽中。

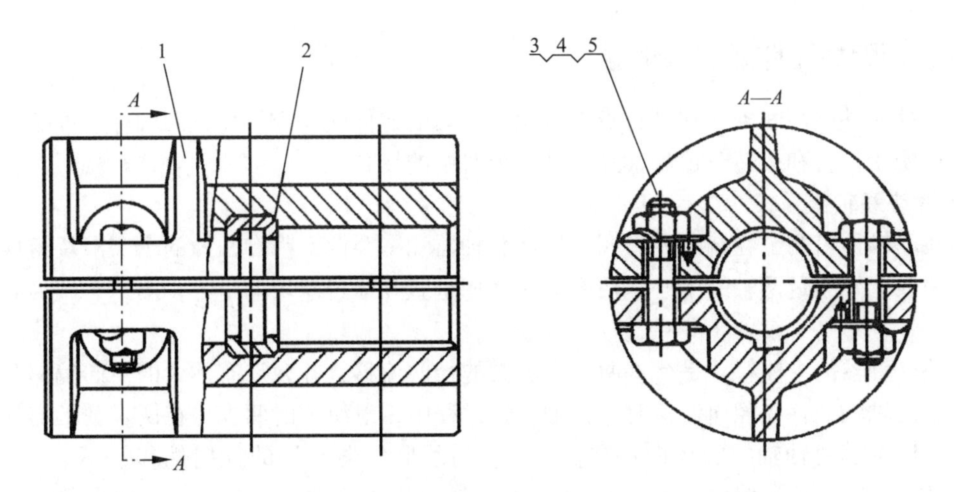

图 16－3　夹壳联轴器

1—夹壳；2—半环；3—螺栓；4—螺母；5—外舌止动垫圈

3. 凸缘联轴器

凸缘联轴器是把两个带有凸缘的半联轴器用键分别与两轴连接，然后用螺栓把两个半联轴器连成一体，以传递运动和转矩。它的结构简单、工作可靠、传递转矩大、装拆较方便、可以连接不同直径的两轴，也可连接圆锥形轴伸，因此，凸缘联轴器是应用最广泛的一种刚性联轴器。

由于凸缘联轴器属于刚性联轴器，对所连接两轴间的偏移缺乏补偿能力，故对两轴对中性的要求较高。图 16－4（a）所示为凹凸榫对中方式，这种方式用一个半联轴器上的凸肩与另一个半联轴器上的凹槽相配合而对中，采用普通螺栓连接，转矩靠半联轴器接合面之间的摩擦力矩来传递，这种凸缘加工方便，但装拆时需沿轴向移动。图 16－4（b）所示为采用铰制孔螺栓来实现两轴对中，这种螺栓连接依靠螺栓杆承受剪切及螺栓杆与孔壁承受挤压来传递转矩，不但可以减轻螺栓的预紧力，而且能提高传递转矩的能力，同时装拆时不需沿轴向移动。

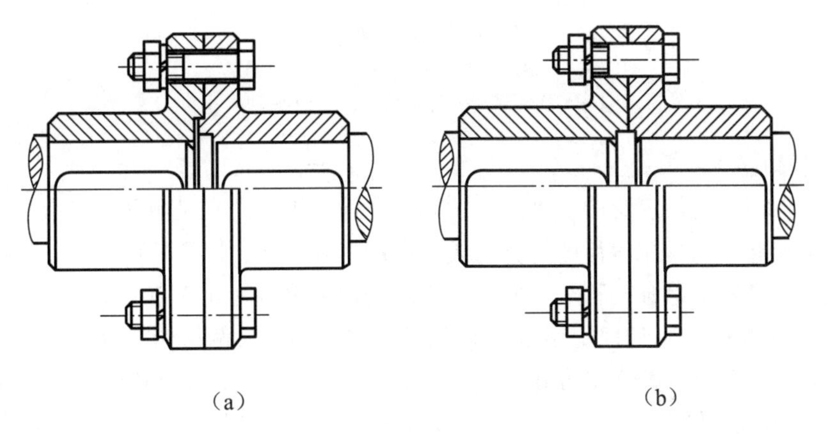

图 16－4　凸缘联轴器

（a）凹凸榫对中；（b）铰制孔螺栓对中

四、无弹性元件挠性联轴器

无弹性元件挠性联轴器利用自身具有相对可动的元件或间隙而允许两轴存在一定的相对偏移，适用于调整和运转时很难达到两轴完全对中的场合。

1. 滑块联轴器

滑块联轴器由两个在端面开有凹槽的半联轴器和一个两面都有凸榫的十字滑块组成，凹槽的中心线分别通过两轴的中心，两榫中线互相垂直并通过滑块的中心，图16－5为其外形简图。

滑块联轴器的主要特点是允许两轴有较大的径向偏移，并允许有不大的角向偏移和轴向偏移。当两轴轴线存在径向偏移时，在轴回转过程中，滑块上的两榫可在两半联轴器的凹槽中滑动，以补偿两轴轴线的径向偏移。一般，滑块联轴器允许的径向偏移量不大于0.04d（d为轴的直径），角向偏移量不大于30′。由于滑块偏心运动产生离心力，故这种联轴器不适宜高速运转。

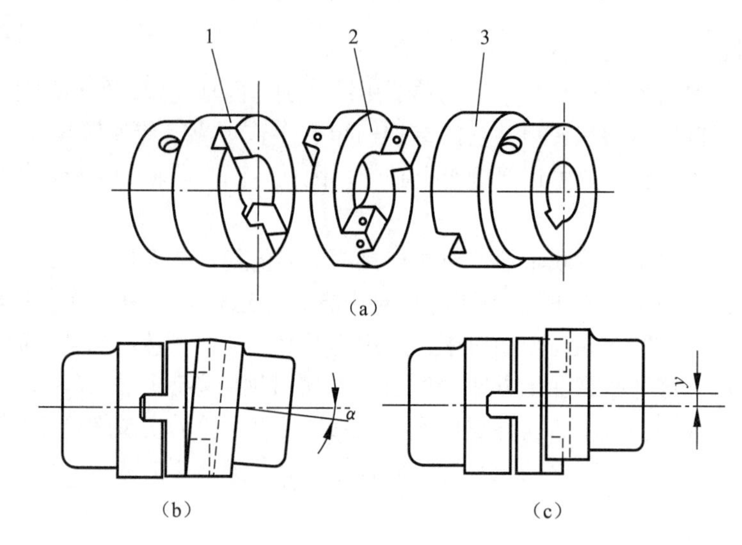

图16－5　滑块联轴器

（a）外形；（b）角向偏移；（c）径向偏移

1—半联轴器；2—十字滑块；3—半联轴器

2. 齿式联轴器

齿式联轴器是用途最广泛的一种无弹性元件挠性联轴器。它是由两个具有外齿的半联轴器和用螺栓连接起来的具有内齿的外壳组成，利用内外齿啮合以实现两半联轴器的连接。齿式联轴器允许两轴发生综合偏移。一般，允许的径向偏移量为0.3～0.4 mm，轴向偏移量为4～20 mm，角向偏移量为1°15′。齿式联轴器两轴之间的相对偏移如图16－6所示。

齿式联轴器一般有两种连接方式，图16－7（a）是由两个外齿轮轴套和两个内齿圈组成的GⅠCL型齿式联轴器。图16－7（b）所示是GⅠCLZ型齿式联轴器，这种联轴器由两个联轴器组成，两个联轴器用一中间轴连接起来，见图16－6（c），每一齿式联轴器有一个外齿轮轴套和一个内齿圈，齿圈固定在凸缘上或直接与凸缘制成一体，这种连接方式适用于连接长距离的传动。

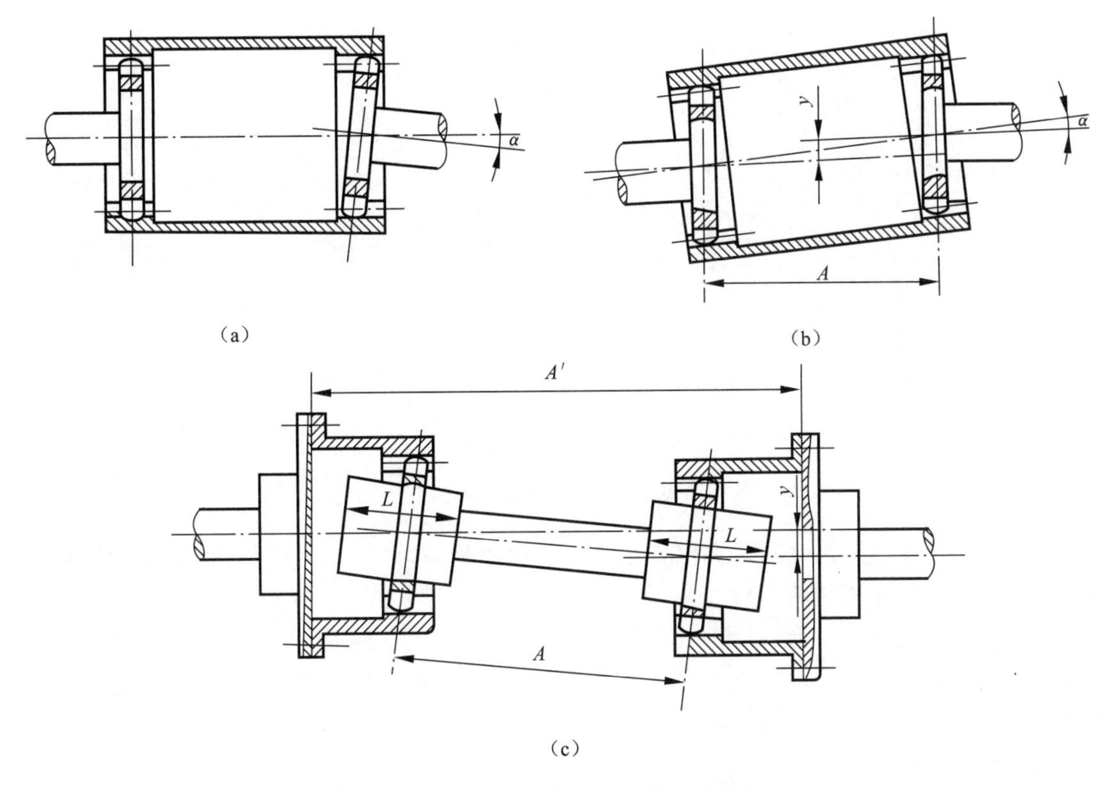

图 16－6　齿式联轴器两轴的相对偏移

（a）角向偏移；（b）径向偏移；（c）有中间轴时的径向偏移

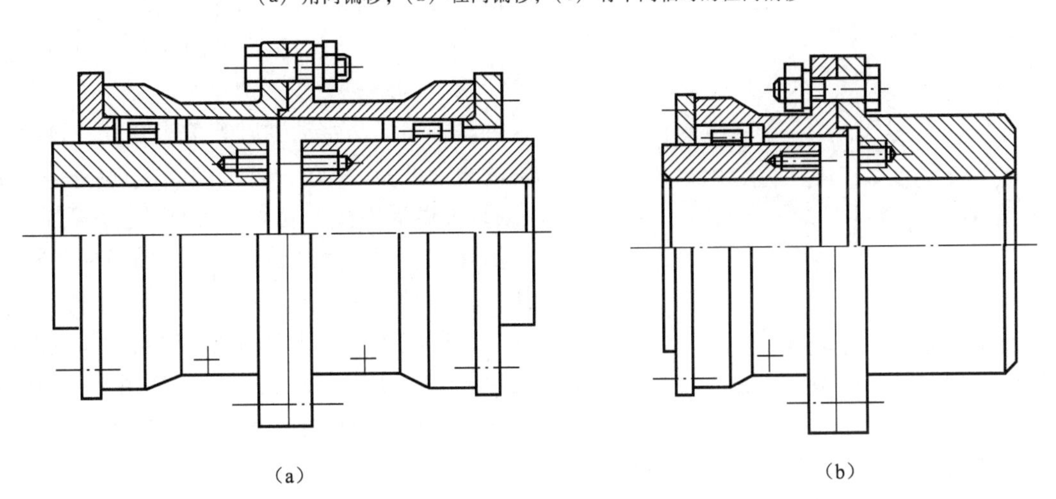

图 16－7　齿式联轴器

（a）GⅠCL 型齿式联轴器；（b）GⅠCLZ 型齿式联轴器

为了补偿两轴的相对偏移，齿式联轴器内外轮齿啮合较普通齿轮传动具有较大的侧隙。此外，还将外齿轮的齿顶制成半径为 R_a 的球面。齿式联轴器齿轮的齿形，除普通的直齿外，还可制成鼓形齿，见图 16－8。当两轴有相对角向偏移时，鼓形齿可以避免轮齿发生边缘接触，改善啮合面上压力分布的均匀性，并可增加许用角向偏移，由于鼓形齿性能好，且已有专用加工设备，故目前新设计的机械设备都采用鼓形齿。

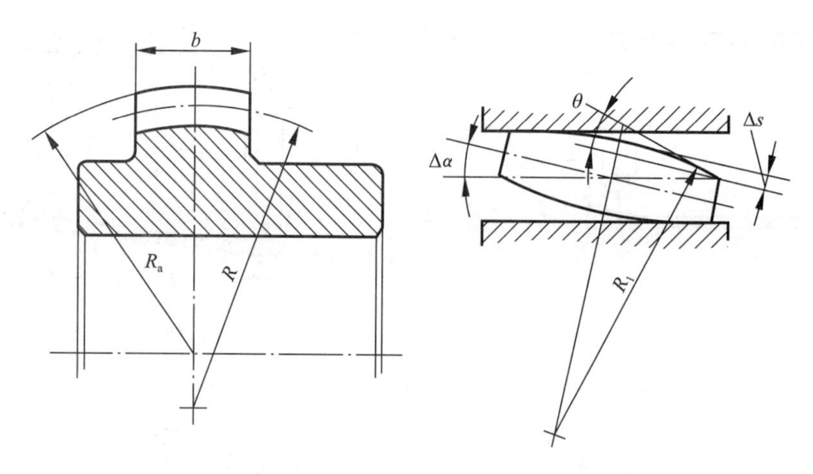

图 16-8　鼓形齿齿形

齿式联轴器工作时齿面间产生相对滑动，为减少摩擦和磨损，在外壳内贮有润滑油对齿面进行润滑，用唇形密封圈密封。

齿式联轴器的特点是结构紧凑、承载能力大、使用的速度范围广、工作可靠，具有综合补偿两轴相对偏移的能力，但制造困难、需要良好的润滑和密封、反转时有冲击，适用于重载下工作或高速运转的水平轴的连接。

3. 万向联轴器

万向联轴器由两个叉形零件和一个十字形零件组成，见图 16-9。十字形零件的四端分别用铰链与两个叉形零件相连接。因此，当一轴固定时，另一轴可以在任意方向偏斜 α 角，角向偏移最大可达 35°～45°。

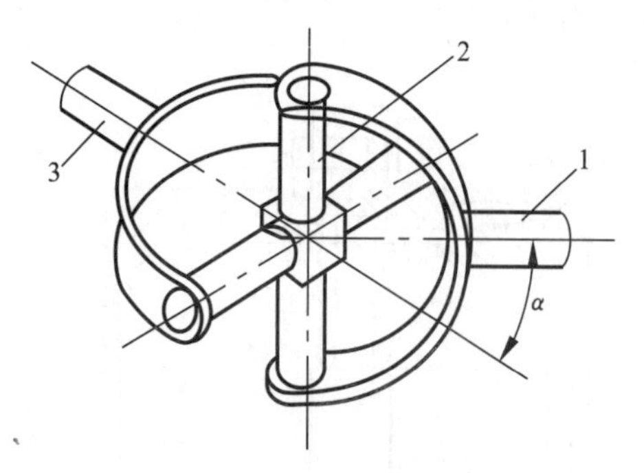

图 16-9　万向联轴器示意图

1—轴叉；2—十字轴；3—轴叉

这种联轴器，当主动轴以等角速度 ω_1 回转时，从动轴的角速度 ω_2 将在一定范围（$\omega_1\cos\alpha \leqslant \omega_2 \leqslant \omega_1/\cos\alpha$）内做周期性的变化，从而引起动载荷。

为消除从动轴的速度波动，通常将万向联轴器成对使用，并使中间轴的两个叉子位于同一平面上，同时，还应使主、从动轴的轴线与中间轴的轴线间的偏斜角 α 相等，即 $\alpha_1=\alpha_2$，如图 16-10 所示，从而主、从动轴的角速度相等。应指出，中间轴的角速度仍旧是不均匀的，所以转速不宜太高。

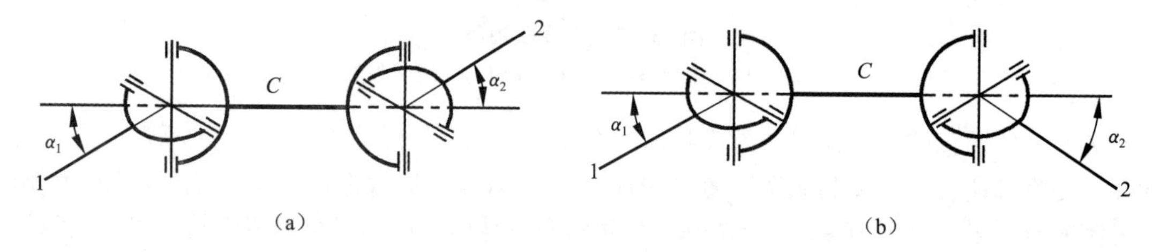

图 16-10　双万向联轴器示意图

（a）主、从动轴线平行；（b）主、从动轴线相交

万向联轴器的结构如图 16－11 所示。

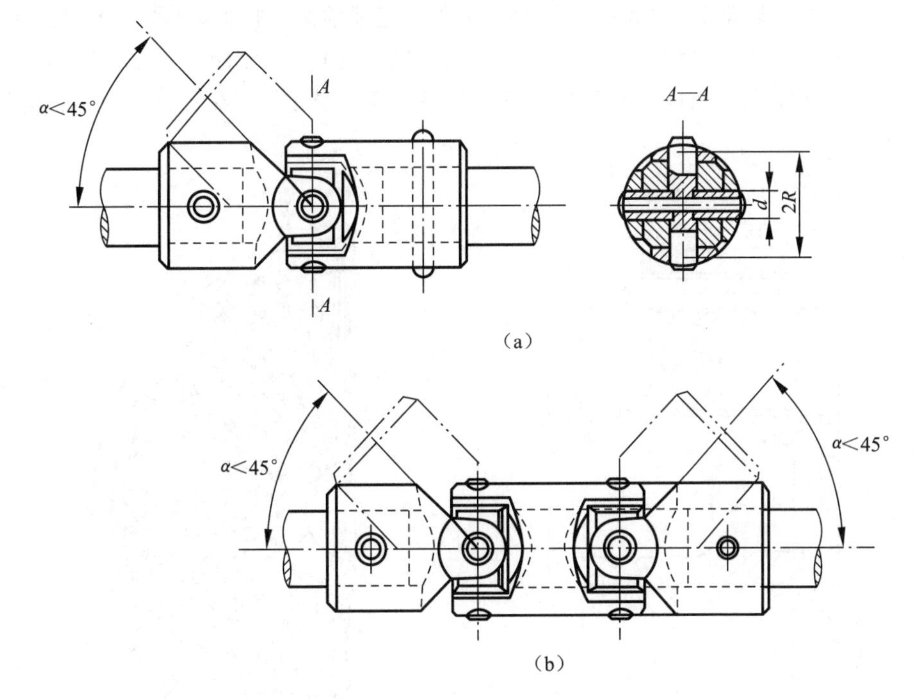

图 16－11　万向联轴器的结构

(a) 单十字；(b) 双十字

万向联轴器适用于有大角向偏移的两轴之间的连接，而且在运转过程中可以随时改变两轴的轴间角，广泛应用于汽车、机床等机械中。

五、有弹性元件挠性联轴器

有弹性元件挠性联轴器依靠弹性元件的弹性变形来补偿两轴轴线的相对偏移，以缓和载荷的冲击并吸收振动，适用于需要经常启动或反转的场合。

1. 蛇形弹簧联轴器

蛇形弹簧联轴器由两半联轴器和蛇形弹簧片组成，图 16－12 所示为金属弹性元件挠性联轴器的一种。在两半联轴器上制有 50～100 个齿，在齿间嵌装蛇行弹簧片，该弹簧可分为 6～8 段。弹簧被外壳罩住，防止其脱出，并能贮存润滑油。两半联轴器通过蛇形弹簧传递转矩。这种联轴器适用于转矩变化不大的两轴连接，多用于有严重冲击载荷的重型机械。

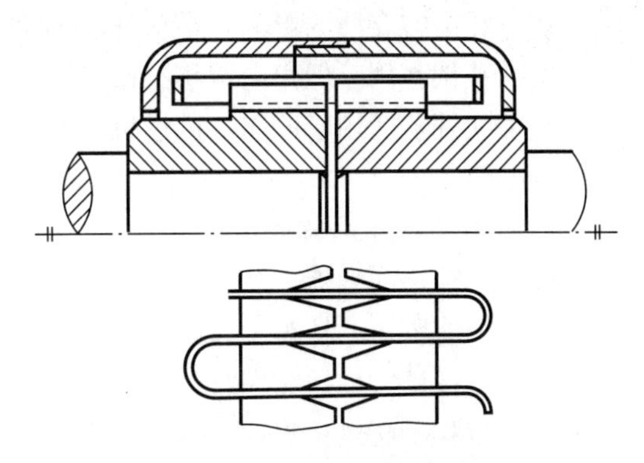

图 16－12　蛇形弹簧联轴器

该联轴器连接两轴时允许的径向偏移量为 0.38～1.14 mm，轴向偏移量为 2～6.4 mm，角向偏移量为 1°15′。两轴间允许最大扭角为 1°～1.2°。

2. 弹性阻尼簧片联轴器

弹性阻尼簧片联轴器如图16－13所示，主要由花键轴5、外套圈2和若干组径向呈辐射状布置的金属簧片7等零件组成。簧片组由不同长度的簧片叠合而成。簧片内端的最长簧片插在花键轴5的齿槽内，组成可动连接。通过连接盘1、簧片7和花键轴5就可传递转矩。

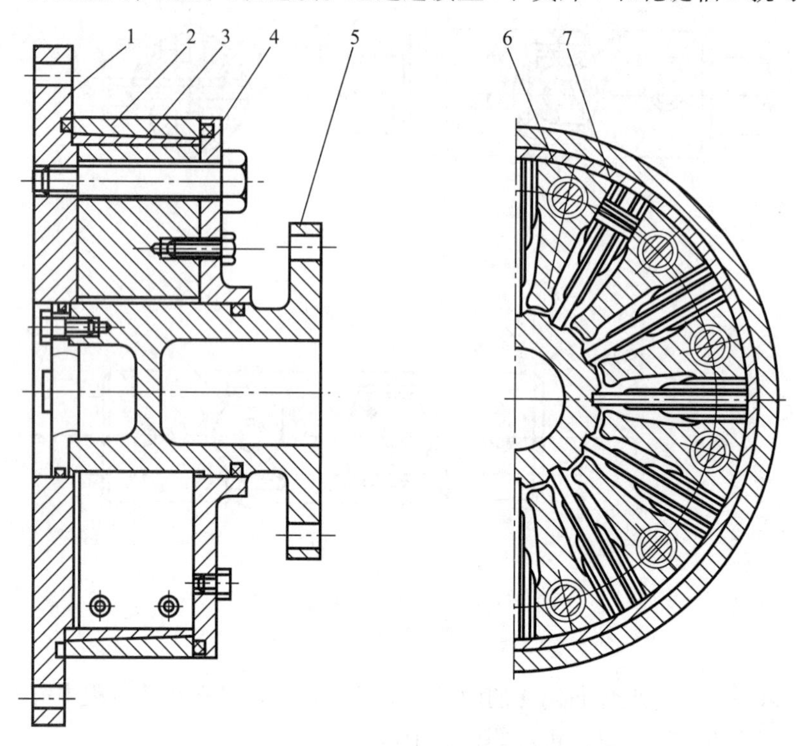

图16－13 弹性阻尼簧片联轴器

1—连接盘；2—外套圈；3—弹性锥环；4—盖板；5—花键轴；6—支承块；7—簧片

为了增强联轴器的缓冲减振效果，在密封的簧片组之间的空腔内，充满一定压力的润滑油，簧片弯曲时产生阻尼作用。当联轴器承受的转矩过大时，簧片组的弯曲变形就受到支承块6的限制，避免损坏。此时的联轴器就变成刚性联轴器。

该联轴器的特点是具有很好的扭转弹性和阻尼吸振作用。安全、可靠、寿命长，不受温度、灰尘和有害介质的影响。最大扭转角可达6°～9°，对所连接两轴的径向和轴向偏移都有一定的补偿作用。但角向偏移补偿量小，一般不大于0.2°。

这种联轴器适用于船舶、内燃机、柴油发电机组等。可以调节系统扭振的自振频率，并能降低振幅。

3. 弹性套柱销联轴器

弹性套柱销联轴器在结构上和刚性凸缘联轴器的很相似，只是两半联轴器的连接不用螺栓而采用带橡胶套的柱销，如图16－14所示。

弹性套柱销联轴器靠橡胶套传递力并靠其弹性变形来补偿径向偏移和角向偏移，通常允许的径向偏移不超过0.3～0.6 mm，角向偏移不超过1°。当角向偏移较大时，橡胶套磨损较快，故寿命较低。

弹性套柱销联轴器结构简单、制造容易、装拆方便、成本较低，适用于转矩小、转速高、频繁正反转、需要缓和冲击振动的场合，尤其在高速轴上应用十分广泛。

4. 弹性柱销联轴器

弹性柱销联轴器在结构上和刚性凸缘联轴器也很相似，它用尼龙圆柱销代替连接螺栓（图16－15）。为了防止柱销滑出，在半联轴器两端设有挡圈。

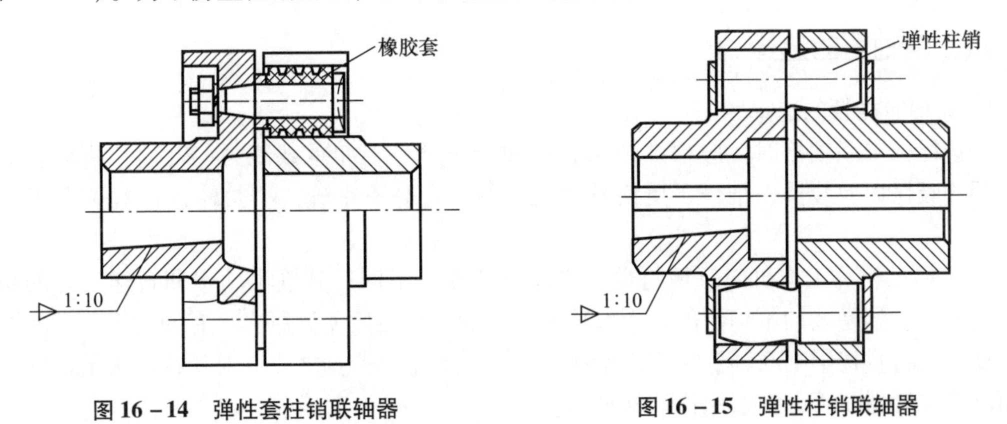

图16－14　弹性套柱销联轴器　　图16－15　弹性柱销联轴器

这种联轴器靠尼龙柱销传递力并靠其弹性变形来补偿径向偏移和角向偏移，允许的径向偏移量小于0.25 mm，角向偏移量小于30′。

尼龙柱销联轴器结构简单、制造方便、成本低，适用于转矩小、转速高、正反向变化多、启动频繁的高速轴。

5. 轮胎式联轴器

轮胎式联轴器的结构如图16－16所示。两半联轴器1和5通过紧固螺栓2和内压板4与轮胎环3连接在一起。轮胎环是由橡胶及帘线制成的轮胎形弹性元件。

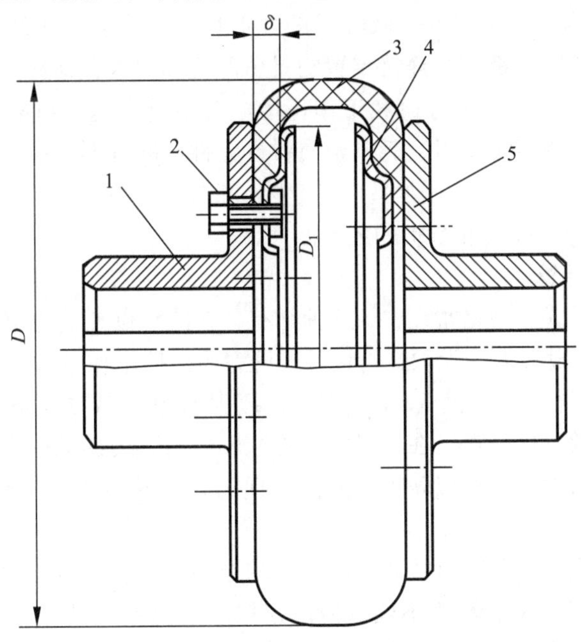

图16－16　轮胎式联轴器

1，5—半联轴器；2—紧固螺栓；3—轮胎环；4—内压板

由于橡胶轮胎易于变形，因此，允许的相对偏移较大，角向偏移可达5°～12°，轴向偏移可达0.02D，径向偏移可达0.01D，其中D为联轴器的外径。

轮胎式联轴器的结构简单、使用可靠、弹性大、寿命长、不需润滑，但径向尺寸大，可用于潮湿多尘、启动频繁的场合。

六、联轴器的选择

1. 联轴器类型的选择

在选择标准联轴器时，应根据使用要求和工作条件，如承载能力、转速、两轴相对偏移、缓冲吸振以及装拆、维修、更换易损元件等综合分析来确定。具体选择时可考虑以下因素：

（1）原动机和工作机的机械特性。原动机的类型不同，其输出功率和转速，有的是平稳恒定的，有的是波动不均匀的，而各种工作机的载荷性质差异更大，有的甚至是强烈冲击或振动，这将直接影响联轴器类型的选择，是选型的主要依据之一。对于载荷为平稳的，可选用刚性联轴器，否则宜选用挠性联轴器。

（2）联轴器连接的轴系及其运转情况。对于连接轴系的质量大、转动惯量大，而又经常启动、变速或反转的，应考虑选用能承受较大瞬时过载，并能缓冲吸振的联轴器。

（3）工作机的转速高低。对于需高速运转的两轴连接，应考虑选择联轴器的结构具有高平衡精度特性，以消除离心力产生的振动和噪声，避免相关元件因磨损和发热而降低传动质量和使用寿命。

（4）联轴器的对中和对中保持程度。保持良好的对中是正常运转的前提，可防止产生过大附加载荷及其他不良工况。选择的联轴器不但要补偿安装时难免存在的相对偏差，还应能补偿两轴在运转中出现的相对偏移。

（5）联轴器的结构及工作特性。联轴器的外形尺寸，安装、拆卸所需的空间大小和难易程度以及对维护的要求等都应与连接装置的具体配置和要求相适应。

（6）联轴器的可靠性、使用寿命和工作环境。对于要求运转可靠，不允许运转工作临时中断的传动，最好选用不需润滑、无非金属弹性元件的联轴器。高温和含有腐蚀性介质的场所应避免使用橡胶弹性元件的联轴器。有灰尘、潮湿的环境应使用有罩壳的联轴器。

（7）联轴器的制造、安装和维护的成本。

2. 联轴器的选用计算

联轴器的品种、形式、规格很多，每一种都有各自的特点和适用范围，其中常用的已经标准化，一般情况下，设计人员无须自行设计，只需要根据工作条件和工作要求选择合适的类型，然后按照轴的直径d、转速n和计算转矩T_c从标准中选择所需要的型号和尺寸，必要时对少数关键零件做校核计算。在选择和计算联轴器时，传递的最大转矩应考虑启动时的惯性力矩以及过载等因素，一般以联轴器所需传递的计算转矩T_c小于所选联轴器的许用转矩［T］为原则。

由于轴系载荷变化性质不同以及联轴器本身的结构特点和性能不同，联轴器实际传递的转矩与轴系理论上所需传递的转矩不同，但确定机器的这些载荷往往需要烦琐的计算。因此，当最大转矩不易准确计算时，通常可把名义工作转矩乘以一些影响系数来考虑这些因素的影响。考虑了影响系数以后的计算转矩T_c（N·m）为

$$T_c = K_A K_W K_Z K_t T$$

式中，T 为轴的名义转矩（N·m）；K_A 为工作情况系数，见表 16－1；K_W 为原动机系数，见表 16－2；K_Z 为启动系数，指每小时启动次数，见表 16－3，其中 Z 表示启动频率；K_t 为温度系数，仅用于带有非金属弹性元件的联轴器，见表 16－4，对于其他类型联轴器，取 $K_t = 1$。

表 16－1　联轴器工作情况系数 K_A（摘自 JB/T 7511—1994）

工作机类型	K_A	工作机类型	K_A
食品机械	1～1.25	泵（单～多缸）	1.75～2.25
压缩机（离心式、轴流式）	1.25～1.50	橡胶机械	2.00～2.50
搅拌机（筒形、混凝土）	1.50～1.75	碎矿（石）机	2.75

表 16－2　原动机系数 K_W

原动机类型代号	原动机名称	原动机系数 K_W
Ⅰ	电动机	1.0
Ⅱ	四缸及四缸以上内燃机	1.2
Ⅲ	双缸内燃机	1.4
Ⅳ	单缸内燃机	1.6

表 16－3　启动系数 K_Z

Z	≤120	＞120～140	＞140
K_Z	1.0	1.3	由制造厂确定

表 16－4　温度系数 K_t

温度 t/℃	天然橡胶（NR）	聚氨基甲酸乙酯弹性体（RUR）	丁腈橡胶（NBR）
－20～30	1.0	1.0	1.0
＞30～40	1.1	1.2	1.0
＞40～60	1.4	1.5	1.0
＞60～80	1.8	不允许	1.2

第二节　离　合　器

一、离合器的功用和分类

离合器具有各种不同的用途。根据原动机和工作机之间或机械中各部件之间的工作要求，离合器可以实现相对启动或停止，以及改变传动件的工作状态。此外，离合器还可以作为启动或过载时控制传递转矩大小的安全保护装置。

离合器按接合元件传动的工作原理可分为嵌合式离合器和摩擦式离合器；按实现离、合动作的过程又可分为操纵离合器和自控离合器；按离合器的操纵方式，则可分为机械离合器、气压离合器、液压离合器和电磁离合器等。

离合器应满足下列基本要求：便于接合与分离；接合与分离迅速可靠；接合时振动小；调节维修方便；尺寸小，质量小；耐磨性好，散热性好等。

二、操纵离合器

1. 牙嵌离合器

牙嵌离合器主要由端面带齿的两个半离合器组成，如图16－17所示，通过齿面接触来传递转矩。半离合器1固定在主动轴上。可动的半离合器2装在从动轴上，操纵滑环4使其沿着导向平键3移动，以实现离合器的接合与分离。在固定的半离合器中装有对中环5，从动轴端可在对中环中自由转动，以保持两轴对中。

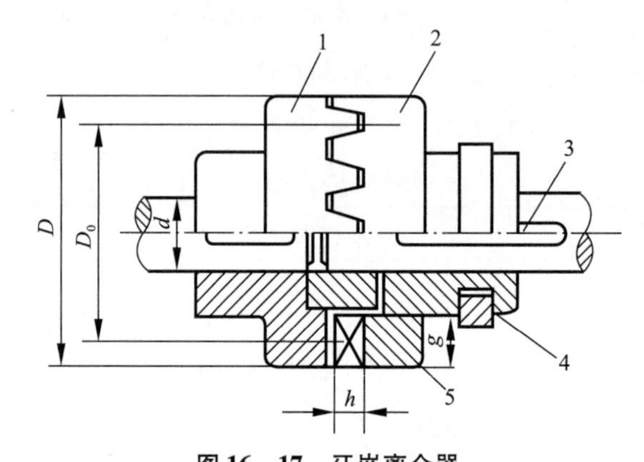

图16－17　牙嵌离合器

1，2—半离合器；3—平键；4—滑环；5—对中环

离合器的牙形有三角形、梯形、锯齿形等，如图16－18所示。三角形齿的齿顶尖、强度低、易损坏，用于传递小转矩的低速离合器。梯形牙的强度高，能传递较大的转矩，且齿面磨损后能自动补偿间隙，应用较广。锯齿形牙强度最高，但只能单向工作，因另一牙面有较大倾斜角，工作时可产生较大轴向力迫使离合器分离。

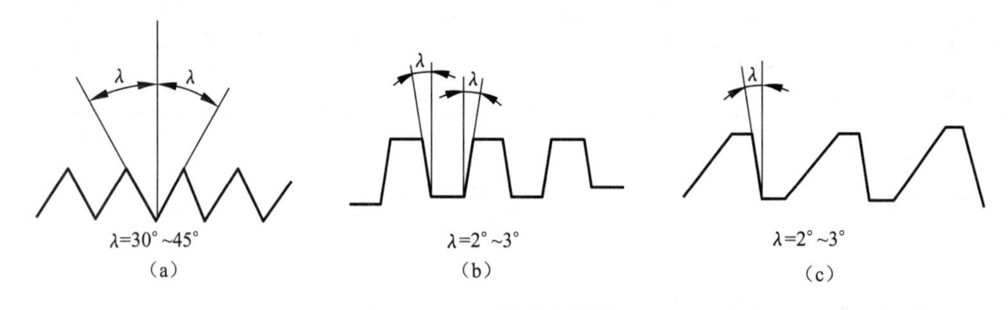

图16－18　牙嵌离合器的牙形

（a）三角形牙；（b）梯形牙；（c）锯齿形牙

离合器牙数一般取3～60个。要求传递转矩大时，应取较少牙数；要求接合时间短时，应取较多牙数。但牙数越多，载荷分布越不均匀。

为提高齿面耐磨性，牙嵌离合器的齿面应具有较大的硬度。牙嵌离合器的材料通常用低碳钢（渗碳淬火处理）或中碳钢（表面淬火处理），对不重要的或静止时离合的牙嵌离合器也可采用铸铁。

牙嵌离合器结构简单，尺寸小，工作时无滑动，因此应用广泛。但它只宜在两轴不回转或转速差很小时进行离合，否则会因撞击而断齿。

2. 摩擦离合器

摩擦离合器可以在不停车或主、从动轴转速差较大的情况下进行接合与分离，并且较为平稳，但在接合与分离过程中，两摩擦盘间必然存在相对滑动，引起摩擦片的发热和磨损。

摩擦离合器的类型很多，有单盘式、多盘式和圆锥式。

图 16－19 所示的单圆盘摩擦离合器是最简单的摩擦离合器，其中摩擦盘 3 固定在主动轴 1 上，操纵滑环 5 可使摩擦盘 4 沿导向键在从动轴 2 上移动从而实现两摩擦盘的接合与分离。接合时，轴向压力 F_Q 使两圆盘的接合面间产生足够大的摩擦力以传递转矩。

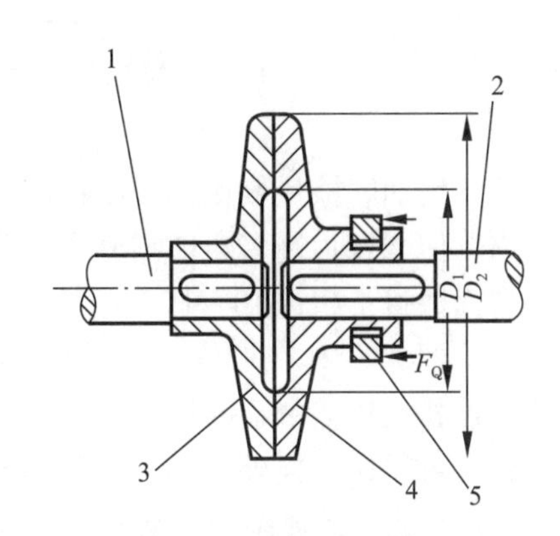

图 16－19　单盘式摩擦离合器

1—主动轴；2—从动轴；3，4—摩擦盘；5—滑环

图 16－20（a）所示为多盘摩擦离合器结构图。这种离合器有内外两组摩擦片，外摩擦片组 4 利用外圆上的花键与外鼓轮 2 相连（外鼓轮 2 与轴 1 相固连），内摩擦片组 5 利用内圆上的花键与内套筒 10 相连（内套筒 10 与轴 9 相固连）。当滑环 8 做轴向移动时，将拨动曲臂压杆 7，使压板 3 压紧或松开内、外摩擦片组，从而使离合器接合或分离。螺母 6 用来调节内、外摩擦片组的间隙大小。外摩擦片和内摩擦片的结构形状如图 16－20（b）、（c）所示。若将内摩擦片改为图 16－20（d）所示的碟形，使其具有一定的弹性，则离合器分离时摩擦片能自行弹开，接合时也较平稳。

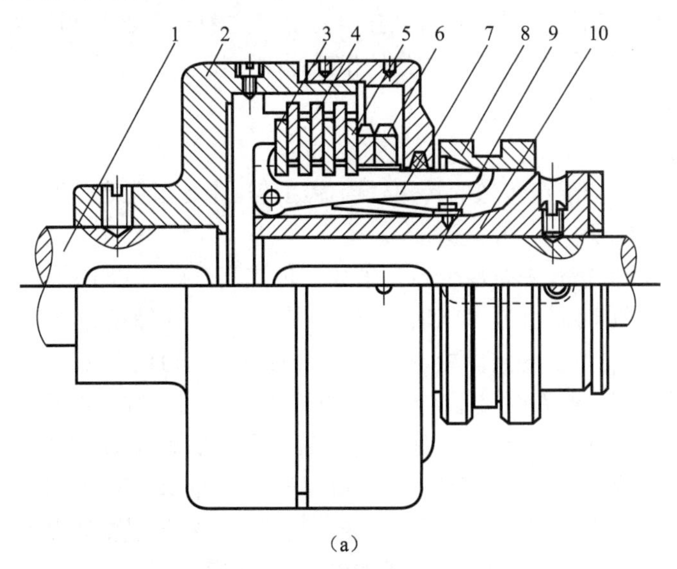

图 16－20　多盘摩擦离合器

（a）结构图

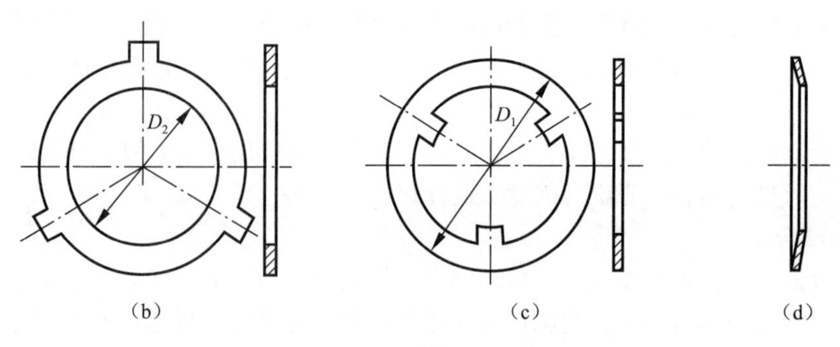

图16－20　多盘摩擦离合器（续）

（b）外摩擦片；（c）内摩擦片；（d）碟形内摩擦片

1—轴；2—外鼓轮；3—压板；4—外摩擦片组；5—内摩擦片组；6—螺母；7—曲臂压杆；8—滑环；9—轴；10—套筒

增加摩擦片数目，可以提高离合器传递转矩的能力，但摩擦片过多会影响分离动作的灵活性，一般接合面数目不超过10～15对。

图16－21为圆锥式摩擦离合器。与单圆盘摩擦离合器相比较，由于锥形结构的存在，使圆锥式摩擦离合器可以在同样外径尺寸和同样轴向压力F_Q的情况下产生较大的摩擦力，从而传递较大的转矩。

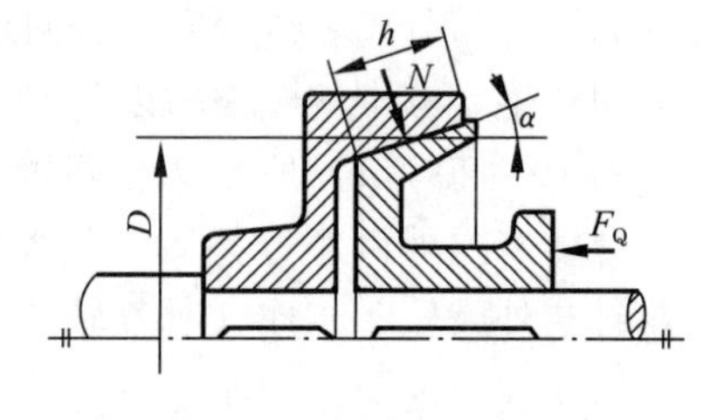

图16－21　圆锥式摩擦离合器

三、自控离合器

自控离合器是一种能根据机器运动或动力参数（转矩、转速、转向等）的变化而自动完成接合和分离动作的离合器。自控离合器主要有三种：①当传递转矩达到某一定值时能自动分离的离合器，由于这种离合器有防止过载的安全作用，故称为安全离合器；②当轴的转速达到某一转速后能自动接合或分离的离合器，由于这种离合器是利用离心力的原理工作，故称为离心离合器；③根据主、从动部分的相对运动速度变化或回转方向的变换，能自动接合或分离的离合器称为超越离合器。

1. 安全离合器

安全离合器用来精确限定传递的转矩。当传递转矩未超过限定值时，其作用相当于联轴器，故又称为安全联轴器。

图16－22所示的剪销式安全离合器是破坏元件式安全离合器中应用最广泛的一种结构。这种离合器的结构类似于刚性凸缘联轴器，但不用螺栓，而用钢制销钉连接。过载时，销钉被剪断。销钉的尺寸d_0由强度条件决定。为了加强剪断销钉的效果，常在销钉孔中紧配一硬质的钢套。因更换销钉既费时又不方便，因此这种联轴器不宜用在经常发生过载的场合。

图16－23为摩擦式安全离合器，其结构类似多盘摩擦离合器，但不用操纵机构，而是用适当的弹簧1将摩擦盘压紧，弹簧施加的轴向压力F_Q的大小可由螺母2进行调节。调节完毕并将螺母固定后，弹簧的压力就保持不变。当工作转矩超过要限制的最大转矩时，摩擦盘间即发生打滑而起到安全保护作用。当转矩降低到某一值时，离合器又自动恢复接合状态。

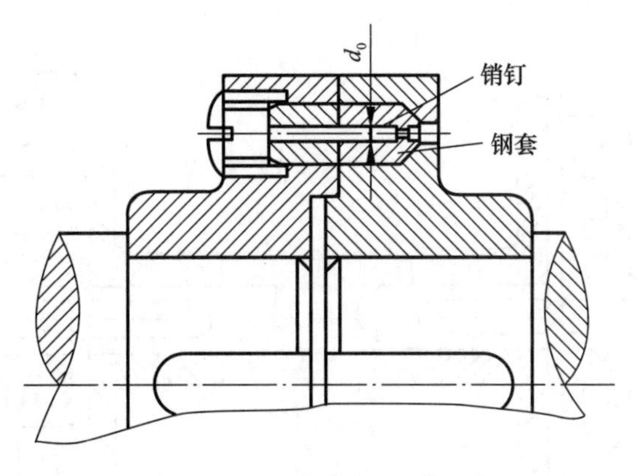

图 16－22　剪销式安全离合器

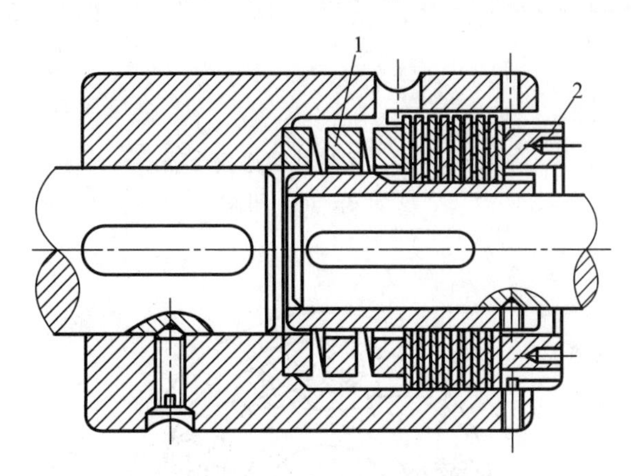

图 16－23　摩擦式安全离合器

1—弹簧；2—螺母

2. 离心离合器

离心离合器依靠离心体产生的离心力达到自动接合或分离。图 16－24 所示为闸块式离心离合器的工作原理。在静止状态下，弹簧力 F_s 使闸块 m 受拉，从而使离合器分离（图 16－24（a）），或使闸块 m 受压，从而使离合器接合（图 16－24（b））。前者称为开式，后者称为闭式。当主动轴达到一定转速时，离心力 F_c > 弹簧力 F_s，而使离合器相应地接合或分离。调整弹簧力 F_s，可控制需要接合或分离的转速。

开式离合器主要用于启动装置，如在启动频繁时，机器中采用这种离合器，可使电动机在运转稳定后才接入负载，而避免电机过热或防止传动机构受动载过大。闭式离合器主要用作安全装置，当机器转速过高时起安全保护作用。

3. 超越离合器

超越离合器的特点是只能按一个转向传递转矩，反向时自动分离。图 16－25 为一种应用广泛的滚柱式超越离合器。它是由星轮 1、外圈 2、滚柱 3 和弹簧顶杆 4 等组成。滚柱被弹簧顶杆以不大的推力向前推进而处于半楔紧状态，当星轮为主动轮做顺时针方向转动时，滚柱被楔紧在星轮和外圈之间的楔形槽内，因而外圈将随星轮一起旋转，离合器处于接合状态。但当星轮反向做逆时针方向转动时，滚柱被推向楔形槽的宽敞部分，不再楔紧在槽内，

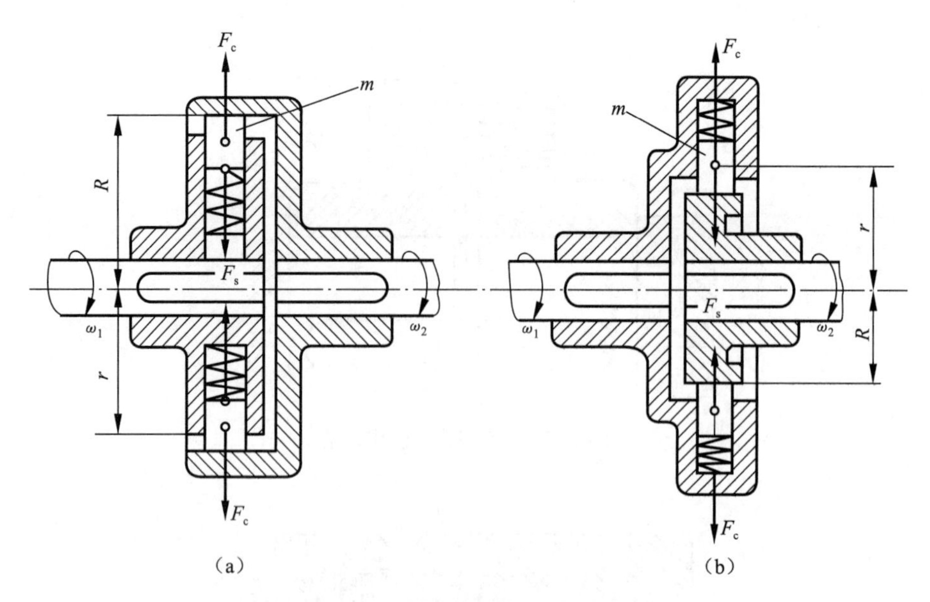

图16-24　闸块式离心离合器

（a）开式；（b）闭式

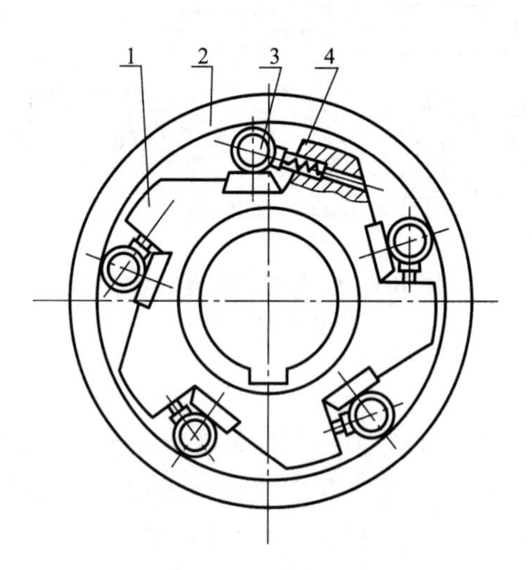

图16-25　超越离合器

1—星轮；2—外圈；3—滚柱；4—弹簧顶杆

外圈就不会随星轮一起旋转，离合器处于分离状态。这种离合器工作时没有噪声，适用于高速传动，但制造精度要求较高。

第三节　制　动　器

制动器是利用摩擦力来降低运动物体的速度或迫使其停止运动的装置。多数常用制动器已经标准化、系列化。制动器的种类很多，按照制动零件的结构特征划分，有块式、带式、盘式制动器；按工作状态分，有常闭式和常开式。常闭式制动器经常处于紧闸状态，施加外力时才能解除制动（例如起重机用制动器）。常开式制动器经常处于松闸状态，施加外力时才能制动（例如车辆用制动器）。为了减小制动力矩，常将制动器装在高速轴上。以下介绍几种典型的制动器。

一、带式制动器

最为常见的带式制动器的工作原理如图 16－26 所示。当施加外力 Q 时，利用杠杆 3 收紧闸带 2 而抱住制动轮 1，依靠带和制动轮间的摩擦力达到制动的目的。

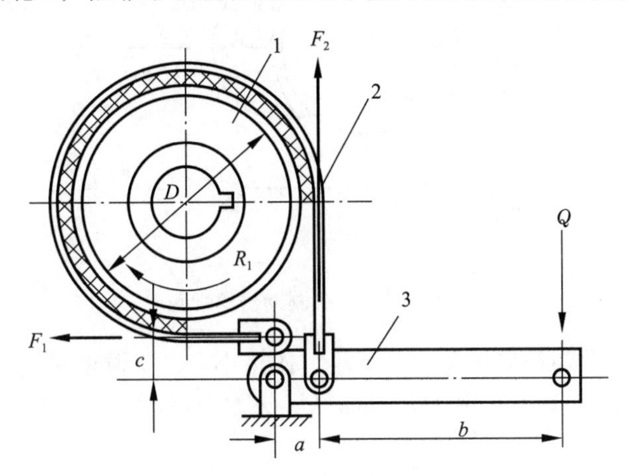

图 16－26　带式制动器

1—制动轮；2—闸带；3—杠杆

为了增强摩擦效果，闸带材料一般在钢带上覆以石棉基摩擦材料。

带式制动器制动轮轴和轴承承受力大，带与轮间压力不均匀，从而磨损也不均匀，且易断裂，但结构简单、尺寸紧凑，可产生较大的制动力矩，所以目前经常使用。

二、块式制动器

块式制动器如图 16－27 所示，依靠瓦块与制动轮间的摩擦力来制动。通电时，电磁线圈 1 的吸力吸住衔铁 2，再通过弹簧 4 及制动杆 3 使瓦块 5 松开，将制动轮 6 释放，机器便

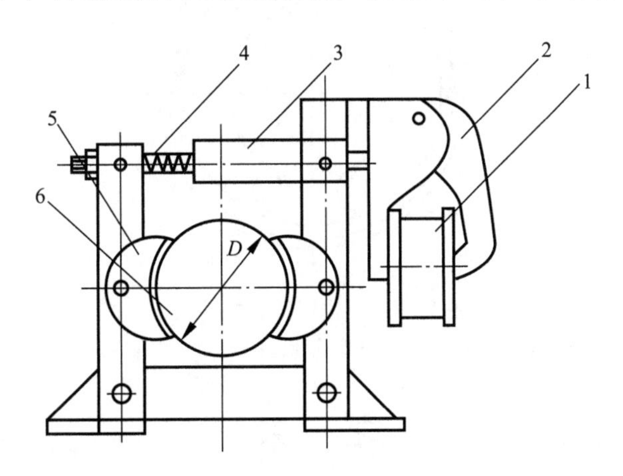

图 16－27　块式制动器

1—电磁线圈；2—衔铁；3—杠杆；4—弹簧；5—瓦块；6—制动轮

能自由运转。当需要制动时，则切断电流，电磁线圈释放衔铁2，依靠弹簧力使瓦块5抱紧制动轮6。其工作原理如图16－28所示。

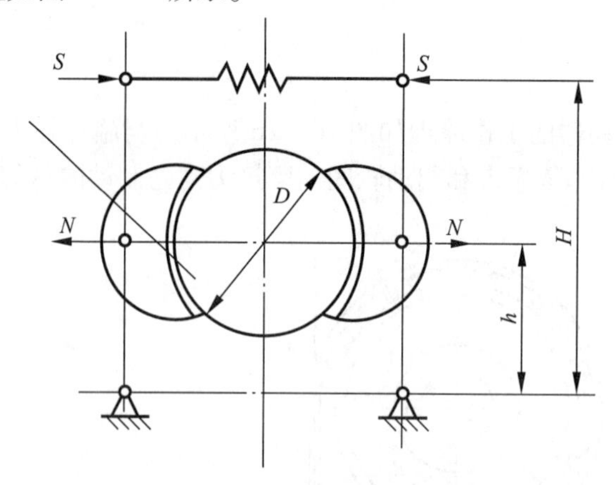

图16－28　块式制动器原理图

电磁块式制动器制动和开启迅速、尺寸小、质量小，易于调整瓦块间隙，更换瓦块、电磁铁也方便，但制动时冲击大、电能消耗也大，不宜用于制动力矩大和需要频繁制动的场合。

三、内张蹄式制动器

图16－29为内张蹄式制动器工作简图。两个制动蹄2、7分别通过两个销轴1、8与机架铰接，制动蹄表面装有摩擦片3，制动轮6与需要制动的轴固连。当压力油进入油缸4后，推动左右两个活塞，克服拉簧5的作用使制动蹄2、7分别与制动轮6相互压紧，即产生制动作用。油路卸压后，拉簧5使两制动蹄与制动轮分离松闸。这种制动器结构紧凑，广泛应用于各种车辆以及结构尺寸受到限制的机械中。

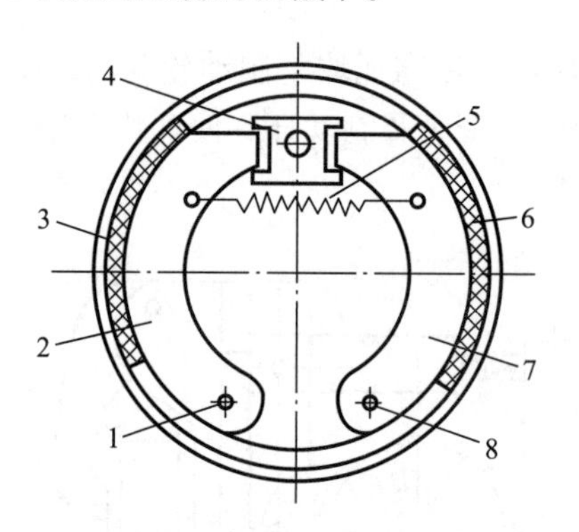

图16－29　内张蹄式制动器

1，8—销轴；2，7—制动蹄；3—摩擦片；4—油缸；5—拉簧；6—制动轮

习　题

16－1　联轴器有哪些种类？说明其特点及应用。

16－2　挠性联轴器是如何补偿两轴的相对偏移的？

16－3　联轴器如何选用?

16－4　离合器有哪些种类?说明其工作原理及应用。

16－5　离合器如何选用?

16－6　在带式运输机的驱动装置中，电动机与减速器之间、齿轮减速器与带式运输机之间分别用联轴器连接，有两种方案：①高速级选用挠性联轴器，低速级选用刚性联轴器；②高速级选用刚性联轴器，低速级选用挠性联轴器。试问上述两种方案哪个好?为什么?

16－7　带式运输机中减速器的高速轴与电动机采用弹性套柱销联轴器。已知电动机的功率 $P=11$ kW，转速 $n=970$ r/min，电动机轴直径为 42 mm，减速器的高速轴的直径为 35 mm，试选择电动机与减速器之间的联轴器。

第五篇　其他常用零部件设计

第十七章
弹　　簧

第一节　概　　述

弹簧是利用材料的弹性和结构特点通过变形和储存能量来工作的一种机械零件，它在机械设备、仪器仪表、交通运输工具及生活用品中应用广泛。

为了满足不同的工作要求，弹簧具有不同的类型。按形状可分为圆柱螺旋弹簧、圆锥螺旋弹簧、碟形弹簧、板弹簧、平面涡卷弹簧及环形弹簧等；按所受载荷情况可分为压缩弹簧、拉伸弹簧、扭转弹簧、弯曲弹簧等；按弹簧丝剖面形状可分为圆形、方形等。

图 17－1 列出了几种形状的弹簧。螺旋弹簧是由弹簧丝卷绕而成，制作容易、价格低廉，广泛应用的有圆柱螺旋压缩弹簧（图 17－1（a））、圆柱螺旋拉伸弹簧（图 17－1（b））和圆柱螺旋扭转弹簧（图 17－1（c））；碟形弹簧（图 17－1（d））的结构简单，刚度大、变形小，适合于轴向空间要求小的场合；板弹簧（图 17－1（e））质量和体积比较

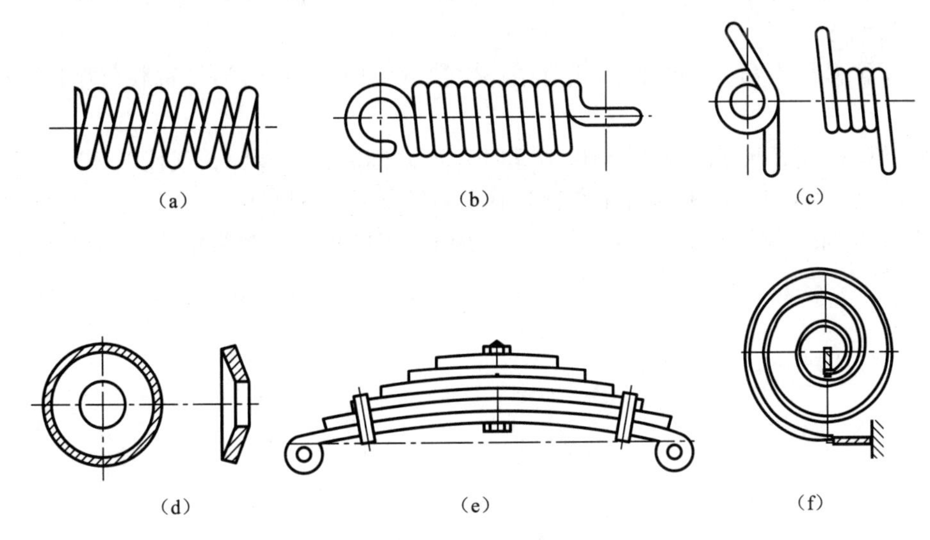

图 17－1　各种各样的弹簧

（a）圆柱螺旋压缩弹簧；（b）圆柱螺旋拉伸弹簧；（c）圆柱螺旋扭转弹簧；
（d）碟形弹簧；（e）板弹簧；（f）平面涡卷弹簧

大，一般可以承受很大的载荷，维修方便；平面涡卷弹簧（图 17－1（f））刚度较小，一般在静载荷下工作，由于卷绕圈数可以很多，能在较小体积内储存很大的能量，可作为玩具的动力源或钟表发条。

本章以最常用的圆柱螺旋压缩和拉伸弹簧的设计计算为主，对于其他类型的弹簧（如扭转弹簧）只做简单介绍。

第二节　弹簧材料和制造

一、弹簧材料

弹簧的性能和寿命主要取决于弹簧的材料，因此要求弹簧的材料除应满足具有较高的抗拉强度和屈服强度外，还必须具有较高的弹性极限、疲劳极限、冲击韧性、塑性和良好的热处理工艺性等。

弹簧材料的选择必须充分考虑到弹簧的用途，重要程度与所受的载荷性质、大小、循环特性，工作温度，周围介质等使用条件，以及加工热处理和经济性等因素，以便使选择结果与实际要求相吻合。

常用的弹簧材料有：冷拉碳素弹簧钢丝、合金弹簧钢丝、不锈弹簧钢丝及铜合金等。近年来，非金属弹簧材料也得到很大的发展，如橡胶、塑料、软木及空气等。

弹簧材料的许用应力是根据弹簧的材料、弹簧的类型和载荷的性质来确定的。弹簧所受载荷分为静载荷和动载荷两种类型。静载荷指弹簧承受恒定不变的载荷或载荷有变化，但循环次数 $N<10^4$ 次；动载荷指弹簧承受循环次数 $N\geqslant10^4$ 次的变化载荷。根据循环次数动载荷又分为：

（1）有限疲劳寿命：冷卷弹簧载荷循环次数 $N\geqslant10^4\sim10^6$ 次；热卷弹簧载荷循环次数 $N\geqslant10^4\sim10^5$ 次；

（2）无限疲劳寿命：冷卷弹簧载荷循环次数 $N\geqslant10^7$ 次；热卷弹簧载荷循环次数 $N\geqslant 2\times10^6$ 次。

当冷卷弹簧载荷循环次数介于 10^6 次和 10^7 次之间时；热卷弹簧载荷循环次数介于 10^5 次和 2×10^6 次之间时，可根据情况参照有限或无限疲劳寿命设计。

表 17－1 列出了常用弹簧材料。表 17－2 列出了冷拉碳素弹簧钢丝和不锈弹簧钢丝的抗拉强度 R_m。表 17－3 中推荐了几种弹簧常用材料的［τ］和［σ_b］值，可供设计时参考。

表 17－1 弹簧的常用材料

材料名称	牌号（类型）	直径规格 /mm	切变 模量 G/GPa	弹性 模量 E/GPa	推荐 温度 范围/℃	特性及用途
冷拉碳素 弹簧钢丝 （GB/T 4357— 2009）	SL 型 SM 型 SH 型 DM 型 DH 型	SL 型： 1.00～10.00 SM 型、SH 型： 0.30～13.00 DM 型： 0.08～13.00 DH 型： 0.05～13.00	78.5	206	－40～ 150	SL 型为静载荷低抗拉强度级，用于低应力弹簧；SM 型为静载荷中等抗拉强度级，DM 型为动载荷中等抗拉强度级，用于中等应力弹簧；SH 型为静载荷高抗拉强度级，DH 型为动载荷高抗拉强度级，用于高应力弹簧
合金弹簧钢丝 （YB/T 5318— 2010）	50CrVA	0.5～14.0			－40～ 210	用于中应力和高应力弹簧
	55CrSiA 60Si2MnA				－40～ 250	
不锈弹簧钢丝 （GB/T 24588— 2009）	A 组： 12Cr18Ni9 06Cr19Ni9 06Cr17Ni12Mo2 10Cr18Ni9Ti 12Cr18Mn9Ni5N	A 组，C 组： 0.2～10.0 B 组： 0.2～12.0 D 组： 0.2～6.0	70	185	－200 ～290	耐腐蚀，耐高低温，用于腐蚀或高低温工作条件下；D 组牌号不适于耐腐蚀较高的条件下
	B 组： 12Cr18Ni9 06Cr18Ni9N 12Cr18Mn9Ni5N C 组： 07Cr17Ni7Al D 组： 12Cr17Mn8Ni3Cu3N		73	195		
注：当工作温度大于 60℃时，切变模量应进行修正，具体可查手册。						

表 17－2　弹簧钢丝的抗拉强度 R_m　　MPa

钢丝直径 /mm	冷拉碳素弹簧钢丝（GB/T 4357—2009）					不锈弹簧钢丝（GB/T 24588—2009）				
	SL 型	SM 型	DM 型	SH 型	DH 型	A 组	B 组	C 组①		D 组
								冷拉不小于	时效	
0.90		2 010 ~ 2 260		2 270 ~ 2 510		1 550 ~ 1 850	1 850 ~ 2150	1 800	2 100 ~ 2 410	1 620 ~ 1 870
1.00	1 720 ~ 1 970	1 980 ~ 2 220		2 230 ~ 2 470		1 550 ~ 1 850	1 850 ~ 2 150	1 800	2 100 ~ 2 410	1 620 ~ 1 870
1.05	1 710 ~ 1 950	1 960 ~ 2 220		2 210 ~ 2 450		—	—	—	—	—
1.10	1 690 ~ 1 940	1 950 ~ 2 190		2 200 ~ 2 430		1 450 ~ 1 750	1 750 ~ 2 050	1 750	2 050 ~ 2 350	1 620 ~ 1 870
1.20	1 670 ~ 1 910	1 920 ~ 2 160		2 170 ~ 2 400		1 450 ~ 1 750	1 750 ~ 2 050	1 750	2 050 ~ 2 350	1 580 ~ 1 830
1.40	1 620 ~ 1 860	1 870 ~ 2 100		2 110 ~ 2 340		1 450 ~ 1 750	1 750 ~ 2 050	1 700	2 000 ~ 2 300	1 580 ~ 1 830
1.60	1 590 ~ 1 820	1 830 ~ 2 050		2 060 ~ 2 290		1 400 ~ 1 650	1 650 ~ 1 900	1 600	1 900 ~ 2 180	1 550 ~ 1 800
1.80	1 550 ~ 1 780	1 790 ~ 2 010		2 020 ~ 2 240		1 400 ~ 1 650	1 650 ~ 1 900	1 600	1 900 ~ 2 180	1 550 ~ 1 800
2.00	1 520 ~ 1 750	1 760 ~ 1 970		1 980 ~ 2 200		1 400 ~ 1 650	1 650 ~ 1 900	1 600	1 900 ~ 2 180	1 550 ~ 1 800
2.10	1 510 ~ 1 730	1 740 ~ 1 960		1 970 ~ 2 180		—	—	—	—	—
2.40	1 470 ~ 1 690	1 700 ~ 1 910		1 920 ~ 2 130		—	—	—	—	—
2.50	1 460 ~ 1 680	1 690 ~ 1 890		1 900 ~ 2 110		1 320 ~ 1 570	1 550 ~ 1 800	1 550	1 850 ~ 2 140	1 510 ~ 1 760
2.60	1 450 ~ 1 660	1 670 ~ 1 880		1 890 ~ 2 100		—		—	—	—
2.80	1 420 ~ 1 640	1 650 ~ 1 850		1 860 ~ 2 070		1 230 ~ 1 480	1 450 ~ 1 700	1 500	1 790 ~ 2 060	1 510 ~ 1 760
3.00	1 410 ~ 1 620	1 630 ~ 1 830		1 840 ~ 2 040		1 230 ~ 1 480	1 450 ~ 1 700	1 500	1 790 ~ 2 060	1 510 ~ 1 760
3.20	1 390 ~ 1 600	1 610 ~ 1 810		1 820 ~ 2 020		1 230 ~ 1 480	1 450 ~ 1 700	1 450	1 740 ~ 2 000	1 480 ~ 1 730
3.40	1 370 ~ 1 580	1 590 ~ 1 780		1 790 ~ 1 990		—	—	—	—	—
3.50	—	—		—		1 230 ~ 1 480	1 450 ~ 1 700	1 450	1 740 ~ 2 000	1 480 ~ 1 730
4.00	1 320 ~ 1 520	1 530 ~ 1 730		1 740 ~ 1 930		1 230 ~ 1 480	1 450 ~ 1 700	1 400	1 680 ~ 1 930	1 480 ~ 1 730
4.50	1 290 ~ 1 490	1 500 ~ 1 680		1 690 ~ 1 880		1 100 ~ 1 350	1 350 ~ 1 530	1 350	1 620 ~ 1 870	1 400 ~ 1 650
5.00	1 260 ~ 1 450	1 460 ~ 1 650		1 660 ~ 1 830		1 100 ~ 1 350	1 350 ~ 1 600	1 850	1 620 ~ 1 870	1 330 ~ 1 580
5.30	1 240 ~ 1 430	1 440 ~ 1 630		1 640 ~ 1 820		—	—	—	—	—
5.50	—	—		—		1 100 ~ 1 350	1 350 ~ 1 600	1 300	1 550 ~ 1 800	1 330 ~ 1 580
5.60	1 230 ~ 1 420	1 430 ~ 1 610		1 620 ~ 1 800		—	—	—	—	—
6.00	1 210 ~ 1 390	1 400 ~ 1 580		1 590 ~ 1 770		1 100 ~ 1 350	1 350 ~ 1 600	1 300	1 550 ~ 1 800	1 230 ~ 1 480
6.30	1 190 ~ 1 380	1 390 ~ 1 560		1 570 ~ 1 750		1 020 ~ 1 270	1 270 ~ 1 520	1 250	1 500 ~ 1 750	—
6.50	1 180 ~ 1 370	1 380 ~ 1 550		1 560 ~ 1 740		—	—	—	—	—
7.00	1 160 ~ 1 340	1 350 ~ 1 530		1 540 ~ 1 710		1 020 ~ 1 270	1 270 ~ 1 520	1 250	1 500 ~ 1 750	
7.50	1 140 ~ 1 320	1 330 ~ 1 500		1 510 ~ 1 680		—	—	—	—	—
8.00	1 120 ~ 1 300	1 310 ~ 1 480		1 490 ~ 1 660		1 020 ~ 1 270	1 270 ~ 1 520	1 200	1 450 ~ 1 700	—
9.00	1 090 ~ 1 260	1 270 ~ 1 440		1 450 ~ 1 610		1 000 ~ 1 250	1 150 ~ 1 400	1 150	1 400 ~ 1 650	—
10.0	1 060 ~ 1 230	1 240 ~ 1 400		1 410 ~ 1 570		980 ~ 1 200	1 000 ~ 1 250	1 150	1 400 ~ 1 650	

① 钢丝试样时效处理推荐工艺制度为：400 ℃ ~500 ℃，保温 0.5 ~1.5 h，空冷。

表 17－3 弹簧钢丝的许用应力

卷绕方式	材料	弹簧类型	许用切应力 $[\tau]$/MPa			许用弯曲应力 $[\sigma_b]$/MPa		
			静载荷	动载荷		静载荷	动载荷	
				有限疲劳寿命	无限疲劳寿命		有限疲劳寿命	无限疲劳寿命
冷卷	冷拉碳素弹簧钢丝	压缩	$0.45R_m$	$(0.38\sim0.45)R_m$	$(0.33\sim0.38)R_m$	—	—	—
		拉伸	$0.36R_m$	$(0.30\sim0.36)R_m$	$(0.26\sim0.30)R_m$	—	—	—
		扭转	—	—	—	$0.70R_m$	$(0.58\sim0.66)R_m$	$(0.49\sim0.58)R_m$
	不锈弹簧钢丝	压缩	$0.38R_m$	$(0.34\sim0.38)R_m$	$(0.30\sim0.34)R_m$	—	—	—
		拉伸	$0.30R_m$	$(0.27\sim0.30)R_m$	$(0.24\sim0.27)R_m$	—	—	—
		扭转	—	—	—	$0.68R_m$	$(0.55\sim0.65)R_m$	$(0.45\sim0.55)R_m$
热卷	60Si2Mn 60Si2MnA 50CrVA 55CrSiA 60CrMnA 60CrMnBA 60Si2CrA 60Si2CrVA	压缩	710～890	568～712	426～534	—	—	—
		拉伸	475～596	405～507	356～447	—	—	—
		扭转	—	—	—	994～1 232	795～986	636～788

注：（1）抗拉强度选取材料标准的下限值。
（2）热卷拉伸、扭转弹簧的许用应力一般取下限值。
（3）热卷弹簧硬度范围为 42 HRC～52 HRC（392 HBW～535 HBW），当硬度接近下限时许用应力取下限值，硬度接近上限时许用应力取上限值。

二、弹簧制造

弹簧由板材、棒材、线材或者管材经过各种塑性加工而成。螺旋弹簧的制造过程包括：卷绕、端部加工或挂钩制作、热处理、工艺试验及强压处理等过程。

卷绕是将合乎技术规范的弹簧丝卷绕在芯子上成型，分为冷卷和热卷两种。当弹簧丝直径 $d<8$ mm 时，直接使用经过预热处理的弹簧丝在常温下卷制，称为冷卷。经冷卷后，弹簧一般需经低温回火处理，以消除内应力。当弹簧丝直径 $d>8$ mm 时，在 800 ℃～1 000 ℃的温度下卷制，称为热卷。热卷后必须经过淬火及中温回火等热处理。对于重要的弹簧，还应进行工艺试验和冲击疲劳等试验。为了提高弹簧的承载能力，可采用强压处理，即将弹簧在超过工作极限载荷的条件下加载 6～48 h，使弹簧丝表面产生塑性变形和有利的残余应力。由于残余应力的符号与工作应力的相反，可提高弹簧的静强度。为提高弹簧的疲劳强度，常采用喷丸处理，使其表面产生有利的残余应力。经过强压处理和喷丸处理的弹簧不得再进行热处理。弹簧的疲劳强度和抗冲击强度在很大程度上取决于弹簧的表面状况，所以弹簧材料的表面必须光洁，没有裂缝和伤痕等缺陷。表面脱碳会严重影响材料的疲劳强度和抗冲击性能，因此脱碳层深度和其他表面缺陷都应在验收弹簧的技术条件中详细规定。

第三节　圆柱螺旋弹簧的结构

表17－4为圆柱螺旋压缩、拉伸弹簧的几何尺寸参数。

圆柱螺旋压缩弹簧各圈之间留有间距来满足受载变形的需要，为使弹簧的轴线受载后垂直于支撑面，在弹簧的两端各留有0.75～1.25圈的支承圈，它不参与变形。在GB/T 1239.2—2009中规定了圆柱螺旋压缩弹簧的端部由冷卷制作的三种端部结构形式，其中图17－2为冷卷压缩弹簧的三种端部结构形式，代号分别为YⅠ、YⅡ、YⅢ。

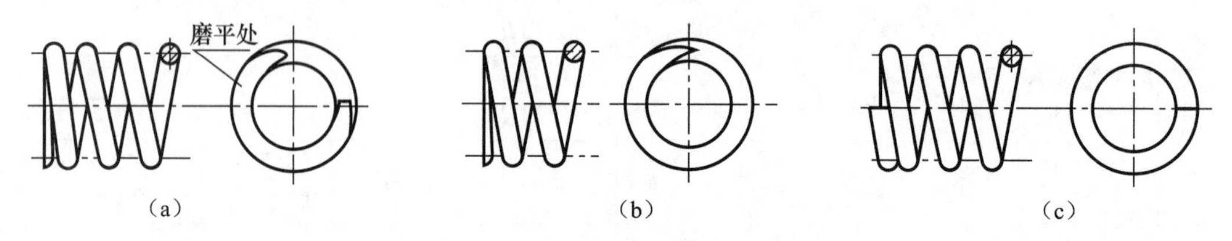

图17－2　圆柱压缩弹簧的端部结构

（a）两端圈并紧并磨平YⅠ型；（b）两端圈并紧不磨平YⅡ型；（c）两端圈不并紧YⅢ型

拉伸弹簧的端部制作有钩环以便安装和加载。在GB/T 1239.1—2009中对冷卷弹簧规定了拉伸弹簧端部的10种结构形式。图17－3为用冷卷制作的拉伸弹簧的六种型号的端部结构，其中半圆钩环和圆钩环的三种形式代号为LⅠ型、LⅢ型和LⅣ型（图17－3（a）、（b）、（c）），其挂钩的弯曲应力较大，用于中、小载荷和一般不重要的场合；可调式拉簧LⅦ型（图17－3（e））用于受载较大的场合，但成本较高；可转钩环LⅧ型（图17－3（f））挂钩的弯曲应力较小，且挂钩可转至任何位置。

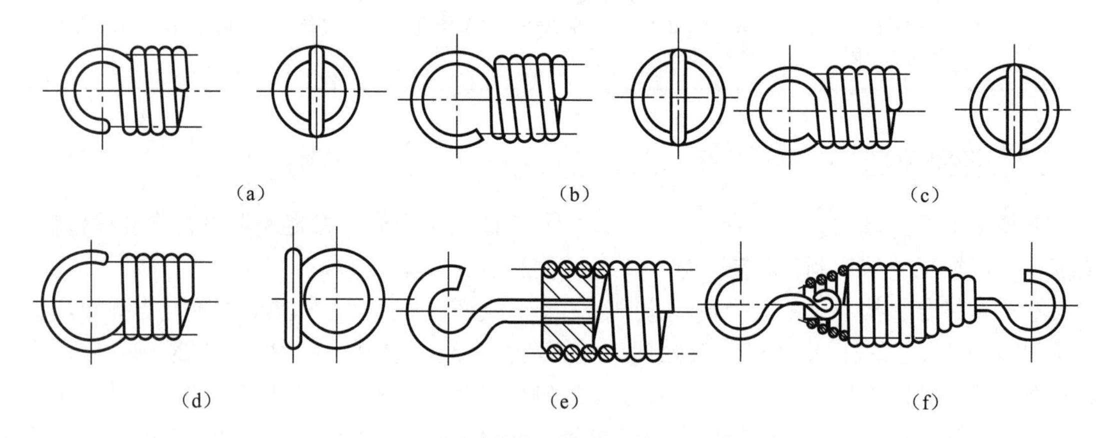

图17－3　圆柱螺旋拉伸弹簧端部结构

（a）半圆钩环LⅠ型；（b）圆钩环扭中心LⅢ型；（c）圆钩环压中心LⅥ型

（d）偏心圆钩环LⅤ型；（e）可调式拉簧LⅦ型；（f）可转钩环LⅧ型

表 17－4　圆柱螺旋压缩（拉伸）弹簧的几何尺寸参数

<table>
<tr><th rowspan="2">几何尺寸参数</th><th colspan="2">计算公式</th><th colspan="6" rowspan="2">说明</th></tr>
<tr><th>压缩弹簧</th><th>拉伸弹簧</th></tr>
<tr><td>簧丝直径 d</td><td colspan="2">$d \geqslant \sqrt{\frac{8KFC}{\pi[\tau]}}$</td><td colspan="6">由强度计算确定，并符合优先选用的（第一）系列尺寸：1，1.2，1.6，2，2.5，3，3.5，4，4.5，5，6，8，10，12，16，20，25，30，35，40，45，50，60，70，80（$d<1$ mm 的未列入，参见 GB/T 1358—2009）</td></tr>
<tr><td>弹簧中径 D</td><td colspan="2">$D=Cd$</td><td colspan="6">常规结构尺寸（径向尺寸）要求取定，并符合优先选用的（第一）系列尺寸：4，4.5，5，6，7，8，9，10，12，16，20，25，30，35，40，45，50，55，60，70，80，90，100（<4 mm 和 >100 mm 的未列入，参见 GB/T 1358—2009）</td></tr>
<tr><td rowspan="3">旋绕比 C</td><td colspan="2" rowspan="3">$C=\frac{D}{d}$</td><td colspan="6">设计时合理取定，荐用值为</td></tr>
<tr><td>d/mm</td><td>0.2～0.5</td><td>>0.5～1.1</td><td>>1.1～2.5</td><td>>2.5～7.0</td><td>>7～16</td></tr>
<tr><td>C</td><td>7～14</td><td>5～12</td><td>5～10</td><td>4～9</td><td>4～8</td></tr>
<tr><td>弹簧外径 D_2</td><td colspan="2">$D_2=D+d$</td><td colspan="6">—</td></tr>
<tr><td>弹簧内径 D_1</td><td colspan="2">$D_1=D-d$</td><td colspan="6">—</td></tr>
</table>

续表

几何尺寸参数	计算公式		说明
	压缩弹簧	拉伸弹簧	
有效圈数 n	$n=\frac{Gfd}{8FC^3}=\frac{Gfd^4}{8FD^3}$		用于计算弹簧总工作变形量的簧圈数量，由变形计算确定。为保证变形稳定，$n\geqslant 2$。对压缩弹簧：$n\leqslant 15$ 时，取 n 为0.5的倍数或整数；$n>15$ 时，取 n 为整数。对拉伸弹簧，取 n 为整数或0.5的倍数
支承圈数 n_z	冷卷弹簧： YⅡ型（$n_z<2$） 其余：$n_z\geqslant 2$ 热卷弹簧：$n_z\geqslant 1.5$	$n_z=0$	弹簧端部用于支承或固定的圈数。拉伸弹簧无支承圈
总圈数 n_1	$n_1=n+n_z$	$n_1=n$	其尾数应为1/4、1/2、3/4或整圈，推荐用1/2圈
节距 t	$t=d+\frac{f_{max}}{n}+\delta_1$	$t=d$	f_{max}是弹簧承受最大工作载荷 F_{max}时的变形量。这时，为避免弹簧圈因直径误差而提前接触，弹簧有效圈相互之间应保留间隙 δ_1，设计时取 $\delta_1\geqslant 0.1d$。推荐 $0.28D\leqslant t<0.5D$
螺旋角 α	$\alpha=\arctan\frac{t}{\pi D}$		螺旋角 $\alpha<(5°\sim 9°)$
弹簧自由高度（长度）H_0	两端圈并紧磨平： $H_0=nt+(n_z-0.5)d$ 两端圈并紧不磨平： $H_0=nt+(n_z+1)d$	半圆钩环： $H_0=D_1+(n+1)d$ 圆钩环： $H_0=2D_1+(n+1)d$ 圆钩环压中心： $H_0=2D_1+(n+1.5)d$	压缩弹簧未受载荷时的高度称为自由高度。对于拉伸弹簧，则称为自由长度，为其两端钩环的内侧长度，其值受端部钩环的影响，难以计算出精确值
弹簧安装高度 H_1	$H_1=H_0-f_1$	—	f_1 是压缩弹簧安装时，在安装载荷 F_1 时的变形量
弹簧工作高度（长度）H_w	$H_w=H_0-f_{max}$	$H_w=H_0+f_{max}$	—
弹簧极限高度 H_j	$H_j=H_0-f_j$	$H_j=H_0+f_j$	f_j 是弹簧在极限载荷 F_j 时的变形量
高径比 b	$b=\frac{H_0}{D}$	—	高径比 b（细长比）是影响压缩弹簧稳定性的参数
弹簧展开长度 L	$L=\frac{\pi Dn_1}{\cos\alpha}$	$L=\pi Dn+$钩环展开长度	—

第四节　圆柱螺旋弹簧的工作情况分析

一、圆柱螺旋压缩（拉伸）弹簧的受力分析

圆柱螺旋压缩和拉伸弹簧的受载方向和变形方向都沿圆柱形的轴线方向，两种弹簧的受力情况相似。图 17－4 所示的圆柱螺旋压缩弹簧在轴线方向上受载荷 F，弹簧圈的任意一段可以看成受弯曲变形的梁。根据受力平衡条件，在通过弹簧轴线的截面中，弹簧丝剖面 $A—A$ 上受到切向力 F（即等于所受载荷）和转矩 $T=FR$ 的联合作用。

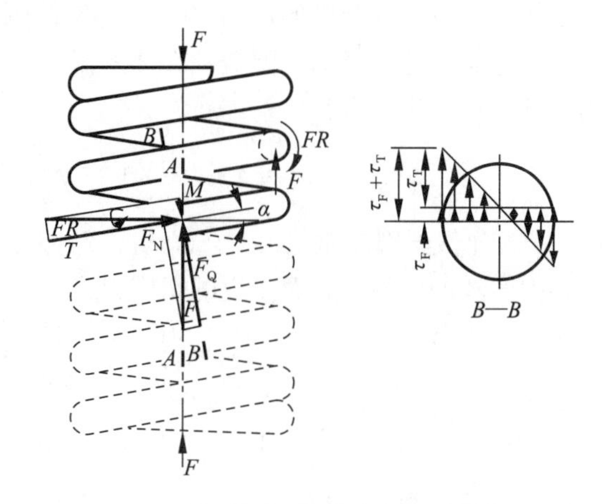

图 17－4　圆柱螺旋压缩弹簧的载荷及应力分析

而在弹簧丝的另一个剖面，即法向剖面 $B—B$ 上，就受到下面的力矩和力

$$T' = FR\cos\alpha, M = FR\sin\alpha,$$

$$F_Q = F\cos\alpha, F_N = F\sin\alpha \tag{17-1}$$

式中，R 为圆柱螺旋弹簧的平均半径；α 为螺旋角；T' 为转矩；M 为弯矩；F_Q、F_N 分别为切向分力和轴向分力。

由于螺旋角 α 一般取值为 $\alpha=5°\sim9°$，故 $\sin\alpha\approx0$，$\cos\alpha\approx1$，则剖面 $B—B$ 上所受载荷可简化为只受切向力和转矩，式（17－1）可以写成

$$T' = T = FR,\quad M = 0,\quad F_Q = F,\quad F_N = 0 \tag{17-2}$$

这种简化不影响计算的实际应用。

拉伸弹簧的受载情况与上述相同，只是切向力和转矩的方向均与压缩弹簧相反。

弹簧受到轴向载荷作用后，螺旋形弹簧丝的任意小段将因转矩作用而产生扭转变形，从而使弹簧产生沿轴线方向的伸长或缩短变形。取弹簧丝的一个微小弧段 ds，它所产生的扭转变形为 dφ，轴向变形为 df，则

$$\mathrm{d}\varphi = \frac{T\mathrm{d}s}{GI_P} = \frac{FR\mathrm{d}s}{G\pi d^4/32} \tag{17-3}$$

式中，G 为材料的剪切弹性模量（MPa）；$I_P=\frac{\pi d^4}{32}$为弹簧丝截面的极惯性矩（mm^4）；d 为弹簧丝直径（mm）。

将 d$f=R$dφ 代入式（17－3），并对 df 进行积分（弹簧丝的全长），即可获得弹簧在轴向载荷 F 作用下所产生的变形量 f 和弹簧的刚度 F'

$$f = \frac{FR^3n}{Gd^4} = \frac{8FD^3n}{Gd^4} \tag{17-4}$$

$$F' = \frac{F}{f} = \frac{Gd^4}{nR^3} = \frac{Gd^4}{8nD^3} \tag{17-5}$$

式中，n 为弹簧有效圈数（工作圈数）。对于压缩弹簧的场合，弹簧的总圈数 n_1 通常被有效圈数 $n=n_1-2$ 来代替。而对于拉伸弹簧，它的有效圈数通常指弹簧的总圈数（实际圈数）即 $n_1=n$。另外，弹簧刚度是表征弹簧性能的主要参数之一。它表示使弹簧产生单位变形时所需的力，在同样变形要求下，刚度愈大，需要施加于弹簧的力就愈大。

弹簧的工作变形量应控制在全变形量的 20% ~80% 的范围内，特别是有刚度要求的弹簧，工作变形量应为全变形量的 30% ~70% 范围内。

由上述受力分析可知，弹簧丝在任意截面上主要是受到了式（17－2）的转矩、切向力作用，其分别产生应力为

$$\tau_F = \tau_Q = F/A = \frac{4F}{\pi d^2}, \tau_T = T/W_\tau = \frac{16FR}{\pi d^3}$$

式中，A 为弹簧丝剖面面积，$A=\pi d^2/4$；W_τ 为弹簧丝剖面的抗扭截面系数，$W_\tau=\pi d^3/16$。

在弹簧丝的内侧外表面产生的切应力为

$$\tau = \tau_T + \tau_F = \frac{16FR}{\pi d^3} + \frac{4F}{\pi d^2} = \frac{8FD}{\pi d^3}\left(1+\frac{1}{2C}\right) = \frac{8FD}{\pi d^3}K \tag{17-6}$$

式中，$K=1+\frac{0.5}{C}$；$C=\frac{D}{d}$，其中，$D=2R$ 是圆柱螺旋弹簧的平均直径，C 称为弹簧的旋绕比（也称弹簧指数），取值见表 17－4；K 为曲度系数，它是考虑弹簧丝的曲度和切应力的影响应力而予以修正的系数。经常用下面的 Wahl 的修正式来考虑以上影响（这时弹簧丝截面上有最大切应力 τ_{max}）。

$$K = \frac{4C-1}{4C-4} + \frac{0.615}{C} \tag{17-7}$$

弹簧材料、直径相同时，旋绕比对弹簧刚度的影响甚大，它的值小，刚度大，弹簧硬，卷制成形困难。但若旋绕比值过大，弹簧卷成后易松开，因弹簧太软，工作时会产生颤动。

二、弹簧的特性曲线

弹簧受载与变形之间的关系曲线称为弹簧的特性曲线。常用弹簧的特性曲线可划分为直线型、刚度渐增型及刚度渐减型，如图 17－5 所示。对于等节距的圆柱螺旋弹簧来说，其特性曲线是直线型，即弹簧刚度为常数。对于刚度渐增型弹簧，弹簧所受载荷越大，弹簧越硬，变形量越小，如圆锥螺旋弹簧、不等节距圆柱螺旋弹簧等；对于刚度渐减型弹簧则相反，受载荷越大，弹簧越软，变形量越大。

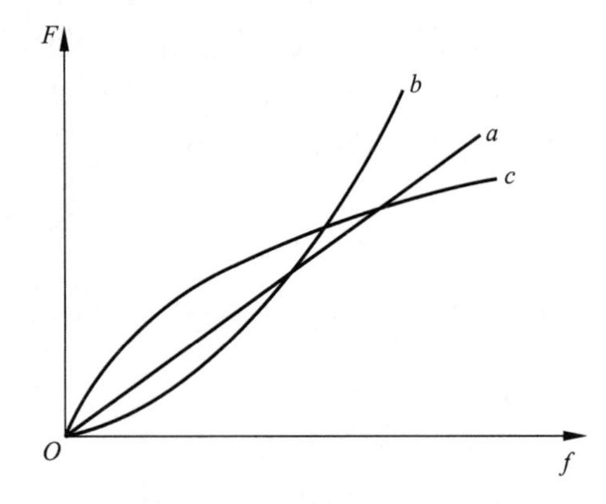

图 17－5　弹簧特性曲线

a—直线型；b—刚度渐增型；c—刚度渐减型

图 17－6 为等节距圆柱螺旋弹簧的特性曲线。其中图 17－6（a）是压缩弹簧的特性曲线，H_0 是弹簧未受载荷时的高度，称为自由高度。压缩弹簧安装时，为能可靠稳定地处于安装位置，通常给予一定值的预压缩载荷 F_1，称为安装载荷。当压缩弹簧承受静工作载荷或脉动工作载荷时，F_1 可看作最小载荷 F_{min}。相应于 F_1 时的弹簧

压缩变形量为f_1，相应的弹簧高度为$H_1 = H_0 - f_1$。当弹簧受到最大工作载荷F_{max}时，相应的变形量为f_{max}，相应的弹簧高度称为工作高度$H_W = H_0 - f_{max}$。f_{max}与f_1之差称为弹簧的工作行程h，$h = f_{max} - f_1$。F_j为弹簧所能承受的极限载荷，这时弹簧丝剖面内的应力达到材料的弹性极限，相应的极限变形量为f_j，相应的弹簧高度为H_j。设计时，取$F_1 \geqslant 0.2F_j$。

最大载荷的取值决定于载荷类别：对无限疲劳寿命动载荷弹簧，取$F_{max} \geqslant 0.6F_j$；对有限疲劳寿命动载荷弹簧，取$F_{max} \geqslant 0.8F_j$；对静载荷弹簧，取$F_{max} \geqslant 0.9F_j$。

图 17－6（b）是拉伸弹簧的特性曲线。拉伸弹簧有两种，即无初拉力F_0（适用于淬火弹簧）和有初拉力F_0（适用于不淬火弹簧）。前者的特性曲线为图 17－6（b）中左图，与压缩弹簧相同；后者的特性曲线为图 17－6（b）中右图。有初拉力F_0的拉簧是在卷制时使各圈并紧而产生的，所以拉簧在自由状态下就已受力，因此工作时需先克服初拉力F_0后才能伸长。设计时F_0取值为：当簧丝直径$d \leqslant 5$ mm 时，取$F_0 \approx F_j/3$；$d > 5$ mm 时，取$F_0 = F_j/4$。

特性曲线可为分析弹簧的受载与变形关系提供方便，也是试验和检验弹簧性能的依据，在弹簧工作图上，应绘出特性曲线图。

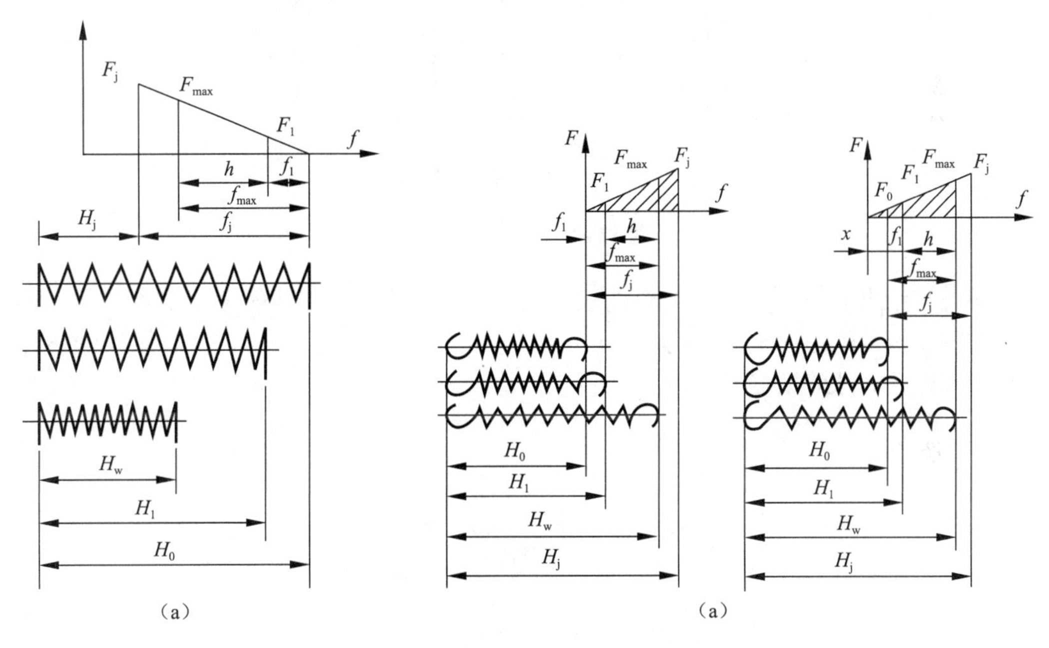

图 17－6　等节距圆柱螺旋弹簧的特性曲线

（a）压缩弹簧的特性曲线；（b）拉伸弹簧的特性曲线

三、压缩弹簧的稳定性计算

为保证弹簧的稳定性，高径比$b = H_0/D$应大于 0.8。而对于高径比$b = H_0/D$较大的压缩弹簧，应像压杆一样，考虑其稳定性。为避免失稳，对两端固定的压缩弹簧，应使$b \leqslant 5.3$；对一端固定，一端自由转动的压缩弹簧，应使$b \leqslant 3.7$；两端自由转动的压缩弹簧，应使$b \leqslant 2.6$，如图 17－7 所示。

若不能满足上述条件，则按下式进行稳定性计算：

$$F_C = F'C_BH_0 > F_{max} \tag{17-8}$$

式中，F_C 为稳定性临界载荷；F' 为弹簧的刚度；C_B 为稳定系数，根据 b 值由图 17－7 查得。

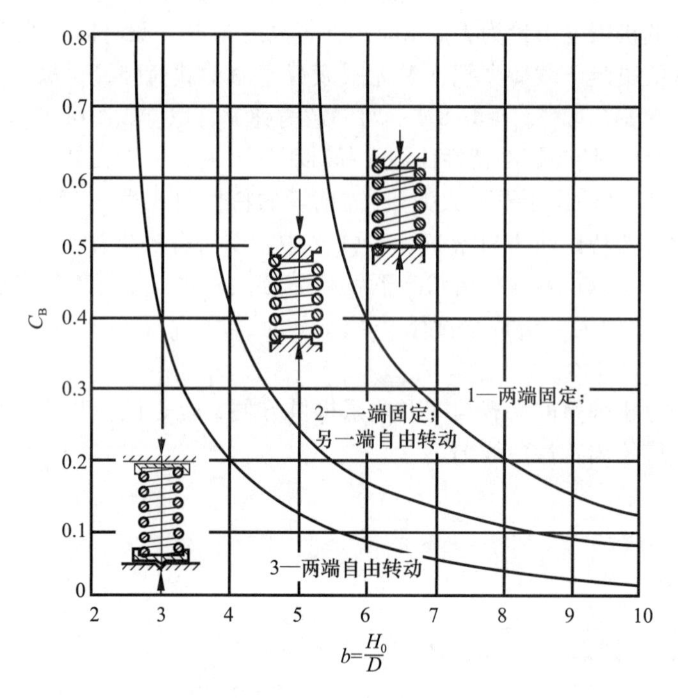

图 17－7　稳定系数 C_B

如果计算结果 $F_C < F_{max}$，应重新选取参数，改变 b 值或改变弹簧两端支承方式，或采用如图 17－8 所示的加置导杆（或导套）的结构等。导杆（或导套）与弹簧内径（或外径）之间应有间隙，间隙值见表 17－5。

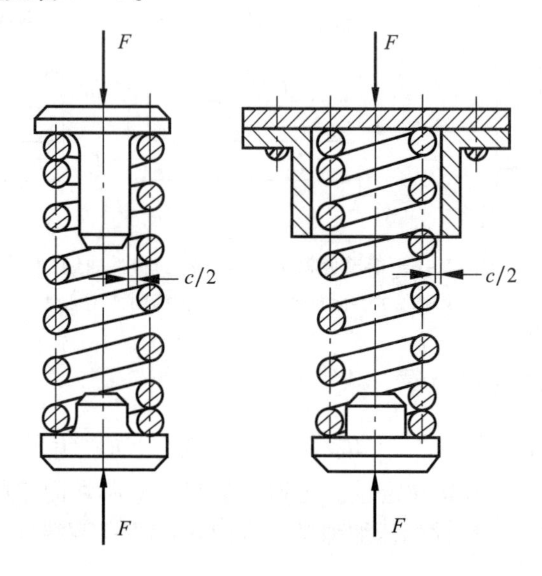

图 17－8　压缩弹簧防失稳措施

表 17－5　导杆或导套与簧圈的间隙值

D	≤5	>5~10	>10~18	>18~30	>30~50	>50~80	>80~120	>120~150
间隙	0.6	1	2	3	4	5	6	7

第五节　圆柱螺旋压缩、拉伸弹簧的设计

圆柱螺旋弹簧设计计算的主要内容是通过弹簧的强度计算、刚度计算及其几何尺寸的计算，确定弹簧的结构参数，并校核其工作能力。

弹簧设计计算的步骤大致为：①根据强度条件计算弹簧的主要参数，即弹簧丝直径与弹簧中径；②通过弹簧刚度计算确定弹簧工作圈数；③利用弹簧的几何尺寸关系计算其余结构参数；④对压缩弹簧进行稳定性计算；⑤绘制弹簧工作图。对于承受交变载荷的重要弹簧，还应校核弹簧的疲劳强度。

一、受载荷的圆柱螺旋压缩（拉伸）弹簧的设计

在设计弹簧时，通常是根据弹簧的最大载荷、最大变形，以及结构要求（例如安装空间对弹簧尺寸的限制）等来决定弹簧丝直径、弹簧中径、工作圈数、弹簧的螺旋角和长度等。由式（17－6）得强度条件为 $\tau=\frac{8FD}{\pi d^3}K=\frac{8FC}{\pi d^2}K\leqslant[\tau]$，于是可得到确定簧丝直径（mm）的设计计算公式：

$$d\geqslant\sqrt{\frac{8KFC}{\pi[\tau]}} \tag{17-9}$$

式中，$[\tau]$ 为弹簧丝材料的许用切应力，见表 17－3；K 为曲度系数。再由 $D=Cd$ 可计算出弹簧中径。

二、圆柱螺旋弹簧的疲劳强度校核

受动载荷的重要弹簧，应进行疲劳强度校核。可以按以下方法进行：

假设弹簧的自由高度为 H_0，安装时所施加的预紧载荷为 F_{min}，在交变载荷的作用下，弹簧载荷保证此值为最小载荷，相应的变形为 f_{min}，高度由 H_0 变为 H_1。若工作时所受最大载荷为 F_{max}，变形为 f_{max}，高度为 H_2，则工作行程为 $f_{max}-f_{min}$。当交变载荷 F 在 F_{min} 和 F_{max} 循环变化时，弹簧材料内部的最小和最大切应力分别为

$$\tau_{min}=\frac{8KC}{\pi d^2}F_{min}\quad \tau_{max}=\frac{8KC}{\pi d^2}F_{max} \tag{17-10}$$

弹簧材料疲劳强度条件为

$$S=\frac{\tau_0+0.75\tau_{min}}{\tau_{max}}\geqslant[S] \tag{17-11}$$

式中，S 为疲劳安全系数；τ_0 为弹簧材料的脉动剪切疲劳极限应力，根据弹簧材料的抗拉强度 R_m 和载荷循环次数 N 确定，见表 17－6；$[S]$ 为许用（最小）安全系数，取 $[S]=1.1\sim1.3$。

表 17－6　弹簧材料的脉动剪切疲劳极限应力　　MPa

载荷循环次数 N	10^4	10^5	10^6	10^7
脉动疲劳极限应力 τ_0	$0.45R_m$①	$0.35R_m$	$0.32R_m$	$0.30R_m$
注：本表适用于重要用途碳素钢丝、油淬火—退火弹簧钢丝、不锈弹簧钢丝、铍青铜线。 ① 对于材料为不锈弹簧钢丝和硅青铜丝，此值为 $\tau_0=0.35R_m$。				

三、弹簧的刚度计算

弹簧的刚度计算用以确定弹簧的有效圈数 n，以满足弹簧工作的变形要求。由式(17－4)得

$$n=\frac{Gfd^4}{8FD^3}=\frac{Gfd}{8FC^3} \tag{17-12}$$

当 $n>15$ 时，可圆整为整数圈；$n<15$ 时，取 0.5 的整数倍作为弹簧有效圈数，但必须保证 $n>2$。

四、弹簧的几何尺寸参数计算

由表 17－4 计算弹簧的几何尺寸参数。

五、稳定性校核

对于压缩弹簧，应按第四节“三、压缩弹簧的稳定性计算”所述方法校核其稳定性。

六、绘制弹簧工作图

绘制弹簧工作图时，应绘制弹簧的特性曲线，以便进行检验，并说明其特性参数。

七、计算例题

例　设计一圆柱螺旋压缩弹簧，要求承受最大工作载荷 $F_{max}=1\,000$ N 时变形量 $f_{max}=40$ mm，已知工作载荷按脉动循环变化，载荷作用次数为 10^4。此外，要求弹簧径向尺寸不大于 40 mm，轴向尺寸不大于 160 mm，弹簧两端固定。

解：

1. 选择弹簧材料和确定许用应力

按弹簧工作情况，选用有限疲劳寿命动载荷弹簧，材料选用冷拉碳素弹簧钢丝，查表 17－3选取材料的许用应力 $[\tau]=0.4R_m$，切变模量 $G=78\,500$ MPa；初定簧丝直径，$d=6$ mm，查表 17－2 知 $R_m=1\,400$ MPa，且为压缩弹簧，所以 $[\tau]=0.4R_m=0.4\times1\,400=560$ (MPa)。

2. 初选弹簧指数和计算弹簧钢丝直径 d

初选弹簧指数 $C=5$，此时曲度系数为

$$K=\frac{4C-1}{4C-4}+\frac{0.615}{C}=1.310\,5$$

按式（17－9），$d\geqslant\sqrt{\frac{8KFC}{\pi[\tau]}}=1.6\times\sqrt{\frac{1.310\,5\times1\,000\times5}{560}}\approx5.47$ (mm)，与假设 $d=6$ mm 基

本相符，将其圆整为标准值 $d=6$ mm，满足静强度要求；如果与假设不符，则应重新假设计算，直到与假设相符为止。弹簧中径 $D=Cd=5\times6=30(\text{mm})$。

3. 确定安装载荷 F_{min} 与极限载荷 F_j

对于有限疲劳寿命动载荷压缩弹簧，通常取安装载荷为最小工作载荷 $F_{min}\geqslant0.2F_j$，弹簧的极限载荷 $F_j\leqslant F_{max}/0.8=1\,000/0.8=1\,250(\text{N})$，取 $F_j=1\,250$ N，则 $F_{min}=250$ N。

4. 疲劳强度验算

根据式（17－11）$S=\dfrac{\tau_0+0.75\tau_{min}}{\tau_{max}}\geqslant[S]$，当变化循环次数 $N=10^4$ 时，查表 17－6 得弹簧材料的脉动剪切疲劳极限

$$\tau_0=0.45R_m=0.45\times1\,400=630(\text{MPa})$$

$$\tau_{min}=\frac{8KC}{\pi d^2}F_{min}=\frac{8\times1.310\,5\times5}{\pi\times6^2}\times250\approx115.874(\text{MPa})$$

$$\tau_{max}=\frac{8KC}{\pi d^2}F_{max}=\frac{8\times1.310\,5\times5}{\pi\times6^2}\times1\,000\approx463.495(\text{MPa})$$

$$S=\frac{630+0.75\times115.874}{463.495}=1.546\,7\geqslant1.3$$

满足疲劳强度条件。

5. 计算弹簧有效圈数 n

由式（17－12）得弹簧有效圈数 n 为

$$n=\frac{Gfd^4}{8FD^3}=\frac{Gf_{max}d^4}{8F_{max}D^3}=\frac{78\,500\times40\times6^4}{8\times1\,000\times30^3}=18.84$$

取 $n=19$ 圈，支承圈 $n_z=2$，则弹簧总圈数为 $n_1=21$。

6. 计算弹簧刚度 F' 和变形量

$$F'=\frac{F_{max}}{f_{max}}=\frac{1\,000}{40}=25(\text{N/mm})$$

弹簧的实际刚度可由式（17－5）得

$$F'=\frac{F}{f}=\frac{Gd^4}{8nD^3}=\frac{78\,500\times6^4}{8\times19\times30^3}=24.789\,5(\text{N/mm})$$

故 $F'\approx25$，因此弹簧的变形量范围为

$$f_{min}=\frac{F_{min}}{F'}=\frac{250}{25}=10(\text{mm})$$

$$f_j=\frac{F_j}{F'}=\frac{1\,250}{25}=50(\text{mm})$$

而 $f_{max}=40$ mm，因此弹簧的最小和最大变形量范围在全变形量的 20%～80% 范围内。

7. 计算弹簧的主要几何尺寸

由表 17－4 得

弹簧节距：$t=d+\dfrac{f_{max}}{n}+\delta_1=6+\dfrac{40}{19}+0.1d=8.7(\text{mm})$

弹簧外径：$D_2=D+d=30+6=36$（mm）

弹簧内径：$D_1 = D - d = 30 - 6 = 24$（mm）

弹簧高度：$H_0 = nt + (n_z - 0.5)d = 19 \times 8.7 + 1.5 \times 6 = 174.3$（mm）

安装高度：$H_1 = H_0 - f_1 = 164.3$（mm），其中 $f_1 = f_{min} = 10$（mm）

弹簧工作高度：$H_W = H_0 - f_{max} = 134.3$（mm）

极限高度：$H_j = H_0 - f_j = 124.3$（mm）

8. 稳定性验算

高径比 $b = H_0/D = 174.3/30 = 5.81 > 5.3$，故需进行稳定性验算，由式（17-8）得

$$F_C = F' C_B H_0 > F_{max}$$

查图17-7得 $C_B = 0.42$，$F_C = F' C_B H_0 = 25 \times 0.42 \times 174.3 = 1\,830.15(\text{N}) > F_{max} = 1\,000$ N

故稳定性满足要求。

9. 绘制弹簧工作图（略）

第六节　圆柱螺旋扭转弹簧的设计

在机器和仪表中，常用扭转弹簧使零件压紧储能或复位等。施加于扭转弹簧的外载荷是转矩。圆柱螺旋扭转弹簧的结构与拉伸或压缩圆柱螺旋弹簧相似，只是其端部结构不同，在GB/T 1239.3—2009中对冷卷弹簧规定了扭转弹簧端部的6种结构形式。图17-9为用冷卷制作的扭转弹簧的4种端部结构形式，其中，图17-9（d）直臂扭转NV为推荐用弹簧端部结构，其两端带有杆臂或挂钩，以便加固或加载。

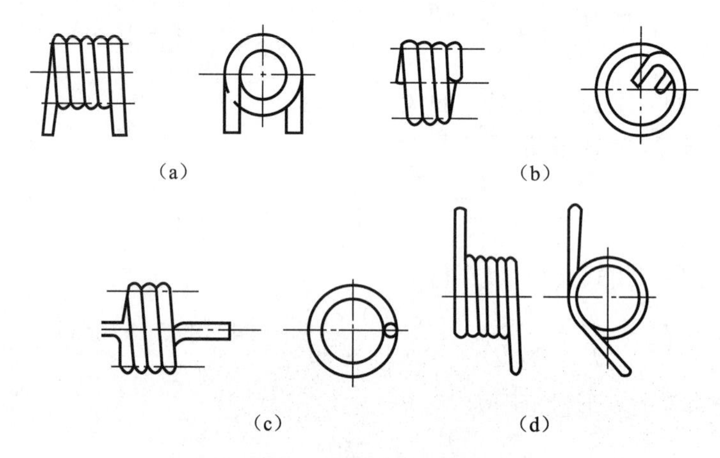

图17-9　扭转弹簧端部结构

(a) 外臂扭转NⅠ；(b) 内臂扭转NⅡ；
(c) 中心臂扭转NⅢ；(d) 直臂扭转NV

图17-10所示圆柱螺旋扭转弹簧承受垂直于弹簧轴线平面内转矩 T 作用时，弹簧丝的法向截面主要受到弯矩作用，可近似为承受弯矩 $M = T$ 的弯曲梁，其产生的弯曲应力可表示为

$$\sigma = K_b \frac{T}{W} = K_b \frac{32T}{\pi d^3} \qquad (17-13)$$

式中，$W=\pi d^3/32$ 为圆形弹簧丝的抗弯截面系数（mm^3）；$K_b=\frac{4C^2-C-1}{4C(C-1)}$为弹簧丝的曲度系数，当顺旋向扭转时，曲度系数等于1，常用旋绕比 C 值为 4～16。

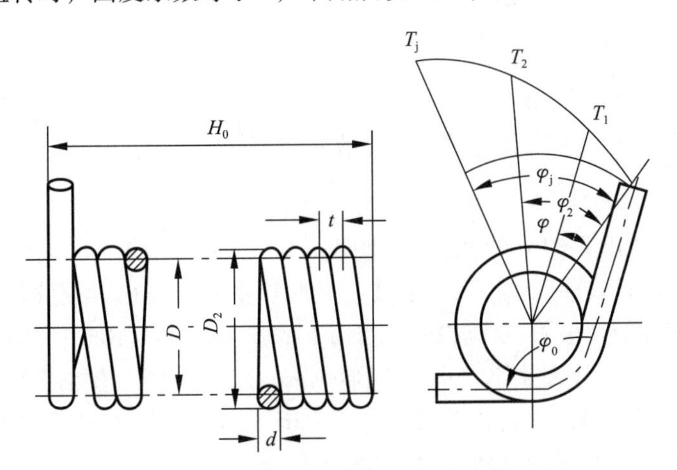

图 17－10 扭转弹簧的主要几何尺寸和特性曲线

扭转弹簧的工作应力也要在其材料的弹性极限范围内才能正常工作，载荷 T 与扭转角 φ 间关系如图 17－10 所示。图中 T_1 表示最小工作转矩（安装值），按弹簧的功用选定，一般取 $T_1=(0.1\sim0.5)T_2$；T_2 表示最大工作转矩，即对应于弹簧丝中的弯曲应力到达许用值时的最大工作载荷；T_j 为极限工作转矩，即达到这个载荷时，弹簧丝中的应力已接近其弹性极限；φ_1、φ_2、φ_j 分别对应于上述各载荷的扭转角。

扭转弹簧承载时的变形以其角位移来测定。弹簧承受转矩 T 作用产生扭转变形用扭转角 φ（°）表示，按材料力学中的公式作近似计算，即

$$\varphi=\frac{TDn}{EI}\times180 \tag{17-14}$$

式中，n 为有效圈数；E 为弹簧丝的纵向弹性模量（MPa）；I 为弹簧丝截面的惯性矩（mm^4）。

对于圆形截面 $I=\pi d^4/64$，扭转弹簧的扭转角有下列形式

$$\varphi=\frac{64TDn}{E\pi d^4}\times180\approx\frac{3\,667TDn}{Ed^4} \tag{17-15}$$

扭转弹簧的刚度（N · mm/(°)）为

$$T'=\frac{T}{\varphi}=\frac{EI}{180Dn}=\frac{Ed^4}{3\,667Dn} \tag{17-16}$$

扭转弹簧的设计思路和拉伸压缩弹簧的大致相同，一般已知转矩 T、扭转角 φ 或者弹簧刚度 $T'=T/\varphi$，求扭转弹簧的弹簧丝直径 d、弹簧平均直径 D 和有效圈数 n 等，具体步骤如下：

（1）选择材料并确定其许用弯曲应力［σ_b］（MPa）。

（2）选择旋绕比 C 并计算曲度系数 K_b。

$$K_b=\frac{4C^2-C-1}{4C(C-1)}$$

（3）计算弹簧丝直径。

由式（17－13），$\sigma = K_b \frac{32T}{\pi d^3} \leqslant [\sigma_b]$，可得 $d \geqslant \sqrt[3]{\frac{32TK_b}{\pi[\sigma_b]}}$。

（4）确定弹簧平均直径 $D = Cd$。

（5）确定弹簧有效圈数。

由式（17－14）可以求得弹簧的有效圈数 $n = \frac{EI\varphi}{180CTd}$。

（6）计算弹簧的扭转刚度。

由式（17－16）可计算出弹簧的扭转刚度。

设计扭转弹簧时还应注意如下几点：①扭转弹簧受载后内径 D_1 会减小，为避免弹簧会箍紧芯轴，芯轴直径应比极限工作转矩 T_j 作用下的弹簧内径小10%；②外加工作转矩的方向应与扭转弹簧的旋向相同，以减小冷卷成形弹簧的残余应力；③相邻弹簧簧圈之间应有间距 δ，一般取 $\delta = 0.5$ mm；④自由长度 $H_0 = n(2d + \delta)$ + 扭臂在弹簧轴线的长度（mm）；⑤弹簧展开长度 $L = \pi Dn$ + 扭臂部分长度（mm）。

第七节　其他类型弹簧简介

一、环形弹簧

环形弹簧由具有圆锥配合面的外圆环和内圆环组成，是一种压缩弹簧。当环形弹簧承受轴向工作压缩载荷 F 时，圆锥接触面上产生很大的法向压力，内圆环因受压缩而直径缩小，外圆环则直径胀大，弹簧由此产生轴向压缩变形。当载荷 F 卸去后，弹簧则由内、外圆环的弹性内力作用而恢复为原来的形状和尺寸。由于圆锥接触面上的法向压力很大，摩擦力很大，故在卸载时，弹簧需先克服摩擦力后才能恢复至原来形状，所以加载和卸载的特性曲线不相重合。如图17－11所示，图示面积 OAB 为弹簧在一次加载和卸载过程中为克服摩擦所消耗的能量，其大小约为加载时吸收能量的60%～70%。可见，环形弹簧具有很大的阻尼和吸振缓冲能力，宜用于空间尺寸较小而又要求强力缓冲的场合，如机车牵引装置、振动机械的支承等。近来还用来作为轴衬，以代替轴上装的销、键和花键等。环形弹簧的常用材料为60Si2MnA、55SiMnA或55CrVA等弹簧钢。

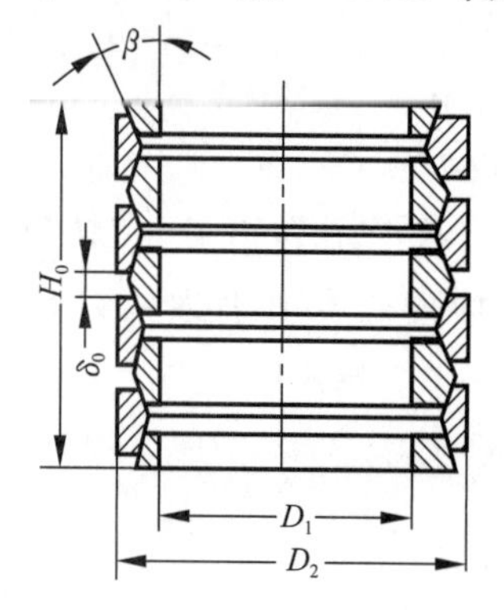

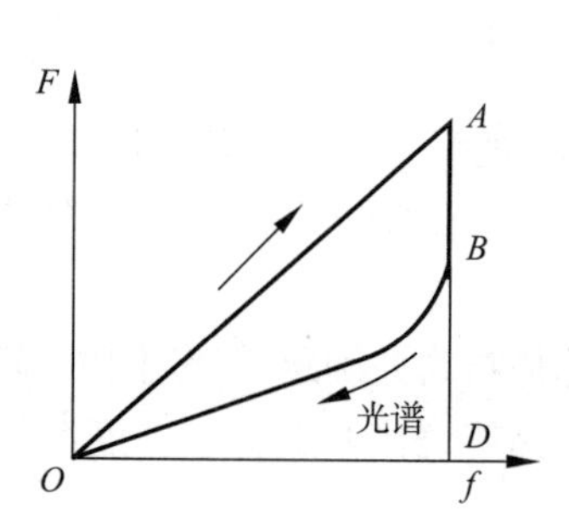

图17－11　环形弹簧和它的特性曲线

二、碟形弹簧

碟形弹簧是用薄钢板冲压成型的空心截锥形压缩弹簧。图 17－12 为碟形弹簧和它的特性曲线。

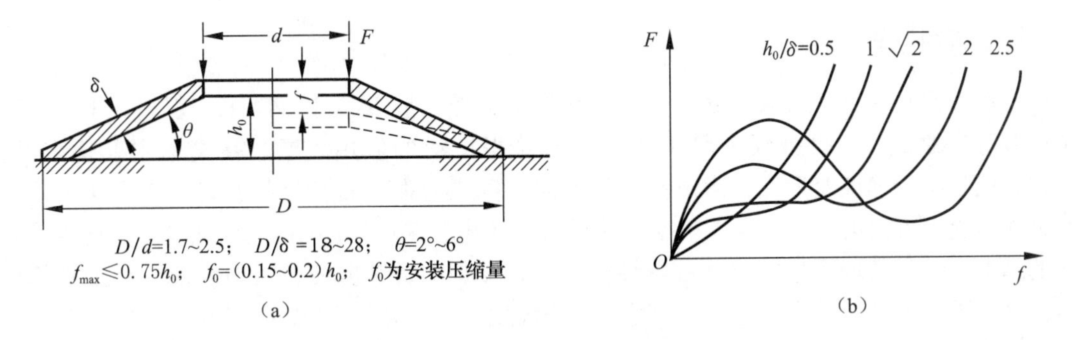

图 17－12　碟形弹簧及其特性曲线

（a）碟形弹簧；（b）特性曲线

碟形弹簧的特点是：①刚度大，能以小的变形承受大的载荷，适用于轴向尺寸受限制的场合；②具有变刚度的特性，采用不同的碟簧极限行程 h_0 和碟片厚度 δ 比值，可得到不同的特性曲线。比值 h_0/δ 对弹簧特性曲线的影响很大，h_0/δ 大于等于 2 的弹簧，在初始压缩阶段，刚度很大，在随后压缩阶段，刚度减小甚至出现负刚度。这种情况容易造成弹簧突然压平，折断或反转现象，为避免出现此情况，h_0/δ 值不宜大于 1.3。对于 $h_0/\delta=\sqrt{2}$的碟簧，由图中的特性曲线可见，在载荷基本不变的情况下，会出现一定区间的变形有变化，利用这一特性，提供了能在一定变形范围内保持载荷恒定不变的方法，如在精密仪器中采用碟形弹簧，可在一定温度变化范围的工况下保持轴承端面的摩擦力矩不变。

碟形弹簧的常用材料为 60Si2MnA、50CrVA 弹簧钢，经回火淬硬后综合力学性能较好，强度高，冲击韧性也好，而且可在 250 ℃～300 ℃以下工作。

三、板弹簧

板弹簧一般是由 6～15 片长度不等的弹簧钢板重叠组装而成，图 17－13 为板弹簧和它的特性曲线。板簧受力后，产生弯曲变形，即产生一定的挠度，而力和变形成正比，所以它的特性曲线也是一条直线。板弹簧最常用的材料是 55CrMnA、60Si2Mn 等弹簧钢板，当板厚

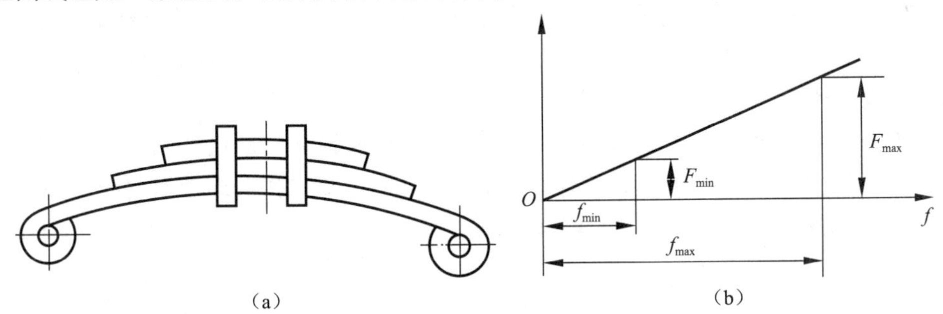

图 17－13　板弹簧及其特性曲线

（a）板弹簧；（b）特性曲线

大于 12 mm 时，采用 55SiMnVB。热处理后硬度不小于 HRC52，若在其凹面喷丸处理，可提高使用寿命。

板弹簧主要用作汽车、拖拉机和铁道车辆等的弹性悬挂装置，起缓冲防振作用，优点是结构简单，维修方便，缺点是质量和体积较大。

四、橡胶弹簧

橡胶弹簧是一种非金属弹簧，用天然橡胶或人造橡胶（氯丁、顺丁、丁基、丁丙、丁苯橡胶等）制成，在机械仪表等工业中日益获得广泛的使用。橡胶弹簧的主要优点是：①弹性模量小，弹性变形大，阻尼高，故缓冲减振能力强，隔音效果亦好；②形状不受限制，能承受多方向的载荷，且能根据设计要求任意选定各方向的刚度，因而既可简化悬挂系统的结构，又易实现理想的非线性特性曲线；③安装和拆卸方便，无须润滑，利于维修保养。其主要缺点是：①耐高、低温性差，工作温度一般不高于 80 ℃（过高易老化）和不低于 -30 ℃（过低橡胶变硬，衰振作用差）；②耐油性差；③长期工作易产生蠕变。

橡胶材料是黏-弹性体，力学性能比较复杂，精确计算它的弹性特性相当困难。使用时，要求其弹簧特性不因使用条件的变化而产生太大的变化，还要求长期使用而性能不变。

在非金属弹簧中，现今还采用空气弹簧，即在柔性橡胶囊中，充入一定压力的空气，利用空气的可压缩性，实现弹性作用的弹簧，详可参阅有关专门文献。

习　题

17-1　旋绕比 C（弹簧指数）是如何定义的？该值对弹簧性能有何影响？其常用范围是多少？设计时如何选取？

17-2　在螺旋拉压弹簧的应力计算中，曲度系数反映了哪些因素的影响？K 值与哪些因素有关？

17-3　影响弹簧变形量的主要因素是什么？工作时若发现弹簧太软，欲获得较硬的弹簧，应改变哪些设计参数？

17-4　何为弹簧刚度？其大小对弹簧性能有何影响？它与旋绕比 C 有何关系？

17-5　什么是弹簧的阻尼作用？它在实际应用中有何意义？

17-6　在什么条件下要考虑弹簧的疲劳强度？

17-7　设计弹簧时，进行强度计算和刚度计算的目的是什么？

17-8　设计一受静载荷并有初拉力的圆柱拉伸弹簧。已知：当工作载荷 $F_1=180$ N 时，其变形为 $f_1=7.5$ mm；当工作载荷 $F_2=340$ N 时，其变形为 $f_2=17$ mm，要求弹簧中径 $D=12$ mm，弹簧外径 $D_2\leqslant16$ mm；载荷性质为静载荷。

17-9　设计一个在静载常温下工作的阀门压缩螺旋弹簧。已知最大工作载荷 $F_2=260$ N，最小工作载荷 $F_1=100$ N，工作行程 $f_0=10$ mm。要求弹簧外径不大于 16 mm，工作介质为空气，两端固定支承，循环次数 $N>10^7$。

第十八章

直线导轨

第一节　概　　述

直线导轨的作用是支承和引导运动部件按给定的方向做往复直线运动。两个做相对运动的部件形成一对导轨副。在如图 18－1 所示导轨副中，设在支承部件 2 上的配合面称为静导轨，它比较长；设在运动部件 1 上的配合面称为动导轨，动导轨面一般比较短。具有动导轨的运动部件常称为工作台、滑台、滑板、导靴、头架等。动导轨可以是一个专门的零件，也可以是一个零件上起导向作用的部分。

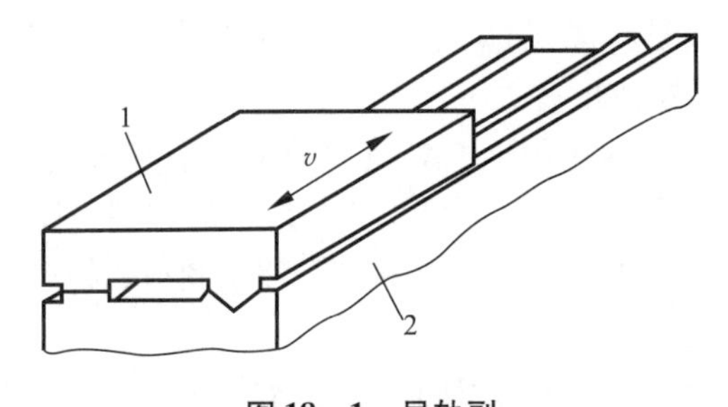

图 18－1　导轨副

1—动导轨；2—静导轨

导轨是机器的关键部件之一，其性能好坏对机器的工作质量、承载能力和使用寿命具有很大影响，如机床加工精度就是导轨精度的直接反映。

一、导轨的分类

按摩擦性质导轨可分为滑动导轨和滚动导轨。

滑动导轨的两导轨面间的摩擦性质是滑动摩擦。按其摩擦状态又分为：静压导执、动压导轨和普通滑动导轨。静压导轨和动压导轨的工作原理分别与静压滑动轴承和动压滑动轴承的相同，导轨面间有一层液体膜，可实现液体摩擦。静压导轨适用于各种大型、重型机床，精密机床，数控机床的工作台。动压导轨主要用于速度高、精度要求一般的机床主运动导轨。滑动导轨常指普通滑动导轨，其摩擦状态一般为边界摩擦或混合摩擦。这是滑动导轨最常见的一种，可广泛应用于各类机械。

滚动导轨两导轨面间的摩擦性质是滚动摩擦。它分为滚珠导轨、滚柱导轨、滚针导轨、滚动轴承导轨等。滚动导轨广泛应用于各类精密机械、数控机床、精密机床、纺织机械等。

按受力情况，导轨又可分开式导轨和闭式导轨两类。开式导轨必须借助于外力（例如重力）才能保证动、静导轨面间的接触（图18－2（a）），从而保证运动部件按给定方向作直线运动，这种导轨承受垂直于导轨面方向的载荷能力较大，承受偏载和倾覆力矩的能力较差；闭式导轨则依靠导轨本身的几何形状保证动、静导轨面间的接触（图18－2（b）），这种导轨可承受任何方向载荷的作用。

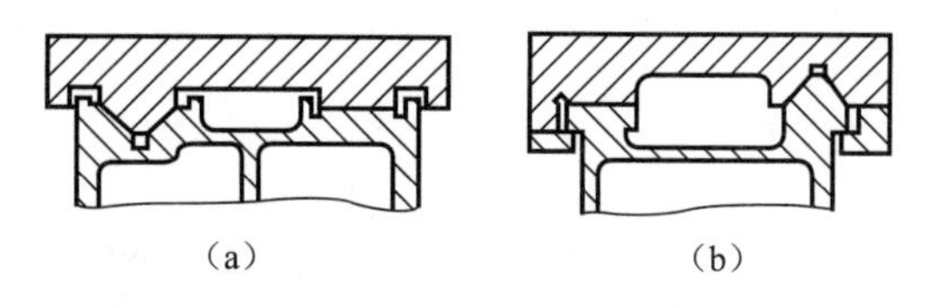

图18－2　开式、闭式导轨

（a）开式导轨；（b）闭式导轨

二、导轨的基本要求

（1）导向精度。导向精度是指运动部件按给定方向做直线运动的准确程度，它主要取决于导轨本身的几何精度及导轨配合间隙。导轨的几何精度一般包括：垂直平面和水平平面内的直线度；两条导轨面间的平行度。可用导轨全长上的误差或单位长度上的误差表示导轨几何精度值。

（2）精度保持性。精度保持性是指导轨在工作过程中保持原有几何精度的能力。导轨的精度保持性主要由导轨耐磨性决定。耐磨性主要取决于导轨副材料与匹配、受力情况、加工精度、润滑方式和防护装置的性能等因素。

（3）运动精度。包括低速运动平稳、无爬行、定位准确。它与导轨结构和润滑、动静摩擦系数差值，以及传动系统刚度有关。

（4）足够的刚度。在载荷的作用下，导轨的变形不应超过允许值。刚度不足不仅会降低导向精度，还会加快导轨面的磨损。刚度主要与导轨的类型、尺寸以及导轨材料有关。

（5）结构工艺性好。导轨的结构应力求简单，便于制造、检验和调整，从而降低成本。

（6）具有良好的润滑和防护装置。

由于各种机器的精度和导轨的用途不同，在设计中应针对所设计机器的导轨，对上述各项要求，既要有所侧重，又要全面考虑。

三、导轨的设计程序及内容

（1）根据机器的工作条件、性能特点、精度要求，选择导轨的结构类型、导轨截面形状。

（2）进行导轨的力学计算，确定结构尺寸。

（3）确定导轨副的间隙、公差和加工精度。

（4）选择导轨材料、摩擦面硬度匹配、表面精加工和热处理方法。

（5）选择导轨的预紧载荷，设计预紧载荷的加载方式与装置。

（6）选择导轨面磨损后的补偿方式和调整装置。

（7）选择导轨的润滑方式，设计润滑系统和防护装置。

第二节　滑动导轨

滑动导轨的动、静导轨面直接接触。其优点是结构简单、接触刚度大；缺点是摩擦阻力大、磨损快、低速运动时易产生爬行现象。

一、滑动导轨的类型、特点及应用

导轨由凸形和凹形两种形式相互配成导轨副（图 18－3）。当凸形导轨为下导轨时，不易积存切屑、脏物，但也不易保存润滑油，故宜做低速导轨，例如车床的床身导轨。凹形导轨做下导轨则相反，可做高速导轨，如磨床的床身导轨，但需有良好的保护装置，以防切屑、脏物掉入。

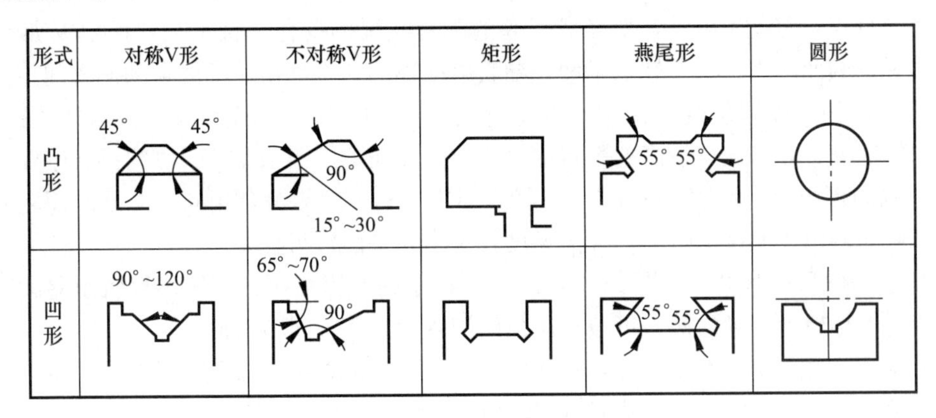

图 18－3　滑动导轨截面形状

1. 导轨截面的基本形式

按导轨的截面形状，滑动导轨可分为 V 形、矩形、燕尾形和圆形等（图 18－3）。

（1）V 形导轨。导轨磨损后能自动补偿，故导向精度较高。它的截面角度由载荷大小及导向要求而定，一般为 90°。为增加承载面积，减小压强，在导轨高度不变的条件下，采用较大的顶角（110°～120°）；为提高导向性，采用较小的顶角（60°）。如果导轨上所受的力在两个方向上的分量相差很大，应采用不对称 V 形导轨，以使力的作用方向尽可能垂直于导轨面。

（2）矩形导轨。矩形导轨的特点是结构简单，制造、检验和修理较易。矩形导轨可以做得较宽，因而承载能力和刚度较大，应用广泛。缺点是磨损后不能自动补偿间隙，用镶条调整时，会降低导向精度。

（3）燕尾形导轨。主要优点是结构紧凑，调整间隙方便。缺点是几何形状比较复杂，难于达到很高的配合精度，并且导轨中的摩擦力较大，运动灵活性较差，因此，通常用在结构尺寸较小及导向精度与运动灵活性要求不高的场合。

（4）圆形导轨。圆形导轨的优点是导轨面的加工和检验比较简单，易于获得较高的精度；缺点是导轨间隙不能调整，特别是磨损后间隙不能调整和补偿，闭式圆形导轨对温度变化比较敏感。为防止转动，可在圆柱表面开槽或加工出平面（图 18－4）。

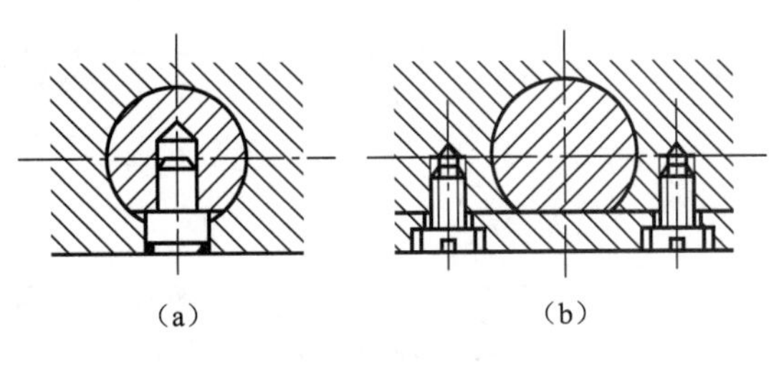

图 18－4　圆形导轨的防转

（a）开槽；（b）制出平面

2. 常用导轨的组合形式

一条导轨往往不能承受力矩载荷，故通

常都采用两条导轨来承受载荷和进行导向，在重型机械上，还可采用3～4条导轨。常用滑动导轨的组合形式有：

（1）双V形组合（图18－5（a））。两条导轨同时起着支承和导向作用，故导轨的导向精度高，承载能力大，两条导轨磨损均匀，磨损后能自动补偿间隙，精度保持性好。但这种导轨的制造、检验和维修都比较困难，因为它要求四个导轨面都均匀接触，刮研劳动量较大。此外，这种导轨对温度变化比较敏感。

（2）V形和平面形组合（图18－5（b））。这种组合保持了双V形组合导向精度高、承载能力大的特点，避免了由于热变形所引起的配合状况的变化，且工艺性比双V形组合导轨大为改观，因而应用很广。缺点是两条导轨磨损不均匀，磨损后不能自动调整间隙。

（3）矩形和平面形组合（图18－5（c））。承载能力高，制造简单。间隙受温度影响小，导向精度高，容易获得较高的平行度。侧导向面间隙用镶条调整，侧向接触刚度较低。

（4）双矩形组合（图18－5（d））。特点与矩形和平面形组合相同，但导向面之间的距离较大，侧向间隙受温度影响大，导向精度较矩形和平面形组合差。

（5）燕尾形和矩形组合（图18－5（e））。能承受倾覆力矩，用矩形导轨承受大部分压力，用燕尾形导轨做侧导向面，可减少压板的接触面，调整间隙简便。

（6）V形和燕尾形组合（图18－5（f））。组合成闭式导轨的接触面较少，便于调整间隙。V形导轨起导向作用，导向精度高。但加工和测量都比较复杂。

（7）双圆形组合（图18－5（g））。结构简单，圆柱面既是导向面又是支承面。对两导轨的平行度要求严。导轨刚度较差，磨损后不易补偿。

（8）圆形和矩形组合（图18－5（h））。矩形导轨可用镶条调整，对圆形导轨的位置精度要求较双圆形组合要求低。

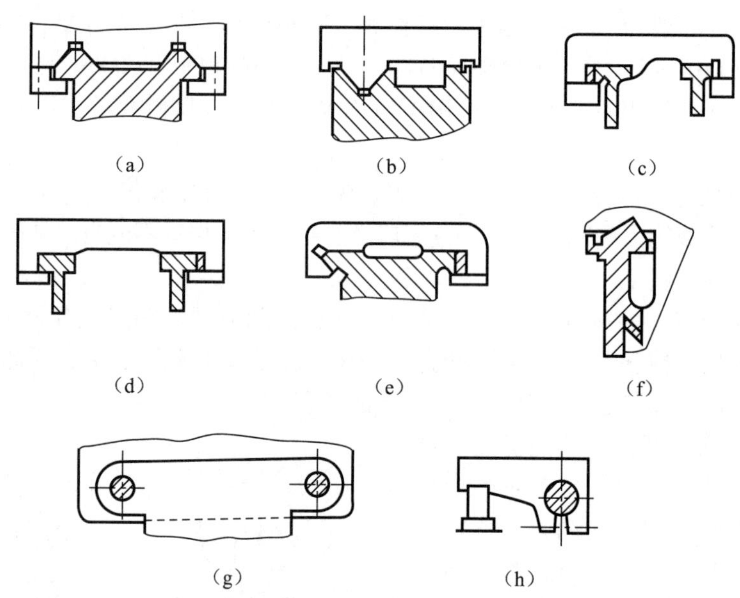

图18－5　导轨的组合形式

（a）双V形组合；（b）V形和平面形组合；（c）矩形和平面形组合；（d）双矩形组合；（e）燕尾形和矩形组合；（f）V形和燕尾形组合；（g）双圆形组合；（h）圆形和矩形组合

二、导轨间隙的调整

为了保证导轨正常工作，导轨滑动表面之间应保持适当的间隙。间隙过小会增大摩擦力，间隙过大又会降低导向精度。为此，常采用镶条和压板来调整导轨的间隙。

1. 镶条

镶条用来调整矩形导轨和燕尾形导轨的侧隙，以保证导轨面的正常接触。镶条应放在导轨受力较小的一侧。常用的有平镶条和楔形镶条两种。

平镶条如图 18－6 所示，它是靠调整螺钉 1 移动镶条 2 的位置来调整间隙的。图 18－6（c）在间隙调整好后，再用螺钉 3 将镶条 2 紧固在动导轨上。平镶条调整方便，制造容易，但图 18－6（a）和图 18－6（b）所示的镶条较薄，而且只在与螺钉接触的几个点上受力，容易变形，刚度较低。

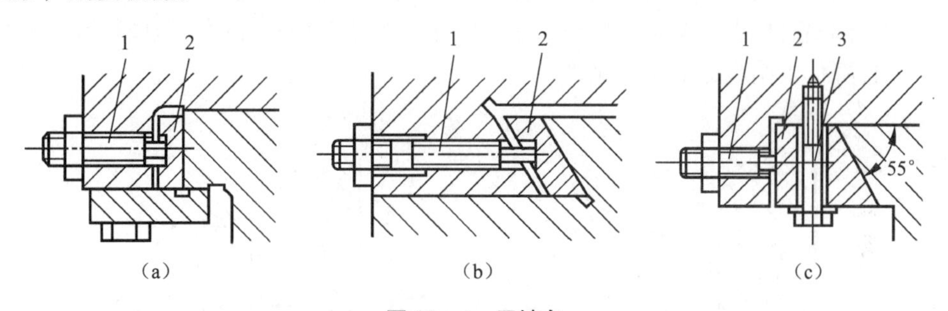

图 18－6　平镶条

（a）、（b）较薄的镶条；（c）较厚的镶条

1—螺钉；2—镶条；3—螺钉

图 18－7 是常用的楔形镶条。镶条的两个面分别与动导轨和静导轨均匀接触，以其纵向位移来调整间隙，所以比平镶条刚度高，但加工稍困难。楔形镶条的斜度为 1∶100～1∶40，镶条越长斜度应越小，以免两端厚度相差太大。图 18－7（a）所示调整方法是用调

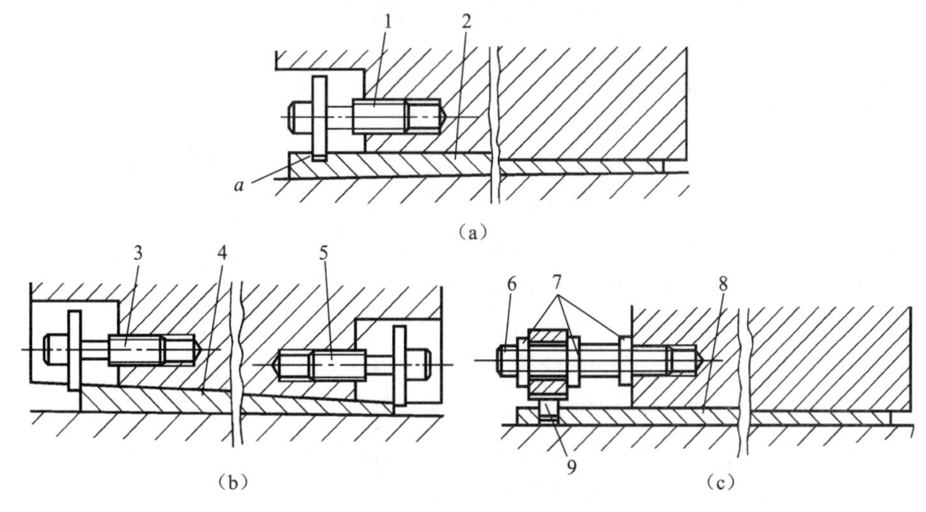

图 18－7　楔形镶条

（a）调整结构之一；（b）调整结构之二；（c）调整结构之三

1，3，5，6—螺钉；2，4，8—镶条；7—螺母；9—定位零件

节螺钉1带动镶条2做纵向移动来调节间隙。镶条上的沟槽 a 在刮配好后加工。这种方法构造简单，但螺钉头凸肩和镶条上的沟槽之间的间隙会引起镶条在运动中窜动。图18－7（b）所示调整方法是从两端用螺钉3和5调节，避免了镶条4的窜动，性能较好。图18－7（c）所示方法是通过螺钉6和螺母7以及定位零件9来调节镶条8，镶条8上的圆孔在刮配好后加工。这种方法调节方便而且能防止镶条的窜动，但纵向尺寸稍长。

2. 压板

压板用于调整辅助导轨面的间隙并承受倾覆力矩，如图18－8所示。图18－8（a）所示结构是用磨或刮压板3的 e 和 d 面来调整间隙的。压板的 d 面和 e 面用空刀槽分开。间隙大时磨或刮 d 面，间隙太小时则磨或刮 e 面。这种方式结构简单，应用较多，但调整比较麻烦，适用于不常调整、导轨耐磨性好或间隙对精度影响不大的场合。图18－8（b）所示是用改变压板与接合面间垫片4的厚度的办法来调整间隙。垫片4是由许多薄铜片叠在一起，一侧用锡焊，调整时根据需要进行增减。这种方法比刮或磨压板方便，但调整量受垫片厚度的限制，而且降低了结合面的接触刚度。

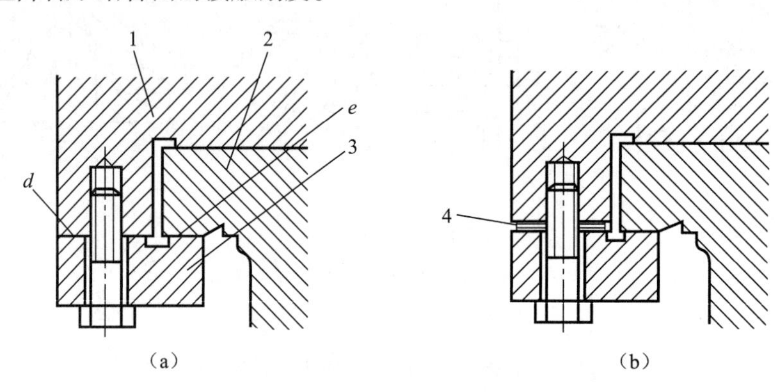

图18－8　压板

（a）用磨或刮压板的结合面来调整；（b）用改变垫片的厚度来调整

1—动导轨；2—静导轨；3—压板；4—垫片

三、滑动导轨的设计计算

1. 压强验算

导轨的失效形式主要是磨损，而导轨的磨损又与导轨表面的压强密切相关。因此，当选定导轨的结构尺寸后，应验算导轨面的压强，使其限制在允许的范围内。

（1）导轨面上的压强。为了便于计算，作如下假设：①导轨本身刚度大于接触刚度，只考虑接触变形对压强的影响；②接触变形和压强沿导轨长度方向线性分布，沿导轨宽度方向均匀分布。每个导轨面上的载荷都可以简化为一个集中力 F 和一个倾覆力矩 M，如图18－9所示。

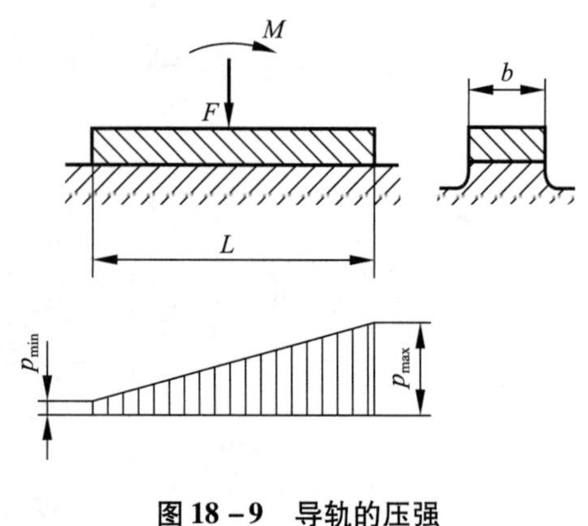

图18－9　导轨的压强

当导轨面上作用有法向力 F（N）和倾覆力矩 M（N·m）时，其最大、最小及平均压强分别为

$$p_{\max} = \frac{F}{bL} + \frac{6M}{bL^2} \tag{18-1}$$

$$p_{\min} = \frac{F}{bL} - \frac{6M}{bL^2} \tag{18-2}$$

$$p_{\mathrm{m}} = \frac{F}{bL} \tag{18-3}$$

式中，$p_{\max}$、$p_{\min}$和 p_{m} 分别为导轨面上的最大、最小和平均压强（MPa）；L 为导轨面接触长度（mm）；b 为导轨面接触宽度（mm）。

（2）主导轨面上的最大压强。当 $M/(FL)<1/6$ 时，主导轨面上的最小压强为正，可以用开式导轨。这时，主导轨面上的最大压强用式（18－1）计算。

当 $M/(FL)>1/6$ 时，主导轨面上的最小压强为负，应采用辅助导轨面和压板。此种情况下，主导轨面上的最大压强可按下式计算

$$p_{\max} = p_{\mathrm{m}}(K_{\mathrm{m}} + K_{\Delta}) \tag{18-4}$$

式中，K_{m} 为考虑压板和辅助导轨面的影响系数，如图 18－10 所示；K_{Δ} 为间隙影响系数，如图 18－11（a）所示。

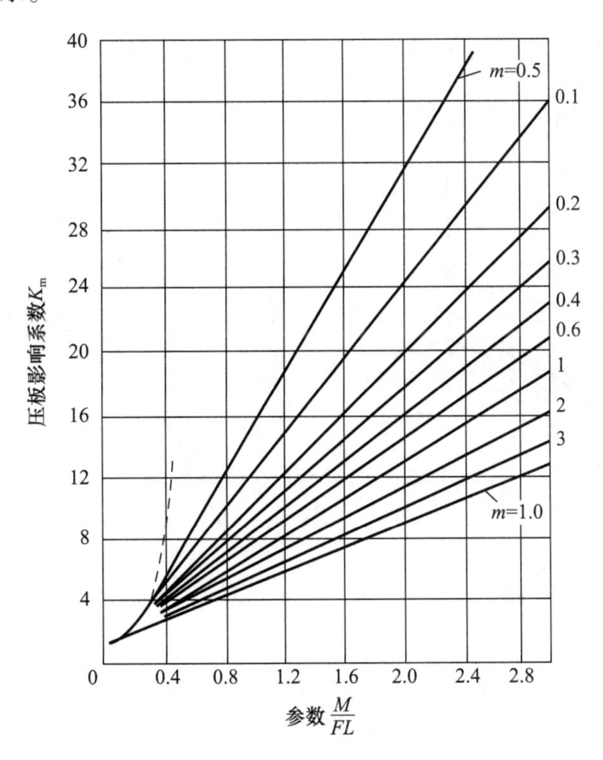

图 18－10　压板和辅助导轨面的影响系数 K_{m}

K_{m} 和倾覆力矩 M 与法向力 F 的比值以及压板接触宽度与主导轨面接触宽度的比值 m 有关

$$m = \frac{b'}{\xi b} \tag{18-5}$$

式中，b'为压板与辅助导轨面的接触宽度；ξ为考虑压板弯曲的系数，在多数情况下取$\xi=1.5\sim2$。当压板上的压强较小（$p\leqslant0.3$ MPa）时取小值；当压板上的压强较大（$p=1.0\sim1.5$ MPa）时取大值。

K_Δ值和压板与导轨的间隙Δ、接触刚度k_H以及平均压强p_m有关。对于精度较高的一般机械和中型普通机床，可取$\Delta=20\sim30$ μm；接触刚度k_H按表18-1选取。

表18-1 铸铁导轨的接触刚度k_H

平均压力p_m/MPa	导轨宽度b/mm		
	~50	>50~100	>100~200
	接触刚度k_H/(MPa·μm^{-1})		
~0.3	0.100~0.125	0.067	0.050
>0.3	0.167~0.250	0.110~0.143	0.083~0.100

当导轨上只有倾覆力矩作用时（$F=0$），考虑间隙、刚度的影响，取

$$p_{max} = p_M(K'_m + K'_\Delta) \tag{18-6}$$

式中，$p_M=\dfrac{6M}{bL^2}$为由倾覆力矩引起的最大压强（MPa）；系数K'_m根据参数m按表18-2选取，系数K'_Δ根据参数m和$k_H\Delta/p_M$按图18-11（b）选取。

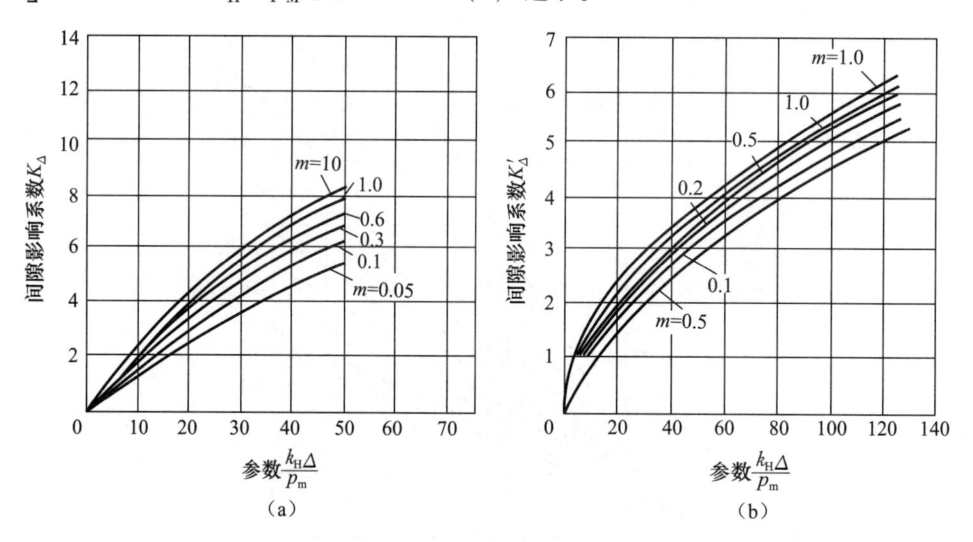

图18-11 间隙影响系数K_Δ和K'_Δ

(a) K_Δ；(b) K'_Δ

表18-2 系数K'_m和K''

m	0.05	0.1	0.2	0.4	0.6	0.8	1.0	2	5	10
K'_m	3.70	2.10	1.60	1.30	1.15	1.06	1.00	0.86	0.72	0.66
K''	4.50	3.25	2.25	1.60	1.30	1.12	1.00	0.70	0.45	0.32

（3）辅助导轨面上的最大压强。当导轨面上作用有法向力 F 和倾覆力矩 M 时，辅助导轨面最大压强可按下式计算

$$p'_{max} = K' p_{max} \tag{18-7}$$

式中，p_{max}是主导轨面上的最大压强；K'是系数，其值如图 18－12 所示。

当导轨面上只作用有倾覆力矩 M 时，辅助导轨面上的最大压强可按下式计算

$$p'_{max} = K'' p_{max} \tag{18-8}$$

式中，系数 K''见表 18－2。

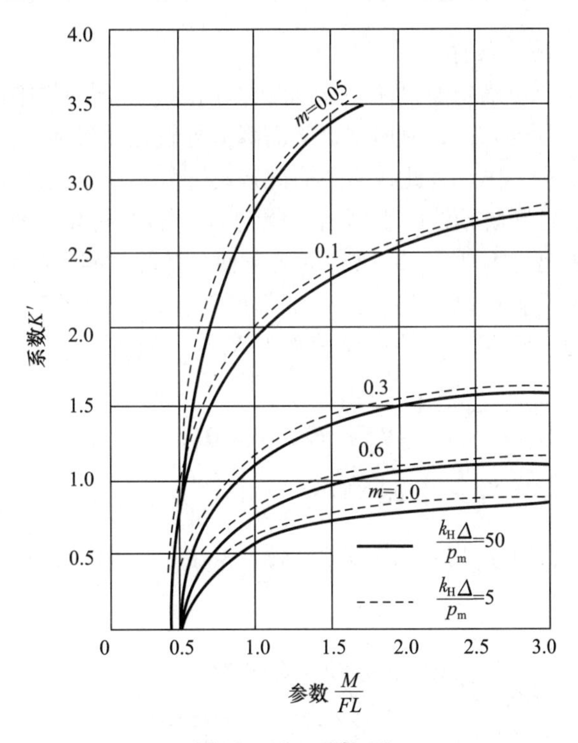

图 18－12　系数 K'

（4）许用压强。为了保证导轨有足够的耐磨性，设计导轨时，应使导轨面上的平均压强不超过许用平均压强，最大压强不超过许用最大压强，即

$$\left.\begin{aligned} p_m &\leqslant [p_m] \\ p_{max} &\leqslant [p_{max}] \\ p'_{max} &\leqslant [p_{max}] \end{aligned}\right\} \tag{18-9}$$

式中，$[p_m]$ 和 $[p_{max}]$ 分别为许用平均压强和许用最大压强。

不同工作条件下导轨的许用压强值不同。铸铁导轨的许用平均压强和许用最大压强见表 18－3，钢导轨可将表中数值提高 20%～30%。

表 18－3　铸铁导轨的许用压强　　MPa

导轨种类	机器类型举例	许用平均压力［p_m］	许用最大压力［p_{max}］
主运动导轨和速度较高的进给运动导轨	中型机床 重型机床	0.4～0.5 0.2～0.3	0.8～1.0 0.4～0.
速度较低的进给运动导轨	中型机床 重型机床 磨床	1.2～1.5 0.5 0.025～0.04	2.5～3.0 1.0～1.5 0.05～0.08

2. 运动部件不被卡住的条件

设计导轨时，必须合理确定驱动力的方向和作用点，使导轨的倾覆力矩尽可能小。否则，将使导轨中的摩擦力增大，磨损加剧，从而降低导轨运动灵活性和导向精度，严重时甚至使导轨卡住而不能正常工作。因此，需要研究运动部件不被卡住的条件。

设驱动力作用在通过导轨轴线的平面内，驱动力 F 的方向与导轨运动方向的夹角为 α，作用点离导轨轴线的距离为 H（图 18－13），为了便于计算，略去导轨面间的配合间隙和运动部件质量的影响。由于驱动力 F 将使运动部件倾转，可认为运动部件与支承部件的两端点压紧，正压力分别为 N_1、N_2，相应的摩擦力为 $N_1 f_v$、$N_2 f_v$。如果载荷为 F_a，则力系的平衡条件为

$$\sum F_x = 0 \qquad (N_1 + N_2)f_v + F_a - F\cos\alpha = 0 \tag{18-10}$$

$$\sum F_y = 0 \qquad N_2 - N_1 + F\sin\alpha = 0 \tag{18-11}$$

$$\sum M_A = 0 \qquad (L + L_1)F\sin\alpha + HF\cos\alpha + N_2 f_v \frac{d}{2} - N_1 f_v \frac{d}{2} - LN_1 = 0 \tag{18-12}$$

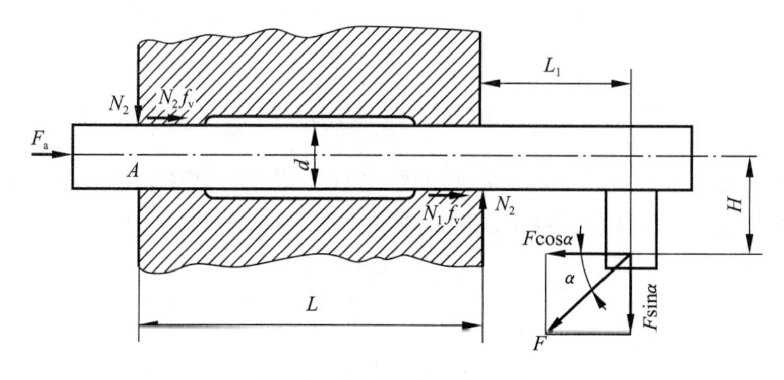

图 18－13　导轨计算简图

由式（18－11）和式（18－12）解得

$$N_1 = \frac{F\sin\alpha(2L + 2L_1 - f_v d) + 2FH\cos\alpha}{2L}$$

$$N_2 = \frac{F\sin\alpha(2L_1 - f_v d) + 2FH\cos\alpha}{2L}$$

将 N_1、N_2 代入式（18－10），得

$$F=\frac{F_a}{\cos\alpha\left(1-f_v\frac{2H}{L}\right)-f_v\sin\alpha\left(1+\frac{2L_1}{L}-\frac{f_vd}{L}\right)} \quad (18-13)$$

欲能驱动运动部件，驱动力 F 应为有限值。因此，保证运动部件不被卡住的条件是：

$$\cos\alpha\left(1-f_v\frac{2H}{L}\right)-f_v\sin\alpha\left(1+\frac{2L_1}{L}-\frac{f_vd}{L}\right)>0$$

当 d/L 很小时，上式 f_vd/L 项可略去，则有

$$\tan\alpha<\frac{L-2f_vH}{f_v(L+2L_1)} \quad (18-14)$$

当 $H=0$ 时，即驱动力 F 的作用点在运动部件的轴线上，由式（18－14）可得运动部件正常运动的条件为

$$\frac{L}{L_1}>\frac{2f_v\tan\alpha}{1-f_v\tan\alpha} \quad (18-15)$$

当 $\alpha=0$ 时，即驱动力 F 平行于运动部件轴线，由式（18－14）可得

$$2f_v\frac{H}{L}<1$$

为了保证运动灵活，建议设计时取

$$2f_v\frac{H}{L}<0.5 \quad (18-16)$$

当 H 及 α 均为零时，即驱动力 F 通过运动件轴线，由式（18－13）可得 $F=F_a$，此时驱动力不会产生附加的摩擦力，导轨的运动灵活性最好，设计时应力求符合这种情况。

上述公式中，f_v 为当量滑动摩擦系数，对于不同的导轨，f_v 值为

$$\left.\begin{array}{ll}\text{矩形导轨：} & f_v=f\\ \text{燕尾形和三角形导轨：} & f_v=f/\cos\beta\\ \text{圆柱面导轨：} & f_v=4f/\pi=1.27f\end{array}\right\} \quad (18-17)$$

式中，f 为滑动摩擦系数；β 为燕尾轮廓角或三角形底角。

对于不同截面形状的组合导轨，由于两根导轨的摩擦力不同，驱动运动部件的驱动元件（螺旋副、齿轮－齿条或其他传动装置）的位置应随之不同。例如，对图 18－14 所示的 V 形－平面组合导轨，因 V 形导轨上的摩擦力要比平面导轨的大，摩擦力的合力作用在 O 点，且 $c>b$，因此，驱动元件的位置应该设在 O 点，从而消除运动部件移动时转动的趋势，使运动部件移动平稳而灵活。

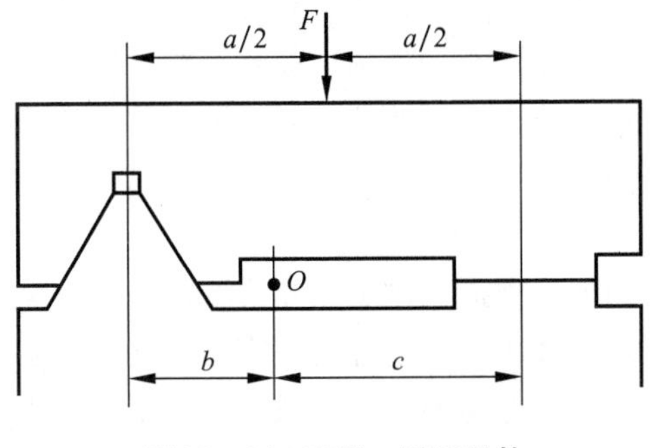

图 18－14　V 形－平面导轨

3. 导轨主要结构尺寸的确定

导轨的主要尺寸有动导轨和静导轨的长度、导轨宽度、两导轨之间的距离等。

增大动导轨长度 L，有利于提高导轨的导向精度和运动灵活性，但却使运动部件的尺寸和重量加大。因此，设计时一般取 $L=(1.2\sim1.8)a$，其中 a 为两导轨之间的距离。如结构允

许，则可取 $L \geqslant a$。静导轨的长度则主要取决于动导轨的长度及工作行程。

导轨宽度 b 可根据导轨面上的压强不超过许用压强的条件求出。

两导轨之间的距离 a 减小，则导轨尺寸减小，但导轨稳定性变差。设计时应在保证导轨工作稳定的前提下，减小两导轨之间的距离。

四、提高导轨耐磨性的措施

为使导轨在较长的使用期间内保持一定的导向精度，必须提高导轨的耐磨性。由于磨损速度与材料性质、加工质量、表面压强、润滑及使用维护等因素直接有关，故欲提高导轨的耐磨性，须从这些方面采取措施。

1. 合理选择导轨的材料及热处理

用于导轨的材料，应具有耐磨性好，摩擦系数小，并具有良好的加工和热处理性质。常用的材料有：

（1）铸铁。如 HT200、HT300 等，均有较好的耐磨性。采用高磷铸铁（所含磷的质量分数高于 0.3%）、磷铜钛铸铁和钒钛铸铁做导轨，耐磨性比普通铸铁分别提高 1 ~4 倍。

铸铁导轨的硬度一般为 180 ~200 HBW。为提高其表面硬度，采用表面淬火工艺，表面硬度可达 55 HRC，导轨的耐磨性可提高 1 ~3 倍。

（2）钢。常用的有碳素钢（40、50、T8A、T10A）和合金钢（20Cr、40Cr）。淬硬后钢导轨的耐磨性比一般铸铁导轨的高 5 ~10 倍。要求高的导轨可用 20Cr 制成，渗碳后淬硬至 56 ~62 HRC；要求低的可用 40 Cr 制成，高频淬火硬度至 52 ~58 HRC。钢制导轨一般做成条状，用螺钉及销钉固定在铸铁机座上，螺钉的尺寸和数量必须保证良好的接触刚度，以免引起变形。

（3）有色金属。常用的有黄铜、锡青铜、超硬铝（7A04）等。

（4）塑料。聚四氟乙烯具有优良的减摩、耐磨和抗振性能，工作温度适应范围广（-200 ℃ ~ +280 ℃），静、动摩擦系数都很小，是一种良好的减摩材料。以聚四氟乙烯为基体的塑料导轨性能良好，它是一种在钢板上烧结球状青铜颗粒并浸渍聚四氟乙烯塑料的板材。导轨板的厚度为 1.5 ~3 mm，在多孔青铜颗粒上面的聚四氟乙烯表层厚为 0.025 mm。这种塑料导轨板既有聚四氟乙烯的摩擦特性，又具有青铜和钢铁的刚性与导热性，装配时可用环氧树脂粘接在动导轨上。

在实际应用中，为减小摩擦阻力，常用不同材料匹配使用。例如圆形导轨一般采用淬火钢—非淬火钢、青铜或铸铝；棱柱面导轨可用钢—青铜，淬火钢—非淬火钢，钢—铸铁等。

导轨经热处理后，均需进行时效处理，以减小其内应力。

2. 减小导轨面压强

导轨面的平均压强越小，分布越均匀，则磨损越均匀，磨损量越小。导轨面的压强取决于导轨的支承面积和载荷，设计时应保证导轨工作面的最大压强不超过允许值。为此，许多精密导轨常采用卸载导轨，即在导轨载荷的相反方向给运动件施加一个机械的或液压的作用力（卸载力），抵消导轨上的部分载荷，从而达到既保持导轨面间仍为直接接触，又减小导轨工作面的压力的目的。一般卸载力取为运动件所受总重力的 2/3 左右。

（1）静压卸载导轨（图 18 -15）。在运动件导轨面上开有油腔，通入压力为 p_s 的液压油，对运动件施加一个小于运动件所受载荷的浮力，以减小导轨面的压力。油腔中的液压油经过导轨表面宏观与微观不平度所形成的间隙流出导轨，回到油箱。

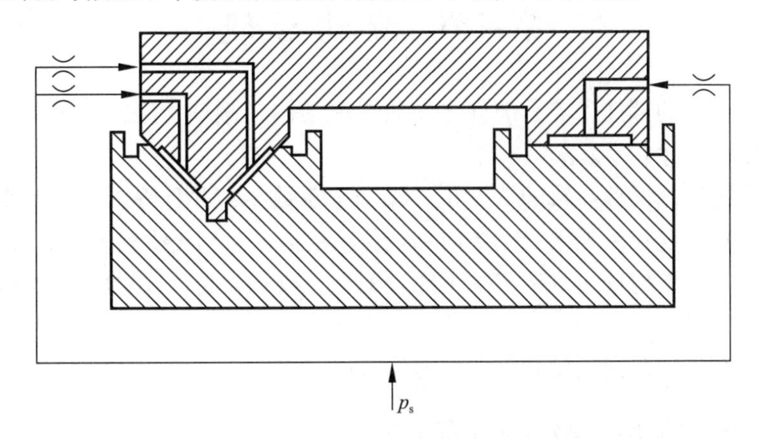

图 18－15　静压卸载导轨原理

（2）机械卸载导轨（图 18－16）。选用刚度合适的弹簧，并调节其弹簧力，以减小导轨面直接接触处的压力。

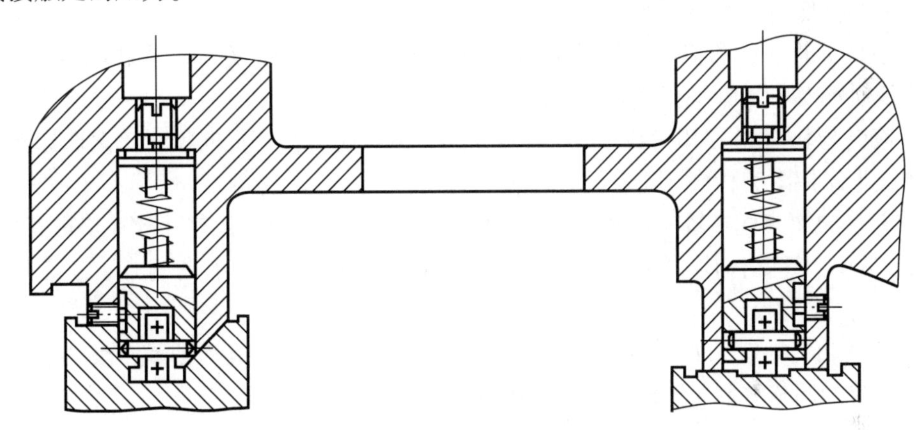

图 18－16　机械卸载导轨

3. 保证导轨良好的润滑和防护

润滑油能使导轨面间形成一层极薄的油膜，阻止或减少导轨面的直接接触，减小摩擦和磨损，从而延长导轨的使用寿命。关于润滑方式及润滑剂的选择可参见第二十章第三节的有关内容。

导轨的防护装置用来防止切屑、灰尘等脏物落到导轨面上，以免导轨擦伤、生锈和过早磨损。为此，可在动导轨的端部安装刮板、采用各种各样的防护罩或使导轨不外露等办法。

4. 提高导轨的精度

提高导轨精度主要是保证导轨的直线度和各导轨面间的相对位置精度。导轨的直线度误差都规定在对导轨精度有利的方向上，如精密车床的床身导轨在垂直面内的直线度误差只允许上凸，以补偿导轨中间部分经常使用而产生向下凹的磨损。

适当减小导轨工作面的粗糙度，可提高耐磨性，但过小的粗糙度不易贮存润滑油，甚至产生“分子吸力”，以致撕伤导轨面。粗糙度一般要求 $Ra \leqslant 0.32\ \mu m$。

第三节　滚动导轨

滚动导轨是在运动部件和支承部件之间放置滚动体（滚珠、滚柱、滚动轴承等），使导轨运动时处于滚动摩擦状态。

与滑动导轨比较，滚动导轨的特点是：①摩擦系数小，并且静、动摩擦系数之差很小，故运动灵便，不易出现爬行现象；②导向和定位精度高，且精度保持性好；③磨损较小，寿命长，润滑简便；④结构较为复杂，加工比较困难，成本较高；⑤对脏物及导轨面的误差比较敏感。

滚动导轨已在各种精密机械和仪器中得到广泛应用。

一、滚动导轨的类型及结构特点

滚动导轨按滚动体的形状可分为滚珠导轨、滚柱导轨、滚动轴承导轨等。

（1）滚珠导轨。如图 18－17（a）所示，具有结构紧凑、制造容易、成本相对较低的优点，缺点是刚度低、承载能力小。

（2）滚柱导轨。如图 18－17（b）所示，具有刚度大、精度高、承载能力大的优点，主要缺点是对配对导轨副平行度要求过高。

（3）滚针导轨。如图 18－17（c）所示，具有承载能力大，径向尺寸比滚珠导轨紧凑的优点，缺点是摩擦阻力稍大。

（4）十字交叉滚柱导轨。如图 18－17（d）所示，滚柱长径比略小于 1。具有精度高、动作灵敏、刚度大、结构较紧凑、承载能力大且能够承受多方向载荷等优点，缺点是制造比较困难。

（5）滚动轴承导轨。如图 18－17（e）所示，直接用标准的滚动轴承作滚动体，结构简单，易于制造，调整方便，广泛应用于一些大型光学仪器上。

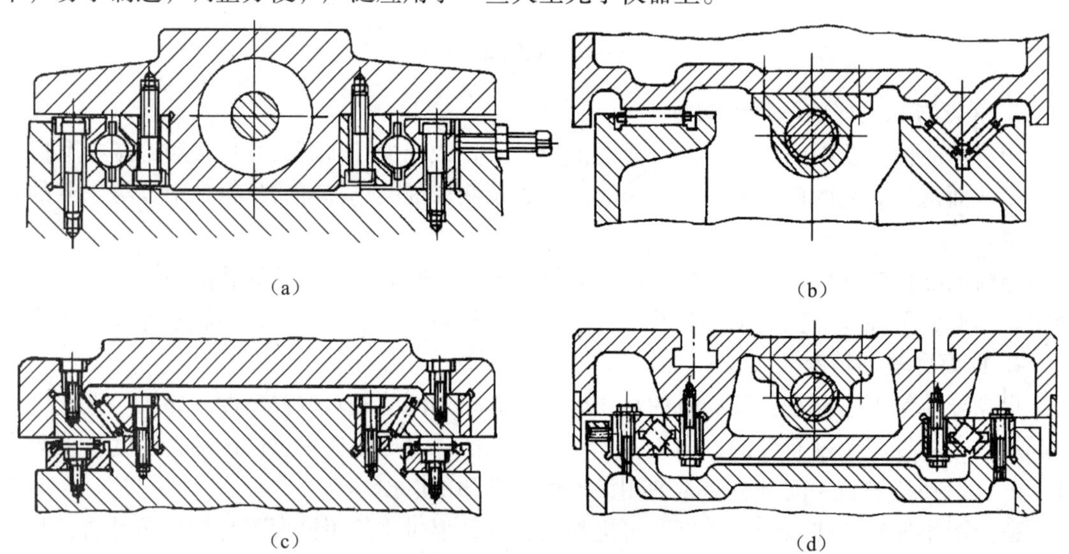

图 18－17　滚动导轨常用结构

（a）滚珠导轨；（b）滚柱导轨；（c）滚针导轨；（d）十字交叉滚柱导轨

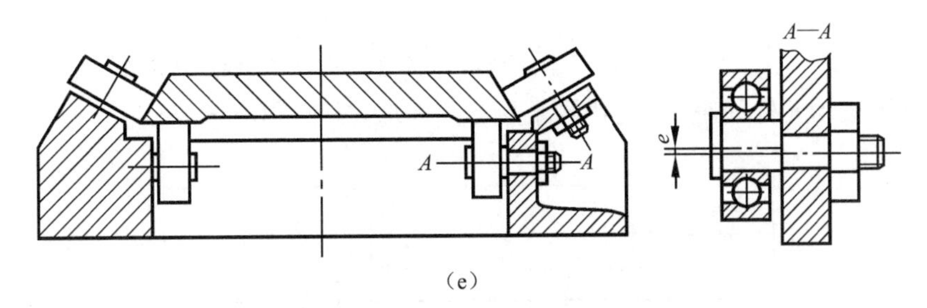

（e）

图 18－17　滚动导轨常用结构（续）

（e）滚动轴承导轨

按导轨承受载荷种类的能力，滚动导轨分为开式导轨（图 18－17（b））和闭式导轨（图 18－17（a）、（c）、（d）、（e））。

按滚动体是否循环，滚动导轨分为循环式滚动导轨和非循环式滚动导轨。非循环式滚动导轨通常称为滚动导轨，而把循环式滚动导轨称为直线运动滚动支承。

二、滚动导轨的预紧

使滚动体与滚道表面产生初始接触弹性变形的方法称为预紧。预紧导轨的刚度比无预紧导轨的刚度大，在合理的预紧条件下，导轨磨损较小，但是导轨的结构较复杂，成本较高。

（1）采用过盈装配形成预加载荷（图 18－18（a））。装配导轨时，根据滚动体的实际尺寸 A，刮研压板与滑板的接合面或在其间加上一定厚度的垫片，从而形成包容尺寸 $A-\Delta$（Δ 为过盈量）。

过盈量有一个合理的数值，达到此数值时，导轨的刚度较好，而驱动力又不致过大。过盈量一般每边为 5～6 μm。

（2）用移动导轨板的方法实现预紧（图 18－18（b））。预紧时先松开导轨体 2 的连接螺钉（图中未画出），然后拧动侧面螺钉 3，即可调整导轨体 1 和 2 之间的距离而预紧。此外，也可用镶条来调整，这样，导轨的预紧量沿全长分布比较均匀，故推荐采用。

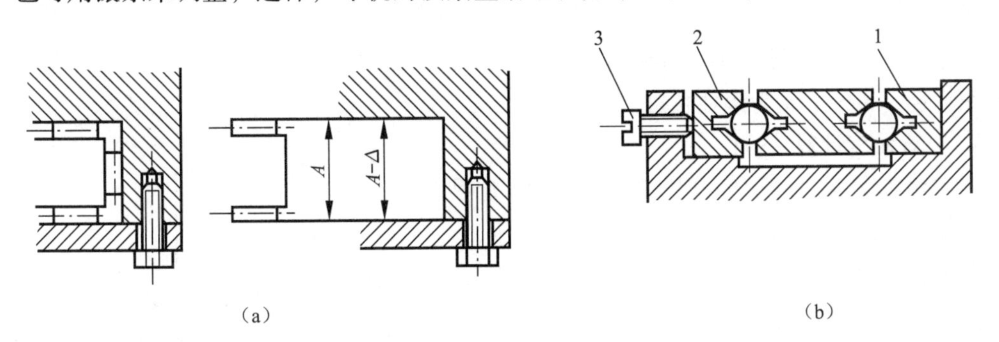

（a）　　　　（b）

图 18－18　滚动导轨预紧方法

1，2—导轨体；3—螺钉

三、导轨主要参数的确定

1. 导轨的长度

在满足导轨最大位移 S_{max} 的前提下，应尽可能减小动导轨的长度 L。由图 18－19 可知

$$L = 2e + l + \frac{S_{max}}{2} \tag{18-18}$$

式中，l 为首尾滚动元件间距；e 为边缘余量，一般取 $e=5\sim10$ mm。

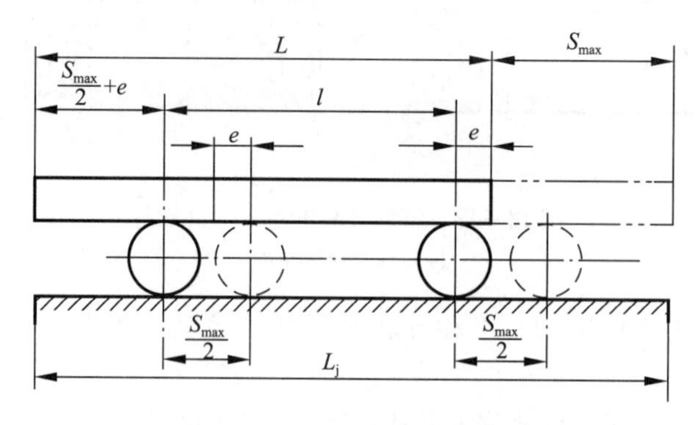

图 18－19　动导轨长度计算简图

动导轨移动到两极端位置时，通常不希望动导轨伸出到静导轨之外，于是，静导轨的长度 L_j 应为

$$L_j = L + S_{max} \tag{18-19}$$

L_j 也是动导轨的运动范围。

2. 滚动体的尺寸和数量

增大滚动体直径，可以减小摩擦系数和接触应力，不易产生滑动。若采用滚柱，推荐其直径 d 为 6～8 mm，滚柱的长径比 $b/d=1.5\sim2.0$。

滚动体的数量取决于导轨的长度和刚度条件，每一条导轨上一般不少于 12～16 个。若数量过多，会因制造误差引起载荷分布不均匀。推荐取

滚珠数量
$$Z_b \leqslant \frac{F}{9.5\sqrt{d}} \tag{18-20}$$

滚柱数量
$$Z_r \leqslant \frac{F}{4b} \tag{18-21}$$

上两式中，F 为每条导轨所承受的载荷（N）；d 为滚珠直径（mm）；b 为滚柱长度（mm）。

3. 导轨强度计算

滚动导轨支承的运动件（图 18－20）可能承受的外载荷有沿 y、z 轴的力 F_y、F_z 和绕 x、y、z 轴的力矩 M_x、M_y、M_z。通过力学计算可以求出受力最大的滚动体所受的力 F_{max}。

按接触区不产生塑性变形计算导轨面的静强度，强度条件为

$$F_{max} \leqslant [F]$$

作用于一个滚动体上的许用载荷［F］由下式求得

对滚珠导轨 $$[F] = K_1K_2K_3d^2 \tag{18-22}$$

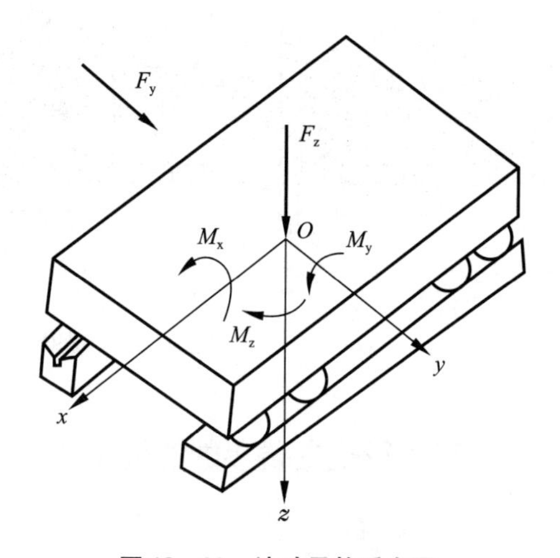

图 18－20　滚动导轨受力图

对滚柱导轨 $[F] = K_1K_2K_3bd$ (18 - 23)

式中，d 为滚珠或滚柱直径（mm）；b 为滚柱长度（mm）；K_1 为材料系数（MPa），按表 18 - 4 选取；K_2 为硬度系数，按表 18 - 5 选取；K_3 为精度系数，按表 18 - 6 选取。

表 18 - 4 滚动导轨的材料系数 K_1 MPa

滚动元件类型	钢导轨（60HRC）			铸铁导轨 200 HBW
	整体淬火、渗碳淬火	高频感应加热淬火	渗氮	
球导轨	0.6	0.5	0.4	0.02
短滚子导轨	20	18	15	2
长滚子导轨	15	13	10	1.5

表 18 - 5 滚动导轨的硬度系数 K_2

导轨硬度	淬硬钢导轨 HRC				铸铁导轨 HBW		
	50	55	57	60	170 ~ 180	200 ~ 210	230
K_2	0.52	0.70	0.80	1.00	0.75	1.00	1.20

表 18 - 6 滚动导轨的精度系数 K_3

导轨精度	精度项目				K_3	备注
	在接触长度内平面度误差/μm	在接触长度内平行度误差/μm	V 形导轨夹角不一致性/（″）	滚动元件直径相互差/μm		
高精度	≤4	≤4		≤1	1.5	或导轨很短
较高精度	≤(7 ~ 10)	≤(7 ~ 10)	≤(15 ~ 20)	≤2	1.0	—
普通精度	≤(15 ~ 20)	≤20		≤(2 ~ 3)	0.6 ~ 0.7	—

4. 接触变形

导轨的接触变形量为

对于滚珠导轨 $\delta = F/k$ (18 - 24)

对于滚柱导轨 $\delta = F_1/k_1$ (18 - 25)

上两式中，F 为一个滚珠上的载荷（N）；F_1 为一个滚柱单位长度上的载荷（N/mm）；k 为滚珠导轨的接触刚度（N/μm），按图 18 - 21（a）选取；k_1 为滚柱导轨的接触刚度（N/(μm · mm)），按图 18 - 21（b）、（c）选取。

5. 直线滚动导轨副的选用计算

直线运动滚动导轨副的典型结构如图 18 - 22 所示，它已标准化，由专业化工厂生产，采用这种导轨，能缩短导轨设计制造周期，提高质量。

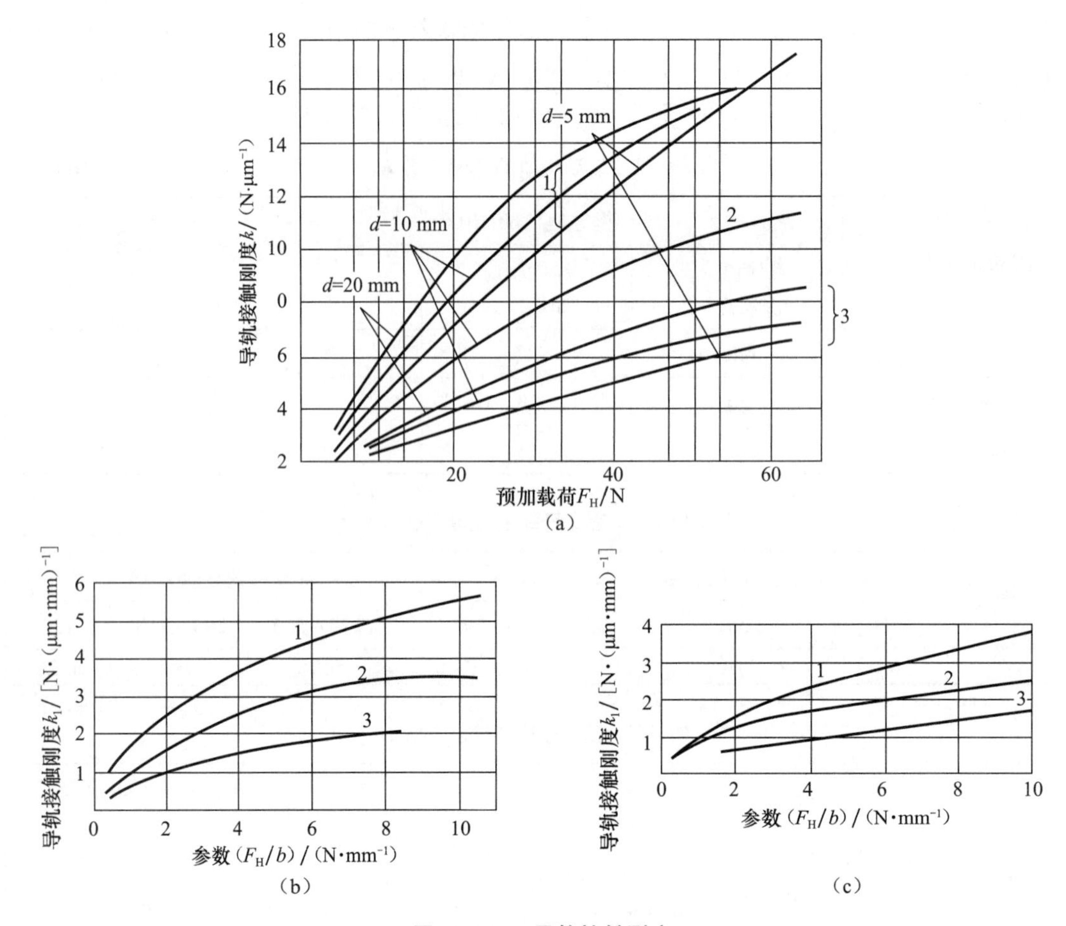

图 18－21　导轨接触刚度

（a）球与钢导轨；；（b）滚子与铸铁导轨；（c）滚子与钢导轨

1—高精度短导轨；2—普通精度短导轨；3—普通精度长导轨

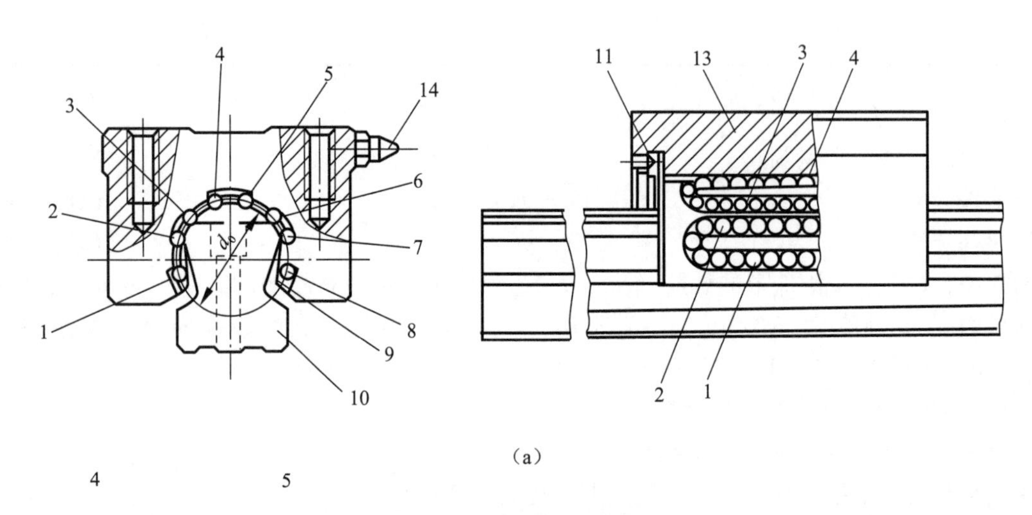

图 18－22　直线运动导轨副

（a）径向载荷型

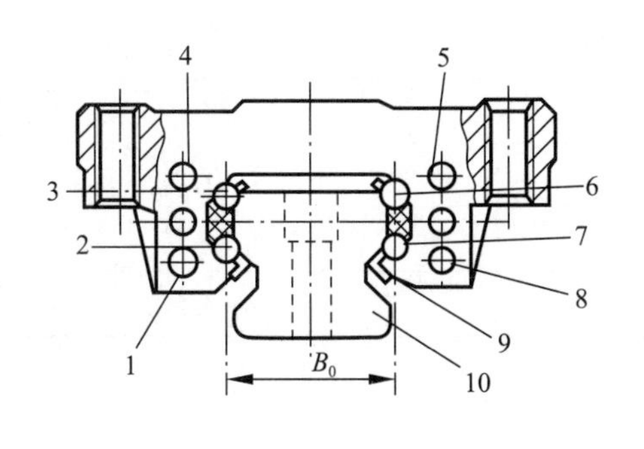

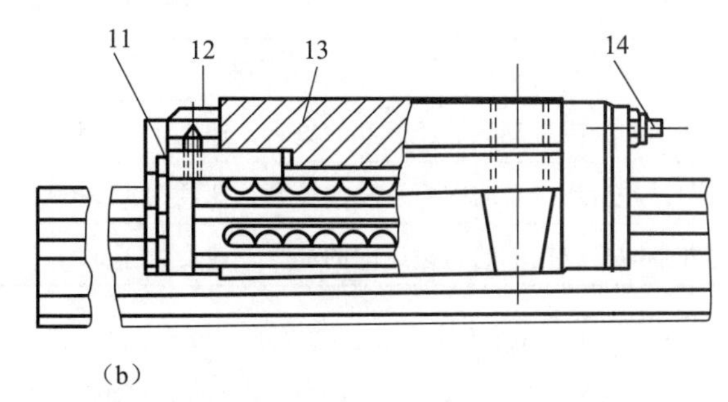

（b）

图 18－22　直线运动导轨副（续）

（b）四方向等载荷型

1～8—球；9—保持架；10—导轨；11—橡胶密封垫；12—反向器；13—滑块；14—油杯

（1）额定寿命计算。直线运动滚动导轨副额定寿命的计算与滚动轴承基本相同，其计算公式为：

$$L=\left(\frac{f_h f_t f_c f_a}{f_w}\frac{C}{P_d}\right)^{\varepsilon}K \tag{18-26}$$

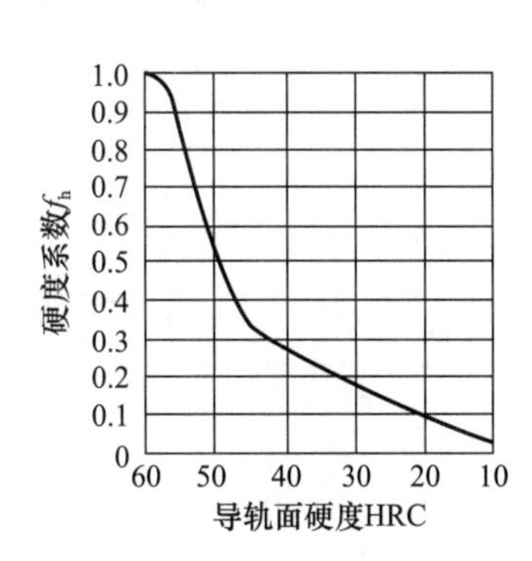

图 18－23　硬度系数 f_h

式中，L 为额定寿命（km）；C 为基本额定动载荷（kN），从样本中查取；P_d 当量动载荷（kN）；ε 为寿命指数，当滚动体为球时，$\varepsilon=3$，当滚动体为滚子时，$\varepsilon=10/3$；K 为额定寿命单位，当滚动体为球时，$K=50$ km，当滚动体为滚子时，$K=100$ km；f_h 为硬度系数，按图 18－23 选取，通常滚道硬度不低于 58HRC，故可取 $f_h=1$；f_t 为温度系数，按表 18－7 选取；f_c 为接触系数，按表 18－8 选取；f_a 为精度系数，按表 18－9 选取；f_w 为载荷系数，按表 18－10 选取。

表 18－7　温度系数 f_t

工作温度/℃	≤100	＞100～150	＞150～200	＞200～250
f_1	1	0.90	0.73	0.60

表 18－8　接触系数 f_c

每根导轨上的滑块数	1	2	3	4	5
f_c	1.00	0.81	0.72	0.66	0.61

表 18－9　精度系数 f_a

精度等级	P_2	P_4	P_4	P_5	P_5	P_0
f_n	1.0	1.0	0.9	0.9	0.8	0.7

表18－10　载荷系数f_w

工作条件	f_w
无外部冲击或振动的低速运动的场合，速度小于15 m/min	1～1.5
无明显冲击或振动的中速运动的场合，速度为15～60 m/min	1.5～2
有外部冲击或振动的高速运动的场合，速度大于60 m/min	2～3.5

（2）额定静载荷。

按导轨静强度作校核计算的公式为

$$\frac{C_0}{P_0} \geq f_s \tag{18-27}$$

式中，C_0为额定静载荷（kN），从样本中查取；P_0为静载荷或冲击载荷（kN）；f_s为静态安全系数，按表18－11选取。

表18－11　静态安全系数f_s

运动条件	工作条件	f_s（下限）
不经常运动	轻微冲击，导轨挠曲变形小	1.0～1.3
	有冲击，受转矩	2.0～3.0
一般运动状况	普通载荷，导轨挠曲变形小	1.0～1.5
	有冲击，受转矩	2.5～5.0

四、滚动导轨的材料和热处理

对滚动导轨材料的主要要求是硬度高、性能稳定以及良好的加工性能。

滚动体的材料一般采用高碳铬轴承钢（GCr15），淬火后硬度可达到60～66 HRC。

常用的导轨材料有：

（1）低碳合金钢。如20Cr，经渗碳（深度1～1.5 mm）淬火，渗碳层硬度可达60～63HRC。

（2）合金结构钢。如40Cr，淬火后低温回火，硬度可达45～50 HRC，加工性能良好，但硬度较低。

（3）合金工具钢。如铬钨锰钢（CrWMn），淬火后低温回火，硬度可达60～64 HRC，这种材料的性能稳定，可以制造变形小、耐磨性高的导轨。

（4）氮化钢。如铬钼铝钢（38CrMoAlA），经调质或正火后，表面氮化，可得很高的表面硬度（850 HV），但硬化层很薄（0.5 mm以下），加工时应注意。

（5）铸铁。例如某些仪器中采用铬钼铜合金铸铁，硬度可达230～240 HBW，加工方便，滚动体用滚柱，一般可满足使用要求。

习　题

18－1　导轨的主要功能是什么？影响导向精度、精度保持性和运动精度的主要因素是什么？

18－2　开式导轨和闭式导轨的主要区别是什么?

18－3　滑动导轨为什么在低速条件下易出现爬行现象?

18－4　滑动导轨的截面形状有哪些? 各有哪些优缺点?

18－5　滑动导轨为什么要组合使用?

18－6　试述提高导轨耐磨性的意义及措施。

18－7　简述调整导轨间隙的目的和方法。

18－8　简述滚动导轨的主要特点和基本类型。

18－9　滚动导轨预紧的方法有哪些? 哪种最好?

18－10　如何确定滚动导轨中滚动体的尺寸和数量?

第十九章

机　　架

在机器中用于容纳和支承各种零部件的零件称为机架，主要包括机器的箱体、底座、床身以及基础平台等。例如容纳传动齿轮的减速器箱体、支承钻床的底座和固定压力机的床身等都属于机架。机架通常是机器中尺寸最大、重量最重的零件，并直接或间接地承受着机器中的各种工作载荷，其设计和制造的质量对机器的精度、振动和噪声等工作性能会产生重要的影响。

第一节　机架的类型、材料及制造方法

一、机架的类型

机架按外形结构分类，可分为箱壳式、框架式、梁柱式和平板式，见表 19 – 1。按制造方法，主要有铸造机架和焊接机架；按机架材料，可分为金属机架和非金属机架，而非金属机架又可分为混凝土机架、花岗岩机架和塑料机架等。

表 19 – 1　机架外形分类

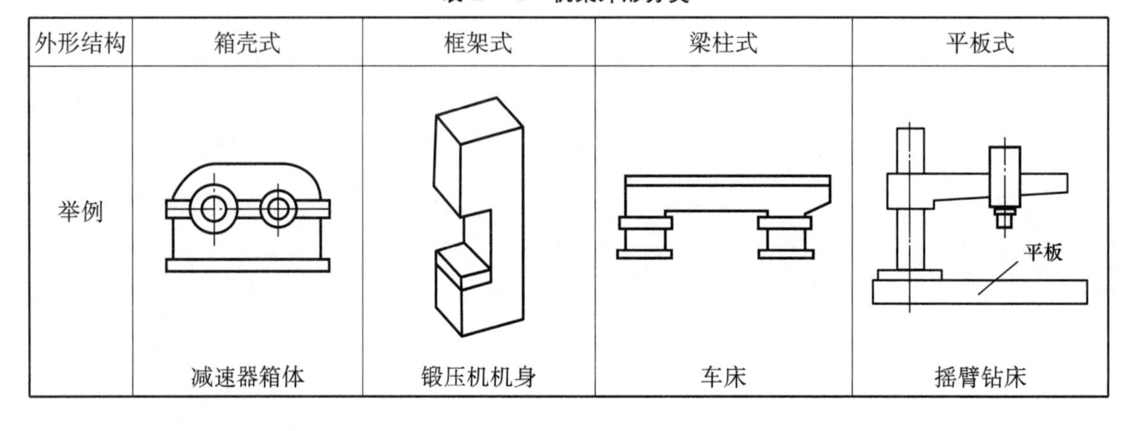

外形结构	箱壳式	框架式	梁柱式	平板式
举例	减速器箱体	锻压机机身	车床	平板 摇臂钻床

二、机架的材料及制造方法

对于形状复杂的机架，如减速器箱体、鼓风机底座等，使用最多的材料是铸铁，主要包括普通灰铸铁、球墨铸铁及耐磨铸铁，具有流动性好、阻尼作用强、切削性能好、价格低廉、易于成批生产等特点。对于要求强度高、刚度大的机架，如轧钢机机架、锻锤汽缸体和箱体等，一般采用铸钢。对于要求质量小的机架，如船用柴油机机体、汽车传动箱体等，常

采用铸铝合金等轻金属。对于精密机械或仪器的机架，一般有导热系数和膨胀系数小、抗腐蚀、不导电和不生锈等要求，常采用花岗岩和塑料等非金属材料。

一般来说，成批生产、结构复杂的中小型机架以铸造为主；单件或小批量生产的大中型机架，或有质量轻、强度和刚度高、生产周期短等要求的机架，以焊接为主。

第二节 机架设计的要求

机架是机器中的重要零部件之一，在设计中应满足如下要求：

（1）具有足够的强度和刚度。例如锻压机床、冲剪机床等机器的机架，应以满足强度条件为主。金属切削机床及其他要求精确运转的机器的机架，以满足刚度条件为主。

（2）结构设计合理，便于其他零部件的安装、调整与修理，并具有良好的抗振性和工艺性。

（3）选择合理的截面形状和肋板，在满足强度和刚度的前提下，使机架尽可能质量小，成本低。

（4）造型美观。

第三节 机架的结构设计

机架支承着机器的零部件及工件的全部重量，并处于复杂的受载状态，因此机架的结构设计，如截面形状的选择、肋板的布置以及壁厚的大小等，对机架的工作能力、材料消耗和制造质量等均有重大影响。

1. 截面形状的选择

对于仅仅受压或受拉的零件，当其他条件相同时，其刚度和强度只决定于截面积的大小，而与截面形状无关。但是对于承受弯矩和转矩的零件，其抗弯、抗扭强度和刚度不仅与截面积的大小有关，而且还与其截面形状有关。表 19－2 列举了几种截面积相近而截面形状不同的零件的相对强度和相对刚度。从表中可以看出：圆形截面的抗扭强度最高，但抗弯强度较差，所以适用于受扭为主的机架；相反，工字形截面的抗弯强度最高，而抗扭强度较低，所以适用于受弯为主的机架。空心矩形截面的抗弯强度低于工字形截面，抗扭强度低于圆形截面，但其综合刚性最好，并且由于空心矩形内腔较易安装其他零部件，故多数机架的截面形状常采用空心矩形截面。

表 19－2 几种截面积相近而截面形状不同的零件的相对强度和相对刚度

截面形状	相对强度		相对刚度	
	弯曲	扭转	弯曲	扭转
	1	1	1	1

续表

截面形状	相对强度		相对刚度	
	弯曲	扭转	弯曲	扭转
	1.2	43	1.15	8.8
	1.4	38.5	1.6	31.4
	1.8	4.5	1.8	1.9

截面面积相等而结构不同的矩形截面弯曲刚度相差很大。如图19-1所示，三种矩形截面的面积均为3 600 mm^2，而图19-1（a）的弯曲刚度比图19-1（b）的大10倍，比图19-1（c）的大49倍。

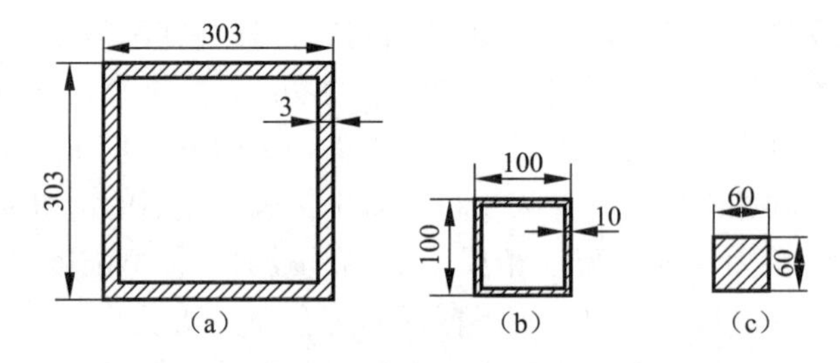

图19-1　面积相等而弯曲刚度不同的矩形截面

（a）弯曲刚度最大；（b）弯曲刚度中等；（c）弯曲刚度最小

2. 肋板的布置

在机架结构设计中，通常以布置肋板的方式来提高机架的强度和刚度，并减轻机架的重量。特别对于铸造机架，不宜采用增加截面厚度的方法来提高强度，因为厚大截面会由于金属堆积而产生缩孔和裂纹等缺陷，从而导致性能的下降。布肋能否有效地提高机架的强度和刚度，在很大程度上取决于布肋的方式是否合理。不合理的布置不仅达不到要求，反而会增加铸造困难和材料浪费。表19-3给出了不同形式肋板的空心矩形截面梁在刚度方面的比较。若以方案Ⅰ的相对质量、相对弯曲刚度和相对扭转刚度作为比较基准，从表中可知：方案Ⅱ的相对质量增加了14%，而相对弯曲刚度仅提高了7%；方案Ⅲ的相对弯曲刚度和相对扭转刚度虽然均有所增加，但材料却需多耗费 49%；方案Ⅳ的质量仅需增加 26%，却能够获得多一半的弯曲刚度和近两倍的扭转刚度。从经济性角度来看，方案Ⅳ最佳，而方案Ⅱ一般不可取。

表 19－3　不同形式肋板的空心矩形截面梁在刚度方面的比较

肋板布置形式	Ⅰ	Ⅱ	Ⅲ	Ⅳ
相对质量	1	1.14	1.49	1.26
相对弯曲刚度	1	1.07	1.78	1.55
相对扭转刚度	1	2.04	3.69	2.94

3. 壁厚的合理选择

机架壁厚的选择取决于其强度、刚度、材料和尺寸等因素。一般原则是，在满足强度、刚度和振动稳定性等条件下，尽量选择最小的壁厚，以减轻零件的重量。按照目前的工艺水平，灰铸铁和铸铝机架的壁厚可根据当量尺寸 N 分别按表 19－4 来选择，可锻铸铁的壁厚比灰铸铁减少 15%～20%，球墨铸铁的壁厚比灰铸铁的增加 15%～20%。当量尺寸 N 的定义为

$$N = \frac{2L + B + H}{3}$$

式中，L、B 和 H 分别为铸件的长度、宽度和高度。

对于焊接机架，其壁厚可按相应铸件壁厚的 2/3～4/5 来选择。

表 19－4　灰铸铁和铸铝机架的壁厚

当量尺寸 N/m	灰铸铁机架		铸铝机架/mm
	外壁厚/mm	内壁厚/mm	
0.3	6	5	4
0.5	6	5	4
1.0	10	8	6
1.5	12	10	8
2.0	16	12	10
2.5	18	14	12

习　题

19－1　机架按构造外形不同，可分为哪几种形式？

19－2　在设计机架时，应满足哪些要求？

19－3　对于圆形、工字形和空心矩形三种截面，最适用于受扭为主的机架、受弯为主的机架或弯扭组合载荷作用机架的分别是哪种截面形状？为什么？

第二十章
润 滑 装 置

第一节 概　　述

润滑是减小摩擦，减少磨损，降低能耗，提高效率，保证机器正常运转的重要手段，同时还有减少振动、降低噪声、散热、防锈的作用。在进行零、部件结构设计中，要根据机器不同部位的工作要求，合理地选择润滑方式，使机器所有的运动副都能得到充分的润滑，使机器处于良好的使用状态，最大限度地发挥机器的工作能力。

第二节 常用的润滑方式及装置

按照使用的润滑剂的不同，润滑可分为油润滑、脂润滑、固体润滑和气体润滑等四类。

一、油润滑

1. 手工加油润滑

最简单的方法是直接在需要润滑的地方加工出油孔（图 20－1），在机器启动前，用油壶滴入一些润滑油，获得润滑。也可以在油孔处安装油杯，如旋套式注油油杯（图 20－2）、压注油杯（图 20－3）。用油杯润滑的特点是除了能储存一定的润滑油外，还可以防止外界污物进入，但供油时间短，润滑不太可靠，只适用于一些载荷小、速度低、间歇工作的摩擦副，如开式齿轮、链条、钢丝绳、金属加工机床、拖拉机和农用机械等。

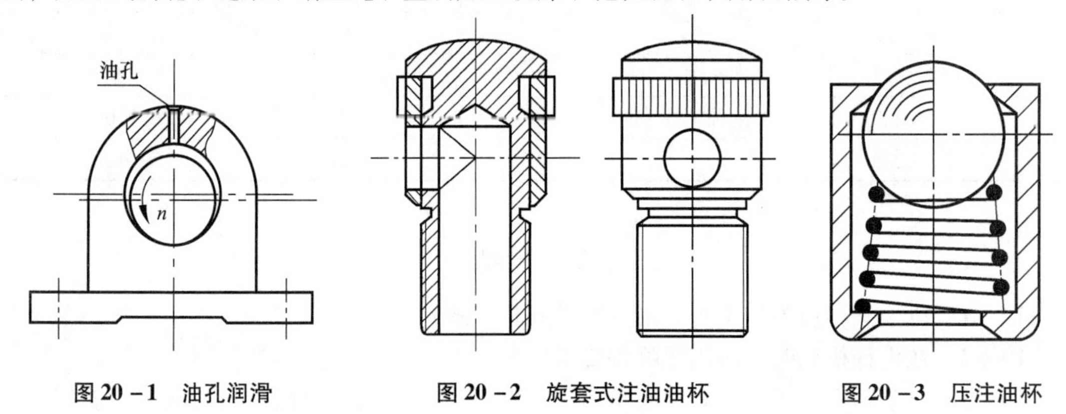

图 20－1　油孔润滑　　图 20－2　旋套式注油油杯　　图 20－3　压注油杯

2. 手动式滴油油杯润滑

这种装置如图 20－4 所示。在启动机器前，用手按几下手柄 1，活塞杆 2 向下运动时，即可将油压出，预先供给需要润滑的表面，以避免干摩擦。松开手柄，弹簧 3 使活塞回升，钢球将阀门关闭。这种装置主要用在间歇工作机械中的重要轴承上，多用作辅助润滑。

3. 油芯油杯润滑

利用油芯的毛细管作用和虹吸作用，将油从容器中吸到摩擦副上，可连续不断地供油，图 20－5 为油芯式油杯，图 20－6 为油芯式玻璃油杯。为了减小供油量的变化，应减小油面高度变化的幅度，因此，直径较大而高度较小的油杯性能较好。油芯油杯应采用黏度较低的润滑油，油芯不能与摩擦面接触，以免被卷入摩擦的间隙中。这种装置结构简单，有过滤作用，能连续供油，可避免启动时的干摩擦。但供油量不便调节，供油也不均匀，机器停止时，如果不将油芯提起，则一直在供油，耗油量较大。适用于低速、轻载的轴套和一般机械中。

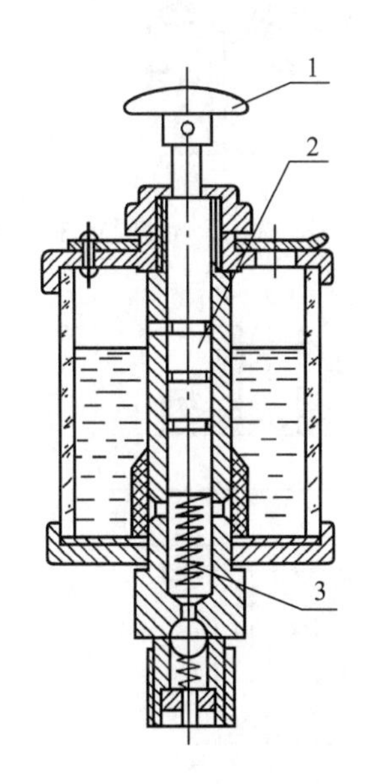

图 20－4　手动式滴油油杯

1—手柄；2—活塞杆；3—弹簧

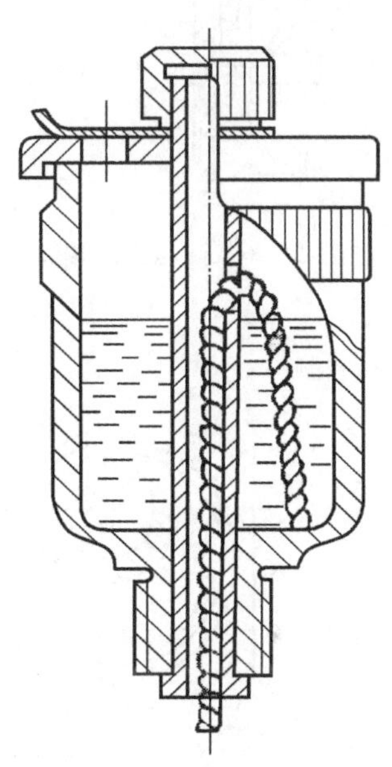

图 20－5　油芯式油杯

4. 针阀式注油杯润滑

这种装置见图 20－7。将手柄竖起，针阀打开，润滑油流出；手柄放平（图示位置），针阀关闭。针阀开启的大小，可用调节螺母来调节，以控制滴油量，不过油面的高低仍会影响到供油的均匀性。这种装置主要用在要求供油可靠、数量不多而又容易靠近的润滑点上，如机床导轨、齿轮、链条等。

5. 带油润滑

利用套在轴上的环（图 20－8）、链（图 20－9）或安装在轴上的油轮（图 20－10），把油从油池中带到摩擦副的表面。由于环、链的转动是靠轴上的摩擦力带动的，所以常用于直径在 25～50 mm、转速不低于 50 r/min、温度变化不大、振动不大、轴线水平布置的轴上，如齿轮减速器、蜗杆减速器、高速转动轴承、传动装置的轴承、电动机轴承和其他一些机械的轴承等。

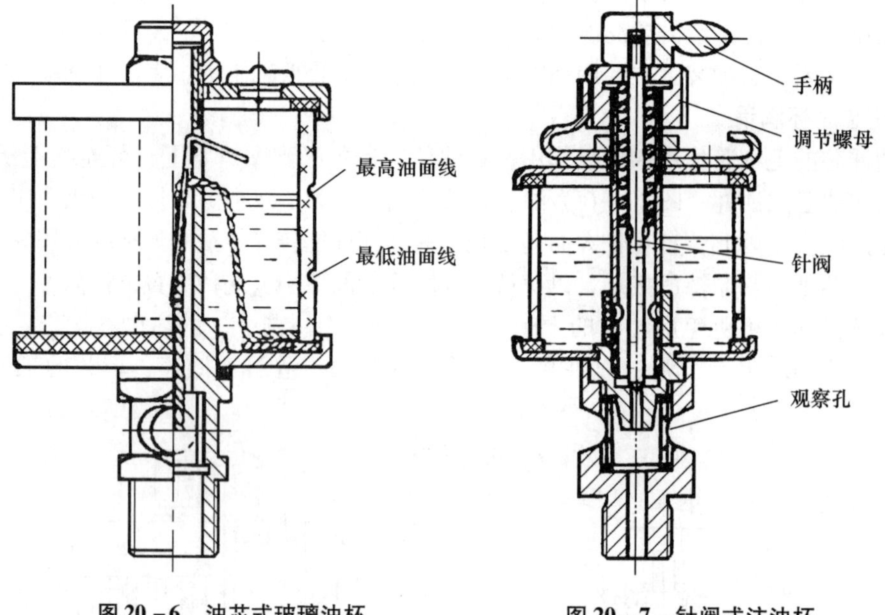

图 20－6 油芯式玻璃油杯　　图 20－7 针阀式注油杯

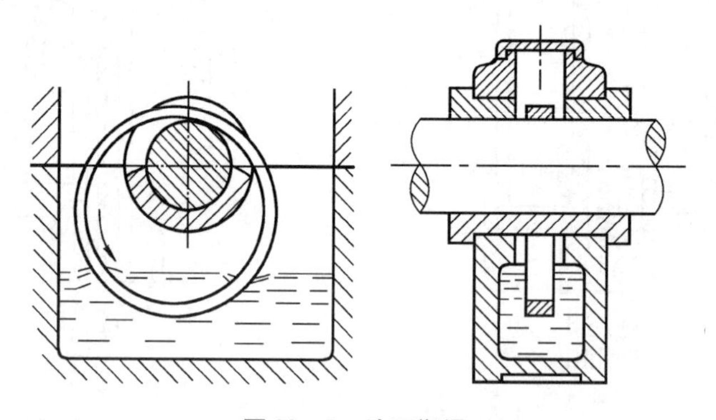

图 20－8 油环润滑

转速较低时，可用链来带油；油的黏度较大时，可用油轮来带油，但需要加刮油板，如图 20－10 所示。

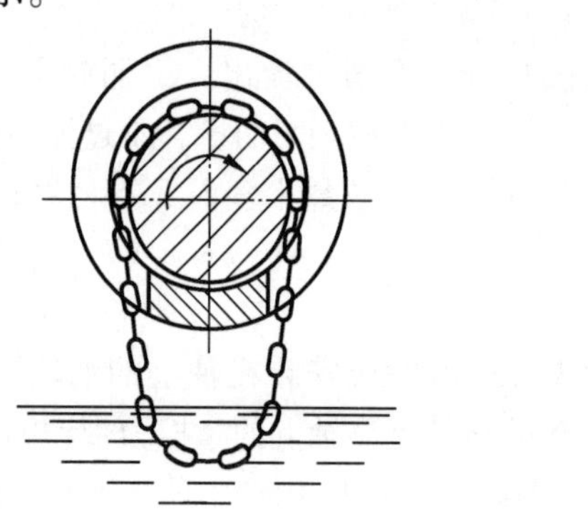

图 20－9 油链润滑

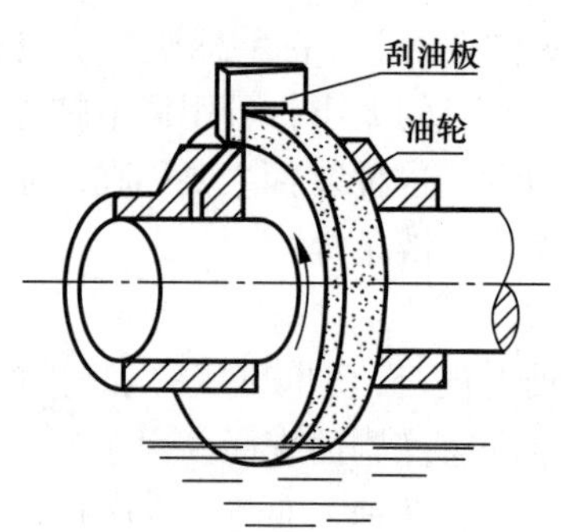

图 20－10 油轮润滑

6. 油浴润滑

在封闭的传动中，把需要润滑的回转件直接浸入油池中，利用本身带油至摩擦表面以进行润滑，如图 20－11～图 20－13 所示。这种润滑方式的优点是成本低、耗油少、供油丰富可靠。但转动零件在油池中会产生搅油损失，而且因为搅动，也会加速润滑油的氧化变质，所以要注意油的及时更换。油浴润滑通常用于转速不大于 12 m/s 的情况。对于大功率的装置，可能会因为散热不及时而使油温升高，所以要进行热平衡的计算，以保证正常的工作油温。油浴润滑主要用在齿轮、蜗杆减速器中。

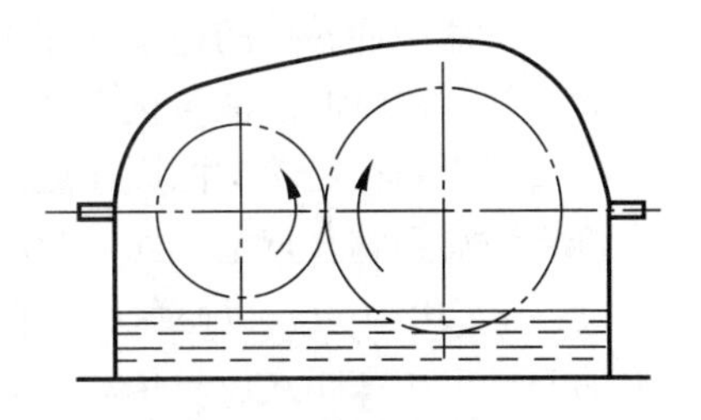

图 20－11　油浴润滑（齿轮）

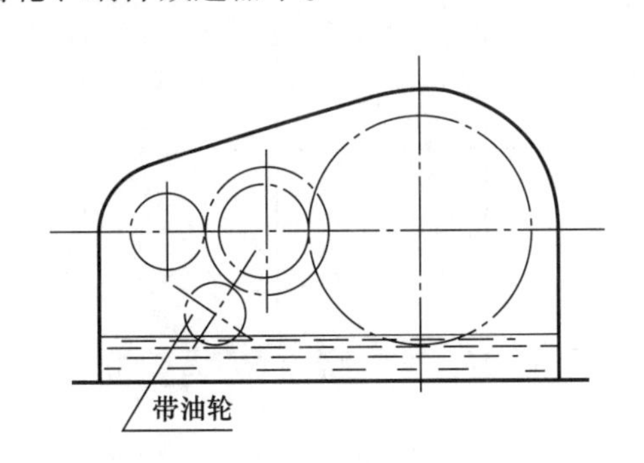

图 20－12　油浴润滑及带油润滑

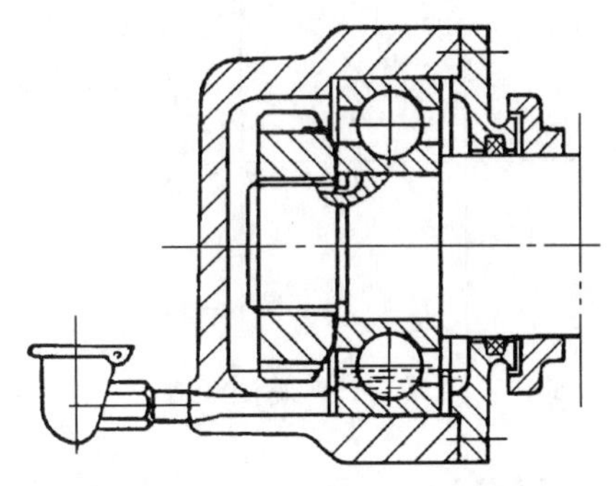

图 20－13　油浴润滑（轴承）

7. 飞溅润滑

当浸入油池中的回转件圆周速度较大时（$5\ m/s < v < 12\ m/s$），可将润滑油溅洒雾化成小滴飞起，直接溅到需要润滑的零件上，或者是先集中到集油器中，再经过设计好的油沟流入润滑部位，这样的润滑方式叫作飞溅润滑，如图 20－11、图 20－12 中支承齿轮的轴承，就是飞溅润滑。图 20－14 中的蜗杆蜗轮，也是靠油轮的飞溅作用润滑的。飞溅润滑主要用

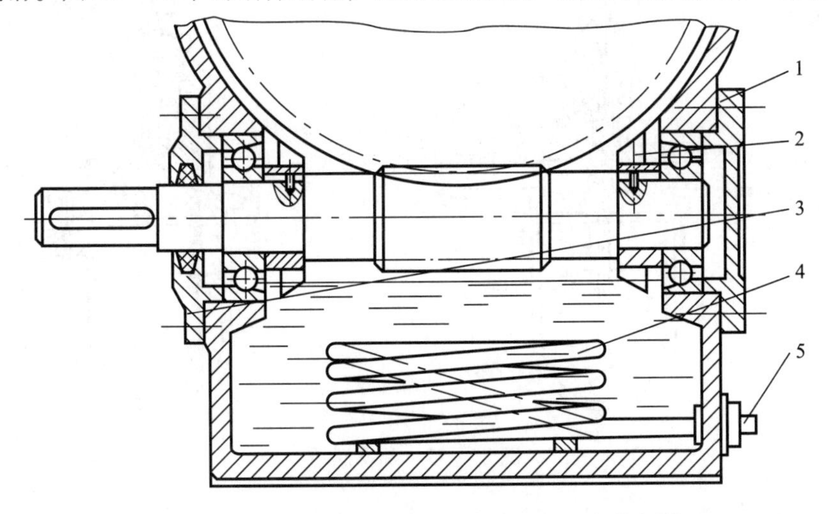

图 20－14　浸油润滑（轴承）和飞溅润滑（蜗杆蜗轮）

1—轴承闷盖；2—溅油轮；3—轴承透盖；4—蛇形管冷却器；5—冷却水出入口

在齿轮和蜗杆减速器中。

8. 喷油润滑

当机器中回转件的速度大于12 m/s时，若仍采用油浴或飞溅润滑，搅油损失将会显著增大，并会加剧润滑油氧化变质。这时可以改用喷油润滑，即利用喷嘴将压力油喷到摩擦副上。当直齿圆柱齿轮的圆周速度小于25 m/s时、斜齿圆柱齿轮圆周速度小于40 m/s时，可直接将油喷到啮合点上，如图20－15所示。当圆周速度更高时，润滑油应分别喷到两个齿轮上（图20－16），以避免在工作齿廓间形成过大的流体动压力，影响齿轮的强度和寿命。喷油润滑多用在闭式齿轮传动中。

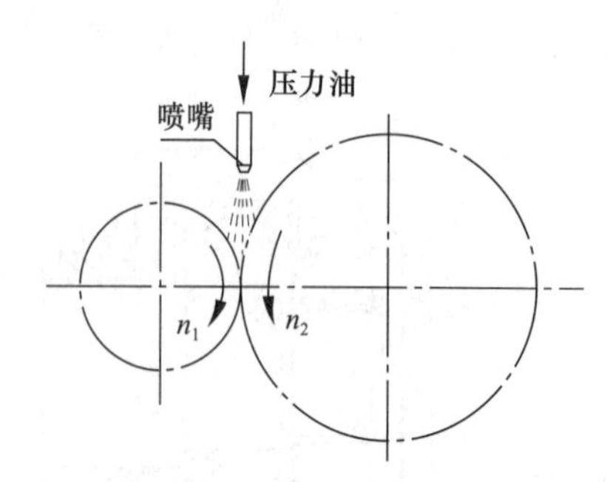

图20－15　喷油润滑

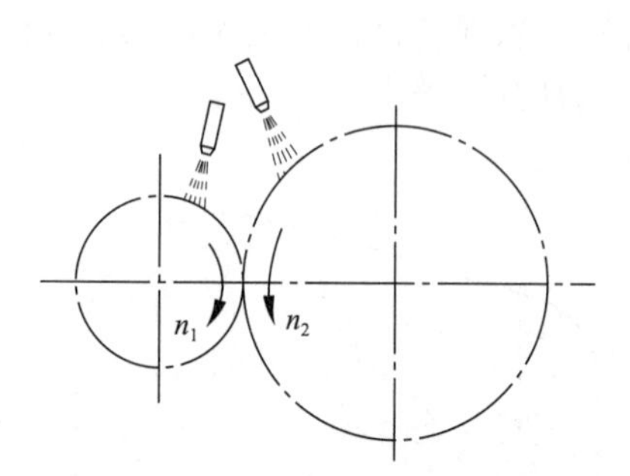

图20－16　喷油润滑（速度更高时）

9. 油雾润滑

图20－17所示为油雾器，当压缩空气由进口管进入时，一部分压缩空气施压于油雾器中的油面上，其余的压缩空气在通过喉管时，由于流速加快，压力降低，形成压差，润滑油由直立小管被压送到调整阀并滴入喉部，被压缩空气吹成雾状，随着压缩空气被送到摩擦表面进行润滑。这种润滑方式，油雾能弥漫到整个摩擦表面上，可以很好地润滑和散热，常用于高速滚动轴承、滑动轴承、高速齿轮、蜗轮蜗杆、链轮、导轨以及气动机械中的汽缸、滑阀等。

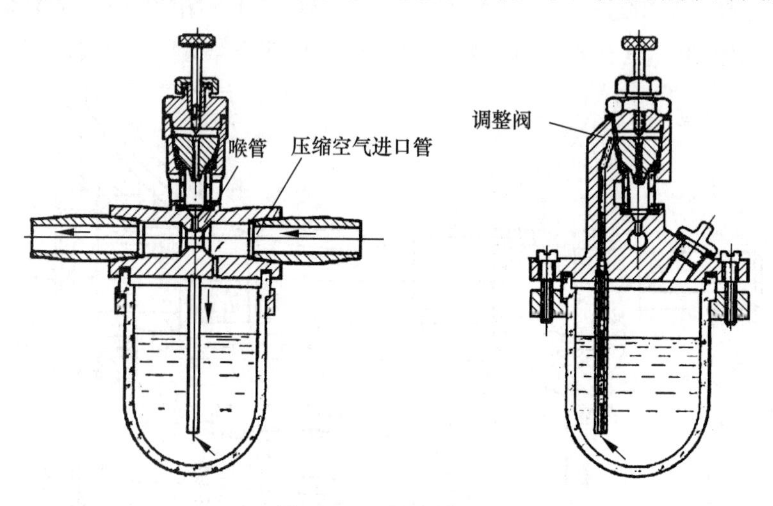

图20－17　油雾润滑

10. 压力循环润滑

利用油泵供给充足的润滑油来润滑需要的部位，用过的油又流回油池，经过冷却和过滤后可循环使用，如图 20－18 所示。压力循环润滑方式的供油压力和流量都可调节，同时油可带走热量，冷却效果好，工作过程中润滑油的损耗极少，对环境的污染也较少，因而广泛应用于大型、重型、高速、精密和自动化的各种机械设备中。

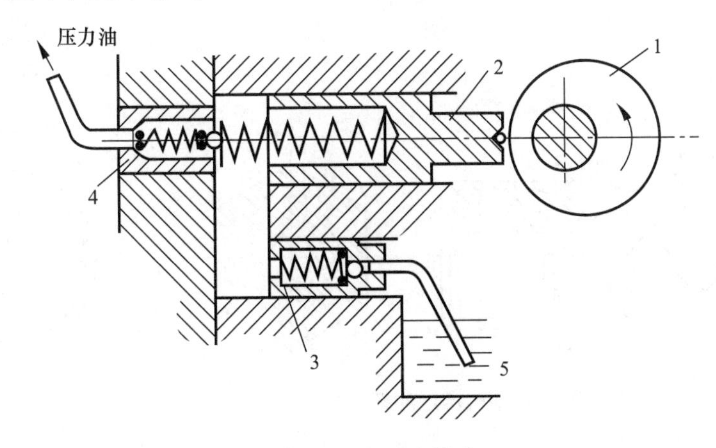

图 20－18　压力供油

1—偏心轮；2—活塞；3—吸油单向阀；4—送油单向阀；5—油池

二、脂润滑

1. 手工涂抹润滑脂润滑

人工将润滑脂涂抹到摩擦表面上来润滑。由于这种润滑方法极不完善，故只在粗制、低速机械的外露摩擦面上使用，如农业机械、矿山机械和起重运输设备等的开式齿轮传动和钢丝绳的润滑等。

2. 预填润滑脂润滑

由于润滑脂不易流失，故对于滚动轴承等零部件，可在装配或检修时，在其空间填入一些润滑脂以获得润滑。

3. 油杯润滑

图 20－19 是常用的直通式压注油杯，图 20－20 是接头式压注油杯。利用油枪加脂时，润滑脂顶开钢球进入摩擦副中，适用于速度不大和载荷较小的摩擦部件。图 20－21 是旋盖式油杯，在机器启动前和在工作中间歇地旋转油杯盖，每次约 1/4 圈，即可将润滑脂挤入摩擦副中，一般用在圆周速度在 4. 5 m/s 以下的各种摩擦副中。

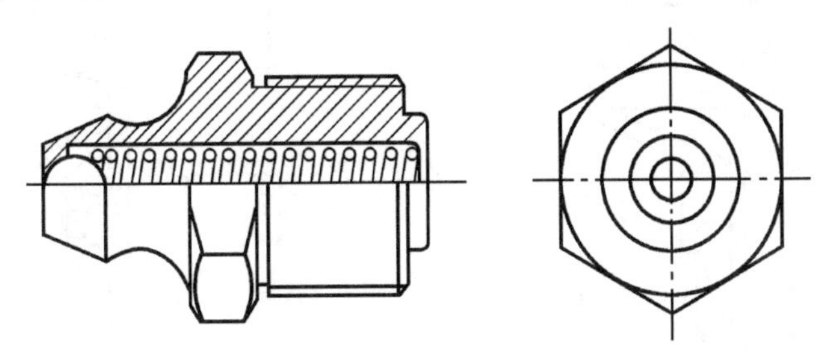

图 20－19　直通式压注油杯

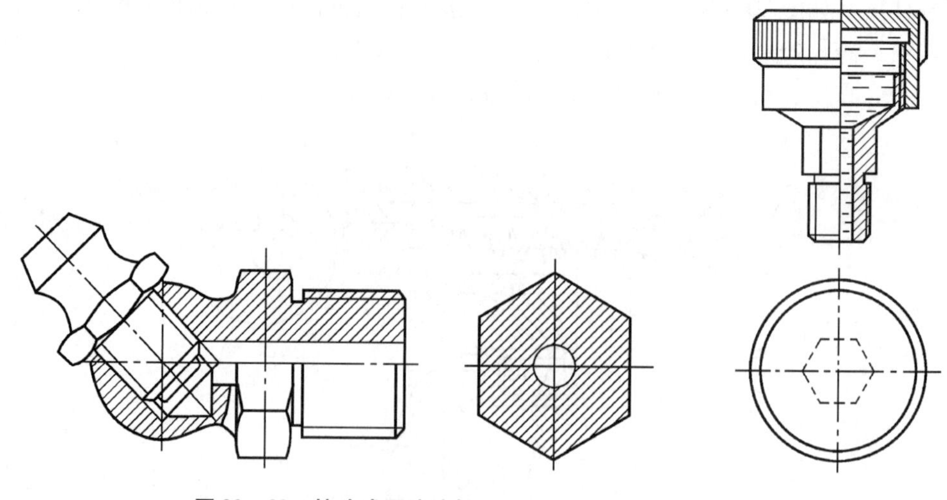

图20－20　接头式压注油杯　　　　图20－21　旋盖式油杯

4. 连续压注油杯润滑

图20－22所示是连续压注油杯，它是利用压在皮碗6上的强力弹簧4将润滑脂连续地压入摩擦副中来润滑的。若要停止供油，可利用手柄1将轴2拉出，然后加以旋转，以便依靠销3支持在顶部位置。因为要把套筒5脱下来后，才能往杯里添加润滑脂，所以使用很不方便。

图20－23所示是另一种连续压注油杯，它使用比较方便。其中1是停止供润滑脂的螺钉，2是直通式压注油嘴，3是调节供脂量的螺钉。

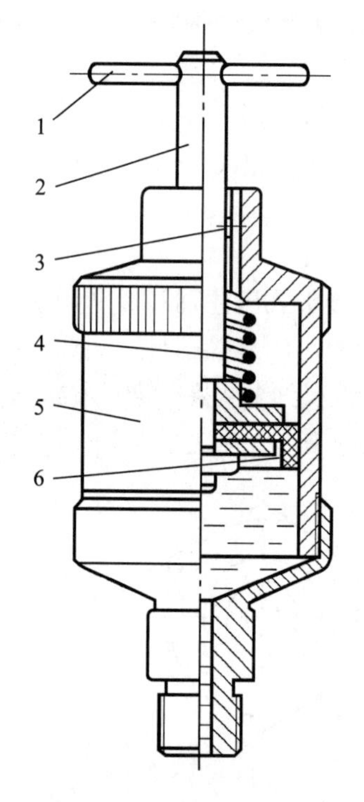

图20－22　连续压注油杯

1—手柄；2—轴；3—销；4—强力弹簧；5—套筒；6—皮碗

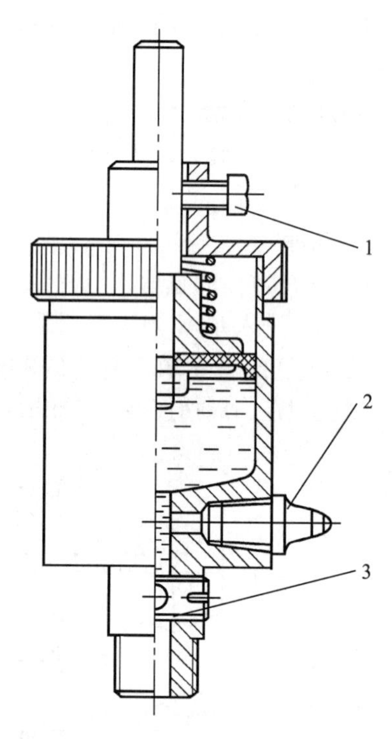

图20－23　连续压注油杯

1—停止螺钉；2—直通油嘴；3—调节螺钉

三、集中供油润滑

对于高速大功率机械、自动化程度高的机械或结构复杂润滑点数目较多的机械，如果仍用上面所叙述的方法进行润滑，将很不方便，也不可靠，且很难达到要求，这时就要采用集中供油润滑。

集中供油润滑需要一套完整的液压供油系统，将储存在油箱里的润滑油，经过过滤后由液压泵打出，经过单向阀、滤油器、分配器，直接送到需要润滑的部位。当机器上各个润滑点要求的压力和精度不一样时，还要有减压阀和精密过滤器进行减压和精过滤。用过的油经过冷却和过滤之后，又流回油箱，重新使用，如图20－24所示。

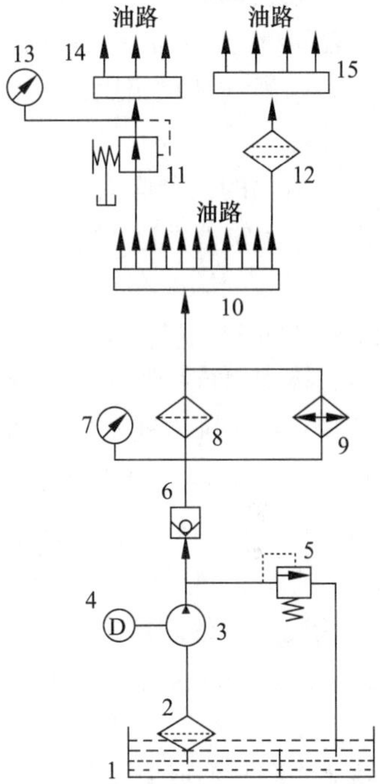

图20－24 集中供油润滑系统

1—油箱；2—滤网；3—液压泵；4—电机；5—溢流阀；6—单向阀；7—压力表；8—过滤器；9—冷却器；10—主分配器；11—减压阀；12—精密过滤器；13—压力表；14—次分配器1；15—次分配器2

集中供油润滑在工作过程中润滑油的损耗量很少，对环境的污染也很小，因而得到广泛的应用。

四、固体润滑

1. 整体润滑

不需要任何润滑装置，依靠材料本身实现润滑。主要是选择那些有自润滑特性的材料，如石墨、尼龙、二硫化钼、聚四氟乙烯、氮化硼、氮化硅等。主要用在不宜使用润滑油、脂或温度很高（可达1 000 ℃）或低温、深冷以及耐腐蚀等部位。

2. 覆盖膜和复合材料润滑

用物理或化学的方法将上述有自润滑特性的材料以薄膜形式覆盖于其他金属材料上，或与其他金属材料做成组合或复合材料，实现润滑。

3. 粉末润滑

把上述有自润滑特性材料的细微粉末，直接涂敷于摩擦表面，或放入密闭的容器内（如减速器壳体、汽车后桥齿轮包等），靠齿轮的搅动使粉末飞扬，撒在摩擦表面实现润滑。也可用气流将粉末送入摩擦副，这样既能润滑，又能冷却。这些粉末也可以均匀地分散于润滑油、脂中，以提高润滑效果，或做成糊膏状或块状使用。

五、气体润滑

利用洁净的压缩空气或其他气体作为润滑剂润滑摩擦副，用于转速极高、轻载、精密仪器中的气体轴承等。

第三节 典型零、部件的润滑方式及润滑剂的选择

一、齿轮传动

1. 齿轮传动润滑的特点

齿轮润滑与一般机械零件的润滑相比较，有许多特殊性：

（1）与滑动轴承相比，多数齿轮的当量曲率半径小，一般只有几十毫米，因此形成油楔的条件差。

（2）齿轮的接触应力非常高，例如轧钢机的主轴承压强一般为 20 MPa，而轧钢机减速器齿轮的接触应力可达 500 ~ 1 000 MPa。

（3）齿面间同时存在滚动和滑动，而且滑动的方向和速度急剧变化，通常滑动速度是节圆线速度的 1/3 左右。

（4）润滑是间歇性的，每次啮合都需要重新建立新的油膜，形成油膜的条件较轴承差很多，例如轧钢机主轴承的 $\eta v/p$（含义见第二章第六节和图 2 - 14）值一般为 140，而轧钢机减速器齿轮的 $\eta v/p$ 值仅为 20 左右。

（5）齿轮的材料、热处理、机械加工、装配等对润滑状态都有影响，尤其是齿面形态和表面粗糙度对润滑状态的影响最为显著。

2. 齿轮传动的润滑方式

齿轮传动的润滑方式，主要由齿轮圆周速度的大小和特殊的工况要求来决定。

对于速度一般都比较低的开式或半开式齿轮传动或速度较低的闭式齿轮传动，通常用人工定期加注润滑油或润滑脂的方式进行润滑。

对于通用的闭式齿轮传动，其润滑方式将根据齿轮的圆周速度而定。当圆周速度 $v <$ 12 m/s 时，常将大齿轮的轮齿浸入油池中进行油浴润滑（图 20 - 11）。齿轮运转时，把油带入啮合齿间；同时也将油甩到箱壁上，使箱壁得以散热，有时还能润滑轴承。在单级齿轮传动中，大齿轮浸油深度通常为 1 ~ 2 齿高，但不应小于 10 mm。对于多级传动中的低速级大齿轮，其浸油深度不得超过其分度圆半径的 1/3，以免增大搅油损失。

多级齿轮传动中各级大齿轮都应浸入油池中，如果达不到，应采用带油轮（图 20 - 12）、甩油盘或油环等措施，以保证各级齿轮传动都能得到可靠的润滑。

在锥齿轮传动中，大齿轮的整个齿宽都应浸入油池中。

油池中的油量取决于齿轮传动传递的功率大小。对于单级传动，每传递 1 kW 的功率，需油量约为 0. 35 ~ 0. 7 L，功率大时取小值。对于多级传动，需油量按传动级数成倍地增加。

当齿轮的圆周速度 $v >$ 12 m/s 时，应采用喷油润滑（图 20 - 15）。当 $v >$ 25 m/s 时，采用双油嘴喷油润滑（图 20 - 16），或者将油喷在齿轮的啮出边，以便借润滑油对刚啮合过的轮齿进行冷却。

3. 齿轮传动润滑剂的选择

许多研究机构、生产厂家都根据使用经验和试验结果制定了各种不同的齿轮润滑油的选择准则。有按转速、功率、润滑方式及传动比选择润滑油的黏度；有按中心距、环境温度及载荷大小选择润滑油的黏度；有按圆周速度、齿面硬度及材料选择润滑油的黏度。各种选择

机制在使用上各有方便之处。通常对于闭式齿轮传动，应选用工业闭式齿轮油（GB 5903—2011），见第二章表 2－1；对于开式齿轮传动，应选用普通开式齿轮油（SH/T 0363—1992）；对于载荷特别大的齿轮传动，应选用重载荷车辆齿轮油 GL—5（GB 13895—1992）。

润滑油黏度的选择，根据齿轮材料和圆周速度按表 20－1 确定。

表 20－1　齿轮传动润滑油黏度推荐用值

齿轮材料	抗拉强度 R_m/MPa	圆周速度 v/(m·s^{-1})						
		<0.5	0.5～1	1～2.5	2.5～5	5～12.5	12.5～25	>25
		运动黏度 $\nu_{40\,℃}$/(mm^2·s^{-1})						
塑料、铸铁、青铜	—	350	220	150	100	80	55	—
钢	450～1 000	500	350	220	150	100	80	55
	1 000～1 250	500	500	350	220	150	100	80
渗碳或表面淬火的钢	1 250～1 580	900	500	500	350	220	150	100

注：（1）多级齿轮传动，采用各级传动圆周速度的平均值来选取润滑油黏度；
（2）对于 R_m>800 MPa 的镍铬钢制齿轮（不渗碳），润滑油黏度取高一档的数值。

二、蜗杆传动

1. 蜗杆传动润滑的特点

同齿轮传动相比，蜗杆传动的相对滑动速度更大，通常还略大于其节圆线速度。滑动速度沿齿高和齿宽方向都存在。供油充分的情况下，较大的滑动速度有利于润滑油膜的形成，但如果供油不充分或润滑油膜建立不起来，会导致轮齿发生剧烈磨损和胶合，降低传动效率和使用寿命。为防止齿面破坏现象过早发生，保证良好的润滑对蜗杆传动十分必要。在设计蜗杆传动时，应合理选择润滑油及适当的润滑方式。

2. 蜗杆传动的润滑方式

对于开式蜗杆传动，常采用黏度较高的齿轮油或润滑脂进行人工定期加注的方式进行润滑。

对于闭式蜗杆传动，主要根据相对滑动速度和工作条件选择润滑油的黏度和润滑方式（表 20－2）。

表 20－2　蜗杆传动润滑油的黏度和润滑方法

相对滑动速度/(m·s^{-1})	≤1	1～2.5	2.5～5	5～10	10～15	15～25	>25
工作条件	重载	重载	中载	—	—	—	—
运动黏度 $\nu_{40\,℃}$/(mm^2·s^{-1})	1 000	680	320	220	150	100	68
润滑方式	油浴润滑（图 20－14）			油浴或喷油润滑（图 20－14 和图 20－15）	压力喷油润滑（压力：0.07～0.3 MPa）（图 20－15 和图 20－16）		

当蜗杆线速度小于10 m/s时，采用油浴润滑。为了有利于动压油膜的形成和散热，在搅油损失不大的情况下，油池中应有适当的油量，以确保传动件具有足够的浸油深度。对于蜗杆下置式或蜗杆侧置式的传动，浸油深度约为蜗杆的1～2齿高，且不小于10 mm，但不能超过轴承最低滚动体的中心。为了防止蜗杆的搅油作用将油推向一侧的轴承，影响轴承的润滑，可在蜗杆轴上轴承的前面加装挡油盘，见图20－25。如果蜗杆直径较小，无法直接与油面接触或无法保证浸油深度，可在蜗杆轴上加装溅油轮，辅助将油带到蜗轮轮齿上，见图20－14。

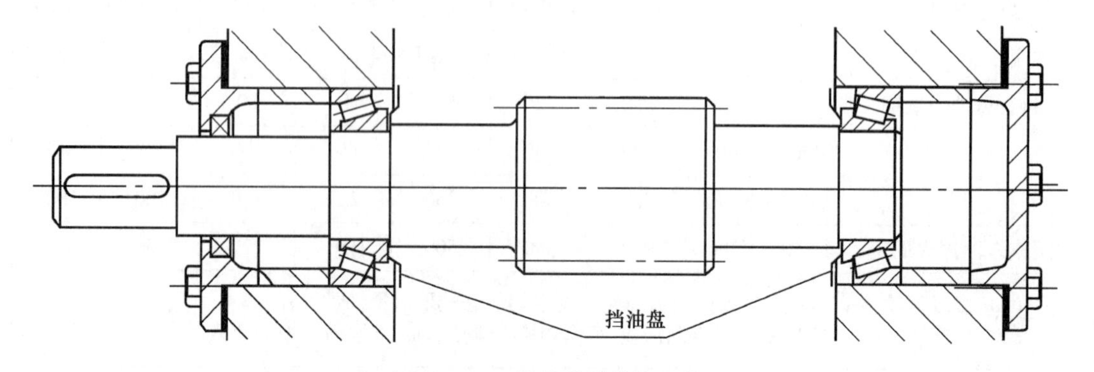

图20－25　轴承前加装挡油盘

对于蜗杆上置式传动，浸油深度约为蜗轮外径的1/3。一般情况下，油量大些为好，以便于冷却、散热和沉淀杂质，但速度高时，浸油量要少，避免搅油损失增加。

当蜗杆线速度大于10 m/s时，采用喷油润滑，喷油嘴要对准蜗杆齿的啮入端，当蜗杆正反转时，两边都应安装喷油嘴，而且要控制一定的油压。

蜗杆的布置分为蜗杆上置和蜗杆下置两种情况。当采用浸油润滑时，蜗杆应尽量下置；当蜗杆线速度大于5 m/s时，应采用蜗杆上置，以避免造成过大的搅油损失；当结构上无法蜗杆下置时，也可采用蜗杆上置的布置方式。

3. 蜗杆传动润滑剂的选择

蜗杆传动的齿面承受压力大，多数属于边界摩擦形式，传动效率低，温升高，由于油的内阻大，较高的发热量使传动效率降低，而油的黏度指数越大，其黏度随温度的变化越小，使用性能越好。为了提高蜗杆传动的承载能力和抗胶合能力，宜选用黏度较高并且具有足够极压性的润滑油。

通常推荐使用蜗轮蜗杆油（SH/T 0094—1991）或者复合性齿轮油及适宜的中等级极压齿轮油，在一些不重要或低速传动的场合，可用高黏度的矿物油。一般常在润滑油中加入适当的添加剂来提高其抗胶合能力。但当采用青铜蜗轮时，添加剂中不能含有硫、磷等对青铜有腐蚀作用的化学成分。

润滑油的黏度，根据滑动速度和载荷情况，按表20－2进行选取。

三、滚动轴承

1. 滚动轴承润滑的特点

滚动轴承在工作时既有滚动摩擦，也有滑动摩擦。滑动摩擦是由于滚动轴承在制造上的偏差和负载下轴承变形而造成的。例如滚动体和内外圈之间，由于球和内外圈不是绝对刚体，它们的接触区总是要产生弹性变形，理论上的点接触或线接触，实际上在载荷的作用下，就变成了面接触，那么不同直径的接触点具有不同的线速度而产生滑动摩擦。同样，由于各种各样的原因也会使滚动体和保持架、保持架和内外圈之间产生滑动摩擦。滑动摩擦随着速度和载荷的增加而增大。为了减少摩擦磨损、降低温升、提高轴承的使用寿命，正确合理地选择轴承的润滑方式和润滑剂，是非常重要的。

2. 滚动轴承的润滑方式

滚动轴承的润滑方式可按轴承的 dn 值来决定。d 代表轴承内径（mm），n 代表轴承转速（r/min），dn 值间接地反映了轴颈的圆周速度。适用于脂润滑和油润滑的 dn 值界限列于表 20－3 中，可作为选择润滑方式时的参考。

表 20－3　滚动轴承的 dn 值与润滑方式　　10^4 mm · r/min

轴承类型	脂润滑	油润滑			
		油浴润滑	滴油润滑	喷油润滑	油雾润滑
深沟球轴承	16	25	40	60	>60
角接触球轴承	16	25	40	60	>60
圆柱滚子轴承	12	25	40	60	>60
圆锥滚子轴承	10	16	23	30	—
推力球轴承	4	6	12	15	—

润滑脂的流动性差，不易流失，故便于密封和维护，能防止灰尘、潮气和其他杂质侵入。一次充填润滑脂可运转较长时间。滚动轴承中润滑脂的加入量一般应是轴承空隙体积的 1/2～1/3，装脂过多会引起轴承内部摩擦增大，工作温度升高，影响轴承的正常工作。润滑脂主要用于滚动轴承的速度较低的场合，当转速较高时，功率损失会很大。

油润滑的优点是摩擦阻力小，散热效果好，主要用于速度较高或工作温度较高的轴承。有时轴承速度和工作温度虽然不高，但在轴承附近具有润滑油源时（如减速器内润滑齿轮的润滑油），也可采用润滑油润滑。

若采用油浴润滑方式，则油面高度不得超过轴承最低滚动体的中心，如图 20－13 和图 20－14 所示，以免产生过大的搅油损失和发热。高速轴承通常采用滴油或油雾方式润滑。

3. 滚动轴承润滑剂的选择

常用的滚动轴承润滑剂是润滑脂和润滑油。

在高温部位使用润滑脂润滑时，首先要选择抗氧化性好、热蒸发损失小、滴点高的润滑脂；对于重载荷作用下的轴承，应选择基础油黏度高、稠化剂含量高的润滑脂；在潮湿或与水接触的环境下，要选用抗水性好的润滑脂，如钙基、锂基、复合钙基脂；处在有强烈化学作用介质环境下，应选用抗化学介质的合成油润滑脂。

可根据 $K_a d_m n$ 和 P/C 值，来选择润滑脂，见图 20－26。其中，调心滚子轴承、圆锥滚子轴承 $K_a=2$，球轴承、滚针轴承 $K_a=1$，$d_m=(D+d)/2$，n 为轴承的转速，P 和 C 分别是轴承的当量动载荷和基本额定动载荷。

滚动轴承润滑油的选择，通常是按照运转条件（dn 值、载荷和温度等）来选择润滑油的黏度，见表 20－4。

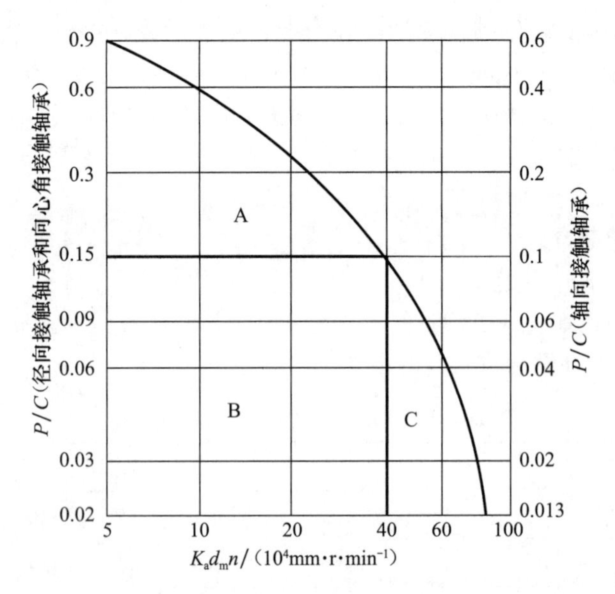

图 20－26　润滑脂的选用

A 区：高压区域，选用高压润滑脂；B 区：常用区域，选用一般润滑脂；
C 区：高压、高速区域，选用高压、高速润滑脂

表 20－4　滚动轴承运转条件适用润滑油黏度

运转温度/℃	dn/（10^4 mm · r · min^{-1}）	运动黏度/（mm^2 · s^{-1}）			
		一般载荷		重载荷或冲击载荷	
		40 ℃	50 ℃	40 ℃	50 ℃
－10～0	全部	10～20	10～30	15～30	27～55
0～60	1.5 以下 1.8～8 8～15 15～50	20～35 15～30 10～20 6～10	35～60 27～50 18～32 10～13	40～60 30～45 15～25 10～20	80～110 55～70 27～45 18～32
60～100	1.5 以下 1.8～8 8～15 15～50	50～80 40～60 25～35 15～20	100～150 80～110 45～65 25～32	90～150 60～90 40～80 25～35	150～240 100～140 70～140 45～60
100～150	全部	120～250	200～380	120～250	200～380
0～60	自动调心滚动轴承	20～35	35～60	20～35	35～60
60～100		50～90	100～160	50～90	100～160

四、滑动轴承

1. 滑动轴承润滑的特点

绝大多数的滑动轴承都是处在非完全液体摩擦状态下，只有经过精心设计、精密加工、

精确装配和在良好的工作条件及使用环境下，才能形成完全动压流体润滑。不论什么情况下，可靠的润滑和充分的润滑油是必不可少的。

滑动轴承润滑剂和润滑方法的选择对其工作能力及可靠性有着非常重要的影响，在设计滑动轴承时，应给予足够的重视。

2. 滑动轴承的润滑方式

滑动轴承的润滑方式与其结构参数及工况参数（如轴承直径、宽度、温度、载荷和速度等）有关，通常可根据下面经验公式求得的 k 值来决定：

$$k = \sqrt{pv^3}$$

式中，v 为轴颈线速度（m/s）；$p = F/(dB)$ 为轴承轴颈上的压强（MPa），F 为轴承径向载荷（N），d、B 分别为轴承直径和有效宽度（mm）。

当 $k \leqslant 2$ 时，速度较低，可采用定期加油（脂）的方法润滑。如果工作环境较好，密封防尘可靠，可用油润滑，否则采用脂润滑，润滑脂在起到润滑作用的同时，还可以提高密封效果；

当 $2 < k \leqslant 15$ 时，用润滑油润滑（可用针阀式滴油油杯等）；

当 $15 < k \leqslant 30$ 时，用油环润滑或飞溅润滑，并保证适当的供油量。

3. 滑动轴承润滑剂的选择

滑动轴承目前常用的润滑剂有润滑油、润滑脂和固体润滑剂等。

（1）润滑油。润滑油是液体动压滑动轴承中使用最为广泛的一种润滑剂。通过第二章的学习可知：油的黏度随温度的升高而急剧下降，严重影响它们的润滑作用，因此选择润滑油时主要按黏度来选择。一般选用原则是：对于低速、重载、工作温度高的轴承，宜选用黏度大的润滑油；反之，则宜选择黏度较小的润滑油。当工作温度较高时，所用的油的黏度应比通常要高些。不完全液体润滑的滑动轴承润滑油的选择参考表 20－5。

表 20－5　不完全液体润滑轴承润滑油的选择（工作温度 <60℃）

轴颈圆周速度 $v/(\mathrm{m \cdot s^{-1}})$	平均压力 $p < 3$ MPa	轴颈圆周速度 $v/(\mathrm{m \cdot s^{-1}})$	平均压力 $p = 3 \sim 7.5$ MPa
<0.1	L－AN68、100、150	<0.1	L－AN150
0.1～0.3	L－AN68、100	0.1～0.3	L－AN100、150
0.3～2.5	L－AN46、68	0.3～0.6	L－AN100
2.5～5.0	L－AN32、46	0.6～1.2	L－AN68、100
5.0～9.0	L－AN15、22、32	1.2～2.0	L－AN68
>9.0	L－AN7、10、15		

注：表中润滑油的牌号是以 40 ℃运动黏度的中心值为基础的。

（2）润滑脂。选用润滑脂时主要考虑其锥入度和滴点。一般的选用原则是：①低速、重载选择锥入度较小的润滑脂，反之选择锥入度大一些的润滑脂；②所选用的润滑脂的滴点应比轴承的工作温度高 20 ℃～30 ℃或更高，以免工作时润滑脂过多地流失；③在淋水或潮湿环境下，应选用防水性强的钙基或铝基润滑脂，在温度较高处，应选用钠基脂或锂基脂。

润滑脂的选择可参考表20－6。

表20－6　滑动轴承润滑脂的选择

压力 p/MPa	轴颈圆周速度 v/(m·s^{-1})	最高工作温度/℃	选用的牌号
≤1.0	≤1	75	3号钙基脂
1.0～6.5	0.5～5	55	2号钙基脂
≥6.5	≤5	75	3号钙基脂
≤6.5	0.5～5	120	2号钠基脂
>6.5	≤0.5	110	1号钙钠基脂
1.0～6.5	≤1	100	锂基脂
>6.5	0.5	60	2号压延机脂

润滑脂添加的周期根据工作条件和轴颈的转速按表20－7选取。

表20－7　滑动轴承润滑脂的润滑周期

工作条件	轴颈转速/(r·min^{-1})	润滑周期
偶然工作，不重要零件	≤200 >200	5天一次 3天一次
间断工作	≤200 >200	2天一次 1天一次
连续工作，工作温度≤40 ℃	≤200 >200	1天一次 每班一次
连续工作，工作温度40 ℃～100 ℃	≤200 >200	每班一次 每班二次

（3）固体润滑剂。固体润滑剂可以在摩擦表面上形成固体膜以减小摩擦阻力，主要品种有石墨、二硫化钼、聚氟乙烯树脂等，通常只用于一些不适宜使用润滑油的场合，例如在高温介质中，或在低速重载条件下。

五、导轨

1. 导轨润滑的特点

良好的润滑能使导轨面间形成一层极薄的油膜，可以阻止或减少导轨面的直接接触、减小摩擦和磨损、避免爬行和防止污染导轨表面，从而延长导轨的使用寿命。

导轨润滑有以下几个特点：

（1）导轨上的载荷和速度变化范围较广，由于接触表面积可能较小，往往会造成局部过载或刚度低，给建立稳定可靠的润滑油膜带来困难。

（2）一般导轨都要求具有较小的配合间隙和摩擦力，较高的精度、刚度、运动均匀性和耐磨性，给润滑带来更严格的要求。

（3）根据导轨结构和工作条件（载荷、速度、温度等）的不同，导轨的摩擦可能是液体摩擦、混合摩擦，也可能是边界摩擦或干摩擦。

（4）在导轨的摩擦区域有尘砂、切屑、磨料、氧化铁皮、乳化液等的污染，因此，在导轨上要设置可靠的防护罩和刮屑板，在润滑系统中应设有滤油器来过滤润滑剂。

导轨的润滑系统应工作可靠，最好在导轨副启动前使润滑油进入润滑面，当润滑中断时能发出警告信号。

2. 导轨的润滑方式

普通滑动导轨有油润滑和脂润滑两种方式。速度很低或垂直布置、不宜用油润滑的导轨，可以用脂润滑。采用润滑脂润滑的优点是不会泄漏，不需要经常补充润滑剂。其缺点是防污染能力差。采用油润滑，润滑油的供油量要充分，供油压力最好各导轨能够独立调节。

用脂润滑时，通常用油枪或油杯将润滑脂压到导轨摩擦表面上。用油润滑时，可采用人工加油、浸油、油绳、间歇或连续压力供油等方式。

对于载荷不大、导轨面较窄的精密仪器导轨，通常只需直接在导轨上定期地用手工加油即可，导轨面也不必开出油沟。对于大型及高速导轨，则多用手动油泵或自动润滑，并在导轨面上开出合适形状和数量的油沟，以使润滑油在导轨工作表面上分布均匀。具体的导轨润滑方式参见表 20－8。

表 20－8 导轨的润滑方式

导轨类型	使用的润滑剂	润滑方式	备注
普通的滑动导轨	普通机械油	油绳、油轮、油枪、压力循环	没有爬行的普通机床
	液压—导轨油	从液压系统来的油	各类磨床导轨和液压系统采用同一种油
	导轨油	油绳、油轮、油枪、压力循环	适用于有爬行的机床
		油雾	排除空气，并要求工作面没有切屑
	润滑脂	滑动面较短时用油枪或压盖油杯注入油槽	适用于垂直导轨和偶尔有慢速运动的导轨
静压导轨	空气或润滑油	在高压下，经过控制阀到较短的滑动面油室中	摩擦很小，没有爬行，同时有较高的局部刚度。要求工作面没有切屑
滚动导轨	润滑油	下滚动面应正好接触油槽里的油	不能用于滚动体外露的部位，必须防止污染
	润滑脂	组装时填好，但应装有润滑脂嘴，便于补充	必须防止污染

3. 导轨润滑剂的选择

导轨润滑剂通常是润滑油和润滑脂。

由于滑动导轨的运动速度一般较低，并且往复反向，运动和停顿相间进行，不易形成油楔，因此，要求润滑油具有合适的黏度和较好的油性，以防止导轨出现干摩擦现象。同时，润滑油还应具有良好的润滑性能和足够的油膜强度，不腐蚀机件，油中的杂质应尽量少。

选择导轨润滑油的主要原则是载荷越大、速度越低，则油的黏度应越大；垂直导轨的润滑油黏度应比水平导轨润滑油的黏度大些。在工作温度变化时，润滑油的黏度变化要小。

对于精密机械中的导轨，应根据使用条件和性能特点来选择润滑油。常用的润滑油有有机油、精密机床液压导轨油和变压器油等。

对于导轨的润滑，我国已经制定了导轨油标准（SH/T 0361—1998），适用于横向、立式、运动速度较慢而不允许出现“爬行”的精密导轨的润滑。

一般的导轨可以采用全损耗系统用油，特别是采用不能回收润滑油的供油方式的导轨。在全损耗系统用油能满足导轨润滑要求的地方，不宜采用相对价格较高的导轨油。

在有液压传动的设备中，假如导轨润滑是和液压系统分开的，如坐标镗床等，那么，导轨油的黏度要比液压油的黏度高些。假如导轨润滑和液压装置是连成一个系统的，如平面磨床、万能磨床等，因为只有一种油，既要满足导轨的要求，又要满足液压系统的要求，因此润滑油的黏度应该低一些。

常用的润滑脂有钙基、锂基和二硫化钼润滑脂等。

习　题

20－1　简述润滑在机械中的作用。

20－2　润滑通常分为哪几大类?

20－3　单级和多级传动中采用油浴润滑应如何控制油量?

20－4　为什么要控制油浴润滑时零件的线速度？速度过高时应采用何种润滑?

20－5　喷油润滑多用于何种传动装置中？喷嘴应如何放置?

20－6　何谓固体润滑？试举出五种固体润滑剂的名称。

20－7　齿轮传动主要有哪几种润滑方式?

20－8　蜗杆传动采用油浴润滑时，应如何控制润滑油量和蜗杆的布置形式?

20－9　滚动轴承工作时的滑动摩擦是如何产生的?

20－10　举出滚动轴承的四种润滑形式。

20－11　简述滚动轴承润滑剂的选取原则。

20－12　如何以 k 值来确定滑动轴承的润滑形式?

20－13　分别叙述滑动轴承润滑油和润滑脂的选取原则。

20－14　导轨润滑有何特点?

20－15　简述导轨的几种润滑方式。

第二十一章
密 封 装 置

第一节　概　　述

密封的功能一是防止机器内部的液体或者气体从两零件的接合面间泄漏出去；二是防止外部的杂质、灰尘侵入，保持机械零件正常工作的必要环境。起密封作用的零、部件称为密封件或密封装置，简称密封。

密封的好坏，直接关系到一个机器的工作质量和使用寿命，切不可掉以轻心。有些场合，密封的可靠程度尤为重要，比如飞机和航天器上的密封，毒气、毒液储罐，易燃、易爆气体储罐等的密封。

多数密封件已标准化、系列化，根据工作条件和使用要求加以选用即可。

第二节　密封类型与选择

一、密封的类型

密封按被密封的两接合面之间是否有相对运动，而分为静密封和动密封两大类。动密封又按密封件和被密封面间是否有间隙，分为接触式动密封和非接触式动密封。

具体分类如图 21 －1 所示。

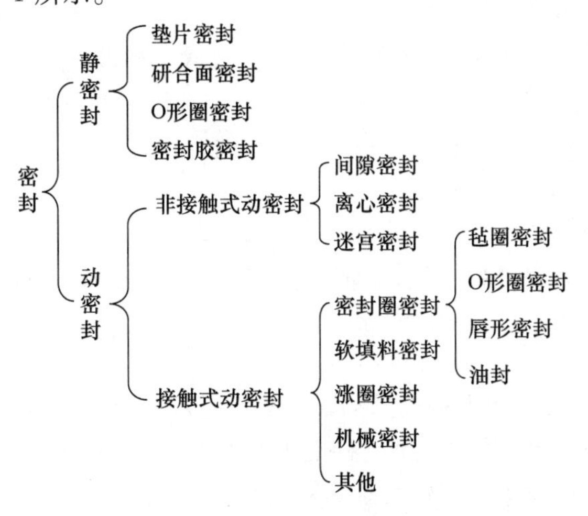

图 21 －1　密封的分类

二、密封的选择

1. 密封形式的选择

密封的形式五花八门，多种多样，作用和原理各不相同，在实际使用过程中，要根据使用场合、工作条件合理地选择密封的形式。如非接触式动密封，可以用在转速比较高的场合，但密封的可靠程度有限；接触式动密封密封可靠，但由于有摩擦磨损的存在，不宜用在旋转速度较高的场合；对于有一定的压力和转速较高的轴的密封，要选用机械密封等。

2. 密封材料的选择

用于密封件的材料常有以下几种：

（1）液体材料。多为高分子材料，如液态密封胶、厌氧胶、热熔型胶等，它们在使用过程中通常会固化。主要用于静密封。

（2）纤维材料。植物纤维有棉、麻、纸、软木等；动物纤维有毛、毡、皮革等；矿物纤维有石棉等；人造纤维有玻璃纤维、碳纤维、有机合成纤维、陶瓷纤维等。主要用于垫片、软填料、油封、防尘密封件等。矿物纤维可以耐酸、耐碱、耐油，工作温度最高可达到450 ℃。

（3）弹塑性体。主要有橡胶和塑料。橡胶类有天然橡胶和合成橡胶之分。通常将用作密封材料的橡胶分为三组：Ⅰ组为耐油通用胶料，工作温度可达100 ℃；Ⅱ组为耐油高温胶料，工作温度可达200 ℃；Ⅲ组为耐酸、碱胶料，工作温度可达80 ℃。橡胶主要用于垫片、成型填料、软填料、油封、防尘密封件等。塑料有氟塑料、尼龙、酚醛塑料、聚乙烯、聚四氟乙烯等，主要用于垫片、成型填料、软填料、硬填料、防尘密封件、活塞环、机械密封等，可耐酸、耐碱、耐油。聚四氟乙烯最高工作温度可达300 ℃。

（4）无机材料。主要有石墨和工程陶瓷，如氧化铝瓷、滑石瓷、金属陶瓷氧化硅等。主要用于垫片、软填料、硬填料、密封件、机械密封、间隙密封等。可耐酸、耐碱，最高可耐温度800 ℃。

（5）金属材料。黑色金属有碳钢、铸铁、不锈钢等，有色金属有铜、铝、锡、铅等，硬质合金有钨钴硬质合金、钨钴钛硬质合金等，贵重金属有金、银、铟、钽等。主要用于垫片、软填料、硬填料、成型填料、防尘密封件、机械密封、间隙密封等。可耐酸、耐碱，最高工作温度可达450 ℃。贵重金属主要用于高真空、高压和低温等场合。

第三节　静　密　封

两密封面在工作时没有相对位移的密封称为静密封。压力容器的封头和筒体的密封、减速器箱体和箱盖的密封、内燃机汽缸和汽缸盖的密封等都属于静密封。

一、垫片密封

垫片密封是静密封中最常用的一种形式。在两连接件的密封面之间垫上不同材质的密封垫片，然后拧紧螺纹或螺栓，使垫片产生弹性和塑性变形，填塞密封面的不平处，达到密封的目的。化工设备、真空设备、制药设备等容器的法兰之间、法兰和法兰盖之间、减速器的箱体和箱盖之间、轴承端盖和箱体之间都属于垫片密封，见图21－2。

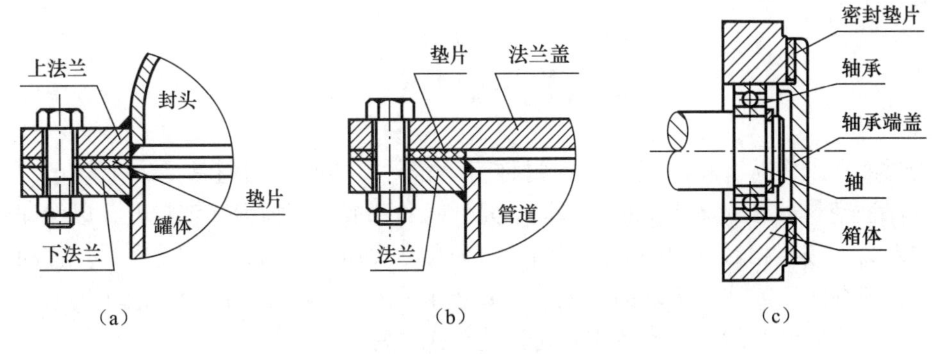

图 21－2　垫片密封

(a) 罐体和罐盖的密封；(b) 管道的密封；(c) 轴承端盖和箱体的密封

二、研合面密封

靠两密封面的精密研配来消除间隙，用外力压紧来保证密封。在实际使用中，密封面往往涂敷密封胶，以提高严密性。密封面的表面粗糙度 $Ra \approx 2 \sim 5$ μm，自由状态下，两密封面之间的间隙不大于 0.05 mm。多用于汽轮机、燃气轮机等汽缸接合面的密封，见图 21－3。

三、O 形圈密封

O 形圈装入密封沟槽后，其截面一般受到 15% ~30% 的压缩变形。在介质压力的作用下，移至沟槽的一边，封闭住需要密封的间隙，达到密封的目的。O 形圈密封寿命长，结构紧凑，装拆方便，密封性能好。不同材料的 O 形圈，可在 －100 ℃ ~260 ℃ 的温度范围和 100 MPa 的压力下使用，见图 21－4。

如果在更高或更低的温度和压力条件下工作，可以采用金属空心 O 形环密封，它可以在 280 MPa 压力下工作，温度范围为 －250 ℃ ~650 ℃。金属空心 O 形环工作时被压扁的高度 h 大约为自由时的 70%，见图 21－5。

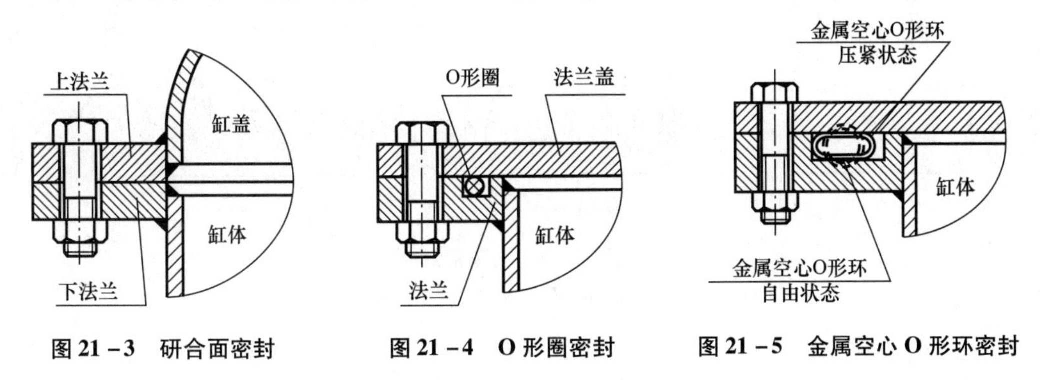

图 21－3　研合面密封　　**图 21－4　O 形圈密封**　　**图 21－5　金属空心 O 形环密封**

金属空心 O 形环常用不锈钢管制成，也有用铜管或铝管制成。壁厚一般为 0.2 ~0.5 mm。

四、密封胶密封

用刮涂、压注等方法将密封胶涂在要压紧的两个面上，靠胶的浸润性填满密封面的凹凸不平处，形成一层薄膜，能有效起到密封作用。它密封牢固、方法简单、效果好，但耐温性差，通常用于150 ℃以下。

第四节　动　密　封

两密封面在工作时有相对运动的密封称为动密封。两密封面通常是一个静止，一个运动。既要保证密封可靠，又要防止相对运动元件间的摩擦、磨损损坏密封件，以保证密封件有一定的寿命。按照相对运动的类型不同，分为移动式动密封和旋转式动密封。移动式动密封主要用在直线运动或往复运动的机械中，如液压千斤顶、液压升降台等液压机械和发动机的汽缸和活塞之间的密封等，本章主要讨论旋转式动密封。

一、非接触式动密封

1. 间隙密封

间隙密封是靠相对运动件的配合面之间的微小间隙防止泄漏而实现的密封。它的工作原理是基于流体黏性摩擦理论，即当油液通过缝隙时，存在一定的黏性阻力而起密封作用，见图21－6。间隙密封性能的好坏与间隙的大小、间隙的长度、内外压力差、均压槽等因素有关。

间隙密封的半径间隙一般为0.1～0.3 mm，配合表面上往往开几条等距离的均压槽。它除了有均衡径向力的作用外，每一个沟槽就相当于一个局部阻力损失，可以使泄漏量大大减少。均压槽尺寸，宽为0.3～0.5 mm，深为0.5～1.0 mm，两沟槽间距离为0.5 mm左右。工作时间隙及沟槽内涂满润滑脂，以增加密封效果，见图21－6（b）。

当用油润滑时，可在端盖上加工出螺纹槽，以便把欲流出的油借螺旋的输送作用而送回油腔内。但螺旋槽的旋向需根据轴的转向来确定，见图21－6（c）。

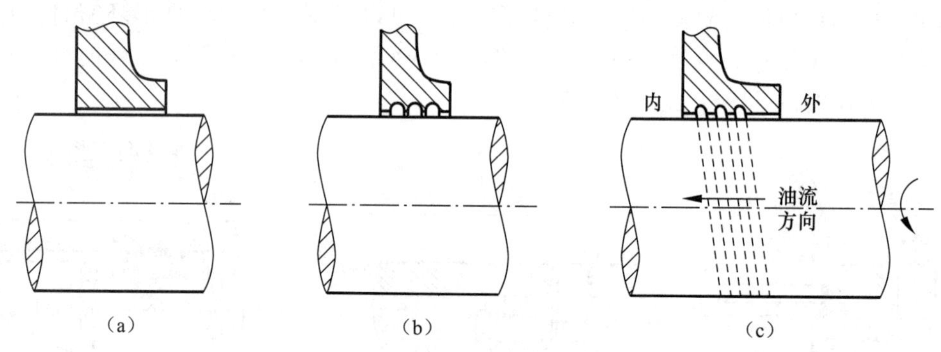

图21－6　间隙密封

（a）不带均压槽；（b）带均压槽；（c）端盖上开螺旋槽

2. 离心密封

离心密封主要是利用轴在旋转时产生的离心力，将泄漏出来的润滑油再甩回到油腔，见图21－7。在设计时，轴承端盖收集泄漏油的集油腔空间要大点，回油通道要顺畅，见图21－7（a）、（b）。也有在轴上直接开螺旋槽，在紧贴轴承处安装一甩油环，将油再甩回去，螺旋槽的旋转方向要保证轴在旋转时是使油甩到油腔里，而不是相反，这种密封通常只能在单向回转的轴上使用，见图21－7（c）。

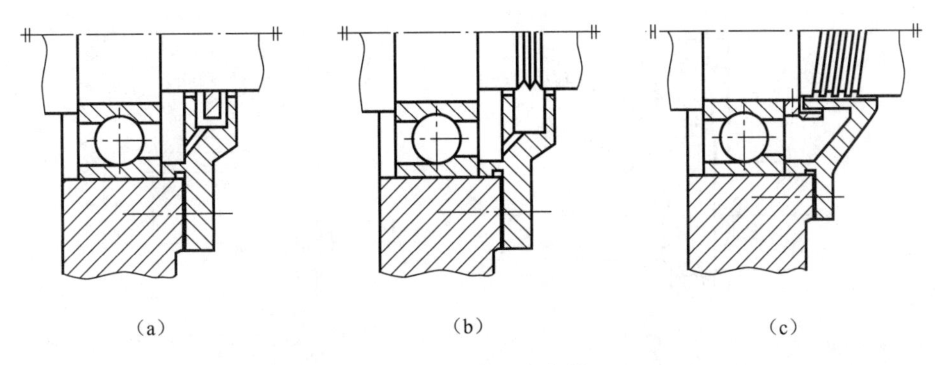

图 21-7 离心式密封

(a) 甩油槽；(b) 油沟加甩油槽；(c) 螺旋甩油沟

3. 迷宫密封

迷宫密封是在需要密封的表面上加工出几个拐弯的沟槽，形成像迷宫一样的“曲路”，使泄漏的介质在沟槽里产生压力降，不能顺畅地通过，即可形成密封。当环境比较脏和比较潮湿时，采用迷宫密封是相当可靠的。曲路的布置可以是轴向的，也可以是径向的，见图 21-8。当采用轴向曲路时，假若轴的热伸缩比较大或者设计不严谨，都有使旋转片和固定片相接触的可能，因此，一般情况下以径向布置为宜。曲路的径向间隙 e，按照轴径大小的不同取值从 0.2 mm 到 0.5 mm 不等；曲路的轴向间隙 f，按照轴径大小的不同取值从 1.0 mm 到 2.5 mm 不等。工作时沟槽内涂满润滑脂，以增加密封效果。

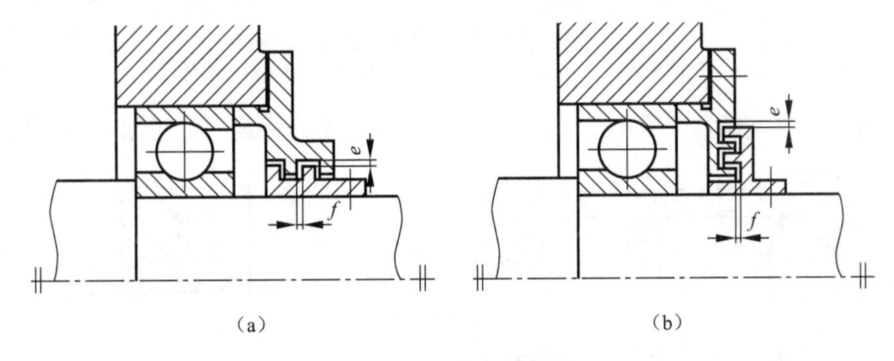

图 21-8 迷宫式密封

(a) 轴向布置；(b) 径向布置

二、接触式动密封

1. 密封圈密封

(1) 毡圈密封。在轴承端盖上开出梯形槽，将毡圈（按标准选取）放置在梯形槽中与轴密合接触，见图 21-9 (a)。这种密封主要用于脂润滑的场合，它结构简单，使用简便，但摩擦较大，只适用于线速度较小（不大于 4 ~ 5 m/s）的场合。与密封毡圈相接触的轴表面若经过抛光且毛毡质量较高时，线速度可达到 7 ~ 8 m/s。

按照轴的直径确定沟槽的尺寸和毡圈的尺寸，见图 21-9 (b)、(c)。也可将两个毡圈并排放置以增强密封效果，见图 21-9 (d)。

(2) O 形圈密封。O 形圈用作动密封时，主要用于移动密封，如活塞和活塞杆的密封，

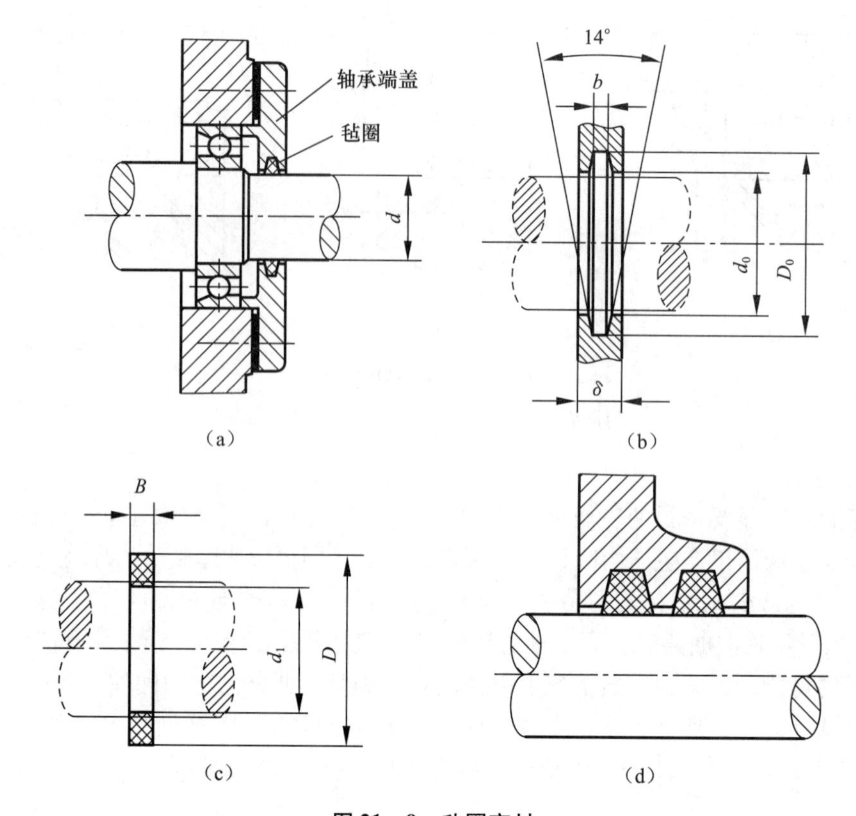

图 21－9　毡圈密封

（a）毡圈密封；（b）沟槽尺寸；（c）毡圈尺寸；（d）双毡圈密封

见图 21－10（a）。当圆周速度小于 2 m/s 时，也可用于旋转密封，见图 21－10（b）。

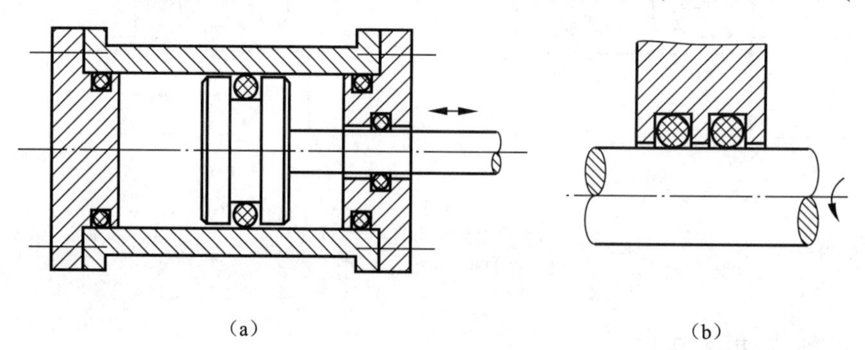

图 21－10　O 形圈密封

（a）移动密封；（b）旋转密封

O 形密封圈在安装时具有很大的压缩量，O 形密封圈就是依靠这种压缩量所产生的反弹力来进行密封的。当工作压力大于 10 MPa 时，为了防止密封圈挤入间隙造成咬伤，应在密封圈与工作压力相对的一侧加保护挡圈，假如承受双向压力，则密封圈的两侧都应当加保护挡圈，见图 21－11。

O 形密封圈具有结构简单、密封性可靠、运动摩擦阻力很小、沟槽尺寸小、容易制造等优点，故应用十分广泛。其主要的缺点是启动摩擦阻力较大。

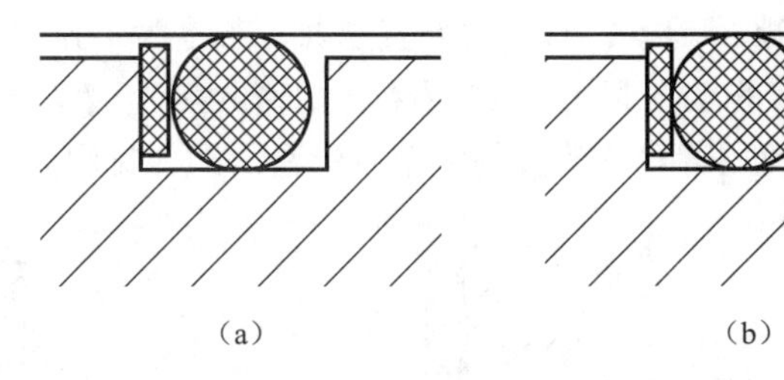

图 21－11　O 形密封圈的保护挡圈

（a）单向压力；（b）双向压力

（3）唇形密封。唇形密封是依靠其唇形部分与被密封面紧密接触来进行密封的，即唇形密封圈是应用唇边的过盈尺寸来完成密封的。唇形密封圈的种类繁多，它可制成 V 形、Y 形、U 形、L 形、J 形等形状，见图 21－12。它装填方便、更换迅速，但与 O 形密封圈相比，有结构复杂、尺寸较大、摩擦阻力大等缺点。在许多场合，它已被 O 形密封圈所替代。现在主要应用在往复运动的零部件中。

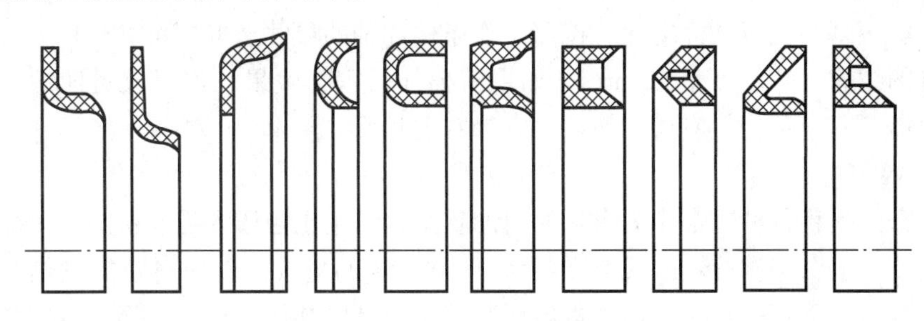

图 21－12　唇形密封圈

唇形密封圈密封唇的方向要朝向密封的部位，即开口应向着密封介质，介质压力越大，唇口与密封面贴得就越紧，密封效果也就越好，它比 O 形密封圈有着更显著的自紧作用。

（4）油封密封。油封密封是依靠其弯折了的橡胶弹性力和附加的环形螺旋弹簧的扣紧作用而紧套在轴上，阻断泄露间隙，达到密封作用。它是用于旋转轴的唇形密封圈。

典型油封的剖面形状见图 21－13。自由状态下的油封，内径比轴的小，即具有一定的过盈量，油封装进轴以后，这个过盈量会对轴产生一定的抱紧力，油封腰部由于介质压力的作用也会对轴产生一个腰部的弹性力，另外，弹簧也会对轴产生一个自紧力。但随着使用时间的增加，油封材料的老化，抱紧力将逐步减小，因此主要靠腰部的弹力和弹簧的自紧力随时补偿自紧。

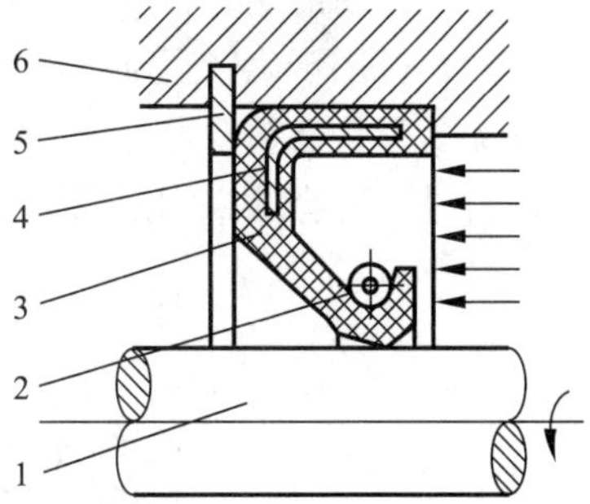

图 21－13　油封的剖面形状

1—轴；2—弹簧；3—油封体；4—骨架；5—挡圈；6—壳体

油封广泛用于汽车、工程机械、机床等各种机械上，因此种类很多，通常按其结构可分为有骨架（图 21－13）和无骨架（图 21－14）两大类。骨架即是金属加强环，用来增强油封的刚度。

油封的安装和唇形密封圈一样，密封唇的方向要朝向密封的部位，即开口应向着密封介质，油封受压变形，唇口与轴贴得越紧，密封效果就越好。若是为了封油，密封唇应对着轴承，见图21－14（a）；若主要是为了防止外物侵入，则密封唇应背着轴承，见图21－14（b），若两个作用都要有，应使用背对背放置的两个唇形密封圈，见图21－14（c）。

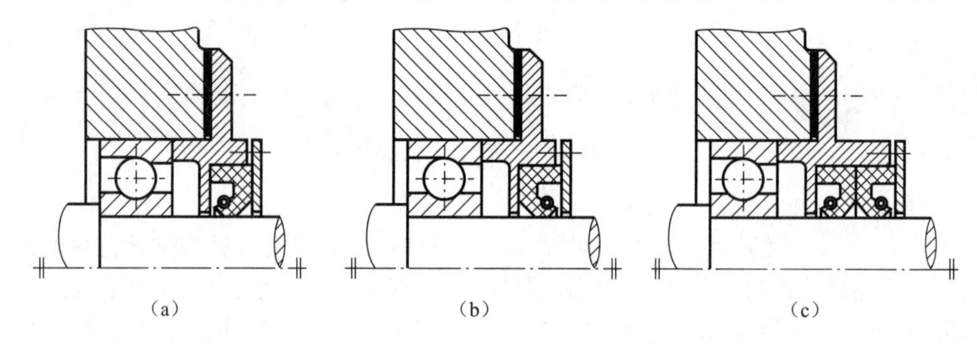

图21－14　油封密封

（a）防油泄漏；（b）防尘侵入；（c）组合使用，双向密封

油封种类很多，大多已标准化，按照工作条件和轴的尺寸选取即可。

油封轴的线速度一般小于12 m/s，如果需要加强密封效果，可以成对使用，开口方向一致；如果需要双向密封，应成对使用，开口方向相反。

2. 软填料密封

软填料密封是将各种适合作为密封材料的软填料，用压盖压入需要密封的间隙中，以达到密封的作用。适合于轴旋转的线速度不大于10 m/s的场合。软填料密封发热和磨损很严重，使用寿命最长不超过半年。通过重新压紧端盖，可以补偿填料的磨损，见图21－15。

3. 涨圈密封

涨圈通常是由金属制造的带有切口的弹性环，放入槽中后，靠涨圈本身的弹力，使外圈紧贴在壳体上，不随轴转动。由于介质压力的作用，涨圈一端面紧压在涨圈槽的一侧，产生相对运动，用液体进行润滑和堵漏，从而达到密封的作用。涨圈密封既可用于往复运动件的密封，也可用于旋转运动件的密封。

涨圈密封必须有可靠的液体润滑，通常用于液体介质的密封，如密封油的装置。用于气体密封时，要有油来润滑摩擦面。涨圈密封见图21－16。

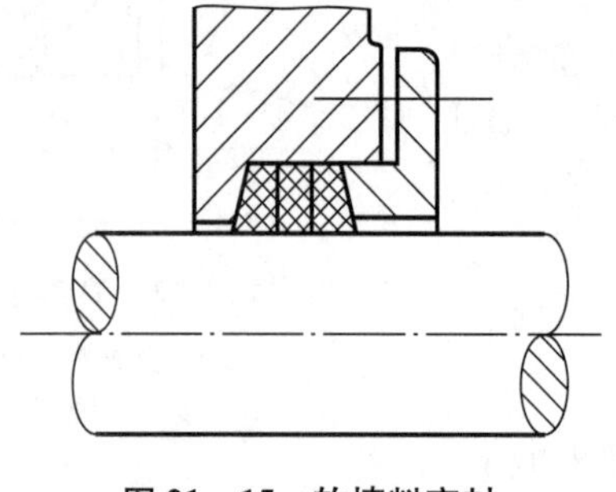

图21－15　软填料密封

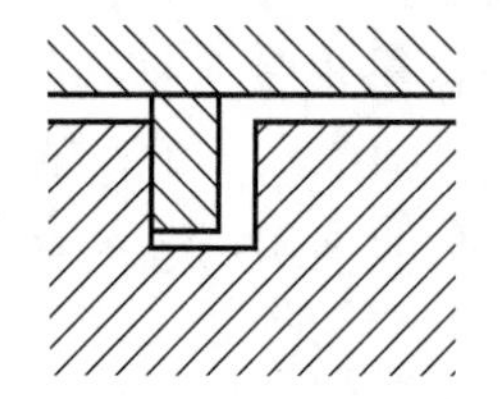

图21－16　涨圈密封

当机械对密封的要求很高，采用一种或单级密封达不到要求时，可以同时采用多种或多级密封以达到最佳的密封效果。

第五节 机械密封

机械密封也称端面密封，属于接触式动密封，常用于泵、釜、压缩机、液压设备和其他类似设备的旋转轴的密封，适用于高压、高温、高速，或低温、真空等场合，以及对酸、碱等强腐蚀介质的密封。

机械密封性能可靠，泄漏量少，功率损耗小，不需要经常维护，使用寿命长，但它结构复杂，组成的零件较多，造价高。图 21－17 是典型的机械密封的结构原理图，它是由两个密封元件——静环和动环表面互相贴合，并做相对转动而构成的密封装置。静环 2 被压盖 1 压紧，静止不动，有静环密封圈 3 密封住它们之间的间隙。弹簧座 9 支撑着弹簧 7 顶着推环 6 使动环 4 紧压在静环上，使静环和动环的端面紧密贴合，端面间维持一层极薄液体膜而达到密封的目的，这层液体膜具有流体动压力和静压力，起着润滑和平衡压力的作用。动环密封圈 5 封住了推环和动环之间的间隙。即使静环和动环使用过程中有所磨损，在弹簧力的作用下，也能保证贴合，因此密封十分可靠。

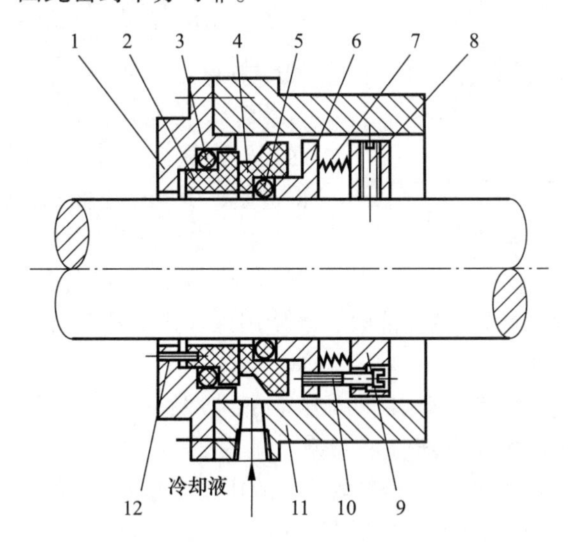

图 21－17 机械密封结构原理图

1—压盖；2—静环；3—静环密封圈；4—动环；5—动环密封圈；6—推环；7—弹簧；8—固定螺钉；9—弹簧座；10—传动螺钉；11—壳体；12—防转销

机械密封的结构类型很多，可根据不同的结构特点进行分类，以便合理地选择。常用的分类方法有：

1. 单端面和双端面

图 21－17 是单端面密封，其中只有一对静环和动环组成的摩擦面。图 21－18 是双端面密封，其中有两对摩擦面 A 和 B。双端面密封可在密封腔 C 中通入带压的封液能变气相密封为液相密封，又因为封液的压力通常高于需要密封的介质压力，故可以有效地防止介质外漏，同时，封液还起到润滑、冷却和清洗的作用，故其适应面较广，可用于强腐蚀介质、易燃易爆介质、气体介质、易挥发低黏度介质以及贵重物料和不允许外漏的场合。

单端面密封的结构比较简单，制造、装拆容易，但理论上不能完全消除介质的泄漏。

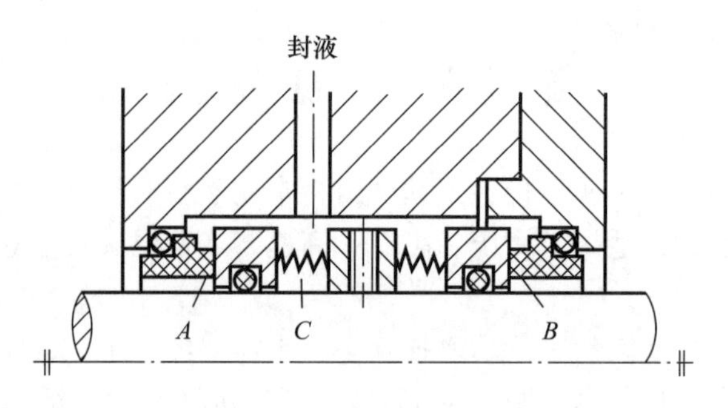

图 21－18　双端面机械密封

2. 内置式和外置式

当弹簧置于工作介质之内，称为内置式，如图 21－17 所示；而弹簧置于工作介质之外时，称为外置式，如图 21－19 所示。

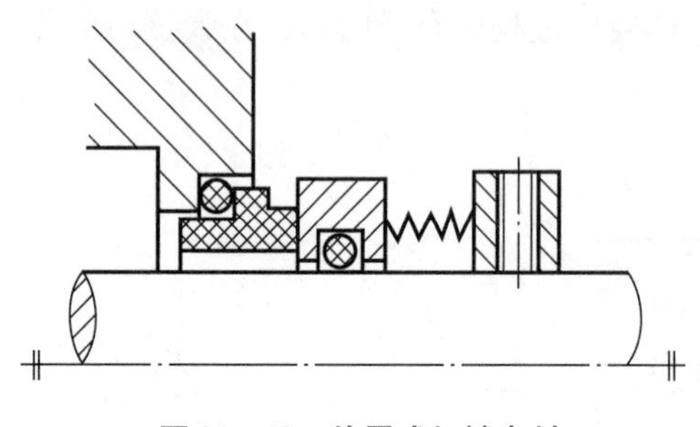

图 21－19　外置式机械密封

外置式弹簧不与介质接触，便于观察和维修，但介质的作用力与弹簧力相反，当介质的压力变动较大时，会引起不良的结果。当介质的压力较大，而相对弹簧的弹性力不够大时，可能会引起泄漏；反之，当介质的压力较小，而相对弹簧力可能很大时，将使静环和动环压得过紧，引起摩擦面的擦伤。

内置式机械密封受力情况较好，通常情况下都可使用，只有在密封零件和弹簧不耐介质腐蚀，或介质过于黏稠影响弹簧的性能时，才使用外置式机械密封。

3. 平衡型和非平衡型

根据介质压力在摩擦面上所引起的压强情况来分，不卸载的称为非平衡型，见图 21－20（a）；部分卸载的称为部分平衡型，见图 21－20（b）；全部卸载的称为全平衡型，见图 21－20（c）。卸载越多，摩擦端面上的压强就越小，可减轻端面的磨损，但压强过小，密封面就有被推开的危险而出现泄漏，所以卸载的多少要根据使用情况来确定。

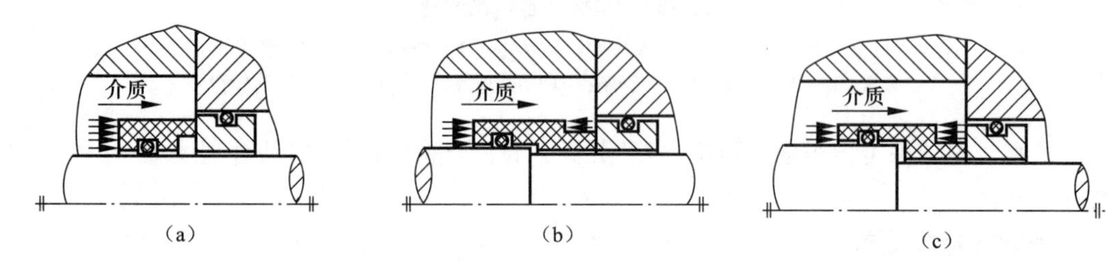

图 21－20　平衡型与非平衡型机械密封

（a）非平衡型；（b）部分平衡型；（c）全平衡型

机械密封已标准化、系列化，由专业厂家生产，只需根据不同的工作参数和环境、不同的密封介质和要求，合理地选取即可。

第六节　其他密封

以下介绍一种铁磁流体密封，见图 21－21。在需要密封的间隙内（通常间隙很小，大约为 0.05～0.12 mm），充满了铁磁流体，在磁场的作用下，形成较强韧的液态膜，可对流体介质进行密封。其特点是完全无泄漏，无固体摩擦，无润滑，可多级使用，适合对较大压力差的场合进行密封，但不适用于高温的场合。

铁磁流体由三部分所组成：

（1）铁磁性微粒：小于 30 nm 的四氧化三铁、钴、镍、二氧化铬等。

（2）分散剂：油酸、氟醚酸等。

（3）载流体：矿物油、水、高分子化合物等。

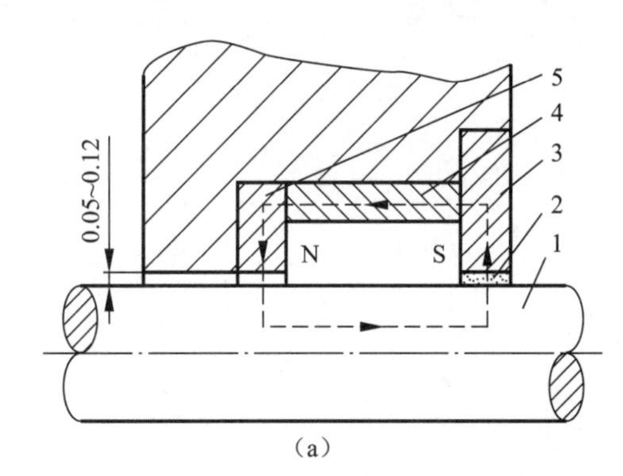

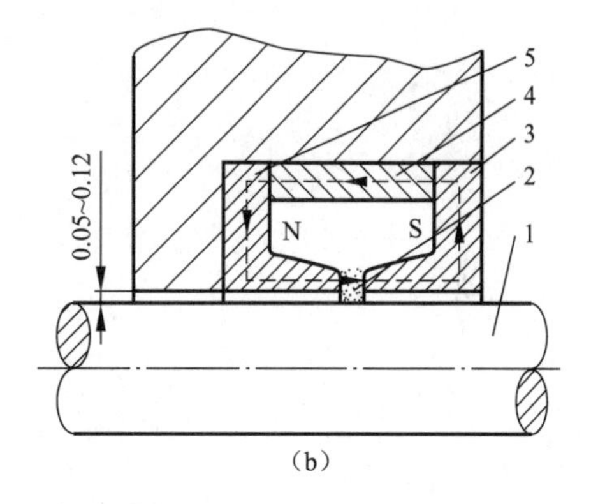

图 21－21　铁磁流体密封

（a）磁路通过轴；（b）磁路不通过轴

1—导磁轴；2—铁磁流体；3，5—软铁极板；4—永久磁铁

习　题

21－1　为什么要对机械进行密封？简述密封的重要性。

21－2　静密封和动密封有何区别？

21－3　动密封如何分类？

21－4　接触式动密封主要用在什么场合？

21－5　试各举出 3 种接触式动密封和非接触式动密封。

21－6　毡圈密封中的毡圈尺寸如何确定？

21－7　简述机械密封的特点和主要应用场合。

21－8　何为铁磁流体密封？简述其密封机理和特点。

第六篇　机械系统与现代机械设计综述

第二十二章
机械系统设计

第一节　机械系统的组成

机械系统通常由原动机、传动装置、执行机构（又称工作机）和控制系统及其他辅助零部件组成。原动机是机械系统中的驱动部分，它为系统提供能量或动力，并将能量转化为系统所需要的运动形式。工作机是机械系统中的执行部分，系统通过这部分中某些构件的运动实现系统的功能。传动装置则是把原动机和工作机有机联系起来，实现能量传递和运动形式的转换。控制系统的功能是通过控制元件或控制装置对系统进行控制。辅助零部件的作用是保证系统正常工作，改善操作条件，延长使用寿命等，如系统中使用的冷却装置、润滑装置、消声装置、安全保险和防尘装置等。机械系统的组成框图如图 22－1 所示。

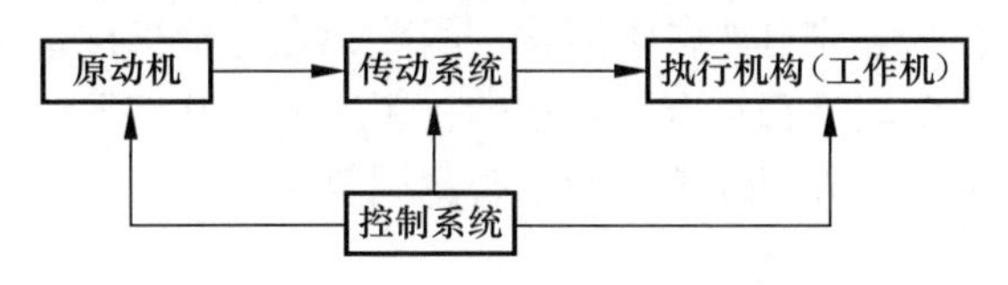

图 22－1　机械系统的组成框图

图 22－2 所示的电动大门即为一典型的机械系统。原动机为三相交流异步电动机，工作机（大门启闭装置）为铰链四杆机构 $ABCD$，传动系统为减速器，控制系统为一些电气开关等。由于电动大门的开启速度较低，而电动机的转速很高，所以需要通过减速器将动力与能量传递到大门启闭装置上。

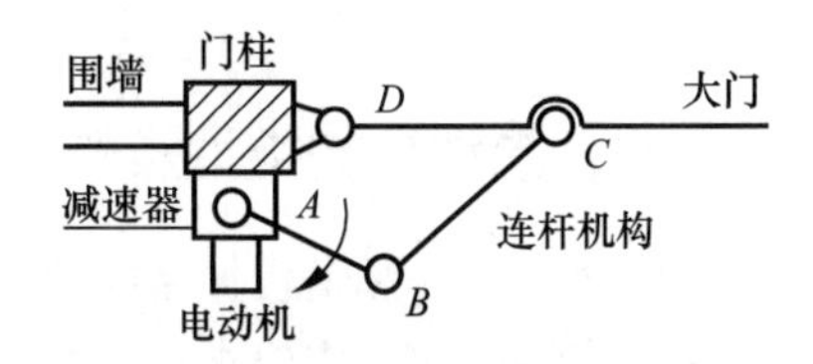

图 22－2　电动大门的组成

第二节　机械系统方案设计概述

机械系统主要由原动机、传动系统、执行系统和控制系统所组成，因此机械系统方案设计的主要内容就包括原动机的选择、传动系统的方案设计、执行系统的方案设计和控制系统的方案设计这四个部分。一般而言，传动机构是指转速变换机构，而执行机构是指运动形式和运动规律变换机构。但在某些情况下，传动系统、执行系统及控制系统的界限并不能明显地划分，特别是在现代机电一体化系统中变得模糊而更具综合性，所以上述各项设计内容须围绕机械产品这个整机来进行创新设计和整体优化。

机械系统方案设计的目的就是通过调查研究进行机械产品规划，确定设计任务、明确设计的要求和条件，在此基础上寻求问题的解法及原理方案构思，进行功能原理设计，拟定机械功能原理方案，选择机构类型，得出一组可行的机械系统运动方案，为下一步进行详细的结构设计作好原理方案方面的准备，也为最终进行评价、优选、决策提供诸如可行性、先进性等相关技术原理方面详尽的科学依据。

机械系统方案设计是产品设计全过程中非常关键的阶段。随着现代科学技术的高速发展，机械设计已由传统的纯工程技术范畴发展到了自然科学、人文科学和社会科学相互交叉、科学理论与工程技术高度融合的领域。因此，机械系统的方案设计除了需要丰富的实践经验和扎实的理论知识，更需要科学的设计思想和方法，需要设计者具有现代设计的观念、系统工程的观念和工程设计的观念。其主要思想如下：

（1）现代设计的观念是指，在确定机械系统方案时，以信息论、控制论、智能理论等现代科学理论为基础，并适当引入优化设计、可靠性设计、工业造型设计、计算机辅助设计和反求设计等现代设计方法，使设计具有理论性、创造性和广义性等特点。

（2）系统工程的观念是指，在确定机械系统方案时，应把开发设计的机械产品作为一个系统来对待，首先从系统的整体目标出发，将总体功能分解成若干功能单元，然后寻找出能完成各个功能的技术方案，即完成每个功能的子系统的构成、组成结构、信息传递、控制回路等设计，再把能完成各个功能的技术方案有机地结合起来，综合进行分析、评价和优选，进而实现给定环境条件下的整体优化。

（3）工程设计的观念是指，在确定机械系统方案时，不应只考虑自然科学理论因素，还要考虑人文、经济、艺术等非自然科学因素。因此，在评价机械系统方案的优劣时，不应只从技术条件出发，看其功能是否符合技术指标，还应考察其市场适应性、生产经济性、造型艺术性、操作安全性和维修方便性等方面是否达到要求。

第三节　原动机的选择

一、原动机的类型及性能

原动机的选择是机械系统方案设计中的重要内容。原动机的机械特性及各项性能与工作机的载荷特性和工作要求是否相匹配，将在很大程度上决定着整个机械系统的工作性能和构造特征。因此，在机械系统方案设计中，必须根据系统的特点和要求，选择合适的原动机。

原动机按其输入能量的不同可以分为两种类型。第一种类型叫作一次原动机，即把自然界的能源直接转变为机械能，此类原动机主要有燃气轮机和内燃机等。第二种类型叫作二次原动机，即将发电机等变能机所产生的各种形态的能量转变为机械能，此类原动机有电动机、液压马达、气动马达、汽缸和液压缸等。下面简单介绍一些常用原动机的性能及应用场合。

1. 内燃机

内燃机是将燃料中的化学能转变为机械能的动力装置。按燃料种类分，可分为柴油机、汽油机和煤油机等；按主要机构的运动形式分，可分为往复活塞式和旋转活塞式内燃机；按一个工作循环中的冲程数分，可分为四冲程和二冲程内燃机；按汽缸数目分，可分为单缸和多缸内燃机。内燃机的优点是功率范围宽、操作简便、启动迅速，适用于工作环境无电源的场合，多用于船舶、车辆、工程机械和农业机械等。缺点为对燃油的要求高、排气污染环境、噪声大、结构复杂。

2. 电动机

电动机是将电能转变为机械能的动力装置。电动机的类型很多，不同类型的电动机具有不同的结构形式和特性，可满足不同的工作环境和不同的载荷特性要求。常用的电动机有直流电动机、交流电动机、交流和直流伺服电动机等。

直流电动机使用直流电源，其主要优点是调速性能好、调速范围宽、启动转矩大；缺点为结构较复杂、维护工作量较大，且价格较高。在交流电动机中，同步电动机的最大优点是能在功率因数 $\cos\varphi=1$ 的状态下运行，转速受负载转矩波动的影响小，具有硬机械特性，但其造价较高、转速不能调节。三相异步电动机使用三相交流电源，分为笼型和绕线型两类。笼型三相异步电动机结构简单、体积小、价格低、维护简单，连续运行特性好，但启动和调速性能差，适用于风机、水泵等无调速要求、连续运转和轻载启动的机械。绕线型三相异步电动机结构复杂、维护较麻烦、价格稍高，但启动转矩大，启动时功率因数较高，可进行小范围调速，适用于起重机、轧钢机等启动次数较多、启动载荷较大以及小范围调速的机械。

伺服电动机是指能精密控制系统位置和角度的一类电动机。它体积小、质量小，具有宽广而平滑的调速范围和快速响应能力，其理想的机械特性和调节特性均为直线。伺服电机广泛应用于工业控制、军事、航空航天等自动化程度较高的可控领域，如数控机床、工业机器人、火炮随动系统等。

3. 液压马达

液压马达是把液压能转变为机械能的动力装置，常用的有齿轮式、叶片式和柱塞式。其主要优点是可获得很大的动力或转矩，可通过改变油量来调节执行机构速度，易进行无级调速，能快速响应，操作控制简单，易实现复杂工艺过程的动作要求。缺点是要求有高压油的供给系统，液压系统的制造装配要求高，否则易影响效率和运动精度。

4. 气动马达

气动马达是以压缩空气为动力，将气压能转变为机械能的动力装置，常用的有叶片式和活塞式。其主要优点为工作介质为空气，故容易获取且成本低廉；易远距离输送，排入大气也无污染；能适应恶劣环境；动作迅速、反应快。其缺点为工作稳定性差、噪声大，输出转矩较小，只适用于小型轻载的工作机械。

二、原动机的选择

在进行机械系统总体方案设计时，原动机的选择应考虑以下几个方面的因素。

（1）现场能源供应情况。在有电源的条件下尽可能选择电力驱动，因为其成本低，操作控制方便，机械活动范围广，离电源远或无电源时可考虑选择柴油机作为原动机。当有现成气源时（如铸造车间），可选用气动马达和汽缸。

（2）工作机械的载荷特性、调速范围、工作的平稳性、启动和制动的频繁程度。①对于轧钢机、提升机械和带式运输机等负载转矩与转速无关的工作机械，可选同步电动机或直流并励电动机。②对于无调速要求的机械，尽可能采用交流电动机，其中载荷平稳、对启动和制动无特殊要求且长期运行的工作机械，宜选用笼型异步电动机，而工作载荷为周期性变化、传递大中功率并带有飞轮或启动沉重的工作机械，应采用绕线型异步电动机。③对于需要调速的机械，可根据具体的调速要求，采用绕线型异步电动机、直流电动机或液压马达。④要求启动迅速、便于移动或在野外作业场地工作时，宜选用内燃机。

（3）机械系统整体结构外形的需要。如在相同功率下，要求外形尺寸尽可能小、重量尽可能轻时，宜选用液压马达。

（4）工作环境的因素，如防爆、防尘、防腐蚀等。对于易燃、易爆、多尘、振动大等恶劣环境中，宜采用气动马达。对于食品机械等要求对工作环境不能造成污染且便于清洗时，选用电动机或气动马达，如选择油缸，则会因漏油而污染食品。

（5）机械系统的经济效益，如初始成本和运转维护成本。此外，所选原动机的额定功率虽必须满足载荷需要，但也不宜过大。对电动机来说，如所选的电动机功率过大，会造成功率因数过低而浪费；在额定功率相同的情况下，额定转速越高的电动机，尺寸越小，重量和价格也越低，所以高速电动机反而经济。

第四节　机械执行系统的方案设计

机械执行系统的方案设计是机械系统总体方案设计的核心，对机械能否完成预期的功能目标起着决定性的作用，其设计主要包括以下内容：

1. 功能原理设计

所谓功能原理设计，就是根据机械预期实现的功能，考虑选择何种工作原理来实现所需的功能要求。例如要求设计一个齿轮成形设备，成形的原理既可选择基于材料弹塑性变形原理的冲压、滚扎等方法，也可选择基于熔融成形原理的、化学腐蚀的或电化学的方法，还可以采用基于材料切削的仿形法和展成法等。

2. 动作及运动设计

动作及运动设计是在工作原理选定之后，根据工艺要求进行工艺动作的分解及执行运动的确定。例如齿轮成形选择用展成法进行加工，则根据展成工艺，可以分解为切削、展成、进刀三个工艺动作，由此确定了该齿轮加工机床要具有三个独立的执行运动，即往复直线运动（切削）、对滚运动（展成）和径向进刀（直线）运动。执行运动确定之后，也就确定了执行构件的数目。一个执行构件可以完成一个执行运动，也可完成几个执行运动。例如在齿轮加工机床中，刀具可以完成切削和进刀两个动作。

3. 执行机构形式设计

所谓机构型式设计，是指究竟选择何种机构来实现上述运动。例如，为了实现刀具的上下往复运动，既可以采用曲柄滑块机构和齿轮齿条机构，也可采用螺旋机构或凸轮机构，还可以采用组合机构。

4. 执行系统的协调设计

机械通常由多个执行构件及执行机构组合而成，这些执行构件在运动时应互相配合，按一定的次序协调动作，否则就会破坏机械的整个工作过程。因此，执行系统的协调设计就是根据工艺过程对各动作的要求，分析各执行构件应如何协调和配合。如图 22 - 3 所示液压机构系统中，液压油缸 1 和液压油缸 2 是两个独立的机构。油缸 1 把工件送到位置 2 后，触动启动油缸 2 的开关，随后即返回原位。油缸 2 再把工件送到位置 3，两个油缸协调运动才能完成既定的工作要求。

5. 机构的尺度设计

机构的尺度设计，是对所选择的各个执行机构进行运动和动力设计，确定各执行机构的运动学尺寸，如转动副间的相对位置尺寸、移动副的导路位置、高副运动副元素的几何形状及尺寸、螺旋机构的螺纹头数与螺距、棘轮齿数及形状、槽轮机构尺寸及槽数等，然后绘制出各执行机构的运动简图。

6. 运动和动力分析

对整个执行系统进行运动分析和动力分析，以检验是否满足运动要求和动力性能方面的要求。

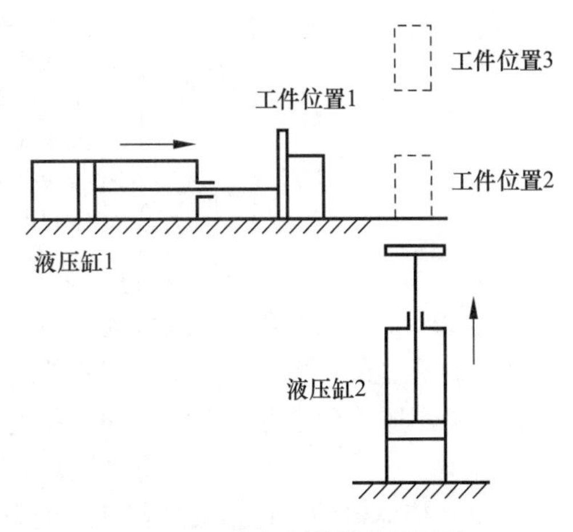

图 22－3　执行机构的协调设计

7. 方案评价与决策

方案评价包括定性评价和定量评价。定性评价是指对结构的繁简、尺寸的大小、加工的难易等进行评价；而定量评价是指将运动和动力分析后所得的执行系统的具体性能与所规定的预期性能进行比较，从而对设计方案作出评价和决策。

第五节　机械传动系统的方案设计

传动系统是将原动机的运动和动力传递给执行机构的中间装置。当完成了执行系统的方案设计和原动机的预选型后，即可根据执行机构所需要的运动和动力条件及原动机的类型和性能参数，进行传动系统的方案设计。其设计过程和内容为：

（1）确定传动系统的总传动比，即原动机转速与执行机构中原动件转速的比值。

（2）根据设计要求和执行系统以及原动机的工作特性，选择合适的传动类型。

（3）传动链的方案设计，包括选择传动路线，安排各传动机构的先后顺序和分配传动系统中各级传动比。

（4）确定传动系统中各级机构的运动参数和动力参数和主要几何尺寸。

（5）绘制传动系统的结构简图。

本节主要介绍传动类型的选择和传动链的方案设计，其他内容可参考有关机械设计综合设计教材。

一、传动类型的选择

传动系统根据其结构、运动及动力传递与变换等特征，可划分成多种类型。为了获得理想的设计方案，需要合理选择传动类型。

1. 按传动的结构及工作原理分

（1）机械传动。利用机构所实现的传动，称为机械传动。其优点是工作稳定、可靠，对环境的干扰不敏感。缺点是响应速度较慢、控制欠灵活。

机械传动按传动原理又可分为啮合传动和摩擦传动两大类，如图 22－4 所示。

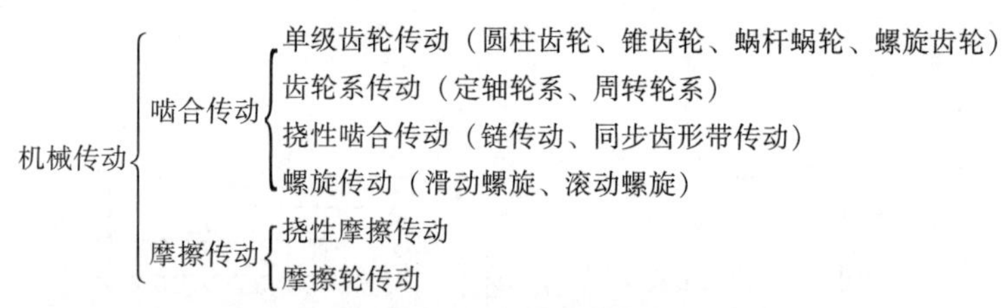

图 22－4　机械传动分类

图 22－4 中，啮合传动的传动比恒定、传递功率大、速度范围广、工作可靠、寿命长，但加工制造复杂、噪声大，有时需安装过载保护装置；摩擦传动工作平稳、噪声小、结构简单、容易制造、价格低、有吸收冲击和过载保护能力，但传动比不稳定、传递功率较小、速度范围小、轴与轴承承载大、寿命较短。

（2）流体传动。包括液压传动、液力传动、气压传动和液体黏性传动。

液压传动是指利用液压泵、阀、执行器等液压元器件实现的传动，而液力传动则是利用叶轮通过液体的动能变化来传递能量的。液压、液力传动的主要优点是速度、转矩和功率均可连续调节；调速范围大，能迅速换向和变速；传递功率大；结构简单，易实现系列化、标准化，使用寿命长；易实现远距离控制、动作快速；能实现过载保护。缺点主要是传递效率低，不如机械传动精确；制造、安装精度要求高；对油液质量和密封性要求高。

气压传动是指以压缩空气为工作介质的传动。其优点是容易快速实现往复移动、摆动和高速转动，调速方便；气压元件结构简单、容易标准化、系列化、易制造、易操纵；响应速度快、可直接用气压信号实现系统控制，完成复杂动作；管路压力损失小，适于远距离输送；与液压传动相比，经济且不易污染环境，安全，能适应恶劣的工作环境。缺点是传动效率低；因压力不能太高，故不能传递大功率；因空气的可压缩性，故载荷变化时，传递运动不太平稳；排气噪声大。

液体黏性传动与多片摩擦离合器相似，借改变摩擦片间的油膜厚度与压力，以改变油膜剪切力进行无级变速传动。

（3）电气传动。利用电动机和电气装置实现的传动称为电气传动。电气传动的特点是传动效率高、控制灵活，易于实现自动化。由于电气传动的显著优点和计算机技术的应用，传动系统也正在发生着深刻变化。在传动系统中作为动力源的电动机虽仍在大量应用，但已出现了具有驱动、变速与执行等多重功能的伺服电动机，从而使原动机、传动机构、执行机构朝着一体化的最小系统发展。

2. 按传动比和输出速度的变化情况分

按传动比或输出速度有否变化，可分为固定传动比和可调传动比的传动系统；按动力机驱动执行机构或执行构件的数目，可分为独立驱动、集中驱动和联合驱动的传动系统。其类型及应用见表 22－1。

表 22－1　按传动比和输出速度的变化情况划分的传动类型

传动类型	原动机输出速度	传动类型举例
定传动比传动	恒定	齿轮传动、带传动、链传动、蜗杆传动、螺旋传动，以及不调速的电力、液压及气压传动

续表

传动类型		原动机输出速度	传动类型举例
变传动比传动	有级变速	恒定	带塔轮的带传动，滑移齿轮变速器
		可调	电力、液压传动中的有级调速传动
	无级变速	恒定	机械无级变速器，液力耦合器及变矩器，电磁滑块离合器，磁粉离合器，流体黏性传动
		可调	内燃机调速传动，电力、液压及气压无级调速传动
	周期性变速	恒定	非圆齿轮传动，凸轮机构，连杆机构及组合机构
		可调	数控的电力传动

选择传动类型时，应首先考虑满足所需传递的功率和传动比要求，同时要使执行系统的工况和工作要求与原动机的机械特性相匹配。

例如，当执行系统要求输入速度能调节，而又选不到调速范围合适的原动机时，应选择能调速的传动系统，或采用原动机调速和传动系统调速相结合的方法。当传动机构要求正反向工作或停车反向（例如提升机械）或快速反向（例如磨床、刨床），而所选用的原动机不具备此特性时，应在传动系统中设置反向机构。当执行机构需频繁启动、停车或频繁变速时，若原动机不能适应此工况，则传动系统的变速装置中应设置空挡，让原动机能够脱开传动链空转。

此外，选择传动类型还应充分考虑结构简单、经济高效和安全、环保等要求。

二、传动链的方案设计

在根据系统的设计要求及各项技术、经济指标选择了传动类型后，若对选择的传动机构作不同的顺序布置或作不同的传动比分配，则会产生出不同效果的传动方案。只有合理安排传动路线、恰当布置传动机构和合理分配各级传动比，才能使整个传动系统获得满意的性能，这是传动链方案设计的主要任务。

1. 传动路线的选择

根据功率传递的路线，传动系统的传动路线一般分为串联式、并联式和混合式三种。

串联式的传动路线如图 22－5 所示。这种传动路线适合用于只有一个执行机构和一个原动机的传动系统。由于全部能量流过每一个传动机构，故所选的传动机构必须都具有较高的效率，以保证传动系统具有较高的总效率。

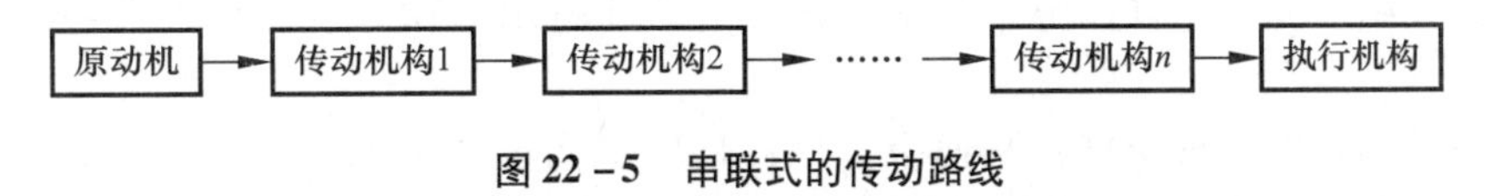

图 22－5　串联式的传动路线

在图 22－6 中，铰链四杆机构 $ABCD$ 为前置机构，连杆机构 DEF 为后置机构。前置机构中的输出构件 DC 与后置连杆机构的输入件 DE 固接，形成串联式传动。

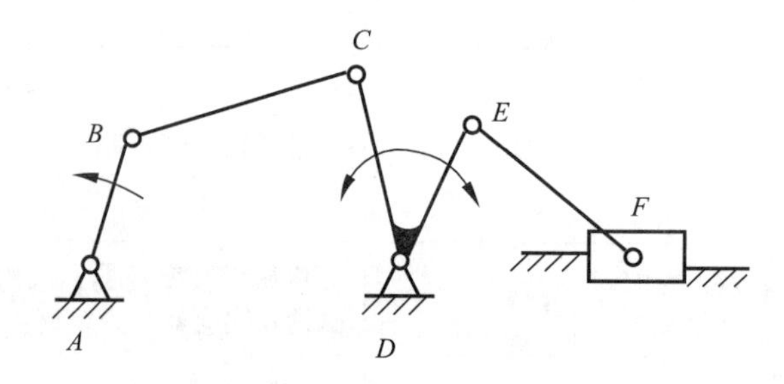

图22－6　连杆机构串联式组合

并联式传动路线如图22－7所示。其特点是系统中只有一个原动机，但需多个传动机构。

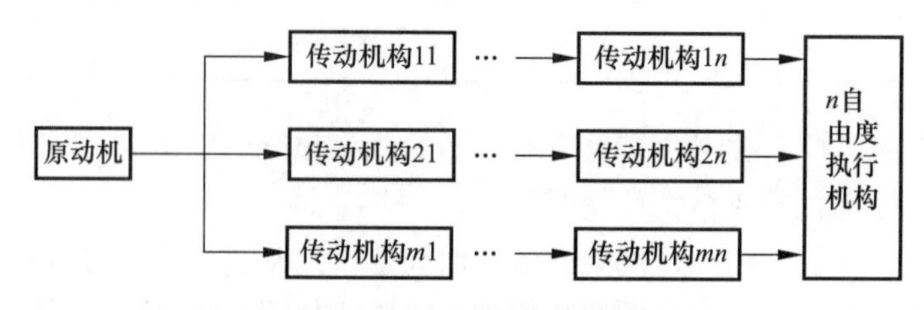

图22－7　并联式分路传动路线

图22－8为连杆—齿轮机构的并联组合。原动机的运动ω_1通过两个传动机构，即定轴轮系1′—4—7和曲柄摇杆机构1—2—3—7的传递和转换，形成两个不同规律的输出运动ω_4和ω_3，它们分别成为两自由度机构（差动轮系4—5—6—7—3）的两个输入运动，并通过差动轮系，最后形成输出运动ω_6。

混合式传动路线是串联式和并联式传动路线的复合。齿轮加工机床中刀具和工件的传动系统采用的就是这种传动路线。

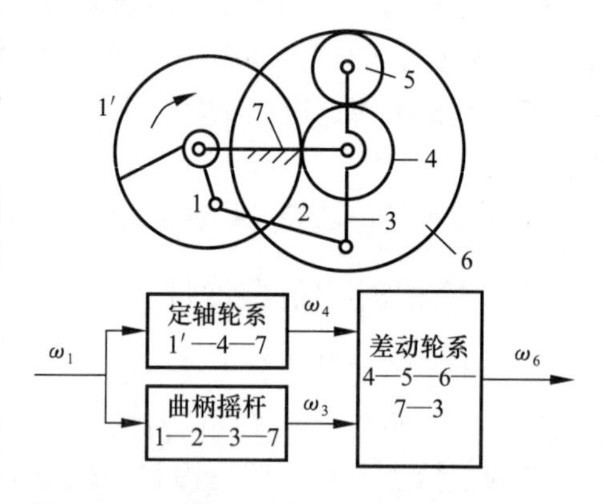

图22－8　连杆—齿轮机构的并联组合

2. 传动链中传动机构的顺序

传动链中传动机构的先后顺序关系到整个机械的工作性能和结构尺寸。当采用几种传动形式组成多级传动时，应合理安排各机构在传动链中的顺序。通常应注意以下几点：

（1）带传动一般宜布置在高速级。带传动的承载能力较低，传递相同转矩时，结构尺寸较其他传动机构的大，但其传动平稳，能缓冲减振，且过载时容易打滑，可防止后续传动机构中其他零件损坏。

（2）链传动一般宜布置在中、低速级。链传动冲击振动较大，运转不均匀，不宜布置在高速级。

（3）蜗杆蜗轮机构宜安排在高速级。蜗杆蜗轮机构传动平稳，但效率较低，不适合用于长期连续运转或传递较大功率的机械。当与齿轮机构组成两级传动时，将蜗杆蜗轮机构安排在高速级可以减小蜗轮尺寸，节约有色金属，并且在高速下蜗轮与蜗杆能形成较高的相对滑动速度，有利于形成润滑油膜而提高传动效率。

（4）斜齿轮传动宜布置在高速级上。斜齿轮传动较平稳、结构紧凑且承载力高，当与直齿圆柱齿轮机构组成两级传动时，应安排在高速级。

（5）锥齿轮传动机构宜布置在高速级。大直径、大模数的锥齿轮加工较困难，应尽量安排在高速级，并限制传动比的大小，以减小锥齿轮的直径和模数。

（6）开式齿轮传动机构宜布置在低速级。开式齿轮传动机构工作环境较差，不利于润滑，磨损严重。

3. 传动比的分配

传动系统各级传动比分配得是否合理，关系到传动系统的外廓尺寸是否紧凑，零件之间是否会干涉以及安装是否方便等。每一级传动比应在各类传动机构的合理范围内选取，当齿轮传动链的传动比比较大时，通常应采用多级齿轮传动。各种传动的传动比常用值可参考有关机械设计综合设计教材。

三、应用举例

图 22－9 所示为半自动三轴钻床，它需要完成两个工艺动作：一是 3 个钻头同时同速进行的钻削运动，二是工件垂直向上的进给运动，因此需要两个执行机构。由于两路传动的功率都不大且均需减速，可选择采用一个原动机，并共用第一级减速，然后再分路传动，故采用了混合式传动路线。

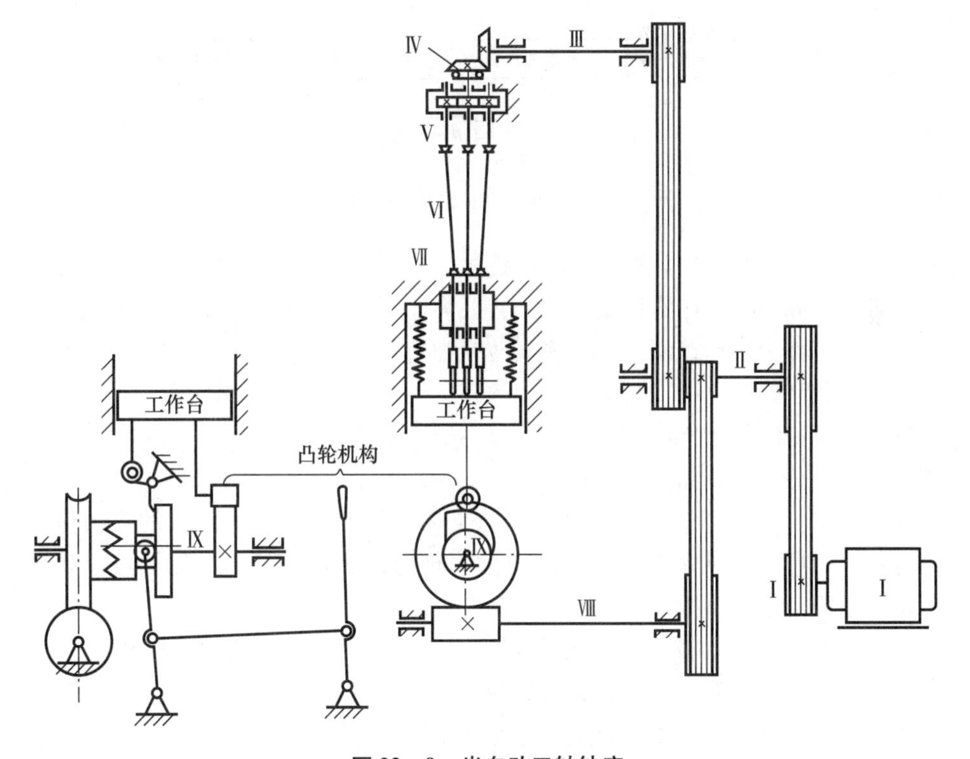

图 22－9　半自动三轴钻床

在传动机构的选择上，首先，由于减速机构中有一定的传递距离，因此可选用带传动机构；其次，系统中需要有改变传动方向的机构，这里可选用蜗杆蜗轮机构和锥齿轮机构。根据运动链中机构排列的原则，带传动机构应安排在高速轴上；为防止锥齿轮尺寸过大难于加工，应将锥齿轮机构安排在圆柱齿轮机构之前。在主运动链中，选用了三个相同的圆柱齿轮均布于同一圆周同时啮合传动，以使3个钻头同时同速转动完成切削运动；三个从动齿轮轴通过三个相同的双万向联轴器的中间轴，分别带动三个钻头杆。在进给运动链中，将蜗杆蜗轮机构安排在带传动机构之后，既起到了减速的作用，又改变了传动方向；蜗轮与凸轮同轴，其间安装一离合器。当离合器合上时，蜗轮带动凸轮机构完成工作台的升降动作。

第六节　机械控制系统简介

随着科学技术的不断进步，控制系统在机械中的作用越来越突出，传统的手工机械正在被现代化的机械所代替。现代机械系统应是一个机电一体化的系统，它不仅能解决能量流、材料流问题，还应能解决包括信息流在内的各种问题。现代机械系统正向着高精度化和高智能化方向发展。

一、机械控制系统的组成

机械控制系统的作用是利用传感器件和检测诊断手段对机械系统的传动系统和执行系统的运动规律进行自动控制，由控制对象和控制装置组成，其基本结构如图22－10所示（开环系统没有测量和比较环节）。

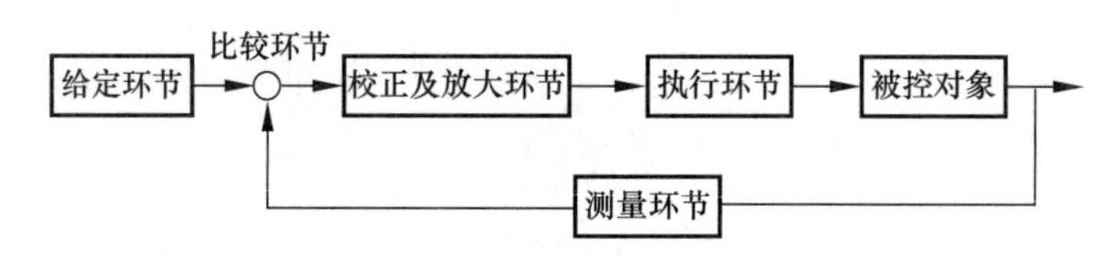

图22－10　机械控制系统的基本结构

控制对象一般可分为两类。第一类是以位移、速度、加速度、温度、压力等物理量的大小作为控制对象。如果将这些物理量的大小转换为电压或电流信号，则称其为模拟量，对模拟信号进行处理，称为模拟控制。如果将其转换为数字信号，则称其为数字量，对数字信号进行处理，称为数字控制。第二类是以物体的有、无、动、停等逻辑状态作为控制对象，称为逻辑控制。逻辑控制可用二值“0”、“1”的逻辑控制信号来表示。

控制装置各部分的作用如下：

（1）给定环节。给定环节的功能是给出与反馈信号同样形式和因次的控制信号，用于确定被控对象“目标值”的环节。给定环节的物理特性决定了给出的信号可以是电量、非电量，也可以是数字量或模拟量。

（2）校正及放大环节。校正及放大环节的功能是将偏差信号做必要的校正，然后进行功率放大以便推动执行环节。常用的放大类型有电流放大、电压放大与液压放大等。

（3）执行环节。执行环节的功能是接收放大环节的控制信号，驱动被控对象按照预期的规律运行。执行环节一般能将外部能量传送给被控对象，工作中要进行能量转换，如把电能通过电机转换成机械能，驱动被控对象做机械运动。

（4）测量环节。测量环节用于测量被控变量，并将被控变量转换为便于传送的另一物理量（一般为电量）的环节，一般是一个非电量的电测量环节。例如，电位计可将机械转角转换为电压信号，测速发电机可将转速转换为电压信号等。

（5）比较环节。比较环节是将输入信号与测量环节传来的被控变量的反馈量信号进行比较的环节。经比较后得到一偏差信号，如幅值偏差、相位偏差、位移偏差等。

以上5个环节组成了控制系统的控制部分，实现对被控对象的控制。

二、机械控制系统的类型

机械设备中控制系统所应用的控制方法很多，通常有以下几种分类。按照控制系统部件的类型，可以分为机械控制、电气控制、液压控制、气动控制及综合控制等；按照控制信号的特征，可分为恒值控制系统和伺服系统；按照信号的种类，可分为连续控制系统和离散控制系统；按照分析设计的方法，可分为线性控制和非线性控制系统。还有一种常见的分类是根据信号传递的路径将其分为开环控制系统和闭环控制系统。

闭环控制系统使用测量元件检测输出量与输入量的误差，对误差进行修正并将其反馈到输入量中，以消除各种干扰因素所引起的偏差。但在开环控制系统中，只按给定输入量进行控制，而输出量在整个过程中对输入量不产生任何影响。

由于现代机械在向高速、高精度方向发展，闭环控制的应用越来越广泛。如机器人的点、位控制，必须按反馈信号及时修正其动作，以完成精密的工作要求。在反馈控制过程中，通过对其输出信号的反馈，及时捕捉各参数的相互关系，进行高速、高精度的控制。

综上所述，现代机械的控制系统集计算机、传感器、接口电路、电器元件、电子元件、光电元件、电磁元件等硬件环境及软件环境为一体，且在向自动化、精密化、高速化、智能化的方向发展，其安全性、可靠性的程度不断提高。在机电一体化机械中，机械的控制系统将发挥着越来越重要的作用。

习　题

22-1　机械系统方案设计的主要内容包括哪些？

22-2　简述常用原动机的性能及应用场合。

22-3　机械执行系统的方案设计主要包括哪些内容？

22-4　按传动结构及工作原理的不同，机械传动有哪几种形式？

22-5　简述机械控制系统的组成。

第二十三章
现代机械设计综述

第一节 概　　述

顾名思义，“现代机械设计”有两个含义，一个是现代的“机械设计”，另一个是“现代机械”的设计。前者反映现代机械设计的哲理、准则和方法，后者包含现代机械的组成、结构和设计。本章主要讨论前者。

机械工程作为一个古老的学科，只有不断地与当代先进的科学技术相结合才能促进自身的发展。由于吸收了许多相关学科的最新技术成果，使得现代机械设计与传统的机械设计相比具有很多的优势。采用现代机械设计技术进行产品开发，有利于提高设计效率、降低设计成本，而采用传统的机械设计技术，在对现代的机械产品进行技术开发时，往往显得有些力不从心，这是因为无论在功能、结构方面，还是在产品的设计要求方面，现代机械与传统机械具有明显的不同。

一、现代机械的主要特征

现代机械还没有统一的定义，但美国机械工程师协会（ASME）在对美国国家科学基金会报告中的提法，基本上能为大家接受。报告中提出现代机械是“由计算机信息网络协调与控制的，用于完成包括机械力、运动和能量等动力学任务的机械和/或机电部件相互联系的系统”。由此可见，现代机械系统是由机械技术与电子技术有机结合的一个全新的系统。机械技术与电子技术相互结合、相互渗透，有效地改变了传统机械产品的面貌，赋予了机械产品新的活力。现代机械产品，不论其功能多少、结构简繁、体积大小，都应从系统角度，从机电一体化或机电有机结合方面来认识和理解。概括起来讲，现代机械系统具有以下主要特征：

1. 功能增加，柔性提高

不断增加新的功能和具有多种复合功能是现代机械产品与传统机械产品的主要区别之一。因此，现代机械产品更能拓宽应用领域，适用更大的范围，能更好地满足不同的需要。电子技术的引入，改变了传统机械系统功能单一、操作复杂等缺点。现代机械系统中各机构的协调动作、工艺顺序、工作节拍等都可以根据控制系统中预定的程序有序高效地进行工作。如果要改变系统或各机构的动作规律、工作顺序，无须改变机械或电子的“硬件”，只要修改控制程序便可达到预期目的，这样的控制就实现了用户欢迎的“软件化”和“柔性化”，从而使其真正体现了方便的多功能化。例如，一般的加工中心机床，可以将多台普通机床上的多道工序在一次装夹中完成，改变程序就能改变加工工序，完成不同的工作，并且加工中心还有工件、刀具的自动监测、自动显示功能，有自动保护、自动诊断等功能。又如，配有机器人的大型激光加工中心，通过控制程序，能自动完成划线、切割、钻孔、焊接和热处理等操作，可以加工金属、塑料、陶瓷、橡胶等各种材料，这种极强的复合功能和良好的柔性是传统机械加工系统所不能比拟的。这些全新的功能代替了人的许多紧张和单调重复的工作，代替了在恶劣、危险、有害环境中许多人工的操作，因而大大减轻了人的脑力和体力劳动，提高了工作效率和工作质量，改善了人的工作条件。一些新型的现代机械系统，可以通过被控对象的数学模型或采用人工智能技术，随时跟随外界参数的变化，实现最优控制和最佳操作，并能学会人们没有直接授予的知识，指挥自己的行动，从而逐渐走向智能化。

2. 结构简单、性能提高

在传统机械系统中，为了增加一种功能，或实现某一控制规律，往往靠增加机构的办法来实现。例如，为了达到变速的目的，就要用变速器；为了实现不同的非线性运动规律，各种不同的凸轮机构就相继出现。但是，随着新型电子器件和传动技术的发展与引入，笨重、复杂的变速器可以用轻便的电子调速装置来代替，过去靠机械传动实现的各种关联运动，可以用计算机的控制软件方便地实现。这样，现代机械产品就减小了体积，简化了结构，减轻了重量，节省了材料。例如，一台微机控制的精密插齿机，其齿轮等传动部件比传统插齿机减少 30%；现代新型缝纫机中利用一块单片机控制针脚花样，就代替了老式缝纫机内的上百个机械零件。由此可以看出，在现代机械系统设计时，对某一功能的实现，可以从机械、电子、硬件、软件等更多的方案中广泛、认真地选择，可以从系统的观点出发，应用机械技术和电子技术有机的结合，实现产品的最优化。

现代机械系统由于机械传动部件减少，使机械磨损、配合间隙及受力变形等所引起的误差大大减少，同时由于采用电子技术实现自动检测、自动补偿，校正了因各种干扰因素造成的动态误差，从而达到了传统机械设备所不能实现的工作精度。由于结构的简化，运动部件的减少，使机械磨损大为减少，因而明显延长了产品和系统的寿命，提高了可靠性和稳定性。在其他方面，如耐冲击性能、耐振动性能、耐热、耐腐蚀性能以及抗各种恶劣环境干扰等性能，在现代机械系统中都有明显的提高。

3. 效率提高，成本降低

现代机械系统的控制和检测功能有了很大提高，它可以模拟最佳操作工人的技巧，使之不受人的主观因素的影响去实现最佳操作，保证最佳质量，另外，它能减少生产准备和辅助时间，缩短生产周期，提高合格率，降低成本，提高生产力。例如，数控机床对工件加工的质量稳定、生产效率比普通机床高 5 ~6 倍，每万元产值的金属消耗约减少 90%。

二、现代机械设计的特点

传统的机械设计已经形成了比较成熟的理论和方法，但是现代机械的面貌已经发生了重大的变化，可以认为，各个领域科学技术的发展，都是现代机械设计理论和方法发展的基础。这里包含哲学、思维科学、心理学和智能科学的研究成果；现代应用数学、物理学与应用化学等基础科学领域的研究成果；应用力学、摩擦学、技术美学、材料科学等众多技术领域的研究成果；机械电子学、控制理论与技术、检测技术和自动化领域的研究成果；特别是电子计算机的广泛应用和现代信息科学的发展，造就了现代设计技术的理论方法体系，使现代的机械设计建立在与传统方法迥然不同、全新的层次之上。总之，现代机械设计的理论与方法已经成为一门交叉学科，它汇集了多个专业领域的知识，使机械的设计富于哲理，融入社会的发展，准确高效、优化完美。

与传统的机械设计相比，现代机械设计有如下一些具体的特点：

（1）传统的机械设计中灵感和经验的成分占有很大的比重，思维带有很大的被动性。但是今天，技术的飞速发展和市场竞争的激烈化，要求人们不断地提出大胆的设想和新的开发目标，要求运用现有的最新技术去创造出前所未有的产品。传统设计过程明显不能适应这一要求。人们着手研究创造与设计思维过程本身的规律，研究灵感、方案、优化设计产生的内在逻辑进程，由此产生了创造学、设计方法学、价值工程等理论，在国外很多大学还开设了“设计哲学（Design Philosophy）”课程，使今天的设计过程从基于经验转变为基于设计科学，成为人们主动的、按思维规律有意识地向目标前进的创造过程。

（2）传统的机械设计着重于实现机械本身预定的功能，现代机械设计则要求把对象置于大系统中，进行系统的设计，将预定功能在人、机、环境之间进行科学合理的分配。对人开展了深入的生理学、心理学研究，要求在人与机之间做出最佳的界面设计。还要考虑机械从原材料提取、加工装配、投入使用，直到报废回收全生命周期各阶段与环境的关系，保证自然资源与生态的平衡，实现人类的可持续发展。

（3）传统的机械设计偏重于强度准则，现代的有限单元法、断裂力学等领域的研究成果，进一步强化了人们强度设计的能力。在此基础上，现代机械设计的准则拓宽到产品设计的更多领域。例如，由于机械总是由运动副组成，摩擦学设计已成为继强度之后第二位重要的设计准则；任何机械都是由大量随机因素组成的系统，现代机械设计应以可靠性为准则进行可靠性设计；由于现代消费者对产品的需求已上升到物质与精神享受并重的层次，因此，在现代机械设计中对工业产品提出了艺术和美学要求，建立了系统的工业造型设计准则和方法，成为现代机械产品参与市场竞争的重要方面；由于现代机械设计是“人—机—环境”大系统的设计，产生了人机工程设计准则和绿色设计准则。

（4）传统的机械设计过程往往是根据任务和目标，先做出第一方案，甚至造出样机，然后通过评定与考核，进行修改，形成第二轮方案，如此反复，直到满意为止。这一设计过程历时长，耗费大，所谓满意往往带有很大的主观性。现代机械设计则可根据各种给定的条件，运用优化设计理论和方法，借助计算机求得最佳设计参数和方案，因此，设计的耗费低、周期短，而且科学地反映设计的最优状态。在现代机械设计中，优化意识还延伸到产品总体方案论证、结构和工艺性各个方面，并产生了健壮设计、遗传算法、模糊算法等许多新的理论与方法。

（5）传统的设计建立在手工操作的基础上，人脑的思维进度在很大程度上被这种缓慢的操作过程所约束，许多原始发生于人脑的三维构思，在传统的设计中必须用抽象的二维图形加以表达，而代表现代机械设计的CAD技术则很好地解决了这些问题，技术人员从计算机那里可以很快地获得为进一步思维所必需的理论计算结果和信息；大量的绘图工作由计算机完成；屏幕上的三维图形可以直接与人脑中的构思接轨。在传统的设计中，机器的动态效果只能通过抽象的运动学、动力学数据加以反映，而现代的计算机仿真技术能对未来机器的运转状态清晰地加以描述。在传统的设计中，从概念设计、技术设计到编制工艺、计算工时成本，有许多部门用串行工作方式参与，需要一个漫长的过程，而现代的并行设计技术，使人们在做出一个方案的设计时，从计算机网络中同时获得后续过程相关信息，使设计者有可能及时修改方案，寻求一个全面的、综合的优化方案。值得特别指出的是，现代机械设计技术已成为 CAD/CAPP/CAM 及其集成技术，是先进制造技术中一个重要组成部分。

现代机械设计是许多学科和领域的技术交融后的结晶，这些技术在现代机械中实现了完美的结合，其前提是相关知识在设计者的头脑中首先实现完美的结合，构成一个有序的知识体系。现代机械的设计不可能是个人行为，在设计群体中，所有成员都应掌握现代机械设计的有关知识，这样才能做到相互了解和配合，才能建立全局观念。

第二节　现代机械设计基础

一、现代机械设计常用设计方法

现代设计方法的研究范围很广，涉及信息论、系统论、控制论、优化论、智能论、寿命论、离散论、模糊论、艺术论等范畴。本章对常用的现代机械设计方法进行简单介绍。

1. 有限元法（Finite Element Method）

有限元法的基本思想是把一个连续体（或求解域）人为地分割成有限个单元，即把一个结构看成由若干个通过节点相连接的单元组成的整体，先进行单元分析，然后再把这些单元组合起来代表原来的结构。这种先化整为零、再积零为整的方法就叫有限元法。

从数学角度来看，工程问题往往可以用偏微分方程来描述，但常常很难求得精确的解析解。有限元法作为一种数值分析工具，将偏微分方程化成代数方程组并采用矩阵算法，借助计算机可以快速地算出结果，使得这类难以处理的工程技术问题都可能获得一个近似的计算机解。在机械设计中，从齿轮、轴、轴承等通用零部件到机床、汽车、飞机等复杂结构件的应力和变形分析（包括热应力和热变形分析），采用有限元法计算，都可以获得一个足够精确的近似解来满足工程上的要求。

有限元分析过程可以分为以下三个阶段：

（1）建模阶段。建模阶段是根据结构实际形状和实际工况条件建立有限元分析的计算模型——有限元模型，从而为有限元数值计算提供必要的输入数据。有限元建模的中心任务是结构离散，即划分网格。另外，还要处理与之相关的工作：如结构形式处理、集合模型建立、单元特性定义、单元质量检查、编号顺序以及模型边界条件的定义等。

（2）计算阶段。计算阶段的任务是完成有限元方法有关的数值计算。由于这一步运算量非常大，所以这部分工作由有限元分析软件控制并在计算机上自动完成。

（3）后处理阶段。它的任务是对计算输出的结果进行必要的处理，以便对结构性能的好坏或设计的合理性进行评估，并做相应的改进或优化，这是进行结构有限元分析的目的所在。

2. 优化设计方法

“最优化”是每一个工程或产品设计所追求的目标。任何一项工程或一个产品的设计，都需要根据设计要求，合理选择方案，确定各种参数，以期达到最佳的设计目标。优化设计方法使得在解决复杂设计问题时，能从众多的设计方案中找到尽可能完善的或最合适的设计方案，而且采用这种设计方法能大大提高设计效率和设计质量，具有较明显的经济效益和社会效益。

（1）设计变量。任何一个优化设计方案一般都是由若干个设计参数决定的。具体到机械优化设计问题，这些设计参数可以是构件长度、截面尺寸、某些点的坐标值等几何量，也可以是质量、惯性矩、力或力矩等物理量，可以是应力、变形、固有频率、效率等代表工作性能的指标，还可以是弹性模量、许用应力等与材料有关的参数。对某个具体的优化设计问题，有些参数可以根据已有的经验预先取为定值，这样，对整个设计方案来说，它们就成为设计常数。而除此之外的参数，则需要在优化设计过程中不断进行修改、调整，一直处于变化的状态，这些参数称作设计变量。

（2）约束条件。在优化设计中，设计变量的取值总是有一定的范围或者必须满足一定的条件，这些对设计变量的限制条件称为约束条件或设计约束。约束条件一般用函数表达式来表示，表示约束条件的函数称为约束函数。

（3）目标函数。最优化设计就是要从无数个可行方案中寻求最优方案。对最优方案需要有一个评价优劣的标准。对于不同的优化设计问题，评价优劣的标准各不相同，也就是追求的目标不相同。机械优化设计追求的目标常常可用重量最轻、体积最小、成本最低、用料最省、利润最高、产值最大、寿命最长、可靠性能最好、机械技术性能最佳等来标志。优化的目标在数学上一般都可写成设计变量的函数关系式，这个函数就称为目标函数。建立目标函数是整个优化设计过程中比较重要的问题。当对某一个性能有特定的要求，而这个要求又很难满足时，则针对这一性能进行优化将会取得满意的效果。

优化设计就是在约束条件下求解目标函数，确定所有设计变量的值。所有设计变量的集合，就代表了一个完整的设计方案。

优化设计的理论基础是数学规划，采用的工具是电子计算机。因此它具有常规设计所不具备的一些特点。主要表现在两个方面：

（1）优化设计能使各种设计参数自动向更优的方向进行调整，直至找到一个尽可能完善的或最合适的设计方案。常规设计虽然也希望找到最佳的设计方案，但都是凭借设计人员的经验来进行的。它既不能保证设计参数一定能够向更优的方向调整，同时也不可能保证一定能找到最优的设计方案。

（2）优化设计的手段是采用计算机，在很短的时间内就可以分析一个设计方案，并判断方案的优劣和是否可行，因此可以从大量的方案中选出更优的设计方案，这是常规设计所不能相比的。

3. 可靠性设计方法

（1）问题的提出。传统的机械设计方法是以计算安全系数为主要内容的，而在计算安全系数时却是以零件材料的强度和零件所承受的应力都是取单值为前提的。机械可靠性设计方法则认为零件的应力、强度以及其他设计参数，如载荷、几何尺寸和物理量等都是多值的，即呈分布状态。互不干涉的应力分布和强度分布如图 23－1 所示。

假设强度分布和应力分布都是正态分布。对于同样大小的强度平均值和应力平均值，其平均安全系数的数值不变。但这时的零件是否安全，不仅取决于平均安全系数的大小，还取决于强度分布和应力分布的离散程度。如果像图 23－1 所示的应力和强度两个分布的尾部不发生干涉和重叠，则这时零件不至于破坏。但是，在零件工作过程中，随着时间的推移和环境等因素的变化以及材料强度的老化等，将可能导致应力分布和强度分布发生干涉，即出现两个分布的端部发生干涉，如图 23－2 所示。这说明，有可能出现应力大于强度的工作条件，即零件将发生失效。应力分布和强度分布的干涉部分（即重叠部分）在性质上表示零件的失效概率，即不可靠度。

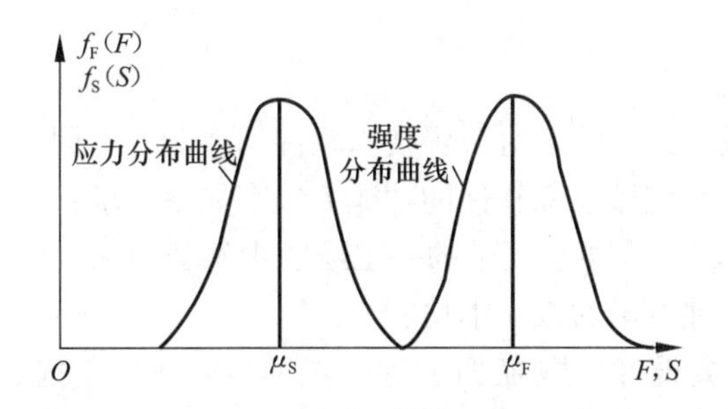

图 23－1　机械零件的应力和强度分布曲线图

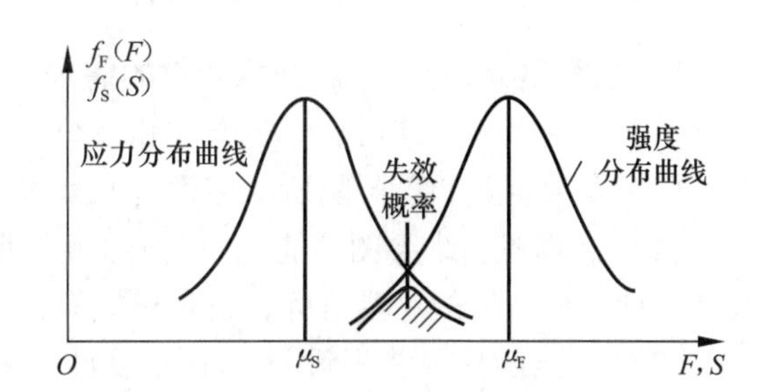

图 23－2　机械零件的应力和强度分布曲线相互干涉

（2）可靠性设计。可靠性是“产品在规定条件下和规定时间内完成规定功能的能力”。可靠性设计，是指在设计开发阶段运用各种技术和方法，预测和预防产品在制造和使用过程中可能发生的各种偏差、隐患和故障，保证设计一次成功的过程。这种设计除了要求设计者考虑一般的设计特性如应力、重量、结构等方面外，还须正确评价在整个寿命周期内可能发生的环境条件和材料性能等变化对产品可靠性的影响，采取事前预防措施，保证可靠性目标的实现。

一个产品的可靠性是通过设计、制造直至使用的各个阶段的共同努力才得以保证的。“设计”奠定产品可靠性的基础，“制造”实现产品的可靠性设计目标，“使用”则是验证和维持产品可靠性目标。任一环节的疏忽都会影响产品的可靠性水平，尤其是设计阶段的可靠性保证更为重要。

4. 反求设计

反求设计是一种以先进的产品或技术作为对象，进行深入的分析研究，掌握其关键技术，在消化、吸收的基础上，开发同类创新产品的设计。其基本思想是：分析已有的产品或设计方案，明确产品的各个组成部分并做适当的分解，明确产品不同部件之间的内在联系，然后在更高的，更加抽象的设计层次上获取产品模型的表示方法，最后从功能、原理、布局等不同的需求角度对产品模型进行修改和再设计。在进行产品设计时，应用反求设计方法与完全从草图开始设计的方法相比，设计周期短，风险低，设计费用也会大大减少。

反求设计分为两个阶段：反求分析阶段与再设计阶段。反求分析阶段通过对原产品的剖析，寻找原产品的技术缺陷，吸取其技术精华、关键技术，为改进或创新设计提出方向；再设计阶段是一个创新设计阶段，包括变异设计和开发设计。在对原产品进行反求分析的基础上，开发出符合市场需求的新产品的过程。变异设计就是在现有的产品基础上对参数、机构、结构、材料等改进设计，或进行产品的系列化设计；开发设计就是在分析原有的产品基础上，抓住功能的本质，从原理方案开始进行创新设计。

反求技术并不同于仿制技术。反求设计的着眼点在于对原有实物进行修改和再设计后制造出新的产品。反求设计强调在剖析先进产品时，要吃透原设计，找出原设计中的关键技术，尤其要找出原设计中的缺陷；然后在再设计中突破原设计的局限，在较高的起点上，以较短的时间设计出竞争力更强的创新产品。

适合于机械设计的现代设计方法还有很多，如并行设计、虚拟设计、仿真设计、计算机辅助设计等，有关现代机械设计方法的详细内容请参阅有关书籍。

二、现代机械设计常用工程软件

1. 现代机械设计对工程技术软件的需求

不同企业因产品结构、生产方式和组织管理形式不同，对工程技术软件的功能有不同需求。从大多数企业和科研院所的应用情况来看，对机械工程软件的功能大致有如下需求：

（1）计算机二维绘图功能。“甩掉图板”把科技人员从烦琐的手工绘图中解放出来，是机械设计工程软件的主要目标，也是机械设计软件技术的最基本功能。

（2）三维设计、装配设计、曲面设计、钣金设计、数控加工等三维 CAD/CAM 功能，可以解决企业的三维设计、虚拟设计与装配、钣金件的展开和排样等困难。

（3）运动学分析功能和动力学分析功能。机械产品中含有各种各样的机构，实现各种运动是构件的本质特征，机构的运动学参数和动力学参数与机械产品的性能密切相关。因此，有必要对机械产品进行运动学分析和动力学分析，以便了解机构中各点或刚体的运动规律，掌握其运动轨迹、位移、速度、加速度等运动特征，对机构进行运动规划，在此基础上优化机构的动力学特性。

（4）计算机辅助工程（CAE）。CAE（Computer Aided Engineering）是用计算机辅助求解复杂工程和产品结构强度、刚度、稳定性、动力响应、热传导、三维多体接触、弹塑性等力学性能的分析计算以及结构性能的优化设计等问题的数值分析方法。CAE 从 20 世纪 60 年代初在工程上开始应用到今天，其理论和算法都经历了从蓬勃发展到日趋成熟的过程，现已成为工程和产品结构分析中（如航空、航天、机械、土木结构等领域）必不可少的数值计算工具，同时也是分析连续力学各类问题的一种重要手段。CAE 系统的核心思想是结构的离散化，即将实际结构离散为有限数目的规则单元组合体，实际结构的物理性能可以通过对离散体进行分析，得出满足工程精度的近似结果来替代对实际结构的分析，这样可以解决很多实际工程需要解决而理论分析又无法解决的复杂问题。

（5）优化设计功能。追求设计方案的最优化是现代机械设计的一个目标。进行最优化设计是降低产品成本、提高性能、节约材料的有效途径。

（6）产品数据管理（PDM）。复杂产品的设计和开发，不仅要考虑产品设计开发结果，而且必须考虑产品设计开发过程的管理与控制，管理产品生命周期的所有数据（包括图纸技术文档）以及产品开发的工艺过程，使 CAD、CAM 等系统实现数据共享，使产品设计工作规范化保持一致性，保证图纸、加工代码、技术资料等的安全性。

（7）二次开发应用功能。任何一个工程软件都不能解决设计中的所有问题。利用二次开发功能，企业可以在引进二维/三维 CAD/CAE/PDM 的基础上，针对本企业的技术特征进行二次开发，如汉化、厂标、行业标准库建设、图库的扩充等。还可以根据本企业产品的特点，建立工程分析、仿真优化、成本分析等专用或专业软件系统，并和引进的软件系统集成，形成本企业的软件系统，使在设计初期，就可以了解产品的结构特点和性能，并利用理论设计，经验设计和专家系统等人工智能技术，将设计缺陷消除在初始阶段。

2. 现代机械设计常用工程软件

（1）AutoCAD、MDT 及 Inventor。AutoCAD 是美国 Autodesk 公司为微机开发的一个交互式绘图软件，基本上是一个二维工程绘图软件，具有较强的绘图、编辑、尺寸标注以及方便用户进行二次开发的功能，也具有部分的三维造型功能，主要用来进行计算机辅助设计和计算机辅助绘图等工作，是应用最广泛的 CAD 软件。

MDT（Mechanical Desktop）是 Autodesk 公司在机械行业推出的基于参数化实体造型和曲面造型的微机 CAD/CAM 软件，是以 AutoCAD 为基础构架，由带有零件造型和部件装配功能的 AutoCAD Designer 和曲面造型的 AutoSurf 以及 Autodesk IGES Translator 等模块组成。其中，主要的 CAD 功能核心是 AutoCAD Designer 模块和 AutoSurf 模块。它可以帮助设计者把要设计的机械产品首先实现概念化，然后再对其进行造型设计，最后生成产品文档。MDT 提供了强有力的参数化设计功能。参数化设计允许设计者以零件的尺寸、几何形状和相互位置关系来进行产品造型设计。MDT 能识别这方面的关联信息，并对造型的任何修改在整个设计中可以方便、快捷地反映出来。

Inventor 是 Autodesk 公司基于 Microsoft Windows 的机械设计系统。除了支持现有通用的传统参数化设计方法外，使用的是基于参数化方法的“自适应装配”方法。它特有的以装配为中心的设计模型使用户可以智能地设计，比传统的参数化和变量化模型更加优越。

（2）Pro/Engineer。Pro/Engineer 是美国 PTC（Parametric Technology Corporation）公司的产品，是一种单一数据库结构、标准的基于特征的建模技术以及独特的全相关技术的机械设计自动化软件。其特点有：

1）先进的特征建模技术。Pro/E 的特征建模工具包括了自适应过程特征，能把行为建模技术的优点广泛应用到开发活动中。

2）使用的方便性。除了简洁的菜单描述和充分的在线帮助，其下拉式菜单使用户能以直观的方式进行各种操作和预先设定。

3）全相关性。Pro/E 是建立在一个统一的能在系统内部引起变化的数据结构的基础上的，因此，开发过程中某一处所发生的变化能够很快传遍整个设计制造过程，以确保所有的零件和各个环节保持一致性和协调性。

4）参数化、面向零件的实体模型设计制作。Pro/E 的零件设计功能是一些和系统内部蕴藏的知识、智能相关联的过程，可以画出非常复杂的几何外形。

5）超大型部件。Pro/E 的核心技术是以部件为中心，所以它能使工程师高效率地设计、归档和管理任意大小的产品部件。

6）以 Internet 为中心。为了促进企业范围内的信息交流，提高桌面系统的访问能力，Pro/E 提供了全面的以 Internet 为中心的工具。

7）Pro/E 包含 70 多个模块，可供用户选用配置自己的系统。

（3）UG。UG（Unigraphics）是一个集 CAD、CAE 和 CAM 于一体的计算机辅助机械设计制造系统。UG 系统的显著特点是其工程背景，具有很强的设计制造功能、统一的数据库，真正实现了 CAD、CAE、CAM 各模块之间无数据交换的自由切换，便于实施并行工程。UG 采用 Fortran、C 和 C + + 语言混合编程。在 CAD、CAM、CAE 三个方面，不但提供了较强的功能模块，还提供了供选择的主导专业应用系统的接口，特别在动态装配过程仿真、有限元分析、尺寸测量接口技术规范等方面功能独特，开发工具功能强大，产品数据管理系统内容丰富。UG系统的软件结构开放性优良，但软件集成框架功能较弱，数据管理尚待进一步提高。

（4）I－DEAS。I－DEAS是美国SDRC（Structural Dynamics Research Corporation）公司开发的机械产品设计、制造、分析等系列工程软件。I－DEAS提供了从设计的最先进技术VGX，到全面仿真和分析能力，直至复杂的7轴连动、5轴加工能力，使I－DEAS成为功能强大的机械设计自动化软件。I－DEAS为用户展现了一个动态的高度集成的开放环境，帮助产品开发队伍真正以团队方式来协同工作，使团队成员之间更方便地交换信息，在协同环境中快速共享在整个产品研发过程中所做的工作。该软件的特点有：①先进的VGX变量化技术；②实时协同工程；③功能高度集成；④良好的开放性。

（5）SolidWorks。SolidWorks是由美国SolidWorks公司研制开发的基于特征的实体建模技术机械CAD系统。它采用自顶向下的设计方法，可以用来进行零件设计、装配设计和工程绘图。设计和绘图是在同一界面下同时进行的，可以减少设计的工作量。SolidWorks使用的特征分为草图和应用型两类：①草图特征是以2D设计为基础的，一般的，这种草图可通过拉伸、旋转、扫描转化为实体。②应用型特征是直接在实体模型上生成，如倒角和沟槽。SolidWorks支持Visual Basic、Visual C＋＋等程序语言来做二次开发。

（6）SolidEdge。SolidEdge软件是美国Unigraphics Solutions公司的中端CAD软件包，SolidEdge提供了杰出的机械装配设计和制图性能、高效的实体造型能力和无与伦比的易用性，其参数化以及基于特征的实体建模操作依据定义清晰、直观一致的工作步骤，推动了工作效率的提高。SolidEdge强大的造型工具能帮助用户更快地将高质量的产品推入市场。SolidEdge是适用于Windows的机械装配设计系统，由前沿先进实体模型制作技术开发而成。SolidEdge是第一个将真参数化、特征化实体模型制作引入操作束缚且为大家所熟悉的Windows环境的机械设计工具。SolidEdge建立于世界上最开放的互用性软件技术之上，可以快速方便地与其他计算机辅助工具相配合。

（7）ANSYS。ANSYS是一套功能非常强大的有限元分析软件，可用于结构分析、热分析、电磁分析、流体分析以及多物理场的耦合分析，其中，结构分析用于确定结构的变形、应变、应力及反作用力等，是机械设计工作常用的功能。目前，ANSYS广泛应用于航空、航天、电子、汽车、土木工程等各种领域。

ANSYS的结构分析主要包括以下几个功能模块：

1）静力分析。用于静态载荷，可以考虑结构的线性及非线性行为，例如大变形、大应变、接触、塑性、超弹及蠕变等。

2）模态分析。计算线性结构的自振频率及振型。

3）谱分析。是模态分析的扩展，用于计算由于随机振动引起的结构应力和应变。

4）谐响应分析。确定线性结构对随时间按正弦曲线变化的载荷的响应。

5）瞬态动力学分析。确定结构对随时间任意变化的载荷的响应。

6）专项分析。断裂分析、复合材料分析、疲劳分析。

此外，ANSYS除了提供标准的隐式动力学分析外，还提供了显式动力学分析模块LS－DYNA，用于模拟非常大的变形、惯性力占支配地位并考虑所有的非线性的行为。它采用显式方程求解冲击、碰撞、快速成型等问题，是目前求解这类问题最有效的方法。

（8）ADAMS。ADAMS（Automatic Dynamic Analysis of Mechanical System）是机械系统动

力学仿真分析软件，它使用交互式图形环境和零件库、约束库、力库来创建完全参数化的机械系统几何模型，其求解器采用多刚体系统动力学理论中的拉格朗日方程方法，建立系统的动力学方程，对虚拟机械系统进行静力学、运动学和动力学分析，输出位移、速度、加速度和反作用力曲线。ADAMS 软件的仿真可用于预测机械系统的性能、运动范围、碰撞检测、峰值载荷以及计算机有限元的输入载荷。

ADAMS 软件包括 3 个最基本的程序模块：ADAMS/View（基本环境）、ADAMS/Solver（求解器）和 ADAMS/PostProcessor（后处理）。另外，还有一些特殊场合应用的附加模块，例如：ADAMS/Car（轿车模块）、ADAMS/Rail（机车模块）、ADAMS/Driver（驾驶员模块）、ADAMS/Tire（轮胎模块）、ADAMS/Linear（线性模块）、ADAMS/Flex（柔性模块）、ADAMS/Control（控制模块）、ADAMS/Hydraulics（液压模块）、ADAMS/Exchange（接口模块）、Mechanism/Pro（与 Pro/Engineer 的接口模块）、ADAMS/Animation（高速动画模块）等。

在三个基本模块中，ADAMS/View 提供了一个直接面向用户的基本操作对话环境和虚拟机械系统（虚拟样机）分析的前处理功能，其中包括样机的建模和各种建模工具、样机模型数据的输入与编辑、与求解器和后处理等程序的自动连接、虚拟样机分析参数的设置、各种数据的输入和输出、同其他应用程序的接口等。

ADAMS/Solver 是求解机械系统运动和动力学问题的程序。完成样机分析的准备工作以后，ADAMS/View 程序可以自动地调用 ADAMS/Solver 模块，求解样机模型的静力学、运动学或动力学问题，完成仿真分析以后再自动地返回 ADAMS/View 操作界面。因此，一般用户可以将 ADAMS/Solver 的操作视为一个“黑匣子”，只需熟悉 ADAMS/View 的操作，即可完成建模和整个分析过程。

ADAMS 仿真分析结果的后处理，可以通过调用后处理模块 ADAMS/PostProcessor 来完成。ADAMS/PostProcessor 模块具有相当强的后处理功能，它可以回放仿真结果，也可以绘制各种分析曲线。除了可以直接绘制仿真结果曲线外，还可以对仿真分析曲线进行一些数学和统计计算；可以输入实验数据绘制实验曲线，并同仿真结果进行比较；可以进行分析结果曲线图的各种编辑。

（9）MATLAB。MATLAB 是 Matrix Laboratory（矩阵实验室）的缩写，用于数值计算和图形处理。MATLAB 软件集中了日常数学处理中的各种功能，包括高效的数值计算、矩阵运算、信号处理和图形生成等功能。在 MATLAB 环境下，用户可以集成地进行程序设计、数值计算、图形绘制、输入/输出、文件管理等各项操作。MATLAB 提供了一个人机交互的数学系统环境，该系统的基本数据结构是矩阵，在生成矩阵对象时，不要求做明确的维数说明。与利用 C 语言或 FORTRAN 语言作数值计算的程序设计相比，利用 MATLAB 可以节省大量的编程时间。在美国的一些大学里，MATLAB 正在成为对数值线性代数以及其他一些高等应用数学课程进行辅助教学的有益工具。在工程技术界，MATLAB 也被用来解决一些实际课题和数学模型问题。典型的应用包括数值计算、算法预设计与验证，以及一些特殊的短阵计算应用，如自动控制理论、统计、数字信号处理（时间序列分拆）等。

MATLAB 语言是高层次的矩阵/数组语言，具有条件控制、函数调用、数据结构、输入/输出、面向对象等程序语言特性，既可以进行小规模编程，完成算法设计和算法实验的基本任务，也可以进行大规模编程，开发复杂的应用程序。

MATLAB 系统包括完成2D和3D数据图示、图像处理、动画生成、图形显示等功能的高层命令，也包括用户对图形图像等对象进行特性控制的低层命令，以及开发GUI（图形用户界面）应用程序的各种工具。

MATLAB 数学函数库包括各种初等函数的算法，也包括矩阵运算、矩阵分析等高层次数学算法。

MATLAB 能够使用户在MATLAB环境中使用C程序或FORTRAN程序，包括从MATLAB中调用程序（动态链接）。

因此，MATLAB 是一个功能强大的系统，是集数值计算、图形管理、程序开发为一体的环境。除此之外，MATLAB 还具有很强的功能扩展能力，与它的主系统一起，可以配备各种各样的工具箱，以完成一些特定的任务。用户可以根据自己的工作任务，开发自己的工具箱。

（10）LINGO。LINGO（Language for Interactive General Optimization）软件是优秀的最优化设计软件之一，属于数学、运筹学软件工具。

LINGO 既可以用来求解线性最优化问题，而且能够求解非线性最优化问题，LINGO 内置了建立最优化模型的程序语言，可以简便地表达大规模问题。

LINGO 语言简单，可读性强，具有直觉式的代数输入模式，直觉式的函数式输入模式，忽略大小写的限制，可与Excel、数据库连接运用，应用范围广。

在LINGO程序中，根据最优化问题的约束条件及设计变量，建立目标函数的表达式，LINGO 利用其高效的线性或非线性等求解器可快速求解并分析结果。

为更有效地管理数据，LINGO 程序可以和 Access、dBase、Excel、FoxPro、Oracle、Paradox、SQL Server 等数据库或者和文本文件进行数据传输。

LINGO 是强大的最优化问题求解工具，根据程序版本的不同，所能够求解的最优化问题的规模也不同，目前，工业版变量总数32 000个，整数变量3 200个。

对相关软件的详细内容，请参阅有关工具书。

第三节　现代机械设计过程概述

在本章第一节中介绍了现代机械产品与传统机械的许多不同的特点，由于在现代机械产品技术开发工作中，采用传统设计技术常常显得力不从心或者工作量过于繁重，因此，在技术开发中需要借助现代设计技术，采用现代的设计方法，借助功能强大、高效的各类工程软件为工具，帮助设计人员完成产品开发工作。即使是对于传统的常规机械产品，采用现代设计技术，也能有效地提高设计效率，缩短产品开发周期，降低设计成本和产品成本。这样，就造成了现代的机械设计过程与传统的设计过程有所不同。现代机械设计过程强调以计算机为工具，以工程软件为基础，采用现代设计理念和方法，其特点是产品开发的高效性和高可靠性。

现代的机械设计工作对设计人员提出了许多新的要求。设计人员不仅要熟悉传统的设计技术，掌握常规的设计理论和设计方法，而且要不断地进行知识更新，关注本专业领域的技术发展，熟悉现代机械设计技术，掌握现代的常用设计理论和方法，了解本专业相关的工程设计软件并能熟练运用。不同的设计方法，对设计人员的要求也不尽相同，许多设计方法在具体的实现过程中，要求设计人员具备一定的计算机编程能力，所以设计人员还应当掌握一定的计算机程序语言。另外，设计人员还应当了解其他相关学科领域的技术发展，如控制技术、电子技术、信息技术、软件技术、计算机技术等，将现代科学技术结合到机械设计工作中。另外，由于设计人员常常要完成新产品的开发任务，这就要求设计人员采用创造性思维进行机械设计中的各项工作。

下面是机械产品设计过程的大致步骤：

1. 进行产品分析，完善设计任务

一般情况下，在设计任务书中已经对要开发的机械产品有了比较具体的要求和清晰的描述，但是，设计人员在接到产品设计任务书后，仍然应当首先对要开发的机械产品进行分析，重点分析所开发产品将来要进行的工作内容和工作性质，了解机械装置的工作环境和工作特点以及使用寿命，如有必要，还要对设备加工装配、维修、操作人员的工作素质进行分析，以此总结归纳出对开发产品的功能要求、结构要求、动作协调性要求等，并进一步完善设计任务。存在功能缺陷的产品很难在原有的设计方案上进行改进，应避免设计出的产品存在功能缺陷。另外，技术人员在进行以上的分析过程中，还可以考虑在不过多增加成本、不使设计方案和产品结构复杂化的情况下，改进、完善或增加产品的功能，拓宽产品的应用领域。

2. 技术检索

技术检索是设计过程中的重要环节。在完成了产品分析，明确了设计任务后，就应当开始进行技术检索。进行技术检索，可以避免重复设计，节约社会成本，还可以对设计工作提供借鉴和启示。进行技术检索时，可以对市场上有无类似的产品进行调研，查找相关技术文章或论文，在国内外专业数据库或专利数据库中进行检索。

许多机械设计人员对专利数据库的检索重视不够。促进发明创造的推广应用，推动科学技术进步与创新，是专利法的目的之一。每项专利技术都代表着一个完整的、先进的技术方案，设计人员在开发新产品时，尤其应当重视对专利技术的研究。

《中华人民共和国专利法实施细则》第一百一十七条规定：“经国务院专利行政部门同意，任何人均可以查阅或者复制已经公布或者公告的专利申请的案卷和专利登记簿，并可以请求国务院专利行政部门出具专利登记簿副本。”

我国的专利技术有三种：发明、实用新型和外观设计。其中，发明和实用新型两种专利技术与机械设计工作联系密切。发明，是指对产品、方法或者其改进所提出的新的技术方案；实用新型，是指对产品的形状、构造或者其结合所提出的适于实用的新的技术方案。我国专利法第二十二条规定：“授予专利权的发明和实用新型，应当具备新颖性、创造性和实用性。新颖性，是指在申请日以前没有同样的发明或者实用新型在国内外出版物上公开发表过、在国内公开使用过或者以其他方式为公众所知，也没有同样的发明或者实用新型由他人向国务院专利行政部门提出过申请并且记载在申请日以后公布的专利申请文件中。创造性，是指同申请日以前已有的技术相比，该发明有突出的实质性特点和显著的进步，该实用新型有实质性特点和进步。实用性，是指该发明或者实用新型能够制造或者使用，并且能够产生积极效果。”由此可见，每一项专利技术代表着技术的进步。

每一项专利技术在对其技术方案进行描述的说明书中，均对发明或者实用新型的技术方案作出了清楚、完整的说明，所属技术领域的一般技术人员无须再付出创造性劳动就能够实现，必要的时候，有些专利技术方案还含有附图。

3. 确定技术方案

完成产品分析和技术检索后，在此基础上，就可以基本上确定产品的技术方案。往往有时候会形成多个技术方案，这就需要对每一个技术方案进行比较评估，分析优劣，优中选优。不同的技术方案，关系到产品系统的组成及复杂程度，会影响到具体的结构、产品的性能，也影响到产品的制造、装配、维护等环节。

在确定技术方案时，鼓励设计人员突破定式思维的限制，用创造性的思维分析问题，进行创新设计。创新设计是指设计人员在设计中采用新的技术手段和技术原理，发挥创造性，提出新方案，探索新的设计思路，提供具有社会价值的、新颖的而且成果独特的设计，其特点是运用创造性思维，强调产品的创新性和新颖性。

创新性可以体现在产品设计中的许多方面：设计思想、方案选择、零部件结构设计、几何精度设计、材料选择、工艺设计等，都有设计师发挥创造的空间。

4. 选择设计方法

不同的设计要求，不同的技术方案等，所适合的设计方法也有所不同。例如，对产品可靠性要求高时，可采用可靠性设计方法；在技术检索时，检索到相关类似产品或技术方案，需在此基础上进行改进设计，可以采用反求设计；对产品的结构或性能进行优化，对技术方案进行最佳设计，可采用优化设计方法；对构件的强度、载荷、几何变形、运动参数和动力学参数等有明确具体设计要求的，可采用有限元法或计算机辅助设计方法。当然，所选择的设计方法不同，在设计过程中实施的具体设计步骤、设计环节也有所不同。

5. 实现设计方案

在完成了设计方案并确定了设计方法之后，就要进入技术方案的实施阶段。

（1）建立模型。在设计方案实施过程中，常常需要首先建立分析模型或设计模型。根据所选择的设计方法的不同，需要建立的模型类型也不同。对于优化设计，需首先建立问题的数学模型；对于可靠性设计，需要建立可靠性分析模型；对于有限元设计，需建立有限元模型；而对于结构设计，可首先建立三维几何模型。

（2）设计计算、模型求解。根据建立的模型类型，可以使用计算机语言编程求解，也可以选用适当的工程软件工具进行求解。目前的许多工程软件，如 MATLAB、ANSYS 等，技术已经相当成熟，且简单易学、功能强、效率高，因而得到了较广泛的应用。

（3）结构设计。结构设计可通过二维平面绘图或三维几何建模设计来实现。二维绘图设计在一个平面上即可完成，而三维建模设计是在三维空间中进行，建立的模型具有长度、高度、宽度三个方向的尺寸。

三维几何模型有三种形式：线框模型、表面模型和实体模型。用组成结构的棱边表示结构形状和大小的模型称为线框模型，如图 23-3 所示。线框模型的特点是数据量少、数据结构简单、算法处理方便，模型输入可以通过定义线段端点坐标来实现。但是这种模型有很大的局限性，它的几何描述能力差，只能提供一个框架，对几何形状的理解很容易产生多义性，也不能计算结构的重量、体积、惯性矩等。由线框模型中棱边围成的封闭区域定义成面，那么这些面形成的模型就是表面模型，或称曲面模型，如图 23-4 所示。它描述的结构可以是封闭的，也可以是未封闭的。与实体模型相比，表面模型的数据结构简单、数据存储量少、操作运算方便。把表面模型中所有表面围成的封闭体积定义成结构材料的存在空间，所形成的模型就是实体模型，如图 23 - 5 所示。与表面模型相比，实体模型数据量大、数据结构复杂，但是由于它定义了结构的完整空间，因此可以剖切结构显示其内部形状，计算结构体积、质量、惯性矩等。

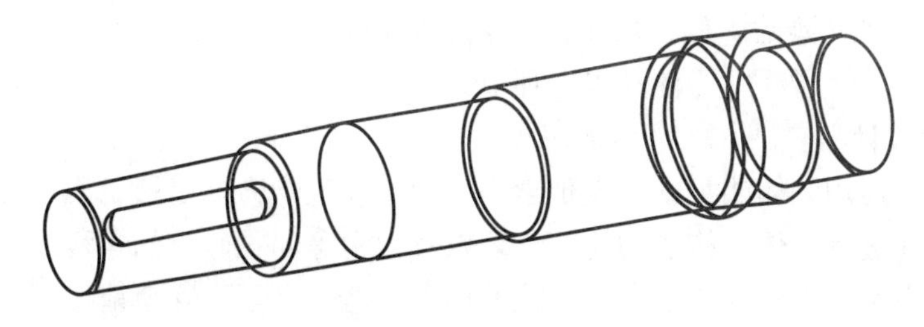

图 23 - 3　线框模型

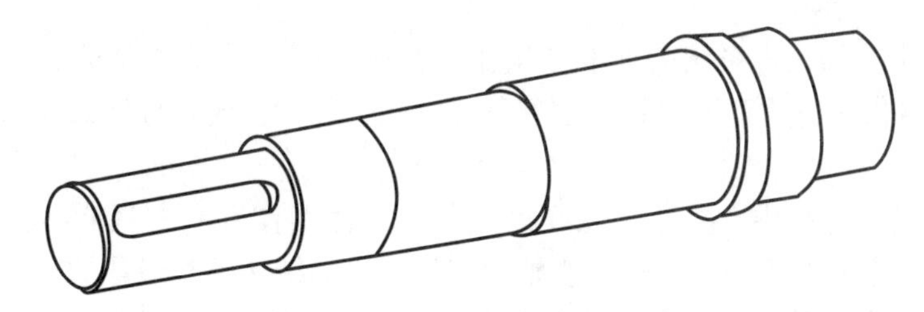

图 23 - 4　表面模型

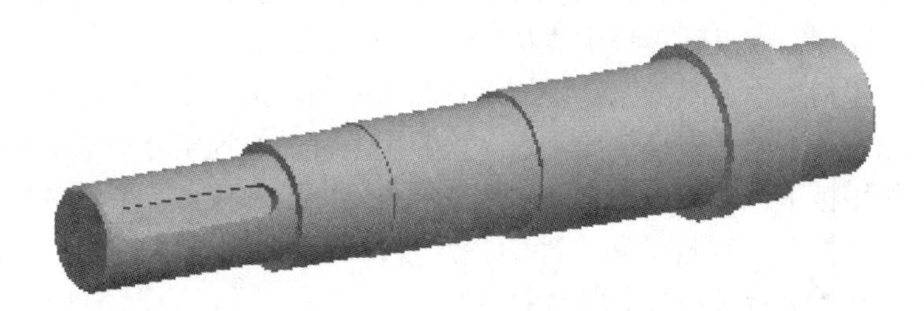

图 23 - 5　实体模型

6. 对产品结构进行装配性检查

设计人员在完成产品结构中的各组成部分设计后，可将产品的各部分在计算机里进行模拟装配，以便观察产品设计的正确性和进行装配干涉等可装配性的检查，因而可保证产品各组成部分生产出来后的一次装配成功。而这些工作是传统的手工设计所无法预先完成的。

7. 机构仿真研究

机构是进行机械运动传递和变换的主体，机构设计是机械设计的重要内容。机构的仿真研究包括机构的运动学仿真研究和机构动力学仿真研究。进行机构仿真研究，可以观察机构的运动状况、检查构件在运动过程中有无干涉情况、确定构件的运动学参数（如位移、速度、加速度等）、规划设计点的运动轨迹、分析构件的动力学参数（如加速度、角加速度等）。

8. 计算机辅助工程分析

进行计算机辅助工程分析，可以为零件指定不同的材料属性，并按照产品实际工作状况对零部件施加相应的载荷和约束，以此研究零部件的变形情况和强度状况，根据分析结果进一步修改完善设计。

9. 产品数控加工仿真

设计人员完成产品上述各步骤后，可以使用机械工程软件生成产品的数控加工指令文件，并在计算机里进行加工仿真，以检查产品的可加工性（例如是否会产生过切、干涉等现象）以及加工刀具轨迹的生成，从而保证实际加工时的一次加工成功。

另外，在整个设计过程中应注意以下环节：

1. 人机工程设计

人机工程学是运用人体测量学、生理学、心理学和生物力学以及工程学等学科的研究方法和手段，综合地进行人体结构、功能、心理以及力学等问题研究的学科。人机工程设计的目的是研究设计出符合人体要求的产品，让使用者舒适、合理、安全地使用产品，从而提高工作效率。

人机工程设计的原则是：

（1）为了确定最佳人机系统的标准和操作者在某些条件下基本要求的参数范围，设计者应以操作者的身份来分析产品设计的全部重要问题，其中主要是分析人如何与产品系统的重要环节相协调。

（2）在产品设计过程中，要考虑怎样最充分地发挥操作者的主观能动性。如果操作者的主观能动性不能充分发挥出来，就表明整个产品系统的结构不是最佳的。

（3）按操作者和产品的自然联系，合理地选择产品信息显示方式。

除上述原则外，还应把人在使用过程中的生物力学和生理、心理学特点作为设计的基础。为了实现上述原则，在设计过程中要从下列四个方面考虑：

生物学方面：包括操作者本身所使用的设备和所处的环境。主要是保证操作者的生理状态和周围环境的相互关系处于最佳情况。这时就要用生理、心理学方法来估算操作者的正常操作能力和最大作用极限；估算操作者周围环境的自然参数和设备参数。

空间方面：包括按人体测量学和生理学特性所设计的合理工作范围、座位、操作台面板、信息显示面板和操纵台等组成的最有利空间。

动力学方面：包括设计适合于操作者能力的操纵机构、操纵节拍、操纵用力、操纵功率、操纵速度、操纵准确度及操纵载荷。

信息方面：包括操纵者和设备在内的相互协调的信息，还要分出操作者在操纵时不必要的多余信息。保证操作者在最短的时间内对信息做出正确的反应。

2. 绿色设计

绿色设计又称“可持续生产”设计，是实现清洁化生产和生产出绿色产品的设计手段。绿色设计是综合面向对象技术、并行工程、寿命周期设计的一种发展中的系统设计方法，是融合产品的质量、功能、寿命和环境于一体的设计系统。

传统设计过程中，设计人员通常主要是根据产品基本属性（功能、质量、寿命、成本）指标进行设计，其设计指导原则是：只要产品易于制造并满足所要求的功能、性能，而较少或基本没有考虑资源再生利用以及产品对生态环境的影响。绿色设计在产品整个寿命周期中都把其绿色程度作为设计目标，即在概念设计及初始设计阶段，就充分考虑到产品在制造、销售、使用及报废后对环境的各种影响，运用环境评价准则约束制造、装配、拆卸、回收等设计过程，并使其具有良好的经济性。因此，绿色设计与传统设计的根本区别在于：绿色设计要求设计人员在设计构思阶段就把降低能耗、易于拆卸、再生利用和保护生态环境与保证产品的性能、质量、寿命、传播的要求列为同等的设计目标，并保证在生产过程中能顺利实施。

绿色设计的主要内容包括：绿色产品的描述与建模，绿色设计的材料选择与管理，产品的可回收性设计，产品的可拆卸性设计，绿色产品的成本分析，绿色设计数据库，绿色设计评价标准。

3. 共用性设计（Universal Design）

设计人员在进行方案设计、结构设计时，应坚持共用性设计理念。共用性设计的含义是指，在有商业利润的前提下和现有生产技术条件下，产品的设计尽可能使不同能力的使用者（如残疾人、老年人等），在不同的外界条件下能够安全、舒适地使用的一种设计过程。共用性设计是在无障碍设计（Barrier - Free Design）的基础上发展起来的，是人机工程学“以人为中心”的设计理念的发展。

实现共用性设计理念的方法主要有两种：可调节设计和感官功能互补设计。

可调节设计是指：考虑到广大使用者各自不同的习惯与能力，因此，对于操作力量、姿态和速度等，操作者都可以根据自己的需要做出选择。

感官功能互补设计是指：通过共用性设计，使特殊人群利用其他健全器官的功能来弥补某些器官功能的衰退或丧失。

4. 并行设计（Concurrent Design）

并行设计的优势在于能够有效地降低产品成本。传统的机械产品设计基本上属于串行设计过程，不可避免地延长产品开发周期，增加生产成本。并行设计则将机械产品设计与制造、行销看成统一的生命系统模型，要求在产品设计开发阶段，不仅考虑实现产品的功能，还考虑产品生成或生成后的工装与工艺、制造与装配、计划与调度、采购与销售、服务与维修，同时还要考虑产品的人机关系、美学造型，并在设计环节就进行产品的技术经济分析。在有效的信息集成、反馈、处理下，这种并行工作方式必将提高产品设计开发的效率，降低成本，完善性能，从而大大提高产品的市场竞争力。

5. 反求工程（Reverse Engineering）技术

使用反求工程技术可以加速设计过程。反求工程是指用一定的测量手段进行测量，根据测量数据，通过三维几何建模方法，重构实物的模型，从而实现产品设计与制造的过程。与传统设计不同，反求工程是在没有设计图纸或图纸不完整，而在有样品的情况下，利用数字化测量仪器准确快速地测量样品表面数据或轮廓外形，加以点数据处理、曲面创建、三维实体模型重构，然后通过 CAM 系统进行数控编程，直至利用加工机床或快速成型机来制造产品。

反求工程包括形状反求、工艺反求、材料反求等几个方面。在实际应用中，主要包括以下内容：新零件的设计，主要用于产品的改型或仿形设计；现成零件测量及复制，再现原产品的设计意图及重构三维数字化模型；损坏或磨损零件的复原，以便修复或重制以及进行模型的比较。反求工程技术为快速设计提供了很好的技术支持。

6. 自上而下（Top - Down）设计与自下而上（Down - Top）设计

自下而上的设计方法属于归纳设计方法，它先生成组成装配体的所有零部件，然后将它们插入装配体中，根据各个零部件间的配合关系将它们组装起来。这种方法的优点是零部件的独立设计、相互关系及重建行为比较简单。用户可以专注于单个零件的设计工作。

自上而下的设计方法属于演绎设计方法，其含义是先确定总体设计思路、设计总体布局，然后设计零部件，从而完成一个完整的设计。它是从装配体中开始设计，用户可以从一个零件的几何体来定义另一个零件。一般以布局草图为设计的开端，然后定义固定的零件位置、基准面等，参考这些定义来设计零件。自上而下的设计方法更符合经典的设计规律，突出零件之间的相互联系，能够更好地贯彻设计思路和总体目标。自上而下设计的另一个优点是可以实现同步工程，在一个团队完成一个复杂的设计任务时，相互分工协作，同时进行设计，并保证各部分设计符合设计要求，相互之间协调，从而保证总装配正确。

自上而下的设计与自下而上的设计是两个相反的设计过程，设计人员应当根据产品特点和设计要求来选择。

7. 机构仿真设计

传统机械设计总是先制订设计方案，然后再采用理论力学的方法计算机构的运动学或者动力学特性，而后再进行优化、强度分析及结构设计等。这个过程单就运动学或者动力学特性分析而言，就要经过大量的理论分析及计算。

机构的仿真设计，可以实现机械工程中非常复杂、精确的机构运动分析，在实际制造前利用零件的三维数字模型进行机构仿真已成为现代CAD工程中的一个重要方向及课题。机构仿真分析所解决的问题有以下几点：运动轨迹、位移、速度、加速度、力，解决零件间干涉、作用力、反作用力、应变等问题。一般来说，工程师首先将零件的三维模型建好，其次确定运动零件，并确定各运动零件之间的约束关系，最后利用特定分析软件进行机构分析，如ADAMS、ANSYS等。其中的关键环节为建立零件间约束关系及载荷定义，并求解。

在自上而下或自下而上的设计过程中，机构仿真设计既可以在结构设计之前的机构方案设计阶段进行，也可以在结构设计之后进行，以对机构的工作状况进行分析。

下面以一汽集团的一种自卸车举升机构为例对机构的仿真研究进行说明。该机构实质上是一个四连杆机构，机构简图如图23－6所示。动力部分是两构件之间的液压缸的推力相对于A、F铰支座产生的转矩。

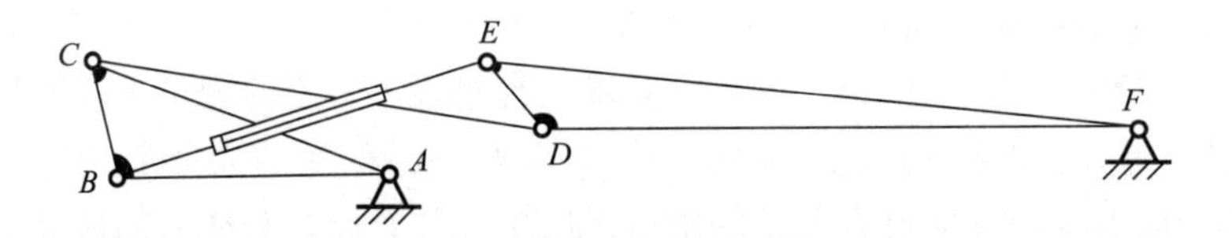

图23－6　自卸车举升机构简图

这个机构运行过程的各种运动学及动力学参数运算方法非常复杂，如采用手工计算或者采用计算机编程的方法解决，计算量都相当大。因此，要全新设计及优化这样一套机构，必须进行全部运动过程的运动学及动力学参数变化跟踪，而这个跟踪计算过程采用UG scenario（即motion功能）来完成就比较方便。

首先采用UG软件建立自卸车举升机构的三维实体模型，如图23－7所示。

在UG的motion模块下，创建三角臂、液压缸体、活塞体、拉杆及车厢等5个构件，创建有J001、J002、J003、J005、J006及J007等6个转动副，J004 1个移动副，共有7个低副。

采用UG软件的位移分析功能分析车厢转动的角位移、三角臂转动的角位移，曲线如图23－8所示。

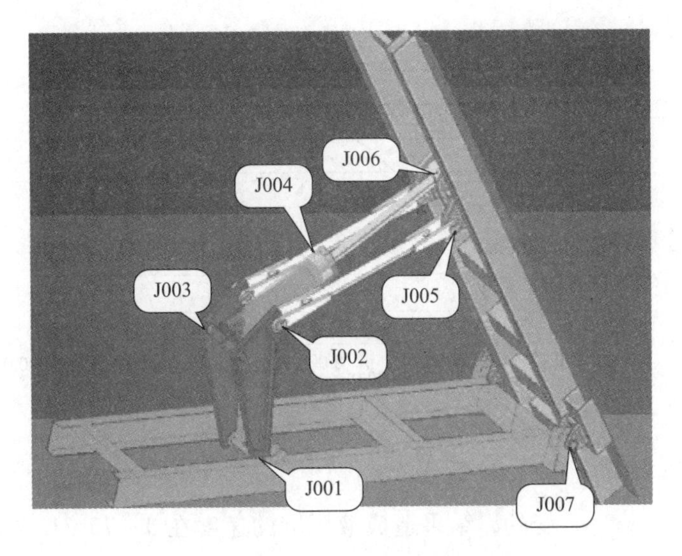

图 23－7　举升机构三维实体模型

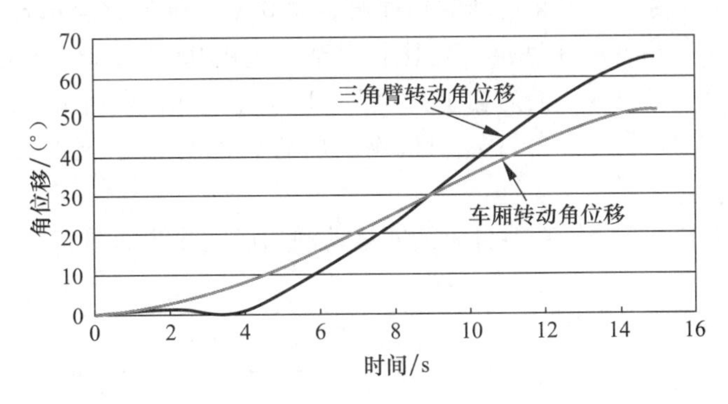

图 23－8　角位移曲线

由此可见，车厢转动的最大角位移是 51.264 6°，三角臂转动的最大角位移是 64.573 3°，与实际工作情况相符。这可以作为掌握举升机构终止位置设计姿态的依据。

采用 UG 软件的速度分析功能分析活塞运动的速度、车厢转动的角速度、三角臂转动的角速度曲线分别如图 23－9 和图 23－10 所示。

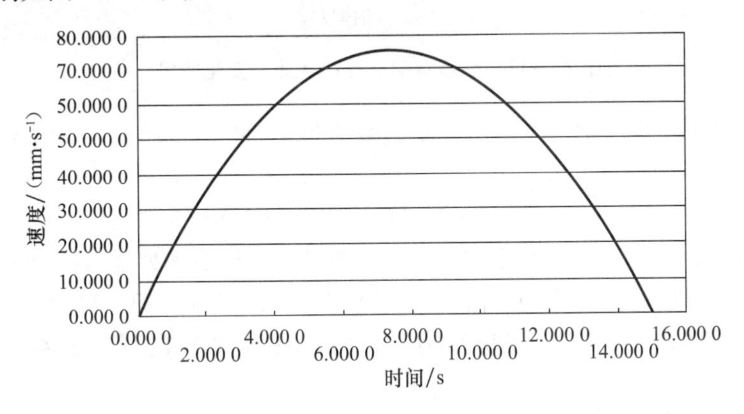

图 23－9　活塞运动速度变化曲线

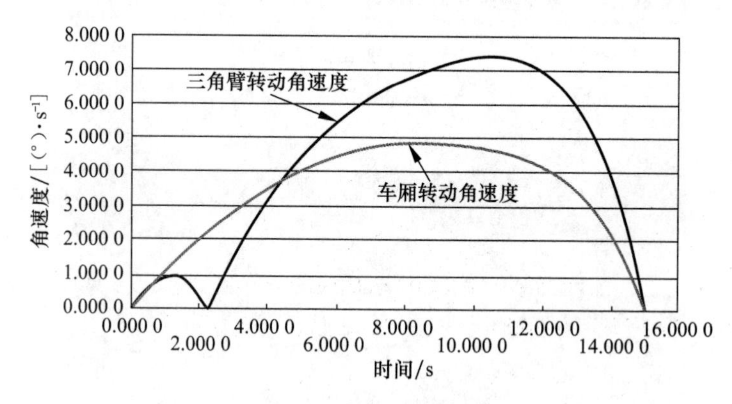

图 23-10　角速度曲线

由于液压缸的承载是时变的，结果造成液压缸的速度在 0 ~ 75.313 7 mm/s 之间变化，具体波动情况参看图 23-9。

从图 23-10 可以发现，车厢转动的角速度，由 0 (°)/s 变化至 4.874 2 (°)/s，然后再变化至 0 (°)/s；三角臂的角速度变化比较复杂，先由 0 (°)/s 变化至 0.973 0 (°)/s，然后再变化至 0.045 3 (°)/s，而后再上升至 7.317 1 (°)/s，最后又下降至 0 (°)/s。由此可掌握举升过程中车厢及三角臂转动快慢的特性，对评估系统的可靠性有一定参考价值。

采用 UG 软件的加速度分析功能分析活塞运动的加速度曲线如图 23-11 所示。

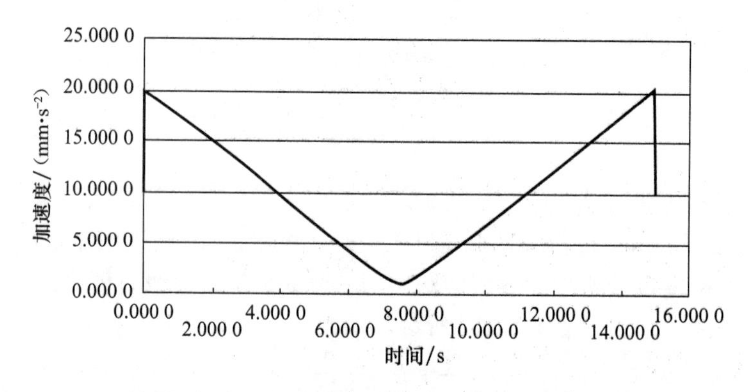

图 23-11　活塞运动过程的加速度变化曲线

可以看出，该曲线两头高，中间低。最大数值为 19.80 mm/s^2，活塞的质量为 92.5 kg，故产生的最大惯性力为

$$F_{惯} = 92.5 \times 19.80 \times 10^{-3} = 1.83(N)$$

运动学特性分析完之后，假定施加 50 t 的载荷进行机构的动力学特性分析。在车厢的质心位置，加以方向始终垂直向下的载荷 $F = -490\ 000$ N，即如图 23-12 所示。

采用 UG 软件的力学分析功能仿真液压缸实际工作情况的受力曲线图如图 23-13 所示。

举升机构其他 6 个转动副的受力曲线分析如图 23-14 所示。

图 23 - 12　载荷施加示意图（省略车厢）

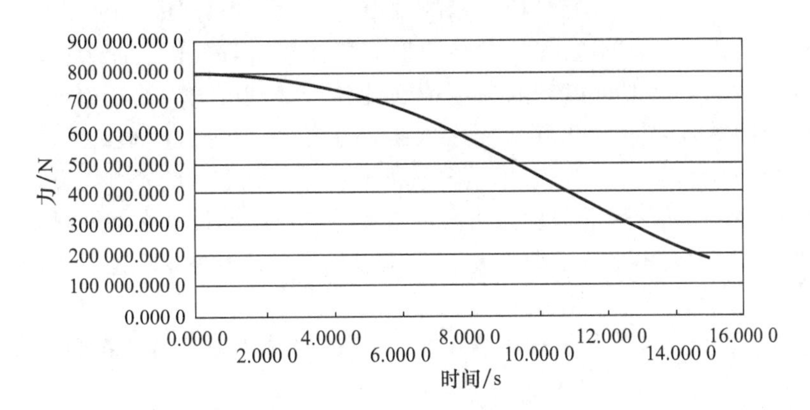

图 23 - 13　液压缸受力特性曲线

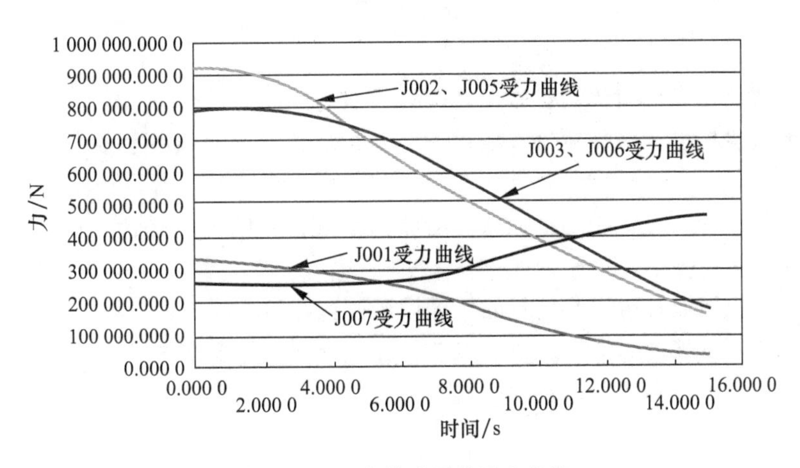

图 23 - 14　各转动副的受力曲线

以上以某自卸车举升机构为例对运动学及动力学参数分析进行了详细介绍。采用三维软件进行运动学及动力学参数分析的计算机辅助方法，能够有效地分析机构运动过程中的运动特性和规律。这就使机械设计工程师从复杂的理论计算中解放出来，将更多的精力放在优化设计及结构设计上。另外，通过三维软件仿真分析，可以得出准确的理论数据和曲线，为结构设计及优化设计提供了理论基础和条件。

8. 设计团队协同设计

一个较大规模的机械设计工作，往往需要由多个设计工程师组成一个设计团队协同设计，各成员合理分工，各司其职。在设计过程中，一方面需要各成员之间建立畅通的沟通渠道；另一方面，要尽量实现设计数据共享。例如：所有成员的设计资料、设计结果均保存在同一台处理器上，将该处理器作为服务器，各成员在设计过程中时都可以通过网络访问设计资料，包括调用他人的设计结果，并将自己的设计结果也存放在该服务器上。

9. 采用CAD技术辅助机械设计

计算机辅助设计是利用计算机技术帮助设计人员进行快速、高效、低设计成本、方便地完成产品设计任务的现代设计技术。CAD技术通过计算机和CAD软件对设计“产品”进行分析、计算与仿真、产品结构和性能的调整与优化以及绘图，把设计人员所具有的最佳特性（创造性思维、形象思维与经验知识、综合判断与分析的能力）同计算机的强大记忆与检索信息能力，大量信息的高速精确计算与处理能力、易于修改设计、工作状态稳定且不疲劳的特性结合起来，从而大大提高了设计速度与效率，提高了设计质量，降低了设计成本。具体而言，CAD技术可辅助机械设计人员进行产品方案设计、产品/工程的结构设计与分析、产品的性能分析与仿真、自动生成产品的设计文档资料。机械CAD技术的研究、开发、推广应用水平已是衡量一个国家的科技现代化和工业现代化的重要标志之一。

本章讲述的有关设计步骤和设计环节并不一定在所有的设计工作中都会涉及，应当根据具体的设计工作进行有针对性的选择。

习　题

23-1　现代机械与传统机械有哪些不同？

23-2　现代机械设计与传统机械设计有哪些不同？

23-3　现代机械设计常采用哪些设计方法？每种方法具有哪些特点？能够解决哪些机械设计问题？

23-4　机械设计工作常用的工程软件有哪些？其各自的特点是什么？每个工程软件具有什么功能？

23-5　现在机械设计过程与传统的机械设计过程有何不同？

23-6　工程软件如何辅助完成机械设计任务？分别适用于哪些设计环节？

23-7　分析图示各零件及其装配体的设计过程。

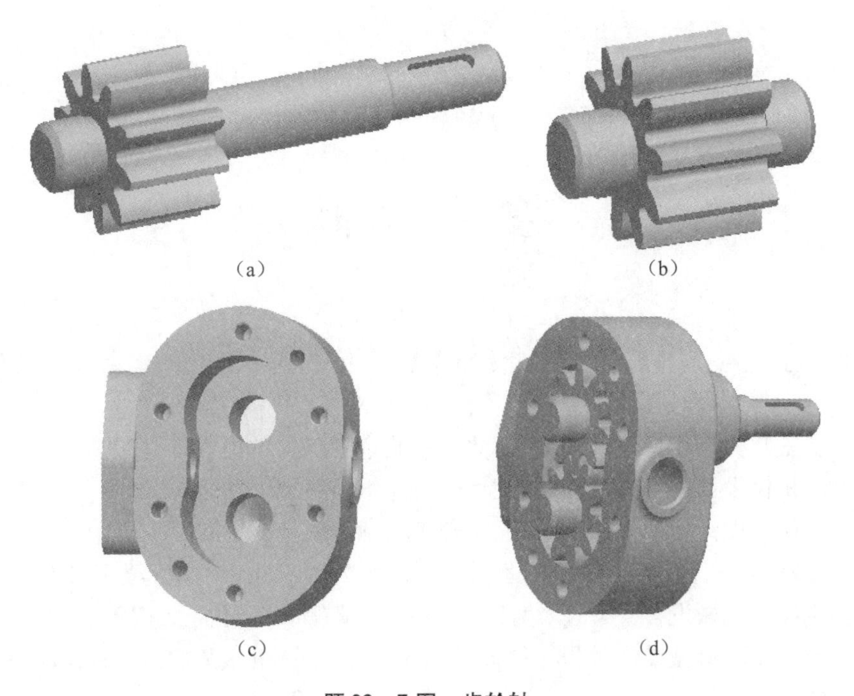

题 23－7 图 齿轮轴

（a）齿轮轴 1；（b）齿轮轴 2；（c）阀体；（d）装配体

参考文献

[1] 孔凌嘉，王晓力，王文中．机械设计［M］．第2版．北京：北京理工大学出版社，2013.

[2] 孔凌嘉，王晓力．机械设计［M］．北京：北京理工大学出版社，2006.

[3] 王中发．机械设计［M］．北京：北京理工大学出版社，1998.

[4] 黄祖德．机械设计［M］．北京：北京理工大学出版社，1992.

[5] 濮良贵，陈国定，吴立言．机械设计［M］．第九版．北京：高等教育出版社，2013.

[6] 邱宣怀主编．机械设计［M］．第四版．北京：高等教育出版社，1997.

[7] 刘莹，吴宗泽．机械设计教程［M］．第2版．北京：机械工业出版社，2008.

[8] 徐锦康．机械设计［M］．北京：高等教育出版社，2004.

[9] 吴克坚，于晓红，钱瑞明．机械设计［M］．北京：高等教育出版社，2003.

[10] 龙振宇．机械设计［M］．北京：机械工业出版社，2002.

[11] 李柱国．机械设计与理论［M］．北京：科学出版社，2003.

[12] 张策．机械原理与机械设计［M］．第2版．北京：机械工业出版社，2011.

[13] 李靖华，王进戈，唐良宝．机械设计［M］．重庆：重庆大学出版社，2003.

[14] 陈铁鸣，王连明，王黎钦．机械设计［M］．哈尔滨：哈尔滨工业大学出版社，2003.

[15] 朱文坚，黄平，吴昌林．机械设计［M］．北京：高等教育出版社，2005.

[16] 董刚，李建功，潘凤章．机械设计［M］．第3版．北京：机械工业出版社，2001.

[17] 庞振基，黄其圣．精密机械设计［M］．北京：机械工业出版社，2000.

[18] 荣辉，付铁，杨梦辰．机械设计基础［M］．第3版．北京：北京理工大学出版社，2010.

[19] 申永胜．机械原理教程［M］．第3版．北京：清华大学出版社，2015.

[20] 孔凌嘉，王文中，荣辉．机械基础设计实践［M］．第2版．北京：北京理工大学出版社，2017.

[21] 张春林，李志香，赵自强．机械创新设计［M］．第3版．北京：机械工业出版社，2016.

[22] 戴雄杰．摩擦学基础［M］．上海：上海科学技术出版社，1984.

[23]［英］D·F·摩尔．摩擦学原理和应用［M］．北京：机械工业出版社，1982.

[24] 戴曙．金属切削机床设计［M］．北京：机械工业出版社，1981.

[25] 陈家靖，李文哲．典型机械零部件润滑理论与实践［M］．北京：中国石化出版社，1994.

[26]［联邦德国］G·帕尔，W·拜茨．工程设计学［M］．张直明，毛谦德，张子舜，黄

靖远，冯培恩，译．北京：机械工业出版社，1992.
[27] 黄靖远，高志，陈祝林．机械设计学［M］．第3版．北京：机械工业出版社，2006.
[28] 吴宗泽．机械结构设计准则与实例［M］．北京：机械工业出版社，2006.
[29] 王成焘．现代机械设计：思想与方法［M］．上海：上海科学技术文献出版社，1999.
[30] 杨汝清．现代机械设计—系统与结构［M］．上海：上海科学技术文献出版社，2000.
[31] 孙靖民．现代机械设计方法［M］．哈尔滨：哈尔滨工业大学出版社，2003
[32] 杨岳，罗意平．CAD/CAM 原理与实践［M］．北京：中国铁道出版社，2002.
[33] 王贤坤．机械 CAD/CAM 技术应用与开发［M］．北京：机械工业出版社，2000.
[34] 张铁，李琳，李杞仪．创新思维与设计［M］．北京：国防工业出版社，2005.
[35] 机械设计手册编委会．机械设计手册（新版）［M］．第2卷．北京：机械工业出版社，2004.
[36] 毛谦德，李振清．袖珍机械设计师手册［M］．第3版．北京：机械工业出版社，2007.
[37] 吴宗泽．机械设计师手册（上、下册）［M］．第2版．北京：机械工业出版社，2008.
[38] 中国机械设计大典编委会．中国机械设计大典［M］．南昌：江西科学技术出版社，2002.
[39] 成大先．机械设计手册［M］．第六版．北京：化学工业出版社，2016.
[40] 中国机械工程学会焊接学会．焊接手册［M］．第3版．北京：机械工业出版社，2008.
[41] 成大先．机械设计手册（润滑与密封单行本）［M］．第六版．北京：化学工业出版社，2017.
[42] 周明衡．联轴器选用手册［M］．北京：化学工业出版社，2001.
[43] 洛阳轴研科技股份有限公司．全国滚动轴承产品样本［M］．第2版．北京：机械工业出版社，2012.